ASSOCIATION FRANÇAISE

POUR

L'AVANCEMENT DES SCIENCES

Une table des matières est jointe à chacun des volumes du Compte Rendu des travaux de l'Association Française en 1900.

Une table analytique *générale* par ordre alphabétique termine la 2me partie ; dans cette table, les nombres qui sont placés après la lettre p se rapportent aux pages de la 1re partie, ceux placés après l'astérisque * se rapportent aux pages de la 2me partie.

Les indications bibliographiques se trouvent à la table des matières des volumes.

ASSOCIATION FRANÇAISE

POUR

L'AVANCEMENT DES SCIENCES

FUSIONNÉE AVEC

L'ASSOCIATION SCIENTIFIQUE DE FRANCE

(Fondée par Le Verrier en 1864)

Reconnues d'utilité publique

CONFÉRENCES DE PARIS

1,200

COMPTE RENDU DE LA 29ᵐᵉ SESSION

PREMIÈRE PARTIE

DOCUMENTS OFFICIELS. — PROCÈS-VERBAUX

PARIS

AU SECRÉTARIAT DE L'ASSOCIATION

28, rue Serpente (Hôtel des Sociétés savantes)

ET CHEZ MM. MASSON et Cⁱᵉ, LIBRAIRES DE L'ACADÉMIE DE MÉDECINE

120, boulevard Saint-Germain.

1900

ASSOCIATION FRANÇAISE
POUR L'AVANCEMENT DES SCIENCES
Fusionnée avec
L'ASSOCIATION SCIENTIFIQUE DE FRANCE
(Fondée par Le Verrier en 1864)
Reconnues d'utilité publique

MINISTÈRE
de
l'Instruction publique,
DES BEAUX-ARTS
et
DES CULTES

CABINET

N° 175

RÉPUBLIQUE FRANÇAISE

DÉCRET

LE PRÉSIDENT DE LA RÉPUBLIQUE FRANÇAISE,

Sur le rapport du Ministre de l'Instruction publique, des Beaux-Arts et des Cultes ;

Vu le procès-verbal de l'Assemblée générale de l'Association française pour l'avancement des sciences, tenue à Grenoble le 10 août 1885 ;

Vu le procès-verbal de l'Assemblée générale de l'Association scientifique de France, tenue à Paris le 14 novembre 1885, et les décisions prises par les deux Sociétés ;

Toutes deux ayant pour objet de réunir en une seule Association ces deux Sociétés susnommées ;

Vu les Statuts, l'état de la situation financière et les autres pièces fournies à l'appui de cette demande ;

La Section de l'Intérieur, de l'Instruction publique, des Beaux-Arts et des Cultes, du Conseil d'État entendue,

DÉCRÈTE :

ARTICLE PREMIER. — L'Association française pour l'avancement des sciences et l'Association scientifique de France, fondée par Le Verrier en 1864, toutes deux reconnues d'utilité publique, forment une seule et même Association.

Les Statuts de l'Association française pour l'avancement des sciences fusionnée avec l'Association scientifique de France (fondée par Le Verrier en 1864), sont approuvés tels qu'ils sont ci-annexés.

ART. 2. — Le Ministre de l'Instruction publique, des Beaux-Arts et des Cultes est chargé de l'exécution du présent décret.

Fait à Paris, le 28 septembre 1886.

Signé : JULES GRÉVY.

Par le Président de la République :
Le Ministre de l'Instruction publique, des Beaux-Arts et des Cultes,
Signé : RENÉ GOBLET.

Pour ampliation
Le Chef de bureau du Cabinet,
Signé : ROUJON.

a

STATUTS ET RÈGLEMENT

STATUTS

TITRE Ier. — But de l'Association.

ARTICLE PREMIER. — L'Association se propose exclusivement de favoriser, par tous les moyens en son pouvoir, le progrès et la diffusion des sciences, au double point de vue du perfectionnement de la théorie pure et du développement des applications pratiques.

A cet effet, elle exerce son action par des réunions, des conférences, des publications, des dons en instruments ou en argent aux personnes travaillant à des recherches ou entreprises scientifiques qu'elle aurait provoquées ou approuvées.

ART. 2. — Elle fait appel au concours de tous ceux qui considèrent la culture des sciences comme nécessaire à la grandeur et à la prospérité du pays.

ART. 3. — Elle prend le nom d'*Association française pour l'avancement des sciences, fusionnée avec l'Association scientifique de France, fondée par Le Verrier en 1864*.

TITRE II. — Organisation.

ART. 4. — Les membres de l'Association sont admis, sur leur demande, par le Conseil.

ART. 5. — Sont membres de l'Association les personnes qui versent la cotisation annuelle. Cette cotisation peut toujours être rachetée par une somme versée une fois pour toutes. Le taux de la cotisation et celui du rachat sont fixés par le Règlement.

ART. 6. — Sont membres fondateurs les personnes qui ont versé, à une époque quelconque, une ou plusieurs souscriptions de 500 francs.

ART. 7. — Tous les membres jouissent des mêmes droits. Toutefois, les noms des membres fondateurs figurent perpétuellement en tête des listes alphabétiques, et ces membres reçoivent gratuitement, pendant toute leur vie, autant d'exemplaires des publications de l'Association qu'ils ont versé de fois la souscription de 500 francs.

ART. 8. — Le capital de l'Association se compose du capital de l'Association scientifique et du capital de la précédente Association française au jour de la fusion, des souscriptions des membres fondateurs, des sommes versées pour le rachat des cotisations, des dons et legs faits à l'Association, à moins d'affectation spéciale de la part des donateurs.

ART. 9. — Les ressources annuelles comprennent les intérêts du capital, le montant des cotisations annuelles, les droits d'admission aux séances et les produits de librairie.

ART. 10. — *(Supprimé par décret conformément à la proposition adoptée à l'unanimité par l'Assemblée générale tenue à Tunis, le 4 avril 1896.)*

TITRE III. — Sessions annuelles.

ART. 11. — Chaque année, l'Association tient, dans l'une des villes de France, une session générale dont la durée est de huit jours; cette ville est désignée par l'Assemblée générale, au moins une année à l'ayance.

ART. 12. — Dans les séssions annuelles, l'Association, pour ses travaux scientifiques, se répartit en sections, conformément à un tableau arrêté par le Règlement général.

Ces sections forment quatre groupes, savoir :

1º Sciences mathématiques,
2º Sciences physiques et chimiques,
3º Sciences naturelles,
4º Sciences économiques.

ART. 13. — Il est publié chaque année un volume, distribué à tous les membres, contenant :

1º Le compte rendu des séances de la session ;

2º Le texte ou l'analyse des travaux provoqués par l'Association, ou des mémoires acceptés par le Conseil.

COMPOSITION DU BUREAU

ART. 14. — Le Bureau de l'Association se compose :

D'un Président,
D'un Vice-Président,
D'un Secrétaire,
D'un Vice-Secrétaire,
D'un Trésorier.

Tous les membres du Bureau sont élus en Assemblée générale.

ART. 15. — Les fonctions de Président et de Secrétaire de l'Association sont annuelles ; elles commencent immédiatement après une session et durent jusqu'à la fin de la session suivante.

ART. 16. — Le Vice-Président et le Vice-Secrétaire d'une année deviennent de droit, Président et Secrétaire pour l'année suivante.

ART. 17. — Le Président, le Vice-Président, le Secrétaire et le Vice-Secrétaire de chaque année sont pris respectivement dans les quatre groupes de sections, et chacun est pris à tour de rôle dans chaque groupe.

Art. 18. — Le Trésorier est élu par l'Assemblée générale; il est nommé pour quatre ans et rééligible.

Art. 19. — Le Bureau de chaque section se compose d'un Président, d'un Vice-Président, d'un Secrétaire et, au besoin, d'un Vice-Secrétaire élu par cette section parmi ses membres.

TITRE IV. — Administration.

Art. 20. — Le siège de l'Administration est à Paris.

Art. 21. — L'Association est administrée gratuitement par un Conseil composé :

 1° Du Bureau de l'Association, qui est en même temps le Bureau du Conseil d'administration;

 2° Des Présidents de section;

 3° De trois membres par section; ces délégués de section sont élus à la majorité relative en Assemblée générale, sur la proposition de leurs sections respectives; ils sont renouvelables par tiers chaque année;

 4° De délégués de l'Association en nombre égal à celui des Présidents de section; ils sont nommés par correspondance, au scrutin secret et à la majorité relative des suffrages exprimés, après proposition du Conseil; ils sont renouvelables par tiers chaque année.

Art. 22. — Les anciens Présidents de l'Association continuent à faire partie du Conseil.

Art. 23. — Les Secrétaires des sections de la session précédente sont admis dans le Conseil avec voix consultative.

Art. 24. — Pendant la durée des sessions, le Conseil siège dans la ville où a lieu la session.

Art. 25. — Le Conseil d'administration représente l'Association et statue sur toutes les affaires concernant son administration.

Art. 26. — Le Conseil a tout pouvoir pour gérer et administrer les affaires sociales, tant actives que passives. Il encaisse tous les fonds appartenant à l'Association, à quelque titre que ce soit.

Il place les fonds qui constituent le capital de l'Association en rentes sur l'État ou en obligations de chemins de fer français, émises par des Compagnies auxquelles un minimum d'intérêt est garanti par l'État; il décide l'emploi des fonds disponibles; il surveille l'application à leur destination des fonds votés par l'Assemblée générale, et ordonnance par anticipation, dans l'intervalle des sessions, les dépenses urgentes, qu'il soumet, dans la session suivante, à l'approbation de l'Assemblée générale.

Il décide l'échange ou la vente des valeurs achetées; le transfert des rentes sur l'État, obligations des Compagnies de chemins de fer et autres titres nominatifs sont signés par le Trésorier et un des membres du Conseil délégué à cet effet.

Il accepte tous dons et legs faits à la Société; tous les actes y relatifs sont signés par le Trésorier et un des membres délégué.

Art. 27. — Les délibérations relatives à l'acceptation des dons et legs, à des acquisitions, aliénations et échanges d'immeubles sont soumises à l'approbation du gouvernement.

Art. 28. — Le Conseil dresse annuellement le budget des dépenses de l'Association; il communique à l'Assemblée générale le compte détaillé des recettes et dépenses de l'exercice.

Art. 29. — Il organise les sessions, dirige les travaux, ordonne et surveille les publications, fixe et affecte les subventions et encouragements.

Art. 30. — Le Conseil peut adjoindre au Bureau des commissaires pour l'étude de questions spéciales et leur déléguer ses pouvoirs pour la solution d'affaires déterminées.

Art. 31. — Les Statuts ne pourront être modifiés que sur la proposition du Conseil d'administration, et à la majorité des deux tiers des membres votants dans l'Assemblée générale, sauf approbation du gouvernement.

Ces propositions, soumises à une session, ne pourront être votées qu'à la session suivante; elles seront indiquées dans les convocations adressées à tous les membres de l'Association.

Art. 32. — Un Règlement général détermine les conditions d'administration et toutes les dispositions propres à assurer l'exécution des Statuts. Ce Règlement est préparé par le Conseil et voté par l'Assemblée générale.

TITRE V. — Dispositions complémentaires.

Art. 33. — Dans le cas où la Société cesserait d'exister, l'Assemblée générale, convoquée extraordinairement, statuera, sous la réserve de l'approbation du gouvernement, sur la destination des biens appartenant à l'Association. Cette destination devra être conforme au but de l'Association, tel qu'il est indiqué dans l'article premier.

Les clauses stipulées par les donateurs, en prévision de ce cas, devront être respectées.

Le Chef de bureau du Cabinet,

Signé : N. Roujon.

RÈGLEMENT

TITRE Ier. — Dispositions générales.

ARTICLE PREMIER. — Le taux de la cotisation annuelle des membres non fondateurs est fixé à 20 francs.

ART. 2. — Tout membre a le droit de racheter ses cotisations à venir en versant, une fois pour toutes, la somme de 200 francs. Il devient ainsi membre à vie.

Il sera loisible de racheter les cotisations par deux versements annuels consécutifs de 100 francs.

Les membres ayant payé pendant vingt années consécutives la cotisation annuelle de 20 francs pourront racheter les cotisations à venir moyennant un seul versement de 100 francs.

Tout membre qui, pendant dix années consécutives, aura versé annuellement une somme de 10 francs en sus de la cotisation annuelle sera libéré de tout versement ultérieur. Ces versements supplémentaires seront portés au compte Capital.

La liste alphabétique des membres à vie est publiée en tête de chaque volume, immédiatement après la liste des membres fondateurs.

Les membres ayant racheté leurs cotisations pourront devenir membres fondateurs en versant une somme complémentaire de 300 francs.

ART. 3. — Dans les sessions générales, l'Association se répartit en dix-sept sections formant quatre groupes, conformément au tableau suivant :

1er GROUPE : *Sciences mathématiques.*

1. Section de mathématiques, astronomie et géodésie ;
2. Section de mécanique ;
3. Section de navigation ;
4. Section de génie civil et militaire.

2e GROUPE : *Sciences physiques et chimiques.*

5. Section de physique ;
6. Section de chimie ;
7. Section de météorologie et physique du globe.

3e GROUPE : *Sciences naturelles.*

8. Section de géologie et minéralogie ;
9. Section de botanique ;
10. Section de zoologie, anatomie et physiologie ;
11. Section d'anthropologie ;
12. Section des sciences médicales.
13. Section d'électricité médicale (1).

4e GROUPE : *Sciences économiques.*

14. Section d'agronomie ;
15. Section de géographie ;
16. Section d'économie politique et statistique ;
17. Section de pédagogie et enseignement ;
18. Section d'hygiène et médecine publique.

(1) La Section d'électricité médicale a porté provisoirement au Congrès de Paris (1900) le n° 18 ; le Conseil, dans sa séance du 6 novembre 1900, a décidé de la classer, dans le groupe des sciences naturelles, à la suite de la Section des sciences médicales.

Art. 4. — Tout membre de l'Association choisit, chaque année, la section à laquelle il désire appartenir. Il a le droit de prendre part aux travaux des autres sections avec voix consultative.

Art. 5. — Les personnes étrangères à l'Association, qui n'ont pas reçu d'invitation spéciale, sont admises aux séances et aux conférences d'une session, moyennant un droit d'admission fixé à 10 francs. Ces personnes peuvent communiquer des travaux aux sections, mais ne peuvent prendre part aux votes.

Art. 6. — Le Président sortant fait, de droit, partie du Bureau pendant les deux semestres suivants.

Art. 7. — Le Conseil d'administration prépare les modifications réglementaires que peut nécessiter l'exécution des Statuts, et les soumet à la décision de l'Assemblée générale.

Il prend les mesures nécessaires pour organiser les sessions, de concert avec les comités locaux qu'il désigne à cet effet. Il fixe la date de l'ouverture de chaque session. Il organise les conférences qui ont lieu à Paris pendant l'hiver.

Il nomme et révoque tous les employés et fixe leur traitement.

Art. 8. — Dans le cas de décès, d'incapacité ou de démission d'un ou de plusieurs membres du Bureau, le Conseil procède à leur remplacement.

La proposition de ce ou de ces remplacements est faite dans une séance convoquée spécialement à cet effet : la nomination a lieu dans une séance convoquée à sept jours d'intervalle.

Art. 9. — Le Conseil délibère à la majorité des membres présents. Les délibérations relatives au placement des fonds, à la vente ou à l'échange des valeurs et aux modifications statutaires ou réglementaires ne sont valables que lorsqu'elles ont été prises en présence du quart, au moins, des membres du Conseil dûment convoqués. Toutefois, si, après un premier avis, le nombre des membres présents était insuffisant, il serait fait une nouvelle convocation annonçant le motif de la réunion, et la délibération serait valable, quel que fût le nombre des membres présents.

TITRE II. — Attributions du Bureau et du Conseil d'administration.

Art. 10. — Le Bureau de l'Association est, en même temps, le Bureau du Conseil d'administration.

Art. 11. — Le Conseil se réunit au moins quatre fois dans l'intervalle de deux sessions. Une séance a lieu en novembre pour la nomination des Commissions permanentes ; une autre séance a lieu pendant la quinzaine de Pâques.

Art. 12. — Le Conseil est convoqué toutes les fois que le Président le juge convenable. Il est convoqué extraordinairement lorsque cinq de ses membres en font la demande au Bureau, et la convocation doit indiquer alors le but de la réunion.

Art. 13. — Les Commissions permanentes sont composées des cinq membres du Bureau et d'un certain nombre de membres, élus par le Conseil dans sa séance de novembre. Elles restent en fonctions jusqu'à la fin de la session suivante de l'Association. Elles sont au nombre de cinq :

1° Commission de publication ;
2° Commission des finances ;
3° Commission d'organisation de la session suivante ;
4° Commission des subventions ;
5° Commission des conférences.

ART. 14. — La Commission de publication se compose du Bureau et de quatre membres élus, auxquels s'adjoint, pour les publications relatives à chaque section, le Président ou le Secrétaire, ou, en leur absence, un des délégués de la section.

ART. 15. — La Commission des finances se compose du Bureau et de quatre membres élus.

ART. 16. — La Commission d'organisation de la session se compose du Bureau et de quatre membres élus.

ART. 17. — La Commission des subventions se compose du Bureau, d'un délégué par section nommé par les membres de la section pendant la durée du Congrès et de deux délégués de l'Association nommés par le Conseil.

ART. 18. — La Commission des conférences se compose du Bureau et de huit membres élus par le Conseil.

ART. 19. — Le Conseil peut, en outre, désigner des Commissions spéciales pour des objets déterminés.

ART. 20. — Pendant la durée de la session annuelle, le Conseil tient ses séances dans la ville où a lieu la session.

TITRE III. — Du Secrétaire du Conseil.

ART. 21. — Le Secrétaire du Conseil reçoit des appointements annuels dont le chiffre est fixé par le Conseil.

ART. 22. — Lorsque la place de Secrétaire du Conseil devient vacante, il est procédé à la nomination d'un nouveau Secrétaire, dans une séance précédée d'une convocation spéciale qui doit être faite quinze jours à l'avance.

La nomination est faite à la majorité absolue des votants. Elle n'est valable que lorsqu'elle est faite par un nombre de voix égal au tiers, au moins, du nombre des membres du Conseil.

ART. 23. — Le Secrétaire du Conseil ne peut être révoqué qu'à la majorité absolue des membres présents, et par un nombre de voix égal au tiers, au moins, du nombre des membres du Conseil.

ART. 24. — Le Secrétaire du Conseil rédige et fait transcrire, sur deux registres distincts, les procès-verbaux des séances du Conseil et ceux des Assemblées générales. Il siège dans toutes les Commissions permanentes, avec voix consultative. Il peut faire partie des autres Commissions. Il a voix consultative dans les discussions du Conseil. Il exécute, sous la direction du Bureau, les décisions du Conseil. Les employés de l'Association sont placés sous ses ordres. Il correspond avec les membres de l'Association, avec les présidents et secrétaires des Comités locaux et avec les secrétaires des sections. Il fait partie de la Commission de publication et la convoque. Il dirige la publication du volume et donne les bons à tirer. Pendant la durée des sessions, il veille à la distribution des cartes, à la publication des programmes et assure l'exécution des mesures prises par le Comité local concernant les excursions.

TITRE IV. — Des Assemblées générales.

Art. 25. — Il se tient chaque année, pendant la durée de la session, au moins une Assemblée générale.

Art. 26. — Le Bureau de l'Association est, en même temps, le Bureau de l'Assemblée générale. Dans les Assemblées générales qui ont lieu pendant la session, le Bureau du Comité local est adjoint au Bureau de l'Association.

Art. 27. — L'Assemblée générale, dans une séance qui clôt définitivement la session, élit, au scrutin secret et à la majorité absolue, le Vice-Président et le Vice-Secrétaire de l'Association pour l'année suivante, ainsi que le Trésorier, s'il y a lieu ; dans le cas où, pour l'une ou l'autre de ces fonctions, la liste de présentation ne comprendrait qu'un nom, la nomination pourra être faite par un vote à main levée, si l'Assemblée en décide ainsi. Elle nomme, sur la proposition des sections, les membres qui doivent représenter chaque section dans le Conseil d'administration. Elle désigne enfin, une ou deux années à l'avance, les villes où doivent se tenir les sessions futures.

Art. 28. — L'Assemblée générale peut être convoquée, extraordinairement, par une décision du Conseil.

Art. 29. — Les propositions tendant à modifier les Statuts, ou le titre Ier du Règlement, conformément à l'article 31 des Statuts, sont présentées à l'Assemblée générale par le rapporteur du Conseil et ne sont mises aux voix que dans la session suivante. Dans l'intervalle des deux sessions, le rapport est imprimé et distribué à tous les membres. Les propositions sont, en outre, rappelées dans les convocations adressées à tous les membres. Le vote a lieu sans discussion, par *oui* ou par *non*, à la majorité des deux tiers des voix, s'il s'agit d'une modification au Règlement. Lorsque vingt membres en font la demande par écrit, le vote a lieu au scrutin secret.

TITRE V. — De l'organisation des Sessions annuelles et du Comité local.

Art. 30. — La Commission d'organisation, constituée comme il est dit à l'article 16, se met en rapport avec les membres fondateurs appartenant à la ville où doit se tenir la prochaine session. Elle désigne, sur leurs indications, un certain nombre de membres qui constituent le Comité local.

Art. 31. — Le Comité local nomme son Président, son Vice-Président et son Secrétaire. Il s'adjoint les membres dont le concours lui paraît utile, sauf approbation par la Commission d'organisation.

Art. 32. — Le Comité local a pour attribution de venir en aide à la Commission d'organisation, en faisant des propositions relatives à la session et en assurant l'exécution des mesures locales qui ont été approuvées ou indiquées par la Commission.

Art. 33. — Il est chargé de s'assurer des locaux et de l'installation nécessaires pour les diverses séances ou conférences ; ses décisions, toutefois, ne deviennent définitives qu'après avoir été acceptées par la Commission. Il propose les sujets qu'il serait important de traiter dans les conférences, et les personnes qui pourraient en être chargées. Il indique les excursions qui seraient propres à intéresser les membres du Congrès et prépare celles de ces excursions qui sont acceptées par la Commission. Il se met en rapport, lorsqu'il le juge utile, avec les Sociétés savantes et les autorités des villes ou localités où ont lieu les excursions.

Art. 34. — Le Comité local est invité à préparer une série de courtes notices sur la ville où se tient la session, sur les monuments, sur les établissements industriels, les curiosités naturelles, etc., de la région. Ces notices sont distribuées aux membres de l'Association et aux invités assistant au Congrès.

Art. 35. — Le Comité local s'occupe de la publicité nécessaire à la réussite du Congrès, soit à l'aide d'articles de journaux, soit par des envois de programmes, etc., dans la région où a lieu la session.

Art. 36. — Il fait parvenir à la Commission d'organisation la liste des savants français et étrangers qu'il désirerait voir inviter.

Le Président de l'Association n'adresse les invitations qu'après que cette liste a été reçue et examinée par la Commission.

Art. 37. — Le Comité local indique, en outre, parmi les personnes de la ville ou du département, celles qu'il conviendrait d'admettre gratuitement à participer aux travaux scientifiques de la session.

Art. 38. — Depuis sa constitution jusqu'à l'ouverture de la session, le Comité local fait parvenir deux fois par mois, au Secrétaire du Conseil de l'Association, des renseignements sur ses travaux, la liste des membres nouveaux, avec l'état des payements, la liste des communications scientifiques qui sont annoncées, etc.

Art. 39. — La Commission d'organisation publie et distribue, de temps à autre, aux membres de l'Association, les communications et avis divers qui se rapportent à la prochaine session. Elle s'occupe de la publicité générale et des arrangements à prendre avec les Compagnies de chemins de fer.

TITRE VI. — De la tenue des Sessions.

Art. 40. — Pendant toute la durée de la session, le Sécrétariat est ouvert chaque matin pour la distribution des cartes. La présentation des cartes est exigible à l'entrée des séances.

Art. 41. — Tout membre, en retirant sa carte, doit indiquer la section à laquelle il désire appartenir, ainsi qu'il est dit à l'article 4.

Art. 42. — Le Conseil se réunit dans la matinée du jour où a lieu l'ouverture de la session; il se réunit pendant la durée de la session autant de fois qu'il le juge convenable. Il tient une dernière réunion, pour arrêter une liste de présentation relative aux élections du Bureau de l'Association, vingt-quatre heures au moins avant la réunion de l'Assemblée générale.

Le Président et l'un des Secrétaires du Comité local assistent, pendant la session, aux séances du Conseil, avec voix consultative.

Art. 43. — Les candidatures pour les élections du Bureau doivent être communiquées au Conseil, présentées par dix membres au moins de l'Association, trois jours avant l'Assemblée générale.

Le Conseil arrête la liste des présentations qu'il a reconnues régulières vingt-quatre heures au moins avant l'Assemblée générale. Cette liste de candidature, dressée par ordre alphabétique, sera affichée dans la salle de réunion.

Art. 44. — La session est ouverte par une séance générale, dont l'ordre du jour comprend :

1° Le discours du Président de l'Association et des autorités de la ville et du département;

2° Le compte rendu annuel du Secrétaire général de l'Association;

3° Le rapport du Trésorier sur la situation financière.

Aucune discussion ne peut avoir lieu dans cette séance.

A la fin de la séance, le Président indique l'heure où les membres se réuniront dans les sections.

Art. 45. — Chaque section élit, pendant la durée d'une session, son Président pour la session suivante : le Président doit être choisi parmi les membres de l'Association.

Art. 46. — Chaque section, dans sa première séance, procède à l'élection de son Vice-Président et de son Secrétaire, toujours choisis parmi ses membres. Elle peut nommer, en outre, un second Secrétaire, si elle le juge convenable. Elle procède, aussitôt après, à ses travaux scientifiques.

Art. 47. — Les Présidents de sections se réunissent, dans la matinée du second jour, pour fixer les jours et les heures des séances de leurs sections respectives, et pour répartir ces séances de la manière la plus favorable. Ils décident, s'il y a lieu, la fusion de certaines sections voisines.

Les Présidents de deux ou plusieurs sections peuvent organiser, en outre, des séances collectives.

Une section peut tenir, aux heures qui lui conviennent, des séances supplémentaires, à la condition de choisir des heures qui ne soient pas occupées par les excursions générales.

Art. 48. — Pendant la durée de la session, il ne peut être consacré qu'un seul jour, non compris le dimanche, aux excursions générales. Il ne peut être tenu de séances de sections, ni de conférences, et il ne peut y avoir d'excursions officielles spéciales, pendant les heures consacrées à une excursion générale.

Art. 49. — Il peut être organisé une ou plusieurs excursions générales, ou spéciales, pendant les jours qui suivent la clôture de la session.

Art. 50. — Les sections ont toute liberté pour organiser les excursions particulières qui intéressent spécialement leurs membres.

Art. 51. — Une liste des membres de l'Association présents au Congrès paraît le lendemain du jour de l'ouverture, par les soins du Bureau. Des listes complémentaires paraissent les jours suivants, s'il y a lieu.

Art. 52. — Il paraît chaque matin un Bulletin indiquant le programme de la journée, les ordres du jour des diverses séances et les travaux des sections de la journée précédente.

Art. 53. — La Commission d'organisation peut instituer une ou plusieurs séances générales.

Art. 54. — Il ne peut y avoir de discussions en séance générale. Dans le cas où un membre croirait devoir présenter des observations sur un sujet traité dans une séance générale, il devra en prévenir par écrit le Président, qui désignera l'une des prochaines séances de sections pour la discussion.

Art. 55. — A la fin de chaque séance de section, et sur la proposition du Président, la section fixe l'ordre du jour de la prochaine séance, ainsi que l'heure de la réunion.

Art. 56. — Lorsque l'ordre du jour est chargé, le Président peut n'accorder la parole que pour un temps déterminé qui ne peut être moindre que dix minutes. A l'expiration de ce temps, la section est consultée pour savoir si la parole est maintenue à l'orateur; dans le cas où il est décidé qu'on passera à l'ordre du jour, l'orateur est prié de donner brièvement ses conclusions.

Art. 57. — Les membres qui ont présenté des travaux au Congrès sont priés de remettre au Secrétaire de leur section leur manuscrit, ou un résumé de leur travail; ils sont également priés de fournir une note indicative de la part qu'ils ont prise aux discussions qui se sont produites.

Lorsqu'un travail comportera des figures ou des planches, mention devra en être faite sur le titre du mémoire.

Art. 58. — A la fin de chaque séance, les Secrétaires de sections remettent au Secrétariat :

    1º L'indication des titres des travaux de la séance;
    2º L'ordre du jour, la date et l'heure de la séance suivante.

Art. 59. — Les Secrétaires de sections sont chargés de prévenir les orateurs désignés pour prendre la parole dans chacune des séances.

Art. 60. — Les Secrétaires de sections doivent rédiger un procès-verbal des séances. Ce procès-verbal doit donner, d'une manière sommaire, le résumé des travaux présentés et des discussions; il doit être remis au Secrétariat aussitôt que possible, et au plus tard un mois après la clôture de la session.

Art. 61. — Les Secrétaires de sections remettent au Secrétaire du Conseil, avec leurs procès-verbaux, les manuscrits qui auraient été fournis par leurs auteurs, avec une liste indicative des manuscrits manquants.

Art. 62. — Les indications relatives aux excursions sont fournies aux membres le plus tôt possible. Les membres qui veulent participer aux excursions sont priés de se faire inscrire à l'avance, afin que l'on puisse prendre des mesures d'après le nombre des assistants.

Art. 63. — Les conférences générales n'ont lieu que le soir, et sous le contrôle d'un président et de deux assesseurs désignés par le Bureau.

Il ne peut être fait plus de deux conférences générales pendant la durée d'une session.

Art. 64. — Les vœux exprimés par les sections doivent être remis pendant la session au Conseil d'administration, qui seul a qualité pour les présenter au vote de l'Assemblée générale.

Art. 65. — Avant l'Assemblée générale de clôture, le Conseil décide quels sont les vœux qui devront être soumis à l'acceptation de l'Assemblée générale et qui, après avoir été acceptés, recevant le nom de *Vœux de l'Association française*, seront transmis sous ce nom aux pouvoirs publics.

Il décide également quels vœux seront insérés aux comptes rendus sous le nom de : *Vœux de la ...ᵉ section* et quels sont ceux dont le texte ne figurera pas aux comptes rendus.

Il sera procédé, en Assemblée générale, au vote sur les vœux qui sont présentés par le Conseil comme vœux de l'Association.

Il sera ensuite donné lecture des vœux que le Conseil a réservés comme vœux de section.

Dans le cas où dix membres au moins demanderaient qu'un vœu de cette espèce fût transformé en vœu de l'Association, ce vœu pourra être renvoyé, par un vote de l'Assemblée, à l'Assemblée générale suivante. Avant la réunion de celle-ci, cette proposition sera étudiée par une Commission de cinq membres qui aura à faire un rapport qui sera imprimé et distribué à tous les membres de l'Association. Cette Commission comprendra deux membres de la section ou des sections qui ont présenté le vœu, et trois membres pris en dehors de celle-ci. Les premiers seront désignés par le bureau de la section (ou par les bureaux des sections) ayant émis le vœu, qui devront les faire connaître au plus tard lors de la séance du Conseil qui suivra l'Assemblée générale, et, à défaut, par le bureau de l'Association ; les trois autres membres seront nommés par le bureau.

TITRE VII. — Des Comptes rendus.

Art. 66. — L'Association publie chaque année : 1° le texte ou l'analyse des conférences faites à Paris pendant l'hiver ; 2° le compte rendu de la session ; 3° le texte des notes et mémoires dont l'impression dans le compte rendu a été décidée par le Conseil d'administration.

Art. 67. — Les comptes rendus doivent être publiés dix mois au plus tard après la session à laquelle ils se rapportent.

La distribution des comptes rendus est annoncée à tous les membres de l'Association par une circulaire qui indique à partir de quelle date ils peuvent être retirés au Secrétariat.

Les comptes rendus sont expédiés aux invités de l'Association.

Art. 68. — Sur leur demande, faite avant le 1er octobre de chaque année, les membres recevront les comptes rendus de l'Association par fascicules expédiés semi-mensuéllement.

Art. 69. — Les membres qui n'auraient pas remis au Secrétaire de leur section, pendant la session, le résumé sommaire de leur communication devront le faire parvenir au Secrétariat au plus tard quatre semaines après la clôture de la session. Passé cette époque, le titre seul du travail figurera au procès-verbal, sauf décision spéciale du Conseil d'administration.

Art. 70. — L'étendue des résumés sommaires ne devra pas dépasser une demi-page d'impression (2000 lettres) pour une même question.

Art. 71. — Les notes et mémoires dont l'impression *in extenso* est demandée par les auteurs devront être remis au Secrétaire de la section pendant la session ou être expédiés directement au Secrétariat deux mois au plus tard après la clôture de la session. Les planches ou dessins accompagnant un mémoire devront être joints à celui-ci.

Art. 72. — Dix pages, au maximum, peuvent être accordées à un auteur pour une même question ; toutefois la Commission de publication pourra proposer au Conseil d'administration de fixer exceptionnellement une étendue plus considérable.

Art. 73. — Le Conseil d'administration, sur la proposition de la Commission de publication, pourra décider la publication en dehors des comptes rendus de travaux spéciaux que leur étendue ne permettrait pas de faire paraître dans ces comptes rendus. Ces travaux seront mis à la disposition des membres qui en auront fait la demande en temps utile.

Art. 74. — L'insertion du résumé sommaire destiné au procès-verbal est de droit pour toute communication faite en session, à moins que cette communication ne rentre pas dans l'ordre des travaux de l'Association.

Art. 75. — La Commission de publication a tous pouvoirs pour décider de l'impression *in extenso* d'un travail présenté à une session. Elle peut également demander aux auteurs des réductions dont elle fixe l'importance ; si le travail réduit ne parvient pas au Secrétariat dans les délais indiqués, l'impression ne pourra avoir lieu.

Aucun travail publié en France avant l'époque du Congrès ne pourra être reproduit dans les comptes rendus. Le titre et l'indication bibliographique figureront seuls dans le procès-verbal.

Art. 76. — Les discussions insérées dans les comptes rendus sont extraites textuellement des procès-verbaux des Secrétaires de sections. Les notes fournies par les auteurs, pour faciliter la rédaction des procès-verbaux, devront être remises dans les vingt-quatre heures.

Art. 77. — La Commission de publication décide quelles seront les planches qui seront jointes au compte rendu et s'entend, à cet effet, avec la Commission des finances.

Art. 78. — Les épreuves seront communiquées aux auteurs en placards seulement ; une semaine est accordée pour la correction. Si l'épreuve n'est pas renvoyée à l'expiration de ce délai, les corrections sont faites par les soins du Secrétariat.

Art. 79. — Dans le cas où les frais de corrections et changements indiqués par un auteur dépasseraient la somme de 15 francs par feuille, l'excédent, calculé proportionnellement, serait porté à son compte.

Art. 80. — Les membres pourront faire exécuter un tirage à part de leurs communications avec pagination spéciale, au prix convenu avec l'imprimeur par le Conseil d'administration. Ces tirages à part sont imprimés sur un type absolument uniforme.

Art. 81. — Les auteurs qui n'ont pas demandé de tirage à part et dont les communications ont une étendue qui dépasse une demi-feuille d'impression recevront quinze exemplaires de leur travail, extraits des feuilles qui ont servi à la composition du volume.

Art. 82. — Les auteurs des communications présentées à une session ont d'ailleurs le droit de publier à part ces communications à leur gré : ils sont seulement priés d'indiquer que ces travaux ont été présentés au Congrès de l'Association française.

LISTE DES BIENFAITEURS

DE L'ASSOCIATION FRANÇAISE POUR L'AVANCEMENT DES SCIENCES

MM. UN ANONYME.
    BISCHOFFSHEIM (Raphaël-Louis), Membre de l'Institut.
    BOUDET (Claude), à Lyon.
    BOURDEAU (J.-P.-L.), à Billère, près Pau.
    BROSSARD (Louis-Cyrille), à Étampes.
    BRUNET (Benjamin), ancien Négociant à la Pointe-à-Pitre, à Paris.
    CHEUX, Pharmacien-major, de l'armée, en retraite, à Ernée.
    DELEHAYE (Jules), à Paris.
    DES ROSIERS (J.-B.-A.), Propriétaire, à Paris.
    EICHTHAL (le baron Adolphe D'), Président honoraire du Conseil d'administration
        de la Compagnie des chemins de fer du Midi, à Paris.
    FONTARIVE, à Linneville-sur-Gien.
    GIRARD, Directeur de la Manufacture des tabacs de Lyon.
    GOBERT, Président honoraire du Tribunal civil de Saint-Omer.
    JACKSON (James), à Paris.
    KUHLMANN (Frédéric), Chimiste, Correspondant de l'Institut, à Lille.
    LEGROUX (le Commandant Adrien), à Orléans.
    LOMPECH (Denis), à Miramont.
    MASSON (G.), Libraire de l'Académie de Médecine, à Paris.
    OLLIER, Professeur à la Faculté de Médecine de Lyon, Correspondant de l'Institut.
    PARQUET (Mme V^o), à Paris.
    PERDRIGEON, Agent de change, à Paris.
    PEREIRE (Émile), à Paris.
    POCHARD (Mme V^c), à Paris.
    RIGOUT (D^r), à Paris.
    SIEBERT, à Paris.
    LA COMPAGNIE GÉNÉRALE TRANSATLANTIQUE, à Paris.
    VILLE DE MONTPELLIER.
    VILLE DE PARIS.

LISTE DES MEMBRES

DE

L'ASSOCIATION FRANÇAISE POUR L'AVANCEMENT DES SCIENCES

FUSIONNÉE AVEC

L'ASSOCIATION SCIENTIFIQUE DE FRANCE (*)

(MEMBRES FONDATEURS ET MEMBRES A VIE)

MEMBRES FONDATEURS

PARTS

Abbadie (Antoine d'), Membre de l'Institut et du Bureau des Longitudes. *(Décédé)*. 4

Alberti, Banquier *(Décédé)* 1

Almeida (d'), Inspecteur général de l'Instruction publique *(Décédé)*. 1

Amboix de Larbont (le Général Henri d'), Commandant le département de la Seine, Adjoint au Commandant de la Place de Paris, 65, boulevard de Courcelles. — Paris. 1

Andouillé (Edmond), sous-Gouverneur honoraire de la *Banque de France (Décédé)*. 2

André (Alfred), Régent de la *Banque de France*, Administrateur de la *Compagnie des Chemins de fer de Paris à Lyon et à la Méditerranée*, ancien Député *(Décédé)* . 2

André (Édouard), ancien Député *(Décédé)* 1

André (Frédéric), Ingénieur en chef des Ponts et Chaussées *(Décédé)*. 1

Aubert (Charles), Avocat, 13, rue Caqué. — Reims (Marne) 1

Audibert, Directeur de la *Compagnie des Chemins de fer de Paris à Lyon et à la Méditerranée (Décédé)*. 2

Aynard (Édouard), Banquier, Président de la Chambre de Commerce, Député du Rhône, 11, place de La Charité. — Lyon (Rhône) 1

Azam (Eugène), Professeur honoraire à la Faculté de Médecine de Bordeaux, Associé national de l'Académie de Médecine *(Décédé)*. 1

Baille (J.-B.-Alexandre), ancien Répétiteur à l'École Polytechnique, Professeur à l'École municipale de Physique et de Chimie industrielles, 26, rue Oberkampf.— Paris. 1

Baillière (Germer), ancien Libraire-Éditeur, ancien Membre du Conseil municipal, 10, rue de L'Éperon. — Paris. 1

Baillon (H.), Professeur à la Faculté de Médecine de Paris *(Décédé)*. 1

Balard, Membre de l'Institut *(Décédé)* 1

Balaschoff (Pierre de), Rentier *(Décédé)*. 1

Bamberger (Henri), Banquier, 14, rond-point des Champs-Élysées. — Paris. 1

Bapterosses (F.), Manufacturier. — Briare (Loiret). 1

Barbier-Delayens (Victor), Propriétaire, 5, rue Papacin. — Nice (Alpes-Maritimes). 1

Barboux (Henri), Avocat à la Cour d'Appel, ancien Bâtonnier du Conseil de l'Ordre 14, quai de La Mégisserie. — Paris 1

Bartholoni (Fernand), ancien Président du Conseil d'administration de la *Compagnie des Chemins de fer d'Orléans*, 12, rue La Rochefoucauld. — Paris 1

Baudoin (Noël), Ingénieur civil, 51, rue Lemercier. — Paris. 1

Béchamp (Antoine), ancien Professeur à la Faculté de Médecine de Montpellier, Correspondant de l'Académie de Médecine, 15, rue Vauquelin. — Paris 1

(*) Ces listes ont été arrêtées au 30 Novembre 1900.

b

Becker (Mme V^e), 260, boulevard Saint-Germain. — Paris 1
Bell (Édouard, Théodore), Négociant, 57, Broadway. — New-York (États-Unis d'Amérique) 1
Belon, Fabricant *(Décédé)*. 1
Beral (Éloi), Inspecteur général des mines en retraite, Conseiller d'État honoraire,
    ancien Sénateur, 10, rue de Babylone. — Paris 1
Berdellé (Charles), ancien Garde général des Forêts. — Rioz (Haute-Saône) 1
Bernard (Claude), Membre de l'Académie française et de l'Académie des Sciences
    (Décédé). 1
Billault-Billaudot et Cie, Fabricants de produits chimiques, 22, rue de La Sorbonne.
    — Paris. 1
Billy (de), Inspecteur général des Mines *(Décédé)*. 1
Billy (Charles de), Conseiller référendaire à la Cour des Comptes, 56, rue de Boulain-
    villiers. — Paris. 1
Bischoffsheim (L., R.), Banquier *(Décédé)*. 1
Bischoffsheim (Raphaël, Louis), Membre de l'Institut, Ingénieur des Arts et Manu-
    factures, Député des Alpes-Maritimes, 3, rue Taitbout. — Paris 1
Blot, Membre de l'Académie de Médecine *(Décédé)*. 1
Bochet (Vincent du) *(Décédé)*. 1
Boissonnet (le Général André, Alfred), ancien Sénateur, 16, rue de Logelbach. — Paris. 1
Boivin (Émile), Raffineur, 64, rue de Lisbonne. — Paris. 1
Bonaparte (le Prince Roland), 10, avenue d'Iéna. — Paris. 1
Bondet, Professeur à la Faculté de Médecine, Associé national de l'Académie de
    Médecine, Médecin de l'Hôtel-Dieu, 6, place Bellecour. — Lyon (Rhône) 1
Bonneau (Théodore), Notaire honoraire *(Décédé)*. 1
Borie (Victor), Membre de la *Société nationale d'Agriculture de France (Décédé)* . . 1
Bouchard (Charles), Membre de l'Institut et de l'Académie de Médecine, Professeur
    à la Faculté de Médecine, Médecin des Hôpitaux, 174, rue de Rivoli. — Paris. . 1
Boudet (F.), Membre de l'Académie de Médecine. *(Décédé)*. 1
Bouillaud, Membre de l'Institut, Professeur à la Faculté de Médecine *(Décédé)* . . . 1
Boulé (Auguste), Inspecteur général des Ponts et Chaussées en retraite, 7, rue
    Washington. — Paris. 1
Brandenburg (Albert), Négociant *(Décédé)* 1
Bréguet, Membre de l'Institut et du Bureau des Longitudes *(Décédé)* 2
Bréguet (Antoine), Directeur de la *Revue scientifique*, ancien Élève de l'École Polytech-
    nique *(Décédé)* 1
Breittmayer (Albert), ancien sous-Directeur des Docks et Entrepôts de Marseille, 8, quai
    de L'Est. — Lyon (Rhône). 1
Broca (Paul), Professeur à la Faculté de Médecine de Paris, Membre de l'Académie de
    Médecine, Sénateur *(Décédé)* 1
Brocard (Henri), Chef de Bataillon du Génie en retraite, 75, rue des Ducs-de-Bar.
    — Bar-le-Duc (Meuse). 1
Broet, ancien Membre de l'Assemblée nationale *(Décédé)*. 1
Brouzet (Charles), Ingénieur civil, 38, rue Victor-Hugo. — Lyon (Rhône). 1
Cacheux (Émile), Ingénieur des Arts et Manufactures, vice-Président de la *Société
    française d'Hygiène*, 25, quai Saint-Michel. — Paris 1
Cambefort (Jules), Administrateur de la *Compagnie des Chemins de fer de Paris à
    Lyon et à la Méditerranée*, 13, rue de La République. — Lyon (Rhône). 1
Camondo (le Comte Abraham de), Banquier *(Décédé)*. 1
Camondo (le Comte Nissim de) *(Décédé)*. 1
Canet (Gustave), Ingénieur des Arts et Manufactures, Directeur de l'Artillerie de la
    Société anonyme des Forges et Chantiers de la Méditerranée, 15, rue Pasquier — Paris. 1
Caperon (père), Négociant *(Décédé)*. 1
Caperon (fils) *(Décédé)* 1
Carlier (Auguste), Publiciste *(Décédé)* 1
Carnot (Adolphe), Membre de l'Institut, Inspecteur général des Mines, Professeur à
    l'École nationale supérieure des Mines et à l'Institut national agronomique, 60, bou-
    levard Saint-Michel. — Paris 1
Casthelaz (John), Fabricant de produits chimiques, 19, rue Sainte-Croix-de-la-Bre-
    tonnerie. — Paris. 1
Caventou (père), Membre de l'Académie de Médecine *(Décédé)* 1
Caventou (Eugène), Membre de l'Académie de Médecine, 43, rue de Berlin. — Paris. 1
Cernuschi (Henri), Publiciste *(Décédé)*. 1
Chabaud-Latour (le Général de), Sénateur *(Décédé)* 1

CHABRIÈRES-ARLÈS, Trésorier-payeur général du département du Rhône (*Décédé*) . 1
CHAMBRE DE COMMERCE DE BORDEAUX (Gironde). 1
—   —   LYON (Rhône). 1
—   —   MARSEILLE (Bouches-du-Rhône) 1
—   —   NANTES, place de La Bourse. — Nantes (Loire-Inférieure) . 1
—   —   ROUEN (Seine-Inférieure) 1
CHANTRE (Ernest), sous-Directeur du Muséum des sciences naturelles, 37, cours
Morand. — Lyon (Rhône). 1
CHARCOT (Jean, Martin), Membre de l'Institut et de l'Académie de Médecine, Professeur
à la Faculté de Médecine, Médecin des Hôpitaux de Paris (*Décédé*). 1
CHASLES, Membre de l'Institut (*Décédé*). 2
Dr CHAUVEAU (Auguste), Membre de l'Institut et de l'Académie de Médecine, Inspecteur
général des Écoles nationales vétérinaires, Professeur au Muséum d'histoire naturelle,
10, avenue Jules-Janin. — Paris 1
CHEVALIER (J.-P.), Négociant, 50, rue du Jardin-Public. — Bordeaux (Gironde) . . . 1
CLAMAGERAN (Jules), ancien Ministre des Finances, Sénateur, 57, avenue Marceau.
— Paris 1
CLERMONT (Philippe DE), sous-Directeur du Laboratoire de Chimie à la Sorbonne, 8, bou-
levard Saint-Michel. — Paris. 1
Dr CLIN (Ernest-Marie), Lauréat de la Faculté de Médecine (Prix Montyon), ancien
Interne des Hôpitaux de Paris, Membre perpétuel de la *Société chimique* (*Décédé*) . 1
CLOQUET (le Baron Jules), Membre de l'Institut (*Décédé*) 1
COLLIGNON (Édouard), Inspecteur général des Ponts et Chaussées en retraite, Exami-
nateur de sortie à l'École Polytechnique, 6, rue de Seine. — Paris. 1
COMBAL, Professeur à la Faculté de Médecine de Montpellier (*Décédé*) 1
COMBEROUSSE (Charles DE), Ingénieur des Arts et Manufactures, Professeur au Conser-
vatoire national des Arts et Métiers et à l'École centrale des Arts et Manufactures.
(*Décédé*). 1
COMBES, Inspecteur général, Directeur de l'École nationale supérieure des Mines
(*Décédé*). 1
COMPAGNIE DES CHEMINS DE FER DU MIDI, 54, boulevard Haussmann. — Paris 5
—   —   D'ORLÉANS, 8, rue de Londres. — Paris. 5
—   —   DE L'OUEST, 20, rue de Rome. — Paris 5
—   —   DE PARIS À LYON ET À LA MÉDITERRANÉE, 88, rue Saint-
Lazare. — Paris. 5
—   DES FONDERIES ET FORGES DE L'HORME, 8, rue Victor-Hugo. — Lyon (Rhône) 1
—   DES FONDERIES ET FORGES DE TERRE-NOIRE, LA VOULTE ET BESSÈGES (*Dissoute*)
—   DU GAZ DE LYON, 7, rue de Savoie. — Lyon (Rhône) 1
—   PARISIENNE DU GAZ, 6, rue Condorcet. — Paris 4
—   DES MESSAGERIES MARITIMES, 1, rue Vignon. — Paris. 1
—   DES MINERAIS DE FER MAGNÉTIQUE DE MOKTA-EL-HADID (le Conseil d'admi-
nistration de la), 26, avenue de L'Opéra. — Paris 1
—   DES MINES, FONDERIES ET FORGES D'ALAIS, 7, rue Blanche. — Paris. . . . 1
—   DES MINES DE HOUILLE DE BLANZY (Jules CHAGOT et Cie), à Montceau-les-
Mines (Saône-et-Loire) et 44, rue des Mathurins. — Paris 1
—   DES MINES DE ROCHE-LA-MOLIÈRE ET FIRMINY; 13, rue de La République.
— Lyon (Rhône) 1
—   DES SALINS DU MIDI, 84, rue de La Victoire. — Paris 2
—   GÉNÉRALE DES VERRERIES DE LA LOIRE ET DU RHÔNE (*Dissoute*) 1
COPPET (Louis DE), Chimiste, villa Irène, rue Magnan. — Nice (Alpes-Maritimes). . . 1
CORNU (Alfred), Membre de l'Institut et du Bureau des Longitudes, Ingénieur en chef
des Mines, Professeur à l'École Polytechnique, 9, rue de Grenelle. — Paris. . . . 1
COSSON, Membre de l'Institut et de la *Société botanique de France* (*Décédé*). 1
COURTOIS DE VIÇOSE, 3, rue Mage. — Toulouse (Haute-Garonne). 1
COURTY, Professeur à la Faculté de Médecine de Montpellier (*Décédé*) 1
CROUAN (Fernand), Armateur, vice-Président honoraire de la Chambre de Commerce
de Nantes, 8, rue de Monceau. — Paris 1
DAGUIN (Ernest), ancien Président du Tribunal de Commerce de la Seine, Adminis-
trateur de la *Compagnie des Chemins de fer de l'Est* (*Décédé*). 1
DALLIGNY (A.), ancien Maire du VIIIe arrondissement, 5, rue Lincoln. — Paris. . . 1
DANTON, Ingénieur civil des Mines, 6, rue du Général-Henrion. — Neuilly-sur-Seine
(Seine). 1
DAVILLIER, Banquier (*Décédé*) 1

DEGOUSÉE (Edmond), Ingénieur des Arts et Manufactures, 164, boulevard Haussmann.
— Paris. 1
DELAUNAY, Membre de l'Institut, Ingénieur des Mines, Directeur de l'Observatoire
national *(Décédé)*. 1
Dr DELORE (Xavier), Correspondant national de l'Académie de Médecine, Agrégé à la
Faculté de Médecine, ancien Chirurgien en Chef de la Charité, 22, rue Saint-Joseph.
— Lyon (Rhône) 1
DEMARQUAY, Membre de l'Académie de Médecine *(Décédé)*. 1
DEMAY (Prosper), Entrepreneur de travaux publics *(Décédé)* 1
DEMONGEOT, Ingénieur des Mines, Maltre des requêtes au Conseil d'Etat *(Décédé)*. . . 1
DHOSTEL, Adjoint au maire du IIe arrondissement de Paris *(Décédé)*. 1
Dr DIDAY (P.), Associé national de l'Académie de Médecine, ancien Chirurgien en chef
de l'Antiquaille, Secrétaire général de la *Société de Médecine (Décédé)*. 1
DOLLFUS (Mme Auguste), 53, rue de la Côte. — Le Havre (Seine-Inférieure) 1
DOLLFUS (Auguste) *(Décédé)*. 1
DORVAULT, Directeur de la *Pharmacie centrale de France (Décédé)*. 1
DRAKE DEL CASTILLO (Emmanuel), 2, rue Balzac. — Paris. 1
DUMAS (Jean-Baptiste), Secrétaire perpétuel de l'Académie des Sciences, Membre de
l'Académie française *(Décédé)* 1
DUPUY (Eugène), ancien Sénateur, ancien Président du Conseil général de la Gironde,
109, rue Croix-de-Seguey. — Bordeaux (Gironde). 1
DUPUY DE LÔME, Membre de l'Institut, Sénateur *(Décédé)*. 1
DUPUY (Paul), Professeur à la Faculté de Médecine de Bordeaux, 16, chemin d'Eysines.
— Caudéran (Gironde) 2
DUPUY (Léon), Professeur au Lycée, 43, cours du Jardin-Public. — Bordeaux (Gironde). 1
DURAND-BILLION, ancien Architecte *(Décédé)* 1
DUVERGIER, Président de la *Société des Sciences Industrielles de Lyon (Décédé)*. . . 1
ÉCOLE MONGE (le Conseil d'administration de l') *(Dissous)* 1
ÉGLISE ÉVANGÉLIQUE LIBÉRALE (M. Charles. WAGNER, Pasteur), 91, boulevard Beau-
marchais. — Paris 1
EICHTHAL (le Baron Adolphe d'), Président honoraire du Conseil d'administration de
la *Compagnie des Chemins de fer du Midi (Décédé)*. 10
ENGEL (Michel), Relieur, 91, rue du Cherche-Midi. — Paris. 1
ERRARDT-SCHIEBLE, Graveur *(Décédé)* 1
ESPAGNY (le Comte d'), Trésorier-payeur général du Rhône *(Décédé)* 1
FAURE (Lucien), Président de la Chambre de Commerce de Bordeaux *(Décédé)*. . . . 1
FRÉMY (Mme Edmond) *(Décédée)* 1
FRÉMY (Edmond), Membre de l'Institut, Directeur et Professeur honoraire du Muséum
d'histoire naturelle *(Décédé)*. 1
FRIEDEL (Mme Charles) (née Combes), 9, rue Michelet. — Paris. 1
FRIEDEL (Charles), Membre de l'Institut, Professeur à la Faculté des Sciences de Paris
(Décédé). 1
FROSSARD (Charles), vice-Président de la *Société Ramond*, 14, rue Ballu. — Paris . . . 1
Dr FUMOUZE (Armand), Pharmacien de 1re classe, 78, rue du Faubourg-Saint-Denis
— Paris. 1
GALANTE (Émile), Fabricant d'instruments de chirurgie, 2, rue de l'École-de-Méde-
cine. — Paris 1
GALLINE (P.), Banquier, Président de la Chambre de Commerce de Lyon *(Décédé)*. . 1
GARIEL (C.-M.), Professeur à la Faculté de Médecine, Membre de l'Académie de Mé-
decine, Ingénieur en chef, Professeur à l'École nationale des Ponts et Chaussées,
6, rue Édouard-Detaille (avenue de Villiers). — Paris. 1
GAUDRY (Albert), Membre de l'Institut, Professeur au Muséum d'histoire naturelle,
7 *bis*, rue des Saints-Pères. — Paris. 1
GAUTHIER-VILLARS (Albert), Imprimeur-Éditeur, ancien Élève de l'École Polytechnique.
(Décédé). 1
GEOFFROY-SAINT-HILAIRE (Albert), ancien Directeur du Jardin zoologique d'acclimatation,
ancien Président de la *Société nationale d'Acclimatation de France*, 7, rue Lau-
riston. — Paris 1
GERMAIN (Henri), Membre de l'Institut, ancien Député, Président du Conseil
d'administration du *Crédit Lyonnais*, 89, rue du Faubourg-Saint-Honoré. — Paris. 1
GERMAIN (Philippe), 33, place Bellecour. — Lyon (Rhône). 1
GILLET (fils aîné), Teinturier, 9, quai de Serin. — Lyon (Rhône) 1
Dr GINTRAC (père), Correspondant de l'Institut *(Décédé)* 1

Girard (Aimé), Membre de l'Institut, Professeur au Conservatoire national des Arts et Métiers et à l'Institut national agronomique *(Décédé)*. 1
Girard (Charles), Chef du laboratoire municipal de la Préfecture de Police, 2, rue de La Cité. — Paris. 1
Goldschmidt (Frédéric), Rentier, 33, rue de Lisbonne. — Paris 1
Goldschmidt (Léopold), Banquier, 10, rue Murillo. — Paris. 1
Goldschmidt (S.-H.) *(Décédé)* 1
Gouin (Ernest), Ingénieur, ancien Élève de l'École Polytechnique, Régent de la *Banque de France (Décédé)* 1
Gounouilhou (G.), Imprimeur, 11, rue Guiraude. — Bordeaux (Gironde) 1
Dr Grimoux (Henri), Médecin honoraire des Hôpitaux. — Beaufort (Maine-et-Loire) . 1
Grison (Charles), Pharmacien *(Décédé)*. 1
Gruner, Inspecteur général des Mines *(Décédé)*. 1
Gubler, Professeur à la Faculté de Médecine de Paris, Membre de l'Académie de Médecine *(Décédé)* 1
Dr Guérin (Alphonse), Membre de l'Académie de Médecine *(Décédé)* 1
Guiche (le Marquis de la) *(Décédé)*. 1
Guilleminet (André), Membre des Sociétés de Pharmacie, Fabricant-Propriétaire des Produits pharmaceutiques de Macors, 30, rue Saint-Jean. — Lyon (Rhône). . . . 1
Guimet (Émile), Négociant (Musée Guimet), avenue d'Iéna. — Paris 1
Hachette et Cie, Libraires-Éditeurs, 79, boulevard Saint-Germain. — Paris. 1
Hadamard (David), Négociant en Diamants, 53, rue de Châteaudun. — Paris. 1
Haton de la Goupillière (J.-N.), Membre de l'Institut, Inspecteur général, Directeur de l'École nationale supérieure des Mines, 60, boulevard Saint-Michel. — Paris. . 1
Haussonville (le Comte d'), Membre de l'Académie française, Sénateur *(Décédé)* . . 1
Hecht (Étienne), Négociant *(Décédé)*. 1
Hentsch, Banquier *(Décédé)*. 2
Hillel frères, 2, avenue Marceau. — Paris 2
Hottinguer, Banquier, 38, rue de Provence. — Paris. 1
Houel (Jules), ancien Ingénieur de la *Compagnie de Fives-Lille*, ancien Élève de l'École centrale des Arts et Manufactures *(Décédé)* 1
Hovelacque (Abel), Professeur à l'*École d'anthropologie*, ancien Député *(Décédé)* . . 1
Dr Hureau de Villeneuve (Abel), Lauréat de l'Institut *(Décédé)*. 1
Huyot, Ingénieur des Mines, Directeur de la *Compagnie des Chemins de fer du Midi (Décédé)* 1
Jacquemart (Frédéric), ancien Négociant *(Décédé)*. 1
Jameson (Conrad), Banquier, ancien Élève de l'École centrale des Arts et Manufactures, 115, boulevard Malesherbes. — Paris. 1
Javal, Membre de l'Assemblée nationale *(Décédé)*. 1
Johnston (Nathaniel), ancien Député, 18, cours du Pavé des Chartrons. — Bordeaux (Gironde). 1
Juglar (Mme Joséphine), 58, rue des Mathurins. — Paris. 1
Kann, Banquier *(Décédé)*. 1
Kœnigswarter (Antoine) *(Décédé)* 1
Kœnigswarter (le Baron Maximilien de), ancien Député *(Décédé)* 1
Krantz (Jean-Baptiste), Inspecteur général honoraire des Ponts et Chaussées, Sénateur *(Décédé)*. 1
Kuhlmann (Frédéric), Correspondant de l'Institut *(Décédé)*. 1
Kuppenheim (J.), Négociant, Membre du Conseil des Hospices de Lyon *(Décédé)* . . . 1
Dr Lagneau (Gustave), Membre de l'Académie de Médecine *(Décédé)*. 1
Lalande (Armand), Négociant *(Décédé)*. 1
Lamé-Fleury (E.), ancien Conseiller d'État, Inspecteur général des Mines en retraite, 62, rue de Verneuil. — Paris. 1
Lamy (Ernest), ancien Banquier, 113, boulevard Haussmann. — Paris 1
Lan, Ingénieur en chef des Mines, Directeur *de la Compagnie des Forges de Châtillon et Commentry (Décédé)* 2
Lapparent (Albert de), Membre de l'Institut, ancien Ingénieur des Mines, Professeur à l'École libre des Hautes-Etudes, 3, rue de Tilsitt. — Paris 1
Dr Larrey (le Baron Félix, Hippolyte), Membre de l'Institut et de l'Académie de Médecine, ancien Président du Conseil de Santé des Armées *(Décédé)*. 1
Laurencel (le Comte de) *(Décédé)*. 1
Lauth (Charles), Directeur de l'École municipale de Physique et de Chimie industrielles, Administrateur honoraire de la Manufacture nationale de porcelaines de Sèvres, 36, rue d'Assas. — Paris 1

LE CHATELIER, Inspecteur-général des Mines *(Décédé)*. 1
LECONTE, Ingénieur civil des Mines *(Décédé)*. 2
LECOQ DE BOISBAUDRAN (François), Correspondant de l'Institut, 113, rue de Long-
    champ. — Paris 1
LE FORT (Léon), Professeur à la Faculté de Médecine de Paris, Membre de l'Académie
    de Médecine, Chirurgien des Hôpitaux de Paris *(Décédé)*. 1
LE MARCHAND (Augustin), Ingénieur, les Chartreux.— Petit-Quévilly (Seine-Inférieure). 1
LEMONNIER (Paul, Hippolyte), Ingénieur, ancien Élève de l'École Polytechnique
    (Décédé). 1
LÈQUES (Henri, François), Ingénieur géographe, Membre de la *Société de Géographie*.
    — Nouméa (Nouvelle-Calédonie). 1
LESSEPS (le Comte Ferdinand DE), Membre de l'Académie française et de l'Académie
    des Sciences, Président-fondateur de la *Compagnie universelle du Canal maritime
    de l'Isthme de Suez (Décédé)*. 1
LEUDET (Mme Ve Émile), 11, rue de Longchamp. — Nice (Alpes-Maritimes) 1
Dr LEUDET (Émile), Correspondant de l'Académie des Sciences, Membre associé national
    de l'Académie de Médecine, Directeur de l'École de Médecine de Rouen *(Décédé)* . 1
LEVALLOIS (J.), Inspecteur général des Mines en retraite *(Décédé)*. 1
LE VERRIER (U., J.), Membre de l'Institut, Directeur de l'Observatoire national, Fonda-
    teur et Président de l'*Association scientifique de France (Décédé)* 1
LÉVY-CRÉMIEUX, Banquier *(Décédé)*. 1
LOCHE (Maurice), Ingénieur en chef des Ponts et Chaussées, 24, rue d'Offémont.— Paris. 1
LORTET (Louis), Correspondant de l'Institut, Doyen de la Faculté de Médecine, Direc-
    teur du Muséum des sciences naturelles, 15, quai de L'Est. — Lyon (Rhône) . . 1
LUGOL (Édouard), Avocat, 11, rue de Téhéran. — Paris. 1
LUTSCHER (A.), Banquier, 22, place Malesherbes. — Paris. 2
LUZE (DE) (père), Négociant *(Décédé)*. 1
Dr MAGITOT (Émile), Membre de l'Académie de Médecine *(Décédé)*. 1
MANGINI (Lucien), Ingénieur civil, ancien Sénateur *(Décédé)*. 1
MANNBERGER, Banquier *(Décédé)*. 1
MANNHEIM (le Colonel Amédée), Professeur à l'École Polytechnique, 1, boulevard
    Beauséjour. — Paris 1
MANSY (Eugène), Négociant, 15, rue Maguelonne. — Montpellier (Hérault) 1
MARÈS (Henri), Correspondant de l'Institut, Ingénieur des Arts et Manufactures, 3, place
    Castries. — Montpellier (Hérault) 1
MARTINET (Émile), ancien Imprimeur *(Décédé)*. 1
MARVEILLE DE CALVIAC (Jules DE), château de Calviac. — Lasalle (Gard) 1
MASSON (Georges), Libraire de l'Académie de Médecine, Président de la Chambre de
    Commerce, *(Décédé)* 1
M. E. (anonyme) *(Décédé)* 1
MÉNIER, Membre de la Chambre de Commerce de Paris, Député et Membre du Conseil
    général de Seine-et-Marne *(Décédé)*. 10
MERLE (Henri) *(Décédé)* 1
MERZ (John, Théodore), Docteur en Philosophie, the Quarries. — Newcastle-on-Tyne
    (Angleterre) 1
MEYNARD (J., J.), Ingénieur en chef des Ponts et Chaussées en retraite *(Décédé)*. . . 1
MILNE-EDWARDS (H.), Membre de l'Institut, Doyen de la Faculté des Sciences de Paris,
    Président de l'*Association scientifique de France (Décédé)* 1
MIRABAUD (Robert), Banquier, 56, rue de Provence. — Paris 1
Dr MONOD (Charles), Membre de l'Académie de Médecine, Agrégé à la Faculté de
    Médecine, Chirurgien des Hôpitaux, 12, rue Cambacérès. — Paris 1
MONY (C.), ancien Ingénieur du *Chemin de fer de Saint-Germain*, Directeur des *Houil-
    lères de Commentry (Décédé)* 1
MOREL D'ARLEUX (Charles), Notaire honoraire, 13, avenue de L'Opéra. — Paris . . . 1
Dr NÉLATON, Membre de l'Institut *(Décédé)* 1
NOTTIN (Lucien), 4, quai des Célestins. — Paris 1
OLLIER (Léopold), Correspondant de l'Institut, Professeur à la Faculté de Médecine,
    Associé national de l'Académie de Médecine, ancien Chirurgien titulaire de l'Hôtel-
    Dieu *(Décédé)*. 1
OPPENHEIM (frères), Banquiers *(Décédés)*. 2
PARMENTIER (le Général Théodore), 5, rue du Cirque. — Paris 1
PARRAN (Alphonse), Ingénieur en chef des Mines en retraite, Directeur de la *Compagnie
    des minerais de fer magnétique de Mokta-el-Hadid*, 26, avenue de L'Opéra.— Paris . 1

PARROT, Professeur à la Faculté de Médecine de Paris, Membre de l'Académie de Médecine *(Décédé)* 1
PASTEUR (Louis), Membre de l'Académie française, de l'Académie des Sciences et de l'Académie de Médecine *(Décédé)* 1
PENNÈS (J., A.), ancien Fabricant de produits chimiques et hygiéniques *(Décédé)*. . . 1
PERDRIGEON DU VERNIER (J.), ancien Agent de change. — Chantilly (Oise). 1
PERROT (Adolphe), Docteur ès sciences, ancien Préparateur de Chimie à la Faculté de Médecine de Paris *(Décédé)*. 2
PEYRE (Jules), ancien Banquier, 6, rue Deville. — Toulouse (Haute-Garonne). 1
PIAT (Albert), Constructeur-mécanicien, 85, rue Saint-Maur. — Paris. 1
PIATON, Président du Conseil d'administration des Hospices de Lyon *(Décédé)*. 1
PICCIONI (Antoine) *(Décédé)* 2
POIRRIER (Alcide), Fabricant de produits chimiques, Sénateur de la Seine, 22, avenue Hoche. — Paris 2
POLIGNAC (le Prince Camille DE). — Radmansdorf (Carniole) (Autriche-Hongrie). . . 1
POMMERY (Louis), Négociant en vins de Champagne, 7, rue Vauthier-le-Noir. — Reims (Marne) 1
POTIER (Alfred), Membre de l'Institut, Ingénieur en chef des Mines, Professeur à l'École Polytechnique, 89, boulevard Saint-Michel. — Paris 1
POUPINEL (Jules), Membre du Conseil général de Seine-et-Oise *(Décédé)* 1
POUPINEL (Paul) *(Décédé)* 1
PROT (Paul), Président du Syndicat de la Parfumerie française, 65, rue Jouffroy. — Paris 1
QUATREFAGES DE BRÉAU (Armand DE), Membre de l'Institut et de l'Académie de Médecine, Professeur au Muséum d'histoire naturelle *(Décédé)* 1
QUÉVILLON (Fernand), Colonel-Commandant le 144e Régiment d'infanterie, Breveté d'État-Major, 33, rue de Strasbourg. — Bordeaux (Gironde) 1
RAOUL-DUVAL (Fernand), Régent de la *Banque de France*, Président du Conseil d'administration de la *Compagnie Parisienne du Gaz* *(Décédé)* 1
RÉCIPON (Émile), Propriétaire, Député d'Ille-et-Vilaine *(Décédé)*. 1
REINACH (Herman-Joseph), Banquier *(Décédé)* 1
RENARD (Charles), Ingénieur chimiste *(Décédé)*. 1
RENOUARD (Mme Alfred), 49, rue Mozart. — Paris. 1
RENOUARD (Alfred), Ingénieur civil, Administrateur de *Sociétés techniques*, 49, rue Mozart. — Paris. 1
RENOUVIER (Charles), Publiciste, ancien Élève de l'École Polytechnique, 37, rue des Remparts-Villeneuve. — Perpignan (Pyrénées-Orientales) 1
RIAZ (Auguste DE), Banquier, 10, quai de Retz. — Lyon (Rhône). 1
Dr RICORD, Membre de l'Académie de Médecine, Chirurgien honoraire de l'Hôpital du Midi *(Décédé)*. 1
RIFFAUT (le Général) *(Décédé)* 1
RIGAUD (Mme Ve Francisque), 8, rue Vivienne. — Paris 1
RIGAUD (Francisque), Fabricant de produits chimiques, ancien Député, Membre du Conseil général de la Seine *(Décédé)* 1
RISLER (Charles), Chimiste, Maire du VIIe arrondissement, 39, rue de l'Université. — Paris 1
ROCHETTE (Ferdinand DE LA), Ingénieur-Directeur des *Hauts Fourneaux et Fonderies de Givors* *(Décédé)*. 1
ROLLAND, Membre de l'Institut, Directeur général honoraire des Manufactures de l'État *(Décédé)* 1
Dr ROLLET de L'YSLE *(Décédé)* 1
ROSIERS (DES), Propriétaire *(Décédé)* 1
ROTHSCHILD (le Baron Alphonse DE), Membre de l'Institut, 2, rue Saint-Florentin. — Paris. 1
Dr ROUSSEL (Théophile), Membre de l'Institut et de l'Académie de Médecine, Sénateur et Président du Conseil général de la Lozère, 71, rue du Faubourg-Saint-Honoré. — Paris. 1
ROUVIÈRE (Albert), Ingénieur des Arts et Manufactures, Propriétaire-Agriculteur. — Mazamet (Tarn) 1
SAINT-PAUL DE SAINÇAY, Directeur de la *Société de la Vieille-Montagne* *(Décédé)*. . . . 1
SALET (Georges), Maître de Conférences à la Faculté des Sciences de Paris *(Décédé)*. . . 1
SALLERON, Constructeur *(Décédé)*. 1
SALVADOR (Casimir) *(Décédé)*. 2

Sauvage, Directeur de la *Compagnie des Chemins de fer de l'Est (Décédé)*. 2
Say (Léon), Membre de l'Académie française et de l'Académie des Sciences morales
  et politiques, Député des Basses-Pyrénées *(Décédé)* 1
Scheurer-Kestner (Auguste), Sénateur *(Décédé)*. 1
Schrader (Ferdinand), ancien Directeur des classes de la *Société philomathique
  de Bordeaux (Décédé)*. 1
Dr Sédillot (C.), Membre de l'Institut, ancien Médecin-Inspecteur général des armées,
  Directeur de l'École militaire de santé de Strasbourg *(Décédé)*. 1
Serret, Membre de l'Institut *(Décédé)*. 1
Dr Seynes (Jules de), Agrégé à la Faculté de Médecine, 15, rue Chanaleilles.
  — Paris 1
Siéber (H.-A.), 352, rue Saint-Honoré. — Paris 1
Silva (R., D.), Professeur à l'École centrale des Arts et Manufactures, ancien Professeur
  à l'École municipale de Physique et de Chimie industrielles *(Décédé)*. 1
Société anonyme des Houillères de Montrambert et de la Béraudière, 70, rue de
  L'Hôtel-de-Ville. — Lyon (Rhône) 1
Société anonyme des Forges et Chantiers de la Méditerranée, 1 et 3, rue Vignon.
  — Paris. 1
Société des Ingénieurs civils de France, 19, rue Blanche. — Paris. 1
Société générale des Téléphones, 9, place de La Bourse. — Paris 1
Solvay (Ernest), Industriel, Sénateur, 45, rue des Champs-Élysées. — Bruxelles (Belgique). 1
Solvay et Cie, Usine de produits chimiques de Varangéville-Dombasle par Dombasle
  (Meurthe-et-Moselle). 2
Strzelecki (le Général Casimir) *(Décédé)* 1
Dr Suchard, 85, boulevard de Port-Royal. — Paris, et l'été aux Bains de Lavey
  (Vaud) (Suisse). 1
Surell, Ingénieur en chef des Ponts et Chaussées en retraite, Administrateur de la
  Compagnie des Chemins de fer du Midi (Décédé). 1
Talabot (Paulin), Directeur général de la *Compagnie des Chemins de fer de Paris à
  Lyon et à la Méditerranée (Décédé)* 1
Thénard (le Baron Paul), Membre de l'Institut *(Décédé)*. 1
Tissié-Sarrus, Banquier, 2, rue du Petit-Saint-Jean. — Montpellier (Hérault) . . . 1
Tourasse (Pierre-Louis), Propriétaire *(Décédé)* 8
Trébucien (Ernest), Manufacturier, 25, cours de Vincennes. — Paris. 1
Vautier (Émile), Ingénieur civil *(Décédé)*. 1
Verdet (Gabriel), ancien Président du Tribunal de Commerce. — Avignon (Vaucluse). 1
Vernes (Félix), Banquier *(Décédé)* 1
Vernes d'Arlandes (Théodore) *(Décédé)* 1
Verrier (J. F. G.), Membre de plusieurs Sociétés savantes *(Décédé)*. 1
Vignon (Jules), Rentier, 45, avenue de Noailles. — Lyon (Rhône) 1
Ville d'Ernée (Mayenne). 1
Ville de Marseille (Bouches-du-Rhône). 1
Ville de Reims (Marne). 1
Ville de Rouen (Seine-Inférieure). 1
Dr Voisin (Auguste), Médecin des Hôpitaux *(Décédé)*. 1
Wallace (Sir Richard) *(Décédé)*. 2
Worms de Romilly, ancien Président de la *Société française de Physique*, 25, avenue
  Montaigne. — Paris 1
Wurtz (Adolphe), Membre de l'Institut, Professeur à la Faculté de Médecine et à la
  Faculté des Sciences de Paris, Sénateur *(Décédé)* 1
Wurtz (Théodore), Propriétaire *(Décédé)*. 1
Yver (Paul), Manufacturier, ancien Élève de l'École Polytechnique. — Briare (Loiret). 1

MEMBRES A VIE

Abbe (Cleveland), Météor., Weather-Bureau, department of Agriculture. — Washington-
  City (Etats-Unis d'Amérique).
Aduy (Eugène), Prop., 27, quai Vauban. — Perpignan (Pyrénées-Orientales).
Albertin (Michel), Pharm. de 1re cl., Dir. de *la Comp. des Eaux min.* et Maire de
  Saint-Alban, rue de L'Entrepôt. — Roanne (Loire).
Allard (Hubert), Pharm. de 1re cl., Prop. — Neuvy par Moulins (Allier).

ALPHANDERY (Eugène), 57, rue Sylvabelle. — Marseille (Bouches-du-Rhône).
ANGOT (Alfred), Doct. ès. sc., Météorol. tit. au Bureau cent. météor. de France, 12, avenue de L'Alma. — Paris.
APPERT (Aristide), anc. Indust., 58, rue Ampère. — Paris.
ARBEL (Antoine), Maître de forges. — Rive-de-Gier (Loire).
ARLOING (Saturnin), Corresp. de l'Inst. et de l'Acad. de Méd., Prof. à la Fac. de Méd., Dir. de l'Éc. nat. vétér., 2, quai Pierre-Scize. — Lyon (Rhône).
Dr ARNAUD (Henri), 5, rue Saint-Pierre. — Montpellier (Hérault).
ARNOULD (Charles), Nég., Mem. du Cons. gén., 23, rue Thiers. — Reims (Marne).
ARNOUX (Louis-Gabriel), anc. Of. de marine. — Les Mées (Basses-Alpes).
ARNOUX (René), anc. Ing. des ateliers Bréguet, anc. Ing.-Conseil de la *Comp. continentale Edison*, 16, rue de Berlin. — Paris.
ARVENGAS (Albert), Lic. en droit, 1, rue Raimond-Lafage. — Lisle-d'Albi (Tarn).
ASSOCIATION POUR L'ENSEIGNEMENT DES SCIENCES ANTHROPOLOGIQUES (École d'anthropologie), 15, rue de L'École-de-Médecine. — Paris.
BABINET (André), Ing. en chef des P. et Ch., 5, rue Washington. — Paris.
BAILLE (Mme J.-B., Alexandre), 26, rue Oberkampf. — Paris.
BAILLOU (André), Prop., 96, rue Croix-de-Seguey. — Bordeaux (Gironde).
BARABANT (Roger), Ing. en chef des P. et Ch., Dir. de la *Comp. des Chem. de fer de l'Est*, 14, rue de Clichy. — Paris.
BARD (Louis), Prof. de Clin. médic. à l'Univ., 6, rue Bellot. — Genève (Suisse).
BARDIN (Mlle), 2, rue du Luminaire. — Montmorency (Seine-et-Oise).
BARGEAUD (Paul), Percept. — Royan-les-Bains (Charente-Inférieure).
BARILLIER-BEAUPRÉ (Alphonse), Juge de paix, Grande-Rue. — Champdeniers (Deux-Sèvres).
BARON (Henri), Dir. hon. de l'Admin. des Postes et Télég., 18, avenue de La Bourdonnais. — Paris.
BARON (Jean), anc. Ing. de la Marine, Ing. en chef aux *Chantiers de la Gironde*, 50, rue du Tondu. — Bordeaux (Gironde).
Dr BARROIS (Charles), Prof. à la Fac. des Sc., 37, rue Pascal. — Lille (Nord).
Dr BARROIS (Jules), Doct. ès sc., Zool., villa de Surville, Cap Brun. — Toulon (Var).
BARTAUMIEUX (Charles), Archit., Expert à la Cour d'Ap., Mem. de la *Soc. cent. des Archit. franç.*, 66, rue La Boëtie. — Paris.
BASTIDE (Scévola), Prop.-vitic., Mem. de la Ch. de Com., 11, rue Maguelonne. — Montpellier (Hérault).
BAUDREUIL (Charles DE), 29, rue Bonaparte. — Paris.
BAUDREUIL (Émile DE), anc. Cap. d'Artil., anc. Élève de l'Éc. Polytech., 9, rue du Cherche-Midi. — Paris.
BAYARD (Joseph), Pharm. de 1re cl., anc. Int. des Hôp. de Paris, Sec. de la *Soc. des Pharm. de Seine-et-Marne*, 16, rue Neuville. — Fontainebleau (Seine-et-Marne).
BAYE (le Baron Joseph DE), Mem. de la *Soc. des Antiquaires de France*, Corresp. du Min. de l'Instruc. pub., 58, avenue de La Grande-Armée. — Paris et château de Baye (Marne).
BAYSSELLANCE (Adrien), Ing. de la Marine en retraite, Présid. de la rég. Sud-Ouest du *Club Alpin français*, anc. Maire, 84, rue Saint-Genès. — Bordeaux (Gironde).
BEHAGHEL (Henri), Prop., château de Beaurepaire. — Beaumarie-Saint-Martin par Montreuil-sur-Mer (Pas-de-Calais).
BEIGBEDER (David), anc. Ing. des Poudres et Salpêtres, 125, avenue de Villiers. — Paris.
BERCHON (Mme Ve Ernest), 96, cours du Jardin-Public. — Bordeaux (Gironde).
BERGERON (Jules), Doct. ès sc., Prof. à l'Éc. cent. des Arts et Man., s.-Dir. du Lab. de Géol. de la Fac. des Sc., 157, boulevard Haussmann. — Paris.
Dr BERGERON (Jules), Sec. perp. de l'Acad. de Méd., 157, boulevard Haussmann. — Paris.
BERTHELOT (Eugène), Sec. perp. de l'Acad. des Sc., anc. Min., Mem. de l'Acad. française et de l'Acad. de Méd., Prof. au Col. de France, Sénateur, 3, rue Mazarine (Palais de l'Institut). — Paris.
BERTIN (Louis), Ing. en chef des P. et Ch. en retraite, 6, rue Mogador. — Paris.
BÉTHOUART (Alfred), Ing. des Arts et Man., Censeur de la *Banque de France*, anc. Maire, 5, rue Chanzy. — Chartres (Eure-et-Loir).
BÉTHOUART (Émile), Conserv. des Hypothèques, 17, rue de Patay. — Orléans (Loiret).
Dr BEZANÇON (Paul), anc. Int. des Hôp., 51, rue de Miromesnil. — Paris.
BIBLIOTHÈQUE-MUSÉE, 10, rue de l'État-Major. — Alger.
BIBLIOTHÈQUE PUBLIQUE DE LA VILLE, Grande-Rue. — Boulogne-sur-Mer (Pas-de-Calais).
BIBLIOTHÈQUE DE LA VILLE. — Pau (Basses-Pyrénées).
BIOCHET, Notaire hon. — Caudebec-en-Caux (Seine-Inférieure).

BLANC (Édouard), Explorateur, 52, rue de Varenne. — Paris.
BLANCHARD (Raphaël), Prof. à la Fac. de Méd., Mem. de l'Acad. de Méd., 226, boule-
vard Saint-Germain. — Paris.
BLAREZ (Charles), Prof. à la Fac. de Méd., 3, rue Gouvion. — Bordeaux (Gironde).
BLONDEL (Émile), Chim.-Manufac. — Saint-Léger-du-Bourg-Denis (Seine-Inférieure).
BOAS (Alfred), Ing. des Arts et Man., 34, rue de Châteaudun. — Paris.
Dr BOECKEL (Jules), Corresp. de l'Acad. de Méd. et de la *Soc. de Chirurg. de Paris*,
Chirurg. des Hosp. civ., Lauréat de l'Inst., 2, quai Saint-Nicolas. — Strasbourg (Alsace-
Lorraine).
BOÉSÉ (Mlle Alice), 157, rue du Faubourg-Saint-Denis. — Paris.
BOÉSÉ (Mlle Louise), 157, rue du Faubourg-Saint-Denis. — Paris.
BOÉSÉ (Jean), Nég.-Commis., 157, rue du Faubourg-Saint-Denis. — Paris.
BOÉSÉ (Maurice), 157, rue du Faubourg-Saint-Denis. — Paris.
BOFFARD (Jean-Pierre), anc. Notaire, 2, place de la Bourse. — Lyon (Rhône).
BOIRE (Émile), Ing. civ., 86, boulevard Malesherbes. — Paris.
BONNARD (Paul), Agr. de philo., Avocat à la Cour d'Ap., 66, avenue Klóber. — Paris.
BONNIER (Gaston), Mem. de l'Inst., Prof. de Botan. à la Fac. des Sc., Présid. de
la *Soc. botan. de France*, 15, rue de L'Estrapade. — Paris.
BORDET (Lucien), Insp. des Fin., anc. Élève de l'Éc. Polytech., 181, boulevard Saint-
Germain. — Paris.
Dr BONDIER (Henry), Agr. de Phys. à la Fac. de Méd., 39, rue Thomassin. — Lyon (Rhône).
BOUCHÉ (Alexandre), 68, rue du Cardinal-Lemoine. — Paris.
BOUCHEZ (Paul), de la Librairie Masson et Cie, 120, boulevard Saint-Germain. — Paris.
BOUDIN (Arthur), Princ. du Collège. — Honfleur (Calvados).
BOULARD (l'Abbé L.), Prof. au Petit-Séminaire. — Chartres (Eure-et-Loir).
BOURGERY (Henri), anc. Notaire, Mem. de la *Soc. géol. de France*, Les Capucins.
— Nogent-le-Rotrou (Eure-et-Loir).
BOUVET (Julien), Substitut du Proc. de la République. — Wassy-sur-Blaise (Haute-Marne).
Dr BOY (Philippe), 3, rue d'Espalungue. — Pau (Basses-Pyrénées).
BRAEMER (Gustave), Chim. — Izieux (Loire).
BRENOT (J.), 10, rue Bertin-Poirée. — Paris.
BRESSON (Gédéon), anc. Dir. de la *Comp. du Vin de Saint-Raphaël*, 41, rue du Tunnel.
— Valence (Drôme).
BRILLOUIN (Marcel), Prof. au Collège de France, Maître de Conf. à l'Éc. norm. sup., 31, bou-
levard de Port-Royal. — Paris.
Dr BROCA (Auguste), Agr. à la Fac. de Méd., Chirurg. des Hóp., 5, rue de L'Université.
— Paris.
BRÖLEMANN (Georges), Administ. de la *Soc. Gén.*, 52, boulevard Malesherbes. — Paris.
BROLEMANN (A., A.), anc. Présid. du Trib. de Com., 14, quai de L'Est. — Lyon (Rhône).
BRUEL (Paul), Nég., 57, rue de Châteaudun. — Paris.
BRUYANT (Charles), Lic. ès-sc. nat., Prof. sup. à l'Éc. de Méd. et de Pharm., 26, rue
Gaultier-de-Biauzat. — Clermont-Ferrand (Puy-de-Dôme).
BRUZON (Joseph) ET Cie, Ing. des Arts et Man., usine de Portillon (céruse et blanc de zinc).
— Saint-Cyr-sur-Loire par Tours (Indre-et-Loire).
BRYLINSKI (Émile), Ing. des Télég., 5, avenue Teissonnière. — Asnières (Seine).
BUISSON (Maxime), Chim., 4, rue Paul-Féval. — Paris.
CAHEN D'ANVERS (Albert), 118, rue de Grenelle. — Paris.
CAIX DE SAINT-AYMOUR (le Vicomte Amédée DE), Publiciste, anc. Mem. du Cons. gén. de
l'Oise, Mem. de plusieurs Soc. savantes, 112, boulevard de Courcelles. — Paris.
CALDERON (Fernand), Fabric. de prod. chim., 66, rue Debelleyme. — Paris.
Dr CAMUS (Fernand), 25, avenue des Gobelins. — Paris.
CARBONNIER (Louis), Représ. de com., 37, rue La Condamine. — Paris.
CARDEILHAC, anc. Juge au Trib. de Com., 20, quai de La Mégisserie. — Paris.
CARPENTIER (Jules), anc. Ing. de l'État, Succes. de Ruhmkorff, 34, rue du Luxembourg.
— Paris.
Dr CARRET (Jules), anc. Député, 2, rue Croix-d'Or. — Chambéry (Savoie).
CARTAZ (Mme A.), 39, boulevard Haussmann. — Paris.
Dr CARTAZ (A.), anc. Int. des Hóp., 39, boulevard Haussmann. — Paris.
CAUBET, Doyen de la Fac. de Méd., 44, rue d'Alsace-Lorraine. — Toulouse (Haute-
Garonne).
CAZALIS DE FONDOUCE (Paul-Louis), Ing. des Arts et Man., Sec. gén. de l'*Acad. des Sc.
et Lettres de Montpellier*, 18, rue des Étuves. — Montpellier (Hérault).

CAZENOVE (Raoul DE), Prop., 17, rue de La Charité. — Lyon (Rhône).
Dr CAZIN (Maurice), Doct. ès Sc., Chef du Lab. de la Clinique chirurg. de la Fac. de Méd. (Hôtel-Dieu), 3, rue de Villersexel. — Paris.
CAZOTTES (A., M., J.), Pharm. — Millau (Aveyron).
Dr CHABER (Pierre), 20, rue du Casino. — Royan-les-Bains (Charente-Inférieure).
CHABERT (Edmond), Ing. en chef des P. et Ch., 6, rue du Mont-Thabor. — Paris.
CHALIER (J.), 13, rue d'Aumale. — Paris.
CHAMBRE DES AVOUÉS AU TRIBUNAL DE 1re INSTANCE. — Bordeaux (Gironde).
CHAMBRE DE COMMERCE DU HAVRE. — Le Havre (Seine-Inférieure).
CHAMBRE DE COMMERCE DE SAINT-ÉTIENNE. — Saint-Étienne (Loire).
CHARCELLAY, Pharm. — Fontenay-le-Comte (Vendée).
CHARPENTIER (Augustin), Prof. à la Fac. de Méd., 31, rue Claudot — Nancy (Meurthe-et-Moselle).
CHARROPPIN (Georges), Pharm. de 1re cl. — Pons (Charente-Inférieure).
Dr CHASLIN (Philippe), anc. Int. des Hôp., Méd. de l'Hosp. de Bicêtre, 64, rue de Rennes. — Paris.
CHATEL, Avocat défens., bazar du Commerce. — Alger.
Dr CHATIN (Joannès), Mem. de l'Inst. et Mem. de l'Acad. de Méd., Prof. d'Histologie à la Fac. des Sc., 174, boulevard Saint-Germain. — Paris.
CHAUVASSAIGNE (Daniel), château de Mirefleurs par Les Martres-de-Veyre (Puy-de-Dôme).
CHAUVET (Gustave), Notaire, Présid. de la *Soc. archéol. et historique de la Charente.* — Ruffec (Charente).
CHEVREL (René), Doct. ès sc., Chef des trav. zool. à la Fac. des Sc., 2 bis, rue du Tour-de-Terre. — Caen (Calvados).
CHICANDARD (Georges), Lic. ès sc. phys., Pharm. de 1re cl., Dir. de la *Soc. anonyme des Prod. chim.* — Fontaines-sur-Saône (Rhône).
Dr CHIL-Y-NARANJO (Gregorio). — Palmas (Grand-Canaria).
CHOUËT (Alexandre), anc. Juge au Trib. de Com., 19, rue de Milan. — Paris.
CHOUILLOU (Albert), Agric., anc. Élève de l'Éc. nat. d'Agric. de Grignon. — L'Arba (départ. d'Alger).
Dr CHRISTIAN (Jules), Méd. de la Maison nat. d'aliénés de Charenton, 57, Grande-Rue. — Saint-Maurice (Seine).
CLERMONT (Philibert DE), Avocat à la Cour d'Ap., 8, boulevard Saint-Michel. — Paris.
CLERMONT (Raoul DE), Ing. agronom. diplômé de l'Inst. nat. agronom., Avocat à la Cour d'Ap., anc. Attaché d'ambassade, 79, boulevard Saint-Michel. — Paris.
Dr CLOS (Dominique), Corresp. de l'Inst., Prof. hon. de la Fac. des Sc., Dir. du Jardin des Plantes, 2, allées des Zéphirs. — Toulouse (Haute-Garonne).
CLOUZET (Ferdinand), Mem. du Cons. gén., 88, cours Victor-Hugo. — Bordeaux (Gironde).
COLLIN (Mme), 15, boulevard du Temple. — Paris.
COLLOT (Louis), Prof. à la Fac. des Sc., Dir. du Musée d'Hist. nat., 4, rue du Tillot. — Dijon (Côte-d'Or).
COMITÉ MÉDICAL DES BOUCHES-DU-RHÔNE, 3, marché des Capucines. — Marseille (Bouches-du-Rhône).
CORDIER (Henri), Prof. à l'Éc. des langues orient. vivantes, 54, rue Nicolo. — Paris.
CORNU (Mme Alfred), 9, rue de Grenelle. — Paris.
COUNORD (E.), Ing. civ., 127, cours du Médoc. — Bordeaux (Gironde).
COUPRIE (Louis), Avocat à la Cour d'Ap., 71, rue Saint-Sernin. — Bordeaux (Gironde).
COUTAGNE (Georges), Ing. des Poudres et Salpêtres, Le Défends. — Rousset (Bouches-du-Rhône).
CRAPON (Denis). Ing., 2, rue des Farges. — Lyon (Rhône).
CREPY (Eugène), Filat., 19, boulevard de La Liberté. — Lille (Nord).
CRESPIN (Arthur), Ing. des Arts et Man., Mécan., 23, avenue Parmentier. — Paris.
Dr CROS (François), Méd. princ. de 1re cl. de l'Armée en retraite, 6, rue de L'Ange. — Perpignan (Pyrénées-Orientales).
CUNISSET-CARNOT (Paul), Premier Présid. de la Cour d'Ap., 19, cours du Parc. — Dijon (Côte-d'Or).
Dr DAGRÈVE (Élie), Méd. du Lycée et de l'Hôp. — Tournon-sur-Rhône (Ardèche).
DANGUY (Paul), Lic. ès sc., Prép., de Botan. au Muséum d'hist. nat., 7, rue de L'Eure. — Paris.
DAVID (Arthur), 29, rue du Sentier. — Paris.
DECLATIGNY (Louis), Nég. en bois, 11, rue Blaise-Pascal. — Rouen (Seine-Inférieure).
DEGORCE (Marc-Antoine), Pharm. en chef de la Marine en retraite, 42, rue des Semis. — Royan-les-Bains (Charente-Inférieure).

DELAIRE (Alexis), Sec. gén. de la *Soc. d'Économ. sociale*, anc. Élève de l'Éc. Polytech., 238, boulevard Saint-Germain. — Paris.

Dr DELAPORTE, 24, rue Pasquier. — Paris.

DELATTRE (Carlos), Filat., anc. Élève de l'Éc. Polytech., 126, rue Jacquemars-Giélée. — Lille (Nord).

DELAUNAY (Henri), Ing. des Arts et Man., 39, rue d'Amsterdam. — Paris.

DELAUNAY-BELLEVILLE (Louis), Ing.-Construc., anc. Élève de l'Éc. Polytech., 17, boulevard Richard-Wallace. — Neuilly-sur-Seine (Seine).

DE L'ÉPINE (Paul), Rent., 7, rue de la Grande-Chaumière. — Paris.

DELESSE (Mme V^e), 59, rue Madame. — Paris.

DELESSERT DE MOLLINS (Eugène), anc. Prof., villa Verte-Rive. — Cully (canton de Vaud) (Suisse).

DELESTRAC (Lucien), Ing. en chef des P. et Ch., 3, rue Marengo. — Saint-Étienne (Loire).

DELMAS (Mme Ve Pauline), 5, place Longchamps. — Bordeaux (Gironde).

DELON (Ernest), Ing. des Arts et Man., 27, rue Aiguillerie. — Montpellier (Hérault).

Dr DELVAILLE (Camille). — Bayonne (Basses-Pyrénées).

DEMARÇAY (Eugène), anc. Répét. à l'Éc. Polytech., 80, boulevard Malesherbes. — Paris.

Dr DEMONCHY (Adolphe), 37, rue d'Isly. — Alger.

DENIGÈS (Georges), Prof. de Chim. biol. à la Fac. de Méd., 53, rue d'Alzon. — Bordeau. (Gironde).

DENYS (Roger), Ing. en chef des P. et Ch., 1, rue de Courty. — Paris.

DEPAUL (Henri), Agric., château de Vaublanc. — Plémet (Côtes-du-Nord).

DÉPIERRE (Joseph), Ing.-Chim. — Cernay (Alsace-Lorraine).

DERVILLÉ (Stéphane), Nég. en marbres, Présid. du Trib. de Com., 37, rue Fortuny. — Paris.

DESBOIS (Émile), 17, boulevard Beauvoisine. — Rouen (Seine-Inférieure).

DESBONNES (F.), Nég., 5, cours de Gourgues. — Bordeaux (Gironde).

DÉTROYAT (Arnaud). — Bayonne (Basses-Pyrénées).

DIDA (A.), Chim., 22, boulevard des Filles-du-Calvaire. — Paris.

DIETZ (Émile), Pasteur. — Rothau (Alsace-Lorraine).

DISLÈRE (Paul), Présid. de Sec. au Cons. d'État, anc. Ing. de La Marine, Présid. du Cons. d'admin. de l'Éc. coloniale, 10, avenue de L'Opéra. — Paris.

DOLLFUS (Gustave), Ing. des Arts et Man., Filat. — Mulhouse (Alsace-Lorraine).

DOMERGUE (Albert), Prof. à l'Éc. de Méd., 341, rue Paradis. — Marseille (Bouches-du-Rhône).

DOUAY (Léon), 1, rue Durante (villa Ninck). — Nice (Alpes-Maritimes).

DOUMERC (Jean), Ing. civ. des Mines, 61, rue d'Alsace-Lorraine. — Toulouse (Haute-Garonne).

DOUMERC (Paul), Ing. civ., 36, rue du Vieux-Raisin. — Toulouse (Haute-Garonne).

DOUVILLÉ (Henri), Ing. en chef, Prof. à l'Éc. nat. sup. des Mines, 207, boulevard Saint-Germain. — Paris.

Dr DRANSART. — Somain (Nord).

DUBOURG (Georges), Nég. en drap., 27, rue Sauteyron. — Bordeaux (Gironde).

DUCLAUX (Émile), Mem. de l'Inst. et de l'Acad. de Méd., Prof. à la Fac. des Sc. et à l'Inst. nat. agronom., 35 *bis*, rue de Fleurus. — Paris.

DUCREUX (Alfred), Nég., Consul du Paraguay, Mem. du Cons. d'arrond., 9, boulevard National. — Marseille (Bouches-du-Rhône).

DUCROCQ (Henri), Cap. d'Artil., Breveté d'Ét.-Maj., 79, avenue Bosquet. — Paris.

DUFOUR (Léon), Dir.-adj. du Lab. de Biologie végét. — Avon (Seine-et-Marne).

Dr DUFOUR (Marc), Rect., Prof. d'ophtalmol. à l'Univ., 7, rue du Midi. — Lausanne (Suisse).

DUFRESNE, Insp. gén. de l'Univ., 61, rue Pierre-Charron. — Paris.

Dr DULAC (H.), 14, boulevard Lachèze. — Montbrison (Loire).

DUMAS (Hippolyte), Indust., anc. Élève de l'Éc. Polytech. — Mousquety, par l'Isle-sur-Sorgue (Vaucluse).

DUMAS-EDWARDS (Mme J.-B.) 57, rue Cuvier. — Paris.

DUMINY (Anatole), Nég. en vins de Champagne. — Ay (Marne).

DUPLAY (Simon), Prof. à la Fac. de Méd., Mem. de l'Acad. de Méd., Chirurg. des Hôp., 10, rue Cambacérès. — Paris.

DUPONT (F.), Chim., Sec. gén. hon. de *l'Assoc. des Chim. de Sucreries et de Distilleries*, 154, boulevard Magenta. — Paris.

DUPRÉ (Anatole), Chim., 56, rue d'Ulm. — Paris.

DUPUIS (Charles), Dispacheur consult. de la marine, 3, rue Pajou. — Paris.

DUSSAUD (Élie), Prop., 31, cours Pierre-Puget. — Marseille (Bouches-du-Rhône).

DUTAILLY (Gustave), anc. Prof. à la Fac. des Sc. de Lyon, Député de la Haute-Marne, 84, rue du Rocher. — Paris.

DUVAL (Edmond), Ing. en chef des P. et Ch. en retraite, 34, avenue de Messine. — Paris.
DUVAL (Mathias), Prof. à la Fac. de Méd., Mem. de l'Acad. de Méd., Prof. d'anat. à l'Éc. nat. des Beaux-Arts, 11, cité Malesherbes (rue des Martyrs). — Paris.
EICHTHAL (Eugène D'), Admin. de la *Comp. des Chem. de fer du Midi*, 144, boulevard Malesherbes. — Paris.
EICHTHAL (Louis D'), château des Bézards. — Sainte-Geneviève-des-Bois, par Châtillon-sur-Loing (Loiret).
ÉLIE (Eugène), Manufac., 50, rue de Caudebec. — Elbeuf-sur-Seine (Seine-Inférieure).
ELISEN, Ing., Admin. de la *Comp. gén. Transat.*, 153, boulevard Haussmann. — Paris.
ELLIE (Raoul), Ing. des Arts et Man. — Cavignac (Gironde).
ESPOUS (le Comte Auguste D'), rue Salle-de-l'Évêque. — Montpellier (Hérault).
EYSSÉRIC (Joseph), Artiste-Peintre, 14, rue Duplessis. — Carpentras (Vaucluse).
FABRE (Georges), Insp. des Forêts, anc. Élève de l'Éc. Polytech., 28, rue Ménard. — Nîmes (Gard).
FAURE (Alfred), Prof. d'Hist. nat. à l'Éc. nat. vétér., anc. Député, 11, rue d'Algérie. — Lyon (Rhône).
FERRY (Émile), Nég., anc. Présid. du Trib. de Com., Présid. du Cons. gén. de la Seine-Inférieure, 21, boulevard Cauchoise. — Rouen (Seine-Inférieure).
FICHEUR (Émile), Doct. ès Sc., Prof. de Géog. à l'Éc. prép. à l'Ens. sup. des Sc., Dir. adj. du Serv. géol. de l'Algérie, 77, rue Michelet. — Alger-Mustapha.
FIÈRE (Paul), Archéol., Mem. corresp. de la *Soc. franç. de Numism. et d'Archéol.* — Saïgon (Cochinchine).
FISCHER DE CHEVRIERS, Prop., 23, rue Vernet. — Paris.
FLANDIN, Prop., 29, avenue d'Antin. — Paris.
FORTEL (A.) (fils), Prop., 7, rue Noël. — Reims (Marne).
FOURNIER (Alfred), Prof. à la Fac. de Méd., Mem. de l'Acad. de Méd., Méd. des Hôp., 77, rue de Miromesnil. — Paris.
Dr FRANÇOIS-FRANCK (Charles, Albert), Mem. de l'Acad. de Méd., Prof. sup. au Col. de France, 5, rue Saint-Philippe-du-Roule. — Paris.
Dr FROMENTEL (Louis, Édouard DE). — Gray (Haute-Saône).
FRON (Georges), Répét. à l'Inst. nat. agronom., 19, rue de Sèvres. — Paris.
GARDÈS (Louis, Frédéric, Jean), Notaire, anc. Élève de l'Éc. nat. sup. des Mines, 7, rue Saint-Georges. — Montauban (Tarn-et-Garonne).
GARIEL (Mme C.-M.), 6, rue Édouard-Detaille (avenue de Villiers). — Paris.
GARNIER (Ernest), anc. Présid. de la *Soc. indust. de Reims*, 4, rue Bréguet. — Paris.
GARREAU (L.-Philippe), Cap. de frégate en retraite, 1, rue Floirac. — Agen (Lot-et-Garonne) et, l'hiver, 62, boulevard Malesherbes. — Paris.
GASQUETON (Mme Georges), château Capbern. — Saint-Estèphe-Médoc (Gironde).
GATINE (Albert), Insp. des fin., 1, rue de Beaune. — Paris.
Dr GAUBE (Jean), 12, rue Léonie. — Paris.
GAUTHIER-VILLARS (Albert), Imp.-Édit., anc. Élève de l'Éc. Polytech., 55, quai des Grands-Augustins. — Paris.
GAUTHIOT (Charles), Sec. gén. de la *Soc. de Géog. com. de Paris*, Mem. du Cons. sup. des colonies, 63, boulevard Saint-Germain. — Paris.
Dr GAUTIER (Georges), Dir. du Lab. d'Électrothérap. et de la *Revue internat. d'Électrothérap.*, 13, rue Auber. — Paris.
GAYON (Ulysse), Corresp. de l'Inst., Doyen de la Fac. des Sc., Dir. de la Stat. agronom., 7, rue Duffour-Dubergier. — Bordeaux (Gironde).
GELIN (l'Abbé Émile), Doct. en philo. et en théolog., Prof. de math. sup. au col. de Saint-Quirin. — Huy (Belgique).
GENESTE (Mme Philippe), château de Chapeau Cornu.— Vignieu par la Tour-du-Pin (Isère).
GENSOUL (Paul), Ing. des Arts et Man., 42, rue Vaubecour. — Lyon (Rhône).
GERBEAU, Prop., 13, rue Monge. — Paris.
GÉRENTE (Mme Paul), 19, boulevard Beauséjour. — Paris.
Dr GÉRENTE (Paul), Méd. dir. hon. des asiles pub. d'aliénés, Sénateur d'Alger, 19, boulevard Beauséjour. — Paris.
Dr GIARD (Alfred), Mem. de l'Inst., Prof. à la Fac. des Sc., Maître de conf. à l'Éc. norm. sup., anc. Député, 14, rue Stanislas. — Paris.
GIGANDET (Eugène) (fils), Nég., 16, rue Montaux. — Marseille (Bouches-du-Rhône).
GILBERT (Armand), Présid. de Chambre à la Cour d'Ap., 12, rue Vauban. — Dijon (Côte-d'Or).
GIRARD (Julien), Pharm. maj. en retraite, 3, boulevard Bourdon. — Paris.

GIRAUD (Louis). — Saint-Péray (Ardèche).

GOBIN (Adrien), Insp. gén. hon. des P. et Ch., 8, quai d'Occident. — Lyon (Rhône).

GODARD (Félix), Ing. de la Marine hors cadres, 3, rue Lantonnet. — Paris.

Dr GORDON Y DE ACOSTA (D. Antonio DE), Présid. de l'*Acad. des Sc. médic.*, *phys. et nat.*, esq. à Amargura. — La Havane (Ile de Cuba).

GOUVILLE (Gustave), Mem. du Cons. gén., rue Sivard. — Carentan (Manche).

Dr GRABINSKI (Boleslas). — Neuville-sur-Saône (Rhône).

GRANDIDIER (Alfred), Memb. de l'Inst., 6, rond-point des Champs-Élysées. — Paris.

GRIMAUD (Émile), Imprim., 4, place du Commerce. — Nantes (Loire-Inférieure).

Dr GUÉRHARD (Adrien), Lic. ès sc. math. et phys., Agr. de Phys. des Fac. de Méd. — Saint-Vallier-de-Thiey (Alpes-Maritimes).

Dr GUERNE (le Baron Jules DE), Natur., Sec. gén. de la *Soc. nat. d'Acclimat. de France*, 6, rue de Tournon. — Paris.

GUÉZARD (Mme Jean-Marie), 16, rue des Écoles. — Paris.

GUÉZARD (Jean-Marie), Prop., 16, rue des Écoles. — Paris.

GUIEYSSE (Paul), Ing. hydrog. de la Marine, anc. Min., Député du Morbihan, 42, rue des Écoles. — Paris.

GUILMIN (Mme Ve), 8, boulevard Saint-Marcel. — Paris.

GUILMIN (Ch.), 8, boulevard Saint-Marcel. — Paris.

GUY (Louis), Nég., 232, rue de Rivoli. — Paris.

GUYOT (Mme Raphaël), 11, rue de Montataire. — Creil (Oise).

GUYOT (Raphaël), Pharm. de 1re cl., 11, rue de Montataire. — Creil (Oise).

HALLER-COMON (Albin), Memb. de l'Inst. et de l'Acad. de Méd., Prof. de Chim. organique à la Fac. des Sc., 1, rue Le Goff. — Paris.

HALLETTE (Albert), Fabric. de sucre. — Le Cateau (Nord).

HAMARD (l'Abbé Pierre, Jules), Chanoine, 6, rue du Chapitre. — Rennes (Ille-et-Vilaine).

HEITZ (Paul), Ing. des Arts et Man., anc. Élève de l'Éc. libr. des Sc. polit., Avocat à la Cour d'Ap., 29, rue Saint-Guillaume. — Paris.

HENRY (Louis, Isidore), Ing. en chef de 1re cl. de la Marine. — Brest (Finistère).

HÉRON (Guillaume), Prop., château Latour. — Bérat par Rieumes (Haute-Garonne).

HÉRON (Jean-Pierre), Prop., 7, place de Tourny. — Bordeaux (Gironde).

HETZEL (Jules), Libr.-Édit., 12, rue des Saints-Pères. — Paris.

HOLDEN (Jonathan), Indust., 23, boulevard de La République. — Reims (Marne).

HOUDÉ (Alfred), Pharm. de 1re cl., Mem. du Cons. mun., 29, rue Albouy. — Paris.

HOURST (Émile), Lieut. de vaisseau, 97, avenue Niel. — Paris.

HOVELACQUE-KHNOPFF (Émile), 50, rue Cortambert. — Paris.

HUA (Henri), Lic. ès sc. nat., Botan., s.-Dir. de l'Éc. pratique des Hautes Études (Muséum d'Hist. nat.), 254, boulevard Saint-Germain. — Paris.

HUBERT DE VAUTIER (Émile), Entrep. de confec. milit., 114, rue de La République. — Marseille (Bouches-du-Rhône).

Dr HUBLÉ (Martial), Méd.-maj. de 1re cl au 52e Rég. d'Infant., Méd.-chef des salles milit. de l'Hôp. mixte. — Montélimar (Drôme).

HUMBEL (Mme Ve Lucien). — Éloyes (Vosges).

ISAY (Mme Mayer). — Blâmont (Meurthe-et-Moselle).

ISAY (Mayer), Filat., anc. Cap. du Génie, anc. Élève de l'Éc. Polytech. — Blâmont (Meurthe-et-Moselle).

JABLONOWSKA (Mlle Julia), 44, rue des Écoles. — Paris.

JACKSON-GWILT (Mrs Hannah), Moonbeam villa, Merton road. — New Wimbledon (Surrey) (Angleterre).

JACQUIN (Anatole), Confis., 12, rue Pernelle. — Paris, et villa des Lys. — Dammarie-les-Lys (Seine-et-Marne).

JARAY (Jean), 32, rue Servient. — Lyon (Rhône).

Dr JAUBERT (Adrien), Insp. de la vérif. des Décès, 57, place Pigalle. — Paris.

Dr JAVAL (Émile), Mem. de l'Acad. de Méd., Dir. du Lab. d'Ophtalm. à la Sorbonne, anc. Député, 5, boulevard de Latour-Maubourg. — Paris.

JOBERT (Clément), Prof. à la Fac. des Sc. de Dijon, 98, boulevard Saint-Germain. — Paris.

JOLLOIS (Henri), Insp. gén. hon. des P. et Ch., 46, rue Duplessis. — Versailles (Seine-et-Oise).

JONES (Charles), 12, rue de Chaligny (chez M. Eugène Vauvert). — Paris.

JORDAN (Camille), Mem. de l'Inst., Ing. en chef des Mines, Prof. à l'Éc. Polytech., 48, rue de Varenne. — Paris.

Dr JORDAN (Séraphin), 11, Campania. — Cadix (Espagne).

JOUANDOT (Jules), Ing. du Serv. des Eaux. de la Ville, 57, rue Saint-Sernin.—Bordeaux (Gironde).

JOURDAN (A., G.), Ing. civ. (chez M. Simon), 14, rue Milton. — Paris.

JULLIEN (Ernest), Ing. en chef des P. et Ch., 6, cours Jourdan.— Limoges (Haute-Vienne).

JUNDZITT (le Comte Casimir), Prop.-Agric., chemin de fer. Moscou-Brest, station. Domanow-Réginow (Russie).

JUNGFLEISCH (Émile), Mem. de l'Acad. de Méd., Prof. à l'Éc. sup. de Pharm., 74, rue du Cherche-Midi. —-Paris.

KESSELMEYER (Charles), Présid.-Fondat. de la *Ligue docimale*, Rose villa, Vale road. — Bowdon (Cheshire) (Angleterre).

KNIEDER (Xavier), Admin.-délég. des Établissements Malétra: — Petit-Quévilly (Seine-Inférieure).

KŒCHLIN-CLAUDON (Émile), Ing. des Arts et Man., 60, rue Duplessis. — Versailles.(Seine-et-Oise).

KRAFFT (Eugène), anc. Élève de l'Éc. Polytech., 27, rue Monselet.— Bordeaux (Gironde).

KREISS (Adolphe), Ing., 46, Grande-rue. — Sèvres (Seine-et-Oise).

KÜNCKEL D'HERCULAIS (Jules), Assistant. de Zool. (Entomol.) au Muséum d'hist. nat., 1, rue d'Obligado. — Paris.

LABRUNIE (Auguste), Nég., 2, rue Michel. — Bordeaux (Gironde).

LACOUR (Alfred), Ing. civ. des Mines, anc. Élève de l'Éc. Polytech., 60, rue Ampère. — Paris.

LADUREAU (Mme Albert), 13, quai d'Anjou. — Paris:

LADUREAU (Albert), Ing.-Chim., 13, quai d'Anjou. — Paris.

LAFARGUE (Georges), anc. Préfet, Percept. de Charenton, 8, rue Coëtlogon. — Paris.

LAFAURIE (Maurice), 104, rue du Palais-Galien. — Bordeaux (Gironde).

LAFFITTE (Jean, Paul), Publiciste, 18, rue Jacob. — Paris.

LAGACHE (Jules), Ing. des Arts et Man., Admin. de la *Soc. des Prod. chim. agric.*, 22, rue des Allamandiers. — Bordeaux (Gironde).

LALLIÉ (Alfred), Avocat, 18, rue Lafayette. — Nantes (Loire-Inférieure).

LAMARRE (Onésime), Notaire, 2, place du Donjon. — Niort (Deux-Sèvres).

LAMBLIN (l'Abbé Joseph), Prof. à l'Éc. Saint-François-de-Sales, 39, rue Vannerie. — Dijon (Côte-d'Or).

LANCIAL (Henri), Prof. au Lycée, 18, boulevard de Courtais — Moulins (Allier).

LANG (Tibulle), Dir. de l'Éc. La Martinière, anc. Élève de l'Éc. Polytech., 5, rue des Augustins. — Lyon (Rhône).

LANGE (Mme Adalbert). —-Maubert-Fontaine (Ardennes).

LANGE (Adalbert), Indust. — Maubert-Fontaine (Ardennes).

Dr LANTIER (Étienne). — Tannay (Nièvre).

LARIVE (Albert), Indust., 22, rue Villeminot-Huart. — Reims (Marne).

LAROCHE (Mme Félix), 110, avenue de Wagram. — Paris.

LAROCHE (Félix), Insp. gén. des P. et Ch. en retraite, 110, avenue de Wagram. — Paris.

LASSENCE (Alfred DE), Prop., Mem. du Cons. mun., villa Lassence, 12, avenue de Tarbes. — Pau (Basses-Pyrénées).

Dr LATASTE (Fernand), anc. s.-Dir. du Musée nat. d'hist. nat., anc. Prof. de Zool. à l'Éc. de Méd. de Santiago-du-Chili. — Cadillac-sur-Garonne (Gironde).

LAURENT (Léon), Construc. d'inst d'optiq., 21, rue de L'Odéon. — Paris.

LAUSSEDAT (le Colonel Aimé), Mem. de l'Inst., Dir. hon. du Conserv. nat. des Arts et Mét., 3, avenue de Messine. — Paris.

LEAUTÉ (Henry), Mem. de l'Inst., Ing. des Manufac. de l'État, Répét. à l'Éc. Polytech., 20, boulevard de Courcelles. — Paris.

LE BRETON (André), Prop., 43, boulevard Cauchoise. — Rouen (Seine-Inférieure).

LE CHATELIER (le Capitaine Frédéric, Alfred), anc. Of. d'ordonnance du Min. de la Guerre, 8, rue Mansart. — Versailles (Seine-et-Oise).

D^r LE DIEN (Paul), 155, boulevard Malesherbes. — Paris.

LEDOUX (Samuel), Nég., 29, quai de Bourgogne. — Bordeaux (Gironde).

LEENHARDT (Frantz), Prof. à la Fac. de Théol., 12, rue du Faubourg-du-Moustier. — Montauban (Tarn-et-Garonne).

LEFEBVRE (René), Ing. en chef des P. et Ch., 169, boulevard Malesherbes. — Paris.

LEFRANC (Émile), Mécan., 21, rue de Monsieur. — Reims (Marne).

D^r LE GRIX DE LAVAL (Auguste, Valère), 28, rue Mozart. — Paris.

LE MONNIER (Georges), Prof. de botan. à la Fac. des Sc., 3, rue de Sorre. — Nancy (Meurthe-et-Moselle).

Dr LÉON (Auguste), Méd. en chef de la Marine en retraite, 5, rue Duffour-Dubergier. — Bordeaux (Gironde).

Lépine (Jean), Int. des Hôp., 30, place Bellecour. — Lyon (Rhône).

Lépine (Raphaël), Corresp. de l'Inst., Assoc. nat. de l'Acad. de Méd., Prof. à la Fac. de Méd., 30, place Bellecour. — Lyon (Rhône).

Le Roux (F., P.), Prof. à l'Éc. sup. de Pharm., Examin. d'admis. à l'Éc. Polytech., 120, boulevard Montparnasse. — Paris.

Le Sérurier (Charles), Dir. des Douanes, 39, rue Sylvabelle. — Marseille (Bouches-du-Rhône).

Lesourd (Paul) (fils), Nég., 34, rue Néricault-Destouches. — Tours (Indre-et-Loire).

Lespiault (Gaston), Prof. et anc. Doyen de la Fac. des Sc., 5, rue Michel-Montaigne. — Bordeaux (Gironde).

Lestrange (le Comte Henry de), 43, avenue Montaigne. — Paris et à Saint-Julien, par Saint-Genis-de-Saintonge (Charente-Inférieure).

Lethuillier-Pinel (Mme Ve), Prop., 68, rue d'Elbeuf. — Rouen (Seine-Inférieure).

Dr Leudet (Robert), anc. Int. des Hôp. de Paris, Prof. à l'Éc. de Méd., 16, rue du Contrat-Social. — Rouen (Seine-Inférieure).

Le Vallois (Jules), Chef de Bat. du Génie en retraite, anc. Élève de l'Éc. Polytech., 35, rue de Verneuil. — Paris.

Levasseur (Émile), Mem. de l'Inst., Prof. au Col. de France, 26, rue Monsieur-le-Prince. — Paris.

Levat (David), Ing. civ. des Mines, anc. Élève de l'Éc. Polytech., 174, boulevard Malesherbes. — Paris.

Le Verrier (Urbain), Ing. en chef, Prof. à l'Éc. nat. sup. des Mines et au Conserv. nat. des Arts et Mét., 12, avenue Bugeaud. — Paris.

Lewy d'Abartiague (William, Théodore), Ing. civ., château d'Abartiague. — Ossès (Basses-Pyrénées).

Lewthwaite (William), Dir. de la maison Isaac Holden, 27, rue des Moissons. — Reims (Marne).

Lindet (Léon), Doct. ès sc., Prof. à l'Inst. nat. agronom., 108, boulevard Saint-Germain. — Paris.

Dr Livon (Charles), Dir. de l'Éc. de Méd. et de Pharm., Dir. du *Marseille médical*, 14, rue Peirier. — Marseille (Bouches-du-Rhône).

Dr Loir (Adrien), Dir. de l'Institut Pasteur de la Régence, ancien Présid. de l'*Inst. de Carthage*, impasse du Contrôle civil. — Tunis.

Longchamps (Gaston Gohierre de), anc. Censeur du Lycée Charlemagne, 54, rue Blanche. — Paris.

Longhaye (Auguste), Nég., 22, rue de Tournai. — Lille (Nord).

Lopès-Dias (Joseph), Ing. des Arts et Man., 28, place Gambetta. — Bordeaux (Gironde).

Loriol-Le Fort (Charles, Louis, Perceval de), Natural. — Frontenex près Genève (Suisse).

Lougnon (Victor), Ing. des Arts et Man., Juge d'Instruc. — Cusset (Allier).

Loussel (A.), Prop., 86, rue de La Pompe. — Paris.

Loyer (Henri), Filat., 294, rue Notre-Dame. — Lille (Nord).

Macé de Lépinay (Jules), Prof. à la Fac. des Sc., 105, boulevard Longchamp. — Marseille (Bouches-du-Rhône).

Madelaine (Édouard), Ing. adj., attaché à l'Exploit. des *Chem. de fer de l'État*, anc. Élève de l'Éc. cent. des Arts et Man., 96, boulevard Montparnasse. — Paris.

Magnien (Lucien), Ing. agric., Prof. départ. d'Agric., Présid. du Comité cent. d'études et de vigilance de la Côte-d'Or, 10, rue Bossuet. — Dijon (Côte-d'Or).

Maigret (Henri), Ing. des Arts et Man., 29, rue du Sentier. — Paris.

Maillet (Edmond), Doct. ès sc. math., Ing. des P. et Ch., Répét. à l'Éc. Polytech., 11, rue de Fontenay. — Bourg-la-Reine (Seine).

Dr Malherbe (Albert), Dir. de l'Éc. de Méd. et de Pharm., 12, rue Cassini. — Nantes (Loire-Inférieure).

Malinvaud (Ernest), Sec. gén. de la *Soc. botan. de France*, 8, rue Linné. — Paris.

Dr Mangenot (Charles), Méd.-insp. des Éc. com., 55, avenue d'Italie. — Paris.

Marchegay (Mme Ve Alphonse), 11, quai des Célestins. — Lyon (Rhône).

Maréchal (Paul), 140, boulevard Raspail. — Paris.

Mareuse (André), Étud., 81, boulevard Haussmann. — Paris.

Mareuse (Edgard), Prop., Sec. du *Comité des Inscrip. parisiennes*, 81, boulevard Haussmann. — Paris et château du Dorat. — Bègles (Gironde).

Dr Marey (Étienne, Jules), Mem. de l'Inst. et de l'Acad. de Méd., Prof. au Col. de France, 11, boulevard Delessert. — Paris.

Marin (Louis), Admin. du Collège des Sc. soc., 13, avenue de L'Observatoire. — Paris.

Marquès di Braga (P.), Cons. d'État hon., s.-Gouvern. du *Crédit Foncier de France*, anc. Élève de l'Éc. Polytech., 200, rue de Rivoli. — Paris.

Martin (William), 42, avenue Wagram. — Paris.

Dr Martin (Louis de), Mem. de la *Soc. nat. d'Agric. de France* et du Cons. de la *Soc. des Agric. de France*. — Montrabech par Lézignan (Aude).

Martin-Ragot (J.), Manufac., 14, esplanade Cérès. — Reims (Marne).

Martre (Étienne), Dir. des contrib. dir. en retraite. — Perpignan (Pyrénées-Orientales).

Mascart (Éleuthère), Mem. de l'Inst., Prof. au Col. de France, Dir. du Bureau cent. météor. de France, 176, rue de L'Université. — Paris.

Massol (Gustave), Prof. à l'Éc. sup. de Pharm. (villa Germaine), boulevard des Arceaux. — Montpellier (Hérault).

Masson (Pierre, V.), de la Librairie Masson et Cie, 120, boulevard Saint-Germain. — Paris.

Mathieu (Charles, Eugène), Ing. des Arts et Man., anc. Dir. gén. construc. des *Aciéries de Jœuf*, anc. Dir. gén. et admin. des *Aciéries de Longwy*, Construc. mécan., Mem. du Cons. mun., 34, rue de Courlancy. — Reims (Marne).

Maufroy (Jean-Baptiste), anc. Dir. de manufac. de laine, 4, rue de L'Arquebuse.— Reims (Marne).

Dr Maunoury (Gabriel), Chirurg. de l'Hôp., place du Théâtre. — Chartres (Eure-et-Loir).

Maurel (Émile), Nég., 7, rue d'Orléans. — Bordeaux (Gironde).

Maurel (Marc), Nég., 48, cours du Chapeau-Rouge. — Bordeaux (Gironde).

Maurouard (Lucien), Premier Sec. d'Ambassade, anc. Élève de l'Éc. Polytech., Légation de France. — Athènes (Grèce).

Maxwell-Lyte (Farnham), Ing.-Chim., 60, Finborough road.— Londres, S. W. (Angleterre).

Maze (l'Abbé Camille), Rédac. au *Cosmos*. — Harfleur (Seine-Inférieure).

Meissas (Gaston de), Publiciste, 3, avenue Bosquet. — Paris.

Ménard (Césaire), Ing. des Arts et Man., Concessionnaire de l'Éclairage au gaz. — Louhans (Saône-et-Loire).

Mercadier (Jules), Insp. des Télég., Dir. des études à l'Éc. Polytech., 21, rue Descartes. — Paris.

Mercet (Émile), Banquier, 2, avenue Hoche. — Paris.

Merlin (Roger). — Bruyères (Vosges).

Dr Mesnards (P. des), rue Saint-Vivien. — Saintes (Charente-Inférieure).

Meunier (Mme Hippolyte) *(Décédée)*.

Dr Micé (Laurand), Rect. hon. de l'Acad. de Clermont-Ferrand, 7, rue Sansas. — Bordeaux (Gironde).

Mirabaud (Paul), Banquier, 86, avenue de Villiers. — Paris.

Mocqueris (Edmond), 58, boulevard d'Argenson. — Neuilly-sur-Seine (Seine).

Mocqueris (Paul), Ing. de la construct. à la *Comp. des Chem. de fer de Bône-Guelma et prolongements*, 58, boulevard d'Argenson. — Neuilly-sur-Seine (Seine) et à Sousse (Tunisie).

Mollins (Jean de), Doct. ès sc., 58, avenue Clémentine. — Spa (province de Liège) (Belgique).

Dr Mondot, anc. Chirurg. de la Marine, anc. Chef de Clin. de la Fac. de Méd. de Montpellier, Chirurg. de l'Hôp. civ., 42, boulevard National. — Oran (Algérie).

Dr Monier (Eugène), place du Pavillon. — Maubeuge (Nord).

Monmerqué (Arthur), Ing. en chef des P. et C., 17, rue de Monceau. — Paris.

Monnier (Demetrius), Ing. des Arts et Man., Prof. à l'Éc. cent. des Arts et Man., 3, impasse Cothenet (22, rue de La Faisanderie). — Paris.

Montefiore (Eward, Lévi), Rent., 36, avenue Henri-Martin. — Paris.

Dr Montfort, Prof. à l'Éc. de Méd., Chirurg. des Hôp., 14, rue de La Rosière.— Nantes (Loire-Inférieure).

Mont-Louis, Imprim., 2, rue Barbançon. — Clermont-Ferrand (Puy-de-Dôme).

Morel d'Arleux (Mme Charles), 13, avenue de L'Opéra. — Paris.

Dr Morel d'Arleux (Paul), 33, rue Desbordes-Valmore. — Paris.

Morin (Théodore), Doct. en droit, 50, avenue du Trocadéro. — Paris.

Mortillet (Adrien de), Prof. à l'Éc. d'Anthrop., Conserv. des collections de la *Soc. d'Anthrop. de Paris*, Présid. de la *Soc. d'Excursions scient.*, 10 *bis*, avenue Reille. — Paris.

Mossé (Alphonse), Prof. de Clin. méd. à la Fac. de Méd., Corresp. nat. de l'Acad. de Méd., 36, rue du Taur. — Toulouse (Haute-Garonne).

Moullade (Albert), Lic. ès sc., Pharm. princ. de 1re cl. à la Réserve des Médicaments, 137, avenue du Prado. — Marseille (Bouches-du-Rhône).

Neveu (Auguste), Ing. des Arts et Man. — Rueil (Seine-et-Oise).

Nibelle (Maurice), Avocat, 9, rue des Arsins. — Rouen (Seine-Inférieure).

Nicaise (Victor), Étud. en Méd., 37, boulevard Malesherbes. — Paris.

Dr Nicas, 80, rue Saint-Honoré. — Fontainebleau (Seine-et-Marne).

NIEL (Eugène), 28, rue Herbière. — Rouen (Seine-Inférieure).

NIVET (Gustave), 105, avenue du Roule. — Neuilly-sur-Seine (Seine))

NIVOIT (Edmond), Insp. gén. des Mines, Prof. de Géol. à l'Éc. nat. des P. et Ch., 4, rue de La Planche. — Paris.

NOELTING (Emilio), Dir. de l'Éc. de Chim. — Mulhouse (Alsace-Lorraine).

OCAGNE (Maurice D'), Ing., Prof. à l'Éc. nat. des P. et Ch., Répét. à l'Éc. Polytech. 30, rue La Boétie. — Paris.

ODIER (Alfred), Dir. de la *Caisse gén. des Familles*, 4, rue de La Paix. — Paris.

ŒCHSNER DE CONINCK (William), Prof. adj. à la Fac. des Sc., 8, rue Auguste-Comte. — Montpellier (Hérault).

Dr OLIVIER (Paul), Méd. en chef de l'Hosp. gén., Prof. à l'Éc. de Méd., 12, rue de La Chaine. — Rouen (Seine-Inférieure).

ORLÉANS (le Prince Henri D'), Explorateur, Mem. de la *Soc. de Géog.*, 27, rue Jean-Goujon. — Paris.

OSMOND (Floris), Ing. des Arts et Man., 83, boulevard de Courcelles. — Paris.

OUTHENIN-CHALANDRE (Joseph), 5, rue des Mathurins. — Paris.

PALUN (Auguste), Juge au Trib. de Com., 13, rue Banasterio. — Avignon (Vaucluse).

Dr PAMARD (Alfred), Associé nat. de l'Acad. de Méd., Chirurg. en chef des Hôp. 4, place Lamirande. — Avignon (Vaucluse).

PAMARD (Paul), Int. des Hôp., 12, rue Charlet. — Paris.

PASQUET (Eugène) (fils), 53, rue d'Eysines. — Bordeaux (Gironde).

PASSY (Frédéric), Mem. de l'Inst., anc. Député, Mem. du Cons. gén. de Seine-et-Oise, 8, rue Labordère. — Neuilly-sur-Seine (Seine).

PASSY (Paul, Édouard), Doct. ès let., Lauréat de l'Inst. (Prix Volney), Maître de conf. à l'Éc. des Hautes-Études d'Histoire et de Philolog., 92, rue de Longchamp. — Neuilly-sur-Seine (Seine).

PÉDRAGLIO-HOEL (Mme Hélène), 29, tenue Camus. — Nantes (Loire-Inférieure).

PÉLAGAUD (Élisée), Doct. ès sc., 21, quai de L'Archevêché. — Lyon (Rhône).

PÉLAGAUD (Fernand), Doct. en droit, Cons. à la Cour d'Ap., 15, quai de L'Archevêché. — Lyon (Rhône).

PELLET (Auguste), Doyen de la Fac. des Sc., 74, rue Ballainvilliers. — Clermont-Ferrand (Puy-de-Dôme).

PELTEREAU (Ernest), Notaire hon. — Vendôme (Loir-et-Cher).

PÉRARD (Joseph), Ing. des Arts et Man., Sec. gén. de la *Soc. d'aquiculture et de pêche*, 42, rue Saint-Jacques. — Paris.

PEREIRE (Emile), Ing. des Arts et Man., Admin. de la *Comp. des Chem. de fer du Midi*, 10, rue Alfred-de-Vigny. — Paris.

PEREIRE (Eugène), Ing. des Arts et Man., Présid. du Cons. d'admin. de la *Comp. gén. Transat.*, 45, rue du Faubourg-Saint-Honoré. — Paris.

PEREIRE (Henri), Ing. des Arts et Man., Admin. de la *Comp. des Chem. de fer du Midi*, 33, boulevard de Courcelles. — Paris.

PÉREZ (Jean), Prof. à la Fac. des Sc., 21, rue Saubat. — Bordeaux (Gironde).

PÉRICAUD, Cultivat. — La Balme (Isère).

PERIDIER (Louis), anc. Jug. sup. au Trib. de Com., 5, quai d'Alger. — Cette (Hérault).

PERRET (Auguste), Prop., 50, quai Saint-Vincent. — Lyon (Rhône).

PETITON (Anatole), Ing.-Conseil des Mines, 91, rue de Seine. — Paris.

PETRUCCI (C., R.), Ing. — Béziers (Hérault).

PETTIT (Georges), Ing. en chef des P. et Ch., boulevard d'Haussy. — Mont-de-Marsan (Landes).

PHILIPPE (Léon), 23 *bis*, rue de Turin. — Paris.

Dr PHISALIX (Césaire), Doct. ès sc. Assistant de Pathol. comparée au Muséum d'hist. nat.; 26, boulevard Saint-Germain. — Paris.

PIATON (Maurice), Ing. civ. des Mines, anc. Élève de l'Éc. Polytech., Mem. du Cons. mun., 49, rue de La Bourse. — Lyon (Rhône).

PICHE (Albert), Avocat, Présid. de la *Soc. d'Éducat. popul.*, 26, rue Serviez. — Pau (Basses-Pyrénées).

PICOU (Gustave), Indust., 123, rue de Paris. — Saint-Denis (Seine).

PICQUET (Henry), Chef de Bat. du Génie, Examin. d'admis. à l'Éc. Polytech., 24, rue de Condé. — Paris.

Dr PIERROU. — Chazay-d'Azergues (Rhône).

PILLET (Jules), Prof. aux Éc. nat. des P. et Ch. et des Beaux-Arts et au Conserv. nat. des Arts et Mét., anc. Élève de l'Éc. Polytech., 18, rue Saint-Sulpice. — Paris.

PINON (Paul), Nég., 36, rue du Temple. — Reims (Marne).

Pitres (Albert), Doyen de la Fac. de Méd., Corresp. nat. de l'Acad. de Méd., Méd. de l'Hôp. Saint-André, 119, cours d'Alsace-et-Lorraine. — Bordeaux (Gironde).

Dr Planté (Jules), Méd. de 1re cl. de la Marine, 40, boulevard de Strasbourg. — Toulon (Var).

Poillon (Louis), Ing. des Arts et Man., Rancho Verde. — Teponaxtla par Cuicatlan (État d'Oaxaca) (Mexique).

Poisson (le Baron Henry), 10, rue de La Trémoille. — Paris.

Poisson (Jules), Assistant de Botan. au Muséum d'hist. nat., 32, rue de La Clef. — Paris.

Polignac (le Marquis Guy de). — Kerbastic-sur-Gestel (Morbihan).

Polignac (le Comte Melchior de). — Kerbastic-sur-Gestel (Morbihan).

Pommerol, Avocat, anc. Rédac. de la Revue *Matériaux pour l'Histoire primitive de l'Homme*. — Veyre-Mouton (Puy-de-Dôme) et, 20, rue Pestalozzi. — Paris.

Porcherot (Eugène), Ing. civ., La Béchellerie. — Saint-Cyr-sur-Loire par Tours (Indre-et-Loire).

Porgès (Charles), Présid. du Cons. d'admin. de la *Comp. continentale Edison*, 25, rue de Berri. — Paris.

Dr Poupinel (Gaston), anc. Int. des Hôp., 12, rue Margueritte. — Paris.

Dr Poussié (Émile), 2, rue de Valois. — Paris.

Pouyanne (C.-M.), Insp. gén. des Mines, 70, rue Rovigo. — Alger.

Dr Pozzi (Samuel), Mem. de l'Acad. de Méd., Agr. à la Fac. de Méd., Chirurg. des Hôp., Sénateur de la Dordogne, 47, avenue d'Iéna. — Paris.

Prat (Léon), Chim., 54, allées d'Amour. — Bordeaux (Gironde).

Preller (L.), Nég., 5, cours de Gourgues. — Bordeaux (Gironde).

Prevet (Charles), Nég., 48, rue des Petites-Écuries. — Paris.

Prévost (Georges), Ing. civ. des Mines, anc. Élève de l'Éc. Polytech., 30, quai de Bourgogne. — Bordeaux (Gironde).

Prioleau (Mme Léonce), 4, rue des Jacobins. — Brive (Corrèze).

Dr Prioleau (Léonce), anc. Int. des Hôp. de Paris, 4, rue des Jacobins. — Brive (Corrèze)

Privat (Paul, Édouard), Libr.-Édit., Juge au Trib. de Com., 45, rue des Tourneurs. — Toulouse (Haute-Garonne).

Dr Pujos (Albert), Méd. princ. du Bureau de bienfais., 58, rue Saint-Sernin. — Bordeaux (Gironde).

Quatrefages de Bréau (Mme Ve Armand de), 48, rue Saint-Ferdinand. — Paris.

Quatrefages de Bréau (Léonce de), Ing., Chef de serv. à la *Comp. des Chem. de fer du Nord*, anc. Élève de l'Éc. cent. des Arts et Man., 50, rue Saint-Ferdinand. — Paris.

Raclet (Joannis), Ing. civ., 10, place des Célestins. — Lyon (Rhône).

Raimbert (Louis), Chim., Direct. de Sucrerie, 34, rue de Constantinople, — Paris.

Dr Raingeard, 1, place Royale. — Nantes (Loire-Inférieure).

Rambaud (Alfred), Mem. de l'Inst., Prof. à la Fac. des Let., anc. Min. de l'Instruc. pub., Sénateur et Mem. du Cons. gén. du Doubs, 76, rue d'Assas. — Paris.

Ramé (Mlle), 16, rue de Chalon. — Paris.

Ramé (Louis, Félix), anc. Présid. du Syndic. de la boulang. de Paris et de la Délég. de la boulang. franç., 16, rue de Chalon. — Paris.

Reinach (Théodore), Doct. ès Lettres et en Droit, 26, rue Murillo. — Paris.

Renaud (Georges), Dir. de la *Revue géographique internationale*, Prof. au Col. Chaptal, à l'Inst. com. et aux Éc. sup. de la Ville de Paris, 76, rue de La Pompe. — Paris.

Rénier (Édouard), Recev. partic. des Fin. en retraite, avenue Victor-Hugo. — Brioude (Haute-Loire).

Rey (Louis), Ing. des Arts et Man., Admin. de la *Comp. des Chem. de fer du Cambrésis*, 97, boulevard Exelmans. — Paris.

Ribero de Souza Rezende (le Chevalier S.), poste restante. — Rio-Janeiro (Brésil).

Ribot (Alexandre), anc. Min., Député du Pas-de-Calais, 6, rue de Tournon. — Paris.

Ribout (Charles), Prof. hon. de Math. spéc. au Lycée Louis-le-Grand, 30, avenue de Picardie. — Versailles (Seine-et-Oise).

Richier (Clément), Prop. — Nogent en Bassigny (Haute-Marne).

Ridder (Gustave de), Notaire, 4, rue Perrault. — Paris.

Rilliet (Albert), Prof. à l'Univ., 16, rue Bellot. — Genève (Suisse).

Risler (Eugène), Dir. hon. de l'Inst. nat. agronom., 106 bis, rue de Rennes. — Paris.

Riston (Victor), Doct. en droit, Avocat à la Cour d'Ap. de Nancy, 3, rue d'Essey. — Malzéville (Meurthe-et-Moselle).

Dr Rivière (Jean), Méd.-Maj. de 1re cl. au 20e Rég. d'Artil. — Poitiers (Vienne).

Robert (Gabriel), Avocat à la Cour d'Ap., 2, quai de L'Hôpital. — Lyon (Rhône).

Robin (A.), Banquier, Consul de Turquie, 41, rue de L'Hôtel-de-Ville. — Lyon (Rhône)

ROBINEAU (Th.), Lic. en droit, anc. Avoué, 4, avenue Carnot. — Paris.
RODOCANACHI (Emmanuel), 54, rue de Lisbonne. — Paris.
ROHDEN (Charles DE), Mécan., 189, rue Saint-Maur. — Paris.
ROHDEN (Théodore DE), 189, rue Saint-Maur. — Paris.
ROLLAND (Alexandre), Nég. en papiers, 7, rue Haxo. — Marseille (Bouches-du-Rhône).
ROLLAND (Georges), Ing. en chef des Mines, 60, rue Pierre-Charron. — Paris.
ROUGET, Insp. gén. des Fin., 15, avenue Mac-Mahon. — Paris.
ROUSSEAU (Henri), Ing. des P. et Ch., 12, rue de La Pompe. — Paris.
ROUSSELET (Louis), Archéol., 126, boulevard Saint-Germain. — Paris.
SABATIER (Armand), Corresp. de l'Inst., Doyen de la Fac. des Sc., 3, rue Barthez. — Montpellier (Hérault).
SABATIER (Paul), Prof. de Chim. à la Fac. des Sc., 11, allées des Zéphirs. — Toulouse (Haute-Garonne).
SAGNIER (Henry), Dir. du *Journal de l'Agriculture*, 106, rue de Rennes. — Paris.
SAIGNAT (Léo), Prof. à la Fac. de Droit, 18, rue Mably. — Bordeaux (Gironde).
SAINT-LAURENT (Albert DE), Avocat, 128, cours Victor-Hugo. — Bordeaux (Gironde).
SAINT-MARTIN (l'Abbé Charles DE), Vicaire, 7, rue des Carrières. — Suresnes (Seine).
SAINT-OLIVE (G.), anc. Banquier, 9, place Morand. — Lyon (Rhône).
Dr SAINTE-ROSE SUQUET, 3, rue des Pyramides. — Paris.
SANSON (André), Prof. à l'Inst. nat. agronom. et à l'Éc. nat. d'Agric. de Grignon, 18, rue Boissonnade. — Paris.
SCHILDE (le Baron DE), château de Schilde par Wyneghem (province d'Anvers) (Belgique).
SCHLUMBERGER (Charles), Ing. de la Marine en retraite, 16, rue Chistophe-Colomb. — Paris.
SCHMITT (Henri), Pharm. de 1re cl., 44, rue des Abbesses. — Paris.
SCHMUTZ (Emmanuel), 1, rue Kageneck. — Strasbourg (Alsace-Lorraine).
SCHWÉRER (Pierre, Alban), Notaire, 3, rue Saint-André. — Grenoble (Isère).
SEBERT (le Général Hippolyte), Mem. de l'Inst,. Admin. de la *Soc. anonyme des Forges et Chantiers de la Méditerranée*, 14, rue Brémontier. — Paris.
SÉDILLOT (Maurice), Entomol., Mem. de la *Com. scient. de Tunisie*, 20, r. de L'Odéon. — Paris.
SEGRETAIN (le Général Léon), 23, rue de L'Hôtel-Dieu. — Poitiers (Vienne).
SELLERON (Ernest), Ing. de la Marine en retraite, 76, rue de La Victoire. — Paris.
SERRE (Fernand), Prop., 1, rue Levat. — Montpellier (Hérault).
SEYNES (Léonce DE), 58, rue Calade. — Avignon (Vaucluse).
SIÉGLER (Ernest), Ing. en chef des P. et Ch., Ing. en chef adj. de la voie à la *Comp. des Chem. de fer de l'Est*, 48, rue Saint-Lazare. — Paris.
SIRET (Louis), Ing. — Cuevas de Vera (province d'Almeria) (Espagne).
SOCIÉTÉ INDUSTRIELLE D'AMIENS. — Amiens (Somme).
SOCIÉTÉ PHILOMATHIQUE DE BORDEAUX, 2, cours du XXX Juillet. — Bordeaux (Gironde).
SOCIÉTÉ DES SCIENCES PHYSIQUES ET NATURELLES, 143, cours Victor-Hugo. — Bordeaux (Gironde).
SOCIÉTÉ ACADÉMIQUE DE BREST. — Brest (Finistère).
SOCIÉTÉ LIBRE D'AGRICULTURE, SCIENCES, ARTS ET BELLES-LETTRES DE L'EURE. — Évreux (Eure).
SOCIÉTÉ CENTRALE DE MÉDECINE DU NORD. — Lille (Nord).
SOCIÉTÉ ACADÉMIQUE DE LA LOIRE-INFÉRIEURE, 1, rue Suffren. — Nantes (Loire-Inférieure).
SOCIÉTÉ CENTRALE DES ARCHITECTES FRANÇAIS, 8, rue Danton. — Paris.
SOCIÉTÉ BOTANIQUE DE FRANCE, 84, rue de Grenelle. — Paris.
SOCIÉTÉ DE GÉOGRAPHIE, 184, boulevard Saint-Germain. — Paris.
SOCIÉTÉ MÉDICO-CHIRURGICALE DE PARIS (ancienne SOCIÉTÉ MÉDICO-PRATIQUE), 29, rue de La Chaussée-d'Antin. — Paris.
SOCIÉTÉ FRANÇAISE DE PHOTOGRAPHIE, 76, rue des Petits-Champs. — Paris.
SOCIÉTÉ DES SCIENCES, LETTRES ET ARTS DE PAU (Basses-Pyrénées).
SOCIÉTÉ INDUSTRIELLE DE REIMS, 18, rue Ponsardin. — Reims (Marne).
SOCIÉTÉ MÉDICALE DE REIMS, 71, rue Chanzy. — Reims (Marne).
SOLMS (le Comte Louis DE), Ing. des Arts et Man., 201, rue de Crimée. — Paris.
Dr SONNIÉ-MORET (Abel), Pharm. de l'Hôp. des Enfants malades, 149, rue de Sèvres. — Paris.
SORET (Charles), Prof. à l'Univ., 6, rue Beauregard. — Genève (Suisse).
SOUBEIRAN (Louis, Maxime), s.-Dir. de l'École prat. d'Indust. — Béziers (Hérault).
STEINMETZ (Charles), Tanneur, 60, rue d'Illzach. — Mulhouse (Alsace-Lorraine).
STENGELIN, Banquier, 9, quai Saint-Clair. — Lyon (Rhône).
STONCK (Adrien), Ing. des Arts et Man., 78, rue de L'Hôtel-de-Ville. — Lyon (Rhône).
SUAIS (Abel), Ing. en chef des trav. pub. des Colonies, Dir. de la *Comp. impériale des Chem. de fer Éthiopiens*, 13, rue Léon-Cogniet. — Paris.

Surrault (Ernest), Notaire hon., 45, avenue de L'Alma. — Paris.
Dr Tachard (Élie), Méd. princ. de 1re cl., Dir. du Serv. de santé du 11e Corps d'armée, 16, passage Russeil. — Nantes (Loire-Inférieure).
Tanret (Charles), Pharm. de 1re cl., 14, rue d'Alger. — Paris.
Tanret (Georges), Étud., 14, rue d'Alger. — Paris.
Tarry (Gaston), Recev. des Contrib. diverses à Hussein-Dey. — Kouba (départ. d'Alger).
Tarry (Harold), Insp. des Fin. en retraite, anc. Élève de l'Éc. Polytech., villa Letellier-d'Aufresne. — Kouba (départ. d'Alger).
Dr Teillais (Auguste), place du Cirque. — Nantes (Loire-Inférieure).
Teissier (Joseph), Prof. à la Fac. de Méd., Corresp. nat. de l'Acad. de Méd., Méd. des Hôp., 8, place Bellecour. — Lyon (Rhône).
Testut (Léo), Prof. d'Anat. à la Fac. de Méd., Corresp. nat. de l'Acad. de Méd., 3, avenue de L'Archevêché. — Lyon (Rhône).
Teulade (Marc), Avocat, Mem. de la *Soc. de Géog.* et de la *Soc. d'Hist. nat. de Toulouse*, 22, rue Pharaon. — Toulouse (Haute-Garonne).
Teullé (le Baron Pierre), Prop., Mem. de la *Soc. des Agricult. de France*. — Moissac (Tarn-et-Garonne).
Dr Texier (Georges). — Moncoutant (Deux-Sèvres).
Thénard (Mme la Baronne Ve Paul), 6, place Saint-Sulpice. — Paris.
Thibault (J.), Tanneur, 18, place du Maupas. — Meung-sur-Loire (Loiret).
Dr Thinierge (Georges), Méd. des Hôp., 7, rue de Surène. — Paris.
Dr Thulié (Henri), Dir. de l'Éc. d'Anthrop., anc. Présid. du Cons. mun., 37, boulevard Beauséjour. — Paris.
Thurneyssen (Émile), Admin. de la *Comp. gén. Transat.*, 10, rue de Tilsitt. — Paris.
Tissot, Examin. d'admis. à l'Éc. Polytech. en retraite. — Voreppe (Isère).
Dr Topinard (Paul), Dir.-adj. du Lab. d'Anthrop. de l'Éc. des Hautes Études, 105, rue de Rennes. — Paris.
Tourtoulon (le Baron Charles de), Prop., 13, rue Roux-Alphéran. — Aix en Provence (Bouches-du-Rhône).
Trélat (Émile), Ing. des Arts et Man., Archit. en chef hon. du départ. de la Seine, Prof. hon. au Conserv. nat. des Arts et Métiers, Dir. de l'Éc. spéc. d'Archit., anc. Député, 17, rue Denfert-Rochereau. — Paris.
Tuleu (Mme Charles, Aubin), 58, rue d'Hauteville. — Paris.
Tuleu (Charles, Aubin), Ing. civ., anc. Élève de l'Éc. Polytech., 58, rue d'Hauteville. — Paris.
Urscheller (Henri), Prof. d'allemand au Lycée, 23, rue de Siam. — Brest (Finistère).
Dr Vaillant (Léon), Prof. au Muséum d'hist. nat., 36, rue Geoffroy-Saint-Hilaire. — Paris.
Dr Valcourt (Théophile de), Méd. de l'Hôp. marit. de l'Enfance. — Cannes (Alpes-Maritimes) et 64, boulevard Saint-Germain. — Paris.
Vallot (Joseph), Dir. de l'Observatoire météor. du Mont-Blanc, 111, avenue des Champs-Élysées. — Paris.
Valot (Paul), Doct. en droit, Avocat, rue Kléber. — Lure (Haute-Saône).
Van Aubel (Edmond), Doct. ès sc. phys. et math., Prof. à l'Univ., 136¹, chaussée de Courtrai. — Gand (Belgique).
Van Blarenberghe (Mme Henri, François), 48, rue de La Bienfaisance. — Paris.
Van Blarenberghe (Henri, François), Ing. en chef des P. et Ch., Présid. du Cons. d'admin. de la *Comp. des Chem. de fer de l'Est*, 48, rue de La Bienfaisance. — Paris.
Van Blarenberghe (Henri, Michel), Ing. des P. et Ch., 48, rue de La Bienfaisance. — Paris.
Van Iseghem (Henri), Présid. du Trib. civ., anc. Mem. du Cons. gén. de la Loire-Inférieure, 7, rue du Calvaire. — Nantes (Loire-Inférieure).
Van Tiéghem (Philippe), Mem. de l'Inst., Prof. au Muséum d'hist. nat., 22, rue Vauquelin. — Paris.
Vandelet (O.), Nég., Délég. du Cambodge au Cons. sup. des Colonies. — Pnumpenh (Cambodge).
Vassal (Alexandre). — Montmorency (Seine-et-Oise) et 55, boulevard Haussmann. — Paris.
Vautier (Théodore), Prof. adj. à la Fac. des Sc., 30, quai Saint-Antoine. — Lyon (Rhône).
Dr Verger (Théodore). — Saint-Fort-sur-Gironde (Charente-Inférieure).
Vergnes (Auguste), Planteur à Mayumbâ (Congo français), 2, rue des Jardins. — Castres (Tarn).
Vermorel (Victor), Construc., Dir. de la Stat. vitic. — Villefranche (Rhône).
Verney (Noël), Doct. en droit, Avocat à la Cour d'Ap., 47, avenue de Noailles. — Lyon (Rhône).
Veyrin (Émile), 2ter, rue Herran. — Paris.
Vieille-Cessay (l'Abbé Charles), Dir. au Grand-Séminaire, 12, rue Charles-Nodier. — Besançon (Doubs).

Dr Viennois (Louis, Alexandre). — Peyrins par Romans (Drôme).

Vignard (Charles), Lic. en droit, anc. Mem. du Cons. mun., Nég., anc. Juge au Trib. de Com., 16, passage Saint-Yves. — Nantes (Loire-Inférieure).

Dr Viguier (C.), Doct. ès sc., Prof. à l'Éc. prép. à l'Ens. sup. des Sc., 2, boulevard de La République. — Alger.

Villard (Pierre), Doct. en droit, 29, quai Tilsitt. — Lyon. (Rhône).

Villiers du Terrage (le Vicomte de), 30, rue Barbet-de-Jouy. — Paris.

Vincent (Auguste), Nég., Armat., 14, quai Louis XVIII. — Bordeaux (Gironde)..

Violle (Jules), Mem. de l'Inst., Maître de conf. à l'Éc. norm. sup., Prof. au Conserv. nat. des Arts et Mét., 89, boulevard Saint-Michel. — Paris.

Dr Vitrac (Junior), Chef de Clin. chirurg. à la Fac. de Méd., 16, rue du Temple. — Bordeaux (Gironde).

Vuillemin (Paul), Ing. civ. des Mines, 6, avenue de Saint-Germain. — Saint-Germain-en-Laye (Seine-et-Oise).

Vulpian (André), Lic. ès Sc. nat., 51, avenue Montaigne. — Paris.

Warcy (Gabriel de), 38, rue Saint-André. — Reims. (Marne).

Warnier et David, Nég., 3, rue de Cernay. — Reims (Marne).

Dr Weiss (Georges), Ing. des P. et Ch., Agr. à la Fac. de Méd., 20, avenue Jules-Janin. — Paris.

Willm, Prof. de Chim. gén. appliq. à la Fac. des Sc. (Institut de Chimie), rue Barthélemy-Delespaul. — Lille (Nord).

Wouters (Louis), Homme de Lettres, anc. Chef de Cabinet de Préfet, 80, rue du Rocher. — Paris.

Xambeu (François), Prof. de l'Univ. en retraite, 12, rue du Hâ. — Saintes (Charente-Inférieure).

Yacht-Club de France, 6, place de L'Opéra. — Paris.

Zeiller (René), Ing. en chef des Mines, 8, rue du Vieux-Colombier. — Paris.

Zivy (Paul), Ing. des Arts et Man., 148, boulevard Haussmann. — Paris.

LISTE GÉNÉRALE DES MEMBRES

DE L'ASSOCIATION FRANÇAISE

POUR L'AVANCEMENT DES SCIENCES

FUSIONNÉE AVEC

L'ASSOCIATION SCIENTIFIQUE DE FRANCE

(Les noms des Membres Fondateurs sont suivis de la lettre **F** *et ceux des Membres à vie de la lettre* **R**. *— Les astérisques indiquent les Membres qui ont assisté au Congrès de Paris.)*

Abadie (Alain), Ing. des Arts et Man., Sec. gén. de la *Comp. gén. de Trav. pub.*, 56, rue de Provence. — Paris.

Dr **Abadie (Charles)**, 172, boulevard Saint-Germain. — Paris.

Abbe (Cleveland), Météor., Weather-Bureau, department of Agriculture. — Washington-City (États-Unis d'Amérique). — **R**

Abert (Hippolyte), Vétér.-Insp., 95, rue de La République. — Marseille (Bouches-du-Rhône).

Académie d'Hippone. — Bône (départ. de Constantine) (Algérie).

Académie des Sciences, Belles-Lettres et Arts de Tarn-et-Garonne. — Montauban (Tarn-et-Garonne).

Aconin (Charles), Manufac., 21, rue Saint-Nicolas. — Compiègne (Oise).

Adam (Alphonse), Fondé de pouvoirs de la *Soc. anonyme des Tissus de laine*. — Saint-Amé (Vosges).

Adam (François), Prof. au Collège Stanislas, 16, rue Le Verrier. — Paris.

Adam (Hippolyte), Banquier, Les Masurettes. — Boulogne-sur-Mer (Pas-de-Calais).

Adam (Paul), Prof. à l'Éc. nat. vétér. d'Alfort, Insp. princ. des Établis. classés, 1, rue de Narbonne. — Paris.

Adenot (Jacques), Dir. des Aciéries. — Imphy (Nièvre).

Adhémar (le Vicomte P. d'), Prop., 25, Grand'Rue. — Montpellier (Hérault).

Adrian (Alphonse), Pharm., Fabric. de prod. pharm., 9, rue de La Perle. — Paris.

****Aduy (Eugène)**, Prop., 27, quai Vauban. — Perpignan (Pyrénées-Orientales). — **R**

Agache (Edmond), 57, boulevard de La Liberté. — Lille (Nord).

Agache (Édouard), Prop. — Pérenchies (Nord).

Dr **Aguilhon (Élie)**, 18, rue de La Chaussée-d'Antin. — Paris.

****Albert Ier de Monaco** (S. A. S. le Prince régnant), Corresp. de l'Inst., 25, rue du Faubourg-Saint-Honoré. — Paris, et Palais princier. — Monaco.

Dr **Albert-Weill (Ernest), Lic. ès Sc., 151, boulevard Magenta. — Paris.

Albertin (Michel), Pharm. de 1re cl., Dir. de la *Soc. des Eaux min.* et Maire de Saint-Alban, rue de L'Entrepôt. — Roanne (Loire). — **R**

****Alcan (Félix)**, Libr.-Édit., anc. Élève de l'Éc. norm. sup., 108, boulevard Saint-Germain. — Paris.

Alché (Louis d'), Pharm. — Monclar (Lot-et-Garonne).

Alché (Séraphin d'), Pharm. — Miramont (Lot-et-Garonne).
Dr Alezais (Henri), Chef des Trav. anat. à l'Éc. de Méd., 47, rue Breteuil. — Marseille (Bouches-du-Rhône).
Alger, 35, boulevard des Capucines. — Paris.
Alglave (Émile), Prof. à la Fac. de Droit de Paris, anc. Dir. de la *Revue scientifique*, 27, avenue de Paris. — Versailles (Seine-et-Oise).
Ali ben Ahmed, Interp. judic., 2, rue de Carthagène. — Tunis.
Dr Alix (Charles, Émile), Méd. princ. de 1ʳᵉ cl. des Armées en retraite, 11, allées des Demoiselles. — Toulouse (Haute-Garonne).
*Allain-Le Canu (Jules), Lic. ès Sc., Pharm. de 1ʳᵉ cl., 36, quai de Béthune. — Paris.
Dr Allaire (Georges), Chef des Trav. de Phys. à l'Éc. de Méd., 2, Rue Haudaudine. — Nantes (Loire-Inférieure).
*Dr Allard (Félix), Lic. ès Sc. Phys., 46, rue de Châteaudun. — Paris.
Allard (Hubert), Pharm. de 1ʳᵉ cl., Prop. — Neuvy par Moulins (Allier). — R
Alluard (Émile), Doyen hon. de la Fac. des Sc., Dir. hon. de l'Observ. météor. du Puy-de-Dôme, 22 *bis*, place de Jaude. — Clermont-Ferrand (Puy-de-Dôme).
*Dr Aloy (François, Jules) 5, rue Bayard. — Toulouse (Haute-Garonne).
Alphandery (Eugène), 57, rue Sylvabelle. — Marseille (Bouches-du-Rhône). — R
Alvin (Henri), Ing. des P. et Ch., attaché à la *Comp. des Chem. de fer d'Orléans*, 43, rue du Chinchauvaud. — Limoges (Haute-Vienne).
*Amans (Mᵐᵉ Paul), 37, avenue de Lodève. — Montpellier (Hérault).
*Dr Amans (Paul), Doct. ès Sc., 37, avenue de Lodève. — Montpellier (Hérault).
*Amboix de Larbont (le Général Henri d'), Command. le départ. de la Seine, Adj. au Command. de la Place de Paris, 65, boulevard de Courcelles. — Paris. — F.
Amet (Émile), Indust., Usine Saint-Hubert. — Sézanne (Marne).
Amtmann (Th.), Archiv.-Biblioth. de la *Soc. archéol.*, 26, rue Doidy. — Bordeaux (Gironde).
Andouard (Ambroise), Associé nat. de l'Acad. de Méd., Dir. de la Stat. agron. de la Loire-Inférieure, Prof. à l'Éc. de Méd. et de Pharm., 8, rue Clisson. — Nantes (Loire-Inférieure).
Andrault, Cons. à la Cour d'Ap. — Alger.
André (Charles), Prof. à la Fac. des Sc. de Lyon, Dir. de L'Observatoire. — Saint-Genis-Laval (Rhône).
André (Grégoire), Prof. de Pathol. int. à la Fac. de Méd., 18, rue Lafayette. — Toulouse (Haute-Garonne).
*Dr Andrey (Édouard), 19, avenue de Clichy. — Paris.
Andrieux (Gaston), Indust., Juge sup. au Trib. de Com., 12, cours Gambetta. — Montpellier (Hérault).
Andurain (Lucien d'), Chim. (Maison Alphonse Huillard et Cⁱᵉ), rue du Commandant-Rivière. — Suresnes. (Seine).
Anger (Charles, Henri), Ing. chargé des Études du matériel roulant à la *Comp. du Chem. de fer du Nord*, anc. Élève de l'Éc. cent. des Arts et Man., 5, place des Vosges. — Paris.
Angellier (Auguste), Doyen de la Faculté des Lettres de Lille, 20, rue de Beaurepaire. — Boulogne-sur-Mer (Pas-de-Calais).
*Anglas (Jules), Prépar. à la Fac. des Sc., 62, boulevard de Port-Royal. — Paris.
*Angot (Alfred), Doct. ès Sc., Météor. tit. au Bureau cent. météor. de France, 12, avenue de L'Alma. — Paris. — R
*Anthoine (Édouard), Ing., Chef du serv. de la Carte de France et de la Stat. graph. au Min. de l'Int., anc. Élève de l'Éc. cent. des Arts et Man., 13, rue Cambacérès. — Paris.
Anthoni (Gustave), Ing. des Arts et Man., 17, avenue Niel. — Paris.
*Dr Apert (Eugène), anc. Int. des Hôp., Chef adj. du Lab. de clin. méd. de l'Hôtel-Dieu 54, rue Lecourbe. — Paris.
Appert (Aristide), anc. Indust., 58, rue Ampère. — Paris. — R
Appert (Léon), Commis.-pris. hon., 11, avenue d'Eglé. — Maisons-Laffitte (Seine-et-Oise).
Arbel (Antoine), Maître de forges. — Rive-de-Gier (Loire). — R
Arcin (Henri), Nég., 1, rue de L'Arsenal. — Bordeaux (Gironde).
Dr Aris (Prosper), 17, rue du Lycée. — Pau (Basses-Pyrénées).
Arloing (Saturnin), Corresp. de l'Inst. et de l'Acad. de Méd., Prof. à la Fac. de Méd, Dir. de l'Éc. nat. vétér., 2, quai Pierre-Scize. — Lyon (Rhône). — R
Dr Armaingaud (Arthur), anc. Agr. à la Fac. de Méd., 61, cours de Tourny. — Bordeaux (Gironde).
Armengaud (Eugène), Ing. des Arts et Man., 21, boulevard Poissonnière. — Paris.

Dr **Armet (Silvère).** — Sallèles-d'Aude (Aude).
Armez (Louis), Ing. des Arts et Man., Député des Côtes-du-Nord, 14, rue Juliette-Lamber. — Paris et château Bourg-Blanc. — Plourivo par Paimpol (Côtes-du-Nord).
Arnaud (Gabriel), Nég. — Méze (Hérault).
Arnaud (Jean-Baptiste), Ing. des P. et Ch. — Coulommiers (Seine-et-Marne).
Arnaud (Paulin), Fabric. — Méze (Hérault).
*Dr **Arnaud (Henri),** 5, rue Saint-Pierre. — Montpellier (Hérault). — **R.**
Dr **Arnaud de Fabre (Amédée),** 36, rue Sainte-Catherine. — Avignon (Vaucluse).
Arnavon (Honoré), Fabric. de savon, 12, rue du Fort-Notre-Dame. — Marseille (Bouches-du-Rhône).
Arnould (Charles), Nég., Mem. du Cons. gén., 23, rue Thiers. — Reims (Marne). — **R.**
Arnould (Charles), Insp. gén. des Poudres et Salpêtres, Dir. au Min. de la Guerre, 22, rue de Narbonne. — Paris.
Arnould (le Colonel Émile), Dir. de l'Éc. des Hautes-Études indust. à l'Univ. catholique, 11, rue de Toul. — Lille (Nord).
Arnould (Jean-Baptiste, Camille), Dir. de l'Enreg. et des Dom., 6, place Saint-Pierre. — Troyes (Aube).
*** Arnoux (Louis Gabriel),** anc. Of. de marine. — Les Mées (Basses-Alpes). — **R**
*** Arnoux (René),** anc. Ing. des Ateliers Bréguet, anc. Ing.-Conseil de la *Comp. continentale Edison,* 16, rue de Berlin. — Paris. — **R**
Arnozan (Mlle M V.), 40, allées de Tourny. — Bordeaux (Gironde).
*** Arnozan (Gabriel),** Pharm. de 1re cl., Mem. de la *Soc. de Pharm. de la Gironde,* 40, allées de Tourny. — Bordeaux (Gironde).
Arnozan (Xavier), Prof. à la Fac. de Méd., 27 *bis,* cours du Pavé-des-Chartrons. — Bordeaux (Gironde).
Arosa (Achille), Mem. de la *Soc. de Géog.,* 5, avenue Victor-Hugo. — Paris.
Arrault (Paulin), Ing. des Arts et Man., Construc. d'ap. de sond., 69, rue Rochechouart. — Paris.
Dr **Arsonval (Arsène d'),** Mem. de l'Inst. et de l'Acad. de Méd., Prof. au Collège de France, 28, avenue de L'Observatoire. — Paris.
Arth (Georges), Prof. à la Fac. des Sc., 7, rue de Rigny. — Nancy (Meurthe-et-Moselle).
Arvengas (Albert), Lic. en droit, 1, rue Raimond-Lafage. — Lisle-d'Albi (Tarn). — **R**
Ascroft (Robert-Lamb), Nautical-Assessor in Fishery cases, 4, Park street. — Lytham (Lancashire) (Angleterre).
Association amicale des anciens Elèves de l'Institut du Nord, 17, rue Faidherbe. — Lille (Nord).
*** Association pour l'Enseignement des Sciences anthropologiques** (École d'Anthropologie), 15, rue de L'École-de-Médecine. — Paris. — **R**
*** Association des Ingénieurs civils Portugais,** place du Commerce. — Lisbonne (Portugal).
Astor (Auguste), Prof. à la Fac. des Sc., 11, place Victor-Hugo. — Grenoble (Isère).
Aubert (Charles), Avocat, 13, rue Caqué. — Reims (Marne). — **F**
*** Aubert (Mme Ephrem),** 31, chaussée du Port. — Reims (Marne).
*** Aubert (Ephrem),** Nég., 31, chaussée du Port. — Reims (Marne).
Aubert (Frédéric), Nég. en outils et machines-outils, 7, quai des Tanneurs. — Nantes (Loire-Inférieure).
Dr **Aubert (P.-F.),** anc. Chirurg. de l'Antiquaille, 33, rue Victor-Hugo. — Lyon (Rhône)
*** Aubert (Mme Raymond),** 33, chaussée du Port. — Reims (Marne).
*** Aubert (Raymond),** Adj. au Maire, Nég., 33, chaussée du Port. — Reims (Marne).
Aubin (Emile), Chim., Dir. du Lab. de la *Soc. des Agric. de France,* 12, rue Pernelle. — Paris.
*** Aubrée (Jules),** Avoué à la Cour d'Ap., 1, rue d'Estrées. — Rennes (Ille-et-Vilaine).
Aubrun, 86, boulevard des Batignolles. — Paris.
Dr **Audé.** — Fontenay-le-Comte (Vendée).
Audiffred (Jean), Député de la Loire, 38, rue François-Ier. — Paris et à Roanne (Loire).
Dr **Audouin (Pierre),** 49, rue Saint-Sernin. — Bordeaux (Gironde).
Audra (Edgard), Trésor. de la *Soc. française de Photog.,* 3, rue de Logelbach. — Paris.
Augé (Eugène), Ing. civ., 6, rue Barralerie. — Montpellier (Hérault).
*** Auger (Mme Émilie),** 1, rue Le Goff. — Paris.
*** Ault du Mesnil (Geoffroy d'),** Géol., Admin. des Musées, 1, rue de L'Eauette. — Abbeville (Somme).
Dr **Auquier (Eugène),** 18, rue de la Banque. — Nimes (Gard).

Auric (André), Ing. des P. et Ch. — Valence (Drôme).
*Authelin (Charles), Prépar. à la Fac. des Sc. — Nancy. (Meurthe-et-Moselle).
Auvray (Charles). Archit. de la Ville, 3, rue Daniel-Huet. — Caen (Calvados).
Aveneau de la Grancière (le Comte Paul), 10 *bis*, rue de Richemond. — Vannes (Morbihan).
Avenelle (Ernest), Dir. des Établiss. Rivière et Cie, 15, rue d'Elbeuf. — Rouen (Seine-Inférieure).
Aynard (Édouard), Banquier, Présid. de la Ch. de Com., Député du Rhône, 11, place de La Charité. — Lyon (Rhône). — **F**
Babinet (André), Ing. en chef des P. et Ch., 5, rue Washington. — Paris. — **R**
Dr Bachelot-Villeneuve. — Saint-Nazaire (Loire-Inférieure).
Baillaud, Doyen de la Fac. des Sc., Dir. de l'Observatoire. — Toulouse (Haute-Garonne
*Baille (Jean, Louis), Opticien, 67, boulevard de Strasbourg. — Paris.
*Baille (Mme J.-B., Alexandre), 26, rue Oberkampf. — Paris. — **R**
*Baille (Mlle Julie), 26, rue Oberkampf. — Paris.
*Baille (J.-B., Alexandre), anc. Répét. à l'Éc. Polytech., Prof. à l'Éc. mun. de Phys. et de Chim. indust., 26, rue Oberkampf. — Paris. — **F**
Baillière (Germer), anc. Libraire-Édit., anc. Mem. du Cons. mun., 10, rue de L'Éperon. — Paris. — **F**
Baillière (Paul), Doct. en droit, Avocat à la Cour d'Ap., 20, boulevard de Courcelles — Paris.
Baillon (jeune), Exploitant de carrières, 203 *bis*, boulevard Saint-Germain. — Paris.
Baillou (André), Prop., 96, rue Croix-de-Seguey. — Bordeaux (Gironde). — **R**
Dr Bailly. — Chambly (Oise).
*Bailly (Alfred), anc. Mem. du Cons. gén., Rédac. au *Républicain de Nogent-le-Rotrou*, rue Saint-Hilaire. — Nogent-le-Rotrou (Eure-et-Loir).
Bamberger (Henri), Banquier, 14, rond-point des Champs-Élysées. — Paris. — **F**
Bapterosses (F.), Manufac. — Briare (Loiret). — **F**
Barabant (Roger), Ing. en chef des P. et Ch., Dir. de la *Comp. des Chem. de fer de l'Est*, 14, rue de Clichy. — Paris. — **R**
*Dr Baraduc (Hippolyte, Ferdinand), Électrothérap., 191, rue Saint-Honoré. — Paris.
Dr Baratier. — Bellenave (Allier).
Barbe (Isidore), Prop., 144, rue Saint-Sernin. — Bordeaux (Gironde).
Barbelenet (Simon), Prof. de Math. au Lycée, 18, rue Tronson-Ducoudray. — Reims (Marne).
Barbier (Aimé), Étud., 18, boulevard Flandrin. — Paris.
Barbier (Philippe), Prof. à la Fac. des Sc., 3, quai Perrache. — Lyon (Rhône).
Barbier (Victor), Sec. gén. de l'*Acad. d'Arras*, 4, rue du Marché-aux-Filets. — Arras (Pas-de-Calais).
Barbier-Delayens (Victor), Prop., 5, rue Papacin. — Nice (Alpes-Maritimes). — **F**
Barboux (Henri), Avocat à la Cour d'Ap., anc. Bâton. du Cons. de l'Ordre, 14, quai de La Mégisserie. — Paris. — **F**
*Bard (Louis), Prof. de clin. médic. à l'Univ., 6, rue Bellot. — Genève (Suisse). — **R**
Bardin (Mlle), 2, rue du Luminaire. — Montmorency (Seine-et-Oise). — **R**
Bardot (Henri), Fabric. de prod. chim., 190, rue Croix-Nivert. — Paris.
Dr Barette, Prof. à l'Éc. de Méd., 13, rue de Bernières. — Caen (Calvados).
Dr Baréty (Alexandre). — Nice (Alpes-Maritimes).
Barge (Henri), Archit.-Entrep., anc. Élève de l'Éc. nat. des Beaux-Arts, Maire. — Janneyrias par Meyzieux (Isère).
Bargeaud (Paul), Percept. — Royan-les-Bains (Charente-Inférieure). — **R**
Bariat (Julien), Ing., Construc. de mach. agricoles. — Bresles (Oise).
*Dr Barillet (Alexandre), 18, rue de Talleyrand. — Reims (Marne).
*Barillier-Beaupré (Alphonse), Juge de Paix, Grande-Rue. — Champdeniers (Deux-Sèvres). — **R**
Barisien (Ernest), Chef de bat. d'Infant. en mission milit., Ambassade de France. — Constantinople (Turquie).
*Dr Barnay (Marius), 178 *bis*, rue de Vaugirard. — Paris.
Baron (Émile), Fabric. de savon, 23, rue Longue-des-Capucines. — Marseille (Bouches-du-Rhône).
Baron (Henri), Dir. hon. de l'Admin. des Postes et Télég., 18, avenue de La Bourdonnais. — Paris. — **R**

Baron (Jean), anc. Ing. de la Marine, Ing. en chef aux *Chantiers de la Gironde*, 50, rue du Tondu. — Bordeaux (Gironde). — **R**

Baron-Latouche (Émile), Juge au Trib. civ. — Fontenay-le-Comte (Vendée).

*Dr **Barral (Étienne)**, Agr. à la Fac. de Méd., 2, quai Fulchiron. — Lyon (Rhône).

Barrère (Eugène), Prop. — Gourbera par Dax (Landes).

Barret (Amédée), Photograv., 104, boulevard Montparnasse. — Paris.

Barrion (Georges), Ing. agron. 4, rue Al-Djazira. — Tunis.

Dr **Barrois (Charles)**, Prof. à la Fac. des Sc., 37, rue Pascal. — Lille (Nord). — **R**

Dr **Barrois (Jules)**, Doct. ès Sc., Zool., villa de Surville, Cap Brun. — Toulon (Var). — **R**

Barrois (Théodore) (fils), Prof. à la Fac. de Méd., Député du Nord, 220, rue Solférino. — Lille (Nord).

Bartaumieux (Charles), Archit., Expert à la Cour d'Ap., Mem. de la Soc. cent. dés *Archit. franç.*, 66, rue La Boétie. — Paris. — **R**

Dr **Barth (Henry)**, Méd. des Hôp., Sec. de l'*Assoc. des Méd. de la Seine*, 2, rue Saint-Thomas-d'Aquin. — Paris.

*Dr **Barthe (Léonce)**, Agr. à la Fac. de Méd., Pharm. en chef des Hôp., 6, rue Théodore-Ducos. — Bordeaux (Gironde).

Barthe-Dejean (Jules), 5, rue Bab-el-Oued. — Alger.

*Barthélemy (François)**, 61, rue de Rome. — Paris.

Barthélemy (le Comte François, Pierre de), Explorateur, 107, rue du Faubourg-Saint-Honoré. — Paris.

*Barthélemy (Louis)**, Dir. gén. de la *Soc. française des Poudres de sûreté*, 85, rue d'Hauteville. — Paris.

-**Barthelet (Edmond)**, Mem. de la Ch. de Com., 33, boulevard de La Liberté. — Marseille (Bouches-du-Rhône).

Bartholoni (Fernand), anc. Présid. du Cons. d'admin. de la *Comp. des Chem. de fer d'Orléans*, 12, rue La Rochefoucauld. — Paris. — **F**

Basset (Charles), Nég., cours Richard. — La Rochelle (Charente-Inférieure).

Basset (Gabriel), Prof. hon. à la Fac. de Méd., Méd. hon. des Hôp., 34, rue Peyrolières. — Toulouse (Haute-Garonne).

Dr **Basset de Séverin (Paul, Henri)**, château Chamberjot. — Noisy-sur-École par La Chapelle-la-Reine (Seine-et-Marne).

Bastide (Scévola), Prop.-Vitic., Mem. de la Ch. de Com., 11, rue Maguelonne. — Montpellier (Hérault). — **R**

Bastit (Eugène), Doct. ès Sc., Censeur du Lycée. — Bourges (Cher).

Baton (Ernest), Prop., 5, rue de Sfax. — Paris.

Dr **Battandier (Jules, Aimé)**, Prof. à l'Éc. de Méd., Méd. de l'Hôp. civ., 9, rue Desfontaines. — Alger-Mustapha.

*Dr **Battarel**, Méd. de l'Hôp. civ., 69, rue Sadi-Carnot. — Alger-Mustapha.

Battarel (Pierre, Ernest), Ing. civ., château de Polangis, 1, route de Brie. — Joinville-le-Pont (Seine).

Battle (Étienne), rue du Petit-Scel. — Montpellier (Hérault).

Dr **Batuaud (Jules)**, 127, boulevard Haussmann. — Paris.

Baudoin (Antonin), Pharm. de 1re cl., Dir. du Lab. de Chim. agric. et indust., 4, rue de Barbezieux. — Cognac (Charente).

Baudoin (Noël), Ing. civ., 51, rue Lemercier. — Paris. — **F**

Baudon (Alexandre), Fabric. de prod. pharm., 12, rue Charles V. — Paris.

*Dr **Baudouin (Marcel)**, anc. Int. des Hôp., Chef de Lab. à la Fac. de Méd., Dir. de l'*Inst. internat. de Bibliog. scient.*, 93, boulevard Saint-Germain. — Paris.

Baudreuil (Charles de), 29, rue Bonaparte. — Paris. — **R**

Baudreuil (Émile de), anc. Cap. d'Artil., anc. Élève de l'Éc. Polytech., 9, rue du Cherche-Midi. — Paris. — **R**

Baudry (Charles), Ing. en chef du matér. et de la trac. à la *Comp. des Chem. de fer de Paris à Lyon et à la Méditerranée*, anc. Élève de l'Éc. Polytech., 27, quai de La Tournelle. — Paris.

Bayard (Joseph), anc. Int. des Hôp. de Paris, Pharm. de 1re cl., Sec. de la *Soc. des Pharm. de Seine-et-Marne*, 16, rue Neuville. — Fontainebleau (Seine-et-Marne). — **R**

Baye (le Baron Joseph de), Mem. de la *Soc. des Antiquaires de France*, Corresp. du Min. de l'Instruc. pub., 58, avenue de La Grande-Armée. — Paris et château de Baye (Marne). — **R**

Bayssellance (Adrien), Ing. de la Marine en retraite, Présid. de la rég. sud-ouest du *Club Alpin français*, anc. Maire, 84, rue Saint-Genès. — Bordeaux (Gironde). — **R**

Beauchais, 130, boulevard Saint-Germain. — Paris.

*Dr **Beaudier (Henri)**. — Attigny (Ardennes).

Beaumont (Paul de), Notaire, Admin. des Hospices, 2 *bis*, rue Saint-Jean. — Bou'ogne-sur-Mer (Pas-de-Calais).

***Beaufumé (A.)**, Attaché au Min. des Fin., 72, rue de Seine. — Paris.

***Beaurain (Narcisse)**, Biblioth. de la Ville, 1, rue Restout. — Rouen (Seine-Inférieure).

Beauvais (Maurice), Sec. gén. de la Préfect., 13, rue Bonne-Nouvelle. — Angers (Maine-et-Loire).

***Béchamp (Antoine)**, anc. Prof. à la Fac. de Méd. de Montpellier, Corresp. nat. de l'Acad. de Méd., 15, rue Vauquelin. — Paris. — **F**

Becker, Représent. de com. — Pont-d'Essay, par Nancy (Meurthe-et-Moselle).

Becker (Mme V^e), 260, boulevard Saint-Germain. — Paris. — **F**

Becker (A.), 9, quai Saint-Thomas. — Strasbourg (Alsace-Lorraine).

Becker (E.), Agent de change, 76, rue de Talleyrand. — Reims (Marne).

*Dr **Béclère (Antoine)**, Méd. des Hôp., 5, rue Scribe, Paris.

Bedel (Louis), Entomol., 20, rue de L'Odéon. — Paris.

Dr **Bedié (Joseph, Henri)**, 50, boulevard de Latour-Maubourg. — Paris.

Bedout (Louis), château de la Plaine. — Cazaubon (Gers).

***Beghin (A.)**, Prof. à l'Éc. nat. des Arts indust., 50, rue du Tilleul. — Roubaix (Nord).

***Béhaghel (Henri)**, Prop., château de l'eaurepaire. — Beaumarie-Saint-Martin par Montreuil-sur-Mer (Pas-de-Calais). — **R**.

***Behal (Auguste)**, Maître de conf. à la Fac. des Sc., Agr. à l'Éc. sup. de Pharm., Pharm. de l'Hôpital Ricord, 111, boulevard de Port-Royal. — Paris.

***Beigbeder (David)**, anc. Ing. des Poudres et Salpêtres, 125, avenue de Villiers. — Paris. — **R**

Beille (Lucien), Agr. à la Fac. de Méd. de Bordeaux, Jardin Botanique. — Talence (Gironde).

***Beleze (Mlle Marguerite)**, Mem. des *Soc. botan. et mycol. de France, archéol. de Rambouillet* et de l'*Association française de botan.*, 62, rue de Paris. — Montfort-l'Amaury (Seine-et-Oise).

Belin (Marcel). — Chazelles-sur-Lyon (Loire).

Bell (Édouard, Théodore), Nég., 57, Broadway. — New-York (États-Unis d'Amérique). — **F**

Bellamy (Paul), Greffier en chef du Trib. civ., 19, rue Voltaire. — Nantes.

***Belloc (Émile)**, Chargé de Missions scient., 105, rue de Rennes. — Paris.

***Bellot (Arsène, Henri)**, anc. s. Archiv. au Cons. d'État, 9, avenue Malakoff. — Paris.

Bellouard (Albert), Pharm., 2, rue Saint-James. — Bordeaux (Gironde).

Dr **Belugou (Guillaume)**, Chef des trav. de Phys. à l'Éc. sup. de Pharm., 3, boulevard Victor-Hugo. — Montpellier (Hérault).

Bémont (Gustave), Chim., 21, rue du Cardinal-Lemoine. — Paris.

***Bénard (Henri)**, Agr., Prépar. de Phys. au Collège de France, 5, rond-point Bugeaud. — Paris.

***Bengesco (Mme Marie)**, Critique d'Art, 7, rue des Saints-Pères. — Paris.

Benoist, Notaire. — Senlis (Oise).

***Benoist (Félix)**, Manufac., 30, rue de Monsieur. — Reims (Marne).

Benoist (Jules), Nég., 3, rue des Cordeliers. — Reims (Marne).

Benoît (Arthur), Indust , 6, place du Général Mellinet. — Nantes (Loire-Inférieure).

Benoît, boulevard Saint-Pierre. — Caen (Calvados).

*Dr **Benoît (René)**, Doct. ès Sc., Ing. civ., Dir. du Bur. internat. des Poids et Mesures, pavillon de Breteuil. — Sèvres (Seine-et-Oise).

Beral (Eloi), Insp. gén. des Mines en retraite, Cons. d'État hon., anc. Sénateur, 10, rue de Babylone. — Paris. — **F**

Béraud (Mme Ve Marie), 76, avenue de Villiers. — Paris.

Berchon (Mme Ve Ernest), 96, cours du Jardin-Public. — Bordeaux (Gironde). — **R**

Berdellé (Charles), anc. Garde gén. des Forêts. — Rioz (Haute-Saône). — **F**

Berge (René), Ing. civ. des Mines, Mem. du Cons. gén. de la Seine-Inférieure, 12, rue Pierre-Charron. — Paris.

*Dr **Berger (Louis, Emmanuel)**. — Coutras (Gironde).

***Berger (Lucien)**, 8, rue Saint-Simon. — Paris.

Bergeret (Albert), Dir. des ateliers de phototypie de la Maison J. Royer, 3, rue de La Salpêtrière. — Nancy (Meurthe-et-Moselle).

Dr **Bergeron (Henri)**, 138, rue de Rivoli. — Paris.

Bergeron (Jules), Doct. ès Sc., Prof. à l'Éc. cent. des Arts et Man., s.-Dir. du Lab. de Géol. de la Fac. des Sc., 157, boulevard Haussmann. — Paris. — **R**

Dr **Bergeron (Jules)**, Sec. perp. de l'Acad. de Méd., 157, boulevard Haussmann. — Paris. — **R**

Bergès (Aristide), Ing. des Arts et Man. — Lancey (Isère).

*Bergonié (Mme Jean), 6 *bis*, rue du Temple. — Bordeaux (Gironde).

*Bergonié (Jean), Prof. de Phys. à la Fac. de Méd., Corresp. nat. de l'Acad. de Méd., Chef du serv. électrothérap. des Hôp., 6 *bis*, rue du Temple. — Bordeaux (Gironde).

*Dr Bergounioux (Jean), Méd.-Maj. de 1re cl. à l'Hôp. milit. Bégin. — Saint-Mandé (Seine).

*Dr Bérillon (Edgar), Méd.-Insp. adj. des Asiles pub. d'aliénés, Dir. de la *Revue de l'Hypnotisme*, 14, rue Taitbout. — Paris.

Bernard (Edmond), Prof., 59, avenue de Breteuil. — Paris.

*Bernard (Gabriel), Contrôl. princ. des Contrib. dir. et du Cadastre, 170, boulevard Voltaire. — Paris.

Bernard (Georges, Eugène), Pharm. princ. de 1re cl. de l'Armée en retraite, 31, rue Saint-Louis. — La Rochelle (Charente-Inférieure).

*Dr Bernard (Raymond), Méd.-Maj., Répét. à l'Éc. du Serv. de Santé milit. — Lyon (Rhône).

Bernard (Remy), Rent., 51, rue de Prony. — Paris.

Bernès (Henri), Prof. au Lycée Michelet, Mem. du Cons. sup. de l'Instruc. pub. 127, boulevard Saint-Michel. — Paris.

Bernheim (Maxime), Prof. de Clin. int. à la Fac. de Méd., 24, place de La Carrière. — Nancy (Meurthe-et-Moselle).

*Dr Bernheim (Samuel), 9, rue Rougemont. — Paris.

Bertault-Simon, Prop.-Viticult., 37, rue de Châlons. — Ay (Marne).

Bertaut (Léon), Nég., 213, boulevard Saint-Germain. — Paris.

Berthelot (Eugène), Sec. perp. de l'Acad. des Sc., Mem. de l'Acad. française et de l'Acad. de Méd., anc. Min., Sénateur, Prof. au Col. de France, 3, rue Mazarine (Palais de l'Institut). — Paris. — **R**

Berthier (Camille), Ing. des Arts et Man. — La Ferté-Saint-Aubin (Loiret).

*Dr Bertholon (Lucien), v.-Présid. d'hon. de l'Inst. de Carthage, 8, rue des Maltais. — Tunis.

Berthon (Édouard), Prop., 46, rue de Rome. — Paris.

Berthoud (Louis), Horloger-Expert de la Marine, Biblioth. de l'Éc. d'Horlog., 37, rue de Pontoise. — Argenteuil (Seine-et-Oise).

Bertillon (Alphonse), Chef du serv. de l'Identité judiciaire à la Préf. de Police, 36, quai des Orfèvres. — Paris.

Dr Bertin (Georges), Corresp. de l'Acad. de méd., Prof. sup. à l'Éc. de Méd., Méd. des Hôp., 2, rue Franklin. — Nantes (Loire-Inférieure).

Bertin (Louis), Ing. en chef des P. et Ch. en retraite, 6, rue Mogador. — Paris. — **R**

Bertrand (Alexandre), Mem. de l'Inst., Conserv. du Musée. — Saint-Germain-en-Laye (Seine-et-Oise).

Bertrand (J.), Pharm. de 1re cl. — Fontenay-le-Comte (Vendée).

Dr Bertrand (Marc-Antoine). — Noirétable (Loire).

Besançon (Georges), Dir. de l'*Aérophile*, 14, rue des Grandes-Carrières. — Paris.

Bessand (Charles), Admin. de la *Comp. des Chem. de fer du Midi*, 2 *bis*, rue du Pont-Neuf. — Paris.

Dr Bessette (E.), anc. Chirurg. de l'Hôp. civ. et milit., Méd. des Épidémies, 23, place de La Commune. — Angoulême (Charente).

Besson, Archit.-Vérif. — Montlhéry (Seine-et-Oise).

Dr Besson (Albert), Méd. Aide-Maj., Chef du Lab. de Bactériologie, Hôpital militaire. — Rennes (Ille-et-Vilaine).

Besson (Paul), Chim., 10, Neufeldeweg. — Neudorff près Strasbourg (Alsace-Lorraine).

Bétencourt (Alfred), Ing.-Chim., 64, rue d'Outreau. — Boulogne-sur-Mer (Pas-de-Calais).

Béthouart (Alfred), Ing. des Arts et Man., Censeur à la *Banque de France*, anc. Maire, 5, rue Chanzy. — Chartres (Eure-et-Loir). — **R**

Béthouart (Émile), Conserv. des Hypothèques, 17, rue de Patay. — Orléans (Loiret). — **R**

Dr Bettremieux (Paul), anc. Int. des Hôp. de Paris, 30, rue Saint-Vincent-de-Paul. — Roubaix (Nord).

Beutter (Frédéric), Ing. aux *Aciéries de Saint-Étienne*, 13, place Marengo. — Saint-Étienne (Loire).

Beyna (Auguste), Dir. de la *Comp. Algérienne*, 20, boulevard Malakoff. — Oran (Algérie).

Beyssac (Jean Conilh de), Doct. en droit, Avocat à la Cour d'Ap., 18, rue Boudet. — Bordeaux (Gironde).

Dr **Bezançon (Paul)**, anc. Int. des Hôp., 51, rue de Miromesnil. — Paris. — **R**
*Dr **Bézy (Paul)**, Agr. chargé du cours de Clin. infantile à la Fac. de Méd., Méd. des
Hôp., 3, rue Malctache. — Toulouse (Haute-Garonne).
***Biaille (Léon)**, Pharm. — Chemillé (Maine-et-Loire).
Bibliothèque-Musée, 10, rue de L'État-Major. — Alger. — **R**
Bibliothèque universitaire, 40, rue Saint-Vincent. — Besançon (Doubs).
Bibliothèque publique de la Ville, Grande-Rue. — Boulogne-sur-Mer (Pas-de-
Calais). — **R**
Bibliothèque populaire de la Ville. — Orthez (Basses-Pyrénées).
***Bibliothèque du Service hydrographique de la Marine**, 13, rue de L'Université.
— Paris.
***Bibliothèque de l'École supérieure de Pharmacie de Paris**, 4, avenue de L'Obser-
vatoire. — Paris.
***Bibliothèque du Sénat**, rue de Vaugirard. — Paris.
Bibliothèque de la Ville. — Pau (Basses-Pyrénées). — **R**
Bichat (Ernest, Adolphe), Corresp. de l'Inst., Doyen de la Fac. des Sc., 3 *bis*,
rue des Jardiniers. — Nancy (Meurthe-et-Moselle).
Bichon (Edmond), Lic. ès Sc. Math. et Phys., Prof., Chim. diplômé, 76, rue de Marseille.
— Bordeaux (Gironde).
Dr **Bidard (E.)**, anc. Int. des Hôp., Mem. de la *Soc. d'Anthrop. de Paris*. — Domfront
(Orne.)
Bidaud (Louis, François), Prof. de Phys. et de Chim. à l'Éc. nat. vétér.— Toulouse
(Haute-Garonne).
Dr **Bidon (Honoré)**, Méd. des Hôp., 12, rue Estelle. — Marseille (Bouches-du-Rhône).
Biehler (Charles), Dir. de l'Éc. prép. du Col. Stanislas, 22, rue Notre-Dame-des-
Champs. — Paris.
Bienvenüe (Fulgence), Ing. en chef des P. et Ch., 9, rue Roy. — Paris.
Biétrix (Vincent), Ing. des Arts et Man., La Chaléassière. — Saint-Étienne (Loire).
Bignon (Jean), Ing. des Arts et Man., Agron. — Bourbon-l'Archambault (Allier).
Bigo (Émile), Imprim., 95, boulevard de La Liberté. — Lille (Nord).
Bigot (Alexandre), Prof. à la Fac. des Sc., 28, rue de Geôle. — Caen (Calvados).
*Dr **Bilhaut (Marceau)**, 5, avenue de L'Opéra. — Paris.
***Bilhaut (Marceau) (fils)**, Étud. en Méd., 5, avenue de L'Opéra. — Paris.
Billault-Billaudot et Cie, Fabric. de prod. chim., 22, rue de La Sorbonne. — Paris. — **F**
Dr **Billon**, Maire. — Loos (Nord).
***Billy (Alfred de)**, anc. Insp. des Fin., anc. Élève de l'Éc. Polytech., 24, place
Malesherbes. — Paris.
Billy (Charles de), Cons. référend. à la Cour des Comptes, 56, rue de Boulain-
villiers. — Paris. — **F**
Binet (Ernest), Prop., 32, rue Marie-Talbot. — Sainte-Adresse (Seine-Inférieure).
Dr **Binot (Jean)**, anc. Int. des Hôp., 22, rue Cassette. — Paris.
Biochet, Notaire hon. — Caudebec-en-Caux (Seine-Inférieure). — **R**
Bischoffsheim (Raphaël, Louis), Mem. de l'Inst., Ing. des Arts et Man., Député des
Alpes-Maritimes, 3, rue Taitbout. — Paris. — **F**
Biscuit (Edmond), anc. Notaire. — Boult-sur-Suippe, par Bazancourt (Marne).
***Biver (Hector)**, Ing. des Arts et Man., Mem. du Cons. d'admin. de la *Soc. anonyme
de Saint-Gobain, Chauny et Cirey*, 8, rue Meissonier. — Paris.
Bizard (Émilien), Dir. de l'Exploit. des Docks (Hôtel des Docks), place de La Joliette.
— Marseille (Bouches-du-Rhône).
Dr **Blache (R., H.)**, Mem. de l'Acad. de Méd., 5, rue de Surène. — Paris.
***Blaise (Émile)**, Ing. des Arts et Man., 1, quai de Paris. — Rouen (Seine-Inférieure).
Blaise (Jules), Pharm., 31, boulevard de l'Hôtel-de-Ville. — Montreuil-sous-Bois (Seine).
***Blanc (Édouard)**, Explorateur, 52, rue de Varenne. — Paris. — **R**.
***Blanchard (Raphaël)**, Prof. à la Fac. de Méd., Mem. de l'Acad. de Méd., 226, boule-
vard Saint-Germain. — Paris. — **R**
Dr **Blanche (Emmanuel)**, Prof. à l'Éc. de Méd. et à l'Éc. prép. à l'Ens. sup. des Sc.,
12, quai du Havre. — Rouen (Seine-Inférieure).
***Blanchet (Adrien)**, Bibliothéc. hon. de la Biblioth. nat., 164, boulevard Pereire.
— Paris.
Blanchet (Augustin), Fabric. de papiers, château d'Alivet. — Renage (Isère).
Dr **Blanchier**. — Chasseneuil (Charente).
Blandin (Frédéric, Auguste), Ing. des Arts et Man., anc. Manufac., Admin. de la *Banque
de France*, avenue de la Gare. — Nevers (Nièvre), et 19, place de La Madeleine. — Paris.

*Blarez (Charles), Prof. à la Fac. de Méd., 3, rue Gouvion. — Bordeaux (Gironde). — **R**
Bleicher (Gustave), Corresp. nat. de l'Acad. de Méd., Prof. d'Hist. nat. à l'Éc. sup. de Pharm., 9, cours Léopold. — Nancy (Meurthe-et-Moselle).
Blin, Fabric. de draps. — Elbeuf-sur-Seine (Seine-Inférieure).
*Dr Bloch (Adolphe), anc. Méd. de l'Hôp. du Havre, 24, rue d'Aumale. — Paris.
Blondeau-Bertault (Jules), Prop., Nég., Adj. au Maire. — Ay (Marne).
Blondel (André), Ing., Prof. à l'Éc. nat. des P. et Ch., 41, avenue de La Bourdonnais. — Paris.
Blondel (Édouard), Insp. gén. des Fin., anc. Élève de l'Éc. Polytech., 10, rue Chomel. — Paris.
Blondel (Émile), Chim., Manufac. — Saint-Léger-du-Bourg-Denis (Seine-Inférieure). — **R**
Blondlot (René), Corresp. de l'Inst., Prof. à la Fac. des Sc., 8, quai Claude-Lorrain. — Nancy (Meurthe-et-Moselle).
Blottière (René), Pharm. de 1re cl., 102, rue de Richelieu. — Paris.
Blouquier (Charles), 10, rue Salle-de-l'Évêque. — Montpellier (Hérault).
Boas (Alfred), Ing. des Arts et Man., 34, rue de Châteaudun. — Paris. — **R**
Boas-Boasson (J.), Chim. chez MM. Henriet, Romanna et Vignon, 15, rue Saint-Dominique. — Lyon (Rhône).
Boban-Duvergé (Eugène), Mem. de la Soc. d'Anthrop. de Paris, 18, rue Thibaud. — Paris.
*Boca (Léon), 24, rue du Cherche-Midi. — Paris.
D^r Bœckel (Jules), Corresp. nat. de l'Acad. de Méd., de la *Soc. de Chirurg. de Paris*, Chirurg. des Hosp. civ., Lauréat de l'Inst., 2, quai Saint-Nicolas. — Strasbourg (Alsace-Lorraine). — **R**
*Boésé (Mme Jean), 157, rue du Faubourg-Saint-Denis. — Paris.
*Boésé (Mlle Alice), 157, rue du Faubourg-Saint-Denis. — Paris. — **R**
*Boésé (Mlle Louise), 157, rue du Faubourg-Saint-Denis. — Paris. — **R**
*Boésé (Jean), Nég.-commis., 157, rue du Faubourg-Saint-Denis. — Paris. — **R**
Boésé (Maurice), 157, rue du Faubourg-Saint-Denis. — Paris. — **R**
Boffard (Jean-Pierre), anc. Notaire, 2, place de La Bourse. — Lyon (Rhône). — **R**
Dr Bogros. — La Tour-d'Auvergne (Puy-de-Dôme).
Bohn (Frédéric), Admin.-Dir. de la *Comp. française de l'Afrique occidentale*, 46, rue Breteuil. — Marseille (Bouches-du-Rhône).
*Boilevin (Ed.), Nég., Juge au Trib. de Com., 21, rue Victor-Hugo. — Saintes (Charente-Inférieure).
Boire (Émile), Ing. civ., 86, boulevard Malesherbes. — Paris. — **R**
Bois (Georges, Francisque), Avocat, 11, rue d'Arcole. — Paris.
*Boissier (Louis), Ing.-Élect., (villa Ampère), 117, chemin de Saint-Just. — Marseille (Bouches-du-Rhône).
*Boissier (Pierre) (père), Ing.-Construc., rue de la Douane (Malmousque). — Marseille (Bouches-du-Rhône).
Boissonnet (le Général André, Alfred), anc. Sénateur, 16, rue de Logelbach. — Paris. — **F**
*Boivin (Mlle Louise), 284, rue Nationale. — Lille (Nord).
*Boivin (Charles), Ing.-Archit., 284, rue Nationale. — Lille (Nord).
Boivin (Émile), Raffineur, 64, rue de Lisbonne. — Paris. — **F**
*Boivin (Louis), 284, rue Nationale. — Lille (Nord).
Boix (Émile), Pharm., 46, rue des Augustins. — Perpignan (Pyrénées-Orientales).
*Bonaparte (S. A. le Prince Roland), 10, avenue d'Iéna. — Paris. — **F**
Bondet, Prof. à la Fac. de Méd., Associé nat. de l'Acad. de Méd., Méd. de l'Hôtel-Dieu, 6, place Bellecour. — Lyon (Rhône). — **F**
*Bonetti (Louis), Électr., 69, avenue d'Orléans. — Paris.
Bonfils (A.), Notaire, 27, boulevard de L'Esplanade. — Montpellier (Hérault).
Dr Bonnal. — Arcachon (Gironde).
*Bonnard (Paul), Agr. de Philo., Avocat à la Cour d'Ap., 66, avenue Kléber. — Paris. — **R**
*Dr Bonnet (Edmond), 11, rue Claude-Bernard. — Paris.
*Dr Bonnet (Noël), 12, rue de Ponthieu. — Paris.
Bonnevie (Victor), Recev. partic. des Fin. — Domfront (Orne).
Bonnier (Gaston), Mem. de l'Inst., Prof. de Botan. à la Fac. des Sc., Présid. de la *Soc. botan. de France*, 15, rue de L'Estrapade. — Paris. — **R**
*Bonnier (Jules), Dir. adj. du Lab. d'évolution de la Sorbonne et de la Station zool. de Wimereux, 75, rue Madame. — Paris.

Bonpain (Jules), Ing. des Arts et Man., 45, rue d'Amiens. — Rouen (Seine-Inférieure).
Bontemps (Georges), Ing. civ. des Mines, 11, rue de Lille. — Paris.
Bonvillain (Philibert), Ing., 6, rue Blanche. — Paris.
Bonzel (Arthur), Sup. du Jug. de paix. — Haubourdin (Nord).
Dr Bordas (Léonard), Doct. ès Sc., Chef des trav. de Zool. à la Faculté des Sc. — Marseille (Bouches-du-Rhône).
Bordé (Paul), Ing.-Opticien, 29, boulevard Haussmann. — Paris.
Bordet (Adrien), Avocat à la Cour d'Ap., 2, rue de la Liberté. — Alger.
Bordet (Léon), Prop. — La Jolivette commune de Chemilly, par Moulins (Allier).
Bordet (Lucien), Insp. des fin., anc. Élève de l'Éc. Polytech., 181, boulevard Saint-Germain. — Paris. — R
Dr Bordier (Henry), Agr. de Phys. à la Fac. de Méd., 39, rue Thomassin. — Lyon (Rhône). — R
Bordo (Louis), Méd. de colonisation, Maire. — Chéragas (départ. d'Alger).
Borel, 5, quai des Brotteaux. — Lyon (Rhône).
Borély (Charles de), Notaire, 9, rue Aiguillerie. — Montpellier (Hérault).
Boreux, Insp. gén. des P. et Ch., 95, rue de Rennes. — Paris.
Borgogno (Célestin), Nég., 5, rue d'Orléans. — Nantes (Loire-Inférieure).
Dr Bories, anc. Méd.-Maj. de l'Armée. — Montauban (Tarn-et-Garonne).
Bornand (Louis, Henri), Juge-Informateur, 5, avenue de Rumini. — Lausanne (Suisse).
Bosq (Joseph), Prop., 63, cours Devilliers. — Marseille (Bouches-du-Rhône).
Bosteaux-Paris (Charles), Maire. — Cernay-lez-Reims, par Reims (Marne).
Boubès (Jean, Georges), Prop., 15, place des Quinconces. — Bordeaux (Gironde).
Dr Bouchacourt (Léon), 69, boulevard Saint-Michel. — Paris.
Bouchard (Mme Charles), 174, rue de Rivoli. — Paris.
Bouchard (Charles), Mem. de l'Inst. et de l'Acad. de Méd., Prof. à la Fac. de Méd., Méd. des Hôp., 174, rue de Rivoli. — Paris. — F
Bouché (Alexandre), 68, rue du Cardinal-Lemoine. — Paris. — R
Bouchez (Paul), de la Librairie Masson et Cie, 120, boulevard Saint-Germain. — Paris. — R.
Bouclet-Lefèbvre, Armateur, 2, rue Magenta. — Boulogne-sur-Mer (Pas-de-Calais).
Boude (Frédéric), Nég., Mem. de la Ch. de Com., 8, rue Saint-Jacques. — Marseille (Bouches-du-Rhône).
Boude (Paul), Raffineur de soufre, 8, rue Saint-Jacques. — Marseille (Bouches-du-Rhône).
Dr Boude (Th.), 13, rue du Quatre-Septembre. — Bône (départ. de Constantine) (Algérie).
Boudet (Gabriel) (fils), Étud. en méd., 1, rue du Général-Cérez. — Limoges (Haute-Vienne).
Boudier (Émile), Corresp. de l'Acad. de Méd., Pharm. hon., 22, rue Grétry. — Montmorency (Seine-et-Oise).
Boudin (Arthur), Princ. du Collège. — Honfleur (Calvados). — R
Boudinhon (Adrien), Ing., 85, Grande-Rue. — Saint-Chamond (Loire).
Dr Bouilly (Georges), Agr. à la Fac. de Méd., Chirurg. des Hôp., 9, rue Beaujon. — Paris.
Boulard (l'Abbé L.), Prof. au Petit-Séminaire. — Chartres (Eure-et-Loir). — R
Boulé (Auguste), Insp. gén. des P. et Ch. en retraite, 7, rue Washington. — Paris. — F
Boulet (Gaston), Manufac., Mem. de la Ch. de Com., 12, quai du Mont-Riboudet. — Rouen (Seine-Inférieure).
Dr Boulland (Henri), 36, boulevard Victor-Hugo. — Limoges (Haute-Vienne).
Bouquet de la Grye (Anatole), Mem. de l'Inst., Présid. du Bureau des Longit., Ing. hydrog. en chef de la Marine en retraite, 8, rue de Belloy. — Paris.
Bourdil (François-Fernand), Ing. des Arts et Man., 56, avenue d'Iéna. — Paris.
Bourgeois (Jules), anc. Présid. de la Soc. entomol. de France. — Sainte-Marie-aux-Mines (Alsace-Lorraine).
Bourgery (Henri), anc. Notaire, Mem. de la Soc. géol. de France, Les Capucins. — Nogent-le-Rotrou (Eure-et-Loir). — R
Dr Bourneville, Méd. de l'Asile de Bicètre, Rédac. en chef du Progrès médical, anc. Député, 14, rue des Carmes. — Paris.
Bourquelot (Émile), Mem. de l'Acad. de Méd., Prof. à l'Éc. sup. de Pharm., Pharm. de l'Hôp. Laënnec, 42, rue de Sèvres. — Paris.
Bourrette (Joannès), 63, rue Montorgueil. — Paris.
Bourse (Gustave), Manufac., 14, rue Popincourt. — Paris.
Boursier (André), Prof. à la Fac. de Méd., 23, rue Thiac. — Bordeaux (Gironde).

Bousigues (Édouard), Ing. en chef des P. et Ch., 11, boulevard Diderot. — Paris.

Boutan (Edmond), Ing. en chef des Mines, 64 *bis*, rue de Monceau. — Paris.

Boutan (Louis), Doct. ès Sc., Maître de conf. à la Fac. des Sc., 15, rue de la Sorbonne. — Paris.

Boutillier (Antoine), Insp. gén. des P. et Ch. en retraite, Prof. à l'Éc. cent. des Arts et Man., 24, rue de Madrid. — Paris.

Boutmy (Mme Charles). — Messempré, par Carignan (Ardennes).

Boutmy (Charles), Ing. civ., Maître de forges. — Messempré, par Carignan (Ardennes).

Boutry-Lafrenay, Recev. princ. des Postes et Télég. en retraite, 1, rue du Collège. — Avranches (Manche).

*Dr **Bouveault (Louis)**, Prof. adj. à la Fac. des Sc., anc. Élève de l'Éc. Polytech., 13, rue Victor-Hugo. — Nancy (Meurthe-et-Moselle).

* **Bouvet (Auguste)**, Insp. régional de l'Ens. technique, 27, cours Lafayette. — Lyon (Rhône).

Bouvet (Julien), Substitut du Proc. de la République. — Wassy-sur-Blaise (Haute-Marne). — **R**

Bouvier (Gabriel), 10, rue de La Jonquière. — Paris.

Bouvier (Octave), Pharm.-Chim., 11, place Gambetta. — Bordeaux (Gironde).

Bovet (Alfred), Indust. — Valentigney (Doubs).

Dr **Boy (Philippe)**, 3, rue d'Espalungue. — Pau (Basses-Pyrénées). — **R**

Dr **Boÿ-Teissier (Jules)**, Méd. des Hôp., 24, rue Sénac. — Marseille (Bouches-du-Rhône).

Boyard-Dautrevaux (Eugène), Avocat, Présid. du Comité de la *Bibliothèque populaire*, 3, boulevard Daunou. — Boulogne-sur-Mer (Pas-de-Calais).

Boyer (Germain), Nég. en soies, 11, rue de La Bourse. — Saint-Étienne (Loire).

* **Braemer (Gustave)**, Chim. — Izieux (Loire). — **R**

* **Braemer (Louis)**, Prof. à la Fac. de Méd., 105, rue des Récollets. — Toulouse (Haute-Garonne).

* **Brancher (Marie-Antoine)**, Ing.-Construct., 9, rue Mogador. — Paris.

Dr **Brard**. — La Rochelle (Charente-Inférieure).

Brasil (Louis), Lic. ès Sc., Prépar. à la Fac. des Sc., 4, rue Gémare. — Caen (Calvados).

Dr **Braud (Aristide-Antoine)**. — Saint-Laurent-sur-Gorre (Haute-Vienne).

*Dr **Braün (Alphonse)**, Méd.-maj. à l'Éc. du Serv. de Santé milit. — Lyon (Rhône).

Dr **Brégeat (Albert)**, Méd. sup. de l'Hôp., Dir. de la Santé, 2, rue d'Alger. — Oran (Algérie).

* **Breittmayer (Albert)**, anc. s.-Dir. des Docks et Entrepôts de Marseille, 8, quai de L'Est. — Lyon (Rhône). — **F**

*Dr **Brémond (Félix)**, Insp. du trav. dans l'Indust., v.-Présid. de la Commis. des Logements insalubres, 15, rue Condorcet. — Paris.

Brenier (Casimir), Ing.-Construc., 20, avenue de La Gare. — Grenoble (Isère).

* **Brenot (J.)**, 10, rue Bertin-Poirée. — Paris. — **R**

Bresson (Gédéon), anc. Dir. de la *Comp. du vin de Saint-Raphaël*, 41, rue du Tunnel. — Valence (Drôme). — **R**

* **Bretel (Auguste)**, Of. de Marine en retraite, Insp. technique de la *Foncière maritime* et du *Comptoir d'Escompte*, 12, place de La Bourse. — Paris.

Breton (Ludovic), Ing. civ., anc. Présid. de la *Soc. géol. du Nord*, 18, rue Royale. — Calais (Pas-de-Calais).

* **Breuil (l'Abbé Henri)**, École des Carmes, 74, rue de Vaugirard. — Paris.

Dr **Breuillard (Charles)**, Méd. consult. — Saint-Honoré-les-Bains (Nièvre).

Breul (Charles), Juge au Trib. civ., 56^n, rue d'Ernemont. — Rouen (Seine-Inférieure).

Bricard (Henri), Ing. des Arts et Man., Dir. de l'Exploit. de la *Soc. anonyme des Forges et Chantiers de la Méditerranée*, 45, boulevard de Strasbourg. — Le Havre (Seine-Inférieure).

Bricka (Scipion) (fils), Nég. en vins, 27, rue Maguelone. — Montpellier (Hérault).

Brillouin (Marcel), Prof. au Collège de France, Maître de conf. à l'Éc. Norm. sup., 31, boulevard de Port-Royal. — Paris. — **R**

* **Brissaud (Édouard)**, Prof. à la Fac. de Méd., Méd. des Hôp., 5, rue Bonaparte. — Paris.

Brisse (Édouard-Adrien), Ing. des Mines, 46, rue de Dunkerque. — Paris.

Brissonnet (Jules), Lic. ès Sc. phys., Prof. sup. aux Éc. de Méd., Pharm. de 1re cl., 31, rue de Maubeuge. — Paris.

Brive (Abel), Doct. ès sc., Prépar. à l'Éc. prép. à l'Ens. sup. des Sc. — Alger-Mustapha.

*Dr **Broca (André)**, Agr. de Phys. à la Fac. de Méd., anc. Élève de l'Éc. Polytech., 7, cité Vaneau. — Paris.

Dr **Broca (Auguste)**, Agr. à la Fac. de Méd., Chirurg. des Hôp., 5, rue de L'Université.
— Paris. — **R**
Broca (Georges), Ing. des Arts et Man., 92, boulevard Pereire. — Paris.
Brocard (Henri), Chef de Bat. du Génie en retraite, 75, rue des Ducs-de-Bar. — Bar-le-Duc (Meuse). — **F**
Brochon (Eugène), Entrep. de maçon., 73, boulevard de Clichy. — Paris.
Brockhaus (F.-A.), Libr., 17 rue Bonaparte. — Paris.
Broglie (le Duc de), Mem. de l'Acad. franç. et de l'Acad. des Sc. morales et politiques, anc. Min., 10, rue de Solférino. — Paris.
Brolemann (A., A.), anc. Présid. du Trib. de Com , 14, quai de L'Est. — Lyon (Rhône). — **R**
Brölemann (Georges), Administ. de la *Société Générale*, 52, boulevard Malesherbes. — Paris. — **R**
Brossier, Attaché à la *Comp. du canal de Suez*, 9, rue Charras. — Paris.
Brouant, Pharm. de 1re cl., 91, avenue Victor-Hugo. — Paris.
*****Brouardel (Mme Paul)**, 1, place Larrey — Paris.
*****Brouardel (Paul)**, Mem. de l'Inst. et de l'Acad. de Méd., Doyen de la Fac. de Méd., 1, place Larrey. — Paris.
Brouzet (Charles), Ing. civ., 38, rue Victor-Hugo. — Lyon (Rhône). — **F**
Brugère (le Général Henry-Joseph), v.-Présid. du Cons. sup. de la Guerre, 2, boulevard des Invalides. — Paris.
Bruhl (Paul), Nég., 57, rue de Châteaudun. — Paris. — **R**
*****Brumpt (Émile,)** Lic. ès Sc. nat., Prépar., à la Fac. de Méd., 16, rue Gustave-Courbet. — Paris.
Brun (E.), Méd.-Vétér., 9, rue Casimir-Perier. — Paris.
Brunet (Alphonse), Ing. de la *Soc. gén. de Dynamite*, anc. Élève de l'Éc. nat. sup. des Mines. — Saint-Chamond (Loire).
Dr **Brunet (Daniel)**, Dir.-Méd. en chef hon. des Asile pub. d'aliénés, 7, rue Michelet. — Paris.
Brustlein (Aymé), Ing. des Arts et Man., Dir. des Aciéries. — Unieux (Loire).
Bruyant (Charles), Lic. ès sc. nat., Prof. sup. à l'Éc. de Méd. et de Pharm., 26, rue Gaultier-de-Biauzat. — Clermont-Ferrand (Puy-de-Dôme). — **R**
Bruzou (Joseph) et Cie, Ing. des Arts et Man., usine de Portillon (céruse et blanc de zinc). — Saint-Cyr-sur-Loire, par Tours (Indre-et-Loire). — **R**
*****Brylinski (Émile)**, Ing. des Télég., 5, avenue Tcissonnière. — Asnières (Seine). — **R**
Buchet (Charles, François), Dir. de la *Pharmacie centrale de France*, 21, rue des Nonnains-d'Hyères. — Paris.
Buchet (Gaston), Zool., rue de L'Écu. — Romorantin (Loir-et-Cher).
Bucquet (Maurice), Présid. du *Photo-Club*, 12, rue Paul-Baudry. — Paris.
*****Buguet (Abel)**, Prof.-Agr. des Sc. phys. au Lycée, anc. Élève de l'Éc. norm. sup., 43, rue de La République. — Rouen (Seine-Inférieure).
Buirette-Gaulart (Eugène), Manufac. — Suippes (Marne).
Dr **Buisen (Sérafin)**, 11, rue Conde de Aranda. — Madrid (Espagne).
*****Buisson (Maxime)**, Chim., 4, rue Paul-Féval. — Paris. — **R**
Bujard (Amand), Indust. — Fontenay-le-Comte (Vendée).
Bulot, rue de Bourgogne. — Melun (Seine-et-Marne).
Bunau-Varilla (Maurice), 22, avenue du Trocadéro. — Paris.
Bunau-Varilla (Philippe), anc. Ing. des P. et Ch., 53, avenue d'Iéna. — Paris.
Bunodière (de la), Insp. adj. des Forêts. — Lyons-la-Forêt (Eure).
Dr **Bureau (Édouard)**, Prof. au Muséum d'hist. nat., 24, quai de Béthune. — Paris.
Dr **Bureau (Émile)**, Prof. sup. à l'Éc. de Méd., Sec. de la *Soc. des Sc. nat. de l'Ouest de la France*, 12, boulevard Delorme. — Nantes (Loire-Inférieure).
Dr **Bureau (Louis)**, Dir. du Muséum d'hist. nat., Prof. à l'Éc. de Méd., 15, rue Gresset. — Nantes (Loire-Inférieure).
*****Buret (Florent)**, Artiste-Peintre, 55, rue du Cherche-Midi. — Paris.
Burnan (Adrien), Banquier, 3, boulevard de La Banque. — Montpellier (Hérault).
Butin-Denniel, Cultiv., Fabric. de sucre. — Haubourdin (Nord).
Dr **Cabadé (Ernest)**. — Valence-d'Agen (Tarn-et-Garonne).
*****Cacheux (Émile)**, Ing. des Arts et Man., v.-Présid. de la *Soc. franç. d'Hyg.*, 25, quai Saint-Michel. — Paris. — **F**
Cadenat (Albert), Prof. de Sc. au Collège, 3, rue Poyat. — Saint-Claude (Jura).

Caffarelli (le Comte), anc. Député, 15, avenue Bosquet. — Paris; l'été à Leschelles (Aisne).

Cahen (Gustave), Avoué au Trib. civ., 61, rue des Petits-Champs. — Paris.

Cahen d'Anvers (Albert), 118, rue de Grenelle. — Paris. — **R**

Cailliau-Brunclair (Ed.), Nég., 71, rue Gambetta. — Reims (Marne).

Caillol de Poncy (Octavien), Prof. à l'Éc. de Méd., 8, rue Clapier. — Marseille (Bouches-du-Rhône).

Caix de Saint-Aymour (le Vicomte Amédée de), Publiciste, anc. Mem. du Cons. gén. de l'Oise, Mem. de plusieurs Soc. savantes, 112, boulevard de Courcelles. — Paris. — **R**

Calamel (Hyacinthe), Ing. des Arts et Man., 30, rue Notre-Dame-des-Victoires. — Paris.

Calando (E.), 27, rue Singer. — Paris.

Calderon (Fernand), Fabric. de prod. chim., 6, rue Debelleyme. — Paris. — **R**

Callandreau (Pierre), Mem. de l'Inst., Prof. à l'Éc. Polytech., Astron. à l'Observatoire national, Présid. de la *Soc. astronomique* de France, 16, rue de Bagneux. — Paris.

Calliet (Victor), Banquier, anc. Présid. du Trib. de Com, 11, avenue Darblay. — Corbeil (Seine-et-Oise).

Callot (Ernest), 160, boulevard Malesherbes. — Paris.

Cambefort (Jules), Admin. de la *Comp. des Chem. de fer de Paris à Lyon et à la Méditerranée*, 13, rue de La République. — Lyon (Rhône). — **F**

Caméré (E., J., A.), Insp. gén. des P. et Ch., 17, avenue d'Aligre. — Chatou (Seine-et-Oise).

Campagne (Jean, Pierre, Paul), Lic. en droit (hôtel d'Angleterre). — Biarritz (Basses-Pyrénées).

Campan (Marius), Prof. de Math. au Lycée, 30, rue des Cultivateurs. — Pau (Basses-Pyrénées).

Campredon (Louis, F.), Nég. import. et export., 52, 54, 56, boulevard de Rome. — Marseille (Bouches-du-Rhône).

*****Camus (M**lle** Marie Louise)**, 25, avenue des Gobelins. — Paris.

*****D**r** Camus (Fernand)**, 25, avenue des Gobelins. — Paris. — **R**

*****D**r** Camus (Lucien)**, Chef adj. du Lab. de Physiol. de la Fac. de Méd., 60, rue Saint-Placide. — Paris.

Camuset (Charles), Ing. des Arts et Man., Fabric. de sucre. — Escaudœuvres (Nord).

Dr** Candolle (Casimir de)**, Botan., 11, rue Massot. — Genève (Suisse).

Canet (Gustave), Ing. des Arts et Man., Dir. de l'artil. de la *Soc. anonyme des Forges et Chantiers de la Méditerranée*, 15, rue Pasquier. — Paris. — **F**

Cano y Leon (Manuel), Lieut.-Colonel du Génie, 2, rue Ayala. — Madrid (Espagne).

Cantagrel (Victor), Dir. de l'Éc. sup. de Com., anc. Élève de l'Éc. Polytech., 79, avenue de La République. — Paris.

Dr** Cantonnet (Donat)**, 20, rue de La Nouvelle-Halle. — Pau (Basses-Pyrénées).

Canu (Eugène), Doct. ès sc., Dir. de la Stat. aquicole, 89, rue Louis-Duflos. — Boulogne-sur-Mer (Pas-de-Calais).

Cany (Mme** V**e** Marie)**, Prop., 11, rue Foy. — Brest (Finistère).

*****D**r** Capitan (Louis)**, Prof. à l'Éc. d'Anthrop., 5, rue des Ursulines. — Paris.

*****Capone (Albert)**, Artiste-Peintre, 9, rue des Fourneaux. — Paris.

Caraven-Cachin (Alfred), Lauréat de l'Inst. — Salvagnac (Tarn).

Carbonnier (Louis), Représent. de com., 37, rue La Condamine. — Paris. — **R**

Cardeilhac, anc. Juge au Trib. de Com., 20, quai de La Mégisserie. — Paris. — **R**

Cardon (Émile), Lic. en Droit, anc. Notaire, 59, boulevard Auguste-Mariette. — Boulogne-sur-Mer (Pas-de-Calais).

Carette (Louis), Ing. des Arts et Man., 1, rue de Dunkerque. — Paris.

Carette (le Général Louis-Godefroy-Émile), Command. de la place de Paris (Hôtel-des-Invalides). — Paris.

Carez (Léon), Doct. ès sc., 18, rue Hamelin. — Paris.

Dr** Carlier (Victor)**, anc. Int. des Hôp. de Paris, Agr. à la Fac. de Méd., Chirurg. des Hôp., 16, rue des Jardins. — Lille (Nord).

Carnot (Adolphe), Mem. de l'Inst., Insp. gén. des Mines, Prof. à l'Éc. nat. sup. des Mines et à l'Inst. nat. agronom., 60, boulevard Saint-Michel. — Paris. — **F**

Caron (Lucien), Élève à l'Éc. cent. des Arts et Man.. — Audinghem par Marquise (Pas-de-Calais).

Carpentier (Georges), Pharm. de 1re cl., Lauréat de l'Éc. sup. de Pharm. de Paris, place des Marchés. — La Fère (Aisne).

Carpentier (Jules), anc. Ing. de l'État, Succes. de Ruhmkorff, 34, rue du Luxembourg. — Paris. — **R**.
Dr Carre (Marius), Méd. en chef de l'Hôtel-Dieu. — Avignon (Vaucluse).
Carré (Ernest), Ing., Dir. de la Comp. des Tramways, 8, rue Henri-Martin. — Boulogne-sur-Mer (Pas-de-Calais).
Carré (Paul), anc. Magist , 14, rue Saint-Germain. — Poitiers (Vienne).
Dr Carret (Jules), anc. Député, 2, rue Croix-d'Or. — Chambéry (Savoie). — **R**
Carrière (Félix). — Royan-les-Bains (Charente-Inférieure).
Carrière (Gabriel), Présid. de la *Soc. d'étude des Sc. nat.*, Corresp. du Min. de l'Instruc. pub., 5, rue Montjardin. — Nîmes (Gard).
Carrière (Paul), Pharm. — Saint-Pierre (Ile d'Oléron) (Charente-Inférieure).
Carrière (Paul), Insp. des Forêts. — Digne (Basses-Alpes).
Carrieu, Prof. à la Fac. de Méd., 10, rue du Jeu-de-Paume. — Montpellier (Hérault).
*Cartailhac (Émile), anc. Dir. de la Revue l'*Anthropologie*, 5, rue de La Chaine. — Toulouse (Haute-Garonne).
*Cartaz (Mme A.), 39, boulevard Haussmann. — Paris. — **R**
*Cartaz (Mlle), 39, boulevard Haussmann. — Paris.
*Dr Cartaz (A.), anc. Int. des Hôp., 39, boulevard Haussmann. — Paris. — **R**
*Dr Carton (Louis), Méd.-Maj. au 19e Rég. de Chasseurs à cheval, 33, rue Voltaire. — Lille (Nord).
*Casalonga (Dominique, Antoine), Ing.-Conseil, Dir. de la *Chronique industrielle*, 15, rue des Halles. — Paris.
*Cassé (Émile), Ing., 7, rue Lécluse. — Paris.
Castan (Adrien), Ing. des Arts et Man., 48, rue Saint-Louis. — Montauban (Tarn-et-Garonne).
Castanheira das Neves (J.,-P.), Ing. civ. du Corps des Ing. des Trav. pub., 405-3º D, rue do Salitre. — Lisbonne (Portugal).
Castanié (Ernest), Ing. en chef des Mines de Beni-Saf, 6, rue d'Orléans. — Oran (Algérie).
Castellan (F.), Ing. civ. des Mines, 52, quai Debilly. — Paris.
Castelnau (Edmond), Prop., 18, rue Marceau. — Montpellier (Hérault).
Castelot (E.), anc. Consul de Belgique, 5, place Saint-François-Xavier. — Paris.
*Castets (Joseph), Prépar. de Chim. à la Fac. de Méd., 9, rue Lacornée. — Bordeaux (Gironde).
Castex (le Vicomte Maurice de), 6, rue de Penthièvre. — Paris.
Casthelaz (John), Fabric. de prod. chim., 19, rue Sainte-Croix-de-la-Bretonnerie. — Paris. — **F**
*Catalogne (Paul de), Substitut du Proc. de La République, 54, rue Gioffredo. — Nice (Alpes-Maritimes).
*Catillon (Alfred), Pharm., 3, boulevard Saint-Martin. — Paris.
Catois (Mme Eugène, Henri), 15, rue Écuyère. — Caen (Calvados).
Dr Catois (Eugène, Henri), Lic. ès sc., Méd. des Hôp., Prof. à l'Éc. de Méd., 15, rue Écuyère. — Caen (Calvados).
Caubet, Doyen de la Fac. de Méd., 44, rue d'Alsace-Lorraine. — Toulouse (Haute-Garonne). — **R**
Dr Causse (Henri), Agr. à la Fac. de Méd., 66, montée de Choulans. — Lyon (Rhône).
*Dr Cautru (Fernand), anc. Int. des Hôp., 6, rue Mogador prolongée. — Paris.
Cauvet (Alcide), Ing. des Arts et Man., Dir. hon. de l'Éc. cent. des Arts et Man., Mem. du Cons. gén. de la Haute-Garonne, château d'Ampouillac. — Cintegabelle (Haute-Garonne).
Cauvière (Jules), anc. Magist., Prof. à l'Inst. catholique, 16, rue de Fleurus. — Paris.
Caventou (Eugène), Mem. de l'Acad. de Méd., 43, rue de Berlin. — Paris. — **F**
Cayeux (Lucien), Doct. ès sc., Prépar. à l'Éc. nat. sup. des Mines et à l'Éc. nat. des P. et Ch., 60, boulevard Saint-Michel. — Paris.
*Cayla (Claudius), Recev. partic. des Fin., Mem. de la *Soc. d'Économ. polit.* et de la *Soc. de Statistique de Paris*. — Briey (Meurthe-et-Moselle).
Cazalis (Gaston), 23, rue Terral. — Montpellier (Hérault).
Cazalis de Fondouce (Paul, Louis), Ing. des Arts et Man., Sec. gén. de l'*Acad. des Sc. et Lettres de Montpellier*, 18, rue des Étuves. — Montpellier (Hérault). — **R**
Cazanove (François), Nég., 15, rue de Turenne. — Bordeaux (Gironde).
Cazelles (Émile), Cons. d'État, 131, boulevard Malesherbes. — Paris.
Cazeneuve (Paul), Prof. à la Fac. de Méd., 21, quai Saint-Vincent. — Lyon (Rhône).

Cazenove (Raoul de), Prop., 17, rue de La Charité. — Lyon (Rhône). — **R**

Cazes (Edward, Adrien), Ing. des *Chem. de fer du Midi* en retraite, Admin. de la *Soc. immobilière*, 247, boulevard de La Plage. — Arcachon (Gironde).

Dr Cazin (Maurice), Doct. ès sc., Chef du Lab. de la Clin. chirurg. de la Fac. de Méd. (Hôtel-Dieu), 3, rue de Villersexel. — Paris. — **R**

Cazottes (A.-M.-J.), Pharm. — Millau (Aveyron). — **R**

Célérier (Émile), Nég., 54, quai Debilly. — Paris.

Dr Cénas (Louis), Méd. de l'Hôtel-Dieu, 6, rue du Général-Foy. — Saint-Étienne (Loire).

Cépeck (Auguste), anc. Conduct. des Trav. et Chef d'usine, Agent du serv. des Eaux de la *Comp. du Canal de Suez*. — Port-Saïd (Égypte).

*Cercle des Élèves de l'École nationale d'Agriculture. — Grignon (Seine-et-Oise).

*Cercle pharmaceutique de la Marne. — Reims (Marne).

Cérémonie (Émile), Vétér., 50, rue de Ponthieu. — Paris.

*Certes (Adrien), Insp. gén. hon. des Fin., 53, rue de Varenne. — Paris.

Dr Chaber (Pierre), 20, rue du Casino. — Royan-les-Bains (Charente-Inférieure). — **R**

Dr Chabert (Alfred), Méd. princ. de l'Armée en retraite, rue de La Vieille-Monnaie. — Chambéry (Savoie).

Chabert (Edmond), Ing. en chef des P. et Ch., 6, rue du Mont-Thabor. — Paris. — **R**

Dr Chabrié (Camille), Doct. ès sc., 3, rue Michelet. — Paris.

*Chailley-Bert (Joseph), Avocat à la Cour d'Ap., 44, rue de La Chaussée-d'Antin. — Paris.

Chaintron (Adrien), Nég., 33, rue Friant. — Paris.

Chaize (Charles), Agric. et Publiciste. — Villerest par Roanne (Loire).

Chaize (Nicolas), Indust., 4, chemin de Guizey. — Saint-Étienne (Loire).

Chalier (J.), 13, rue d'Aumale. — Paris. — **R**

Chambeyron (Eugène), Présid. de la *Soc. de Géog. de Lyon*. — Saint-Symphorien-d'Ozon (Isère).

Chambre des Avoués au Tribunal de 1re instance. — Bordeaux (Gironde). — **R**

Chambre de Commerce de Lot-et-Garonne. — Agen (Lot-et-Garonne).

—	—	Bayonne (Basses-Pyrénées).
—	—	Bordeaux (Gironde). — **F**
—	—	Boulogne-sur-Mer (Pas-de-Calais).
—	—	Le Havre (Seine-Inférieure). — **R**
—	—	Lyon (Rhône). — **F**
—	—	Marseille (Bouches-du-Rhône). — **F**
—	—	Tarn-et-Garonne. — Montauban (Tarn-et-Garonne).
—	—	Nantes, place de la Bourse. — Nantes (Loire-Inférieure). — **F**
—	—	Narbonne (Aude).
—	—	Rouen (Seine-Inférieure). — **F**
—	—	Saint-Étienne (Loire). — **R**

*Chambre syndicale du commerce en gros des Vins et Spiritueux de la Ville de Paris et du département de la Seine, 2, rue Le Regrattier. — Paris.

Dr Chambrelent (Jules, J.-B.), Agr. à la Fac. de Méd., 19, rue Jean-Jacques-Rousseau. — Bordeaux (Gironde).

*Champigny (Armand), Pharm., 19, rue Jacob. — Paris.

*Champigny (Armand), Ing. civ., 11, rue de Berne. — Paris.

*Champigny (Félix, Jean), 23, rue Ibry. — Neuilly-sur-Seine (Seine).

Chandon de Briailles (le Comte Raoul), Nég. en vins de Champagne, 20, rue du Commerce. — Epernay (Marne).

Chanier (Eugène), Greffier du Trib. de Com., 45, boulevard Ledru-Rollin. — Moulins (Allier).

Dr Chantemesse (André), Prof. à la Fac. de Méd., Insp. gén. adj. des Serv. sanitaires au Min. de l'Int., 30, rue Boissy-d'Anglas. — Paris.

Chanteret (l'Abbé Pierre), Doct. en droit. — Renaison (Loire).

Chantre (Mme Ernest), 37, cours Morand. — Lyon (Rhône).

Chantre (Ernest), s.-Dir. du Muséum des Sc. nat., 37, cours Morand. — Lyon (Rhône). — **F**

Chaperon (J., A.), s.-Dir. au Min. des Fin., 22, rue de Lisbonne. — Paris.

Chappelier (Albert), Ing. agron., Lic. ès Sc. nat., 46, rue du Faubourg-Poissonnière. — Paris.

Dr Chapplain (Jacques), Dir. hon. de l'Éc. de Méd. et de Pharm., 171, rue de Paradis. — Marseille (Bouches-du-Rhône).

Dr Chapuis (Scipion). — Bou-Farik (départ. d'Alger).

Charcelay, Pharm. — Fontenay-le-Comte (Vendée). — **R**

Chardonnet (**Anatole**), Nég., 22, rue Hincmar. — Reims (Marne).
Charles (**J.**), Représent. de la Maison L. Verger et Cie, rue de L'Orme. — Saint-Gratien (Seine-et-Oise).
*Charlin (**Mizaël**), Rent. — Tréon (Eure-et-Loir).
*Charlot (**Léon**), Fabric. de caoutchouc, 32, rue de Tanger. — Paris.
*Charlu (**Mme Ve Julie**), 29, rue Claude-Bernard. — Paris.
*Charon (**Ernest**), Int. des Hôp., 27, rue des Boulangers. — Paris.
*Charpentier (**Augustin**), Prof. à la Fac. de Méd., 31, rue Claudot. — Nancy (Meurthe-et-Moselle). — **R**
Dr Charpentier (**Eugène**), Méd. des Hôp., 5, rue du Fort. — Gentilly (Seine).
*Charpentier (**René**), anc. Élève de l'Éc. Polytech., 4, rue Traversière. — Châlons-sur-Marne (Marne).
Charpin (**Mlle Julie**), Dir. de l'Éc. profes. Élisa-Lemonnier, 24, rue Duperré. — Paris.
Charroppin (**Georges**), Pharm. de 1re cl. — Pons (Charente-Inférieure). — **R**
Charruey (**René**), 7, rue des Chariottes. — Arras (Pas-de-Calais).
Charve (**Léon**), Prof. de Mécan. à la Fac. des Sc., 60, cours Pierre-Puget. — Marseille (Bouches-du-Rhône).
Charvet (**Henri**), Ing. civ., 5, place Marengo. — Saint-Étienne (Loire).
Dr Chaslin (**Philippe**), anc. Int. des Hôp., Méd. de l'Hosp. de Bicêtre, 64, rue de Rennes. — Paris. — **R**
*Chassaigne (**Jules**), s.-Chef au Min. des Fin. en retraite, 61, rue de Saint-Germain. — Argenteuil (Seine-et-Oise).
Chassaing (**Eugène**), Fabric. de prod. physiol., 6, avenue Victoria. — Paris.
Chatel, Avocat défens., Bazar du Commerce. — Alger. — **R**
Chatin (**Adolphe**), Mem. de l'Inst. et de l'Acad. de Méd., 149, rue de Rennes. — Paris.
Dr Chatin (**Joannès**), Mem. de l'Inst. et de l'Acad. de Méd., Prof. d'Histologie à la Fac. des Sc., 174, boulevard Saint-Germain. — Paris. — **R**
Chaudier, Dir. de la Ferme-École. — Nolhac par Saint-Saulien (Haute-Loire).
Dr Chauliaguet-Heim (**Mme Juliette**), 34, rue Hamelin. — Paris.
Chauvassaigne (**Daniel**), château de Mirefleurs par les Martres-de-Veyre (Puy-de-Dôme). — **R**
Dr Chauveau (**Auguste**), Mem. de l'Inst. et de l'Acad. de Méd., Insp. gén. des Éc. nat. vétér., Prof. au Muséum d'hist. nat., 10, avenue Jules-Janin. — Paris. — **F**
*Chauveau (**Benjamin**), Météor. adj. au Bureau cent. météor. de France, 51, rue de Lille. — Paris.
Dr Chauveau (**Claude**), 225, boulevard Saint-Germain. — Paris.
Chauvet (**Gustave**), Notaire, Présid. de la *Soc. archéol. et historique de la Charente.* — Ruffec (Charente). — **R**
Chavane (**Paul**), Ing. des Arts et Man., Indust., Manufacture de Bains. — Bains-en-Vosges (Vosges).
Chavanon (**Louis**), Maire, 3, rue Voltaire. — Saint-Étienne (Loire).
Chavasse (**Paul**), Nég.-Prop., 38, quai de Bosc. — Cette (Hérault).
*Dr Chervin (**Arthur**), Dir. de l'*Inst. des Bègues*, 82, avenue Victor-Hugo. — Paris.
Cheuret, Notaire, 24, place de L'Hôtel-de-Ville. — Le Havre (Seine-Inférieure).
Dr Cheurlot, 48, avenue Marceau. — Paris.
*Chevalier (**Alexis**), Nég., 184, boulevard de Caudéran. — Bordeaux (Gironde).
Chevalier (**Auguste**), Lic. ès sc. nat., Attaché au Lab. d'anatomie végét. du Muséum d'Hist. nat., 63, rue de Buffon. — Paris.
*Chevalier (**Henri**), Ing. des Arts et Man., 14, boulevard Émile-Augier. — Paris.
Chevalier (**J., P.**), Nég., 50, rue du Jardin-Public. — Bordeaux (Gironde). — **F**
Chevallier (**Georges**), Notaire. — Montendre (Charente-Inférieure).
Dr Chevallier (**Paul**). — Compiègne (Oise).
*Chevallier (**Raymond**), v.-Présid. de la *Soc. d'Agric. de Compiègne*, château de Bois-de-Lihus. — Moyvillers par Estrées-Saint-Denis (Oise).
Chevallier (**Victor**), Chim. de la *Comp. des Salins du Midi*, 46, rue Pitot. — Montpellier (Hérault).
Chevrel (**René**), Doct. ès sc., Chef des trav. zool. à la Fac. des Sc., 2 *bis*, rue du Tour-de-Terre. — Caen (Calvados). — **R**
Chevreux (**Édouard**), route du Cap. — Bône (départ. de Constantine) (Algérie).
Cheysson (**Émile**), Insp. gén. des P. et Ch., Prof. à l'Éc. nat. sup. des Mines, 4, rue Adolphe-Yvon. — Paris.
Dr Chiaïs (**François**), Méd. de l'Hôp., rue Villarey. — Menton (Alpes-Maritimes), l'été, 41, rue Nationale. — Évian-les-Bains (Haute-Savoie).

Chicandard (Georges-R.), Lic. ès sc. phys., Pharm. de 1re cl., Dir. de la *Soc. anonyme des prod. chim.* — Fontaines-sur-Saône (Rhône). — **R**

Dr Chil y Naranjo (Gregorio). — Palmas (Grand-Canaria). — **R**

Dr Chobaut (Alfred), 4, rue Dorée. — Avignon (Vaucluse).

Cholley (Paul), Pharm., 2, avenue de La Gare. — Rennes (Ille-et-Vilaine).

Chômienne (Claudius), Ing. des Établis. Arbel. — Rive-de-Gier (Loire).

*Choquin (Albert), Bandagiste, Porte-Jeune. — Mulhouse (Alsace-Lorraine).

Chouët (Alexandre), anc. Juge au Trib. de Com., 19, rue de Milan. — Paris. — **R**

Chouillou (Albert), Agric., anc. Élève de l'Éc. nat. d'Agric. de Grignon. — L'Arba (départ. d'Alger).

*Chrétien (Louis), Prop., 70, rue du Coudray. — Nantes (Loire-Inférieure).

Chrétien (Paul, Charles), Insp. de l'Éclairage élect. de la Ville, 15, rue de Boulainvilliers. — Paris.

Dr Christian (Jules), Méd. de la Maison nat. d'aliénés de Charenton, 57, Grande-Rue. — Saint-Maurice (Seine). — **R**

Clamageran (Mme Jules), 57, avenue Marceau. — Paris.

Clamageran (Jules), anc. Min. des Fin., Sénateur, 57, avenue Marceau. — Paris. — **F**

Clarenc (Georges), Prof. de sc. nat. à l'Éc. prat. d'Agric. — Villembits par Trie (Hautes-Pyrénées).

Claude-Lafontaine (Lucien), Banquier, anc. Élève de l'Éc. Polytech., 32, rue de Trévise. — Paris.

Claudel (Victor), Fabric. de papiers. — Docelles (Vosges).

Claudon (Édouard), Ing. des Arts et Man., 15, rue Hégésippe-Moreau. — Paris.

Claverie (Auguste), Bandagiste., 234, rue du Faubourg-Saint-Martin. — Paris.

Clément (Léopold), Lic. en droit, Agric., Mem. du Cons. gén. — Caumont-sur-Garonne (Lot-et-Garonne).

Clercq (Charles de), 72 *bis*, rue de La Tour. — Paris.

*Clermont (Philibert de), Avocat à la Cour d'Ap., 8, boulevard Saint-Michel. — Paris. — **R**

*Clermont (Philippe de), s.-Dir. du Lab. de Chim. à la Sorbonne, 8, boulevard Saint-Michel. — Paris. — **F**

*Clermont (Raoul de), Ing. agron. diplômé de l'Inst. nat. agron., Avocat à la Cour d'Ap., anc. Attaché d'ambassade, 79, boulevard Saint-Michel. — Paris. — **R**

*Cloquet (Louis), Prof. à l'Univ., 2, rue Saint-Pierre. — Gand (Belgique).

Dr Clos (Dominique), Corresp. de l'Inst., Prof. hon. de la Fac. des Sc., Dir. du Jardin des Plantes, 2, allées des Zéphirs. — Toulouse (Haute-Garonne). — **R**

Clos (Mme Élie), 8, Grand-Rond. — Toulouse (Haute-Garonne).

Dr Clos (Élie), 8, Grand-Rond. — Toulouse (Haute-Garonne).

Clouzet (Ferdinand), Mem. du Cons. gén., 88, cours Victor-Hugo. — Bordeaux (Gironde). — **R**

*Clunet (Édouard), Avocat à la Cour d'Ap., 11, rue Montalivet. — Paris.

Coadon (Alexandre), Fabric. de velours, 5, rue de La Comédie. — Saint-Étienne (Loire).

Coccoz (Victor), Chef d'escadron d'Artil. en retraite, 14, avenue du Maine. — Paris.

Cochon (J.), Insp. des Forêts, 6, avenue de Belfort. — Saint-Claude (Jura).

Cochot (Albert), Ing. civ., Archit. de la Ville, 75, Rempart-du-Nord — Angoulême (Charente).

Codron (E.), Fabric. de sucre. — Brauchamps par Gamaches (Somme).

Cohen (Benjamin), Ing. civ., 45, rue de La Chaussée-d'Antin. — Paris.

Cohn (Léon), Trés.-Payeur gén. de l'Eure. — Évreux (Eure).

Coignet (Jean), Ing. civ. des Mines, anc. Élève de l'Éc. Polytech., 12, quai des Brotteaux. — Lyon (Rhône).

Colas (Albert), Publiciste, Les Liserons. — Villeneuve-le-Roi par Ablon (Seine-et-Oise).

Dr Collardot (Victor), Méd. de l'Hôp. civ., 3, rue Cléopâtre. — Alger.

*Collignon (Édouard), Insp. gén. des P. et Ch. en retraite, Examin. de sortie à l'Éc. Polytech., 6, rue de Seine. — Paris. — **F**

Collignon (Félix), Dir. des Usines de la Comp. *royale Asturienne.* — Auby-lez-Douai (Nord).

Dr Collignon (René), Méd.-Maj. de 1re cl. au 25e Rég. d'Infant., 6, rue de La Marine. — Cherbourg (Manche).

Collin (Mme), 15, boulevard du Temple. — Paris. — **R**

Collin (Émile), Paléoethnologue, 35, rue des Petits-Champs. — Paris.

Collin (Émile, Charles), Ing. des Arts et Man., 49, rue de Miromesnil. — Paris.

Collot (Louis), Prof. à la Fac. des Sc., Dir. du Musée d'Hist. nat., 4, rue du Tillot. — Dijon (Côte-d'Or). — **R**

*Collot (Michel)**, Nég. en cuirs, 27, rue Turbigo. — Paris.

Colombie (Mme Paul), 7, rue du Marteau. — Villefranche-de-Rouergue (Aveyron).

Colombie (Paul), Avocat, 7, rue du Marteau. — Villefranche-de-Rouergue (Aveyron).

Comité médical des Bouches-du-Rhône, 3, Marché des Capucines. — Marseille (Bouches-du-Rhône). — **R**

Commines de Marsilly (Arthur de), anc. Of. de Caval., villa Saint-Georges. — Saint-Lô (Manche).

Commission archéologique de Narbonne. — Narbonne (Aude).

Commission départementale de Météorologie du Rhône. — Lyon (Rhône).

Commolet (Jean-Baptiste), Prof. de Math. au Lycée Carnot, 32, rue Lévis. — Paris.

Compagnie des chemins de fer du Midi, 54, boulevard Haussmann. — Paris. — **F**

    —   — d'Orléans, 8, rue de Londres. — Paris. — **F**

    —   — de l'Ouest, 20, rue de Rome. — Paris. — **F**

    —   — de Paris à Lyon et à la Méditerranée, 88, rue Saint-Lazare. — Paris. — **F**

Compagnie des Fonderies et Forges de l'Horme, 8, rue Victor-Hugo. — Lyon (Rhône). — **F**

    — du Gaz de Lyon, 7, rue de Savoie. — Lyon (Rhône). — **F**

    — Parisienne du Gaz, 6, rue Condorcet. — Paris. — **F**

    — des Messageries Maritimes, 1, rue Vignon. — Paris. — **F**

    — des Minerais de fer magnétique de Mokta-el-Hadid (le Conseil d'Administration de la), 26, avenue de L'Opéra. — Paris. — **F**

    — des Mines, Fonderies et Forges d'Alais, 7, rue Blanche. — Paris. — **F**

    — des Mines de houille de Blanzy (Jules Chagot et Cie), à Montceau-les-Mines (Saône-et-Loire), et 44, rue des Mathurins. — Paris. — **F**

    — des Mines de Roche-la-Molière et Firminy, 13, rue de La République. — Lyon (Rhône). — **F**

    — des Salins du Midi, 84, rue de La Victoire. — Paris. — **F**

Compayré (Gabriel), Corresp. de l'Inst., Rect. de l'Acad., anc. Député, 30, rue Cavenne. — Lyon (Rhône).

Conrad (Louis, Théophile), anc. Attaché à l'Admin. gén. de l'Assist. pub., 18, Grande-Rue. — Bourg-la-Reine (Seine).

Conseil départemental d'Hygiène de l'Aisne. — Laon (Aisne).

Considère (Armand), Corresp. de l'Inst., Ing. en chef des P. et Ch. — Quimper (Finistère).

Constant (Lucien), Avocat, 66, rue des Petits-Champs. — Paris.

*Contamin (Félix)**, Rent., 16, rue Fénelon. — Lyon (Rhône).

Coppet (Louis de), Chim., villa Irène, rue Magnan. — Nice (Alpes-Maritimes). — **F**

Corbière (Louis), Prof. de Sc. nat. au Lycée, Lauréat de l'Inst., 30, rue Dujardin. — Cherbourg (Manche).

Corbin (Paul), Indust., anc. Élève de l'Éc. Polytech. — Lancey (Isère).

*Cordier (Henri)**, Prof. à l'Éc. des Langues orient. vivantes, 54, rue Nicolo. — Paris. — **R**

Cornet (Auguste), anc. Mem. du Cons. mun., 6, rue de Trévise. — Paris.

Cornil (Mme Victor), 19, rue Saint-Guillaume. — Paris.

Cornil (Victor), Prof. à la Fac. de Méd., Mem. de l'Acad. de Méd., Méd. des Hôp., Sénateur de l'Allier, 19, rue Saint-Guillaume. — Paris.

Cornu (Mme Alfred), 9, rue de Grenelle. — Paris. — **R**

Cornu (Alfred), Mem. de l'Inst. et du Bureau des Longit., Ing. en chef des Mines, Prof. à l'Éc. Polytech., 9, rue de Grenelle. — Paris. — **F**

Cornu (Félix), Fabric. de matières tinct. — Riant-Port par Vevey (Suisse).

*Cornu (Mme Maxime)**, 27, rue Cuvier. — Paris.

*Cornu (Maxime)**, Prof.-Admin. au Muséum d'hist. nat., Mem. du Cons. sup. de l'Agric., 27, rue Cuvier. — Paris.

Cornuault (Émile), Ing. des Arts et Man., Dir. de la *Soc. anonyme du Gaz et Hauts Fourneaux de Marseille*, 6, rue Le Peletier. — Paris.

Dr Cosmovici (Léon), Prof. à l'Univ., 11, strada Codrescu. — Jassy (Roumanie).

Cossé (Victor), Raffineur, 1, rue Daubenton. — Nantes (Loire-Inférieure).

*Cosset-Dubrulle (Édouard) (fils)**, Fabric. de lampes de sûreté pour mines, 45, rue Turgot. — Lille (Nord).

Cossmann (Maurice), Ing., Chef des serv. techniques de l'Exploit., à la *Comp. des Chem. de fer du Nord*, anc. Élève de l'Éc. cent. des Arts et Man., 95, rue de Maubeuge. — Paris.

Costa-Couraça (João da), Ing. au corps d'Ing. des Trav. pub., 6, rue Rosa-Aranjo.
— Lisbonne (Portugal).
*Coste (Abdon), Prop., 40, rue des Augustins. — Perpignan (Pyrénées-Orientales).
*Coste (Adolphe), Publiciste, 4, cité Gaillard (rue Blanche). — Paris.
Coste (Louis), Doct. ès Lettres, Biblioth. de la Ville. — Salins (Jura).
Cotard (Charles), Ing., anc. Élève de l'Éc. Polytech., 1, rue Misk. — Péra-Constanti-
nople (Turquie).
Cottance, Nég. en diamants, 39, rue de Châteaudun. — Paris.
*Cottancin (Remi, Jean, Paul), Ing. des Arts et Man. (Trav. en ciment avec ossat. métal.),
47, boulevard Diderot. — Paris.
Cottereau-Rhem (Mme Ve Charles). — Pagny-sur-Moselle (Meurthe-et-Moselle).
Cottignies (Paul), Présid. de Ch. à la Cour d'Ap. — Montpellier (Hérault).
Couband (Paul), Sec. gén. de la *Comp. fermière de Vichy*, 24, boulevard des Capucines.
— Paris.
Coulet (Camille), Libr.-Édit., 5, Grande-Rue. — Montpellier (Hérault).
Couneau (Émile), Prop., 4, rue du Palais. — La Rochelle (Charente-Inférieure).
Counord (E.), Ing. civ., 127, cours du Médoc. — Bordeaux (Gironde). — **R**
Coupier (T.), anc. Fabric. de prod. chim. — Saint-Denis-Hors par Amboise (Indre-et-
Loire).
Coupin (Henri), Doct. ès Sc., Prép. à la Fac. des Sc., 21, boulevard de Port-Royal.
— Paris.
Couprie (Louis), Avocat à la Cour d'Ap., 71, rue Saint-Sernin. — Bordeaux (Gironde).
— **R**
Couriot (Henri), Prof. à l'Éc. des Hautes-Études com. et à l'Éc. spéc. d'Archit., Chargé
de Cours à l'Éc. cent. des Arts et Man., 3, rue de Logelbach. — Paris.
Courjon (Mme Antonin), 14, rue de La Barre. — Lyon (Rhône).
Dr Courjon (Antonin), Dir. de la Maison de santé de Meyzieux, 14, rue de La Barre.
— Lyon (Rhône).
*Dr Courmont (Jules), Agr. à la Fac. de Méd., Chef des trav. de Bactériologie, Méd. des
Hôp., 17, rue Victor-Hugo. — Lyon (Rhône).
Courtefois (Gustave), Indust., 14, rue du Temple. — Paris.
Courtois (Henry), Lic. ès Sc. Phys., château de Muges. — Damazan (Lot-et-Garonne).
Courtois de Viçose, 3, rue Mage. — Toulouse (Haute-Garonne). — **F**
Coutagne (Georges), Ing. des Poudres et Salpêtres, Le Défends. — Rousset (Bouches-du-
Rhône). — **R**
Coutanceau (Alphonse), Ing. des Arts et Man., 3, rue Michel. — Bordeaux (Gironde).
*Couten (Louis), Minotier, 52, rue de Puty. — Verdun (Meuse).
*Dr Coutière (Henry), Agr. à l'Éc. sup. de Pharm., 21 *bis*, boulevard de Port-Royal.
— Paris.
Coutil (Léon), Présid. de la *Soc. normande d'Études préhist.*, rue aux Prôtres. — Les
Andelys (Eure).
Coutreau (Léon), Prop. — Branne (Gironde).
Couve (Charles), Courtier d'assurances., 28, rue Castéja. — Bordeaux (Gironde).
Couvreux (Abel), Ing., 78, rue d'Anjou. — Paris.
*Couzinet (Henri), anc. Notaire. — Saint-Sulpice-d'Eymet (Dordogne).
Couzy (Louis), Insp.-Ing. des Postes et Télég. — Montpellier (Hérault),
Coyne (Paul, Louis), Prof. à la Fac. de Méd., 8, rue de Verteuil. — Bordeaux (Gironde).
Coze (André) (fils), Dir. de l'Usine à gaz, 5, rue des Romains. — Reims (Marne).
Crapon (Denis), Ing., 2, rue des Farges. — Lyon (Rhône). — **R**
Craponne (Paul de), Ing. princ. de la *Comp. du Gaz*, anc. Élève de l'Éc. cent. des Arts
et Man., 2, cours Bayard. — Lyon (Rhône).
Cravoisier (Émile), Mem. du Cons. et Sec. adj. de la *Soc. de Géog. com. de Paris*, 10, rue
Lord-Byron. — Paris.
Crépy (Eugène), Filat., 19, boulevard de La Liberté. — Lille (Nord). — **R**
Créquy (Mme Octavie), 99, boulevard Magenta. — Paris.
Crespin (Arthur), Ing. des Arts et Man., Mécan., 23, avenue Parmentier. — Paris. — **R**
*Creuzan (Mme Georges), 62, rue Sainte-Catherine. — Bordeaux (Gironde).
*Creuzan (Georges), Fabric. d'inst. de chirurg., 62, rue Sainte-Catherine. — Bordeaux
(Gironde).
Crié (L.), Prof. à la Fac. des Sc., Corresp. de l'Acad. de Méd., 79, avenue du Gué-de-
Baud. — Rennes (Ille-et-Vilaine).
Dr Critzman (Daniel), anc. Int. des Hôp., 45, avenue Kléber. — Paris.

Dr **Crocq (Jean)**, Agr. à l'Univ., Chef de service à l'Hôp. de Molenbeeck, 27, avenue Pal-
merston. — Bruxelles (Belgique).
***Croin (Paul)**, Prop., 13, rue du Nouveau-Siècle. — Lille (Nord).
Croizier (Jean-Baptiste), Expert-Agron., 52, rue de La Paix. — Saint-Étienne (Loire).
Dr **Cros (François)**, Méd. princ. de 1re cl. de l'Armée en retraite, 6, rue de L'Ange.
— Perpignan (Pyrénées-Orientales). — **R**
Crouan Fernand), Armat., v.-Présid. hon. de la Ch. de Com. de Nantes, 81, rue de
Monceau. — Paris. — **F**
Crouslé (Léon), Prof. à la Fac. des Lettres, 58, rue Claude-Bernard. — Paris.
Crova (André), Corresp. de l'Inst., Prof. à la Fac. des Sc., 12 *bis*, rue du Carré-du-Roi.
— Montpellier (Hérault).
Dr **Cruet**, 2, rue de La Paix. — Paris.
***Cugnin (Émile, Antoine)**, Chef de Bat. du Génie en retraite, 192, rue de Vaugirard.
— Paris.
Dr **Culot (Charles)**, anc. Int. des Hôp., 6, rue de La République. — Maubeuge (Nord).
Cunisset-Carnot (Paul), Premier Présid. de la Cour d'Ap., 19, cours du Parc. — Dijon
(Côte-d'Or). — **R**
Curé (Émile), Prop., anc. s.-Préfet. — Provins (Seine-et-Marne).
***Curie (Jules)**, Lieut.-Colonel du Génie en retraite, 155, boulevard de La Reine.
— Versailles (Seine-et-Oise).
Cussac (Joseph de), Insp. adj. des forêts, 4, rue Pierre-Joigneaux. — Beaune (Côte-d'Or).
Dr **Cyon (Élie de)**, anc. Prof. de Physiol., 4, rue de Thann. — Paris.
Dr **Dagrève (Élie)**, Méd. du Lycée et de l'Hôp. — Tournon-sur-Rhône (Ardèche). — **R**
Dr **Daguenet (Victor)**, Méd.-Maj. en retraite, 44, Grande-Rue. — Besançon (Doubs).
Daleau (François). — Bourg-sur-Gironde (Gironde).
***D'Allemagne (Henry)**, Archiv.-Paléog., Biblioth. à la Bibliothèque de l'Arsenal,
30, rue des Mathurins. — Paris.
Dalligny (A.), anc. Maire du VIIIe arrond., 5, rue Lincoln. — Paris. — **F**
Damoizeau, 52, avenue Parmentier. — Paris.
Damoy (Julien), Nég., 31, boulevard de Sébastopol. — Paris.
Danel, Imprim., 93, rue Nationale. — Lille (Nord).
Daney (Alfred), Nég., anc. Maire, 36, rue de La Rousselle. — Bordeaux (Gironde).
***Danguy (Louis)**, Prof. départ. d'agric. de la Loire-Inférieure, 1, quai Duquesne. — Nantes
(Loire-Inférieure).
***Danguy (Paul)**, Lic. ès Sc., Prépar. de Botan. au Muséum d'hist. nat., 7, rue de L'Eure.
— Paris. — **R**
Daniel (Lucien), Doct. ès Sc. nat., Prof. au Lycée, 18, rue de Palestine. — Rennes
(Ille-et-Vilaine).
Danton, Ing. civ. des Mines, 6, rue du Général-Henrion. — Neuilly-sur-Seine (Seine). — **F**
Darbas (Louis), Conserv. du Musée Georges Labit, 23, rue d'Orléans. — Toulouse (Haute-
Garonne).
Dard (Jules, Marius), Minoterie Narbonne. — Hussein-Dey (départ. d'Alger).
Dr **Darin (Gustave)**, 41, boulevard des Capucines. — Paris.
Darlan (Jean), anc. Min. de la Justice, Mem. du Cons. gén. de Lot-et-Garonne, 22, rue de
Bellechasse. — Paris.
Darras (A.), Nég., 1, rue Keller. — Paris.
Darrasse (Léon), Fabric. de prod. chim., 13, rue Pavée-Marais. — Paris.
Dr **Darzens (Georges)**, Répét. de Chimie à l'Éc. Polytech., 10, rue Lesdiguières.
— Paris.
Dr **Dassieu (Mathieu)**, 6, rue Serviez. — Pau (Basses-Pyrénées).
Dassonville (Charles, Léon), Doct. ès sc., Vétér. au 12e Rég. d'Artil. — Vincennes
(Seine).
Dattez, Pharm., 17, rue de La Villette. — Paris.
***Dauriat**, Chef de dépôt en retraite de la *Comp. des Chem. de fer de l'Est*, 18, rue
Lécluse. — Paris.
Dautzenberg (Philippe), Zool., 213, rue de L'Université. — Paris.
Davanne (Alphonse), v.-Présid. de la *Soc. franç. de Photog.*, 82, rue des Petits-
Champs. — Paris.
***Daveluy (Charles)**, Dir. gén. hon. des Contrib. dir. et du Cadastre, 107, boulevard
Brune. — Paris.
David (Arthur), 29, rue du Sentier. — Paris. — **R**
***David (Émile)**, Pharm. — Objat (Corrèze).

*David (Pierre), Prépar. de Phys. à la Fac. des Sc. — Clermont-Ferrand (Puy-de-Dôme).
. Daymard (Victor), anc. Ing. de la Marine, Ing. en chef de la *Comp. gén. Transat.*, 47, rue de Courcelles. — Paris.
*Debruge (Arthur), Commis à l'admin. des Postes et Télég. — Aumale (départ. d'Alger).
Dr Dechamp (Paul, Jules), Méd. princ. de la Marine en retraite, villa Richelieu. — Arcachon (Gironde).
*Déchet (Louis, J.-B.), de la Maison Leplâtre frères de Paris, 17, rue Paul-Bert. — Moulins (Allier).
*Deck (Maurice), Armateur, 46, rue Marengo. — Dunkerque (Nord).
Defforges (Gilbert), Colonel d'Infant., Breveté hors cadre, 2, rue de L'Est. — Melun (Seine-et-Marne).
Defrenne (Adolphe), Prop., 295, rue Nationale. — Lille (Nord).
Degeorge (Hector), Archit. S. C., Expert près le Trib. civ. et le Cons. de Préfect. de la Seine, 151, boulevard Malesherbes. — Paris.
Deglatigny (Louis), Nég. en bois, 11, rue Blaise-Pascal. — Rouen (Seine-Inférieure). — R
Degorce (Marc, Antoine), Pharm. en chef de la Marine en retraite, 42, rue des Semis. — Royan-les-Bains (Charente-Inférieure). — R
Degousée (Edmond), Ing. des Arts et Man., 164, boulevard Haussmann. — Paris. — F
Dehaut (E.), 147, rue du Faubourg-Saint-Denis. — Paris.
Dehaut (Félix), Pharm. de 1re cl., 147, rue du Faubourg-Saint-Denis. — Paris.
Dr Dehenne (Albert), 34, rue de Berlin. — Paris.
Dehérain (Pierre, Paul), Mem. de l'Inst., Prof. au Muséum d'hist. nat. et à l'Éc. nat. d'Agric. de Grignon, 1, rue d'Argenson. — Paris.
Dehesdin (Gaston), Dir. de la *Soc. anonyme des Établissements Henry-Lepaute*, anc. Élève de l'Éc. Polytech., 11, rue Desnouettes. — Paris.
Déjardin (E.), Pharm. de 1re cl., anc. Int. des Hôp., 109, boulevard Haussmann. — Paris.
Dejean de Fonroque (Abél), Chef de serv. de la *Comp. du Canal de Suez* en retraite, 202, boulevard Saint-Germain. — Paris.
Dejou (Paul), Pharm. de 1re cl. — La Ferté-Alais (Seine-et-Oise).
Dr Delabost (Merry), Dir. hon. et Prof. à l'Éc. de Méd., Chirurg. en chef de l'Hôtel-Dieu et des Prisons, 76, rue Ganterie. — Rouen (Seine-Inférieure).
*Delacour (Théodore), 94, rue de La Faisanderie. — Paris.
Delafon (Maurice), Ing. sanitaire, Indust., 14, quai de La Rapée. — Paris.
Delage (Pierre, Joseph), Ing. des Arts et Man., Adj. au Maire du XIe arrond., 90, boulevard Richard-Lenoir. — Paris.
Delage (Yves,) Prof. à la Fac. des Sc. de Paris, 14, rue du Marché. — Sceaux (Seine).
Delagrave (Charles), Libr.-Édit., 15, rue Soufflot. — Paris.
*Delahodde-Destombes (Victor), Nég., 19, rue Gauthier-de-Châtillon. — Lille (Nord).
Delaire (Alexis), Sec. gén. de la *Soc. d'Économ. sociale*, anc. Élève de l'Éc. Polytech., 238, boulevard Saint-Germain. — Paris. — R
Dr Delaporte, 24, rue Pasquier. — Paris. — R
Delattre (Carlos), Filat., anc. Élève de l'Éc. Polytech., 126, rue Jacquemars-Giélée. — Lille (Nord). — R
Delaunay (Henri), Ing. des Arts et Man., 39, rue d'Amsterdam. — Paris. — R
Delaunay-Belleville (Louis), Ing.-Construc., anc. Élève de l'Éc. Polytech., 17, boulevard Richard-Wallace. — Neuilly-sur-Seine (Seine). — R
*Delbrück (Jules), Agric., 42, cours du Chapeau-Rouge. — Bordeaux (Gironde).
Delcominète (Émile), Prof. à l'Éc. sup. de Pharm., 23, rue des Ponts. — Nancy (Meurthe-et-Moselle).
De L'Épine (Paul), Rent., 7, rue de La Grande-Chaumière. — Paris. — R
Delesse (Mme Vᵒ), 59, rue Madame. — Paris. — R
Delessert de Mollins (Eugène), anc. Prof., villa Verte-Rive. — Cully (canton de Vaud) (Suisse). — R
Delestrac (Lucien), Ing. en chef des P. et Ch., 3, rue Marengo. — Saint-Étienne (Loire). — R
*Dr Delineau (Auguste, Henri,), anc. Présid. de la *Soc. médic. des Praticiens.*, 20, boulevard Richard-Lenoir. — Paris.
*Delisle (Mme Fernand), 35, rue de L'Arbalète. — Paris.
*Dr Delisle (Fernand), 35, rue de L'Arbalète. — Paris.
Delmas (Charles), Prop. — Carmaux (Tarn).
*Delmas (Fernand), Ing., Archit., Prof. d'Archit. à l'Éc. cent. des Arts et Mar , 4 bis, rue de Lota (135, rue de Longchamp). — Paris.

*Delmas (Jules), Étud., 5, place Longchamps. — Bordeaux (Gironde).
Delmas (Julien), Armat., 42, quai Duperré. — La Rochelle (Charente-Inférieure).
*Delmas (Léon), Étud. à la Fac. des Sc. de Toulouse, 12, rue Henri-Teulière. — Montauban (Tarn-et-Garonne).
Delmas (Louis, Eugène), Ing. princ. chez MM. Schneider et Cie, anc. Élève de l'Éc. Polytech., 28, route d'Épinac. — Le Creusot (Saône-et-Loire).
Dr Delmas (Maurice), Méd. des Thermes de Dax, 5, place Longchamps. — Bordeaux (Gironde).
Delmas (Mme Ve Paul), 5, place Longchamps. — Bordeaux (Gironde). — R
Deloche (René), Insp. gén. des P. et Ch., 78, rue Mozart. — Paris.
Delocre, Insp. gén. des P. et Ch., 1, rue Lavoisier. — Paris.
Delomier (Julien), Fabric. de rubans. — Feurs (Loire).
Delon (Ernest), Ing. des Arts et Man., 27, rue Aiguillerie. — Montpellier (Hérault). — R
Dr Delore (Xavier), Corresp. nat. de l'Acad. de Méd., Agr. à la Fac. de Méd., anc. Chirurg. en chef de la Charité, 22, rue Saint-Joseph. — Lyon (Rhône). — F
Delorme (Eugène), Chef de Bureau au Min. des Fin., 14, rue du Regard. — Paris.
Delort (Jean-Baptiste), Prof. hon. de l'Univ. — Saint-Claude (Jura).
Delrieu, anc. Notaire, 42, rue des Trois-Conils. — Bordeaux (Gironde).
*Delsart (Paul), Prépar. de Phys. à la Fac. de Méd., 15, rue Eugène-Ferry. — Nancy (Meurthe-et-Moselle).
Délugin (Mme Antoine), 26, rue La Boëtie. — Périgueux (Dordogne).
Délugin (Antoine), anc. Pharm., 26, rue La Boëtie. — Périgueux (Dordogne).
Delune (Théodore), Nég. en ciment, 94, quai de France. — Grenoble (Isère).
Deluns-Montaud (Pierre), anc. Min. des Trav. pub., Min. plénipotentiaire, Chef de la Div. des Archives au Min. des Af. étrangères, 3, rue des Beaux-Arts. — Paris.
Dr Delvaille (Camille). — Bayonne (Basses-Pyrénées). — R
Demarçay (Eugène), anc. Répét. à l'Éc. Polytech., 80, boulevard Malesherbes. — Paris. — R
Demesmay (Félix), Fabric. de ciment de Portland. — Cysoing (Nord).
Démichel (Alphonse), Construc. d'inst. de précis., 24, rue Pavée-Marais. — Paris.
Dr Demonchy (Adolphe), 37, rue d'Isly. — Alger. — R
Démonet (François, Charles), Ing. des Arts et Man., Mem. du Cons. mun., 19, rue de La Commanderie. — Nancy (Meurthe-et-Moselle).
Demons (Albert), Prof. à la Fac. de Méd., Corresp. nat. de l'Acad. de Méd., 18, cours du Jardin-Public. — Bordeaux (Gironde).
Demont-Breton (Adrien), Artiste-Peintre. — Wissant (Pas-de-Calais) et Montgeron (Seine-et-Oise).
Demoussy (Émile), Assistant de physiol. végét. au Muséum d'hist. nat., 10, rue Chaptal. — Levallois-Perret (Seine).
Denigès (Georges), Prof. de Chim. biol. à la Fac. de Méd., 53, rue d'Alzon. — Bordeaux (Gironde). — R
Deniker (Joseph), Doct. ès sc., Biblioth. du Muséum d'hist. nat., 36, rue Geoffroy-Saint-Hilaire. — Paris.
Denise (Lucien), Archit., Ing. des Arts et Man., 17, rue d'Antin. — Paris.
Denoyel (Antonin), Prop., 9, rue du Plat. — Lyon (Rhône).
Denuzière (Charles), Distillateur-Liquoriste, 6, rue du Général-Foy. — Saint-Étienne (Loire).
Denys (Marcel), Maitre de verreries. — Courcy par Loivre (Marne).
Denys (Roger), Ing. en chef des P. et Ch., 1, rue de Courty. — Paris. — R
*Depaul (Henri), Agric., château de Vaublanc. — Plemet (Côtes-du-Nord). — R
Dépierre (Joseph), Ing.-Chim. — Cernay (Alsace-Lorraine). — R
Déplanque (J.), Ing. hydraul., 34, rue Tour-Notre-Dame. — Boulogne-sur-Mer (Pas-de-Calais).
Deprez (Édouard), Chef de Divis. à la Préf. de l'Aisne, 8, rue Milon-de-Martigny. — Laon (Aisne).
Deprez (Marcel), Mem. de l'Inst., Prof. au Conserv. nat. des Arts et Mét., 23, avenue de Marigny. — Vincennes (Seine).
Déroualle (Victor) (père), Ing. civ., 14, avenue de Launay. — Nantes (Loire-Inférieure).
Dr Deroye (André), Dir. de l'Éc. de Méd., 17, rue Piron. — Dijon (Côte-d'Or).
Deroye (Fernand), Insp. adj. des Forêts, 1, rue Sambin. — Dijon (Côte-d'Or).
Dervillé (Stéphane), Nég. en marbres, Présid. du Trib. de Com., 37, rue Fortuny. — Paris. — R

Desbois (Émile), 17, boulevard Beauvoisine. — Rouen (Seine-Inférieure). — **R**

Desbonnes (F.), Nég., 5, cours de Gourgues. — Bordeaux (Gironde). — **R**

Descamps (Maurice), Ing. des Arts et Man., 22, rue de Tournai. — Lille (Nord).

Deschamps (Arnold), v.-Présid. au Trib. de 1re inst., 17, rue de La Poterne. — Rouen (Seine-Inférieure).

Dr **Deschamps (Eugène)**, Prof. de Phys. à l'Éc. de Méd., 23, rue La Monnaie. — Rennes (Ille-et-Vilaine).

Des Étangs (A.), Présid. hon. du Trib. civ. — Châtillon-sur-Seine (Côte-d'Or).

Desharnoux, 69, rue Monge. — Paris.

*Deshayes (Mlle Charlotte), 35, rue Pavée. — Rouen (Seine-Inférieure).

*Dr Deshayes (Charles), anc. Méd. des Hôp., Méd. des Douanes et des *Chem. de fer de l'Ouest*, 35, rue Pavée. — Rouen (Seine-Inférieure).

Deshayes (Victor), Ing. civ. des Mines, 79, rue Claude-Bernard. — Paris.

Deslandres (Henri), Doct. ès Sc., Astronome à l'Observatoire de Meudon, anc. Élève de l'Éc. Polytech., 43, rue de Rennes. — Paris.

*Deslandres (Paul), Archiv.-Paléog., 62, rue de Verneuil. — Paris.

*Desmarets, Dir. de l'Observat. météor., 11, rue Fortier. — Douai (Nord).

Desmaroux (Louis), Ing. en chef des Poudres et Salpêtres en retraite, 32, rue Lacépède. — Paris.

Desmarres (Robert), Ing. civ. des Mines, 20, rue de Penthièvre. — Paris.

*Dr Desnos (Ernest), Sec. gén.. de l'*Assoc. française d'Urologie*, 31, rue de Rome. — Paris.

Desormos, Ing. en chef des P. et Ch. — Sisteron (Basses-Alpes).

Despécher (Jules), 37, rue Caumartin. — Paris.

Dr **D'Espine (Adolphe)**, Prof. de Pathol. int., 6, rue Beauregard. — Genève (Suisse).

Desplats (Henri), Doyen de la Fac. libre de Méd. et de-Pharm., 56, boulevard Vauban. — Lille (Nord).

Dr **Desprez (Eugène, Marius)**, 27, rue de La Sous-Préfecture. — Saint-Quentin (Aisne).

Desprez (H.), Dir. du *Comptoir Maritime*, anc. Élève de l'Éc. Polytech., 6, place de La Bourse. — Paris.

Desroziers (Edmond), Ing. élect., Expert près le Trib. de la Seine et Arbitre près le Trib de Com., 10, avenue Frochot. — Paris.

Dr **Destot (Étienne)**, 15, rue Saint-Dominique. — Lyon (Rhône).

Dethan (Adhémar), Pharm. de 1re cl., 25, rue Baudin. — Paris.

Dethan (Georges), Pharm. de 1re cl., 14, rue de la Paix. — Paris.

Détroyat (Arnaud). — Bayonne (Basses-Pyrénées). — **R**

Devay (Justin), 82, rue Taitbout. — Paris.

Devienne (Joseph), Cons. à la Cour d'Ap., 1, rue Vaubecour. — Lyon (Rhône).

Deville (Jules), Nég., Mem. de la Ch. de Com., 24, rue Lafon. — Marseille (Bouches-du-Rhône).

*Dewatines (Félix), Relieur, Artiste-Peintre, Admin. du Musée des Arts décoratifs, 87, rue Nationale. — Lille (Nord).

Dickson (David), Dir. de l'Éc. pratique d'Agric. du Pas-de-Calais. — Berthonval-Mont-Saint-Éloy (Pas-de-Calais).

Dida (A.), Chim., 22, boulevard des Filles-du-Calvaire. — Paris. — **R**

Diéderichs-Perrégaux, Manufac. — Jallieu par Bourgoin (Isère).

*Dietz (Émile), Pasteur. — Rothau (Alsace-Lorraine). — **R**

Dieulafoy (Georges), Prof. à la Fac. de Méd., Mem. de l'Acad. de Méd., Méd. des Hôp., 38, avenue Montaigne. — Paris.

Digeon (Jules), Ing.-Construct. de modèles pour l'Enseign., 19, rue du Terrage. — Paris.

*Dislère (Paul), Présid. de Sect. au Cons. d'État, anc. Ing. de la Marine, Présid. du Cons. d'admin. de l'Éc. coloniale, 10, avenue de L'Opéra. — Paris. — **R**

Doin (Octave), Libr.-Édit., 8, place de L'Odéon. — Paris.

Doisy (H., L.), Fabric. de sucr. et Cultivat. — Margny-lez-Compiègne (Oise).

Dollfus (Adrien), Dir. de la *Feuille des Jeunes Naturalistes*, 35, rue Pierre-Charron. — Paris.

Dollfus (Mme Auguste), 53, rue de La Côte. — Le Havre (Seine-Inférieure). — **F**

Dollfus (Auguste), Présid. de la *Soc. indust.* — Mulhouse (Alsace-Lorraine).

Dollfus (Charles), 16, avenue Bugeaud. — Paris.

Dollfus (Gustave), Ing. des Arts et Man., Filat. — Mulhouse (Alsace-Lorraine). — **R**

Dombre (Louis), Ing. civ. des Mines, Admin. des *Mines de Douchy*. — Lourches (Nord).

Domergue (Albert), Prof. à l'Éc. de Méd., 341, rue Paradis. — Marseille (Bouches-du-Rhône). — **R**

Donnadieu, Prof. à la Fac. catholique, 13, rue Basse-du-Port-au-Bois. — Lyon (Rhône).

*Dr Donnézan (Albert), Présid. de la *Soc. des Méd. et Pharm. des Pyrénées-Orient.*, 5, rue Font-Froide. — Perpignan (Pyrénées-Orientales).

Dr Dor (Henri), Prof. hon. à l'Univ. de Berne, 9, rue du Président-Carnot. — Lyon (Rhône).

*Dr Dorain (Albert), Méd.-Insp. des Éc. pub., 2, rue de L'Échelle. — Nantes (Loire-Inférieure).

Douay (Léon), 1, rue Durante (villa Ninck). — Nice (Alpes-Maritimes). — **R**

Doumenjou (Paul), Avoué. — Foix (Ariège).

Doumer (Emmanuel), Prof. à la Fac. de Méd., 57, rue Nicolas-Leblanc. — Lille (Nord).

Doumerc (Jean), Ing. civ. des Mines, 61, rue d'Alsace-Lorraine. — Toulouse (Haute-Garonne). — **R**

Doumerc (Paul), Ing. civ., 36, rue du Vieux-Raisin. — Toulouse (Haute-Garonne). — **R**

Doumergue (François), Prof. au Lycée, 22, boulevard de Sébastopol. — Oran (Algérie).

*Doussaint (Maurice), Prépar. à la Fac. des Sc., 44, rue du Jeu-de-Paume. — Bordeaux (Gironde).

Douvillé (Henri), Ing. en chef, Prof. à l'Éc. nat. sup. des Mines, 207, boulevard Saint-Germain. — Paris. — **R**

Dr Doyon (A.), Associé nat. de l'Acad. de Méd., Méd. des Eaux. — Uriage (Isère), et 27, rue de Jarente. — Lyon (Rhône).

Drake del Castillo (Emmanuel), 2, rue Balzac. — Paris. — **F**

*Dramard (Léon), Rent., 8, rue Saint-Vincent. — Fontenay-sous-Bois (Seine).

Dr Dransart. — Somain (Nord). — **R**

Dr Dresch. — Pontfaverger (Marne).

Dreyfus (Félix), Nég., 1, rue Bonaparte. — Paris.

Drouet (Paul), Prop., 23, rue Jean-Romain. — Caen (Calvados.)

Drouin (Alexis), Ing.-Chim., 95, rue de Rennes. — Paris.

*Dr Drouineau (Gustave), Insp. gén. des Serv. admin. au Min. de l'Int., 19, rue Le Verrier. — Paris.

*Druart (Émile), Nég. en matér. de construc. et charbons de terre, 37, chaussée du Port. — Reims (Marne).

Dubail-Roy (Gustave), Sec. de la *Soc. belfortaine d'Émulation*, 42, faubourg de Montbéliard. — Belfort.

Dubertret (L.-M.), Prop., 11, rue Newton. — Paris.

Dubiau (Paul), Ing. de l'Assoc. *des Prop. d'appareils à vapeur du Sud-Est*, 80, rue Paradis. — Marseille (Bouches-du-Rhône).

Dubief (Mlle), 9 *bis*, rue de Moscou. — Paris.

Dr Dubief (Henri), Méd.-Insp. des épidémies du départ. de la Seine, 9 *bis*, rue de Moscou. — Paris.

Dr Dublassy (Étienne), 44, rue de La République. — Oullins (Rhône).

Dubois (Marcel), Prof. à la Fac. des Lettres., 76, rue Notre-Dame-des-Champs. — Paris.

Dr Dubois (Raphaël), Prof. à la Fac. des Sc., 27, rue du Juge-de-Paix. — Lyon (Rhône).

Dubois de l'Estang (Étienne), Insp. des Fin., 43, rue de Courcelles. — Paris.

Dubourg (A.), Avoué à la Cour d'Ap., 51, rue de La Devise. — Bordeaux (Gironde).

Dubourg (Élisée), Doct. ès sc., Chef des trav. de chim. à la Fac. des Sc., 66, rue Pélegrin. — Bordeaux (Gironde).

Dubourg (Georges), Nég. en drap., 27, rue Sauteyron. — Bordeaux (Gironde). — **R**

Dubourg (Paul), Nég., Mem. du Cons. gén., 5, rue du Perron. — Besançon (Doubs).

*Duburcq-Gastellier (Félix-Amable), Rent., rue de Coulommiers. — La Ferté-sous-Jouarre (Seine-et-Marne).

Duchâtaux (Victor), Avocat, anc. Présid. de l'*Acad. nat. de Reims*, 12, rue de L'Échauderie. — Reims (Marne).

Duchemin (Émile), Présid. de la Ch. de Com., 33, place Saint-Sever. — Rouen (Seine-Inférieure).

Duchemin (Paul, Henri), Dir. de la *Comp. gén. des Transports*, 33, place Saint-Sever. — Rouen (Seine-Inférieure).

Duclaux (Émile), Mem. de l'Inst. et de l'Acad. de Méd., Prof. à la Fac. des Sc. et à l'Inst. nat. agron., 35 *bis*, rue de Fleurus. — Paris. — **R**

Duclos (Lucien), Fabric. de prod. chim. — Croisset par Dieppedale (Seine-Inférieure).

*Ducor (Mme Paul), 87, avenue de Villiers. — Paris.

*Ducor (Mlle Marie-Thérèse), 87, avenue de Villiers. — Paris.
*Dr Ducor (Paul), 87, avenue de Villiers. — Paris.
Ducreux (Alfred), Nég., Consul du Paraguay, Mem. du Cons. d'arrond., 9, boulevard National. — Marseille (Bouches-du-Rhône). — **R**
Ducrocq (Henri), Cap. d'Artil., Breveté d'Ét.-Maj., 79, avenue Bosquet. — Paris. — **R**
Dufay (Adrien), Biblioth. de la Ville, 7, rue du Puits-Chatel. — Blois (Loir-et-Cher).
Dufet (Henri), Maître de conf. à l'Éc. norm. sup., Prof. de Phys. au Lycée Saint-Louis, 35, rue de L'Arbalète. — Paris.
*Dufour (Léon), Dir.-adj. du Lab. de Biologie végét. — Avon (Seine-et-Marne). — **R**
*Dr Dufour (Marc), Rect., Prof. d'Ophtalmol. à l'Univ., 7, rue du Midi. — Lausanne (Suisse). — **R**
Dufresne, Insp. gén. de l'Univ., 61, rue Pierre-Charron. — Paris. — **R**
Dufresne (L.), Lieut. de vaisseau en retraite, La Chaletière. — Sainte - Honorine - la - Guillaume (Orne).
Duguet (Francis), Chim., 12, rue Le Peletier. — Paris.
Dr Duguet (Jean-Baptiste), Mem. de l'Acad. de Méd., Agr. à la Fac. de Méd., Méd. des Hôp., 60, rue de Londres. — Paris.
Duguet (Raymond), Étud., 60, rue de Londres. — Paris.
Duhotoy (Charles), Entrep. de Trav. pub. — Saint-Martin-lez-Boulogne par Boulogne-sur-Mer (Pas-de-Calais).
Dr Dulac (H.), 14, boulevard Lachèze. — Montbrison (Loire). — **R**
D^r Du Lac (Dieudonné). — La Gauphine par Cazouls-les-Béziers (Hérault).
Dumas (Hippolyte), Indust., anc. Élève de l'Éc. Polytech. — Mousquety par l'Isle-sur-Sorgue (Vaucluse). — **R**
Dumas-Edwards (Mme J.-B.), 57, rue Cuvier. — Paris. — **R**
Dumée (Paul,), Pharm., vis-à-vis la Cathédrale. — Meaux (Seine-et-Marne).
Duminy (Anatole), Nég. en vins de Champagne. — Ay (Marne). — **R**
Dumollard (Félix), 6, rue Hector-Berlioz. — Grenoble (Isère).
Dumont (Arsène), Démog., 17, rue de Bras. — Caen (Calvados).
Dumont (Paul, Charles), Doct. en droit, Biblioth. de l'Univ., 16, place de La Carrière. — Nancy (Meurthe-et-Moselle).
*Dr Dunogier (Simon), 51, cours de Tourny. — Bordeaux (Gironde).
Du Pasquier, Nég., 6, rue Bernardin-de-Saint-Pierre. — Le Havre (Seine-Inférieure).
*Dr Dupau (Justin), Chirurg. en chef de l'Hôtel-Dieu, 1, Jardin Royal. — Toulouse (Haute-Garonne).
Duplay (Simon), Prof. à la Fac. de Méd., Mem. de l'Acad. de Méd., Chirurg. des Hôp., 10, rue Cambacérès. — Paris. — **R**
Dupont (F.), Chim., Sec. gén. hon. de l'*Assoc. des Chim. de Sucreries et Distilleries*, 154, boulevard Magenta. — Paris. — **R**
*Dr Dupouy (Abel), 43, avenue du Maine. — Paris.
Dupouy (Eugène), anc. Sénateur de la Gironde, anc. Présid. du Cons. gén., 109, rue Croix-de-Seguey. — Bordeaux (Gironde). — **F**
Dupré (Anatole), Chim., 36, rue d'Ulm. — Paris. — **R**
Dr Dupuis, Mem. du Cons. gén., 1, rue de Poitiers. — Bressuire (Deux-Sèvres).
Dupuis (Charles), Dispacheur consult. de la marine, 3, rue Pajou. — Paris. — **R**
Dupuy (Léon), Prof. au Lycée, 43, cours du Jardin-Public. — Bordeaux (Gironde). — **F**
Dupuy (Paul), Prof. à la Fac. de Méd. de Bordeaux, 16, chemin d'Eysines. — Caudéran (Gironde). — **F**
Duran (Paul, Émile), Ing. des Arts et Man., Nég., route d'Eauze. — Condom (Gers).
Duran-Loriga (Juan, J.), Command. d'Artil. et Prof. de Math., 20, plaza de Maria Pita. — La Corogne (Espagne).
Durand (Eugène), Prof. à l'Éc. nat. d'Agric., 6, rue du Cheval-Blanc. — Montpellier (Hérault).
*Dr Durand (Jean), Méd. des Hôp., 116, cours d'Alsace-et-Lorraine. — Bordeaux (Gironde).
*Durand-Claye (Mme Ve Alfred). — La Bretèche par Palaiseau (Seine-et-Oise) et l'hiver 69, rue de Clichy. — Paris.
Durand-Claye (Léon), Insp. gén. des P. et Ch. en retraite, 81, rue des Saints-Pères. — Paris.
Durand-Gasselin (Hippolyte-Marie), Indust., 10, passage Saint-Yves. — Nantes (Loire-Inférieure).
Duranteau (Mme la Baronne Albert), château de Laborde d'Antran. — Ingrande par Châtellerault (Vienne).

Duranteau (le Baron Albert), Prop., château de Laborde d'Antran. — Ingrande par Châtellerault (Vienne).

Dr **Durante (Gustave)**, anc. Int. des Hôp., 32, avenue Rapp. — Paris.

Dr **Dureau (Alexis)**, Biblioth. de l'Acad. de Méd., Archiv. hon. de la *Soc. d'Anthrop. de Paris*, 49, rue des Saints-Pères. — Paris.

Durègne (Mme Ve E.), 22, quai de Béthune. — Paris.

Durègne (Émile), Ing. des Télèg., 34, cours de Tourny. — Bordeaux (Gironde).

Duret (Théodore), Homme de lettres, 4, rue Vignon. — Paris.

***Durieux (Marc)**, Mem. du Cons. d'Admin. de la *Comp. gén. des Chem. de fer brésiliens*, 70, boulevard de Courcelles. — Paris.

Dr **Duroselle (Fernand)**, 17, rue de la Pâture. — Amiens (Somme).

***Duroy de Bruignac (Albert)**, Ing. des Arts et Man., 15, rue du Sud. — Versailles (Seine-et-Oise).

Durthaller (Albert), Nég. — Altkirch (Alsace-Lorraine).

Dussaud (Élie), Prop., 31, cours Pierre-Puget. — Marseille (Bouches-du-Rhône). — **R**

Dussaut (Louis), Recev. princ. des Contrib. indir., Entreposeur des Tabacs. — Châtellerault (Vienne).

Dutailly (Gustave), anc. Prof. à la Fac. des Sc. de Lyon, Député de la Haute-Marne, 84, rue du Rocher. — Paris. — **R**

Dutens (Alfred), 12, rue Clément-Marot. — Paris.

Dr **Dutertre (Émile)**, Chirurg. de l'Hôp. Saint-Louis, 12, rue de La Coupe. — Boulogne-sur-Mer (Pas-de-Calais).

Duval (Edmond), Ing. en chef des P. et Ch. en retraite, 34, avenue de Messine. — Paris. — **R**

Duval (Mathias), Prof. à la Fac. de Méd., Mem. de l'Acad. de Méd., Prof. d'Anat. à l'Éc. nat. des Beaux-Arts, 11, cité Malesherbes (rue des Martyrs). — Paris. — **R**

Duvergier de Hauranne (Emmanuel), Mem. du Cons. gén. du Cher, 3, rue Gounod. — Paris et château d'Herry (Cher).

Duvert (Georges), Indust., La Gabie. — Verneuil-sur-Vienne (Haute-Vienne).

Dybowski (Jean), Insp. gén. de l'Agric. coloniale, Dir. du Jardin d'Essai colonial. — Nogent-sur-Marne (Seine).

Early (Ch., Sydney), Ing. civ., 41, rue du Bras-d'Or. — Boulogne-sur-Mer (Pas-de-Calais).

Ecoffey (Eugène), Entrep., 24, rue Dauphine. — Paris.

École spéciale d'Architecture, 136, boulevard Montparnasse. — Paris.

Égli (Arthur), anc. Indust., 71, boulevard Magenta. — Paris.

Église évangélique libérale (M. Charles Wagner, pasteur), 91, boulevard Beaumarchais. — Paris. — **F**

Eichthal (Eugène d'), Admin. de la *Comp. des Chem. de fer du Midi*, 144, boulevard Malesherbes. — Paris. — **R**

Eichthal (Louis d'), château des Bézards. — Sainte-Geneviève-des-Bois par Châtillon-sur-Loing (Loiret). — **R**

Élie (Eugène), Manufac., 50, rue de Caudebec. — Elbeuf-sur-Seine (Seine-Inférieure). — **R**

Elisen, Ing., Admin. de la *Comp. gén. Transat.*, 153, boulevard Haussmann. — Paris. — **R**

Ellie (Raoul), Ing. des Arts et Man. — Cavignac (Gironde). — **R**

Emerat, Nég., rue d'Orléans. — Oran (Algérie).

Engel (Michel), Relieur, 91, rue du Cherche-Midi. — Paris. — **F**

Enlart (Mlle Antoinette). — Airon-Saint-Vaast par Montreuil-sur-Mer (Pas-de-Calais).

Enlart (Mme Camille), 14, rue du Cherche-Midi. — Paris.

Enlart (Camille), Mem. résid. de la *Soc. des Antiquaires de France*, 14, rue du Cherche-Midi. — Paris.

Érard (Paul), Ing. des Arts et Man. — Jolivet par Lunéville (Meurthe-et-Moselle).

Erceville (le Comte Charles d'), 42, rue de Grenelle. — Paris.

Espous (le Comte Auguste d'), rue Salle-de-l'Évêque. — Montpellier (Hérault). — **R**

Essars (Pierre des), s.-Chef au Secrét. gén. de la Banque de France, 14, rue d'Édimbourg. — Paris.

Dr **Eternod**, Prof. à l'Univ. de Genève. — Les Acacias (canton de Genève) (Suisse).

Dr **Eury**. — Charmes-sur-Moselle (Vosges).

***Eymard (Albert)**, 130 *bis*, avenue de Neuilly. — Neuilly-sur-Seine (Seine).

***Eysséric (Joseph)**, Artiste-Peintre, 14, rue Duplessis. — Carpentras (Vaucluse). — **R**

Fabre (Charles), Doct. ès sc., Prof. adj. à la Fac. des Sc., Dir. de la Stat. agronom., 18, rue Fermat. — Toulouse (Haute-Garonne).

Fabre (Cyprien), Nég., anc. Présid. de la Ch. de Com., 71, rue Sylvabelle. — Marseille (Bouches-du-Rhône).

Fabre (Ernest), Ing. des Arts et Man., Dir. de la *Soc. anonyme des Chaux hydraul. de l'Homme-d'Armes*. — L'Homme-d'Armes par Montélimar (Drôme).

Fabre (Georges), Insp. des Forêts, anc. Élève de l'Éc. Polytech., 28, rue Ménard. — Nîmes (Gard). — **R**

Fabre, anc. Examin. à l'Éc. spéc. milit., 135, boulevard Saint-Michel. — Paris.

Fabrègue (Jules), Chef de bureau au Min. de la Justice, 3, rue des Feuillantines. — Paris.

D**r Fabriès (Ernest)**. — Sidi-Bel-Abbès (départ. d'Oran) (Algérie).

D**r Fage (Arthur)**, Prof. à l'Éc. de Méd., 17, rue Pierre-l'Ermite. — Amiens (Somme).

Faget (Marius), Archit., 34, rue du Palais-Gallien. — Bordeaux (Gironde).

Fagnon (Ernest), Nég. en vins, Mem. du Cons. mun., 42, rue de Battant. — Besançon (Doubs).

Faguet (L., Auguste), anc. Chef des trav. pratiques d'Hist. nat. à la Fac. de Méd. 26, avenue des Gobelins. — Paris.

*D**r Faguet (Charles)**, anc. Chef de clin. à la Fac. de Méd. de Bordeaux, 8, rue du Palais. — Périgueux (Dordogne).

Faillet (Eugène), Mem. du Cons. mun., 52, rue de Sambre-et-Meuse. — Paris.

D**r Faisant (Léon)**. — La Clayette (Saône-et-Loire).

Fallot (Emmanuel), Prof. de Géol. à la Fac. des Sc., 56, rue de Turenne. — Bordeaux (Gironde).

***Farjon (Ferdinand)** Indust.., anc. Élève de l'Éc. Polytech., 22, rue Dutertre. — Boulogne-sur-Mer (Pas-de-Calais).

Farjon (Roger), Ing., anc. Élève de l'Éc. Polytech. 22, rue Dutertre. — Boulogne-sur-Mer (Pas-de-Calais).

Farmer (Henry), v.-Consul d'Angleterre, 2, rue Correnson. — Boulogne-sur-Mer (Pas-de-Calais).

Faucheur (Edmond), Manuf., Présid. du *Comité linier du Nord de la France*, 18, square Rameau. — Lille (Nord).

Fauchille (Auguste), Doct. en droit, Lic. ès Lettres, Avocat à la Cour d'Ap., 56, rue Royale. — Lille (Nord).

Faupin (Georges), Avocat, 37, rue Cérès. — Reims (Marne).

***Faure (Alfred)**, Prof. d'Hist. nat. à l'Éc. nat. vétér., anc. Député, 11, rue d'Algérie. — Lyon (Rhône) — **R**

Faure (Fernand), Prof. à la Fac. de Droit, Dir. gén. de l'Enregist., des Domaines et du Timbre, anc. Député, 79, rue Mozart. — Paris.

***Fauré-Hérouart (Dominique)**, Nég., Maire. — Montataire (Oise).

Fauvel (Pierre), Doct. ès Sc. nat., Prof. adj. de Zool. à la Fac. libre des Sciences, 14, rue Gutenberg. — Angers (Maine-et-Loire).

Favereaux (Georges), 52, quai Debilly. — Paris.

Favre (Louis), Ing. agron., 18, rue des Écoles. — Paris.

Favrel (Georges), Agr. à l'Éc. sup. de Pharm., 22, rue Sainte-Catherine. — Nancy (Meurthe-et-Moselle).

Faye (Hervé), Mem. de l'Inst., anc. Présid. du Bureau des Longit., 39, rue Cortambert. — Paris.

Fayot (Louis), Ing., Chef du serv. élect. de la Maison Breguet, 32, rue des Plantes. — Paris.

***Febvre-Wilhélem (M**me** Édouard)**, villa du Rendez-Vous. — Chaumont (Haute-Marne).

***Febvre-Wilhélem (Édouard)**, Mem. du Cons. gén., villa du Rendez-Vous. — Chaumont (Haute-Marne).

Feineux (Edmond), 38, rue Saint-Didier. — Sens (Yonne).

***Félix (Marcel)**, 30, rue de Berlin. — Paris.

Féret (Alfred) (fils), Prop. vitic., Présid. du *Comice agric. de Tunisie*, domaine de Zama. — Souk-el-Kmis (Tunisie).

***Féret (Alfred) (père)**, Indust., 16, rue Étienne-Marcel. — Paris.

***Féret (René)**, Dir. du Lab. des P. et Ch., anc. Élève de l'Éc. Polytech., 4 *bis*, place Frédéric-Sauvage. — Boulogne-sur-Mer (Pas-de-Calais).

Fernet (Émile), Insp. gén. de l'Instruc. pub., 23, avenue de L'Observatoire. — Paris.

Ferrand (Mme** V°)**, 3, place d'Iéna. — Paris.

Ferrand (Mlle** Madeleine)**, 3, place d'Iéna. — Paris.

Ferrand (Henry), 3, place d'Iéna. — Paris.
Ferrand (Lucien), Étud., 68, rue Ampère. — Paris.
*Ferray (Édouard), Pharm. de 1re cl., Présid. du Trib. et de la Ch. de Com. — Évreux (Eure).
*Ferré (Gabriel), Prof. à la Fac. de Méd., 29, rue Saint-Genès. — Bordeaux (Gironde).
Ferrouillat (Prosper), Lic. en droit, Syndic de la Presse départ., 10, rue du Plat. — Lyon (Rhône).
*Ferry (Émile), Nég., anc. Présid. du Trib. de Com., Présid. du Cons. gén. de la Seine-Inférieure, 21, boulevard Cauchoise. — Rouen (Seine-Inférieure). — R
Ferté (Émile), 3, rue de La Loge. — Montpellier (Hérault).
Féry (Charles), Chef des trav. prat. à l'Éc. mun. de Phys. et de Chim. indust., 42, rue Lhomond. — Paris.
Ficheur (Émile), Doct. ès sc., Prof. de Géol. à l'Éc. prép. à l'Ens. sup. des Sc., Dir.-adj. du Serv. géol. de l'Algérie, 77, rue Michelet. — Alger-Mustapha. — R
Fière (Paul), Archéol., Mem. corresp. de la *Soc. française de Numism. et d'Archéol.* — Saïgon (Cochinchine). — R
Dr Fiessinger (Charles), Corresp. nat. de l'Acad. de Méd. — Oyonnax (Ain).
Fiévet (Gustave), Pharm. de 1re cl., Mem. de la *Soc. chim.*, 53, rue Réaumur. — Paris.
Figuier (Albin), Prof. à la Fac. de Méd., 17, place des Quinconces. — Bordeaux (Gironde).
Dr Filhol (Henri), Mem. de l'Inst., Prof. au Muséum d'hist. nat., 9, rue Guénégaud. — Paris.
Filloux, Pharm. — Arcachon (Gironde).
Finart d'Allonville, avenue des Caves. — Bois d'Avron par Neuilly-Plaisance (Seine-et-Oise).
Dr Fines (Jacques), Méd. en chef de l'Hôp. civ., Dir. de l'Observ. météor., 2, rue du Bastion-Saint-Dominique. — Perpignan (Pyrénées-Orientales).
Dr Fioupe (Jacques), Méd. en chef des Hôp., 18, Grande-Rue Marengo. — Marseille (Bouches-du-Rhône).
Fischer (H.), 13, rue des Filles-du-Calvaire. — Paris.
Fischer de Chevriers, Prop., 23, rue Vernet. — Paris. — R
Fisson (Charles), Fabric. de chaux hydraul. natur. — Xeuilly (Meurthe-et-Moselle).
*Flamand (G., B., M.), Chargé du cours de Géog. physique du Sahara à l'Éc. prép. à l'Ens. sup. des Sc., 6, rue Barbès. — Alger-Mustapha.
Flammarion (Camille), Astronome, 40, avenue de L'Obesrvatoire. — Paris; et à l'Observatoire. — Juvisy-sur-Orge (Seine-et-Oise).
Flandin, Prop., 29, avenue d'Antin. — Paris. — R
Fleury (Jules, Auguste), Ing. civ. des Mines, Prof. à l'Éc. des sc. politiques, 12, rue du Pré-aux-Clercs. — Paris.
Fliche, Prof. à l'Éc. forest., 9, rue Saint-Dizier. — Nancy (Meurthe-et-Moselle).
Floquet (Gaston), Prof. à la Fac. des Sc., 17, rue Saint-Lambert. — Nancy (Meurthe-et-Moselle).
*Florent (Mme Paul), 22, rue des Encans. — Avignon (Vaucluse).
*Florent (Mlle Pauline), 22, rue des Encans. — Avignon (Vaucluse).
*Florent (Paul), Indust., 22, rue des Encans. — Avignon (Vaucluse).
Fochier (Alphonse), Prof. de Clin. obstétric. à la Fac. de Méd., 3, place Bellecour. — Lyon (Rhône).
Fock (Abraham), Ing. civ., villa La Bruyère, avenue Meutque. — Arcachon (Gironde).
Dr Fontan (Émile, Jules), Méd. princ. de 1re cl., Prof. à l'Éc. de Méd. navale, 9, avenue Colbert. — Toulon (Var).
Fontane (Marius), anc. Sec. gén. de la *Comp. du Canal de Suez*, 5, rue Cernuschi. — Paris.
*Fontaneau (Éléonor), anc. Of. de Marine, anc. Élève de l'Éc. Polytech., 8, cours Bugeaud. — Limoges (Haute-Vienne).
Fontès (Joseph), Ing. en chef des P. et Ch., 3, rue Romiguières. — Toulouse (Haute-Garonne).
*Forestier (Charles), Prof. hon. de Lycée, 34, rue d'Alsace-Lorraine. — Toulouse (Haute-Garonne).
*Dr Fort (Auguste), 6, boulevard des Capucines. — Paris.
Fortel (A.) (fils), Prop., 7, rue Noël. — Reims (Marne). — R
Fortin (Raoul), 24, rue du Pré. — Rouen (Seine-Inférieure).
Fortoul (l'Abbé Eugène), Doct. ès sc., 57, boulevard de Sébastopol. — Paris.
Fougeron (Paul), 55, rue de la Bretonnerie. — Orléans (Loiret).

*Fouju (Gustave), Représ. de com., 33, rue de Rivoli. — Paris.
Fouqué (Ferdinand, André), Mem. de l'Inst., Prof. au Col. de France, 23, rue Humboldt. — Paris.
Fourcade-Cancellé (Édouard), Caissier central de la *Comp. du Canal de Suez*, 23, rue des Imbergères. — Sceaux (Seine).
*Fourdrignier (Édouard), Archéol., 5, Grande-Rue. — Sèvres (Seine-et-Oise).
Foureau (Fernand), Explorat. Ing. civ., Mem. de la *Soc. de Géog.* — Bussière-Poitevine (Haute-Vienne).
Fouret (Georges), Examin. d'admis. à l'Éc. Polytech., 16, rue Washington. — Paris.
Fouret (René), 22, boulevard Saint-Michel. — Paris.
*Fourmaintreaux (Jules), Céram., rue des Potiers. — Desvres (Pas-de-Calais).
Dr Fournier (Alban). — Rambervillers (Vosges).
Fournier (Alfred), Prof. à la Fac. de Méd., Mem. de l'Acad. de Méd., Méd. des Hôp., 77, rue de Miromesnil. — Paris. — **R**.
Fournier (Edmond), Lic. ès sc. nat., Int. des Hôp., 77, rue de Miromesnil. — Paris.
Fournier (Eugène), Doct. ès sc., Collaborateur de la Carte géol. de France, 41, rue de Lodi. — Marseille (Bouches-du-Rhône).
Fournier (Eugène), Fabric. de Bonneterie, 140, rue de Rivoli. — Paris.
Dr Foveau de Courmelles (François, Victor), Lic. ès sc. phys., ès sc. nat. et en droit, Lauréat de l'Acad. de Méd., 26, rue de Châteaudun. — Paris.
*Foville (Alfred de), Mem. de l'Inst., Cons.-Maître à la Cour des Comptes, anc. Dir. de l'Admin. des Monnaies et Médailles, anc. Élève de l'Éc. Polytech., 3, rue du Regard. — Paris.
Francezon (Paul), Chim. et Indust., 7, rue Mandajors. — Alais (Gard).
*François (Philippe), Doct. ès sc., Chef des travaux pratiques à la Fac. des Sc., 20, rue Monsieur-le-Prince. — Paris
Dr François-Franck (Charles, Albert), Mem. de l'Acad. de Méd., Prof. sup. au Col. de France, 5, rue Saint-Philippe-du-Roule. — Paris. — **R**
*Francq (Léon), Ing. civ. des Mines, Lauréat de l'Inst., 48, avenue Victor-Hugo. — Paris.
Francq (Pierre, Roger), Étudiant, 48, avenue Victor-Hugo. — Paris.
Dr Frat (Victor), 23, rue Maguelone. — Montpellier (Hérault).
Frébault (Émile), Pharm., Insp. de Pharm. — Châtillon en Bazois (Nièvre).
Frémont-Saint-Chaffray (Mme Berthe), 54, rue de Seine. — Paris.
Dr Fricker, 6, square de Latour-Maubourg. — Paris.
Friedel (Mme Ve Charles) (née Combes), 9, rue Michelet. — Paris. — **F**
Dr Frison (A.), 5, rue de La Lyre. — Alger.
Frizeau (G.), Avocat à la Cour d'Ap. de Bordeaux. — Branne (Gironde).
*Froidevaux (Henri), Sec. de l'Office colonial près la Fac. des Lettres, 12, rue Notre-Dame-des-Champs. — Paris.
Froissart (Émile), Chef d'Escadron au 15e rég. d'Artil., 16, rue Jean-de-Gouy. — Douai (Nord).
Frolov (le Général Michel), 36, quai des Eaux-Vives. — Genève (Suisse).
Dr Fromentel (Louis, Édouard de). — Gray (Haute-Saône). — **R**
Fron (Albert), Garde gén. des Forêts. — Charolles (Saône-et-Loire).
Fron (Émile), Météor. tit. au Bur. cent. météor. de France, 19, rue de Sèvres. — Paris.
*Fron (Georges), Répét. à l'Inst. nat. agronom., 19, rue de Sèvres. — Paris. — **R**
Frontard (Jules), Censeur du Lycée, 2, rue Ancelot. — Le Havre (Seine-Inférieure).
Frossard (Charles), v.-Présid. de la *Soc. Ramond*, 14, rue Ballu. — Paris. — **F**
Dr Fumouze (Armand), Pharm. de 1re cl., 78, rue du Faubourg-Saint-Denis. — Paris. — **F**
Dr Fumouze (Victor), 132, rue Lafayette. — Paris.
Gabeau (Charles), Interp. milit. princ. en retraite, château de Fontaines-les-Blanches. — Autrèche (Indre-et-Loire).
*Dr Gaches-Sarraute-Barthélemy (Mme Inès), 61, rue de Rome. — Paris.
Gadeau de Kerville (Henri), Homme de sc., 7, rue Dupont. — Rouen (Seine-Inférieure).
*Gaillard (Mme Eugène), 11, rue Lafayette. — Paris.
*Dr Gaillard (Eugène), 11, rue Lafayette. — Paris.
Gaillot (Jean-Baptiste, Amable), s.-Dir. de l'Observatoire nat. de Paris. — Arcueil (Seine).
Gaillot (Léon), Dir. de la Stat. agronom. de l'Aisne, avenue Brunehaut. — Laon (Aisne).

Gain (Edmond), Doct. ès sc. nat., Maître de conf. à la Fac. des Sc., 7, rue de Lorraine. — Nancy (Meurthe-et-Moselle).

Gaitte (Michel), Conduc. des P. et Ch., 3, place de La Badouillère. — Saint-Étienne (Loire).

*Galante (Émile), Fabric. d'inst. de chirurg., 2, rue de L'École-de-Médecine. — Paris. — **F**

Galbrun (A.), Pharm. de 1ᵣᵒ cl., 4, rue Beaurepaire. — Paris.

Dr Galezowski (Xavier), 103, boulevard Haussmann. — Paris.

Galicher (J.) (fils), Relieur, 81, boulevard Montparnasse. — Paris.

Dr Galippe (Victor), Chef de lab. à la Fac. de Méd., 12, place Vendôme. — Paris.

Galland (G.), Filat. — Remiremont (Vosges).

Gallé (Émile), Maître de verrerie, Mem. de l'*Acad. de Stanislas*, 2, avenue de La Garenne. — Nancy (Meurthe-et-Moselle).

Gallice (Henry), Nég. en vins de Champagne, faubourg du Commerce. — Épernay (Marne).

*Gallois (Lucien), Maître de conf. à l'Éc. norm. sup., 39, rue Claude-Bernard. — Paris.

Dr Gallois (Paul), anc. Int. des Hôp., 97, boulevard Malesherbes. — Paris.

Gallopin (Abel), Étud. en Droit, place Saint-Denis. — Montoire-sur-Loir (Loir-et-Cher).

Gandoulf (Léopold), Princ. hon. du Collège, 9, rue Villars. — Grenoble (Isère).

Dr Gandy (Paul). — Bagnères-de-Bigorre (Hautes-Pyrénées).

Dr Garand (A.), 1, rue de La Paix. — Saint-Étienne (Loire).

Gardair (Aimé), Dir. de la *Comp. gén. des Prod. chim. du Midi*, 51, rue Saint-Ferréol. — Marseille (Bouches-du-Rhône).

Gardères (Sylvain), Mem. du Cons. mun., 2, place Royale. — Pau (Basses-Pyrénées).

Gardès (Louis, Frédéric, Jean), Notaire, anc. Élève de l'Éc. nat. sup. des Mines, 7, rue Saint-Georges. — Montauban (Tarn-et-Garonne). — **R**

*Gariel (Mᵐᵉ C.-M.), 6, rue Édouard-Detaille (avenue de Villiers). — Paris. — **R**

*Gariel (C.-M.), Prof. à la Fac. de Méd., Mem. de l'Acad. de Méd., Ing. en chef, Prof. à l'Éc. nat. des P. et Ch., 6, rue Édouard-Detaille (avenue de Villiers). — Paris. — **F**

Gariel (Émile), Homme de lettres, 18, quai du Port. — La Ciotat (Bouches-du-Rhône).

*Gariel (Léon), Ing. agron., 6, rue Édouard-Detaille (avenue de Villiers). — Paris.

Garnier (Ernest), anc. Présid. de la *Soc. indust. de Reims*, 4, rue Bréguet. — Paris. — **R**

*Garnier (Jules), anc. Ing. des Mines du Gouvern. à la Nouvelle-Calédonie, 47, rue de Clichy. — Paris.

Garnier (Louis), Nég. en tissus, 16, rue de Talleyrand. — Reims (Marne).

Garnier (Paul), Ing.-Mécan., Horlog., 16, rue Taitbout. — Paris.

*Garreau (L.-Philippe), Cap. de frégate en retraite, 1, rue de Floirac. — Agen (Lot-et-Garonne), et l'hiver, 62, boulevard Malesherbes. — Paris. — **R**

Garric (Jules), Banquier, 3, rue Esprit-des-Lois. — Bordeaux (Gironde).

Garrigou (Félix), Prof. à la Fac. de Méd., 38, rue Valade. — Toulouse (Haute-Garonne).

Garrigou-Lagrange (Paul), Avocat, Sec. gén. de la *Soc. Gay-Lussac*, 23, avenue Foucaud. — Limoges (Haute-Vienne).

*Gascard (Albert) (père), anc. Pharm., Indust., Juge sup. au Trib. de Com. — Bihorel-lez-Rouen par Rouen (Seine-Inférieure).

*Gascard (Albert) (fils), Prof. à l'Éc. de Méd. et de Pharm., 33, boulevard Saint-Hilaire. — Rouen (Seine-Inférieure).

*Gasqueton (Mᵐᵉ Georges), château Capbern. — Saint-Estèphe (Gironde). — **R**

*Gasqueton (Georges), Avocat, anc. Maire, château Capbern. — Saint-Estèphe (Gironde).

*Gaté-Richard (Michel), Prop., faubourg Saint-Hilaire. — Nogent-le-Rotrou (Eure-et-Loir).

Gatine (Albert), Insp. des Fin., 1, rue de Beaune. — Paris. — **R**

*Dr Gaube (Jean), 12, rue Léonie. — Paris. — **R**

*Dr Gaube (Jules, Jean), 12, rue Léonie. — Paris.

Dr Gauchas (Alfred), 6, rue Meissonier. — Paris.

Gauchery (Paul), Lic. ès sc. nat., Int. des Hôp., 47, rue de Vaugirard. — Paris.

*Gauckler (Paul), Corresp. de l'Inst., Agr. d'Histoire, Chef du serv. des Antiquités et Arts, 66, rue des Selliers. — Tunis.

*Gaudry (Albert), Mem. de l'Inst., Prof. au Muséum d'Hist. nat., 7 *bis*, rue des Saints-Pères. — Paris. — **F**

Gauthier (Antoine), Fabric. de rubans, 10, rue Mi-Carême. — Saint-Étienne (Loire).

*Gauthier-Villars (Albert), Imprim-Édit., anc. Élève de l'Ec. Polytech., 55, quai des Grands-Augustins. — Paris.

*Gauthiot (Charles), Sec. gén. de la *Soc. de Géog. com. de Paris*, Mem. du Cons. sup. des Colonies, 63, boulevard Saint-Germain. — Paris. — **R**

Gautier (Gaston), anc. Présid. du *Comice agric.*, 6, rue de La Poste. — Narbonne (Aude).
Dr Gautier (Georges), Dir. du Lab. d'Électrothérap. et de la *Revue internat. d'Électro-thérap.*, 13, rue Auber. — Paris. — **R**.
Gavelle (Émile), Filat., 289 *bis*, rue Solférino. — Lille (Nord).
Gavelle (Julien), boulevard de La Gare. — Cormeille-en-Parisis (Seine-et-Oise).
Gay (Tancrède), Prop., 17, rue Chanzy. — Reims (Marne).
Gayet (Alphonse), Prof. à la Fac. de Méd., Corresp. nat. de l'Acad. de Méd., anc. Chirurg. tit. de l'Hôtel-Dieu, 106, rue de L'Hôtel-de-Ville. — Lyon (Rhône).
Gayon (Ulysse), Corresp. de l'Inst., Doyen de la Fac. des Sc., Dir. de la Stat. agron., 7, rue Duffour-Dubergier. — Bordeaux (Gironde). — **R**
Gazagnaire (Joseph), anc. Sec. de la *Soc. entomol. de France*, 29, rue Centrale. — Cannes (Alpes-Maritimes).
Gazagne (Gaston), Chef de sect. à la *Comp. des Chem. de fer de Paris à Lyon et à la Méditerranée*, 40, rue de L'Hôtel-de-Ville. — Arles-sur-Rhône (Bouches-du-Rhône).
Gelin (l'Abbé Émile), Doct. en philo. et en théolog., Prof. de Math. sup. au Col. de Saint-Quirin. — Huy (Belgique). — **R**
Dr Gémy, Chirurg. de l'Hôp. civ., 1, impasse Berbrugger. — Alger.
Genaille (Henri), Ing. civ., Chef de l'entret. des bâtiments à l'Admin. cent. des *Chem. de fer de l'État*, 68, boulevard Rochechouart. — Paris.
Géneau de Lamarlière (Léon), Doct. ès sc., Chargé d'un cours d'Hist. nat. à l'Éc. de Méd., Lauréat de l'Inst., 115, rue Clovis. — Reims (Marne).
Geneste (Mme Philippe), château de Chapeau-Cornu. — Vignieu par La Tour-du-Pin (Isère). — **R**
Geneste (Philippe), Archit., 9, quai de Retz. — Lyon (Rhône).
Genis (Louis), Ing., Dir. de la *Soc. d'Assainis.*, 2, rue Portalis. — Paris.
Gensoul (Paul), Ing. des Arts et Man., Admin. de la *Comp. du Gaz de Lyon*, 42, rue Vaubecour. — Lyon (Rhône). — **R**
Gentil (Louis), Maître de Conf. à la Fac. des Sc., 11, rue des Feuillantines. — Paris.
Dr Geoffroy (Jules), 15, rue de Hambourg. — Paris.
Geoffroy (Victor), anc. Libraire, 3, rue Werlé. — Reims (Marne).
Geoffroy Saint-Hilaire (Albert), anc. Dir. du Jardin zool. d'Acclimat., anc. Présid. de la *Soc. nat. d'Acclimat. de France*, 7, rue Lauriston. — Paris. — **F**
Georges (H.), Nég., v.-Consul de l'Uruguay, 1, rue de L'Arsenal. — Bordeaux (Gironde).
Georgin (Ed.), Étud., 7, faubourg Cérès. — Reims (Marne).
Gérard (René), Prof. de Botan. à la Fac. des Sc., Dir. du Jardin botan. de la Ville, 67, avenue de Noailles. — Lyon (Rhône).
Gérard (René), Chef de Serv., Agent judiciaire du Trésor pub., 43, rue Blanche. — Paris.
Gerbeau, Prop., 13, rue Monge. — Paris. — **R**
*Dr Gerber (Charles)**, Prof. à l'Éc. de Méd., Chef des travaux prat. à la Fac. des Sc., 25, boulevard Gazzino. — Marseille (Bouches-du-Rhône).
Gérente (Mme Paul), 19, boulevard Beauséjour. — Paris. — **R**
Dr Gérente (Paul), Méd.-Dir. hon. des Asiles pub. d'aliénés, Sénateur d'Alger, 19, boulevard Beauséjour. — Paris. — **R**
Germain (Henri), Mem. de l'Inst., Présid. du Cons. d'admin. du *Crédit Lyonnais*, anc. Député, 89, rue du Faubourg-Saint-Honoré. — Paris. — **F**
Germain (Philippe), 33, place Bellecour. — Lyon (Rhône). — **F**
Gervais (Alfred), Dir. de la *Comp. des Salins du Midi*, 2, rue des Étuves. — Montpellier (Hérault).
Gévelot, Nég., 30, rue Notre-Dame-des-Victoires. — Paris.
*Geymüller (le Baron Henry de)**, Corresp. de l'Inst. de France, Arch., 3, rue Louise. — Baden-Baden (Grand-Duché de Bade).
*Giard (Mme Alfred)**, 14, rue Stanislas. — Paris.
*Dr Giard (Alfred)**, Mem. de l'Inst., Prof. à la Fac. des Sc., Maître de conf. à l'Éc. Norm. sup., anc. Député, 14, rue Stanislas. — Paris. — **R**
Gibou (Édouard), Prop., 87, avenue Henri-Martin. — Paris.
Gigandet (Eugène) (fils), Nég., 16, rue Montaux. — Marseille (Bouches-du-Rhône). — **R**
Gignier (Justin, Régis), Pharm., anc. Maire. — Romans (Drôme).
Gilardoni (Camille), Manufac. — Altkirch (Alsace-Lorraine).
Gilardoni (Frantz), Manufac. — Altkirch (Alsace-Lorraine).
Gilardoni (Jules), Manufac. — Altkirch (Alsace-Lorraine).
Gilbert (Armand), Présid. de Chambre à la Cour d'Ap., 12, rue Vauban. — Dijon (Côte-d'Or). — **R**

Gillet (fils aîné), Teintur., 9, quai de Serin. — Lyon (Rhône). — **F**
Gillet (Albert), 156, boulevard Pereire. — Paris.
Dr Gillet (Henry), 3, place Pereire. — Paris.
Gillet (Stanislas), Ing. des Arts et Man., 32, boulevard Henri-IV. — Paris.
*Dr Gillot (François, Xavier), 5, rue du Faubourg-Saint-Andoche. — Autun (Saône-et-Loire).
Dr Girard, Mem. du Cons. gén. — Riom (Puy-de-Dôme).
Girard (Charles), Chef du Lab. mun. de la Préf. de Police, 2, rue de La Cité.—Paris.—**F**
Dr Girard (Henry), Méd. de la Marine, Prof. à l'Éc. de Méd. navale, 25, avenue Vauban. — Toulon (Var).
Dr Girard (Joseph de), Agr. à la Fac. de Méd., 4, rue des Trésoriers-de-la-Bourse. — Montpellier (Hérault).
Dr Girard (Jules), Prof. à l'Éc. de Méd., Mem. du Cons. mun., 4, rue Vicat. — Grenoble (Isère).
Girard (Jules, Augustin), Mem. de l'Inst., Prof. hon. à la Fac. des Lettres, 5, rond-point Bugeaud. — Paris.
Girard (Julien), Pharm.-Maj. en retraite, 3, boulevard Bourdon. — Paris. — **R**
*Girard (Max), Agréé au Trib. de Com., 2, rue Rossini. — Paris.
Girardon (Henri), Ing. en chef des P. et Ch., 5, quai des Brotteaux. — Lyon (Rhône).
Girardot (Louis, Abel), Géol., Prof. au Lycée, 63, rue des Salines. — Lons-le-Saunier (Jura).
Girardot (V.), Nég., 15, 17, place des Marchés. — Reims (Marne).
Giraud (Louis). — Saint-Péray (Ardèche). — **R**
*Giraux (Louis), 22, rue Saint-Blaise. — Paris.
Giresse (Édouard), Sénateur de Lot-et-Garonne, Mem. du Cons. gén., Maire. — Meilhan (Lot-et-Garonne).
Dr Girin (Francis), 24, rue de La République. — Lyon (Rhône).
Dr Girod (Paul), Prof. à la Fac. des Sc. et à l'Éc. de Méd., 26, rue Blatin. — Clermont-Ferrand (Puy-de-Dôme).
*Giry (Mme Marius), 8, Rue Sainte. — Marseille (Bouches-du-Rhône).
*Giry (Marius), Fabric. de papiers et de pâte de bois, 8, rue Sainte. — Marseille (Bouches-du-Rhône).
Gob (Antoine), Prof. à l'Athénée, 10, boulevard du Canal. — Hasselt (Belgique).
Gobin (Adrien), Insp. gén. hon. des P. et Ch., 8, quai d'Occident. — Lyon (Rhône). — **R**
Godard (Félix), Ing. de la Marine hors cadres, 3, rue Lantonnet. — Paris. — **R**
*Godart (Aimé), anc. Dir. de l'École Monge, anc. Élève de l'Éc. Polytech., 179, rue de Courcelles. — Paris.
Godillot-Alexis (Georges), Ing. des Arts et Man., 22, rue Blanche. — Paris.
Dr Godin (Paul), Méd.-Maj. de l'Éc. milit. prép., rue Croix-Haute. — Saint-Hippolyte-du-Fort (Gard).
*Godon (Charles), Dir. de l'Éc. dentaire de Paris, 45, rue de La Tour-d'Auvergne. — Paris.
Dr Goldschmidt (David), 4 bis, rue des Rosiers (chez M. Reblaub). — Paris.
Goldschmidt (Frédéric), Rent., 33, rue de Lisbonne. — Paris. — **F**
Dr Gomet (Alfred), 79, Grande-Rue. — Besançon (Doubs).
Dr Gordon y de Acosta (D. Antonio de), Présid. de l'*Acad. des Sc. méd., phys. et nat.*, esqd à Amargura. — La Havane (Ile de Cuba). — **R**
Gorges (Ferdinand), Nég., 7, passage Dauphine. — Paris.
Dr Gornard de Coudré, 39, rue Notre-Dame-de-Lorette. — Paris.
*Gort (Viscomt). — East-Cowes-Castle (Isle of Wight) (Angleterre).
*Gossart (Émile), Prof de Phys. à la Fac. des Sc., 68, rue Eugène-Ténot. — Bordeaux (Gironde).
Gosse, anc. Doyen de la Fac. de Méd., 8, rue des Chaudronniers. — Genève (Suisse).
Gosselet (Jules), Doyen de la Fac. des Sc., 18, rue d'Antin. — Lille (Nord).
*Gossiome (Paul), Nég. — Yerres (Seine-et-Oise).
*Dr Gouas (Ernest), — La Croix-Saint-Leufroy (Eure).
Dr Gouguenheim (Achille), Méd. des Hôp., 73, boulevard Haussmann. — Paris.
Gouin (Adolphe), Ing. des Arts et Man., Admin.-gérant de la *Soc. des Savonneries Menpenti*, 118, Grand Chemin de Toulon. — Marseille (Bouches-du-Rhône).
Gouin (Édouard), Ing. des P. et Ch. en retraite, Dir. de la *Comp. des Transports maritimes*, 32, rue Breteuil. — Marseille (Bouches-du-Rhône).
Goullin (Gustave, Charles), Consul de Belgique, anc. Adj. au Maire, 5, place du Général-Mellinet. — Nantes (Loire-Inférieure).

Gounouilhou (G.), Imprim., 11, rue Guiraude. — Bordeaux (Gironde). — **F**
Gouville (Gustave), Mem. du Cons. gén., rue Sivard. — Carentan (Manche).
Dr Grabinski (Boleslas). — Neuville-sur-Saône (Rhône). — **R**
*Grammaire (Louis), Géom., Cap. adjud.-maj. au 52e rég. territ. d'Infant., Agent gén. du *Phénix*, place Saint-Jean. — Chaumont (Haute-Marne).
*Granat (Oswald), Prof.-Agr. d'Histoire au Lycée, place du Sacré-Cœur — Agen (Lot-et-Garonne).
Grandeau (Louis), Insp. gén. des Stat. agronom., Prof. au Conserv. nat. des Arts et Mét., 4, avenue de La Bourdonnais. — Paris.
Grandidier (Mme Alfred), 6, rond-point des Champs-Élysées. — Paris.
Grandidier (Alfred), Mem. de l'Inst., 6, rond-point des Champs-Élysées. — Paris. — **R**
*Granet (Vital), Recev. mun., 2, rue Julienne-Petit. — Saint-Junien (Haute-Vienne).
Grasset (Mme Joseph), 6, rue Jean-Jacques-Rousseau. — Montpellier (Hérault).
Grasset (Joseph), Prof. à la Fac. de Méd., Corresp. nat. de l'Acad. de Méd., 6, rue Jean-Jacques-Rousseau. — Montpellier (Hérault).
Dr Gratiot (E.) (fils). — La Ferté-sous-Jouarre (Seine-et-Marne).
Gréard (Octave), Mem. de l'Acad. française et de l'Acad. des Sc. morales et politiques, v.-Rect. de l'Acad. de Paris, 1, rue de La Sorbonne. — Paris.
Grédy (Frédéric), Nég. en vins, 16, quai des Chartrons. — Bordeaux (Gironde).
Dr Grégoire (Junior), Méd. de la *Comp. des Chem. de fer de Paris à Lyon et à la Méditerranée.* — Chazelles-sur-Lyon (Loire).
Grellet (V.), v.-Consul des États-Unis. — Kouba par Hussein-Dey (départ. d'Alger).
Grelley (Jules), anc. Dir. de l'Éc. sup. de Com., anc. Élève de l'Éc. Polytech., 64, quai de Seine. — Bezons (Seine-et-Oise.)
Grenier, Pharm., 61, rue des Pénitents. — Le Havre (Seine-Inférieure).
Grimanelli (Périclès), Préfet des Bouches-du-Rhône. — Marseille (Bouches-du-Rhône).
Grimaud (Émile), Imprim., 4, place du Commerce. — Nantes (Loire-Inférieure). — **R**
Dr Grimoux (Henri), Méd. hon. des Hôp. — Beaufort (Maine-et-Loire). — **F**
Grison (Ernest), s.-Insp. de l'Enregist., 18, rempart des Petits-Prés. — Château-Thierry (Aisne).
*Grison-Poncelet (Eugène), Manufac., rue de Nogent. — Creil (Oise).
Grobot (Gustave), Dir. des *Aciéries d'Assailly,* anc. Élève de l'Éc. Polytech. — Lorette (Loire).
Dr Gros (Joseph), Méd. en chef de la Maison d'éduc. de la Légion d'hon., place de La Mairie. — Écouen (Seine-et-Oise).
Dr Gros (Joseph), Méd. en chef de l'Hôp. Saint-Louis, 24, rue Saint-Jean. — Boulogne-sur-Mer (Pas-de-Calais).
Gros et Roman, Manufac. — Wesserling (Alsace-Lorraine).
Dr Grosclaude (Alphonse). — Elbeuf-sur-Seine (Seine-Inférieure).
*Gross (Mme Frédéric), 25, quai Isabey. — Nancy (Meurthe-et-Moselle).
*Gross (Frédéric), Doyen de la Fac. de Méd., Corresp. nat. de l'Acad. de Méd., 25, quai Isabey. — Nancy (Meurthe-et-Moselle).
Grosseteste (William), Ing. des Arts et Man., 67, avenue Malakoff. — Paris.
Grottes (le Comte Jules des), Mem. du Cons. gén., 9, place Gambetta. — Bordeaux (Gironde).
Grouselle (Mme Émile). — Voncq (Ardennes).
Grouselle (Émile), Notaire. — Voncq (Ardennes).
Grouvelle (Jules), Ing. des Arts et Man., Prof. de Phys. indust. à l'Éc. cent. des Arts et Man., 18, avenue de L'Observatoire. — Paris.
Gruner (Édouard), Ing. civ. des Mines, anc. Élève de l'Éc. Polytech., Sec. du *Comité cent. des Houillères,* 55, rue de Châteaudun. — Paris.
Gruter (Dominique, Jost), Méd.-Dent., 7, square Saint-Amour. — Besançon (Doubs).
Grynfeltt, Prof. à la Fac. de Méd., 8, place Saint-Côme. — Montpellier (Hérault).
Guccia (Jean-Baptiste), Prof. de Géom. sup. à l'Univ., 28, via Ruggiero Settimo. — Palerme (Italie).
*Dr Guébhard (Adrien), Lic. ès sc. math. et phys., Agr. de Phys. des Fac. de Méd. — Saint-Vallier-de-Thiey (Alpes-Maritimes). — **R**
Guérard (Adolphe), Insp. gén. des P. et Ch., 8, rue Picot. — Paris.
Guérin (Jules), Ing. civ. des Mines, 56, rue d'Assas. — Paris.
Guérin (Louis), Opticien, 14, rue Bab-Azoun. — Alger.
Guérin (Paul), Prépar. de Botan. à l'Éc. sup. de Pharm., 4, avenue de L'Observatoire. — Paris.

Dr Guerlain (Louis) (fils), anc. Int. des Hôp. de Paris, 13, rue Nationale. — Boulogne-sur-Mer (Pas-de-Calais).

*Dr Guerne (le Baron Jules de), Natur., Sec. gén. de la *Soc. nat. d'Acclimat. de France,* 6, rue de Tournon. — Paris. — **R.**

Guerrapin, anc. Nég., l'Hermitage. — Saint-Denis-Hors par Amboise (Indre-et-Loire).

Gueydon (Louis), Pharm. de 1re cl. — Chabreville par Guîtres-sur-l'Isle (Gironde).

*Guézard (Mme Jean-Marie), 16, rue des Écoles. — Paris. — **R**

*Guézard (Jean-Marie), Prop. 16, rue des Écoles. — Paris. — **R**

Guiauchain, Archit., rue Clauzel. — Alger-Agha.

Guibert (Léonce), Ing. des P. et Ch., 86, rue de l'Église-Saint-Seurin. — Bordeaux (Gironde).

Guiet (Gustave), 124 *bis,* avenue de Villiers. — Paris.

Guieysse (Paul), Ing.-Hydrog. de la Marine, anc. Min., Député du Morbihan, 42, rue des Écoles. — Paris. — **R**

Guignard (Léon), Mem. de l'Inst. et de l'Acad. de Méd., Dir. de l'Éc. sup. de Pharm., 1, rue des Feuillantines. — Paris.

Guignard (Ludovic, Léopold), Présid. de la *Soc. des Sc. et des Lettres de Loir-et-Cher.* Sans-Souci. — Chouzy (Loir-et-Cher).

Guiho (G.), Nég. en métaux, 4, rue Dubreil. — Nantes (Loire-Inférieure).

Dr Guilbeau (Martin). — Saint-Jean-de-Luz (Basses-Pyrénées).

Guilbert (Gabriel), Météorol., 103, rue Branville. — Caen (Calvados).

Guillain (Antoine), Insp. gén. des P. et Ch., anc. Min. des Colonies, Député du Nord, 55, rue Scheffer. — Paris.

Dr Guillaume (Ed.), 22, rue Carnot. — Reims (Marne).

Guillaume (Eugène, C.), Mem. de l'Académie française et de l'Académie des Beaux-Arts, Statuaire, Dir. de l'Acad. de France à Rome, 5, rue de L'Université. — Paris.

Guillemard (Henri), Archit., 6, rue du Faubourg-Saint-Honoré. — Paris.

Dr Guillemet (Victor), Prof. à l'Éc. de Méd., 7, quai Brancas. — Nantes (Loire-Inférieure).

Guillemin (Auguste), Prof. de Phys. à l'Éc. de Méd. et de Pharm., anc. Maire, 4, boulevard de La République. — Alger.

*Guilleminet (André), Mem. des Soc. de Pharm., Fabric.-Prop. des prod. pharm. de Macors, 30, rue Saint-Jean. — Lyon (Rhône). — **F**

*Dr Guilleminot (Hyacinthe), 13, rue de La Chaussée-de-La-Muette. — Paris.

Guillemot (Charles), Mécan., 73, rue Saint-Louis-en-l'Ile. — Paris.

Dr Guillet, Prof. à l'Éc. de Méd., 28, rue des Carmélites. — Caen (Calvados).

*Guillibert (le Baron Hippolyte), Avocat à la Cour d'Ap., anc. Bâton. du Cons. de l'Ordre, 10, rue Mazarine. — Aix en Provence (Bouches-du-Rhône).

Guillotin (Amédée), anc. Présid. du Trib. de Com. de la Seine, 77, rue de Lourmel. — Paris.

Guillouet (Frédéric, Pierre), Nég., Mem. du Cons. mun., 12, boulevard de La Gare. — Caen (Calvados).

*Dr Guilloz (Théodore), Agr. à la Fac. de Méd., 38, place de La Carrière. — Nancy (Meurthe-et-Moselle).

Guilmin (Mme V^e), 8, boulevard Saint-Marcel. — Paris. — **R**

Guilmin (Ch.), 8, boulevard Saint-Marcel. — Paris. — **R**

*Guimarães (Rodolphe Ferreira de Souza Marques Sovo Dias), Mem. de l'*Acad. royale des Sc.*, Lieut. de l'Ét.-maj. du Génie, 55, rue Nova de Piedade. — Lisbonne (Portugal).

*Guimet (Émile), Nég. (Musée Guimet), avenue d'Iéna. — Paris. — **F**

Guionnet (Paul), Empl. à la *Comp. des Chem. de fer d'Orléans* 93, avenue Thiers. — Bordeaux (Gironde).

Dr Guiraud (Louis), Prof. à la Fac. de Méd., 48, rue Bayard. — Toulouse (Haute-Garonne).

Guiraut (Gabriel), Président d'hon. de la Ch. synd. du Com. des vins et spiritueux de la Gironde, 25, rue du Manège. — Bordeaux (Gironde).

Guy (Louis), Nég., 232, rue de Rivoli. — Paris. — **R**

Guyard (Henri), Mem. de la *Soc. des Sc. nat. de l'Yonne,* 17, rue d'Églény. — Auxerre (Yonne).

Guyon (Mme A.), 7, rue Pelouze. — Paris.

Dr Guyot. — Calais (Pas-de-Calais).

*Guyot (Mme Raphaël), 11, rue de Montataire. — Creil (Oise). — **R**

*Guyot (Raphaël), Pharm. de 1re cl., 11, rue de Montataire. — Creil (Oise). — **R**

*Guyot (Yves), Dir. polit. du *Siècle*, anc. Min. des Trav. pub., 95, rue de Seine. — Paris.
Haag (Paul), Ing. en-chef, Prof. à l'Éc. nat. des P. et Ch., 11 *bis*, rue Chardin.
  — Paris.
Hachette et Cⁱᵉ, Libr.-Édit., 79, boulevard Saint-Germain. — Paris. — **F**
Hadamard (David), Nég. en Diamants, 53, rue de Châteaudun. — Paris. — **F**
*Hagenbach-Bischoff (Édouard), Doct. ès sc., Prof. de Phys. à l'Univ., 20, Missions-
  strasse. — Bâle (Suisse).
*Haller-Comon (Albin), Memb. de l'Inst. et de l'Acad. de Méd., Prof. de Chim. orga-
  nique à la Fac. des Sc., 1, rue Le Goff. — Paris. — **R**
Hallette (Albert), Fabric. de sucre. — Le Cateau (Nord). — **R**
Hallez (Paul), Prof. à la Fac. des Sc., 58, rue Jean-Bart. — Lille (Nord).
Dʳ Hallion (Louis), Chef des trav. du Lab. de Physiol. pathol. de l'Éc. des Hautes-
  Études (Collège de France), 54, rue du Faubourg-Saint-Honoré. — Paris.
Dʳ Hallopeau (Henri), Mem. de l'Acad. de Méd., Agr. à la Fac. de Méd., Méd. des
  Hôp., 91, boulevard Malesherbes. — Paris.
Halphen (Georges), Chim. au Min. du Com., 23, rue Bréa. — Paris.
Hamard (l'Abbé Pierre, Jules), Chanoine, 6, rue du Chapitre. — Rennes (Ille-et-
  Vilaine). — **R**
Hamelin (Elphège), Prof. à la Fac. de Méd., 7, rue de La République. — Montpellier
  (Hérault).
*Dʳ Hamy (Ernest), Mem. de l'Inst., Prof. au Muséum d'Hist. nat., Conserv. du Musée
  d'Ethnog., 36, rue Geoffroy-Saint-Hilaire. — Paris.
Hanra (Gustave), Prof. de Phys. à l'Éc. nat. des Arts et Mét., 15, boulevard du Jard.
  — Châlons-sur-Marne (Marne).
Hanrez (Prosper), Ing., Mem. de la Ch. des Représentants, 190, chaussée de Charleroi.
  — Bruxelles (Belgique).
Dʳ Hanriot (Maurice), Mem. de l'Acad. de Méd., Agr. à la Fac. de Méd., 4, rue Mon-
  sieur-le-Prince. — Paris.
*Haouy (Charles), Lic. ès Sc. Math. et Phys., 33, rue de Laxou. — Nancy (Meurthe-et-
  Moselle).
Haraucourt (C.), Prof. de Phys. au Lycée Corneille, 8, place du Boulingrin. — Rouen
  (Seine-Inférieure).
Hardion (Jean), Archit., anc. Élève des Écoles nat. des P. et Ch. et des Beaux-Arts,
  4, rue Traversière. — Tours (Indre-et-Loire).
*Hariot (Paul), Prépar. au Muséum d'hist. nat., 63, rue de Buffon. — Paris.
Harlé (Émile), anc. Ing. des P. et Ch., Construc., 12, rue Pierre-Charron. — Paris.
Hartmann (Georges), 14, quai de La Mégisserie. — Paris.
Hartmayer, Cap. en retraite, Consul de France hon. — Djerba (Tunisie).
Haton de la Goupillière (J., N.), Mem. de l'Inst., Insp. gén., Dir. de l'Éc. nat. sup. des
  Mines, 60, boulevard Saint-Michel. — Paris. — **F**
Hatt (Philippe), Mem. de l'Inst., Ing.-hydrog. de 1ʳᵉ cl. de la Marine, 31, rue Madame.
  — Paris.
Haug (Émile), Prof. adj. à la Fac. des Sc., 2, rue Antoine-Dubois. — Paris.
Hausser (Édouard), Ing. en chef des P. et Ch., 162, boulevard Malesherbes. — Paris.
Hautefeuille (Paul), Mem. de l'Inst., Prof. à la Fac. des Sc., 28, rue du Luxembourg.
  — Paris.
Hayem (Georges), Prof. à la Fac. de Méd., Mem. de l'Acad. de Méd., Méd. des Hôp.,
  97, boulevard Malesherbes. — Paris.
Hays (Jules), anc. Mem. du Cons. gén., faubourg Charrault. — Saint-Maixent (Deux-
  Sèvres).
Hébert (Alexandre), Prépar. adj. des trav. prat. de Chim. à la Fac. de Méd., 14, rue
  Berthollet. — Paris.
Dʳ Hecht (Émile), 15, rue de Lorraine. — Nancy (Meurthe-et-Moselle).
*Dʳ Heckel (Édouard), Prof. à la Fac. des Sc. et à l'Éc. de Méd., Corresp. nat. de l'Acad.
  de Méd., Dir. du Jardin botan., 31, cours Lieutaud. — Marseille (Bouches-du-Rhône).
*Dʳ Heim (Frédéric), Doct. ès sc., Agr. à la Fac. de Méd., 34, rue Hamelin. — Paris.
Heinbach (Albert), anc. Pharm. de 1ʳᵉ cl., anc. Int. des Hôp., 24, rue de La Tour.
  — Paris.
*Heitz (Paul), Ing. des Arts et Man., anc. Élève de l'Éc. libr. des Sc. polit., Avocat
  à la Cour d'Ap., 29, rue Saint-Guillaume. — Paris. — **R**
Dʳ Heitz (Victor), Prof. sup. à l'Éc. de Méd., Chef de clin. à l'Hôp., 45, Grand'Rue.
  — Besançon (Doubs).

Held (Alfred), Prof. à l'Éc. sup. de Pharm., 36 *bis*, rue Grandville. — Nancy (Meurthe-et-Moselle).
Héliand (le Comte d'), 21, boulevard de La Madeleine. — Paris.
*Dr Henneguy (Félix), Prof. au Collège de France, 9, rue Thénard. — Paris.
Hennequin (E.), Nég., 84, avenue Ledru-Rollin. — Paris.
Hennuyer (Alexandre), Imprim.-Édit., 47, rue Laffitte. — Paris.
*Dr Hénocque (Albert), Dir. adj. du Lab. de Physiol. biol. de l'Éc. des Hautes-Études au Collège de France, 11, avenue Matignon. — Paris.
Henrivaux (Jules), Dir. de la Manufac. de Glaces. — Saint-Gobain (Aisne).
Dr Henrot (Adolphe), 73, rue Gambetta. — Reims (Marne).
*Dr Henrot (Henri), Corresp. nat. de l'Acad. de Méd., Dir. de l'Éc. de Méd., anc. Maire, 73, rue Gambetta. — Reims (Marne).
*Henrot (Jules), Présid. du *Cercle pharm. de la Marne*, 75, rue Gambetta. — Reims (Marne).
Henry (Charles), Maître de conf. à l'Éc. prat. des Hautes-Études, 2, rue Jean-de-Beauvais. — Paris.
Henry (Edmond), Insp. gén. des P. et Ch., 22, boulevard Saint-Germain. — Paris.
Dr Henry (J.), 38 *bis*, rue de L'Hôpital-Militaire. — Lille (Nord).
Henry (Louis, Isidore), Ing. en chef de 1re cl. de la Marine. — Brest (Finistère).
Hérail (Joseph). Prof. à l'Éc. de Méd., 10 *bis*, boulevard Bon-Accueil. — Alger-Mustapha.
Dr Hérard (Hippolyte), Mem. de l'Acad. de Méd., Agr. de la Fac. de Méd., Méd. des Hôp., 12 *bis*, place De Laborde. — Paris.
Herbault (Nemours), Agent de change hon., 22, rue de L'Élysée. — Paris.
*Hermet (l'Abbé), Curé. — L'Hospitalet par la Cavalerie (Aveyron).
Héron (Guillaume), Prop., château Latour.— Bérat par Rieumes (Haute-Garonne). — R
Héron (Jean-Pierre), Prop., 7, place de Tourny. — Bordeaux (Gironde). — R
*Herran (Adolphe), Ing. civ. des Mines, 36, avenue Henri-Martin. — Paris.
Herrenschmidt (Henri), Étud., 10, boulevard Magenta. — Paris.
Hérubel (Frédéric), Fabric. de prod. chim. — Petit-Quévilly (Seine-Inférieure).
Dr Hervé (Georges), Prof. à l'Éc. d'Anthrop., 8, rue de Berlin. — Paris.
Hetzel (Jules), Libr.-Édit., 12, rue des Saints-Pères. — Paris. — R
Heurtel (Ferdinand), Cap. de Frégate de réserve, 91, avenue Kléber. — Paris.
Hézard (Charles), Entrep. de Trav. pub., rue Manescau (villa Hézard). — Pau (Basses-Pyrénées).
Hillel frères, 2, avenue Marceau. — Paris. — F
Himly (L., Auguste), Mem. de l'Inst., Doyen hon. de la Fac. des Lettres, 23, avenue de L'Observatoire. — Paris.
Hingant (Laurent, Félix), Ing. des *Chem. de fer écon. du Nord*, 19, rue Wicardenne. — Boulogne-sur-Mer (Pas-de-Calais).
Hirsch (Joseph), Insp. gén. hon. des P. et Ch., 1, rue de Castiglione. — Paris.
*Hoareau-Desruisseaux (Léon), Prof. au Collège, 12, boulevard de la République. — Langres (Hautes-Marne).
Holden (Isaac), Manufac., 27, rue des Moissons. — Reims (Marne).
Holden (Jonathan), Indust., 23, boulevard de La République. — Reims (Marne). — R
Dr Hollande, Dir. de l'Éc. prép. à l'Ens. sup. des Sc. et des Lettres, 19, rue de Boigne. — Chambéry (Savoie).
Holt (Mme Betsy), 90, rue Jouffroy. — Paris.
Holtz (Paul), Insp. gén. des P. et Ch., 24, rue de Milan. — Paris.
Dr Hommey (Joseph), Méd. de l'Hôp., Mem. du Cons. départ. d'Hygiène, 3, rue des Cordeliers. — Sées (Orne).
Honnorat-Bastide (Édouard, F.), quartier de La Sèbe. — Digne (Basses-Alpes).
Hospitalier (Édouard), Ing. des Arts et Man., Prof. à l'Éc. mun. de Phys. et de Chim. indust., Rédac. en chef de l'*Industrie élect.*, 12, rue de Chantilly. — Paris.
Hottinguer, Banquier, 38, rue de Provence. — Paris. — F
Houard (Clodomir), Prépar. à la Fac. des Sc., 42, rue Pouchet. — Paris.
Houdaille (François), Prof. de Phys. à l'Éc. nat. d'Agric., 15, rue de L'École-de-Droit. — Montpellier (Hérault).
Houdard (Adolphe), s.-Préfet. — Bonneville (Haute-Savoie).
Houdé (Alfred), Pharm. de 1re cl., Mem. du Cons. mun., 29, rue Albouy. — Paris. — R
Hourdequin (Maurice), Avocat, 93, rue Jouffroy. — Paris.
Hourst (Émile), Lieut. de Vaisseau, 97, avenue Niel. — Paris. — R
Houzeau (Auguste), Corresp. de l'Inst., Prof. de Chim. gén. à l'Éc. prép. à l'Ens. sup. des Sc., 31, rue Bouquet. — Rouen (Seine-Inférieure).

Houzeau (Paul), Huile et Savons, 8, place de La République. — Reims (Marne).
Hovelacque-Khnopff (Émile), 50, rue Cortambert. — Paris. — **R**
Hua (Henri), Lic. ès Sc. nat., Botan., s.-Dir. à l'Éc. des Hautes-Études (Muséum d'Hist. nat.), 254, boulevard Saint-Germain. — Paris. — **R**
Hubert de Vautier (Émile), Entrep. de confec. milit., 114, rue de La République. — Marseille (Bouches-du-Rhône). — **R**
Dr Hublé (Martial), Méd.-Maj. de 1re cl. au 52e Rég. d'Infant., Méd. chef des salles milit. de l'Hôp. mixte. — Montélimar (Drôme). — **R**
Hubou (Ernest), Ing. civ. des Mines, Insp. de la *Comp. des Chem. de fer de l'Est*, 19, allée des Bois-du Chenil. — Le Raincy (Seine-et-Oise).
Huc (le Baron), 1, rue Embouque-d'Or. — Montpellier (Hérault).
Hudelo (Louis), Ing. des Arts et Man., Répét. de Phys. gén. à l'Éc. cent. des Arts et Man., 10, rue Saint-Louis-en-l'Ile. — Paris.
Hugon (Henri), Chef du Serv. des Domaines, 22, rue d'Angleterre. — Tunis.
Hugon (Pierre), Ing. civ., 77, rue de Rennes. — Paris.
Hugot (Adolphe), Dir. de la *Soc. anonyme des Aciéries et Forges de Firmmy*. — Firminy (Loire).
Hulot (le Baron Étienne), Sec. gén. de la *Soc. de Géog.*, 80, rue de Grenelle. — Paris.
Humbel (Mme Ve Lucien). — Éloyes (Vosges). — **R**
Huon (A.), Dir. de l'Usine à Gaz, boulevard Daunou. — Boulogne-sur-Mer (Pas-de-Calais).
Hurel (Alexandre), 1, square Labruyère. — Paris.
Huret (Guillaume), Adj. au Maire, Courtier maritime, 42, rue des Écoles. — Boulogne-sur-Mer (Pas-de-Calais).
Huret-Lagache, Présid. de la Ch. de Com., quai Gambetta. — Boulogne-sur-Mer (Pas-de-Calais).
Hurion (Alphonse), Prof. à la Fac. des Sc., 65, rue Blatin. — Clermont-Ferrand (Puy-de-Dôme).
Hurmuzescu (Dragomir), Prof. à l'Univ. — Jassy (Roumanie).
Huyard (Étienne), Avocat à la Cour d'Ap., 26, rue Vital-Carles. — Bordeaux (Gironde).
Dr Icard, Sec. gén. de la *Soc. des Sc. méd.*, 48, rue de La République. — Lyon (Rhône).
Illaret (Antoine), Vétér., 22, rue Dauzats. — Bordeaux (Gironde).
*__Dr Imbert de la Touche (Paul)__, 20, rue Gasparin. — Lyon (Rhône).
***Institut de Carthage (Association tunisienne des Lettres, Arts et Sciences)**, rue de Russie. — Tunis.
Isay (Mme Mayer). — Blamont (Meurthe-et-Moselle). — **R**
Isay (Mayer), Filat., anc. Cap. du Génie, anc. Élève de l'Éc. Polytech. — Blamont (Meurthe-et-Moselle). — **R**
Dr Istrati (Constantin), Doct. ès Sc. Phys., Prof. à l'Univ., Mem. du Cons. sup. de Santé (Laboratoire de Chimie organique), 2, spaniul Général Magheru — Bucarest (Roumanie.)
Jablonowska (Mlle Julia), 44, rue des Écoles. — Paris. — **R**
Jaccoud (François), Prof. à la Fac. de Méd., Mem. de l'Acad. de Méd., Méd. des Hôp. 35, rue Tronchet. — Paris.
Jackson-Gwilt (Mrs Hannah), Moonbeam villa, Merton road. — New-Wimbledon (Surrey) (Angleterre). — **R**
Dr Jacob de Cordemoy (Hubert), Doct. ès Sc., Chef des trav. de Botan. à la Fac. des Sc., 40, allées des Capucines — Marseille (Bouches-du-Rhône).
Jacquelin (Mme Ve Félix). — Beuzeville-la-Guérard par Ourville (Seine-Inférieure).
Jacquemet (Louis), Nég., 5, rue Saint-Jacques. — Marseille (Bouches-du-Rhône).
Jacquerez (Charles), Agent Voyer cantonal. — Fraize (Vosges).
Jacques (D. E.), s.-Dir. des Postes et Télég., 3, rue d'Angleterre. — Tunis.
Jacquin (Anatole), Confis., 12, rue Pernelle. — Paris et villa des Lys. — Dammarie-lez-Lys (Seine-et-Marne). — **R**
Jacquin (Charles), Avoué de 1re Inst., 5, rue des Moulins. — Paris.
Jadin (Fernand), Agr. à l'Éc. sup. de Pharm., rue de L'École-de-Pharmacie. — Montpellier (Hérault).
Jailiffier, Prof.-Agr. au Lycée Condorcet, 11, rue Say. — Paris.
Jameson (Conrad), Banquier, anc. Élève de l'Éc. cent. des Arts et Man., 115, boulevard Malesherbes. — Paris. — **F**
Janet (Léon), Ing. au corps des Mines, 87, boulevard Saint-Michel. — Paris.
Jannelle (Émile), Nég. en vins. — Villers-Allerand (Marne).

*Jannettaz (Paul), Répét. à l'Éc. cent. des Arts et Man., 68, rue Claude-Bernard. — Paris.
Janssen (Jules), Mem. de l'Inst. et du Bur. des Longit., Dir. de l'Observ. d'Astron. phys.
— Meudon (Seine-et-Oise).
Japiot (Ferdinand), anc. Insp. des Forêts, 60, rue Saint-Sauveur. — Verdun (Meuse).
*Jaray (Jean), 32, rue Servient. — Lyon (Rhône). — **R**
Jardinet (Ludovic-Eugène), Chef de bat. du Génie, Attaché au Serv. géog. de l'Armée,
140, rue de Grenelle. — Paris.
Jarsaillon (François), Prop., v. Présid. du *Comice agric.*, 7, rue Saint-Denis.
— Oran (Algérie).
*Dr Jaubert (Adrien), Insp. de la vérif. des Décès, 57, rue Pigalle. — Paris. — **R**
Jaumes (I., P.), Prof. de Méd. lég. et toxicol. à la Fac. de Méd., 5, rue Sainte-Croix.
— Montpellier (Hérault).
Dr Javal (Émile), Mem. de l'Acad. de Méd., Dir. du Lab. d'Ophtalm. à la Sorbonne,
anc. Député, 5, boulevard de La Tour-Maubourg. — Paris. — **R**
Dr Jean (Alfred), anc. Int. des Hôp., 15, rue de Londres. — Paris.
Jean (Amédée), Gref. de la Justice de Paix. — Saint-Pierre (Ile d'Oléron) (Charente-
Inférieure).
Jeannel (Maurice), Prof. de Clin. chirurg. à la Fac. de Méd., 3, allée Saint-Étienne.
— Toulouse (Haute-Garonne).
Jeannot (Auguste), Dir. du serv. des Eaux et de l'Éclairage à la mairie, Dir. adj. du
Bureau d'Hyg., 96, Grande-Rue. — Besançon (Doubs).
Jeansoulin et Luzzatti, Fabric. d'huiles, avenue d'Arenc, 6, traverse du Château-Vert.
— Marseille (Bouches-du-Rhône).
Jobard (Jean, François), Manufac., 24, rue de Gray. — Dijon (Côte-d'Or).
Jobert, Prop., 10, rue Crocé-Spinelli. — Paris.
Jobert (Clément), Prof. à la Fac. des Sc. de Dijon, 98, boulevard Saint-Germain.
— Paris. — **R.**
Jochum (Édouard), Peintre-Céram., anc. Maire, 64, avenue Victor-Hugo. — Boulogne-sur-
Seine (Seine).
Jodin (Henri), Lic. ès sc., Prépar. à la Fac. des Sc., 30, rue des Boulangers. — Paris.
Joffroy (Alix), Prof. à la Fac. de Méd., Méd. des Hôp., 195, boulevard Saint-Germain.
— Paris
Johnston (Nathaniel), anc. Député, 18, cours du Pavé-des-Chartrons. — Bordeaux
(Gironde). — **F**
*Jolant (Raoul), Ing. adj. de la Ville, anc. Élève de l'Éc. cent. des Arts et Man.,
1 *bis*, rue Saint-Marc. — Boulogne-sur-Mer (Pas-de-Calais).
Joliet (Gaston), Préfet de la Vienne. — Poitiers (Vienne).
Jolivald (l'Abbé), anc. Prof. — Mandern par Sierck (Alsace-Lorraine).
Jollois (Henri), Insp. gén. hon. des P. et Ch., 46, rue Duplessis. — Versailles (Seine-
et-Oise). — **R**
Jolly (Léopold), Pharm. de 1re cl., 64, boulevard Pasteur. — Paris.
Joly (Charles), v.-Présid. de la *Soc. nat. d'Hortic. de France*, 11, rue Boissy-d'Anglas.
— Paris.
Joly (Louis, Robert), Ing. des Arts et Man., Archit., 8, boulevard de La Cité. — Limoges
(Haute-Vienne).
Jolyet (Félix), Prof. à la Fac. de Méd., 24, rue Diaz. — Bordeaux (Gironde).
Jones (Charles), 12, rue de Chaligny (chez M. Eugène Vauvert). — Paris. — **R**
Jones-Dussaut (Mlle G.), Les Ruches. — Avon (Seine-et-Marne).
Jordan (Camille), Mem. de l'Inst., Ing. en chef des Mines, Prof. à l'Éc. Polytech.,
48, rue de Varenne. — Paris. — **R**
Dr Jordan (Séraphin), 11, Campania. — Cadix (Espagne). — **R**
Joret (Charles), Corresp. de l'Inst., Prof. à la Fac. des Lettres d'Aix, 59, rue Madame.
— Paris.
Josse (Hippolyte), Ing. Cons. en matière de Brevets d'invention, anc. Élève de l'Éc.
Polytech., 17, boulevard de La Madeleine. — Paris.
*Jouandot (Jules), Ing. du serv. des Eaux de la Ville, 57, rue Saint-Sernin. — Bor-
deaux (Gironde). — **R**
Jouatte (Eugène, Charles), s.-Chef de bureau au Min. des Fin., 1, rue Clovis.
— Paris.
Dr Joubin (Louis), Prof. à la Fac. des Sc., 19, rue de La Monnaie. — Rennes (Ille-
et-Vilaine).
Joubin (Paul, Jules), Prof. de Phys. à la Fac. des Sc., 11, rue Morand. — Besançon (Doubs).
Dr Jouin (François), anc. Int. des Hôp., 11 *bis*, cité Trévise. — Paris.

Joulie, Admin.-Délég. de la *Soc. des prod. chim. agric.*, 15, rue des Petits-Hôtels. — Paris.

Jourdain (Hippolyte), anc. Prof. à la Fac. des Sc. de Nancy, villa Belle-Vue. — Portbail (Manche).

Jourdan (Adolphe), Libr.-Édit., Juge au Trib. de Com., 4, place du Gouvernement. — Alger.

Jourdan (A.-G.), Ing. civ., chez M. Simon, 14, rue Milton — Paris. — **R**

Jourdin (Michel), Chim., Insp. princ. hon. des établis. classés, 31, avenue de L'Est. — Saint-Maur-les-Fossés (Seine).

Dr Jousset (Marc), anc. Int. des Hôp., 241, boulevard Saint-Germain. — Paris.

Dr Joyeux-Laffuie (Jean), Prof. à la Fac. des Sc., 135, rue Saint-Jean. — Caen (Calvados).

Juglar (Mme Joséphine), 58, rue des Mathurins. — Paris. — **F**

Julia (Santiago), Doct. ès sc. — La Bédoule par Aubagne (Bouches-du-Rhône).

Julien (Albert), Archit., Expert-Vérific. des trav. de la Ville, 117, boulevard Voltaire. — Paris.

Julien (Pierre, Alphonse), Prof. de Géol. à la Fac. des Sc., 40, place de Jaude. — Clermont-Ferrand (Puy-de-Dôme).

Jullien, Horlog., 36, avenue d'Italie. — Paris.

Jullien (Ernest), Ing. en chef des P. et Ch., 6, cours Jourdan. — Limoges (Haute-Vienne). — **R**

Jullien (Jules, André), Chef de Bat. au 127e rég. d'Infant., Commandant de l'École de Tir du Camp du Ruchard (Indre-et-Loire).

Jumelle (Henri), Doct. ès sc., Prof. adj. à la Fac. des Sc., 24*, rue Fargès. — Marseille (Bouches-du-Rhône).

Jundzitt (le Comte Casimir), Prop.-Agric. — Chemin de fer Moscou-Brest, station Domanow-Réginow (Russie). — **R**

Jungfleisch (Émile), Mem. de l'Acad. de Méd., Prof. à l'Éc. sup. de Pharm., 74, rue du Cherche-Midi. — Paris. — **R**

*Junot (Maurice), Dir. des *Voyages pratiques*, 9, rue de Rome. — Paris.

Justinart (J.), Imprim., Dir. de l'*Indépendant rémois*, 40, rue de Talleyrand. — Reims (Marne).

Kahn (Zadoc), Grand Rabbin de France, 17, rue Saint-Georges. — Paris.

*Dr Keating-Hart (Walter de), 5, boulevard Notre-Dame. — Marseille (Bouches-du-Rhône).

Keittinger (Maurice), Manufac., v.-Présid. de la *Soc. indust.*, 36, rue du Renard. — Rouen (Seine-Inférieure).

Dr Kelsch (Achille), Méd.-Insp. de l'Armée, Dir. de l'Éc. d'application du serv. de Santé milit. du Val-de-Grâce, 277 *bis*, rue Saint-Jacques. — Paris.

Kerforne (Fernand), Prépar. de Géol. et de Minéral. à la Fac. des Sc., 68, faubourg de Paris. — Rennes (Ille-et-Vilaine).

Kesselmeyer (Charles), Présid.-Fondat. de la *Ligue docimale*, Rose villa, Vale road. — Bowdon (Cheshire) (Angleterre). — **R**

Kilian (Wilfrid), Prof. à la Fac. des Sc., 11 *bis*, cours Berriat. — Grenoble (Isère).

Kleinmann (E.), Admin. du *Crédit Lyonnais*, 12, rue Magellan. — Paris.

Klipffel (Auguste), anc. Juge au Trib. de Com. de Béziers, Vitic. à Aïn-Bessem (Algérie), 13, rue Gœthe. — Paris.

Klipsch-Laffitte (Édouard), Nég., 10, rue de La Paix. — Paris, et 9, rue Cornac. — Bordeaux (Gironde).

Knieder (Xavier), Admin. délég. des Établissements Malétra. — Petit-Quévilly (Seine-Inférieure). — **R**

Kœchlin-Claudon (Émile), Ing. des Arts et Man., 60, rue Duplessis. — Versailles (Seine-et-Oise). — **R**

Kohler (Mathieu), Artiste-Peintre, 12, rue du Bassin. — Mulhouse (Alsace-Lorraine).

Dr Kollmann (Jules), Prof. d'Anat. — Bâle (Suisse).

Kowalski (Eugène), Lic. ès sc., Ing. des Arts et Man., Prof. à l'Éc. sup. de Com. et d'Indust., 1, rue de Grassi. — Bordeaux (Gironde).

Krafft (Eugène), anc. Élève de l'Éc. Polytech., 27, rue Monselet. — Bordeaux (Gironde) — **R**

Krantz (Camille), Ing. des Manufac. de l'État, anc. Min. des Trav. pub., Député des Vosges, 226, boulevard Saint-Germain. — Paris.

Kreiss (Adolphe), Ing., 46, Grande-Rue. — Sèvres (Seine-et-Oise). — **R**

Krug (Paul), Nég. en vins de Champagne, 40, boulevard Lundy. — Reims (Marne).

Künckel d'Herculais (Jules), Assistant de Zool. (Entomol.) au Muséum d'Hist. nat., 1, rue d'Obligado. — Paris. — **R**

***Kunkler (Louis, Victor)**, Ing., anc. Élève de l'Éc. Polytech., 20, cours du Chapeau-Rouge. — Bordeaux (Gironde).

Kunstler (Joseph), Prof. à la Fac. des Sc., 49, rue Duranteau. — Bordeaux (Gironde).

D**r Labat (Alfred)**, Prof. à l'Éc. nat. vétér., 48, rue Bayard. — Toulouse (Haute-Garonne).

Labbé (Henri), Insp.-adj. des Forêts, anc. Élève de l'Éc. Polytech. — Alais (Gard).

Labbé (Mme Léon), 117, boulevard Haussmann. — Paris.

D**r Labbé (Léon)**, Mem. de l'Acad. de Méd., Agr. à la Fac. de Méd., Chirurg. hon. des Hôp., Sénateur de l'Orne, 117, boulevard Haussmann. — Paris.

***Labbé (Paul)**, Explorateur, 15, rue de Bourgogne. — Paris.

Labéda, Doyen hon., Prof. à la Fac. de Méd. et de Pharm., 19, rue Héliot. — Toulouse (Haute-Garonne).

D**r Labit (Henri)**, Méd.-Maj, de 1re cl. au 50e Rég. d'Infant. — Périgueux (Dordogne).

D**r Laborde**, Mem. de l'Acad. de Méd., Dir. des Trav. prat. à la Fac. de Méd., 15, rue de L'École-de-Médecine. — Paris.

Laboulaye (P. Lefebvre de), anc. Ambassadeur de France à Saint-Pétersbourg, 129, avenue des Champs-Elysées. — Paris.

Labrie (l'Abbé Jean, Joseph), Curé. — Lugasson par Rauzan (Gironde).

Labrunie (Auguste), Nég., 2, rue Michel. — Bordeaux (Gironde). — **R**

Labry (le Comte Olry de), Insp. gén. hon. des P. et Ch., 51, rue de Varenne. — Paris.

D**r Lacaze-Duthiers (Henri de)**, Mem. de l'Inst. et de l'Acad. de Méd., Prof. à la Fac. des Sc., 7, rue de L'Estrapade. — Paris.

Lacoste (Mme André), 92, rue Fondaudège. — Bordeaux (Gironde).

Lacoste (André), Nég., 92, rue Fondaudège. — Bordeaux (Gironde).

***Lacour (Alfred)**, Ing. civ. des Mines, anc. Élève de l'Éc. Polytech., 60, rue Ampère. — Paris. — **R**

Lacroix (Adolphe), Chim., 186, avenue Parmentier. — Paris.

Lacroix, 1, rue Sauval. — Paris.

Lacroix (Th.), 272, rue du Faubourg-Saint-Honoré. — Paris.

D**r Ladreit de la Charrière**, Méd. en chef hon. de l'Instit. nat. des Sourds-Muets et de la Clin. otolog., 3, quai Malaquais. — Paris.

***Ladureau (Mme Albert)**, 13, quai d'Anjou. — Paris. — **R**

***Ladureau (Albert)**, Ing.-Chim., 13, quai d'Anjou. — Paris. — **R**

***Lafargue (Georges)**, anc. Préfet, Percepteur de Charenton, 6, rue Coëtlogon. — Paris. — **R**.

Lafaurie (Maurice), 104, rue du Palais-Gallien. — Bordeaux (Gironde). — **R**

Laféteur (Ferdinand), Lic. ès Sc. nat., Prof., 72, boulevard Saint-Marcel. — Paris.

Laffitte (Jean, Paul), Publiciste, 18, rue Jacob. — Paris. — **R**

Laffitte (Léon), Ing.-Dir. de la Station cent. d'Élect. de l'Étang de Berre. — Saint-Chamas (Bouches-du-Rhône).

Lafont (Georges), Archit., 17, rue de La Rosière. — Nantes (Loire-Inférieure).

Lafoscade (Louis), Prof. hon. de l'Univ., rue Belvallette (boulevard Daunou). — Boulogne-sur-Mer (Pas-de-Calais).

Lafourcade (Auguste), Dir. de l'Éc. prim. sup., 41, rue des Trente-Six-Ponts. — Toulouse (Haute-Garonne).

***Lagache (Jules)**, Ing. des Arts et Man., Admin. de la *Soc. des Prod. chim. agric.*, 22, rue des Allamandiers. — Bordeaux (Gironde). — **R**.

Lagarde (Auguste), anc. Mem. de la Ch. de Com., 27, cours Pierre-Puget. — Marseille (Bouches-du-Rhône).

Lagneau (Didier), Ing. civ. des Mines, 19, rue Cernuschi. — Paris.

Laire (G. de), Fabric. de prod. organ., 92, rue Saint-Charles. — Paris.

***Laisant (Charles)**, Doct. ès sc., anc. Cap. du Génie, Examin. d'admis. sup. à l'Éc. Polytech., anc. Député, 162, avenue Victor-Hugo. — Paris.

***Lalanne (Mme Gaston)**, Castel d'Andorte, 342, route du Médoc. — Le Bouscat (Gironde).

*D**r Lalanne (Gaston)**, Doct. ès sc., Dir. de la Maison de santé, Castel d'Andorte, 342, route du Médoc. — Le Bouscat (Gironde).

Lalanne (Mme Louis), place Tournon. — La Teste-de-Buch (Gironde).

D**r Lalanne (Louis)**, place Tournon — La Teste-de-Buch (Gironde).

Laleman (Édouard), Avocat, 6, rue Durnerin. — Lille (Nord).

*Dr **Lalesque (Fernand)**, anc. Int. des Hôp. de Paris, boulevard de La Plage, villa Claude-Bernard — Arcachon (Gironde).

Lalheugue (H.), Archit. de la Ville, 17, rue Samonzet. — Pau (Basses-Pyrénées).

Lallié (Alfred), Avocat, 18, rue Lafayette. — Nantes (Loire-Inférieure). — **R**

Lallier (Paul), Maire, — La Ferté-sous-Jouarre (Seine-et-Marne).

Lamarre (Onésime), Notaire, 2, place du Donjon. — Niort (Deux-Sèvres). — **R**

***Lambert-Gautier (Fernand)**, Nég., 20, rue Linné. — Paris.

***Lamblin (l'Abbé Joseph)**, Prof. à l'Éc. Saint-François de Sales, 39, rue Vannerie. — Dijon (Côte-d'Or). — **R**

Lamé-Fleury (E.), anc. Cons. d'État, Insp. gén. des Mines en retraite, 62, rue de Verneuil. — Paris. — **F**

***Lamey (Adolphe)**, Conserv. des Forêts en retraite, 22, cité des Fleurs. — Paris.

Lamey (le Révérend Père Dom Mayeul), O. S. B., rue Saint-Mayeul. — Cluny (Saône-et-Loire).

Lamy (Adhémar), Insp. des Forêts, 24, rue des Jacobins. — Clermont-Ferrand (Puy-de-Dôme).

***Lamy (Ernest)**, anc. Banquier, 113, boulevard Haussmann. — Paris. — **F**

***Lancial (Henri)**, Prof. au Lycée, 18, boulevard de Courtais. — Moulins (Allier). — **R**

Dr **Lande (Louis)**, Adjoint au Maire, 34, place Gambetta. — Bordeaux (Gironde).

Landouzy (Louis), Prof. à la Fac. de Méd., Mem. de l'Acad. de Méd., Méd. des Hôp., 4, rue Chauveau-Lagarde. — Paris.

Dr **Landreau (Jean-Baptiste)**. — Artigues par Bordeaux (Gironde).

Landrin (Édouard), Chim., 76, rue d'Amsterdam. — Paris.

Lanelongue (Martial), Prof. à la Fac. de Méd., Corresp. nat. de l'Acad. de Méd., 24, rue du Temple. — Bordeaux (Gironde).

Lanes (Jean), Chef du Cabinet du Présid. du Sénat (Petit Luxembourg), 17, rue de Vaugirard. — Paris.

Lang (Léon), 17, avenue de La Bourdonnais. — Paris.

Lang (Tibulle), Dir. de l'Éc. La Martinière, anc. Élève de l'Éc. Polytech., 5, rue des Augustins. — Lyon (Rhône). — **R**

Lange (Mme Adalbert). — Maubert-Fontaine (Ardennes). — **R**

Lange (Adalbert), Indust. — Maubert-Fontaine (Ardennes). — **R**

***Lange (Albert)**, Prop., 7, rue Fromentin. — Paris.

Lange (Mlle Alice). — Beuzeville-la-Guérard par Ourville (Seine-Inférieure).

*Dr **Langlet (Jean-Baptiste)**, Prof. de Physiol. à l'Éc. de Méd., anc. Député, 24, rue Buirette. — Reims (Marne).

Langlois (Ludovic), Notaire, 7, rue de La Serpe. — Tours (Indre-et-Loire).

Lannelongue (Odilon-Marc), Mem. de l'Inst. et de l'Acad. de Méd., Prof. à la Fac. de Méd., Chirurg. des Hôp., anc. Député, 3, rue François-Ier. — Paris.

Dr **Lantier (Étienne)**. — Tannay (Nièvre). — **R**

Laplanche (Maurice C. de), château de Laplanche. — Millay par Luzy (Nièvre).

Laporte (Maurice), Nég. — Jarnac (Charente).

***Laporte (Xavier)**, Pharm., 74. rue François-de-Sourdis. — Bordeaux (Gironde).

Lapparent (Albert de), Mem. de l'Inst., anc. Ing. des Mines, Prof. à l'Éc. libre des Hautes-Études, 3, rue de Tilsitt. — Paris. — **F**

Dr **Larauza (Albert)**, Méd. des Thermes, rue de Borda. — Dax (Landes).

Dr **Lardier**. — Rambervillers (Vosges).

Larive (Albert), Indust., 22, rue Villeminot-Huart. — Reims (Marne). — **R**

La Rivière (Gaston), Ing. en chef des P. et Ch. — Lille (Nord).

Laroche (Mme Félix), 110, avenue de Wagram. — Paris. — **R**

Laroche (Félix), Insp. gén. des P. et Ch. en retraite, 110, avenue de Wagram. — Paris. — **R**

Larocque, (Louis-Eugène), Insp. d'Acad., anc. Dir. de l'Éc. prép. à l'Ens. sup. des Sc., 40, rue de Strasbourg. — Nantes (Loire-Inférieure).

Laroze (Alfred), Cons. à la Cour d'Ap., anc. Député, 19, avenue Bosquet. — Paris.

Larré (P.), Lic. en droit, Avoué hon., 5, rue Vital-Carles. — Bordeaux (Gironde).

Lartilleux (Arthur), Pharm., 26, place Saint-Timothée. — Reims (Marne).

Laskowski (Sigismond), Prof. à la Fac. de Méd., 110, route de Carouge (villa de la Joliette). — Genève (Suisse).

***Lassence (Alfed de)**, Prop., Mem. du Cons. mun., villa Lassence, 12, avenue de Tarbes. — Pau (Basses-Pyrénées). — **R**

Lassudrie (Georges), 23, quai Saint-Michel. — Paris.

D⟨r⟩ **Lataste (Fernand)**, anc. s.-Dir. du Musée nat. d'Hist. nat., anc. Prof. de Zool. à l'Éc. de Méd. de Santiago-du-Chili. — Cadillac-sur-Garonne (Gironde). — **R**

Latham (Éd.), Nég., Présid. de la Ch. de Com., 145, rue Victor-Hugo. — Le Havre (Seine-Inférieure).

Latour du Moulin (le Comte Boyer de), 3, place d'Iéna. — Paris.

*D⟨r⟩ **Launois (Pierre, Émile)**, Agr. à la Fac. de Méd., Méd. des Hôp., 12, rue Portalis.— Paris.

Laurent (François), Insp. des Manufac. de l'État, 7, rue de La Néva. — Paris.

. **Laurent (Irénée)**, Maître de verrerie, Verrerie de Saint-Galmier. — Veauche (Loire).

Laurent (Louis), Lic. ès sc. nat., 20, rue des Abeilles — Marseille (Bouches-du-Rhône).

Laurent (Léon), Construc. d'inst. d'optiq., 21, rue de L'Odéon. — Paris. — **R**

Laussedat (M⟨me⟩ Aimé), 3, avenue de Messine. — Paris.

Laussedat (le Colonel Aimé), Mem. de l'Inst., Dir. hon. du Conserv. nat. des Arts et Mét., 3, avenue de Messine. — Paris. — **R**

Lauth (Charles), Dir. de l'Éc. mun. de Phys. et de Chim. indust., Admin. hon. de la Manufac. nat. de porcelaines de Sèvres, 36, rue d'Assas. — Paris. — **F**

La Vallière (Henri de Boisguéret de), anc. Dir. d'assurances, 6, rue Augustin-Thierry. — Blois (Loir-et-Cher).

Lavenne de la Montoise (de), Insp. princ. à la *Comp. des Chem. de fer d'Orléans*. — Nantes (Loire-Inférieure).

Lavocat-Darcy (Albert), Fabric. de Ciment, 49, boulevard Daunou. — Boulogne-sur-Mer (Pas-de-Calais).

***Lay-Crespel (Joseph)**, Indust., 54, rue Léon-Gambetta. — Lille (Nord).

Léauté (Henry), Mem. de l'Inst., Ing. des Manufac. de l'État, Répét. à l'Éc. Polytech., 20, boulevard de Courcelles. — Paris. — **R**

Le Bel (Charles, Léopold), v.-Présid. du Syndicat de la Boulangerie de Paris, 75, rue Lafayette. — Paris.

Lebesconte (P.), Pharm., 15, Bas-des-Lices. — Rennes (Ille-et-Vilaine).

Le Blanc (Camille), Mem. de l'Acad. de Méd., Vétér., 90, boulevard Flandrin. — Paris

D⟨r⟩ **Leblond (Albert)**, Méd. de Saint-Lazare, 28, place Saint-Georges. — Paris.

Leblond (Paul), anc. Juge d'Inst., anc. Mem. du Cons. mun. de Rouen, la Grâce-de-Dieu. — Neufchâtel-en-Bray (Seine-Inférieure).

Le Bret (M⟨me⟩ V⟨e⟩ Paul), 148, boulevard Haussmann. — Paris.

Le Breton (André), Prop., 43, boulevard Cauchoise. — Rouen (Seine-Inférieure). — **R**

Le Breton (Gaston), Corresp. de l'Inst., Dir. du Musée départ. des Antiq. et du Musée de Céram. de la Ville, 25 *bis*, rue Thiers. — Rouen (Seine-Inférieure).

***Lebrun-Oudart (Gustave)**, Nég. en bois. — Signy-l'Abbaye (Ardennes).

Le Chatelier (le Capitaine Frédéric, Alfred), anc. Of. d'ordonnance du Min. de la Guerre, 8, rue Mansart. — Versailles (Seine-et-Oise). — **R**

Le Cler (Achille), Ing. des Arts et Man., Maire de Bouin (Vendée), 7, rue de La Pépinière. — Paris.

D⟨r⟩ **Lecler (Alfred)**. — Rouillac (Charente).

Leclerc (Constant), Prop., 106, boulevard Magenta. — Paris.

Lecocq (Gustave), Dir. d'assurances, Mem. de la *Soc. géol. du Nord*, 7, rue du Nouveau-Siècle. — Lille (Nord).

Lecœur (Édouard), Ing., Archit., 30, rue Guy-de-Maupassant. — Rouen (Seine-Inférieure).

Lecomte (René), Sec. d'ambassade, 61, rue de L'Arcade. — Paris.

. **Leconte (Louis)**, Pharm., 73, rue de La Paroisse. — Versailles (Seine-et-Oise).

Leconte-Colette, Nég. en chaussures, 10, rue Neuve. — Lille (Nord).

Lecoq de Boisbaudran (François), Corresp. de l'Inst., 113, rue de Longchamp. — Paris. — **F**

Lecornu (Léon), Ing. en chef des Mines, 3, rue Gay-Lussac. — Paris.

Le Dantec (Félix), Doct. ès Sc., Chargé d'un cours, à la Sorbonne, 3, rue d'Ulm. — Paris.

*D⟨r⟩ **Ledé (Fernand)**, Méd.-Insp., Sec. rapporteur du Comité sup. de Protection des enfants du premier âge, 19, quai aux Fleurs. — Paris.

*D⟨r⟩ **Le Dien (Paul)**, 155, boulevard Malesherbes. — Paris. — **R**

***Ledoux (Samuel)**, Nég., 29, quai de Bourgogne. — Bordeaux (Gironde). — **R**

. **Le Doyen**, Prop., 38, rue des Écoles. — Paris.

D⟨r⟩ **Leduc (H.)**, 16 *ter*, avenue Bosquet. — Paris.

*D⟨r⟩ **Leduc (Stéphane)**, Prof. à l'Éc. de Méd., 5, quai de La Fosse. — Nantes (Loire-Inférieure).

Lee (Henry), v.-Consul des États-Unis d'Amérique, 2, rue Thiers. — Reims (Marne).

Leenhardt (André), Dir. de la *Comp. gén. des Pétroles*, 2, rue Forigate. — Marseille (Bouches-du-Rhône).

Leenhardt (Charles), Nég., Présid. de la Ch. de Com., 27, cours Gambetta. — Montpellier (Hérault).

Leenhardt (Frantz), Prof. à la Fac. de Théol., 12, rue du Faubourg-du-Moustier. — Montauban (Tarn-et-Garonne). — **R**

Leenhardt-Pomier (Jules), Nég. (Maison Vidal), rue Clos-René. — Montpellier (Hérault).

D⟨r⟩ Leenhardt (René), 7, rue Marceau. — Montpellier (Hérault).

*Lefebvre (Alphonse), Publiciste, 8, Grande-Rue. — Boulogne-sur-Mer (Pas-de-Calais).

Lefèbvre (Léon), Ing. en chef des P. et Ch., Ing. de la Voie à la *Comp. des Chem. de fer du Nord*, 1, avenue Trudaine. — Paris.

Lefèbvre (René), Ing. en chef des P. et Ch., 169, boulevard Malesherbes. — Paris. — **R**

Le Féron de Longcamp, Mem. de la *Soc. des Antiquaires de Normandie*, 51, rue de Geôle. — Caen (Calvados).

*Lefeuve (Gabriel), Avocat, Publiciste, 3, rue de La Bienfaisance. — Paris.

Lefèvre (Julien), Doct. ès Sc., Prof. à l'Éc. prép. à l'Ens. sup. des Sc., Prof. sup. à l'Éc. de Méd. et Prof. au Lycée, 2, place Saint-Pierre. — Nantes (Loire-Inférieure).

Lefèvre-Pontalis (Antonin), Mem. de l'Inst., 3, rue des Mathurins. — Paris.

Lefort (Alfred), Notaire hon., 4, rue d'Anjou. — Reims (Marne).

Lefort (Francis), Étud. en Droit, 4, rue d'Anjou. — Reims (Marne).

*Lefranc (Émile), Mécan., 21, rue de Monsieur. — Reims (Marne). — **R**

D⟨r⟩ Lefranc (Jules, Clément). — Pont-Hébert (Manche).

*Legat (Jean-Baptiste), Mécan., 35, rue de Fleurus. — Paris.

Le Gendre (Charles), Dir. de la *Revue scient. du Limousin*, Insp. des Contrib. indir., 3, place des Carmes. — Limoges (Haute-Vienne).

D⟨r⟩ Le Gendre (Paul), Méd. des Hôp., 25, rue de Châteaudun. — Paris.

*Léger (Arthur), anc. Indust. — La Boissière (Oise).

Léger (Jules), Doct. ès Sc. nat., Maître de conf. à la Fac. des Sc., Prof. sup. à l'Éc. de Méd. et de Pharm., 9, rue des Jacobins. — Caen (Calvados).

D⟨r⟩ Legludic (Henri), Dir. de l'Éc. de Méd. et de Pharm., 56, boulevard du Roi-René. — Angers (Maine-et-Loire).

Legrand (A.), Dir.-gérant de la *Société coopérative*. — Saint-Remy-sur-Avre (Eure-et-Loir).

Legriel (Paul), Archit. diplômé du Gouvern., Lic. en droit, 8, rue de Greffulhe. — Paris.

D⟨r⟩ Le Grix de Laval (Auguste, Valère), 28, rue Mozart. — Paris. — **R**

Leistner (Victor), Pharm. de 1⟨re⟩ cl. — Aulnay-lez-Bondy (Seine-et-Oise).

Lejard (M⟨me⟩ V⟨e⟩ Charles), 6, rue Édouard-Detaille (avenue de Villiers). — Paris.

*Lejeune (G.), Chef de Fabric. de la Brasserie Burgelin, 5, quai Saint-Louis. — Nantes (Loire-Inférieure).

*Lejeune (M⟨me⟩ Henri), 6, avenue Nationale. — Moulins (Allier).

*D⟨r⟩ Lejeune (Henri), 6, avenue Nationale. — Moulins (Allier).

Lelegard (A.). — Villiers-sur-Marne (Seine-et-Oise).

*Lelièvre (Désiré), anc. Notaire, 10 *bis*, rue Hincmar. — Reims (Marne).

D⟨r⟩ Lelièvre (Ernest), anc. Int. des Hôp. de Paris, 53, rue de Talleyrand. — Reims (Marne).

Lelong (l'Abbé Arthur), Aumônier milit. du 6⟨e⟩ Corps d'Armée, 88, rue Chanzy. — Reims (Marne).

Lemaignan (Jules), Représ. de com., 10, quai du Louvre. — Paris.

Le Marchand (Abel), Construc. de navires, 29, 31, rue Traversière. — Le Havre (Seine-Inférieure).

Le Marchand (Augustin), Ing., les Chartreux. — Petit-Quévilly (Seine-Inférieure). — **F**

Lemarchand (Edmond), Manufac. — Le Houlme (Seine-Inférieure).

*Lémeray (Ernest, Maurice), Lic. ès Sc. Math. et Phys., Ing. civ. du Génie maritime, 109 *bis*, rue Ville-ès-Martin. — Saint-Nazaire (Loire-Inférieure).

Lemercier (Alfred), Conduct. des P. et Ch., 11, quai de La Marine. — Ile-Saint-Denis (Seine).

Lemoine (Émile), Chef hon. du Serv. de la vérific. du gaz, anc. Élève de l'Éc. Polytech., 32, avenue du Maine. — Paris.

*Lemoine (Georges), Mem. de l'Inst., Ing. en chef des P. et Ch., Prof. à l'Éc. Polytech., 76, rue Notre-Dame-des-Champs. — Paris.

Le Monnier (Georges), Prof. de Botan. à la Fac. des Sc., 3, rue de Serre. — Nancy (Meurthe-et-Moselle). — **R**

Lemuet (Léon), Prop., 9, boulevard des Capucines. — Paris.

Lemut (André), Ing. des Arts et Man., 12 *bis*, rue Mondésir. — Nantes (Loire-Inférieure).
*Lennier (G.), Dir. du Muséum d'Hist. nat., 2, rue Bernardin-de-Saint-Pierre. — Le Havre (Seine-Inférieure).
Lenoble (Henri), Avocat à la Cour d'Ap., 9, quai Saint-Michel — Paris.
*Dr Lenoël (Jules), Dir. et Prof. hon. de l'Éc. de Méd., Adj. au Maire, 11, boulevard du Mail. — Amiens (Somme).
Dr Lenoir (Paul), Méd. des Hôp., 162, rue de Rivoli. — Paris.
Dr Léon (Auguste), Méd. en chef de la Marine en retraite, 5, rue Duffour-Dubergier. —. Bordeaux (Gironde). — **R**
Dr Léon-Petit, Sec. gén. de l'*Œuvre des Enfants tuberculeux*, 20, rue de Penthièvre. — Paris.
Dr Le Page, 33, rue de La Bretonnerie. — Orléans (Loiret).
Lépine (Jean), Int. des Hôp. 30, place Bellecour. — Lyon (Rhône). — **R**
*Lépine (Raphaël), Corresp. de l'Inst., Prof. à la Fac. de Méd., Assoc. nat. de l'Acad. de Méd., 30, place Bellecour. — Lyon (Rhône). — **R**
Lèques (Henri, François), Ing. géog., *Mem. de la Soc. de Géog.* — Nouméa (Nouvelle-Calédonie). — **F**
Lequeux (Jacques), Archit., 44, rue du Cherche-Midi. — Paris.
Dr Leriche (Émile), anc. Prosecteur à la Fac. de Méd. de Lyon, 20, avenue de La Gare. — Nice (Alpes-Maritimes).
Leriche (Louis, Narcisse), Rent., 7, rue Corneille. — Paris.
Dr Leroux (Armand). — Ligny-le-Châtel (Yonne).
Le Roux (F.-P.), Prof. à l'Éc. sup. de Pharm., Examin. d'admis. à l'Éc. Polytech., 120, boulevard Montparnasse. — Paris. — **R**
Le Roux (Henri), Dir. des Affaires départ. à la Préfecture de la Seine, 22, rue de Chaillot. — Paris.
Le Roux (Nicolas), Ing. des P. et Ch. — Angers (Maine-et-Loire).
*Leroy (Armand), Étud., 22, rue Porte-des-Portanets. — Bordeaux (Gironde).
*Leroyer de Longraire (Léopold), Ing. civ., 23, quai Voltaire. — Paris.
*Dr Lesage (Pierre), Doct. ès sc. nat., Maître de conf. de Botan. à la Fac. des Sc., 45, avenue du Mail-d'Onges. — Rennes (Ille-et-Vilaine).
Le Sérurier (Charles), Dir. des Douanes, 39, rue Sylvabelle. — Marseille (Bouches-du-Rhône). — **R**
Lesourd (Paul) (fils), Nég., 34, rue Néricault-Destouches. — Tours (Indre-et-Loire). — **R**
Lespiault (Gaston), Prof. et anc. Doyen de la Fac. des Sc., 5, rue Michel-Montaigne. — Bordeaux (Gironde). — **R**
Lestelle (Xavier), Insp. des Postes et Télég. en retraite, 33, rue de L'Hôpital. — Mont-de-Marsan (Landes).
Lestrange (le Comte Henry de), 43, avenue Montaigne. — Paris et Saint-Julien par Saint-Genis-de-Saintonge (Charente-Inférieure). — **R**
Lestringant (Auguste), Libr., 11, rue Jeanne-d'Arc. — Rouen (Seine-Inférieure).
Letellier (Alfred), Mem. du Cons. gén. d'Alger, anc. Député, 2, rue Rotrou. — Paris.
Letellier (Augustin), Prof. au Lycée Malherbe, 12, rue Grusse. — Caen (Calvados).
*Letellier (Victor), 123, rue de Paris. — Saint-Denis (Seine).
Le Tellier-Delafosse (Ludovic), Prop., 88, avenue de Villiers. — Paris.
Letestu (Maurice), Ing. des Arts et Man., Construc.-hydraul., 64, rue Amelot. — Paris.
Lethuillier-Pinel (Mme Ve), Prop., 68, rue d'Elbeuf. — Rouen (Seine-Inférieure). — **R**
Letort (Charles), Conserv. adj. à la Biblioth. nat., 9, place des Ternes. — Paris.
Dr Letourneau (Charles), Prof. à l'Éc. d'Anthrop., 70, boulevard Saint-Michel. — Paris.
Leudet (Mme Ve Émile), 11, rue Longchamp. — Nice (Alpes-Maritimes). — **F**
Dr Leudet (Lucien), Sec. gén. de la *Soc. d'Hydrolog. médic.*, 20, rue de Londres. — Paris.
Dr Leudet (Robert), anc. Int. des Hôp. de Paris, Prof. à l'Éc. de Méd., 16, rue du Contrat-Social. — Rouen (Seine-Inférieure). — **R**
*Dr Leuillieux (Abel). — Conlie (Sarthe).
Leune (Edmond), Prof. hon., 21, quai de La Tournelle. — Paris.
Leuvrais (Louis, Pierre), Ing. des Arts et Man., Dir. de la Fabriq. de ciment de Portland artif. Quillot frères. — Frangey par Lézinnes (Yonne).
Le Vallois (Jules), Chef de Bat. du Génie en retraite, anc. Élève de l'Éc. Polytech., 35, rue de Verneuil. — Paris. — **R**
Levasseur (Émile), Mem. de l'Inst., Prof. au Collège de France, 26, rue Monsieur-l e Prince. — Paris. — **R**

*Levat (David), Ing. civ. des Mines, anc. Élève de l'Éc. Polytech., 174, boulevard Malesherbes. — Paris. — R

Léveillé, Prof. à la Fac. de Droit, anc. Député, 55, rue du Cherche-Midi. — Paris.

Dr Lévêque (Louis), 20, rue du Clou-dans-le-Fer. — Reims (Marne).

Le Verrier (Urbain), Ing. en chef, Prof. à l'Éc. nat. sup. des Mines et au Conserv. nat. des Arts et Mét., 12, avenue Bugeaud. — Paris. — R

Lévy (Maurice), Mem. de l'Inst., Ing. en chef des P. et Ch., 15, avenue du Trocadéro. — Paris.

Lévy (Michel), Mem. de l'Inst., Ing. en chef des Mines, 26, rue Spontini. — Paris.

Lévy (Raphaël, Georges), Prof. à l'Éc. des Sc. polit., 80, boulevard de Courcelles. — Paris.

Lewthwaite (William), Dir. de la Maison Isaac Holden, 27, rue des Moissons. — Reims (Marne). — R

Lewy d'Abartiague (William), Ing. civ., château d'Abartiague. — Ossès (Basses-Pyrénées). — R

Lez (Henri). — Lorrez-le-Bocage (Seine-et-Marne).

Lhomel (Georges de), anc. Avocat à la Cour d'Ap., 27, rue Marbeuf. — Paris.

L'Hote (Louis), Chim.-Expert, Arbitre près le Trib. de Com. de la Seine, 16, rue Chanoinesse. — Paris.

*Libert (L.-Lucien), Lauréat de la *Soc. astron. de France*, 7, boulevard Saint-Germain. — Paris.

Licherdopol (Jean-P.), Prof. de Phys. et de Chim. à l'Éc. de Com., boulevard Domnitei. — Bucarest (Roumanie).

Lichtenstein (Henri), Nég. (Maison Andrieux), 12, cours Gambetta. — Montpellier (Hérault).

Liégeois (Jules), Corresp. de l'Inst., Prof. de Droit admin. à la Fac. de Droit, 8, rue de la Monnaie. — Nancy (Meurthe-et-Moselle).

Lieutier (Léon), Pharm. de 1re cl., 9, rue Pavillon. — Marseille (Bouches-du-Rhône).

Lignier (Octave), Prof. de Botan. à la Fac. des Sc., 70, rue Basse. — Caen (Calvados).

Lilienthal (Sigismond), Mem. de la Ch. de Com., 13, quai de L'Est. — Lyon (Rhône).

Limasset (Lucien), Ing. en chef des P. et Ch., 6, rue Saint-Cyr. — Laon (Aisne).

Limbo (Mme Julie), 38, avenue de Wagram. — Paris.

Dr Limbo (Saint-Germain), 38, avenue de Wagram. — Paris.

Lindet (Léon), Doct. ès sc., Prof. à l'Inst. nat. agron., 108, boulevard Saint-Germain. — Paris. — R

Dr Linon (Léon), Méd. princ. de 1re cl., Méd. chef de l'Hôp. milit. — Toulouse (Haute-Garonne).

Linyer (Louis), Avocat, 1, rue Paré. — Nantes (Loire-Inférieure).

Lisbonne (Georges), 12, rue Eugène-Lisbonne. — Montpellier (Hérault).

*Livache (Achille), Ing. civ. des Mines, 24, rue de Grenelle. — Paris.

Livon (Mlle), 14, rue Peirier. — Marseille (Bouches-du-Rhône).

Dr Livon (Charles), Dir. de l'Éc. de Méd. et de Pharm., Dir. du *Marseille Médical*, 14, rue Peirier. — Marseille (Bouches-du-Rhône). — R

*Livon (Jean). Étud. en Méd., 14, rue Peirier. — Marseille (Bouches-du-Rhône).

Locard (Arnould), Ing. des Arts et Man., 38, quai de La Charité. — Lyon (Rhône).

Loche (Maurice), Ing. en chef des P. et Ch., 24, rue d'Offémont. — Paris. — F

Lœwy (Maurice), Mem. de l'Inst. et du Bureau des Longit., Dir. de l'Observ. nat., avenue de L'Observatoire. — Paris.

*Dr Loir (Adrien), Dir. de l'Institut Pasteur de la Régence, anc. Présid. de l'*Inst. de Carthage*, impasse du Contrôle Civil. — Tunis. — R

*Loiselet (Paul, Joseph), Étud. en Droit, 4, Petite rue Bégand. — Troyes (Aube).

Lombard (Émile), Ing. des Arts et Man., Dir. de la *Soc. des Prod. chim. de Marseille-l'Estaque (Rio-Tinto)*, 32, rue Grignan. — Marseille (Bouches-du-Rhône).

Lombard-Dumas (Armand), Prop. — Sommières (Gard).

Lombard-Gérin (Pierre, Louis), Ing. des Arts et Man., 31, quai Saint-Vincent. — Lyon. (Rhône).

*Loncq (Émile), Sec. du Cons. départ. d'Hyg. pub., 6, rue de La Plaine. — Laon (Aisne).

Londe (Albert), Chef du Serv. photog. à la Salpêtrière, 8 *bis*, rue Lafontaine. — Paris.

Longchamps (Gaston Gohierre de), anc. Censeur du Lycée Charlemagne, 54, rue Blanche. — Paris. — R

Longhaye (Auguste), Nég., 22, rue de Tournai. — Lille (Nord). — **R**
Lonquéty (Maurice), Ing. civ. des Mines, anc. Élève de l'Éc. Polytech. — Outreau par Boulogne-sur-Mer (Pas-de-Calais).
Lopès-Dias (Joseph), Ing. des Arts et Man., 28, place Gambetta. — Bordeaux (Gironde). — **R**
Dr Lordereau, 41, rue Madame. — Paris.
Loriol-Lefort (Charles, Louis Perceval de), Natural. — Frontenex près Genève (Suisse). — **R**
Lortet (Louis), Corresp. de l'Inst., Doyen de la Fac. de Méd., Dir. du Muséum des Sc. nat., 15, quai de L'Est. — Lyon (Rhône). — **F**
Lothelier (Aimable), Prof. au Lycée Montaigne, 5, villa Beau-Séjour. — Vanves (Seine).
Lotz (Alfred), Construc.-mécan., 2, rue Guichen. — Nantes (Loire-Inférieure).
Lotz-Brissonneau (Alphonse), Ing. des Arts et Man., 86, quai de La Fosse. — Nantes (Loire-Inférieure).
Louer (Jacques), Brasseur, 92, boulevard François-Ier. — Le Havre (Seine-Inférieure).
•Lougnon (Victor), Ing. des Arts et Man., Juge d'Instruc. — Cusset (Allier). — **R**
Lourdelet (Mme Ernest), 7 *bis*, rue de L'Aqueduc. — Paris.
Lourdelet (Ernest), Mem. de la Ch. de Com., 7 *bis*, rue de L'Aqueduc. — Paris.
Loussel (A.), Prop., 86, rue de La Pompe. — Paris. — **R**
Loustau (Pierre), Prop., Mem. du Cons. mun., 4, boulevard du Midi. — Pau (Basses-Pyrénées).
Loyer (Henri), Filat., 294, rue Notre-Dame. — Lille (Nord). — **R**
Dr Lucas-Championnière (Just), Mem. de l'Acad. de Méd., Chirurg. des Hôp., 3, avenue Montaigne. — Paris.
Lugol (Édouard), Avocat, 11, rue de Téhéran. — Paris. — **F**
•Dr Luraschi (Carlo), Maladies nerveuses et Électrothérap., via Santa-Andrea, 11. — Milan (Italie).
Lutscher (A.), Banquier, 22, place Malesherbes. — Paris. — **F**
Lyon (Gustave), Ing. civ. des Mines, Chef de la Maison Pleyel, Wolff et Cie, anc. Élève de l'Éc. Polytech., 22, rue Rochechouart. — Paris.
Lyon (Max), Ing. civ., 83, avenue du Bois de Boulogne. — Paris.
Macé de Lépinay (Jules), Prof. à la Fac. des Sc., 105, boulevard Longchamp. — Marseille (Bouches-du-Rhône). — **R**
Machuel (Louis), Dir. de l'Ens. pub., place aux Chevaux. — Tunis.
Mac Intosh (William, Carmichael), Prof. à l'Univ., 2, Abbotsford crescent. — Saint-Andrews (Écosse).
Macqueron (Henri), Prop., 24, rue de L'Hôtel-Dieu. — Abbeville (Somme).
Madelaine (Édouard), Ing. adj., attaché à l'Exploit. des *Chem. de fer de l'État*, anc. Élève de l'Éc. cent. des Arts et Man., 96, boulevard Montparnasse. — Paris. — **R**
Maës (Gustave), Prop. de la Cristal. de Clichy, Mem. de la Ch. de Com., 19, rue des Réservoirs. — Clichy (Seine).
Dr Magnan (Valentin), Mem. de l'Acad. de Méd., Méd. de l'Asile Sainte-Anne, 1, rue Cabanis. — Paris.
Magne (Lucien), Archit. du Gouvern., Prof. à l'Éc. nat. des Beaux-Arts et au Conserv. nat. des Arts et Mét., 6, rue de L'Oratoire-du-Louvre. — Paris.
Magnien (Lucien), Ing. agric., Prof. départ. d'Agric., Présid. du Comité cent. d'études et de vigilance de la Côte-d'Or, 10, rue Bossuet. — Dijon (Côte-d'Or). — **R**
•Magnin (Mme Antoine), 8, rue Proudhon. — Besançon (Doubs).
•Dr Magnin (Antoine), Prof. de Botan. à la Fac. des Sc., Dir. de l'Éc. de Méd., anc. Adj. au Maire, 8, rue Proudhon. — Besançon (Doubs).
Magnin (Joseph), anc. Gouvern. de *la Banque de France*, Sénateur, 89, avenue Victor-Hugo. — Paris.
Mahé (Eugène), Conduct. princ. des P. et Ch. — Mascara (départ. d'Oran) (Algérie).
Maigret (Henri), Ing. des Arts et Man., 29, rue du Sentier. — Paris. — **R**
•Mailhe (Alphonse), Étud. à la Fac. des Sc., 1, rue Gambetta. — Toulouse (Haute-Garonne).
•Dr Mailhet. — Lamoricière (départ. d'Oran) (Algérie).
Maillard (Jules), Fabric. de Prod. chim., 82, rue du Bassin. — Roanne (Loire).
Maillard (Paul), Ing. à l'usine Marrel. — Rive-de-Gier (Loire).
Maillart (Mlle Hélène), 4, rond-point de Plainpalais. — Genève (Suisse).
Dr Maillart (Hector), 4, rond-point de Plainpalais. — Genève (Suisse).

*Maillet (Edmond), Doct. ès sc. Math., Ing. des P. et Ch., Répét. à l'Éc. Polytech., 11, rue de Fontenay. — Bourg-la-Reine (Seine).

Maingaud (Alfred), Insp. des Forêts en retraite, 3, place du Lycée. — Angers (Maine-et-Loire).

Mairot (Henri), Banquier, Présid. du Trib. de Com., Mem. de l'*Acad. des Sc., Belles-Let. et Arts*, 17, rue La Préfecture. — Besançon (Doubs).

Maisonneuve (Paul), Prof. de Zool. à la Fac. libre des sc., 5, rue Volney. — Angers (Maine-et-Loire).

Maistre (Jules). — Villeneuvette par Clermont-l'Hérault (Hérault).

Malaquin (Alphonse), Doct. ès sc., Maître de Conf. à la Fac. des Sc., 159, rue Brûle-Maison. — Lille (Nord).

Malavant (Claude), Pharm. de 1re cl., 19, rue des Deux-Ponts. — Paris.

*Malfreyt (Jules), Boursier d'Agrég. — Moriat par Saint-Germain-Lambron (Puy-de-Dôme).

Dr Malherbe (Albert), Dir. de l'Éc. de Méd. et de Pharm., 12, rue Cassini. — Nantes (Loire-Inférieure). — **R**

*Malinvaud (Ernest), Sec. gén. de la *Soc. botan. de France*, 8, rue Linné. — Paris. — **R**

Malleville (Paul), Chirurg.-Dent., 28, 30, allées de Meilhan. — Marseille (Bouches-du-Rhône).

Malloizel (Raphaël), Prof. de Math. spéc. au Collège Stanislas, anc. Élève de l'Éc. Polytech., 7, rue de L'Estrapade. — Paris.

Malo (Henri), Publiciste, 10, rue Vineuse. — Paris.

Manchon (Ernest), Manufac., Sec. et Mem. de la Ch. de Com., 34, boulevard Cauchoise. — Rouen (Seine-Inférieure).

Dr Mandillon (Justin, Laurent), Méd. des Hôp., 49 ter, allées d'Amour. — Bordeaux (Gironde).

Manès (Mme Julien), 20, rue Judaïque. — Bordeaux (Gironde).

Manès (Julien), Ing. des Arts et Man., Dir. de l'Éc. sup. de Com. et d'Indust., 20, rue Judaïque. — Bordeaux (Gironde).

Dr Mangenot (Charles), Méd. Insp. des Éc. com., 55, avenue d'Italie. — Paris. — **R**

Mannheim (le Colonel Amédée), Prof. à l'Éc. Polytech., 1, boulevard Beauséjour. — Paris. — **F**

*Manoir (André Le Courtois du), Étud., 17, rue Singer. — Caen (Calvados).

*Manoir (Gaston Le Courtois du), Présid. de la *Soc. des Antiquaires de Normandie*. 17, rue Singer. — Caen (Calvados).

*Dr Manouvrier (Léon), Dir. adj. du Lab. d'Anthrop. de l'Éc. des Hautes-Études, Prof. à l'Éc. d'Anthrop., 15, rue de L'École-de-Médecine. — Paris.

Mansy (Eugène), Nég., 15, rue Maguelonne. — Montpellier (Hérault). — **F**

Manuel (Constantin), Filat., Mem. de la Ch. de Com., 39, rue des Amidonniers. — Toulouse (Haute-Garonne).

Maquenne (Léon), Doct. ès sc., Prof. de Physiol. végét. au Muséum d'hist. nat., 82, boulevard Beaumarchais. — Paris.

Marais (Charles), s.-Préfet. — Bergerac (Dordogne).

Marbeau (Eugène), anc. Cons. d'État, Présid. de la *Soc. des Crèches*, 27, rue de Londres. — Paris.

Marcadé (Georges), Avocat, 116, rue de Rennes. — Paris.

Marchand (Antoine), Chef d'Escadrons de Spahis en retraite. — Mornag par Hammam-el-Lif (Tunisie).

Marchand (Charles, Émile), Dir. de l'Observat. du Pic du Midi, 9, rue Gambetta. — Bagnères-de-Bigorre (Hautes-Pyrénées).

Marchand (Ernest), Prépar. au Muséum d'Hist. nat., 51, rue Saint-Jacques. — Nantes (Loire-Inférieure).

Marchegay (Mme Ve Alphonse), 11, quai des Célestins. — Lyon (Rhône). — **R**

Marcilhacy (Camille), anc. Sec. de la Ch. de Com., 20, rue Vivienne. — Paris.

Dr Marcorelles (Joseph), 18, rue Armény. — Marseille (Bouches-du-Rhône).

Marcoux, Fabric. de rubans, 13, rue de La République. — Saint-Étienne (Loire).

Dr Marduel (P.), 10, rue Saint-Dominique. — Lyon (Rhône).

Maré (Alexandre), Fabric. de ferronnerie. — Bogny-sur-Meuse par Château-Regnault (Ardennes).

Maréchal (Auguste), Indust., 17, rue des Balkans. — Paris.

Maréchal (Paul), 140, boulevard Raspail. — Paris. — **R**

Marès (Henri), Corresp. de l'Inst., Ing. des Arts et Man., 3, place Castries. — Montpellier (Hérault). — **F**

Marette (Mme Charles). — Châteauneuf-en-Thimerais (Eure-et-Loir).
Dr **Marette (Charles)**, Pharm. de 1re cl., anc. s.-Chef de Lab. à la Fac. de Méd. de Paris.
— Châteauneuf-en-Thimerais (Eure-et-Loir).
***Mareuse (André)**, Étud., 81. boulevard Haussmann. — Paris. — **R**
***Mareuse (Edgard)**, Prop., Sec. du *Comité des Inscrip. parisiennes*, 81, boulevard
Haussmann. — Paris et château du Dorat. — Bègles (Gironde). — **R**
Dr **Marey (Étienne, Jules)**, Mem. de l'Inst. et de l'Acad. de Méd., Prof. au Collège
de France, 11, boulevard Delessert. — Paris. — **R**
Marguet (Paul), Ing. des Arts et Man., 27, boulevard de La République. — Reims
(Marne).
Mariage (Charles), Notaire. — Phalempin (Nord).
Marie d'Avigneau, Avoué, 11, rue Lafayette. — Nantes (Loire-Inférieure).
***Marie (Almyre)**, anc. Pharm. — Lessay (Manche).
***Dr Marie (Théodore)**, Chargé du cours de Phys. à la Fac. de Méd., 11, rue de
Rémusat. — Toulouse (Haute-Garonne).
Dr **Marignan (Émile)**. — Marsillargues (Hérault).
***Marin (Louis)**, Admin. du Collège des Sc. soc., 13, avenue de L'Observatoire. — Paris.
Dr **Maritoux (Eugène)**. — Uriage-les-Bains (Isère).
Marix (Myrthil), Nég.-Commis., 28, rue Taitbout. — Paris.
***Marly (Henri)**, Nég., Mem. du Cons. d'arrond., 7, rue de La-Tour-de-Gassies.
— Bordeaux (Gironde).
Dr **Marmottan (Henri)**, anc. Député, Maire du XVIe Arrond., 31, rue Desbordes-
Valmore. — Paris.
Marnas (J.-A.), Prop., 12, quai des Brotteaux. — Lyon (Rhône).
Marquès di Braga (P.), Cons. d'État hon., s.-Gouvern. du *Crédit Foncier de France*,
anc. Élève de l'Éc. Polytech., 200, rue de Rivoli. — Paris. — **R**
Marquet (Léon), Fabric. de prod. chim., 15, rue Vieille-du-Temple. — Paris.
Marquisan (Henri), Ing. des Arts et Man., Chef de l'Exploit. de la *Comp. du Gas et
Hauts Fourneaux de Marseille*, 39, rue Montgrand. — Marseille (Bouches-du-Rhône).
Marrel (Henri), Maître de forges, rue de la République. — Rive-de-Gier (Loire).
Marrel (Jules), Maître de forges. — Rive-de-Gier (Loire).
Marrel (Léon), Maître de forges. — Rive-de-Gier (Loire).
Dr **Marrot (Edmond)**. — Foix (Ariège).
Marteau (Charles), Ing. des Arts et Man., Manufac., 13, avenue de Laon. — Reims (Marne).
***Martel (Édouard, Alfred)**, anc. Avocat-Agréé au Trib. de Com., 8, rue Ménars. — Paris.
Dr **Martel (Joannis)**, anc. Chef de Clin. à la Fac. de Méd., 4, rue de Castellane.
— Paris.
Martet (Jules), Rent., Villa Bel-Air, avenue de La Gare. — Rochechouart (Haute-Vienne).
Dr **Martin (André)**, Insp. gén. du Serv. de l'assainis. des habitat., Sec. gén. de la
Soc. de Méd. pub. et d'Hyg. profes., 3, rue Gay-Lussac. — Paris.
Martin (Charles), Dir. de l'Éc. nat. de Laiterie. — Mamirolle (Doubs).
Dr **Martin (Claude)**, Dent., 30, rue de La République. — Lyon (Rhône).
Martin (Eugène), Fabric. d'instrum. de sc. et d'élect., 37, rue Saint-Joseph. — Toulouse
(Haute-Garonne).
Dr **Martin (Georges)**. — La Foye-Monjault par Beauvoir-sur-Niort (Deux-Sèvres).
Dr **Martin (Henri)**, 23, rue Desbordes-Valmore. — Paris.
Martin (William), 42, avenue Wagram. — Paris. — **R**
Dr **Martin (Louis de)**, Mem. de la *Soc. nat. d'Agric. de France* et du Cons. de la *Soc. des
Agric. de France*. — Montrabech par Lézignan (Aude). — **R**
Martin-Ragot (J.), Manufac., 14, esplanade Cérès. — Reims (Marne). — **R**
Martin-Sabon (Félix), Ing. des Arts et Man., 5 *bis*, rue Mansart. — Paris.
Martinet (Camille), Publiciste, 98, boulevard Rochechouart. — Paris.
Martre (Étienne), Dir. des Contrib. dir. du Var en retraite. — Perpignan (Pyrénées-
Orientales). — **R**
Marty (Léonce), Notaire. — Lanta (Haute-Garonne).
Marveille de Calviac (Jules de), château de Calviac. — Lasalle (Gard). — **F**
Marx (Armand), Nég., 18, rue du Calvaire. — Nantes (Loire-Inférieure).
Marx (Raoul), Nég., 18, rue du Calvaire. — Nantes (Loire-Inférieure).
Mary (Fernand), Avoué, 21, rue Crébillon. — Nantes (Loire-Inférieure).
Mascart (Éleuthère), Mem. de l'Inst., Prof. au Collège de France, Dir. du Bureau cent.
météor. de France, 176, rue de L'Université. — Paris. — **R**
Masfrand, Pharm. de 1re cl., Présid. de la *Soc. des Amis des Sc. et Arts*. — Roche-
chouart (Haute-Vienne).

Dr Massart (Édouard), Méd. en chef de l'Hôp. — Honfleur (Calvados).
*Massénat (Élie), faubourg de La Grave. — Brive (Corrèze).
Massion (Ernest), Archit. diocésain, 12, rue du Palais. — La Rochelle (Charente-Infé-
rieure).
Massol (Gustave), Prof. à l'Éc. sup. de Pharm., (villa Germaine), boulevard des Arceaux.
— Montpellier (Hérault). — R
Masson (Georges), Contrôleur cent. du Trésor pub., 10, rue De Laborde. — Paris.
Masson (Louis), Insp. de l'Assainis., 22, avenue Parmentier. — Paris.
Masson (Pierre, V.), de la Librairie Masson et Cie, 120, boulevard Saint-Germain.
— Paris. — R
Massot (Charles), Avoué hon. — Bourgoin (Isère).
Dr Massot (Joseph), Chirurg. en chef de l'Hôpital, 8, place d'Armes. — Perpignan
(Pyrénées-Orientales).
*Mathias (Émile), Prof. à la Fac. des Sc., 22, place Dupuy. — Toulouse (Haute-Garonne).
Mathieu (Charles, Eugène), Ing. des Arts et Man., anc. Dir. gén. Construc. des *Aciéries
de Jœuf*, anc. Dir. gén. et Admin. des *Aciéries de Longwy*, Construc. mécan. et Mem.
du Cons. mun., 34, rue de Courlancy. — Reims (Marne). — R
Mathieu (Émile), Prop. — Bize (Aude).
Maubrey (Gustave, Alexandre), Conduct. princ. des P. et Ch. (Trav. de la Ville),
9, rue Blainville. — Paris.
Maufras (Émile), anc. Notaire. — Beaulieu par Bourg-sur-Gironde (Gironde).
Maufroy (Jean-Baptiste), anc. Dir. de manufac. de laine, 4, rue de L'Arquebuse. — Reims
(Marne). — R
Maunoir (Charles), Sec. gén. hon. de la. *Soc. de Géog.*, 3, square du Roule. — Paris.
Dr Maunoury (Gabriel), Chirurg. de l'Hôp., place du Théâtre. — Chartres (Eure-et-
Loir). — R
*Dr Maurel (Édouard, Émile), Chargé de cours à la Fac. de Méd., Méd. princ. de la
Marine en retraite, 10, rue d'Alsace-Lorraine. — Toulouse (Haute-Garonne).
Maurel (Émile), Nég., 7, rue d'Orléans. — Bordeaux (Gironde). — R
Maurel (Marc), Nég., 48, cours du Chapeau-Rouge. — Bordeaux (Gironde). — R
Maurice (Charles), Prof. à l'Univ. catholique de Lille. — Attiches par Pont-à-Marcq
(Nord).
Maurice (Paul), Ing. civ., anc. Élève de l'Éc. Polytech., 8, rue Buisson. — Saint-
Étienne (Loire).
Maurouard (Lucien), Premier Sec. d'Ambassade, anc. Élève de l'Éc. Polytech., Légation
de France. — Athènes (Grèce). — R
*Maury (Louis), Étud. à l'Inst. de Phys. — Montpellier (Hérault).
*Maxant (Charles), Exploitant de carrières, 130, route de Toul. — Nancy (Meurthe-et-
Moselle).
Maxwell-Lyte (Farnham), Ing.-Chim., 60, Finborough-road. — Londres, S. W. (Angle-
terre). — R
Mayet (Félix, Octave), Prof. de Pathol. gén. à la Fac. de Méd., 20, cours de La
Liberté. — Lyon (Rhône).
Dr Mazade (Henri), Insp. en chef de l'Assist. pub., 82, boulevard de La Madeleine.
— Marseille (Bouches-du-Rhône).
*Maze (l'Abbé Camille), Rédac. au *Cosmos*. — Harfleur (Seine-Inférieure). — R
Meaux (le Vicomte Camille de). — Montbrison (Loire).
Médebielle (Pierre), Ing. des Arts et Man., Entrep. de Trav. pub. — Lourdes (Hautes-
Pyrénées).
Méheux (Félix). Dessinat. dermat. et syphil. des Serv. de l'Hôp. Saint-Louis, 35, rue
Lhomond. — Paris.
Meissas (Gaston de), Publiciste, 3, avenue Bosquet. — Paris. — R.
Mekarski (Louis), Ing. civ., 24, rue d'Athènes. — Paris.
Meller (Auguste), Nég., 43, cours du Pavé-des-Chartrons. — Bordeaux (Gironde).
*Mellerio (Alphonse), Prop., anc. Élève de l'Éc. des Hautes-Études, 18, rue des Capu-
cines. — Paris.
Melon (Paul), Publiciste, 24, place Malesherbes. — Paris.
Ménager (Louis), 4, boulevard de Lesseps. — Versailles (Seine-et-Oise).
*Ménard (Césaire), Ing. des Arts et Man., Concessionnaire de l'Éclairage au gaz.
— Louhans (Saône-et-Loire). — R
*Mendelssohn (Isidore), Chirurg.-Dent., 18, boulevard Victor-Hugo. — Montpellier
(Hérault).

Dr **Mendelssohn (Maurice)**, Agr. à l'Univ. Méd. de l'Ambassade de France, 27, Liteïny. — Saint-Pétesbourg (Russie).

Ménegaux (Auguste), Doct. ès sc., Prof. Agr. au Lycée Lakanal, 9, rue du Chemin-de-Fer. — Bourg-la-Reine (Seine).

Mengaud (Louis), Lic. ès sc., (Faculté des Sciences). — Toulouse.(Haute-Garonne.)

Ménier (Charles), Dir. de l'Éc. prép. à l'Ens. sup. des Sc. et des Lettres, 12, rue Voltaire. — Nantes (Loire-Inférieure).

***Menviel (Abel)**, Chirurg.-Dent., 62, avenue des Gobelins. — Paris.

Mer (Émile), Insp. adj. des Forêts, Mem. de la *Soc. nat. d'Agric. de France*, 19, rue Israël-Sylvestre. — Nancy (Meurthe-et-Moselle).

Dr **Méran (Gustave)**, 54, rue Judaïque. — Bordeaux (Gironde).

Mercadier (Jules), Insp. des Télég., Dir. des Études à l'Éc. Polytech., 21, rue Descartes. — Paris. — **R**

Merceron (Georges), Ing. civ. — Bar-le-Duc (Meuse).

Mercet (Émile), Banquier, 2, avenue Hoche. — Paris. — **R**

Méricourt (Henri de), Mem. de la *Soc. des Éleveurs de Belgique*, 28, rue de L'Oratoire. — Boulogne-sur-Mer (Pas-de-Calais).

Dr **Merlin (Fernand)**, 2, rue Camille-Colard. — Saint-Étienne (Loire).

Merlin (Roger). — Bruyères (Vosges). — **R**

Mermet, Payeur partic. à la Trésorerie aux Armées, 32, rue Al-Djazira. — Tunis.

Merz (John, Théodore), Doct. en philosophie, the Quarries. — Newcastle-on-Tyne (Angleterre). — **F.**

Mesnard (Eugène), Prof. à l'Éc. prép. à l'Ens. sup. des Sc. et à l'Éc. de Méd., 79, rue de La République. — Rouen (Seine-Inférieure).

Dr **Mesnards (P. des)**, rue Saint-Vivien. — Saintes (Charente-Inférieure). — **R**

Mesnil (Armand du), Cons. d'État hon., 1, place de L'Estrapade. — Paris.

Messimy (Paul), Notaire hon., 33, place Bellecour. — Lyon (Rhône).

Mestrezat, Nég., 27, rue Saint-Esprit. — Bordeaux (Gironde).

***Mesureur (Jules)**, Ing. civ., Mem. de la Ch. de Com., 77, rue de Prony. — Paris.

***Mettrier (Maurice)**, Ing. des Mines, 33 *bis*, faubourg Saint-Jaumes. — Montpellier (Hérault).

Meunié (Louis), Élève-Archit., 17, rue du Cherche-Midi. — Paris.

***Meunier (Guillaume)**, 120, Tottenham Court road, corner of 48, Grafton street Chambers W. — Londres (Angleterre).

Meunier (Ludovic), Nég., 20, rue de La Tirelire. — Reims (Marne).

Dr **Meunier (Valéry)**, Méd.-Insp. des Eaux-Bonnes, 6, rue Adoue. — Pau (Basses-Pyrénées).

Dr **Meyer (Édouard)**, 73, boulevard Haussmann. — Paris.

Dr **Micé (Laurand)**, Rect. hon. de l'Acad. de Clermont-Ferrand, 7, rue Sansas. — Bordeaux (Gironde). — **R**

Michalon, 96, rue de L'Université. — Paris.

Michau (Alfred), Exploitant de carrières, 93, boulevard Saint-Michel. — Paris.

*Dr **Michaut (Victor)**, Chef des trav. physiol. à l'Éc. de Méd. Prép. de Phys. à la Fac. des Sc., 1, rue des Novices. — Dijon (Côte-d'Or).

Michel (Alphonse), Ing. des Arts et Man., 17, rue des Jacobins. — Beauvais (Oise).

***Michel (Auguste)**, Doct. ès Sc., 9, rue Bara. — Paris.

Michel (Charles), Entrep. de peinture, 15, rue de La Terrasse. — Paris.

***Michel (Henry)**, Archit.-Paysagiste, Prof. à l'Éc. mun. des Beaux-Arts, rue Fontaine-Écu. — Besançon (Doubs).

Dr **Michel-Dansac (J., B., A.)**, 73, boulevard Haussmann. — Paris.

Micheli (Marc), château du Crest près Genève (Suisse).

Mieg (Mathieu), 48, avenue de Modenheim. — Mulhouse (Alsace-Lorraine).

Dr **Mignen (Gustave)**. — Montaigu (Vendée).

*Dr **Millard (Auguste)**, Méd. hon. des Hôp., 4, rue Rembrandt. — Paris.

Millardet (Pierre), Prof. à la Fac. des Sc., 31, rue Saubat. — Bordeaux (Gironde).

Millet (René), Ambassadeur de France, 14, boulevard Flandrin. — Paris.

Dr **Milliot (Benjamin)**, Méd. de colonisation de 1re cl. — Herbillon (départ. de Constantine) (Algérie).

Milsom (Gustave), Ing. civ. des Mines, Agric.-Vitic. — Rachgoun (Basse-Fafna) par Beni-Saf (départ. d'Oran) (Algérie).

Mine (Albert), Nég.-Commis., Consul de la République Argentine, 10, rue Jean-Bart. — Dunkerque (Nord).

Minvielle (Clément), Pharm. de 1re cl., 10, place de La Nouvelle-Halle. — Pau (Basses-Pyrénées).

Mirabaud (Paul), Banquier, 86, avenue de Villiers. — Paris. — **R**
Mirabaud (Robert), Banquier, 56, rue de Provence. — Paris. — **F**
Miray (Paul), Teintur., Manufac., 2, rue de L'École. — Darnétal-lez-Rouen (Seine-Inférieure).
D⁰ Mireur (Hippolyte), anc. Adj. au Maire, 1, rue de La République. — Marseille (Bouches-du-Rhône).
Mocqueris (Edmond), 58, boulevard d'Argenson. — Neuilly-sur-Seine (Seine). — **R**
Mocqueris (Paul), Ing. de la Construc. à la *Comp. des Chem. de fer de Bône-Guelma et prolongements*, 58, boulevard d'Argenson. — Neuilly-sur-Seine (Seine) et à Sousse (Tunisie). — **R**
Mocquery (Charles), Ing. en Chef des P. et Ch., 6, boulevard Sévigné. — Dijon (Côte-d'Or).
Modelski (Edmond), Ing. en chef des P. et Ch.. — La Rochelle (Charente-Inférieure).
Moine (Gaston), 53, rue d'Auteuil. — Paris.
Moinet (Édouard), Dir. des Hosp. civ., 1, rue de Germont. — Rouen (Seine-Inférieure).
Moisy (Alexandre), anc. Notaire, 57, boulevard de Pont-l'Évêque. — Lisieux (Calvados).
Mollins (Jean de), Doct. ès Sc., 58, avenue Clémentine. — Spa (province de Liège) (Belgique). — **R**
Molteni (Alfred), Construc. de mach. et d'inst. de précis., 44, rue du Château-d'Eau. — Paris.
D⁰ Mondot, anc. Chirurg. de la Marine, anc. Chef de Clin. de la Fac. de Méd. de Montpellier, Chirurg. de l'Hôp. civ., 24, boulevard National — Oran (Algérie). — **R**
*D⁰ Monier (Eugène)**, place du Pavillon. — Maubeuge (Nord). — **R**.
Monier (Frédéric), Sénateur et Mem. du Cons. gén. des Bouches-du-Rhône, Maire d'Eyguières, 2, boulevard Périer. — Marseille (Bouches-du-Rhône).
*Monmerqué (Arthur)**, Ing. en chef des P. et Ch., 71, rue de Monceau. — Paris. — **R**
Monnet (Prosper), Chim., Manufac. — Saint-Fons-lez-Lyon par Venissieux (Rhône).
Monnier (Demetrius), Ing. des Arts et Man., Prof. à l'Éc. cent. des Arts et Man., 3, impasse Cothenat (22, rue de La Faisanderie). — Paris. — **R**
Monnier (Marcel), Explorateur, 7, rue Martignac. — Paris.
D⁰ Monod (Charles), Mem. de l'Acad. de Méd., Agr. à la Fac. de Méd., Chirurg. des Hôp., 12, rue Cambacérès. — Paris. — **F**
D⁰ Monod (Eugène), Chirurg. des Hôp., 19, rue Vauban. — Bordeaux (Gironde).
Monod (Henri), Mem. de l'Acad. de Méd., Dir. de l'Assist. et de l'Hyg. pub. au Min. de l'Int., Cons. d'État, 29, rue de Rémusat. — Paris.
Monoyer (Mⁱˡᵉ Élisabeth), 1, cours de La Liberté. — Lyon (Rhône).
Monoyer (F.), Prof. à la Fac. de Méd., 1, cours de La Liberté. — Lyon (Rhône).
*Montaland (Louis)**, Étud. de Chim. à la Fac. des Sc., quai de L'Archevêché. — Lyon (Rhône).
Montefiore (Eward, Lévi), Rent., 76, avenue Henri-Martin. — Paris. — **R**
Montel (Jules), Publiciste, anc. Juge au Trib. de Com. de Montpellier, 11, rue Monsigny. — Paris.
D⁰ Montfort, Prof. à l'Éc. de Méd., Chirurg. des Hôp., 14, rue de La Rosière. — Nantes (Loire-Inférieure). — **R**.
Montfort (Benjamin), Nég., anc. Adj. au Maire, Mem. du Cons. mun., avenue Pasteur. — Nantes (Loire-Inférieure).
Montgolfier (Adrien de), Ing. en chef des P. et Ch., Dir. de la *Comp. des Hauts Fourneaux, Forges et Aciéries de la Marine et des Chem. de fer*, Présid. de la Ch. de Com. de Saint-Étienne, 163, boulevard Malesherbes. — Paris.
Montgolfier (Henry de), Ing. — Izieux (Loire).
Montjoye (de), Prop., château de Lasnez. — Villers-lez-Nancy par Nancy (Meurthe-et-Moselle).
Montlaur (le Comte Amaury de), Ing. civ., 41, avenue Friedland. — Paris.
Mont-Louis, Imprim., 2 rue Barbançon. — Clermont-Ferrand (Puy-de-Dôme). — **R**
*Montreuil**, Prote de l'Imprim. Gauthier-Villars, 55, quai des Grands-Augustins. — Paris.
*Montricher (Henri de)**, Ing. civ. des Mines, Admin.-Dir. de la *Soc. nouvelle du Canal d'irrig. de Craponne et de l'assainis. des Bouches-du-Rhône*, 52, boulevard Notre-Dame. — Marseille (Bouches-du-Rhône).
D⁰ Mony (Adolphe), 70, rue Spontini. — Paris et, l'été, château de Sarre. — Blomard par Montmarault (Allier).
Morain (Paul), Prof. départ. d'Agric. de Maine-et-Loire, 52, rue Lhomond. — Paris.

Morand (Gabriel), 16, place de La République. — Moulins (Allier).
Moreau (Mlle), 14, avenue de L'Observatoire. — Paris.
Moreau (Émile), Associé de la Maison Larousse, 14, avenue de L'Observatoire. — Paris.
*Morel (Albert), Doct. ès Sc., Prépar. de Chim. à la Fac. des Sc., 15, rue Chazière. — Lyon (Rhône).
Morel (Léon), Archéol., Recev. des fin. en retraite, 3, rue de Sedan. — Reims (Marne).
Morel d'Arleux (Mme Charles), 13, avenue de L'Opéra. — Paris. — R
Morel d'Arleux (Charles), Notaire hon., 13, avenue de L'Opéra. — Paris. — F
Dr Morel d'Arleux (Paul), 33, rue Desbordes-Valmore. — Paris. — R
Morel de Boucle-Saint-Denis (Charles), 92, quai de La Lys. — Gand (Belgique).
*Moret-Blanc (Louis), Dir. de l'Éc. pratique de Com., 63, rue de Bréquerecque. — Boulogne-sur-Mer (Pas-de-Calais).
Morin (Mlle Angélique), 4, rue Saint-Gilles. — Saint-Brieuc (Côtes-du-Nord).
*Morin (Mme Frédéric), place Lamoricière. — Nantes (Loire-Inférieure).
*Dr Morin (Frédéric), place Lamoricière. — Nantes (Loire-Inférieure).
Morin (Paul), Prof. à la Fac. des Sc., 49, boulevard Sévigné. — Rennes (Ille-et-Vilaine).
Morin (Théodore), Doct. en droit, 50, avenue du Trocadéro. — Paris. — R
*Morot (Charles), Vétér.-Insp., Dir. de l'Abattoir com., Sec. gén. de la *Soc. vétér. de l'Aube*, 20, rue des Tauxelles. — Troyes (Aube).
*Mortillet (Adrien de), Prof. à l'Éc. d'Anthrop., Présid. de la *Soc. d'Excursions Scient.*, Conserv. des collections de la *Soc. d'Anthrop. de Paris*, 10 bis, avenue Reille. — Paris. — R
*Mossé (Alphonse), Prof. de Clin. médic. à la Fac. de Méd., Corresp. nat. de l'Acad. de Méd., 36, rue du Taur. — Toulouse (Haute-Garonne). — R
Dr Motais (Ernest), Chef des trav. anatom. à l'Éc. de Méd., 8, rue Saint-Laud. — Angers (Maine-et-Loire).
Motelay (Léonce), Rent., 8, cours de Gourgue. — Bordeaux (Gironde).
Motelay (Paul), Nég., 8, cours de Gourgue. — Bordeaux (Gironde).
Dr Motet (A.), Mem. de l'Acad. de Méd., Dir. de la Maison de santé, 161, rue de Charonne. — Paris.
Mouchot (A.), Prof. en retraite, 58, rue de Dantzig. — Paris.
Mougin (Xavier), Dir. de la *Soc. anonyme des Verreries de Vallerysthal et de Portieux*, Député des V^{ges}. — Portieux (Vosges).
Moullade (Albert), Lic. ès sc., Pharm. princ. de 1re cl., à la Réserve des Médicaments, 137, avenue du Prado. — Marseille (Bouches-du-Rhône). — R
Dr Moulonguet (Albert), Prof. à l'Éc. de Méd., 55, rue de La République. — Amiens (Somme).
Dr Moure (Émile), Chargé de cours à la Fac. de Méd., 25 bis, cours du Jardin-Public. — Bordeaux (Gironde).
*Moureaux (Théodule), Chef du Serv. magnét. à l'Observ. météor. du Parc-Saint-Maur, 25, avenue de L'Étoile. — Saint-Maur-les-Fossés (Seine).
Mouriès (Gustave), Ing.-Archit., 7, rue Colbert. — Marseille (Bouches-du-Rhône).
Mousnier (Jules), Fabric. de prod. pharm., 26, rue de Houdan. — Sceaux (Seine).
Dr Moutier, Prof. à l'Éc. de Méd., 6, rue Jean-Romain. — Caen (Calvados).
*Dr Moutier (A.), 11, rue de Miromesnil. — Paris.
Müller (H.), Biblioth. de l'Éc. de Méd. — Grenoble (Isère).
*Mulot (François), Ing. civ., 25, rue du Faubourg-Saint-Jean. — Nancy (Meurthe-et-Moselle).
Mumm (G., H.), Nég. en vins de Champagne, 24, rue Andrieux. — Reims (Marne).
Munier-Chalmas (Ernest, Philippe), Prof. de Géol. à la Fac. des Sc., Maître de conf. à l'Éc. norm. sup., 75, rue Notre-Dame-des-Champs. — Paris.
Müntz (Georges), Ing. en chef des P. et Ch., Ing. princ. de la 1re Divis. de la voie à la *Comp. des Chem. de fer de l'Est*, 20, rue de Navarin. — Paris.
Dr Musgrave-Clay (René de), Sec. gén. de la *Soc. des Sc., Lettres et Arts*, 10, rue Gachet. — Pau (Basses-Pyrénées).
Mussat (Émile, Victor), Prof. de Botan. à l'Éc. nat. d'Agric. de Grignon, 11, boulevard Saint-Germain. — Paris.
*Nabias (Barthélemy de), Prof. à la Fac. de Méd., 17 bis, cours d'Aquitaine. — Bordeaux (Gironde).
Nachet (A.), Construc. d'inst. de précis., 17, rue Saint-Séverin. — Paris.
Nadaillac (le Marquis Albert de), Corresp. de l'Inst., 18, rue Duphot. — Paris.

Naef (Mme Albert), villa Merymont, route d'Ouchy. — Lausanne (Suisse).

Naef (Albert), Archéol. cantonal du canton de Vaud, villa Merymont, route d'Ouchy. — Lausanne (Suisse).

Dr **Napias (Henri)**, Mem. de l'Acad. de Méd., Dir. de l'Assist. pub. à Paris, Sec. gén. hon. de la *Soc. de Méd. pub. et d'Hyg. profes.*, 3, avenue Victoria. — Paris.

Dr **Négrié**, Méd. des Hôp., 30, cours du XXX-Juillet. — Bordeaux (Gironde).

Négrin (Paul), Prop. — Cannes-La-Bocca (Alpes-Maritimes).

Dr **Nepveu (Gustave)**, Prof. d'Anat. pathol. à l'Éc. de Méd., 61, rue Paradis. — Marseille (Bouches-du-Rhône).

Neuberg (Joseph), Prof. à l'Univ., 6, rue de Sclessin. — Liège (Belgique).

Neumann (Georges), Prof. à l'Éc. nat. vétér., allées Lafayette. — Toulouse (Haute-Garonne).

Neveu (Auguste), Ing. des Arts et Man. — Rueil (Seine-et-Oise). — **R**

*Nibelle (Maurice)**, Avocat, 9, rue des Arsins. — Rouen (Seine-Inférieure). — **R**.

Nicaise (Victor), Étud. en méd., 37, boulevard Malesherbes. — Paris. — **R**

Dr **Nicas**, 80, rue Saint-Honoré. — Fontainebleau (Seine-et-Marne). — **R**

Nicklès (Adrien), Pharm. de 1re cl., 128, Grande Rue. — Besançon (Doubs).

Nicklès (René), Prof. adj. à la Fac. des Sc., Ing. civ. des Mines, 29, rue des Tiercelins. — Nancy (Meurthe-et-Moselle).

*Dr **Niclot (Vincent)**, Méd.-maj., Répét. à l'Éc. du Serv. de Santé milit. — Lyon (Rhône).

Nicolas (Désiré), Représ. de com., 30, rue Ruinart-de-Brimont. — Reims (Marne).

Dr **Nicolas (Joseph)**, s.-Dir. du Bureau d'Hyg., 27, rue Centrale. — Lyon (Rhône).

Niel (Eugène), 28, rue Herbière. — Rouen (Seine-Inférieure). — **R**

Nivet (Albin), Ing. des Arts et Man. — Marans (Charente-Inférieure).

Nivet (Gustave), 105, avenue du Roule. — Neuilly-sur-Seine (Seine). — **R**

*Nivoit (Edmond)**, Insp. gén. des Mines, Prof. de Géol. à l'Éc. nat. des P. et Ch., 4, rue de La Planche. — Paris. — **R**

Noack-Dollfus (Hermann), Ing. des Arts et Man., 17 *bis*, rue de Pomereu. — Paris.

Noblom (Maurice), Ing. civ., 24, rue des Fripiers. — Bruxelles (Belgique).

Nocard (Edmond), Prof. à l'Éc. nat. vétér., Mem. de l'Acad. de Méd. — Maisons-Alfort (Seine).

Noël (Jean), Ing. des Arts et Man., 8, rue d'Eysines. — Bordeaux (Gironde).

*Noelting (Émilio)**, Dir. de l'Éc. de Chim. — Mulhouse (Alsace-Lorraine). — **R**

*Noiret (Gustave)**, Lic. en droit, 12, rue des Basses-Treilles. — Poitiers (Vienne).

Noirot (Maurice), Associé-Manufac., 39, boulevard de La République. — Reims, (Marne).

Norbert-Nanta, Opticien, 2, rue du Faubourg-Saint-Honoré. — Paris.

Normand (Augustin), Construc. de navires, 80, rue Augustin-Normand. — Le Havre (Seine-Inférieure).

*Noter (Albert de)**, Nég., 14, rue Bab-Azoun. — Alger.

Nottin (Lucien), 4, quai des Célestins. — Paris. — **F**

Dr **Noury (Charles, Edmond)**, Prof. à l'Éc. de Méd., 30, rue de L'Arquette. — Caen (Calvados).

Nourry (Marcel), Géol., 27, rue de La Masse. — Avignon (Vaucluse).

Nouvelle (Georges), Ing. civ., 25, rue Brézin. — Paris.

*Novince (Paul)**, Ing., Dir. de la Stat. d'Électric., 10, rue Henri-Martin. — Boulogne-sur-Mer (Pas-de-Calais).

Noyer (le Colonel Ernest), 103, rue de Siam. — Brest (Finistère).

Nozal, Nég., 7, quai de Passy. — Paris.

Oberkampff (Ernest), 20, avenue de Noailles. — Lyon (Rhône).

Ocagne (Maurice d'), Ing., Prof. à l'Éc. nat. des P. et Ch., Répét. à l'Éc. Polytech., 30, rue de La Boétie. — Paris. — **R**

Odier (Alfred), Dir. de la *Caisse gén. des Familles*, 4, rue de La Paix. — Paris. — **R**

Œchsner de Coninck (William), Prof. adj. à la Fac. des Sc., 8, rue Auguste-Comte. — Montpellier (Hérault). — **R**

Offret (Albert), Prof. de Minéral. à la Fac. des Sc. (villa Sans-Souci), 53, chemin des Pins. — Lyon (Rhône).

Olivier (Ernest), Dir. de la *Revue scient. du Bourbonnais*, 10, cours de La Préfecture. — Moulins (Allier).

Olivier (Louis), Doct. ès Sc., Dir. de la *Revue générale des Sciences*, 22, rue du Général-Foy. — Paris.

Dr **Olivier (Paul)**, Prof. à l'Éc. de Méd., Méd. en chef de l'Hosp. gén., 12, rue de La Chaîne. — Rouen (Seine-Inférieure). — **R**

*Dr **Olivier (Victor)**, v.-Présid. du Comité d'Admin. des hosp., 314, rue Solférino. — Lille (Nord).

***Olivier-Thellier (Pierre)**, 314, rue Solférino. — Lille (Nord).

Olry (Albert), Ing. en chef des Mines, 23, rue Clapeyron. — Paris.

Oltramare (Gabriel), Prof. à l'Univ., 21, rue des Grandes-Grottes. — Genève (Suisse).

Onde (Xavier, Michel, Marius), Prof. de Phys. au Lycée Henri IV, 41, rue Claude-Bernard. — Paris.

Onésime (le Frère), 24, montée Saint-Barthélemy. — Lyon (Rhône).

Oppermann (Alfred), Ing. en chef des Mines, 2, rue des Arcades. — Marseille (Bouches-du-Rhône).

Orbigny (Alcide d'), Armat., rue Saint-Léonard. — La Rochelle (Charente-Inférieure).

O'Reilly (Joseph, Patrick), Prof. de Minéral. et d'Exploit. des mines au Collège Royal. 58, park, avenue Sandymount. — Dublin (Irlande).

Dr **Orfila (Louis)**, Agr. à la Fac. de Méd. de Paris, Sec. gén. de l'*Assoc. des Méd. de la Seine*, château de Chemilly. — Langeais (Indre-et-Loire).

Orléans (S. A. le Prince Henri d'), Explorat., Mem. de la *Soc. de Géog.*, 27, rue Jean-Goujon. — Paris. — **R**.

Osmond (Floris), Ing. des Arts et Man., 83, boulevard de Courcelles. — Paris. — **R**

Dr **Ossian-Bonnet (Émile)**, Prem. Méd. de S. A. le Bey. — La Marsa (Tunisie).

Oudin, Nég. en objets d'art, 18, rue de La Darse. — Marseille (Bouches-du-Rhône).

Oustalet (Émile), Doct. ès Sc., Prof. de Zool. (Mammifères, Oiseaux) au Muséum d'Hist. nat., 121 *bis*, rue Notre-Dame-des-Champs. — Paris.

Outhenin-Chalandre (Joseph), 5, rue des Mathurins. — Paris. — **R**

Dr **Ovion (Louis) (fils)**, anc. Int. des Hôp. de Paris, Chirurg. en chef de l'hôp. Saint-Louis, Dir. du lab. de Bactériologie et de Sérothérapie, 38, Grande-Rue. — Boulogne-sur-Mer (Pas-de-Calais).

Page (François), Nég., 58, rue Monsieur-le-Prince. — Paris.

Paget-Blanc (le Colonel Alexandre). — Auxerre (Yonne).

Pagnard (Abel), Ing.-Dir. des trav. des nouveaux quais, anc. Élève de l'Éc. cent. des Arts et Man., 132, avenue du Sud. — Anvers (Belgique).

***Pallary (Paul)**, Prof., faubourg d'Eckmühl-Noiseux — Oran (Algérie).

Palmer (George, Henri), Bibliothécaire of the *National art Library* (Musée Victoria et Albert), 20 Schubert road (East-Putney). — Londres (Angleterre).

Palun (Auguste), Juge au Trib. de Com., 13, rue Banasterio. — Avignon (Vaucluse). — **R**

*Dr **Pamard (Alfred)**, Associé nat. de l'Acad. de Méd., Chirurg. en chef des Hôp., 4, place Lamirande. — Avignon (Vaucluse). — **R**

Pamard (le Général Ernest), Command. le Génie de la 15e Région. — Marseille (Bouches-du-Rhône).

Pamard (Paul), Int. des Hôp., 12, rue Charlet. — Paris. — **R**

Dr **Papillault (Georges)**, Prép. au Lab. d'anthrop. des Hautes-Études, Mem. du Com. cent. de la *Soc. d'Anthrop. de Paris*, 110, boulevard Saint-Germain. — Paris.

*Dr **Papillon (Ernest)**, 8, rue Montalivet. — Paris.

*Dr **Papillon (Gustave, Ernest)**, Anc. Int. des Hôp., 142, rue de Rivoli. — Paris.

***Paponaud (Nicolas)**, Construc. — Rive-de-Gier (Loire).

Paradis (Léon), Entrep. de serrurerie, 6, rue des Charseix. — Limoges (Haute-Vienne).

Dr **Paris (Henri)**. — Chantonnay (Vendée).

Parisse (Eugène), Ing. des Arts et Man., anc. Mem. du Con. mun., 6, rue Deguerry. — Paris.

Parmentier (Paul), Doct. ès Sc., Lauréat de l'Institut, Chargé de Cours à la Fac. des Sc., 14, avenue Fontaine-Argent. — Besançon (Doubs).

Parmentier (le Général Théodore), 5, rue du Cirque. — Paris. — **F**

Parran (Alphonse), Ing. en chef des Mines en retraite, Dir. de la *Comp. des Minerais de fer magnét. de Mokta-el-Hadid*, 26, avenue de L'Opéra. — Paris. — **F**

Pas (Justin de), Sec. de la *Société des Antiquaires de la Morinie* 10, rue Omer-Ploy. — Saint-Omer (Pas-de-Calais).

Pasqueau (Alfred), Insp. gén. des P. et Ch., 6, rue La Trémoille. — Paris.

Dr **Pasquet (A.)**. — Uzerche (Corrèze).

Pasquet (Eugène) (fils), 53, rue d'Eysines. — Bordeaux (Gironde). — **R**

Passage (le Vicomte Charles du), Artiste, Le Point-du-Jour. — Boulogne-sur-Mer (Pas-de-Calais).

*Passy (Frédéric), Mem. de l'Inst., anc. Député, Mem. du Cons. gén. de Seine-et-Oise, 8, rue Labordère. — Neuilly-sur-Seine (Seine). — **R**

Passy (Paul, Édouard), Doct. ès Lettres, Lauréat de l'Inst. (Prix Volney), Maître de conf. à l'Éc. des Hautes-Études d'hist. et de philologie, 92, rue de Longchamp. — Neuilly-sur-Seine (Seine).

Patapy (Junien), Avocat, v.-Présid. du Cons. gén., 12, boulevard Montmailler. — Limoges (Haute-Vienne).

Pathier (A.), Manufac., 15, rue Bara. — Paris.

Paturel (Georges), Dir. de l'Éc. coloniale d'Agric. — Tunis.

Pavillier, Ing. en chef des P. et Ch., Dir. gén. des Trav. pub., place de La Kasba. — Tunis.

Payen (Louis, Eugène), Caissier de la *Comp. d'Assur. l'Aigle*, 44, rue de Châteaudun. — Paris.

Péchiney (A.), Ing.-Chim. — Salindres (Gard).

Péker (Eugène), Nég., Adj. au Maire, 9, Grande-Rue. — Besançon (Doubs).

Pector (Sosthènes), Sec. gén. de l'*Union nat. des Soc. photog. de France*,9, rue Lincoln. — Paris.

Pédézert (Charles, Henri), Ing. du Matériel et de la Trac. aux *Chem. de fer de l'État*, anc. Élève de l'Éc. cent. des Arts et Man., 21, rue de La Vieille-Prison. — Saintes (Charente-Inférieure).

Pédraglio-Hoël (M*me Hélène), 29, tenue Camus. — Nantes (Loire-Inférieure). — **R**

*Pélagaud (Élysée), Doct. ès sc., 21, quai de L'Archevêché. — Lyon (Rhône). — **R**

Pélagaud (Fernand), Doct. en droit, Cons. à la Cour d'Ap., 15, quai de L'Archevêché. — Lyon (Rhône). — **R**

Pelé (F.), 52, rue Caumartin. — Paris.

Pelissot (Jules de), s.-Dir. de la *Comp. des Docks et Entrepôts* (Hôtel des Docks), 1, place de La Joliette. — Marseille (Bouches-du-Rhône).

*Pellat (Henri), Prof. de Phys. à la Fac. des Sc., 3, avenue de L'Observatoire. — Paris.

*Pellet (Auguste), Doyen de la Fac. des Sc., 7, rue Ballainvilliers. — Clermont-Ferrand (Puy-de-Dôme). — **R**

*Pellin (Philibert), Ing. des Arts et Man., Construc. d'inst. de précis., 21, rue de L'Odéon. — Paris.

Peltereau (Ernest), Notaire hon. — Vendôme (Loir-et-Cher). — **R**

Pénières (Lucien), Prof. à la Fac. de Méd., 19, rue Ninau. — Toulouse (Haute-Garonne).

*Pérard (Joseph), Ing. des Arts et Man., Sec. général de la *Soc. d'aquiculture et de pêche*, 42, rue Saint-Jacques. — Paris. — **R**

Perdrigeon du Vernier (J.), anc. Agent de change. — Chantilly (Oise). — **F**

Père (A.), Notaire. — Montauban (Tarn-et-Garonne).

Pereire (Émile), Ing. des Arts et Man., Admin. de la *Comp. des Chem. de fer du Midi*, 10, rue Alfred-de-Vigny. — Paris. — **R**

Pereire (Eugène), Ing. des Arts et Man., Présid. du Cons. d'admin. de la *Comp. gén. Transat.*, 45, rue du Faubourg-Saint-Honoré. — Paris. — **R**

Pereire (Henri), Ing. des Arts et Man., Admin. de la *Comp. des Chem. de fer du Midi*, 33, boulevard de Courcelles. — Paris. — **R**

Pérez (Jean), Prof. à la Fac. des Sc., 21, rue Saubat. — Bordeaux (Gironde). — **R**

Péricaud, Cultivat. — La Balme (Isère). — **R**

Péridier (Louis), anc. Jug. sup. au Trib. de Com., 5, quai d'Alger. — Cette (Hérault). — **R**

D*r Périer (Charles), Mem. de l'Acad. de Méd., Agr. à la Fac. de Méd., Chirurg. des Hôp., 9, rue Boissy-d'Anglas. — Paris.

Périer (Louis), Indust., 14 *bis*, avenue du Trocadéro. — Paris.

Péron (Charles), Nég., 1*er Adj. au Maire, 23 *bis*, rue des Pipots. — Boulogne-sur-Mer (Pas-de-Calais).

*Péron (Pierre, Alphonse), Corresp. de l'Inst., Intend. milit. de 1*re cl. en retraite, 11, avenue de Paris. — Auxerre (Yonne).

Pérouse (Denis), Insp. gén. des P. et Ch., Mem. du Cons. gén. de l'Yonne, 40, quai Debilly. — Paris.

Perré (Auguste) (fils), Manufac., anc. Présid. du Trib. de Com. — Elbeuf-sur-Seine (Seine-Inférieure).

Perregaux (Louis), Manufac. — Jallieu par Bourgoin (Isère).

Perrenoud, Prop., 107, avenue de Choisy. — Paris.

Perret (Auguste), Prop., 50, quai Saint-Vincent. — Lyon (Rhône). — **R**
Perrier (Edmond), Mem. de l'Inst. et de l'Acad. de Méd., Dir. et Prof. au Muséum d'hist. nat., 28, rue Gay-Lussac. — Paris.
Perrier (Gustave), Doct. ès Sc. Phys., Maître de Conf. à la Fac. des Sc. — Rennes (Ille-et-Vilaine).
Perrin (Élie), Prof. de Math. à l'Éc. mun. Jean-Baptiste-Say, 7, rue Lamandé. — Paris.
*Perrin (Raoul)**, Ing. en chef des Mines, 9, avenue d'Eylau. — Paris.
Perrot (Émile), Agr. à l'Éc. sup. de Pharm., 272, boulevard Raspail. — Paris.
*Perrot (Émile, Auguste)**, Photog., 7, place Carnot. — Creil (Oise).
*Perrot (Paul)**, anc. Commis.-pris., 66, rue de Miromesnil. — Paris.
*Dr Perry (Jean)**. — Miramont (Lot-et-Garonne).
Persoz, 167, rue Saint-Jacques. — Paris.
Pertuis, Construc. d'inst. de précis., 4, place Thorigny. — Paris.
Peschard (Albert), Doct. en droit, anc. Organiste de Saint-Étienne, 52, rue de Bayeux. — Caen (Calvados).
Dr Peschaud (Gabriel), Député du Cantal, Maire, rue Neuve-du-Balat. — Murat (Cantal).
Petit (Mme Arthur), 8, rue Favart. — Paris.
Petit (Arthur), Pharm. de 1re cl., Présid. d'honneur de l'*Assoc. gén. des Pharm. de France*, 8, rue Favart. — Paris.
Petit (Henri, Gustave), Dir. particulier de la *Comp. d'Assurances gén.*, 2, rue Saint-Joseph. — Châlons-sur-Marne (Marne).
*Petit (Mme Paul)**, 37, boulevard de La Pie. — Saint-Maur-les-Fossés (Seine).
*Petit (Paul)**, anc. Pharm. de 1re cl., 37, boulevard de La Pie. — Saint-Maur-les-Fossés (Seine).
*Petiton (Anatole)**, Ing.-Conseil des Mines, 91, rue de Seine. — Paris. — **R**
Pettit (Georges), Ing. en chef des P. et Ch., boulevard d'Haussy. — Mont-de-Marsan (Landes). — **R**
Peugeot (Eugène), Manufac., Mem. du Cons. gén. — Hérimoncourt (Doubs).
Peyre (Jules), anc. Banquier, 6, rue Deville. — Toulouse (Haute-Garonne). — **F**
Dr Peyrot (Jean, Joseph), Mem. de l'Acad. de Méd., Agr. à la Fac. de Méd., Chirurg. des Hôp., 33, rue Lafayette. — Paris.
*Philippe (Edmond)**, Ing. civ., 5, avenue Victoria. — Paris.
Philippe (Jules), Nég. en prod. photo., 10, cours de Rive. — Genève (Suisse).
Philippe (Léon), 23 *bis*, rue de Turin. — Paris. — **R**
Dr Phisalix (Césaire), Doct. ès sc., Assistant de Pathol. comparée au Muséum d'hist. nat., 26, boulevard Saint-Germain. — Paris. — **R**
Piat (Albert), Construc.-Mécan., 85, rue Saint-Maur. — Paris. — **F**
Piat (fils), Mécan.-Fondeur, 85, rue Saint-Maur. — Paris.
Piaton (Maurice), Ing. civ. des Mines, anc. Élève de l'Éc. Polytech., Mem. du Cons. mun., 49, rue de La Bourse. — Lyon (Rhône). — **R**
Dr Piberet (Pierre, Antoine), 75, rue Saint-Lazare. — Paris.
Picard (Paul, Ernest), Avocat à la Cour d'Ap., 9, rue Mazarine. — Paris.
Picaud (Albin), Chargé de Suppléance, à l'Éc. de Méd., 83, rue Lesdiguières. — Grenoble (Isère).
Piche (Albert), Avocat, Présid. de la *Soc. d'Éducat. popul.*, 26, rue Serviez. — Pau (Basses-Pyrénées). — **R**
Picot, Prof. de Clin. médic. à la Fac. de Méd., Assoc. nat. de l'Acad. de Méd., 25, rue Ferrère. — Bordeaux (Gironde).
*Picou (Gustave)**, Indust., 123, rue de Paris. — Saint-Denis (Seine). — **R**
Picquet (Henry), Chef de Bat. du Génie, Examin. d'admis. à l'Éc. Polytech., 24, rue de Condé. — Paris. — **R**
Dr Pierre (Joseph). — Berck-sur-Mer (Pas-de-Calais).
Pierret (Antoine, Auguste), Prof. de Clin. des malad. ment. à la Fac. de Méd., Associé nat. de l'Acad. de Méd., Méd. en chef de l'Asile de Bron, 8, quai des Brotteaux. — Lyon (Rhône).
Pierron (Marcel), s.-Lieut. de réserve au 26e Rég. d'Artil., anc. Élève de l'Éc. Polytech. — Le Mans (Sarthe).
Dr Pierrou. — Chazay-d'Azergues (Rhône). — **R**
Piéton (Louis), Avocat, 27, rue de Vesle. — Reims (Marne).
Piette (Édouard), Juge hon. — Rumigny (Ardennes).
Pifre (Abel), Ing., des Arts et Man., 176, rue de Courcelles. — Paris.
*Pillet (Jules)**, Prof. aux Éc. nat. des P. et Ch. et des Beaux-Arts, et au Conserv. nat. des Arts et Mét., anc. Élève de l'Éc. Polytech., 18, rue Saint-Sulpice. — Paris. — **R**

Pilon, Notaire. — Blois (Loir-et-Cher).
Dr Pin (Paul), rue Curéjan. — Alais (Gard).
Pinasseau (F.), Notaire, 2, rue Saint-Maur. — Saintes (Charente-Inférieure).
Pinguet (E.), 4, rue de La Terrasse. — Paris.
Pinon (Paul), Nég., 36, rue du Temple. — Reims (Marne). — **R**
Piogey (Julien), anc. Juge de paix du XVIIe arrond., 142, rue de La Tour. — Paris.
Piquemal (François), Nég. en vins, 95, rue de Richelieu. — Paris et à Lézignan (Aude).
Dr Pirondi (Sirus), Associé nat. de l'Acad. de Méd., Prof. hon. à l'Éc. de Méd., Chirurg.,
  consult. des Hôp., 80, rue Sylvabelle. — Marseille (Bouches-du-Rhône).
*Pistat-Ferlin (Louis), Cultivat. — Bezannes par Reims (Marne).
Pitres (Albert), Doyen de la Fac. de Méd., Corresp. nat. de l'Acad. de Méd., Méd. de
  l'Hôp. Saint-André, 119, cours d'Alsace-et-Lorraine. — Bordeaux (Gironde). — **R**
*Pizon (Antoine), Doct. ès. sc., Prof. d'Hist. nat. au Lycée Janson-de-Sailly, 92, rue
  de La Pompe. — Paris.
Planche (Paul), Pharm. de 1re cl., anc. Int. des Hôp. de Paris, 1, boulevard de La
  Madeleine. — Marseille (Bouches-du-Rhône).
Planté (Adrien), anc. Maire, anc. Député. — Orthez (Basses-Pyrénées).
Planté (Charles) (fils), Insp. princ. de l'Exploit. aux *Chem. de fer de l'État*, 12, rue
  du Bocage. — Nantes (Loire-Inférieure).
Dr Planté (Jules), Méd. de 1re cl. de la Marine, 40, boulevard de Strasbourg. — Toulon
  (Var). — **R**
Poche (Guillaume), Nég. — Alep (Syrie) (Turquie d'Asie).
Pochet (Léon) Ing. en chef des P. et Ch., Insp. gén. de l'Hydraul. agr., 16, rue de
  Phalsbourg. — Paris.
Poillon (Louis), Ing. des Arts et Man., Rancho Verde. — Teponaxtla par Cuicatlan
  (État d'Oaxaca) (Mexique). — **R**
Poincaré (Antoine), Insp. gén. des P. et Ch. en retraite, 14, rue du Regard. — Paris.
Poincaré (Henri), Mem. de l'Inst., Prof. à la Fac. des Sc., Ing. en chef des Mines.
  63, rue Claude-Bernard. — Paris.
Poirault (Georges), Dir. des Lab. d'Ens. sup. de la villa Thuret. — Antibes (Alpes-
  Maritimes).
Poirrier (Alcide), Fabric. de prod. chim., Sénateur de la Seine, 2, avenue Hoche.
  — Paris. — **F**
*Poirson (Mme Alexandre), 22, rue des Encans. — Avignon (Vaucluse).
*Poirson (Alexandre), Lieut. du Génie démis., anc. Élève de l'Éc. Polytech., 22, rue des
  Encans. — Avignon (Vaucluse).
Poisson (le Baron Henry), 10, rue de La Trémoille. — Paris. — **R**
*Poisson (Jules), Assistant de Botan. au Muséum d'hist. nat., 32, rue de La Clef.
  — Paris. — **R**
Dr Poisson (Louis), anc. Int.-Lauréat des Hôp. de Paris, Prof. à l'Éc. de Méd.,
  Chirurg. de l'Hôp. marin de Pen-Bron, 5, rue Bertrand-Geslin. — Nantes (Loire-
  Inférieure).
*Poitou (Jean, Joseph), Prop.-Vitic., Mem. du Cons. gén., villa des Charmilles.
  — Libourne (Gironde).
Dr Polaillon (Joseph), Mem. de l'Acad. de Méd., Agr. à la Fac. de Méd., Chirurg. des
  Hôp., 229, boulevard Saint-Germain. — Paris.
*Polak (Maurice), Admin.-Gérant du journal de la *Société libre des Artistes français*, et
  Trésor. de la Soc., 29, boulevard des Batignolles. — Paris.
Polignac (le Prince Camille de). — Radmunsdorf (Carniole) (Autriche-Hongrie). — **F**
Polignac (le Marquis Guy de). — Kerbastic-sur-Gestel (Morbihan). — **R**
Polignac (le Comte Melchior de). — Kerbastic-sur-Gestel (Morbihan). — **R**
Pollet (J.), Vétér. départ., 20, rue Jeanne-Maillotte. — Lille (Nord).
Pollosson (Maurice), Prof. de Méd. opératoire à la Fac. de Méd., 16, rue des Archers.
  — Lyon (Rhône).
Polony, Ing. en chef des P. et Ch. — Rochefort-sur-Mer (Charente-Inférieure).
Pommerol, Avocat, anc. Rédac. de la Revue *Matériaux pour l'Hist. prim. de l'Homme*.
  — Veyre-Mouton (Puy-de-Dôme) et 20, rue Pestalozzi. — Paris. — **R**
Pommery (Louis), Nég. en vins de Champagne, 7, rue Vauthier-le-Noir. — Reims
  (Marne). — **F**
Poncet (Antonin), Prof. à la Fac. de Méd., Corresp. nat. de l'Acad. de Méd., Chirurg.
  en chef désigné de l'Hôtel-Dieu, 11, place de La Charité. — Lyon (Rhône).
Poncin (Henri), anc. Chef d'instit., 8, rue des Marronniers. — Lyon (Rhône).

D' **Pons (Louis)**. — Nérac (Lot-et-Garonne).

Pontier (André), Pharm. de 1re cl., Prépar. de toxicolog. à l'Éc. sup. de Pharm., 48, boulevard Saint-Germain. — Paris.

Pontzen (Ernest), Ing. civ., anc. Élève de l'Éc. nat. des P. et Ch., Mem. du *Comité d'Exploit. tech. des Chem. de fer*, 65, rue de Monceau. — Paris.

D' **Ponzio (Pierre)**, 176, boulevard Haussmann. — Paris.

D' **Porak**, Mem. de l'Acad. de Méd., Accoucheur des Hôp., 176, boulevard Saint-Germain. — Paris.

Porcherot (Eugène), Ing. civ., La Béchellerie. — Saint-Cyr-sur-Loire par Tours (Indre-et-Loire). — **R**

Porgès (Charles), Présid. du Cons. d'admin. de la *Comp. continentale Edison*, 25, rue de Berri. — Paris — **R**

Porte (Arthur), Dir. du Jardin zool. d'Acclimat. du Bois de Boulogne. (Seine).

Porteu (Henry), anc. Garde gén. des Forêts, Prop., Agric., 8, rue de La Psalette. — Rennes (Ille-et-Vilaine).

Portevin (Hippolyte), Ing. civ., anc. Élève de l'Éc. Polytech., 2, rue de La Belle-Image, — Reims (Marne).

Potain (Édouard), Mem. de l'Inst. et de l'Acad. de Méd., Prof. à la Fac. de Méd., Méd. des Hôp., 250, boulevard Saint-Germain. — Paris.

Potier (Mme Alfred), 89, boulevard Saint-Michel. — Paris.

Potier (Alfred), Mem. de l'Inst., Ing. en chef des Mines, Prof. à l'Éc. Polytech., 89, boulevard Saint-Michel. — Paris. — **F**

D' **Poucel (Eugène)**, Chirurg. en chef des Hôp., 22, boulevard du Musée. — Marseille (Bouches-du-Rhône).

Pouchet (Gabriel), Prof. à la Fac. de Méd., Mem. de l'Acad. de Méd., 18, rue Nicole. — Paris.

Poucholle (A.), Lic. ès sc. Phys. et Math., Diplômé pour l'Ens. prim. sup. de l'Agric., Prof. — Cluny (Saône-et-Loire).

Poulet (Ernest), Dir. des Plât. de Vaucluse. — La Parisienne par Velleron (Vaucluse).

**Poulin-Thierry (Léonce)*, Prop., rue de Lille. — Pont-Sainte-Maxence (Oise).

Poullain (Georges), Lic. ès sc., 44, rue de Turbigo. — Paris.

D' **Poupinel (Gaston)**, anc. Int. des Hôp., 12, rue Margueritte. — Paris. — **R**

Poupinel (Émile), 24, rue Cambon. — Paris.

**Poupot (Charles, Henry)*, Percept., 5, rue Jean-Jacques-Rousseau. — Nantes (Loire-Inférieure).

D' **Poussié (Émile)**, 2, rue de Valois. — Paris. — **R**

Pouyanne (C., M.), Insp. gén. des Mines, 70, rue Rovigo. — Alger. — **R**

D' **Powell (Osborne, C.)**. — Fontenelle-Saint-Laurent (Ile de Jersey).

D' **Pozzi (Samuel)**, Mem. de l'Acad. de Méd., Agr. à la Fac. de Méd., Chirurg. des Hôp., Sénateur de la Dordogne, 47, avenue d'Iéna. — Paris. — **R**

Pralon (Léopold), Ing. civ. des Mines, Délég. gén. du Cons. d'Admin. de la *Soc. de Denain et d'Anzin*, anc. Élève de l'Éc. Polytech., 11 *bis*, rue de Milan. — Paris.

Prarond (Ernest), Présid. d'hon. de la *Soc. d'Émulation d'Abbeville*, 42, rue du Lillier. — Abbeville (Somme).

D' **Prat**, villa Lutèce. — Royan-les-Bains (Charente-Inférieure).

Prat (Léon), Chim., 54 allées d'Amour. — Bordeaux (Gironde). — **R**

D' **Prats (J., M.)**, Méd. de S. A. le Bey. — La Marsa (Tunisie).

Préaudeau (Albert de), Ing. en chef, Prof. à l'Éc. nat. des P. et Ch., 21, rue Saint-Guillaume. — Paris.

Preller (L.), Nég., 5, cours de Gourgues. — Bordeaux (Gironde). — **R**

Prève (Laurent), 2, rue Dante. — Nice (Alpes-Maritimes).

Prevet (Ch.), Nég., 48, rue des Petites-Écuries. — Paris. — **R**

Prévost (A.), Ing. de la *Comp. des Chem. de fer de Bône à Guelma et prolongements*, anc. Élève de l'Éc. nat. des P. et Ch., 10, rue du Marabout. — Tunis.

**Prévost (Georges)*, Ing. civ. des Mines, anc. Élève de l'Éc. Polytech., 30, quai de Bourgogne. — Bordeaux (Gironde).

D' **Prévost (Léandre)**. — Pont-l'Évêque (Calvados).

Prévost (Maurice), Nég., 19, rue Foy. — Bordeaux (Gironde).

**Prévost (Maurice)*, Publiciste, 55, rue Claude-Bernard. — Paris.

Prieur (Félix), Biblioth. des Fac., 6, rue Morand. — Besançon (Doubs).

Prioleau (Mme Léonce)*, 4, rue des Jacobins. — Brive (Corrèze). — **R

D' Prioleau (Léonce)*, anc. Int. des Hôp. de Paris, 4, rue des Jacobins. — Brive (Corrèze). — **R

Privat (Paul, Édouard), Libr.-Édit., Juge au Trib. de Com., 45, rue des Tourneurs. — Toulouse (Haute-Garonne). — **R**

Prot (Paul), Présid. du Syndic. de la Parfumerie française, 65, rue Jouffroy. — Paris. — **F**

Prouho (Henri), Doct. ès sc., Prof. adj. à la Fac. des Sc., anc. Élève de l'Éc. cent. des Arts et Man., 72, rue Jeanne-d'Arc. — Lille (Nord).

Proust (Adrien), Prof. à la Fac. de Méd., Mem. de l'Acad. de Méd., Méd. des Hôp., Insp. gén. des Serv. sanit., 9, boulevard Malesherbes. — Paris.

*__Proust (Louis, Charles)__, Ing.-Chim. — Mouy (Oise).

Provost (Eugène), Admin. de *la Fabrique française de Chapellerie*. — Chazelles-sur-Lyon (Loire).

Prunget (Joseph), s.-Chef de Bureau au Min. du Com., 106, rue de Rennes. — Paris.

Pruvot (Georges), Prof. de Zool. à la Fac. des Sc. 6, rue des Alpes. — Grenoble (Isère).

Puerari (Eugène), Admin. de la *Comp. des Chem. de fer du Midi*, 40, boulevard de Courcelles. — Paris.

Pugens, Ing. en chef des P. et Ch., 7, Jardin-Royal. — Toulouse (Haute-Garonne).

Pugh-Desroches (Georges), Dir. de l'*Agence-Desroches*, et de la *Soc. la France pittoresque*, 21, rue du Faubourg-Montmartre. — Paris.

Dr Pujos (Albert), Méd. princ. du Bureau de bienfais., 58, rue Saint-Sernin. — Bordeaux (Gironde). — **R**

Pütz (le Général Henry), 98, rue Saint-Merry. — Fontainebleau (Seine-et-Marne).

Dr Putzeÿs (Félix), Prof. d'Hyg. à l'Univ., 15, boulevard Frère-Orban. — Liège (Belgique).

Puvis (Paul), 6 *bis*, rue Bucaille. — Honfleur (Calvados).

Quarré-Reybourbon, Mem. de la Commis. hist., Sec. gén. adj. de la *Soc. de Géog. de Lille*, 70, boulevard de La Liberté. — Lille (Nord).

Quatrefages de Bréau (Mme Ve Armand de), 48, rue Saint-Ferdinand. — Paris. — **R**

Quatrefages de Bréau (Léonce de), Ing., Chef de serv. à la *Comp. des Chem. de fer du Nord*, anc. Élève de l'Éc. cent. des Arts et Man., 50, rue Saint-Ferdinand. — Paris. — **R**

Quef-Debièvre (Victor), Prop., 2, boulevard Louis-XIV. — Lille (Nord).

Queille (G.), Pharm. de 1re cl., 36, rue Rabelais. — Niort (Deux-Sèvres).

*__Quesnel (Gustave)__, 10, rue Legendre. — Rouen (Seine-Inférieure).

Queva (Charles), Doct. ès sc., Maître de conf. de Botan. à la Fac. des Sc., 14, rue Malus. — Lille (Nord).

Quévillon (Fernand), Colonel-Command. le 144e Rég. d'Infant., Breveté d'Ét.-Maj. 33, rue de Strasbourg. — Bordeaux (Gironde). — **F**.

Quinemant (Auguste), Colonel d'Infant. en retraite, villa Beau-Site. — Thonon-les-Bains (Haute-Savoie).

Quinette de Rochemont (le Baron Émile, Théodore), Insp. gén. des P. et Ch., 18, rue de Marignan. — Paris.

*__Quinton (René)__, 71, avenue de Villiers. — Paris.

Rabion (J., E.), Notaire, 32, rue Vital-Carles. — Bordeaux (Gironde).

Rabot, Doct. ès sc., Pharm., Présid. du Cons. d'Hyg. du départ., 33, rue de La Paroisse. — Versailles (Seine-et-Oise).

*__Rabut (Charles)__, Ing. en chef, Prof., à l'Éc. nat. des P. et Ch., 77, rue Duplessis. — Versailles (Seine-et-Oise).

Racine (Gustave), Nég., 30, rue Breteuil. — Marseille (Bouches-du-Rhône).

Raclet (Joannis), Ing. civ., 10, place des Célestins. — Lyon (Rhône). — **R**

Raclot (l'Abbé Victor), Dir. de l'Observatoire météor., 12, rue de La Charité. — Langres (Haute-Marne).

Radais (Maxime), Prof. à l'Éc. sup. de Pharm., 257, boulevard Raspail. — Paris.

*__Radiguet (Arthur)__, Construc. d'inst. de précis., 15, boulevard des Filles-du-Calvaire. — Paris.

Raffalovich (Arthur), Corresp. de l'Inst., Rédac. au *Journal des Débats*, 19, avenue Hoche. — Paris.

Raffalovich (Mme H.), 48, avenue du Bois-de-Boulogne. — Paris.

Dr Raffegeau (Donatien), Dir. de l'Établis. hydrothérap., 9, avenue des Pages. — Le Vésinet (Seine-et-Oise).

Ragain (Gustave), Prof. au Lycée et à l'Éc. sup. de Com. et d'Indust., 42, rue de Ségalier. — Bordeaux (Gironde).

Ragot (J.), Ing. civ., Admin. délégué de la Sucrerie de Meaux. — Villenoy par Meaux (Seine-et-Marne).

Raimbault (Paul), Pharm. de 1re cl., Prof. à l'Éc. de Méd., 12, rue de La Préfecture.
— Angers (Maine-et-Loire).
Raimbert (Louis), Chim., Dir. de sucrerie, 34, rue de Constantinople. — Paris. — **R**
Rainbeaux (Abel), anc. Ing. des Mines, 16, rue Picot. — Paris.
Dr Raingeard, 1, place Royale. — Nantes (Loire-Inférieure). — **R**
Ralli (Étienne), Prop., 24, place Malesherbes. — Paris.
Rambaud (Alfred), Mem. de l'Inst., Prof. à la Fac. des Lettres, anc. Min. de l'Instruc.
pub., Sénateur et Mem. du Cons. gén. du Doubs, 76, rue d'Assas. — Paris. — **R**
*Ramé (Mlle), 16, rue de Chalon. — Paris. — **R**
*Ramé (Louis, Félix), anc. Présid. du Syndic. de la Boulang. de Paris et de la Délég. de la
Boulang. franç., 16, rue de Chalon. — Paris. — **R**
Ramon, Chef de serv. du Matér. et de la Trac. au *Réseau de l'Eure*. — Trie-Château (Oise).
*Ramond (Georges), Assistant de Géol. au Muséum d'hist. nat., 61, rue de Buffon.
— Paris, et 18, rue Louis-Philippe. — Neuilly-sur-Seine (Seine).
Dr Ranque (Paul), 13, rue Champollion. — Paris.
Dr Raoult (Aimar), anc. Int. des Hôp. de Paris, 4, rue de Serre. — Nancy (Meurthe-
et-Moselle).
Raoult (François), Corresp. de l'Inst., Doyen de la Fac. des Sc., 2, rue des Alpes.
— Grenoble (Isère).
Dr Rappin (Gustave), Prof. à l'Éc. de Méd., Dir. du Lab. départ. de bactériologie,
170, rue de Rennes. — Nantes (Loire-Inférieure).
Rateau (Auguste), Archit.-Entrep., avenue de Pontaillac (villa Georges). — Royan-les-
Bains (Charente-Inférieure).
Rateau (Auguste), Ing. des Mines, 105, quai d'Orsay. — Paris.
*Raulet (Lucien), anc. Nég., Biblioth.-Conserv. hon. de la *Soc. de Géog. com. de Paris*,
9, rue des Dames. — Paris.
*Raulin (Victor), anc. Prof. à la Fac. des Sc. de Bordeaux. — Montfaucon-d'Argonne (Meuse).
*Raveneau (Louis), Sec. de la Rédac. des *Annales de Géog.*, 76, rue d'Assas. — Paris.
*Ravenel (Jules), Artiste-Peintre, 18, rue des Carmélites. — Caen (Calvados).
Raymond (Fulgence), Prof. à la Fac. de Méd., Mem. de l'Acad. de Méd., Méd.
des Hôp., 156, boulevard Haussmann. — Paris.
Dr Raymond (Paul), Agr. à la Fac. de Méd., 34, avenue Kléber. — Paris.
Raynal (David), anc. Min., Sénateur de la Gironde, 11, rue Château-Trompette.
— Bordeaux (Gironde).
Reber (Jean), Chim. — Notre-Dame-de-Bondeville (Seine-Inférieure).
Reboul (Frédéric), Cap. à l'Ét.-maj. du 19e Corps d'armée, 25, rue Darwin. — Alger-
Mustapha.
Dr Reboul (Jules), anc. Int. des Hôp. de Paris, Chirurg. en chef de l'Hôtel-Dieu,
1, rue d'Uzès. — Nîmes (Gard).
Rebuffel (Charles), Ing. des P. et Ch., Dir. de la *Soc. des grands Trav. de Marseille*,
70, rue Paradis. — Marseille (Bouches-du-Rhône).
Dr Reclus (Paul), Mem. de l'Acad. de Méd., Agr. à la Fac. de Méd., Chirurg. des Hôp.,
9, rue des Saints-Pères. — Paris.
Dr Redard (Camille), Prof., 8, rue de La Cloche. — Genève (Suisse).
*Reddon (Mme Henry), villa Penthièvre. — Sceaux (Seine).
*Dr Reddon (Henry), Méd.-Dir. de la villa Penthièvre. — Sceaux (Seine).
*Regey (Joseph), Nég., 28, rue de Glère. — Besançon (Doubs).
Dr Regnard (Paul), Mem. de l'Acad. de Méd., Dir. de l'Inst. nat. agronom., 224, bou-
levard St-Germain. — Paris.
Régnard (Paul, Louis), Ing. des Arts et Man., Mem. du Comité de la *Soc. des Ing. civ. de
France*, 53, rue Bayen. — Paris.
*Regnault (Ernest), Présid. du Trib. civ. — Joigny (Yonne).
Régnault (Félix), Libraire, 19, rue de La Trinité. — Toulouse (Haute-Garonne).
Dr Régnault (Félix, Louis), anc. Int. des Hôp., 225, rue Saint-Jacques. — Paris.
Reich (Louis), Ing.-Agric., Domaine du Bourrian. — Gassin (Var).
Reinach (Théodore), Doct. ès Lettres et en Droit, 26, rue Murillo. — Paris.
Dr Rémy (Charles), Agr. à la Fac. de Méd., 31, rue de Londres. — Paris.
*Rémy (Henry), Prop. — Gevrey-Chambertin (Côte-d'Or).
Renard (Charles), Lieut.-Colonel du Génie, Dir. de l'Établis. cent. d'aérostat. milit.
de Chalais, 7, avenue de Trivaux. — Meudon (Seine-et-Oise).
Renard (Soulange), Banquier, 10, rue Grange-Batelière. — Paris.
Renard et Villet, Teintur. — Villeurbanne (Rhône).

*Renaud (Georges), Dir. de la *Revue géographique internationale*, Prof. au Col. Chaptal, à l'Inst. com. et aux Éc. sup. de la Ville de Paris, 76, rue de La Pompe. — Paris. — **R**

*Renaud (Paul), Ing. élec., anc. Élève de l'Éc. mun. de Phys. et Chim. indust., Sec. gén. du *Mois scientifique et industriel*, 10, avenue Alphand. — Saint-Mandé (Seine).

Renault (Bernard), Doct. ès sc., Assistant de Botan. au Muséum d'hist. nat., 1, rue de La Collégiale. — Paris.

Renaut (Joseph), Prof. à la Fac. de Méd., Assoc. nat. de l'Acad. de Méd., 6, rue de L'Hôpital. — Lyon (Rhône).

Rénier (Édouard), Recev. partic. des Fin. en retraite, avenue Victor-Hugo. — Brioude (Haute-Loire). — **R**

Renou (Émilien), Dir. de l'Observatoire météor. du parc Saint-Maur, anc. Élève de l'Éc. Polytech., avenue de La Tourelle. — Saint-Maur-les-Fossés (Seine).

Renouard (Mme Alfred), 49, rue Mozart. — Paris. — **F**

Renouard (Alfred), Ing. civ., Dir. de Soc. *techniq.*, 49, rue Mozart. — Paris. — **F**

Renouf (Désiré), Dir. de l'Agence de la *Soc. gén.*, 21, rue Prémard. — Honfleur (Calvados).

Renouvier (Charles), Publiciste, anc. Élève de l'Éc. Polytech., 37, rue des Remparts-Villeneuve. — Perpignan (Pyrénées-Orientales). — **F**

Repelin (Joseph), Doct. ès sc., Prépar. à la Fac. des Sc., 11, boulevard Dugommier. — Marseille (Bouches-du-Rhône).

Dr Repéré. — Gémozac (Charente-Inférieure).

Rességuier (Eugène), Admin. délég. des *Verreries de Carmaux*, 15, allées Lafayette. — Toulouse (Haute-Garonne).

*Ressouche (l'Abbé Jules), Étud., 26, rue Fourdoules. — Marvéjols (Lozère).

Rettig (Fritz), Chim. (Maison Heilmann et Cie). — Mulhouse (Alsace-Lorraine).

Reuss (Georges), Ing. des P. et Ch., 63, rue Michelet. — Saint-Étienne (Loire).

Revoil (Henri), Corresp. de l'Inst., Archit. des monuments historiques, avenue Feuchères. — Nîmes (Gard).

*Rey (Auguste), Fondé de pouvoirs d'Agent de change, 8, rue Sainte-Cécile. — Paris.

Rey (Louis), Ing. des Arts et Man., Admin. de la *Comp. des Chem. de fer du Cambrésis*, 97, boulevard Exelmans. — Paris. — **R**

Dr Rey-Pailhade (Joseph de), Ing. civ. des Mines, 18, rue Saint-Jacques. — Toulouse (Haute-Garonne).

Reynaud (Georges), Ing. des Arts et Man., Manufac. — Betheniville (Marne).

Dr Reynier (Paul), Agr. à la Fac. de Méd., Chirurg. des Hôp., 12 *bis*, place Delaborde. — Paris.

Dr Riant (A.), Méd. de l'Éc. norm. prim. du départ. de la Seine, 138, rue du Faubourg-Saint-Honoré. — Paris.

Riaz (Auguste de), Banquier, 10, quai de Retz. — Lyon (Rhône). — **F**

Dr Riban (Joseph), Dir. adj. du Lab. d'Enseign. chim. et des Hautes Études à la Sorbonne, Prof. à l'Éc. nat. des Beaux-Arts, 85, rue d'Assas. — Paris.

Dr Ribard (Élisée), 9, place des Ternes. — Paris.

Ribero de Souza Rezende (le Chevalier S.), Poste restante. — Rio-Janeiro (Brésil). — **R**

Ribot (Alexandre), anc. Min., Député du Pas-de-Calais, 6, rue de Tournon. — Paris. — **R**

Ribout (Charles), Prof. hon. de Math. spéc. au Lycée Louis-le-Grand, 30, avenue de Picardie. — Versailles (Seine-et-Oise). — **R**

Dr Ricard (Étienne), Chirurg. de l'Hôp., 6, impasse Voltaire. — Agen (Lot-et-Garonne).

*Richard (Jules), Ing., Fabric. d'inst. de Phys., 25, rue Mélingue. — Paris.

*Dr Richard (Léon), 22, rue de Chastillon. — Châlons-sur-Marne (Marne).

Dr Richardière (Henri), Méd. des Hôp., 18, rue de L'Université. — Paris.

*Richebé (Raymond), Archiv.-Paléog., Avocat à la Cour d'Ap., 7, rue Montaigne. — Paris

Dr Richelot (L., Gustave), Mem. de l'Acad. de Méd., Agr. à la Fac. de Méd., Chirurg. des Hôp., 32, rue de Penthièvre. — Paris.

Richemont (Albert de), anc. Maître des Requêtes au Cons. d'État, 4, rue Cambacérès. — Paris.

Dr Richer (Paul), Mem. de l'Acad. de Méd., Dir. hon. du Lab. des *Maladies nerveuses* de la Fac. de Méd., 11, rue Garancière. — Paris.

Richet (Charles), Prof. à la Fac. de Méd., Mem. de l'Acad. de Méd., 15, rue de L'Université. — Paris.

Richier (Clément), Prop. — Nogent en Bassigny (Haute-Marne). — **R**

Ridder (Gustave de), Notaire, 4, rue Perrault. — Paris. — **R**

Rieder (Jacques), Ing. des Arts et Man., Gérant de la Maison Gros, Roman et Cⁱᵉ. — Wesserling (Alsace-Lorraine).

Riffaud (Abert), Ing. civ., anc. Élève de l'Éc. nat. des P. et Ch., 31, rue Chabaudy. — Niort (Deux-Sèvres).

Rigaud (Mᵐᵉ Vᵉ Francisque), 8, rue Vivienne. — Paris. — **F**

Rigaut (Adolphe), Nég., Adj. au Maire, 15, rue de Valmy. — Lille (Nord).

*__Rigel (Jérôme)__, Caissier de la Maison Way, 27, rue Jean-Jacques-Rousseau. — Paris.

Rilliet (Albert), Prof. à l'Univ., 16, rue Bellot. — Genève (Suisse). — **R**

Rimbault (Jacques), Conduc. princ. des P. et Ch. en retraite, 84, avenue de Paris. — Niort (Deux-Sèvres).

*__Dʳ Rioms (Jean, Léopold)__. — Eymet (Dordogne).

*__Ripert (Léon)__, Chef de Bat, du Génie en retraite, anc. Élève de l'Éc. Polytech., 200, rue Saint-Antoine. — Paris.

Risler (Charles), Chim., Maire du VIIᵉ arrond., 39, rue de L'Université. — Paris. — **F**

Risler (Eugène), Dir. hon. de l'Inst. nat. agron., 106 bis, rue de Rennes. — Paris. — **R**

Rispal (Auguste), Nég., Député de la Seine-Inférieure, 200, boulevard de Strasbourg. Le Havre (Seine-Inférieure).

Riston (Victor), Doct. en droit, Avocat à la Cour d'Ap. de Nancy, 3, rue d'Essey. — Malzéville (Meurthe-et-Moselle). — **R**

Ritter (Charles), Ing. en chef des P. et Ch. en retraite, 1, rue de Castiglione. — Paris.

Rivière (A.), Archit., 16, rue de L'Université. — Paris.

*__Rivière (Émile)__, s.-Dir. adj. du Lab. d'Hist. nat. des corps inorganiques du Collège de France, 8, rue du Réveillon. — Brunoy (Seine-et-Oise).

*__Dʳ Rivière (Jean)__, Méd.-Maj. de 1ʳᵉ cl., au 20ᵉ Rég. d'Artil. — Poitiers (Vienne). — **R**

*__Robert (Émile)__, Nég., 5, cours d'Alsace-et-Lorraine. — Bordeaux (Gironde).

Robert (Gabriel), Avocat à la Cour d'Ap., 2, quai de L'Hôpital. — Lyon (Rhône). — **R**

Roberty (H.), Nég., 52, rue Notre-Dame-de-Nazareth. — Paris.

Robin (A.), Consul de Turquie, Banquier, 41, rue de L'Hôtel-de-Ville. — Lyon (Rhône). — **R**

Robineau (Th.), Lic. en droit, anc. Avoué, 4, avenue Carnot. — Paris. — **R**

Rochas d'Aiglun (le Lieutenant-Colonel Albert de), Admin. de l'Éc. Polytech., 21, rue Descartes. — Paris.

Dʳ Roche (Léon). — Oradour-sur-Vayres (Haute-Vienne).

Dʳ Rochebrune (Alphonse Trémeau de), Assistant de Zool. au Muséum d'Hist. nat. (Mollusques et Zoophites), 106, rue Monge. — Paris.

Rochefort (de), Dir. de la Comp. gén. Transat. — Oran (Algérie).

Rocques (Xavier), Expert-Chim., anc. Chim. princ. au Lab. mun. de la Préf. de Police, 11, avenue Laumière. — Paris.

Rodel (Henri), Substitut du Proc. de La République, 1, rue de Condé. — Bordeaux (Gironde).

Rodier (E.), Prof. d'Hist. nat. au Lycée, 20, rue Matignon. — Bordeaux (Gironde).

Rodocanachi (Emmanuel), 54, rue de Lisbonne. — Paris. — **R**

Rodrigues-Ély (Amédée), Banquier, 3, cours Pierre-Puget. — Marseille (Bouches-du-Rhône).

Rodrigues-Ély (Camille), Manufac., Lic. en droit, anc. Cap. d'Artil., anc. Élève de l'Éc. Polytech., 2, boulevard Henri-IV. — Paris.

Rogé (Xavier), Maître de forges, Présid. de la Ch. de Com. de Nancy. — Pont-à-Mousson (Meurthe-et-Moselle).

Dʳ Rogée (Léonce). — Saint-Jean-d'Angély (Charente-Inférieure).

Roger (Albert), Nég. en vins de Champagne, rue Croix-de-Bussy. — Épernay (Marne).

Roger (Georges), Nég. en vins de Champagne, rue Croix-de-Bussy. — Épernay (Marne).

Rohden (Charles de), Mécan., 189, rue Saint-Maur. — Paris. — **R**

Rohden (Théodore de), 189, rue Saint-Maur. — Paris. — **R**

Dʳ Roland (François), Prof. à l'Éc. de Méd., Mem. de l'Acad. des Sc., Belles-Lettres et Arts, Sec. de la Soc. de Méd., 10, rue de L'Orme-de-Chamars. — Besançon (Doubs).

Rolland (Alexandre), Nég. en papiers, 7, rue Haxo. — Marseille (Bouches-du-Rhône). — **R**

Rolland (Georges), Ing. en chef des Mines, 60, rue Pierre-Charron. — Paris. — **R**

Rollez (G.), 48, boulevard de La Liberté. — Lille (Nord).

Romann (Auguste), Fabric. de brosses, 14, rue des Merles. — Mulhouse (Alsace-Lorraine).

Rondeau (Julien), Avocat, 47, rue de La Victoire. — Paris.

Dʳ Rondeau (Pierre), anc. Chef adj. des Trav. prat. de physiol. à la Fac. de Méd. de Paris. — Roussainville par Illiers (Eure-et-Loir).

Ronna (Antoine), Ing., Mem. du Cons. sup. de l'Agric., anc. Dir. des mines, usines èt domaines de la *Soc. autrichienne-hongroise privilégiée des Chem. de fer de l'État*, 48, boulevard Émile-Augier. — Paris.

Ronnelle (Alexandre), anc. Archit., v.-Présid. du Cons. gén. — Cambrai (Nord).

Ropiquet (Clément), Pharm. de 1re cl. — Corbie (Somme).

*Roques (Camille), Juge au Trib. civ., rue Droite. — Villefranche-de-Rouergue (Aveyron).

Rosenfeld (Jules), Délég. cant. du IXe arrond., anc. Chef d'Instit., 39, rue Condorcet. — Paris.

Rosenstiehl (Auguste), 61, route de Saint-Leu. — Enghien (Seine-et-Oise).

Rosny [Arthur], Prop., 8, rue de La Providence. — Boulogne-sur-Mer (Pas-de-Calais).

Rothschild (le Baron Alphonse de), Mem. de l'Inst., 2, rue Saint-Florentin. — Paris. — **F**

Rothschild (le Baron Gustave de), Consul gén. d'Autriche, 23, avenue de Marigny. — Paris.

Rouanne (Antoine), Pharm. — Henrichemont (Cher).

Rouart (Henri), Construc.-Mécan., anc. Élève de l'Éc. Polytech., 34, rue de Lisbonne. — Paris.

Rouffio (Félix), Ing. des Arts et Man., 22, rue de La Darse. — Marseille (Bouches-du-Rhône).

Rougerie (Msr Pierre, Eugène), Évêque de Pamiers. — Pamiers (Ariège).

Rouget, Insp. gén. des Fin., 15, avenue Mac-Mahon. — Paris. — **R**

Rougeul, Insp. gén. hon. des P. et Ch., 3, rue du Regard. — Paris.

Rouher (Gustave), château de Creil (Oise).

Roule (Louis), Prof. de Zool. à la Fac. des Sc., 8, Jardin-Royal. — Toulouse (Haute-Garonne).

Dr Roussan (Georges), anc. Int. des Hôp., 106, avenue Victor-Hugo. — Paris.

Dr Rousseau (Henri), Institution du Parangon. — Joinville-le-Pont (Seine).

Rousseau (Henri), Ing. des P. et Ch., 12, rue de La Pompe. — Paris. — **R**

Dr Roussel (Albéric), 47, boulevard Beaumarchais. — Paris.

Roussel (Joseph), Doct. ès sc., Prof. au Collège, chemin de Velours. — Meaux (Seine-et-Marne).

Roussel (Jules), Nég., 1, rue Auguste. — Nîmes (Gard).

Dr Roussel (Théophile), Mem. de l'Inst. et de l'Acad. de Méd., Sénateur et Présid. du Cons. gén. de la Lozère, 71, rue du Faubourg-Saint-Honoré. — Paris. — **F**

Rousselet (Louis), Archéol., 126, boulevard Saint-Germain. — Paris. — **R**

Roussellier (Jean), Agent gén. de la *Comp. des Houillères de Bessèges*, 20, cours Pierre-Puget. — Marseille (Bouches-du-Rhône).

Rousselot (Joseph), anc. Présid. du Trib. de Com., 55, rue Saint-Nicolas. — Nancy (Meurthe-et-Moselle).

Rousset (Gustave du), Dir. de la *Soc. des Mines de la Loire*, 2, place Marengo. — Saint-Étienne (Loire).

Dr Roustan (Auguste), 58, rue d'Antibes. — Cannes (Alpes-Maritimes).

*Rouveix (Georges). — Saint-Germain-Lembron (Puy-de-Dôme).

*Rouveix (Jean). — Saint-Germain-Lembron (Puy-de-Dôme).

*Rouveix (Mme Lucie). — Saint-Germain-Lembron (Puy-de-Dôme).

*Dr Rouveix (Mathieu). — Saint-Germain-Lembron (Puy-de-Dôme).

Rouvier, v. Présid. du Cons. gén., château de Puyravault par Surgères (Charente-Inférieure).

Dr Rouvier (Jules), Prof. à la Fac. de Méd. française de Beyrouth (Syrie), 6, rue Nau. — Marseille (Bouches-du-Rhône).

Rouvière (Albert), Ing. des Arts et Man., Prop.-Agric. — Mazamet (Tarn). — **F**

Rouvière (Léopold), Pharm. — Avignon (Vaucluse).

Rouville (Étienne de), Prépar. de Zool. à la Fac. des Sc., 10, rue Henri-Guinier. — Montpellier (Hérault).

Dr Roux (Émile), Mem. de l'Inst. et de l'Acad. de Méd., Dir. de l'Inst. Pasteur, 25, rue Dutot. — Paris.

*Roux (Gustave), 72, rue de Rome. — Paris.

Roux (Jules, Charles), Fabric. de savon, anc. Député, 81, rue Sainte. — Marseille (Bouches-du-Rhône).

Rouyer-Warnier (L.), Nég., 27, rue David. — Reims (Marne).

Rouzé (Émile), Entrep. de Trav. pub., 20, rue Gauthier-de-Châtillon. — Lille (Nord).

Roze (Émile), Avocat, ancien Avoué, 19, rue Libergier. — Reims (Marne).

Rozier (Octave), Prof. de Math., 12 *bis*, rue Prosper. — Bordeaux (Gironde).

Dr Ruault (Albert), Méd. de la Clin. laryngol. de l'Instit. nat. des Sourds-Muets, 59, avenue Victor-Hugo. — Paris.

Ruchonnet (Pierre, Paul), Ing. des Arts et Man., 13, boulevard de Belleville. — Paris.
Ruffin (Achille), Chim., 135, rue Vinoc-Chocqueel. — Tourcoing (Nord).
Russel (William), Doct. ès sc., 19, boulevard Saint-Marcel. — Paris.
Dr Sabatier, 11, rue de la Coquille. — Béziers (Hérault).
Sabatier (Armand), Corresp. de l'Inst., Doyen de la Fac. des Sc. 3, rue Barthez. — Montpellier (Hérault). — **R**
*Sabatier (Paul), Prof. de Chim. à la Fac. des Sc., 11, allées des Zéphirs. — Toulouse (Haute-Garonne). — **R**
Dr Sabatier-Desarnauds, 9, rue des Balances. — Béziers (Hérault).
Dr Sabouraud (Raymond), Chef de Lab. de la Fac. de Méd. à l'Hôp. Saint-Louis, 62, rue Caumartin. — Paris.
Sagey, Dir. de la *Banque de France.* — Tours (Indre-et-Loire).
*Sagnier (Henry), Dir. du *Journal de l'Agriculture,* 106, rue de Rennes. — Paris. — **R**
Saignat (Léo), Prof. à la Fac. de Droit, 18, rue Mably. — Bordeaux (Gironde). — **R**
*Saint-John de Crévecœur (Lionel), Archiv. Paléogr., 120, rue de Longchamp. — Paris.
Saint-Joseph (le Baron Anthoine de), 23, rue François-Ier. — Paris.
*Saint-Laurent (Albert de), Avocat, 128, cours Victor-Hugo. — Bordeaux (Gironde). — **R**
Saint-Martin (l'Abbé Charles de), Vicaire, 7, rue des Carrières. — Suresnes (Seine). — **R**
Saint-Olive (G.), anc. Banquier, 9, place Morand. — Lyon (Rhône). — **R**
Dr Sainte-Rose-Suquet, 3, rue des Pyramides. — Paris. — **R**
Saladin (Henri), Archit. diplômé par le gouvern., 47, rue du Faubourg-Saint-Honoré. — Paris.
Salaire-Petit (Mme V^e), 35, rue de L'Université. — Reims (Marne).
Salanson (Alphonse), Ing. civ. des Mines, anc. Élève de l'Éc. Polytech., 23, rue des Écuries-d'Artois. — Paris.
Dr Salathé (Auguste), 27, rue Michel-Ange. — Paris.
Salet (Mme Ve Georges), 120, boulevard Saint-Germain. — Paris.
Salet (Pierre), Étud., 120, boulevard Saint-Germain. — Paris.
Salières (François), Dir. du journal *Le Populaire,* 10, rue du Calvaire. — Nantes (Loire-Inférieure).
Sallenave (Victor), Chim.-exp., 3, place du Palais-de-Justice. — Pau (Basses-Pyrénées).
Salmin (Casimir), Ing. des Arts et Man., 6. rue Faidherbe. — Lille (Nord).
Salomé (Théophile), Doct. en droit, 27, rue Saint-Jean. — Pontoise (Seine-et-Oise).
Salvago (Nicolas), 15, place Malesherbes. — Paris.
Samama (Moïse), Rent., 194, avenue du Prado. — Marseille (Bouches-du-Rhône).
Samama (Nissim), Doct. en droit, Avocat, 194, avenue du Prado. — Marseille (Bouches-du-Rhône).
Samazeuilh (Fernand), Avocat, 1 *bis,* rue Bardineau. — Bordeaux (Gironde).
Dr Sambuc (Camille), Agr. de Chim. à la Fac. de Méd., 2, avenue des Ponts. — Lyon (Rhône).
*Sanson (André), Prof. à l'Inst. nat. agron. et à l'Éc. nat. d'Agric. de Grignon, 18, rue Boissonnade. — Paris. — **R**
Saporta (le Comte Antoine de), 3, rue Philippy. — Montpellier (Hérault)..
*Dr Saquet (Donatien), 25, rue Poissonnerie. — Nantes (Loire-Inférieure).
Sarlit (Frédéric), Prof. de Math. à l'Éc. sup. de Com. et d'Indust., 8, rue du Loup. — Bordeaux (Gironde).
Sartiaux (Albert), Ing. en chef des P. et Ch., Ing.-Chef de l'Exploit. à la *Comp. des Chem. de fer du Nord,* 20, rue de Dunkerque. — Paris.
*Saugrain (Gaston), Doct. en droit, Avocat à la Cour d'Ap., 4, rue Bernard-Palissy. — Paris.
Saunion (Alexandre), Nég., rue des Ormeaux. — La Rochelle (Charente-Inférieure).
*Saurin (Alphonse), Banquier, Mem. de la Ch. de Com. — Castellane (Basses-Alpes).
*Dr Sauvage (Émile), Conserv. des Musées, 39 *bis,* rue Tour-Notre-Dame. — Boulogne-sur-Mer (Pas-de-Calais).
Savé, Pharm. — Ancenis (Loire-Inférieure).
Savoye (Claudius), Inst. — Odenas (Rhône).
Schæffer (Gustave), Chim.-Manufac. — Château de Pfastatt (Alsace-Lorraine).
Schamoun (Philippe), Délég. à la Dir. gén. des Fin. — Tozeur (Tunisie).
Scheurer (Auguste). — Logelbach près Colmar (Alsace-Lorraine).
Schickler (le Baron Fernand de), 17, place Vendôme. — Paris.
Schiess-Gemuseus (H.), Prof. à la Fac. de Méd., Dir. de la Clin. ophtalm., 28, Missionsstrasse. — Bâle (Suisse).

Schilde (le **Baron de**), château de Schilde par Wyneghem (province d'Anvers) (Belgique). — **R**

Schlagdenhaufen (**F.**), Dir. de l'Éc. sup. de Pharm., 53, rue de Metz. — Nancy (Meurthe-et-Moselle).

***Schleicher** (**Mme Adolphe**), 15, rue des Saints-Pères. — Paris.

***Schleicher** (**Adolphe**), Libr.-Édit., 15, rue des Saints-Pères. — Paris.

***Schleicher** (**Charles**), Libr.-Édit., 15, rue des Saints-Pères. — Paris.

Schloesing (**Henri**), Fabric. de prod. chim., 103, rue Sylvabelle. — Marseille (Bouches-du-Rhône).

***Schlumberger** (**Charles**), Ing. de la Marine en retraite, 16, rue Christophe-Colomb. — Paris. — **R**

***Schmidt** (**Oscar**), 86, rue de Grenelle. — Paris.

Schmit (**Émile**), Pharm., 24, rue Saint-Jacques. — Châlons-sur-Marne (Marne).

Dr **Schmitt** (**Charles**), 6, rue de Villersexel. — Paris.

Dr **Schmitt** (**Ernest**), Prof. de Chim. et de Pharm. à l'Univ. catholique, 119, rue Nationale. — Lille (Nord).

Schmitt (**Henri**), Pharm. de 1re cl., 44, rue des Abbesses. — Paris. — **R**

Schmitt (**Joseph**), Prof. à la Fac. de Méd., 51, rue Chanzy. — Nancy (Meurthe-et-Moselle).

Schmutz (**Emmanuel**), 1, rue Kageneck. — Strasbourg (Alsace-Lorraine). — **R**

Schneegans (le **Général Frédéric**), 67, faubourg de Besançon. — Montbéliard (Doubs).

Schneider (**Eugène**), Maître de Forges au Creusot, Député de Saône-et-Loire, 1, boulevard Malesherbes. — Paris.

Schoeb (**Joseph**), Géom. en chef, Chef du Serv. de la topog., 37, rue d'Isly. — Alger.

Dr **Schœlhammer**. — Mulhouse (Alsace-Lorraine).

Schœlhammer (**Paul**), Chim. chez MM. Scheurer, Rott et Cie. — Thann (Alsace-Lorraine).

Schœndœrffer (**Paul**), Ing. en chef des P. et Ch. — Annecy (Haute-Savoie).

Schoenlaub (**Paul**), Pharm. — Genève (Suisse).

***Schott** (**Frédéric**), anc. Pharm., 22, rue Kühn. — Strasbourg (Alsace-Lorraine).

Schrader (**Frantz**), Prof. à l'Éc. d'Anthrop. Mem. de la Dir. cent. du *Club Alpin français*, 75, rue Madame. — Paris.

Dr **Schwartz** (**Édouard**), Agr. à la Fac. de Méd., Chirurg. des Hôp., 183, boulevard Saint-Germain. — Paris.

Schwérer (**Pierre, Alban**), Notaire, 3, rue Saint-André. — Grenoble (Isère). — **R**

Schwich (**Vincent**), Ing. civ., Représentant de la Maison Pavin de Lafarge, 24, avenue de France. — Tunis.

Schwob, Dir. du *Phare de la Loire*, 6, rue de L'Héronnière. — Nantes (Loire-Inférieure).

Scrive-Loyer (**Jules**), Nég., 294, rue Léon-Gambetta. — Lille (Nord).

***Sebert** (le **Général Hippolyte**), Mem. de l'Inst., Admin. de la *Soc. anonyme des Forges et Chantiers de la Méditerranée*, 14, rue Brémontier. — Paris. — **R**

Secrestat, Nég., 34, rue Notre-Dame. — Bordeaux (Gironde).

Secrétaire administratif de la Société des Ingénieurs civils de France (Le), 19, rue Blanche. — Paris.

***Secretan** (**Georges**), Ing.-Optic., 13, place du Pont-Neuf. — Paris.

Sédillot (**Maurice**), Entomol., Mem. de la *Com. scient. de Tunisie*, 20, rue de L'Odéon. — Paris. — **R**

Dr **Sée** (**Marc**), Mem. de l'Acad. de Méd., Agr. à la Fac. de Méd., Chirurg. des Hôp., 126, boulevard Saint-Germain. — Paris.

Dr **Segond** (**Paul**), Agr. à la Fac. de Méd., Chirurg. des Hôp., 11, quai d'Orsay. — Paris.

Segretain (le **Général Léon**), 23, rue de L'Hôtel-Dieu. — Poitiers (Vienne).

Séguin (**F.**), Chef de bureau au Min. des Fin., 10, rue du Dragon. — Paris.

Seguin (**J., M.**), Rect. hon., 27, rue Chaptal. — Paris.

Séguin (**Léon**), Dir. de la *Comp. du Gaz du Mans, Vendôme et Vannes*, à l'Usine à gaz. — Le Mans (Sarthe).

Seguy (**Paul**), Ing.-Élect., 53, rue Monsieur-le-Prince. — Paris.

Seiler (**Albert**), Ing. des Arts et Man., Construc. d'ap. à gaz, 17, rue Martel. — Paris.

Seiler (**Mme Antonin**). — La Châtre (Indre).

Seiler (**Antonin**), Juge hon. — La Châtre (Indre).

Seiler (**Joseph, Charles**), Ing. civ., Construct. d'ap. à gaz, 17, rue Martel. — Paris.

Séligmann (**Eugène**), Agent de change hon., 133, boulevard Malesherbes. — Paris.

Séligmann-Lui (**Émile**), Insp. d'assur. sur la vie, 39, rue Notre-Dame-de-Lorette. — Paris.

Selleron (**Ernest**), Ing. de la Marine en retraite, 76, rue de La Victoire. — Paris. — **R**

Dr **Sellier (Jean)**, Chef des trav. de Physiol. à la Fac. de Méd., 29, rue Boudet. — Bordeaux (Gironde).

Sélys-Longchamps (le Baron Edmond de), Mèm. de l'Acad. royale des Sc., Sénateur, 34, boulevard Sauvinière. — Liège (Belgique).

Sélys-Longchamps (Walther de). — Ciney (Belgique).

Senderens (l'Abbé Jean-Baptiste), Doct. ès sc., Prof. de Chim. à l'Inst. catholique, 31, rue de la Fonderie. — Toulouse (Haute-Garonne).

Sentini (Émile), Pharm., Présid. de la *Soc. de Pharm. de Lot-et-Garonne*. — Agen (Lot-et Garonne).

Serbat (Louis), Élève à l'Éc. des Chartes. — Saint-Saulve (Nord).

Serre (Fernand), Prop., 1, rue Levat. — Montpellier (Hérault). — **R**

Serré-Guino (Alphonse), Prof. hon. à l'Éc. norm. sup. d'Ens. second. pour les jeunes filles, anc. Examin. d'admis. à l'Éc. spéc. milit., 114, rue du Bac. — Paris.

***Servant (Joseph)**, Prépar. de Chim. à la Fac. des Sc., rue de L'École-de-Pharmacie. — Montpellier (Hérault).

Dr **Servantie (Xavier)**, Pharm. de 1re cl., 31, rue Margaux. — Bordeaux (Gironde).

Dr **Seure**, 4, rue Diderot. — Saint-Germain-en-Laye (Seine-et-Oise).

Dr **Seynes (Jules de)**, Agr. à la Fac. de Méd., 15, rue Chanaleilles. — Paris. — **F**

Seynes (Léonce de), 58, rue Calade. — Avignon (Vaucluse). — **R**

Seyrig (Théophile), Ing. des Arts et Man., Construc., 43, rue de Rome. — Paris.

Sicard (Germain), Présid de la *Soc. d'études scient. de l'Aude*, château de Rivière. — Caunes-Minervois (Aude).

Sicard (Hilaire), Pharm. de 1re cl., 1, place de La République. — Béziers (Hérault).

Siéber (H.-A.), 352, rue Saint-Honoré. — Paris. — **F**

Siegfried (Jacques), Banquier, 20, rue des Capucines. — Paris.

Siégler (Ernest), Ing. en chef des P. et Ch., Ing. en chef adj. de la Voie à la *Comp. des Chem. de fer de l'Est*, 48, rue Saint-Lazare. — Paris. — **R**

***Sieur (Mlle Marie-Madeleine)**, 93, avenue de Paris. — Niort (Deux-Sèvres).

***Sieur (Pierre)**, Prof. de Phys. au Lycée, 93, avenue de Paris. — Niort (Deux-Sèvres).

*Dr **Sigalas (Clément)**, Agr. à la Fac. de Méd., Chef des Trav. de Phys., 67, rue de La Teste. — Bordeaux (Gironde).

Signoret (Maximin), Prop., 19, rue du Vingt-Neuf-Juillet. — Paris.

***Silvestre (André)**, Ing.-Entrep. — Monistrol-sur-Loire (Haute-Loire).

Siméon (Paul), Ing. civ., Représent. de la *Soc. I. et A. Pavin de Lafarge*, anc. Élève de l'Éc. Polytech., 42, boulevard des Invalides. — Paris.

Simon, Prof. à la Fac. de Méd., 23, place de La Carrière. — Nancy (Meurthe-et-Moselle).

Simon (Aaron), Ing. civ. des Mines, Admin. délég. de la *Comp. des Mines de Graissessac*, 12, rue du Clos-René. — Montpellier (Hérault).

Simon (Georges), Prop.-Vitic., domaine des Hamyans. — Saint-Leu (départ. d'Oran) (Algérie).

Simon (J.), Pharm., 13, rue Grange-Batelière. — Paris.

Simon (Louis), Prof. d'Hydrog. de la Marine en retraite, 148, rue de Paris. — Boulogne-sur-Seine (Seine).

Simon (René), Ing., 41, rue Gambetta. — Saint-Étienne (Loire).

Sinard (Mlle Berthe), Géol., 6, rue Galante. — Avignon (Vaucluse).

Dr **Sinety (le Comte Louis de)**, 14, place Vendôme. — Paris.

Sire (Georges), Corresp. de l'Inst., Mem. de l'*Acad. des Sc., Belles-Lettres et Arts*, 15, rue de La Mouillère. — Besançon (Doubs).

Siret (Louis), Ing. — Cuevas de Vera (province d'Almeria) (Espagne). — **R**

Sirodot (Simon), Corresp. de l'Inst., Doyen hon. et Prof. à la Fac. des Sc., rue Malakoff. — Rennes (Ille-et-Vilaine).

Société industrielle d'Amiens. — Amiens (Somme). — **R**

Société d'Études scientifiques d'Angers, place des Halles. — Angers (Maine-et-Loire).

***Société scientifique d'Arcachon**. — Arcachon (Gironde).

Société de Médecine vétérinaire de L'Yonne. — Auxerre (Yonne).

Société Ramond. — Bagnères-de-Bigorre (Hautes-Pyrénées).

Société d'Émulation du Doubs. — Besançon (Doubs).

Société de Médecine de Besançon et de La Franche-Comté. — Besançon (Doubs).

Société d'Études des Sciences naturelles. — Béziers (Hérault).

Société d'Histoire naturelle de Loir-et-Cher. — Blois (Loir-et-Cher).

Société des Sciences et des Lettres de Loir-et-Cher. — Blois (Loir-et-Cher).

Société linnéenne de Bordeaux (à l'Athénée), 53, rue des Trois-Conils. — Bordeaux (Gironde).

.Société de Médecine et de Chirurgie de Bordeaux (à l'Athénée), 53, rue des Trois-
    Conils. — Bordeaux (Gironde).
*Société de Pharmacie de Bordeaux (à l'Athénée), 53, rue des Trois-Conils. — Bor-
    deaux (Gironde).
Société philomathique de Bordeaux, 2, cours du XXX Juillet. — Bordeaux (Gi-
    ronde). — **R**
Société des Sciences physiques et naturelles de Bordeaux, 143, cours Victor-Hugo.
    — Bordeaux (Gironde). — **R**
Société académique de Brest. — Brest (Finistère). — **R**
*Société française d'Entomologie. — Caen (Calvados).
Société de Médecine de Caen et du Calvados. — Caen (Calvados).
Société des Arts et Sciences de Carcassonne. — Carcassonne (Aude).
Société d'Agriculture, Commerce, Sciences et Arts du département de **La Marne.**
    — Châlons-sur-Marne (Marne).
Société nationale des Sciences naturelles et mathématiques de Cherbourg.
    — Cherbourg (Manche)..
Société de Borda. — Dax (Landes).
Société d'Agriculture, Sciences et Arts de Douai, 8 *bis*, rue d'Arras. — Douai (Nord).
*Société libre d'Agriculture, Sciences, Arts et Belles-Lettres de L'Eure. — Évreux
    (Eure). —. **R**
Société des Sciences naturelles et archéologiques de La Creuse. — Guéret (Creuse).
Société médicale de Jonzac. — Jonzac (Charente-Inférieure).
Société de Médecine et de Chirurgie. — La Rochelle (Charente-Inférieure).
Société des Sciences naturelles de La Charente-Inférieure. — La Rochelle (Charente-
    Inférieure).
Société de Géographie commerciale du Havre, 131, rue de Paris. — Le Havre (Seine-
    Inférieure).
Société agricole et scientifique de La Haute-Loire. — Le Puy en Velay (Haute-Loire).
Société centrale de Médecine du Nord. — Lille (Nord). — **R**
Société de Géographie de Lisbonne (Portugal).
Société d'Anthropologie de Lyon (Palais des Arts), place des Terreaux. — Lyon
    (Rhône).
Société d'Économie politique de Lyon (M. P. A. Bléton, Secrétaire général), 13, quai
    de L'Archevêché. — Lyon (Rhône).
Société anonyme des Houillères de Montrambert et de La Béraudière, 70, rue de
    L'Hôtel-de-Ville. — Lyon (Rhône). — **F**.
Société de Lecture de Lyon, 1, place Saint-Nizier. — Lyon (Rhône).
*Société de Pharmacie de Lyon, Palais des Arts. — Lyon (Rhône).
Société des Sciences médicales de Lyon, 41, quai de L'Hôpital. — Lyon (Rhône).
Société départementale d'Agriculture des Bouches-du-Rhône, 10, rue Venture.
    — Marseille (Bouches-du-Rhône).
Société de Géographie de Marseille, 25, rue Montgrand. — Marseille (Bouches-du-
    Rhône).
Société des Pharmaciens des Bouches-du-Rhône, 3, marché des Capucines. — Mar-
    seille (Bouches-du-Rhône).
Société générale des Transports maritimes à vapeur, 3, rue des Templiers. — Mar-
    seille (Bouches-du-Rhône).
Société d'Émulation de Montbéliard. — Montbéliard (Doubs).
Société des Sciences de Nancy. — Nancy (Meurthe-et-Moselle).
Société académique de La Loire-Inférieure, 1, rue Suffren. — Nantes (Loire-Infé-
    rieure). — **R**
Société des Lettres, Sciences et Arts des Alpes-Maritimes, 1, rue Sainte-Clotilde.
    — Nice (Alpes-Maritimes).
Société de Médecine et de Climatologie de Nice, 4, rue de La Buffa. — Nice (Alpes-
    Maritimes).
Société d'Études des Sciences naturelles, 6, quai de La Fontaine. — Nîmes (Gard).
Société d'Agriculture, Sciences et Arts d'Orléans, 6, rue Antoine-Petit. — Orléans
    (Loiret).
Société centrale des Architectes français, 8, rue Danton. — Paris. — **R**
*Société des anciens Élèves des Écoles nationales d'Arts et Métiers, 6, rue
    Chauchat. — Paris.
*Société botanique de France, 84, rue de Grenelle. — Paris. — **R**
*Société entomologique de France, 28, rue Serpente (Hôtel des Sociétés Savantes).
    — Paris.

Société anonyme des Forges et Chantiers de la Méditerranée, 1 et 3, rue Vignon.
— Paris. — **F**
*Société de Géographie, 184, boulevard Saint-Germain. — Paris. — **R**
*Société française d'Hygiène (le Président de la), 30, rue du Dragon. — Paris.
*Société des Ingénieurs civils de France, 19, rue Blanche. — Paris. — **F**
*Société de Médecine vétérinaire pratique, 28, rue Serpente (Hôtel des Sociétés
Savantes). — Paris.
*Société médico-chirurgicale de Paris (ancienne Société médico-pratique), 29, rue
de La Chaussée d'Antin. — Paris. — **R**
*Société de Pharmacie de Paris, 4, avenue de L'Observatoire (École de Pharmacie). — Paris.
*Société française de Photographie, 76, rue des Petits-Champs. — Paris. — **R**
Société générale des Téléphones, 9, place de La Bourse. — Paris. — **F**
Société des Sciences, Lettres et Arts de Pau. — Pau (Basses-Pyrénées). — **R**
Société agricole, scientifique et littéraire des Pyrénées-Orientales. — Perpignan
(Pyrénées-Orientales).
Société industrielle de Reims, 18, rue Ponsardin. — Reims (Marne). — **R**
Société médicale de Reims, 71, rue Chanzy. — Reims (Marne). — **R**
Société d'Agriculture, Industrie, Sciences, Arts, Belles-Lettres du département
de La Loire. — Saint-Étienne (Loire).
Société d'Agriculture, d'Archéologie et d'Histoire naturelle du département de
La Manche. — Saint-Lô (Manche).
Société anonyme de la Brasserie de Tantonville. — Tantoville (Meurthe-et-Moselle).
Société des Sciences naturelles de Tarare. — Tarare (Rhône).
Société polymathique du Morbihan. — Vannes (Morbihan).
Société des Sciences et Arts de Vitry-le-François. — Vitry-le-François (Marne).
Sollier (Eugène), Fabric. de ciment. — Neufchâtel (Pas-de-Calais).
Solms (le Comte Louis de), Ing. des Arts et Man., 201, rue de Crimée. — Paris. — **R**
Solvay (Ernest), Indust., Sénateur, 45, rue des Champs-Élysées. — Bruxelles
Belgique). — **F**.
Solvay et Cie, Usine de prod. chim. de Varangeville-Dombasle par Dombasle (Meurthe-
et-Moselle). — **F**
Somasco (Charles), Ing. civ. — Creil (Oise).
Dr Sonnié-Moret (Abel), Pharm. de l'Hôp. des Enfants malades, 149, rue de Sèvres.
— Paris. — **R**
Soreau (Rodolphe), Ing., anc. Élève de l'Éc. Polytch., Expert près le Cons. de Préfect. de
la Seine, 35, rue de Clichy. — Paris.
Soret (Charles), Prof. à l'Univ., 6, rue Beauregard. — Genève (Suisse). — **R**
Sorin de Bonne (Louis), Avocat, anc. s.-Préfet, château d'Estrées. — Molinet (Allier)
par Digoin (Saône-et-Loire).
Soubeiran (Louis-Maxime), s.-Dir. de l'Éc. prat. d'Indust., — Béziers (Hérault). — **R**
Soulier (Albert), Maître de conf. de Zool. à la Fac. des Sc., 1, boulevard Pasteur.
— Montpellier (Hérault).
Dr Spengler (Georges), 2, place Saint-François. — Lausanne (Suisse).
Spillmann (Paul), Prof. à la Fac. de Méd., Corresp. nat. de l'Acad. de Méd., 40, rue
des Carmes. — Nancy (Meurthe-et-Moselle).
*Dr Stagienski de Holub (Adolphe), 13, rue Gambetta. — Saint-Étienne (Loire).
Stapfer (Daniel), Ing. des Arts et Man., Construc., Sec. gén. de la *Soc. scient. indust.*,
5, boulevard Notre-Dame. — Marseille (Bouches-du-Rhône).
Stapfer (Henri), Nég., 5, boulevard Notre-Dame. — Marseille (Bouches-du-Rhône).
*Steinmetz (Charles), Tanneur, 60, rue d'Illzach. — Mulhouse (Alsace-Lorraine). — **R**
Stengelin, Banquier, 9, quai Saint-Clair. — Lyon (Rhône). — **R**
Stéphan (Édouard), Corresp. de l'Inst., Prof. d'Astro. à la Fac. des Sc., Dir. de l'Ob-
servatoire, 2, place Le Verrier. — Marseille (Bouches-du-Rhône).
Stéphan (Pierre), Chef des trav. d'Histologie à l'Éc. de Méd., 2, place Le Verrier.
— Marseille (Bouches-du-Rhône).
Dr Stéphann (E.), 15, boulevard de La République. — Alger.
Stern (Edgar), Banquier, 20, avenue Montaigne. — Paris.
Stirrup (Mark), Mem. de la *Soc. géol. de Londres*, High-Thorn Stamford road.
— Bowdon (Cheshire) (Angleterre).
*D^r Stœber, 66, rue Stanislas. — Nancy (Meurthe-et-Moselle).
Stœcklin (Auguste), Insp. gén. des P. et Ch., 6, avenue de L'Alma. — Paris.
Storck (Mme Adrien), 78, rue de L'Hôtel-de-Ville. — Lyon (Rhône).

Storck (Adrien), Ing. des Arts et Man., 78, rue de L'Hôtel-de-Ville. — Lyon (Rhône). — **R**

Suais (Abel), Ing. en chef des trav. pub. des Colonies, Dir. de la *Comp. impériale des Chem. de fer Éthiopiens*, 13, rue Léon-Coignet. — Paris. — **R**

Suarez de Mendoza (Mme Ferdinand), 22, avenue de Friedland. — Paris.

Dr Suarez de Mendoza (Ferdinand), 22, avenue de Friedland — Paris.

Sube (Ludovic), Indust., 35, boulevard Périer. — Marseille (Bouches-du-Rhône).

Dr Suchard, 85, boulevard de Port-Royal. — Paris et, l'été, aux bains de Lavey (Vaud) (Suisse). — **F**

Surrault (Ernest), Notaire hon., 45, avenue de L'Alma. — Paris. — **R**

Surun (Émile), Pharm., 165, rue Saint-Honoré. — Paris.

*Syndicat des Pharmaciens de l'Indre. — Châteauroux (Indre).

Dr Szerb (Sigismond), v. Josef-tér, 14. — Budapest (Autriche-Hongrie).

*Dr Tachard (Élie)**, Méd. princ. de 1re cl., Dir. du Serv. de santé du 11e Corps d'armée, 16, passage Russeil. — Nantes (Loire-Inférieure). — **R**

Tachet, Nég., anc. Présid. du Trib. de Com., 12, boulevard de La République.— Alger

Taillefer (Amédée), Cons. hon. à la Cour d'Ap., 27, rue Cassette. — Paris.

Takata et Cie, 1, Yurakucho-Itchome Kojimachi-Ku. — Tokio (Japon).

Tanesse, Prof. de l'Ens. second. en retraite, 53, quai Valmy. — Paris.

Tanner (Alexandre-Alexandrowich), Prof., Cons. d'État. — Pskoff (Russie).

Tanret (Charles), Pharm. de 1re cl., 14, rue d'Alger. — Paris. — **R**

Tanret (Georges), Étud., 14, rue d'Alger. — Paris. — **R**

Tardy (Mme Ve Charles). — Simandre (Ain).

*Target (Émile)**, Fabric. de prod. chim., 26, rue Saint-Gilles. — Paris.

*Tarry (Gaston)**, Recev. des Contrib. diverses, à Hussein-Dey. — Kouba (départ. d'Alger). — **R**

Tarry (Harold), Insp. des fin. en retraite, anc. Élève de l'Éc. Polytech., villa Letellier d'Aufresne. — Kouba (départ. d'Alger). — **R**

Tastet (Édouard), Nég., 60, quai des Chartrons. — Bordeaux (Gironde).

Tatin (Victor), Ing.-Construc., Lauréat de l'Inst., 14, rue de La Folie-Regnault. — Paris.

Tavernier (Charles de), Ing. en chef des P. et Ch., 67, rue de Prony. — Paris.

Tavernier (François), Rent., 28, rue Michel-Ange. — Paris.

Tavernier (Pascal), Présid. du Trib. de Com., 12, rue de La Paix. — Saint-Étienne (Loire).

*Dr Teillais (Auguste)**, place du Cirque. — Nantes (Loire-Inférieure). — **R**

Teisserenc de Bort (Edmond), Agric., Sénateur de la Haute-Vienne, villa de Muret. — Ambazac (Haute-Vienne).

Teisserenc de Bort (Léon), Sec. gén. de la *Soc. météor. de France*, 82, avenue Marceau. — Paris.

Teissier (Joseph), Prof. à la Fac. de Méd., Corresp. nat. de l'Acad. de Méd., Méd. des Hôp., 8, place Bellecour. — Lyon (Rhône). — **R**

Templier (Armand), 81, boulevard Saint-Germain. — Paris.

Terquem (Paul, Augustin), Prof. d'Hydrog. de la Marine en retraite, 41, rue Saint-Jean. — Dunkerque (Nord).

Terras (J., M.) Prop., 9, rue d'Allemagne. — Tunis.

Terrier (Félix), Prof. à la Fac. de Méd., Mem. de l'Acad. de Méd., Chirurg. hon. des Hôp., 3, rue de Copenhague. — Paris.

Terrier (Paul), Ing. civ., 56, rue de Provence. — Paris.

Dr Terson (Albert), anc. Int. des Hôp., Chef de Clin. ophtalm. à la Fac. de Méd. (Hôtel-Dieu), 10, place De Laborde. — Paris.

Testut (Léo), Prof. d'Anat. à la Fac. de Méd., Corresp. nat. de l'Acad. de Méd., 3, avenue de L'Archevêché. — Lyon (Rhône). — **R**

Teulade (Marc), Avocat, Mem. de la *Soc. de Géog.* et de la *Soc. d'Hist. nat. de Toulouse*, 22, rue Pharaon. — Toulouse (Haute-Garonne). — **R**

Teullé (le Baron Pierre), Prop., Mem. de la *Soc. des Agricult. de France*. — Moissac (Tarn-et-Garonne). — **R**

Dr Texier (Georges). — Moncoutant (Deux-Sèvres). — **R**

Dr Texier (Victor), 8, rue Jean-Jacques-Rousseau. — Nantes (Loire-Inférieure).

Thanneur (Eugène), Ing. en chef des P. et Ch., 21, boulevard Daunou. — Boulogne-sur-Mer (Pas-de-Calais).

Thauvin (Arthur), Dir. hon. de l'Éc. prim., premier Adj. au Maire, 42, faubourg Chartrain. — Vendôme (Loir-et-Cher).

Thélin (René de), Ing. en chef des P. et Ch. — Tarbes (Hautes-Pyrénées).

Thénard (Mme la Baronne Ve Paul), 6, place Saint-Sulpice. — Paris. — **R**
Thénard (le Baron Arnould), Chim.-Élect., 6, place Saint-Sulpice. — Paris.
Théry (Raymond), anc. Notaire, 10, place Saint-Jacques. — Tourcoing (Nord).
Thevenet (Antoine), Dir. de l'Éc. prép. à l'Ens. sup. des Sc., 34, rue Hoche. — Alger-
    Agha.
Thibault (J.), Tanneur, 18, place du Maupas. — Meung-sur-Loire (Loiret). — **R**
Dr Thibierge (Georges), Méd. des Hôp., 7, rue de Surène. — Paris. — **R**
*Thiébaut (Émile), Étud. en Pharm., 73, rue des Quatre-Églises. — Nancy (Meurthe-et-
    Moselle).
Thiercelin (Alphonse), Dir. de la *Soc. gén.* — Auxerre (Yonne).
Thierry (Georges), Indust., 37, Bold-street. — Liverpool (Angleterre).
Thierry (Paul), Ind., 19, rue des Vieillards. — Boulogne-sur-Mer (Pas-de-Calais).
Thiollier (Félix), 3, rue Duguay-Trouin. — Paris.
Thiollier (Noël), Lic. en droit, Archiv.-Paléog., 22, rue de La Bourse. — Saint-Étienne
    (Loire).
Thiriez (Alfred), Filat., 308, rue Nationale. — Lille (Nord).
Thirion (Émile), Présid. de la *Soc. d'Hortic. de Senlis*, faubourg de Villevert. — Senlis
    (Oise).
Thomas (A.), Notaire, 53, route d'Orléans. — Montrouge (Seine).
Thomas (Eugène), Nég., château de La Rouquette. — Villeveyrac (Hérault).
Dr Thomas-Duris (René), route d'Eymoutiers. — Bugeat (Corrèze).
Thouroude (Eugène), Doct. en droit, Commis.-Pris., 32, rue Le Peletier. — Paris.
Dr Thulié (Henri), Dir. de l'Éc. d'Anthrop., anc. Présid. du Cons. mun., 37, boulevard
    Beauséjour. — Paris. — **R**
Thurneyssen (Émile), Admin. de la *Comp. gén. Transat.*, 10, rue de Tilsitt. — Paris. — **R**
Thurninger (Albert), Ing. en chef des P. et Ch., 111, rue de Rennes. — Paris.
Tillion (Antoine), Prop., 15, rue Sous-les-Augustins. — Clermont-Ferrand (Puy-de-Dôme).
Tison (Adrien), Prép. à la Fac. des Sc., 32, place Saint-Sauveur. — Caen (Calvados).
*Dr Tison (Édouard), Doct. ès sc. nat., Méd. en chef de l'Hôp. Saint-Joseph, 137, rue de
    Rennes. — Paris.
Tissandier (Albert), Archit., 50, rue de Châteaudun. — Paris.
*Tisserand (Paul), Prof. hon. de l'Univ., 7, rue des Travailleurs. — Saint-Dié (Vosges).
Tisseyre (Albert), 43, rue Boudet. — Bordeaux (Gironde).
Tissié (Alphonse), Banquier. — Montpellier (Hérault).
Tissié-Sarrus, Banquier, 2, rue du Petit-Saint-Jean. — Montpellier (Hérault). — **P**
Tissot, Examin. d'admis. à l'Éc. Polytech. en retraite. — Voreppe (Isère). — **R**
Dr Tommasini (Paul), 8, boulevard Seguin. — Oran (Algérie).
Dr Topinard (Paul), 105, rue de Rennes. — Paris. — **R**
*Dr Toraude (Léon), Pharm., 6, rue Marengo — Paris.
Torrilhon, Fabric. de caoutchouc. — Chamalières par Clermont-Ferrand (Puy-de-Dôme).
Touchard (Ernest), Nég., 97, avenue de Clichy. — Paris.
Dr Touche (Rémy), anc. Int. des Hôp., Méd. de l'Hospice. — Limeil-Brévannes (Seine-
    et-Oise).
*Toulon (Paul), Lic. ès Lettres et ès Sc., Ing. en chef des P. et Ch., Attaché à la *Comp.
    des Chem. de fer de l'Ouest*, 75, rue Madame. — Paris.
Dr Tourangin (Gaston), anc. Mem. du Cons. gén. de l'Indre, 20 *bis*, boulevard Vol-
    taire. — Paris.
Tourniel (Paul), Prop., 3, rue Herschel. — Paris.
Tourtelot (Mme Gabriel), 18, rue de Foncillon. — Royan-les-Bains et l'hiver à Saint-
    Fort-sur-Gironde (Charente-Inférieure).
Dr Tourtelot (Gabriel), 13, rue de Foncillon. — Royan-les-Bains et l'hiver à Saint-
    Fort-sur-Gironde (Charente-Inférieure).
Tourtoulon (le Baron Charles de), Prop., 13, rue Roux-Alphéran. — Aix en Provence
    (Bouches-du-Rhône). — **R**
Toussaint (Mlle J.), 7, rue de Bruxelles. — Paris.
Trabaud (Pierre), anc. Dir. de l'*Acad. des Sc., Lettres et Arts*, anc. Avocat, 11, boulevard
    Baille. — Marseille (Bouches-du-Rhône).
Dr Trabut (Louis), Prof. à l'Éc. de Méd., Méd. de l'Hôp. civ., 7, rue Desfontaines.
    — Alger-Mustapha.
Trabut-Cussac (Paul), Prop., 6, quai Louis-XVIII. — Bordeaux (Gironde).
*Travet (Antoine), Prop. — Crécy en Brie (Seine-et-Marne).
Trébucien (Ernest), Manufac., 25, cours de Vincennes. — Paris. — **F**

Treilhes (Émile), Chef du serv. com. des Mines de Carmaux, 41, rue d'Auriol. — Toulouse (Haute-Garonne).

Treille (Victŏr), Pharm. de 1ʳᵉ cl., Prof. de Botan., 51, rue de Lyon. — Saint-Étienne (Loire).

Trélat (Émile), Ing. des Arts et Man., Archit. en chef hon. du départ. de la Seine, Prof. hon. au Conserv. nat. des Arts et Mét., Dir. de l'Éc. spéc. d'Archit., anc. Député, 17, rue Denfert-Rochereau. — Paris. — R

Trélat (Gaston), Archit., 9, rue du Val-de-Grâce. — Paris.

Trenquelléon (Fernand de), Prop., 5, place de La République. — Agen (Lot-et-Garonne).

Trépied (Charles), Dir. de l'Observatoire. — Bouzaréa (départ. d'Alger).

Trèves (Edmond), Rent., 11, avenue des Peupliers (villa Montmorency). — Paris.

Trincaud la Tour (Émile de), Banquier, 7, cours du Jardin-Public. — Bordeaux (Gironde).

*Dʳ Tripet (Jules), 2, rue de Compiègne. — Paris.

Troost (Louis), Mem. de l'Inst., Prof. de Chim. à la Fac. des Sc., 84, rue Bonaparte. — Paris.

Trouette (Édouard), Pharm. de 1ʳᵉ cl., Fabric. de prod. pharm., 15, rue des Immeubles Industriels. — Paris.

Trouvé (Gustave), Ing.-Élect., 14, rue Vivienne. — Paris.

Trutat (Eugène), Doct. ès Sc., Dir. du Musée d'Hist. nat., 10, place du Palais. — Toulouse (Haute-Garonne).

Trystram (Jean-Baptiste), Sénateur et Mem. du Cons. gén. du Nord, 95, rue de Rennes. — Paris.

Tuleu (Mᵐᵉ Charles, Aubin), 58, rue d'Hauteville. — Paris. — R

Tuleu (Charles, Aubin), Ing. civ., anc. Elève de l'Éc. Polytech., 58, rue d'Hauteville. — Paris. — R

Turc (Henri), Lieut. de Vaisseau à bord du *Bouvet*, Escadre de la Méditerranée. — Toulon (Var).

*Turpain (Albert), Doct. ès Sc., Prép. de Phys. à la Fac. des Sc., 5, rue de Châteaudun. — Bordeaux (Gironde).

Turquan (Victor), Recev.-Percept., 158, boulevard de La Croix-Rousse. — Lyon (Rhône).

Urscheller (Henri), Prof. d'allemand au Lycée, 23, rue de Siam. — Brest (Finistère). — R

Ussel (le Vicomte d'), Ing. en chef des P. et Ch., 4, rue Bayard. — Paris.

*Vaillant (Alcide), Archit., 108, avenue de Villiers. — Paris.

*Dʳ Vaillant (Léon), Prof. au Muséum d'hist. nat., 36, rue Geoffroy-Saint-Hilaire. — Paris. — R

*Dʳ Valcourt (Théophile de), Méd. de l'Hôp. marit. de l'Enfance. — Cannes (Alpes-Maritimes), et l'été, 64, boulevard Saint-Germain. — Paris. — R

Valensi (Raymond), Ing. des Arts et Man., 41, rue Al-Djazira. — Tunis.

Valette (Ernest), Ing.-Expert, 1, rue Montgrand. — Marseille (Bouches-du-Rhône).

Dʳ Vallon (Charles), Méd. en chef de l'Asile Sainte-Anne, 15, rue Soufflot. — Paris.

Vallot (Joseph), Dir. de l'Observatoire météor. du Mont-Blanc, 114, avenue des Champs-Élysées. — Paris. — R

Valot (Paul), Doct. en Droit, Avocat, rue Kléber. — Lure (Haute-Saône). — R

Van Aubel (Edmond), Doct. ès Sc. Phys. et Math., Chargé de cours à l'Univ., 136ᵗ, chaussée de Courtrai. — Gand (Belgique). — R

Van Berchem (Max), Orientaliste, 1, promenade du Pin. — Genève (Suisse).

Van Blarenberghe (Mᵐᵉ Henri, François), 48, rue de La Bienfaisance. — Paris. — R

Van Blarenberghe (Henri, François), Ing. en chef des P. et Ch. en retraite, Présid. du Cons. d'admin. de la *Comp. des Chem. de fer de l'Est*, 48, rue de La Bienfaisance. — Paris. — R

Van Blarenberghe (Henri, Michel), Ing. des P. et Ch., 48, rue de La Bienfaisance. — Paris. — R

Van Iseghem (Henri), Présid. du Trib. civ., anc. Mem. du Cons. gén. de la Loire-Inférieure, 7, rue du Calvaire. — Nantes (Loire-Inférieure). — R

Van Tiéghem (Philippe), Mem. de l'Inst., Prof. au Muséum d'Hist. nat., 22, rue Vauquelin. — Paris. — R

Vandelet (O.), Nég., Délég. du Cambodge au Cons. sup. des Colonies. — Pnumpehn (Cambodge). — R

Varin (Achille), Doct. en droit, Avocat à la Cour d'Ap., 140, boulevard Haussmann. — Paris.

Variot, Ing. civ., 13, rue de Constantine. — Lyon (Rhône).

*Varlé (Paul), Ing. civ., Dir. du Bureau de Paris de la *Comp. de Courrières*, 20, rue des Petits-Hôtels. — Paris.

Varoquier, Vétér., 19, rue Saint-Georges. — Paris.

Vaschalde (Henry), Dir. de l'Établis. therm. — Vals-les-Bains (Ardèche).

Vasnier, Gref. des Bâtiments, 34, rue de Constantinople. — Paris.

Vasnier (Henri), Associé de la Maison Pommery, 7, rue Vauthier-le-Noir.—Reims (Marne).

Vassal (Alexandre). — Montmorency (Seine-et-Oise) et, 55, boulevard Haussmann. — Paris. — R

Vassel (le Capitaine Eusèbe), Mem. de la *Soc. Géol. de France*. — Maxula-Radès (Tunisie). .

Vassilière (Frédéric), Prof. départ. d'Agric., 52, cours Saint-Médard. — Bordeaux (Gironde).

*Vattier (Jean-Baptiste), Prof. d'Hydrog. de la Marine en retraite, 5, place du Calvaire. — Paris.

Vauquelin (Mme), château de Saint-Maclou par Beuzeville (Eure).

Dr Vautherin, 5, rue du Repos. — Belfort.

Vauthier (Louis, Léger), anc. Ing. des P. et Ch., 41, rue Spontini. — Paris.

Vautier (Théodore), Prof. adj. à la Fac. des Sc., 30, quai Saint-Antoine. — Lyon (Rhône). — R

Dr Vautrin (Alexis), Agr. à la Fac. de Méd., 45, cours Léopold. — Nancy (Meurthe-et-Moselle).

*Vayson (Jean, Antoine), Mem. de la *Soc. française d'Archéol.* et de la *Société d'Émulation*. — Abbeville (Somme).

Vélain (Charles), Prof. à la Fac. des Sc., 9, rue Thénard. — Paris.

Velin (Charles), Indust., Maire, château La Poirie. — Saulxures-sur-Moselottes (Vosges).

Velten (Eugène), Admin. de la *Banque de France*, Mem. de la Ch. de Com., Présid. de la *Soc. anonyme des Brasseries de la Méditerranée*, 32, rue Bernard-du-Bois. — Marseille (Bouches-du-Rhône).

Venet (le Commandant Paul), 68 *bis*, rue Jouffroy. — Paris.

Dr Verchère (Fernand), Chirurg. de Saint-Lazare, 101, rue du Bac. — Paris.

Verdet (Ernest], Présid. de la Ch. de Com., 87, rue Joseph-Vernet.—Avignon (Vaucluse).

Verdet (Gabriel), anc. Présid. du Trib. de Com. — Avignon (Vaucluse). — F

Verdier (A.), Libr., 35, rue du Commerce. — Blois (Loir-et-Cher).

*Verdin (Charles), Construc. d'inst. de précis. pour la physiol., 7, rue Linné. — Paris.

Vergely, Prof. à la Fac. de Méd., Corresp. nat. de l'Acad. de Méd., Méd. des Hôp., 3, rue Guérin. — Bordeaux (Gironde).

Dr Verger (Théodore). — Saint-Fort-sur-Gironde (Charente-Inférieure). — R

Vergnes (Auguste), Planteur à Mayumba (Congo français), 2, rue des Jardins. — Castres (Tarn). — R

Verminck (C., A.), Fabric. d'huiles, 55, cours Pierre-Puget. — Marseille (Bouches-du-Rhône).

Vermorel (Victor), Construc., Dir. de la Stat. vitic. — Villefranche (Rhône). — R

Verneuil (Christian de), Ing. civ. attaché aux Études du *Crédit Lyonnais*, 7, rue Lincoln. — Paris.

Verney (Noël), Doct. en droit, Avocat à la Cour d'Ap., 47, avenue de Noailles. — Lyon (Rhône). — R.

Veyrin (Émile), 2 *ter*, rue Herran. — Paris. — R

Vial (Paulin), Cap. de Frégate en retraite. — Voiron (Isère).

Vialay (Alfred), Ing. des Arts et Man., 1, rue de La Chaise. — Paris.

Viault (François), Prof. à la Fac. de Méd., place d'Aquitaine. — Bordeaux (Gironde).

Dr Vidal (Edmond), Rédac. en chef des *Archives de Thérapeutique*, 13, rue de Lubeck. — Paris.

Vidal (Mme V^e), 22, rue Dauzats. — Bordeaux (Gironde).

Dr Vidal (Émile), Méd. de la *Comp. des Chem. de fer de Paris à Lyon et à la Méditerranée*. — Hyères (Var).

Vidal (Gustave), Botan. — Plascassiers par Grasse (Alpes-Maritimes).

Vidal (Léon), Prof. à l'Éc. nat. des Arts décoratifs, 29, avenue Henri-Martin. — Paris et château de La Gaffette. — Port-de-Bouc (Bouches-du-Rhône).

Vidal (Paul), Ing. des P. et Ch., 307, boulevard de Caudéran. — Bordeaux (Gironde).

*Dr Vidal-Puchals (Joseph), Colón, 2. — Valence (Espagne).

Vieille (Paul), Ing. en chef des Poudres et Salpêtres, 12, quai Henri-IV. — Paris.
Vieille - Cessay (l'Abbé François), Dir. au Grand-Séminaire, 12, rue Charles-Nodier. — Besançon (Doubs). — R
Dr Viennois (Louis, Alexandre). — Peyrins par Romans (Drôme). — R
Vigarié (Émile), Expert-Géom. — Laissac (Aveyron).
Vignard (Charles), Lic. en Droit, Nég., anc. Juge au Trib. de Com., anc. Mem. du Cons. mun., 16, passage Saint-Yves. — Nantes (Loire-Inférieure). — R
Vignes (Léopold), Prop., 4, rue Michel-Montaigne. — Bordeaux (Gironde).
Vignon (Jules), Rent., 45, avenue de Noailles. — Lyon (Rhône). — F
Vignon (Louis), Maître des requêtes au Cons. d'État, Prof. à l'Éc. coloniale, Lauréat de l'Inst., 7, rue de La Pompe. — Paris.
Dr Viguier (C.), Doct. ès Sc., Prof. à l'Éc. prép. à l'Ens. sup. des Sc., 2, boulevard de La République. — Alger. — R
Villain (Mme), 5, rue Médicis. — Paris.
Dr Villar (Francis), Agr. à la Fac. de Méd., Chirurg. des Hôp., 9, rue Castillon. — Bordeaux (Gironde).
Villard (Pierre), Doct. en Droit, 29, quai Tilsitt. — Lyon (Rhône). — R
Villaret, 13, rue Madeleine. — Nîmes (Gard).
Ville (Alphonse), Député de l'Allier, rue d'Allier. — Moulins (Allier).
Ville (Mme Ve Georges), 30, cours La Reine. — Paris.
Ville d'Ernée (Mayenne). — F
Ville de Marseille (Bouches-du-Rhône). — F
Ville de Reims (Marne). — F
Ville de Remiremont (Vosges).
Ville de Rouen (Seine-Inférieure). — F
Villeréal-Lassaigne (Paul), Notaire. — Fumel (Lot-et-Garonne).
Villiers du Terrage (le Vicomte de), 30, rue Barbet-de-Jouy. — Paris. — R
Vincens (Charles), Dir. de l'*Acad. des Sc., Lettres et Arts*, 9, rue de L'Arsenal. — Marseille (Bouches-du-Rhône).
Dr Vincent, Chirurg. de l'Hôp. civ., Prof. à l'Éc. de Méd., 13, rue d'Isly. — Alger.
Vincent (Auguste), Nég., Armat., 14, quai Louis XVIII. — Bordeaux (Gironde). — R
Dr Vinerta. — Oran (Algérie).
Violle (Jules), Mem. de l'Inst., Maître de conf. à l'Éc. norm. sup., Prof. au Conserv. nat. des Arts et Mét., 89, boulevard Saint-Michel. — Paris. — R
Viré (Armand), Attaché au Muséum d'Hist. nat., 55, rue de Buffon. — Paris.
Dr Viron (Lucien), Pharm. de la Salpêtrière, Rédac. en chef de *l'Union Pharm.*, 47, boulevard de L'Hôpital. — Paris.
Viseur (Jules), Sénateur du Pas-de-Calais, Présid. d'hon. du Cercle agric. du Pas-de-Calais, Corresp. de la *Soc. nat. d'Agric. de France.* — Arras (Pas-de-Calais).
Dr Vitrac (Junior), Chef de Clin. chirurg. à la Fac. de Méd., 16, rue du Temple. — Bordeaux (Gironde). — R
Vivenot (Henry), Ing. en chef des P. et Ch. en retraite, 70, boulevard Saint-Michel. — Paris.
Vivien (Armand), Ing.-Chim., Expert près des Trib., 18, rue de Baudreuil. — Saint-Quentin (Aisne).
Vizern (Marius), Pharm. de 1re cl., 54, rue Vacon. — Marseille (Bouches-du-Rhône).
Vogley (Charles), Consul de Belgique. — Oran (Algérie).
Vogt (Georges), Ing. des Arts et Man., Dir. des Trav. techniques à la Manufac. nat. de porcelaines. — Sèvres (Seine-et-Oise).
Voisin (Honoré), Dir. des *Mines de Roche-la-Molière et Firminy*, anc. Élève de l'Éc. Polytech. — Firminy (Loire).
Voisin-Bey (Philippe), Insp. gén. des P. et Ch. en retraite, 3, rue Scribe. — Paris.
Vourloud (Gustave), Ing. civ., Indust. — Oullins (Rhône).
Vrana (Constantin), Lic. ès Sc., 48, caléa Dorobantilor. — Bucarest (Roumanie).
Vuibert (Henry), Publiciste, 26, rue des Écoles. — Paris.
Vuigner (Henri), Ing. civ. des Mines, anc. Élève de l'Éc. Polytech., 46, rue de Lille. — Paris.
Vuillemin (Émile), Admin., anc. Dir. de la *Comp. des Mines d'Aniche*, 3, rue Victor-Hugo. — Douai (Nord).
Vuillemin (Georges), Ing. civ. des Mines, 6, avenue de Saint-Germain. — Saint-Germain en-Laye (Seine-et-Oise.) — R
Vuillemin (Paul), Prof. à la Fac. de Méd. de Nancy, 16, rue d'Armance. — Malzéville (Meurthe-et-Moselle).

Vulpian (André), Lic. ès Sc. nat., 51, avenue Montaigne. — Paris. — **R**
.Walbaum (Édouard), Manufac., 20, boulevard Lundy. — Reims (Marne).
Wallon (Étienne), Prof. au Lycée Janson-de-Sailly, 65, rue de Prony. — Paris.
Dr Walther (Charles), Agr. à la Fac. de Méd., Chirurg. des Hôp., 21, boulevard Haussmann. — Paris.
Warcy (Gabriel de), 38, rue Saint-André. — Reims (Marne). — **R**
Warnier et David, Nég., 3, rue de Cernay. — Reims (Marne). — **R**
Dr Wecker (Louis de), 55, rue du Cherche-Midi. — Paris.
Weiller (Lazare), Ing.-Manufac. — Angoulème (Charente), et 36, rue de La Bienfaisance. — Paris.
*Dr Weisgerber (Charles, Henri), 62, rue de Prony. — Paris.
Dr Weiss (Georges), Ing. des P. et Ch., Agr. à la Fac. de Méd., 20, avenue Jules-Janin. — Paris. — **R**
Wenz (Émile), Nég., 50, boulevard Lundy. — Reims (Marne).
*West (Émile), Ing. des Arts et Man., Chef du Lab. d'essais à la *Comp. des Chem. de fer de l'Ouest*, 29, rue Jacques-Dulud. — Neuilly-sur-Seine (Seine).
Wickersheimer (Émile), Ing. en chef des Mines, anc. Député, 11, chaussée de La Muette. — Paris.
Dr Wickham (Henri), 16, rue de La Banque. — Paris.
Wilhélem (Georges), Lic. en Droit, Notaire, 24, rue des Minimes. — Compiègne (Oise).
Willm, Prof. de Chim. gén. appliq. à la Fac. des Sc. (Institut de Chimie), rue Barthélemy-Delespaul. — Lille (Nord). — **R**
*Willot (Albert), Lic. ès Sc. à la Fac. catholique des Sciences. — Lille (Nord).
Winter (David), Nég., 64, rue Tiquetonne. — Paris.
*Witz (Albert), Photog., 31, rue Jeanne-d'Arc. — Rouen (Seine-Inférieure).
Witz (Joseph), Nég. — Épinal (Vosges).
Wolf (Charles), Mem. de l'Inst., Prof. à la Fac. des Sc., Astron. hon. à l'Observ. nat., 1, rue des Feuillantines. — Paris.
Worms de Romilly, anc. Présid. de la *Soc. française de Phys.*, 27, avenue Montaigne. — Paris. — **F**
*Wouters (Louis), Homme de Lettres, anc. Chef de Cabinet de Préfet, 80, rue du Rocher. — Paris. — **R**
Xambeu (François), Prof. de l'Univ. en retraite, 12, rue du Hâ. — Saintes (Charente-Inférieure). — **R**
Yacht-Club de France, 6, place de L'Opéra. — Paris. — **R**
Yver (Paul), Manufac., anc. Élève de l'Éc. Polytech. — Briare (Loiret). — **F**
Dr Yvon (Edouard). — Cinq-Mars-la-Pile (Indre-et-Loire).
Dr Yvonneau, 14, rue de La Butte. — Blois (Loir-et-Cher).
Zaborowski, Publiciste, Archiv. de la *Soc. d'Anthrop. de Paris*, 2, avenue de Paris. — Thiais (Seine).
Dr Zaëpffel (Émile, Léon), Méd. princ., de l'Armée en retraite, 4, rue Porte-Poterne. — Vannes (Morbihan).
Zeiller (René), Ing. en chef des Mines, 8, rue du Vieux-Colombier. — Paris. — **R**
*Zenger (Charles, V.), Mem. de l'Acad. des Sc. de l'Empereur François-Joseph Ier, Prof. de Phys. et d'Astro. phys. à l'Éc. Polytech. slave, 7/III, Palais Lobkovic. — Prague (Autriche-Hongrie).
Ziegler (Henri), Ing. civ., 14, avenue Raphaël. — Paris.
Ziffer (Emmanuel, A.), Ing. civ., Présid. des *Chem. de fer Lemberg-Czernowitz-Jassy*, 5, Operuring. — Vienne (Autriche).
*Zindel (Édouard), Ing. à la Soudière de la *Comp. de Saint-Gobain*. — Chauny (Aisne).
Zivy (Paul), Ing. des Arts et Man., 148, boulevard Haussmann — Paris. — **R**
Zuber (Ernest), Manufac., île Napoléon. — Rixheim (Alsace-Lorraine).
Zürcher (Philippe), Ing. en chef des P. et Ch., 12, allées des Fontainiers. — Digne (Basses-Alpes).

ASSOCIATION FRANÇAISE

POUR

L'AVANCEMENT DES SCIENCES

Fusionnée avec

L'ASSOCIATION SCIENTIFIQUE DE FRANCE

(Fondée par Le Verrier en 1864)

CONFÉRENCES DE PARIS
1900

M. Alfred GIARD

Membre de l'Institut, Professeur à la Faculté des Sciences de Paris

LA PISCIFACTURE MARINE

— *28 janvier* —

M. Rodolphe SOREAU

Ingénieur, ancien Élève de l'École Polytechnique.

LA NAVIGATION AÉRIENNE

— *1er février* —

MESDAMES, MESSIEURS,

L'honneur de réunir un aussi nombreux auditoire revient surtout au parrainage de l'Association Française pour l'Avancement des Sciences; mais peut-être convient-il aussi d'en reporter une part à l'attrait qu'en dépit d'insuccès persistants le beau problème de la navigation aérienne exerce toujours sur l'esprit humain.

De tout temps, en effet, l'homme a rêvé la conquête de l'air : rêve audacieux, jamais réalisé et toujours poursuivi, qui devait seulement commencer à prendre corps à la fin du siècle dernier, avec les immortelles découvertes des Montgolfier et de Charles.

Vous décrirai-je les puériles tentatives faites avant l'apparition de la montgolfière et du ballon à hydrogène ? Vous rappellerai-je l'immense enthousiasme qui salua les premières ascensions, les essais pour diriger, au gré du pilote, la bouée aérienne qu'est l'aérostat, l'impatiente curiosité des savants et de la foule, les désillusions, puis l'indifférence générale, dont ne purent triompher la foi robuste d'un Giffard, la science éprouvée d'un Dupuy de Lôme ? Vous dirai-je la réaction qui se produisit en faveur des appareils imitant le vol des oiseaux, sans que d'ailleurs le succès vînt justifier ce revirement de l'opinion, et, en fin de compte, le discrédit qui pesa, jusqu'à ces dernières années, sur la navigation aérienne et sur ceux qui s'en occupaient ?

Cet historique serait le thème facile d'une conférence plus brillante qu'instructive. Aussi, — au risque d'être moins intéressant, — j'ai pensé qu'il était plus conforme aux traditions scientifiques d'une Société savante, comme la vôtre, de rechercher les conditions du problème, de les analyser, et de ne retenir que les rares expériences qui ont marqué un progrès indiscutable dans la conquête de l'océan aérien. Au déclin de ce siècle qui n'a pu, malgré un essor scientifique prodigieux, résoudre cette délicate question, il m'a paru utile de dresser le bilan des résultats obtenus, d'apprécier les difficultés qui restent à vaincre, et que vaincra sans doute le siècle qui va naître. Une pareille analyse vous montrera nettement, je l'espère, que le navire aérien n'est pas une utopie ; par contre, elle fera tomber bien des illusions sur le rôle quasi-merveilleux que lui ont prédit certains écrivains d'imagination trop fertile.

Du Vent

Avant d'étudier le navire en lui-même, il importe de bien préciser le rôle du vent, rôle qui est généralement fort mal compris.

Du vent. — Dans la plupart des écrits sur l'Aéronautique, on parle à tout instant de la *lutte* contre le vent, comme si le navire éprouvait une résistance spéciale à se mouvoir dans une direction opposée à celle du courant où il est immergé. Or, le vent, c'est le déplacement de l'air par rapport au sol, et ce déplacement n'a d'effets dynamiques que pour les êtres ou les objets terrestres ; il peut déraciner des arbres, enfler les voiles des bateaux, mugir, s'apaiser : il est sans action sur le navire aérien. Celui-ci, du fait qu'il est entièrement plongé dans l'air, participe à son déplacement général, sans lutte d'aucune sorte. Si c'est un ballon ordinaire, il reste, aux mouvements verticaux près, rigoureusement immobile par rapport à la masse atmosphérique ; si c'est un ballon dirigeable, un oiseau, un aéroplane, il a la faculté de s'y déplacer dans un azimut quelconque, Nord ou Sud, Est ou Ouest, et cela avec la même aisance et la même vitesse. Que, sous lui, la terre fuie avec telle vitesse et dans telle direction qu'on voudra, c'est là un phénomène purement relatif qui ne le gêne en rien ; et de même qu'il n'y a pas de vent pour l'aérostat, de même l'aéronef ne subit d'autre vent que le vent debout qui résulte de son propre déplacement.

Supposez que vous soyez dans la nacelle d'un ballon, au-dessus de nuages qui dérobent la terre à vos yeux : vous ne vous douterez pas du vent qui règne à terre, vous perdrez même jusqu'à la notion de votre déplacement par rapport au sol. Suivant la forte expression du colonel Renard, vous croirez être au sein d'un océan figé.

Ainsi donc, le vent n'exerce aucune action dynamique sur les hôtes de l'air. Il n'intervient qu'*indirectement*, si l'on veut repérer sur le sol la trajectoire réelle, qui est la trajectoire dans l'air. Mais, en matière de navigation aérienne, cette intervention est capitale, en raison de ce fait essentiel que nous devons rapporter sur le sol, par projection verticale, la trajectoire réelle du navire, puisque c'est à la terre que nous rattachent nos besoins, c'est sur la terre que se trouvent le point de départ et le point terminus du voyage.

Par conséquent, on n'aura réalisé un navire aérien pratique que si cet appareil peut évoluer de façon à passer au-dessus d'une piste quelconque, jalonnée sur le sol. Pour cela, il est nécessaire que la vitesse propre V_p du navire, — c'est-à-dire la vitesse que ses organes mécaniques lui permettent de prendre dans le courant où il est immergé, — soit supérieure à la vitesse V_c de ce courant. S'il n'en est pas ainsi, un navire bien construit peut toujours parcourir dans l'air telle trajectoire qu'il voudra, mais la projection de cette trajectoire sur le sol ne saurait être arbitraire. En effet, considérons *(fig. 1)* le navire N, lorsqu'il passe au-dessus d'un point P, et soit $PQ = V_p dt$ la projection sur le

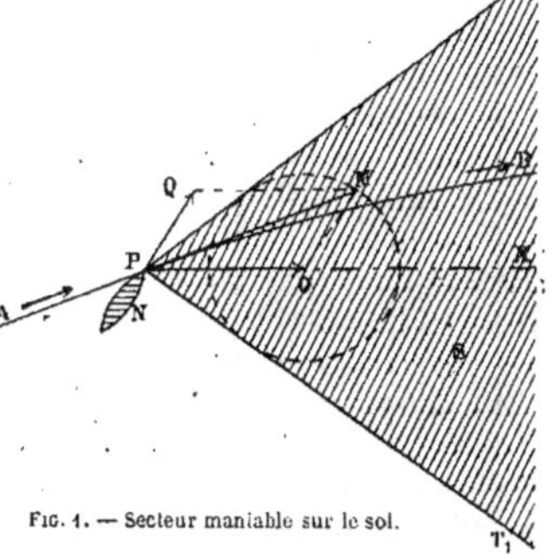

FIG. 1. — Secteur maniable sur le sol.

sol de l'élément de trajectoire réelle ; si l'on prend $PO = V_c dt$ dans la direction du courant, PM est l'élément de trajectoire terrestre. Or PQ, direction du cap, peut être pris dans un azimut quelconque : donc le lieu des points M est la circonférence écrite du point O comme centre avec le rayon $V_p dt$. Le plus grand angle I de l'élément PM avec PX, direction du courant, est donné, en grandeur et en position, par les tangentes PT, PT_1 ; il est défini par la relation $\sin I = \dfrac{V_p dt}{V_c dt} = \dfrac{V_p}{V_c}$. Ainsi 1° en un point quelconque P la tangente PM à la trajectoire terrestre AB fait, avec la direction du courant, un angle au plus égal à I, la grandeur et la position de I dépendant d'ailleurs des valeurs particulières de V_p et de V_c, ainsi que de la direction du courant au moment où le navire passe au-dessus de P ; 2° à chaque instant, les points de la terre au-dessus desquels il est possible de se mouvoir sont compris dans un secteur S, qui se déplace avec le navire, et peut varier en grandeur et en position comme il vient d'être dit : c'est le *secteur maniable*.

Quelle est donc, en pratique, la vitesse propre qu'il faut obtenir ? Onze mille heures d'observations anémométriques faites à 28 mètres au-dessus du plateau de Châtillon ont permis au colonel Renard de dresser une table de probabilité de la vitesse du vent dans nos régions. Voici un extrait de cette table, en chiffres ronds :

Vitesse du vent en mètres par seconde.	Probabilité d'avoir un vent inférieur à la vitesse donnée.
2,50	10 0/0
5	32
7	50
10	70
20	96
30	99,5

On voit qu'il y a 50 chances sur 100 pour que la vitesse du vent soit inférieure à 7 mètres par seconde. Ce résultat concorde assez bien avec les observations de M. Angot au sommet de la Tour Eiffel. Par conséquent, dans nos régions et aux faibles altitudes qui conviennent à la navigation aérienne, un appareil réalisant une vitesse propre de 7 mètres n'aurait, s'il ne choisissait son temps pour se mettre en route, qu'une chance sur deux de décrire au-dessus du sol telle route qui lui plairait, et en particulier de revenir à son point de départ.

Les chances favorables seraient de 96 0/0 avec une vitesse propre de 20 mètres, soit 72 kilomères à l'heure, vitesse de marche des trains express. En réalité, on peut se contenter d'une vitesse moindre, car il ne serait pas logique de demander aux navires aériens d'affronter des ouragans, alors qu'on ne l'exige point des bateaux. Une vitesse de 12 à 15 mètres, soit en moyenne 50 kilomètres à l'heure, serait parfaitement acceptable en pratique; il suffirait alors de ne pas partir lorsqu'un gros vent est à craindre, — ce qu'il est presque toujours aisé de prévoir, — pour que la probabilité de se diriger devînt une quasi-certitude.

Telle est la condition cinématique à réaliser. De plus, outre la sécurité, il faut que le poids utile et la durée du voyage soient suffisants pour justifier, dans une certaine mesure, le coût élevé du navire, et pour permettre d'en tirer des résultats appréciables. On peut résumer ainsi les conditions minima à remplir : vitesse propre, 12 mètres par seconde; poids utile, 2 passagers; durée du voyage, une demi-journée.

Des variations du vent. — Je viens de vous montrer, et j'y insiste de nouveau, que le vent a pour seul effet de faire fuir sous la nacelle la carte merveilleuse que forment les plaines et les collines, les routes et les rivières, les villes et les villages ; qu'il emporte par conséquent le but

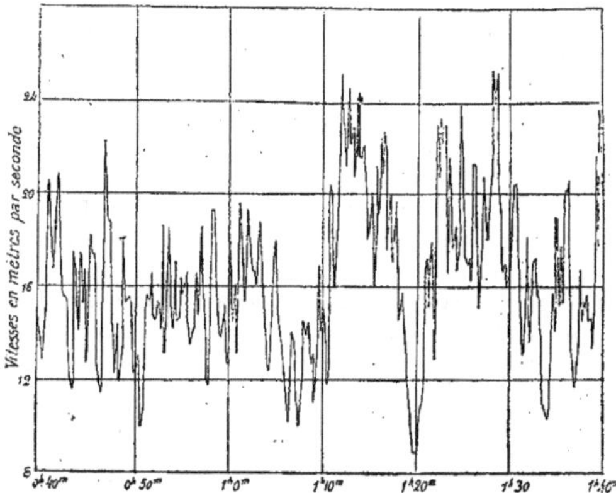

Fig. 2. — Diagramme des variations de la vitesse du vent près du sol.

terrestre qu'on se propose d'atteindre ; que la mobilité de ce but impose une condition purement cinématique, et que le vent n'implique, à proprement parler, aucune lutte du navire aérien.

Ces conclusions seraient rigoureusement exactes si les courants étaient tout à fait réguliers. Mais, bien malheureusement pour la navigation aérienne, il n'en est pas ainsi : non seulement l'atmosphère est sillonnée par des courants de vitesse et de direction différentes, — comme on peut le voir rien qu'en regardant les nuages, — mais encore, dans un courant

déterminé, la vitesse et la direction sont soumises à des variations perpé-
tuelles, qui oscillent autour de la vitesse et de la direction générales.
Chacun de vous a constaté ce phénomène par les vents un peu forts,
toujours accompagnés de rafales ; mais il se produit aussi alors que
l'air semble tout à fait calme, et c'est ce qui explique le continuel flotte-
ment des drapeaux. Les observations de M. Langley avec des anémomètres
dont l'inertie était aussi réduite que possible ont montré que ces variations, d'amplitude assez large, ont une très grande fréquence. La figure 2
donne le diagramme d'une de ces observations : la vitesse moyenne
du courant est de 16 mètres par seconde, et le nombre des oscillations
enregistrées dépasse 20 par 10 minutes.

Mais, dira-t-on, de pareilles variations sont dues aux obstacles terrestres,
et ne se produisent que dans la couche qui vient lécher la surface du sol.
Assurément elles sont plus considérables dans les bas-fonds de l'atmosphère que dans les régions élevées, et même, près de terre, en raison de
la divergence des obstacles, elles sont extrêmement confuses ; mais elles
existent aussi à d'assez grandes hauteurs, soit qu'elles proviennent de la
répercussion des troubles de l'air près du sol, soit qu'elles résultent
de la mobilité des nombreuses causes thermiques qui engendrent le
vent. Elles prennent alors un rythme plus régulier, et forment en
quelque sorte d'invisibles vagues aériennes : telle est la conclusion
que j'ai été conduit à formuler, à la suite des observations faites à la
tour Eiffel, observations corroborées par une étude approfondie du vol à
voile, dont les étranges particularités n'avaient pas été rationnellement
expliquées jusqu'ici.

Qu'en résulte-t-il pour la navigation aérienne? Ces mouvements internes,
d'ailleurs différents en chaque point de la masse atmosphérique, se composent avec la vitesse propre. Suivant la prépondérance des variations
positives ou des variations négatives, le navire, au lieu d'être frappé par
vent debout, éprouve un excès de résistance, tantôt à bâbord, tantôt à
tribord. Cet excès est d'autant plus faible que les variations sont plus
petites, que la trajectoire réelle s'éloigne moins de leur direction générale.
et que la vitesse propre du navire est plus grande. Si son action —
qu'il ne faut pas s'exagérer, — tendait à trop incliner l'axe du navire
sur sa trajectoire réelle, ou à le rejeter violemment d'un bord sur l'autre
quand on veut combattre cette inclinaison par le jeu du gouvernail (*),
la marche deviendrait impossible. Il faut donc construire le navire de
façon à limiter la déviation de son axe, et à lui permettre de revenir, sans
à-coups, à sa position normale. Ces qualités de construction constituent la
stabilité de route.

(*) Pour les bateaux, ce défaut apparut nettement avec les gardes-côtes ; il a été relaté pour la
première fois par Dupuy de Lôme dans sa Note sur la batterie flottante de l'*Implacable*.

En résumé, le vent moyen n'intervient que dans le repérage sur le sol, de la trajectoire réelle ; au point de vue de la facilité des évolutions, il n'a pas de rôle actif direct, il n'agit, en quelque sorte, que par sa différentielle dv qui, d'ailleurs, semble croître avec v.

Ces considérations préliminaires un peu longues m'ont paru indispensables pour poser nettement le problème de la navigation aérienne.

Ce problème, comporte trois solutions théoriques que nous allons examiner rapidement.

I. — Utilisation des Courants aériens.

Ballons libres. — La première solution consiste dans l'utilisation de plusieurs courants aériens à l'aide des aérostats. Ces courants ont été parfois d'un grand secours aux aéronautes ; je me contenterai d'en citer un exemple.

En 1868, Duruof, avec qui M. Gaston Tissandier faisait ses premières armes, partait de Calais et, suivant la déplorable habitude des ascensions foraines, s'élevait d'un bond à 1.800 mètres ; là, contrairement à ses prévisions, il trouvait un courant qui l'entraînait rapidement sur la mer du Nord. Une catastrophe semblait inévitable, et les aéronautes, jugeant la situation désespérée, prenaient la résolution, plutôt que de s'éloigner des côtes, de descendre jusqu'à la mer et d'y laisser flotter la nacelle en attendant un providentiel secours. Mais quelle ne fut pas leur surprise quand ils virent la ville de Calais sortir peu à peu de la brume et s'avancer sur eux comme une image de fantasmagorie ! Une seule explication était possible : dans leur mouvement de descente, ils avaient rencontré un courant absolument opposé à celui qu'ils venaient de quitter. Cette circonstance les émerveilla au point qu'ils eurent la hardiesse de recommencer l'expérience avant d'atterrir. Ils jetèrent du lest et se laissèrent entraîner en pleine mer ; une manœuvre de soupape suffit à les ramener vers la côte, où ils descendirent à la pointe même du cap Gris-Nez.

Mais de pareilles manœuvres donneront le plus souvent d'assez médiocres résultats. Tantôt un courant unique règne dans une grande étendue ; tantôt, — et c'est le cas le plus fréquent, — les courants divergent fort peu dans les limites d'altitude où l'aéronaute doit se mouvoir s'il ne veut pas dépenser trop de gaz ou de lest, d'autre part, la recherche des courants susceptibles d'être utilisés serait très délicate. Aussi a-t-on songé à naviguer à la voile. Je vais dire quelques mots de cette méthode dont on a beaucoup parlé, à tort et à travers, lors de la malheureuse expédition d'Andrée au Pôle Nord.

Ballons à voile. — Mettre une voile à un ballon libre est un non-sens mécanique, dont on ne s'est d'ailleurs rendu coupable qu'aux débuts des recherches pour diriger les aérostats : en effet, la voile ne peut agir que si le ballon est entraîné avec une vitesse autre que celle du courant. C'est pourquoi l'on a pensé depuis à retarder la marche de l'aérostat en le munissant d'un long guide-rope.

Vous connaissez le rôle ordinaire de cet ingénieux accessoire, dû à Green : si le ballon monte, il soulève une partie de la corde qui traîne à terre, la force ascensionnelle diminue, et l'ascension s'enraie d'elle-même ; si le ballon descend, une partie de la corde soulevée vient traîner sur le sol, et déleste d'autant le ballon, ce qui arrête la chute. Le guide-rope est donc un équilibreur automatique.

Faisons-le de telle sorte que le frottement sur le sol retarde la vitesse du ballon ; nous avons ainsi créé très simplement un vent relatif capable d'agir sur une voile. Tel est le principe ; malheureusement sa mise en œuvre n'est pas aisée, et le dispositif d'Andrée en est une preuve.

On s'était contenté de mettre une voile entre le ballon et la nacelle. Dans ces conditions, le vent relatif créé par le guide-rope aurait eu pour seul effet de faire tourner le ballon sur lui-même, de façon à placer la voile dans le plan du vent relatif, qui est aussi celui du vent ; on n'aurait pas obtenu la moindre déviation, et le seul résultat aurait été de retarder la marche, dans une expédition où la vitesse était un des principaux éléments de succès. Pour qu'il y ait déviation, il est nécessaire qu'on puisse maintenir la voile dans l'orientation voulue ; il faut donc que la vergue ne puisse tourner. Je n'exposerai pas ici les solutions théoriques, mais très aléatoires, qu'on peut imaginer.

En tous cas, la voile implique l'emploi d'un ballonnet placé à l'intérieur du ballon, et dans lequel on insuffle de l'air de façon à ce que l'aérostat soit toujours complètement gonflé. Si l'on ne prend cette précaution, le vent relatif forme une poche dans le ballon, et l'effort considérable qu'il exerce annihile complètement l'effet de la voile. Or, l'aérostat d'Andrée n'avait pas de ballonnet. Nous avons, M. Surcouf et moi, signalé ces défauts, et d'autres encore, il y a trois ans. Malheureusement, l'intrépide aéronaute s'est laissé circonvenir par les affirmations intéressées de ces faux savants qui exercent en Aéronautique un pontificat inexpliqué, et qui ont fait tant de mal à cette science.

En résumé, l'utilisation des courants aériens avec ballons libres, ou ballons à voile et guide-rope, ne saurait donner une solution satisfaisante et suffisamment générale.

II. — DIRECTION DES BALLONS

La deuxième solution consiste à diriger l'aérostat à l'aide d'un propulseur mécanique.

Objections au problème. — Malgré la conviction d'ingénieurs comme Giffard et Dupuy de Lôme, cette méthode a été longtemps condamnée, même par la science officielle, pour des raisons aussi diverses que spécieuses. « Il est impossible, disait-on, de trouver un point d'appui sur l'air ; » comme si les oiseaux se réduisaient aux hôtes des perchoirs et des cages, et ne s'offraient pas quelquefois la fantaisie de longues promenades dans le ciel ! D'aucuns, prévoyant l'objection, limitaient cet étrange aphorisme : les appareils plus lourds que l'air pouvaient bien y prendre un point d'appui, mais c'était folie de chercher à y mouvoir, « un air plus air que l'air lui-même ; » comme si les poissons ne nous montraient pas qu'un propulseur peut mouvoir un corps dans un fluide d'égale densité, ce qui est exactement le cas des ballons. Enfin, ajoutaient les théosophes, n'est-ce pas une tentative orgueilleuse et puérile que de chercher à construire une machine pour transporter l'homme, alors que la nature n'a pu créer d'oiseau dont le poids surpasse une vingtaine de kilogrammes ? comme si les locomotives n'étaient pas plus pesantes que les plus lourds animaux, plus rapides que les plus fins coursiers !

Conditions du problème. — En réalité, le problème est théoriquement d'une grande simplicité, ce qui ne veut pas dire qu'il soit d'une exécution aisée ; pour obtenir une vitesse propre de 12 mètres par exemple, il faut créer, par la réaction d'un propulseur sur l'air, une force supérieure à la résistance que cet air oppose au déplacement du navire à des vitesses moindres que 12 mètres. Et le cas du ballon dirigeable est exactement celui du sous-marin, mais avec ses difficultés propres. Tandis que la stabilité verticale a été longtemps la pierre d'achoppement de la navigation sous-marine, et que la question de la force motrice ne soulevait pas de difficulté spéciale, c'est l'inverse qui se produisait pour la navigation aérienne, dont les principales exigences peuvent se résumer ainsi : extrême légèreté du moteur, faible résistance à l'avancement, stabilité de route.

L'obtention d'un moteur ultra léger touche à des problèmes nombreux et complexes, que je ne puis aborder ici ; elle résultera des progrès accomplis dans la métallurgie pour obtenir des alliages légers comme les bronzes d'aluminium, et surtout pour créer des aciers qui aient, sous des dimensions suffisantes, des résistances comparables à celles des aciers à outils ; elle résultera aussi de toute amélioration pour transformer économiquement et simplement l'énergie latente emmagasinée dans les combustibles. Mais je m'arrête sur ce sujet, qui embrasse à lui seul une notable partie de l'art de l'Ingénieur (*).

Voyons ce que les deux autres conditions, faible résistance à l'avancement et stabilité de route, impliquent pour la constitution d'un ballon dirigeable.

La première idée qui se présente à l'esprit est de l'allonger dans le sens où s'exerce la propulsion. D'ailleurs, cette forme s'oppose aux perpétuels mouvements giratoires qu'on observe à bord d'un ballon ordinaire, mouvements qui rendraient toute propulsion impossible. En outre, elle augmente l'efficacité du gouvernail en l'éloignant du centre d'inertie. Des raisons analogues militent en faveur des nacelles allongées, qui de plus se prêtent très bien à la bonne répartition des poids sur l'enveloppe.

Il est également indispensable que l'aérostat soit complètement gonflé, sans quoi des poches se formeraient à l'avant, et l'air, au lieu de glisser sur l'étoffe, s'arc-bouterait contre le ballon, décuplant la résistance à l'avancement. Pour la même raison, l'excès de résistance à bâbord ou à

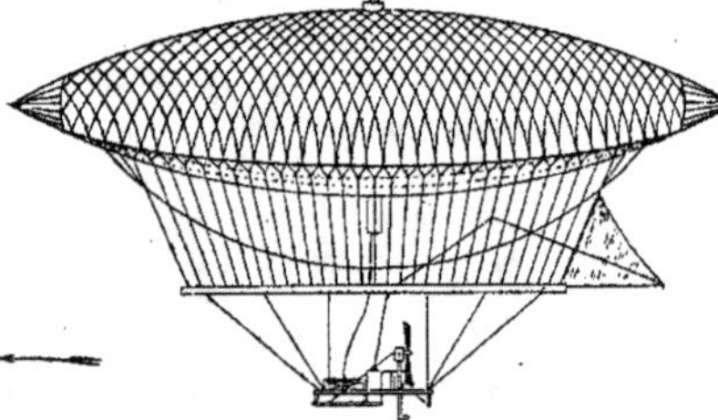

FIG. 3. — Ballon Giffard.

tribord, dû aux variations du vent, prendrait des valeurs qui compromettraient la stabilité de route avec les dirigeables les mieux disposés. D'autre part, dans un ballon incomplètement gonflé qui viendrait à s'incliner pour une cause fortuite, l'hydrogène, en vertu de sa légèreté, se porterait à la pointe la plus élevée, et tendrait à exagérer l'inclinaison. Cette circonstance pourrait amener des accidents ; en tous cas, elle augmenterait considérablement la résistance, puisque le dirigeable ne fendrait plus l'air suivant son grand axe.

C'est aussi pour permettre au navire de résister encore mieux aux causes susceptibles de l'incliner que Dupuy de Lôme imagina d'en faire un bloc rigide. Il en résulte que le propulseur, au lieu d'agir seulement sur la nacelle, entraîne tout le navire sans le déformer.

Tel est le problème, débarrassé des conceptions vagues dont on s'est plu à l'entourer. Une revue sommaire des principaux essais vous montrera ce qui a été fait et ce qui reste à faire (*).

Giffard. — En 1852, Giffard construisit *(fig. 3)* un ballon très allongé ayant à son bord une machine à vapeur de 3 chevaux. L'installation d'un pareil moteur sous un réservoir contenant 2.500 mètres cubes de gaz d'éclairage constituait un redoutable danger qui ne le retint pas ; il se contenta de quelques précautions. Mais Giffard ne vit pas la nécessité d'assurer le gonflement du ballon et de le relier à la nacelle par une suspension rigide ; un seul de ces défauts aurait suffi à empêcher le succès. De plus, le capitonnage dû au filet augmentait singulièrement la résistance, et le gonflement au gaz d'éclairage donnait une faible force ascensionnelle ; les difficultés du problème sont assez grandes pour qu'on n'hésite pas à gonfler à l'hydrogène, beaucoup plus cher, mais deux fois plus léger.

Les expériences ne donnèrent aucun résultat. L'illustre inventeur crut qu'il lui suffirait d'augmenter l'allongement, déjà considérable dans le ballon de 1852 ; il ne s'aperçut pas qu'il rendait ainsi d'autant plus nécessaires la permanence de la forme et la rigidité de la suspension. Dans ces conditions, l'expérience devenait dangereuse, et celle de 1855 faillit du reste se terminer par une catastrophe, puisque, à l'atterrissage, le ballon s'échappa du filet.

Quoi qu'il en soit, Henri Giffard, qu rêvait de conduire la première locomotive aérienne, aura du moins eu le mérite de construire et de monter le premier aérostat qui puisse être classé parmi les ballons dirigeables. Il avait conçu le projet grandiose d'un ballon de 50.000 mètres cubes, à moteur très puissant. Le million destiné à cette expérience était mis de côté, les plans étaient prêts quand Giffard, frappé de cécité, dut renoncer à ses travaux. Vous savez quel noble emploi il fit de la grande fortune qu'il avait acquise par une vie de labeur.

Dupuy de Lôme. — C'est encore à un grand Ingénieur qu'est due la seconde tentative intéressante pour diriger les aérostats.

Pendant le siège de Paris, Dupuy de Lôme, le créateur des navires cuirassés, pensait établir ainsi la réciprocité des relations entre la France et sa capitale, ce que ne pouvaient faire de simples aérostats Le dirigeable qu'il contruisit fit preuve, aux essais, d'une remarquable stabilité. La rigidité de la suspension fut obte-

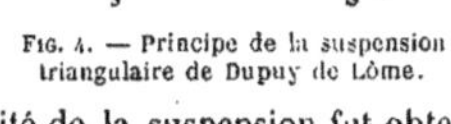

Fig. 4. — Principe de la suspension triangulaire de Dupuy de Lôme.

(*) Pour qu'on puisse comparer les dimensions des ballons de Giffard, de Dupuy de Lôme, de MM. Tissandier et de MM. Renard et Krebs, les figures schématiques de ces ballons ont été faites à la même échelle.

nue très simplement en reliant *(fig. 4)* différents points S de la nacelle à des points P du ballon, de telle façon que, même pour d'assez fortes inclinaisons, la verticale de S restât toujours à l'intérieur de la pyramide concave que formaient les cordages partant de ce point. Réinventant le ballonnet à air que le général Meusnier avait imaginé dans un autre but, Dupuy de Lôme divisa son ballon en deux compartiments inégaux *(fig. 5)* à l'aide d'un diaphragme ABC qui s'appliquait exactement sur la partie inférieure de l'enveloppe quand le dirigeable était plein d'hydrogène ; un ventilateur insufflait de l'air dans la poche pour remplacer l'hydrogène craché pendant la route. Enfin, la résistance à l'avancement était diminuée par la substitution au filet d'une chemise d'où partaient les balancines, et par l'adoption d'une longue nacelle terminée par une proue et une poupe recouvertes de toile. Mais la force motrice, produite

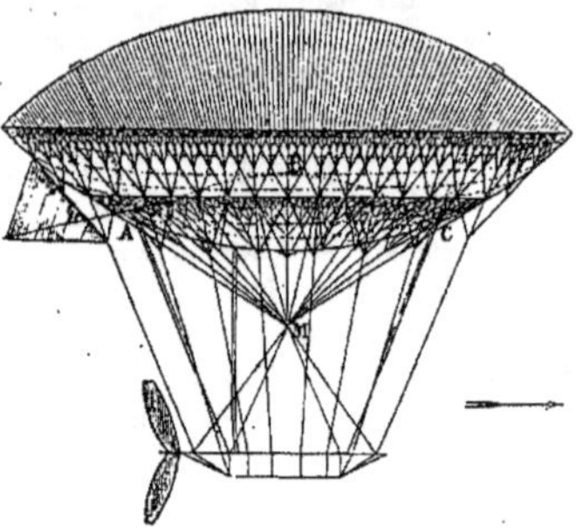

Fig. 5. — Ballon Dupuy de Lôme.

par deux équipes de huit hommes se relayant, était tout à fait insuffisante, et l'on eut grand peine à obtenir une légère déviation pendant quelques instants.

Néanmoins, suivant les propres expressions de la Commission instituée pour assister à l'expérience, les travaux de Dupuy de Lôme devaient « servir de point de départ nécessaire à tout ce qu'on voudrait continuer dans ce sens ». *

(*) Un calcul simple permet de déterminer, avec une approximation suffisante, le rapport $\frac{v}{V}$ entre le volume à donner au ballonnet et le volume total du ballon pour que le dirigeable puisse être maintenu gonflé dans toute la zone qui va du sol à l'altitude H. A cette altitude, l'hydrogène occupe le volume total V. S'il descend, le gaz se contracte et occupe un volume moindre nV. Pour que l'enveloppe ne puisse devenir flasque, il faut et il suffit que nV soit supérieur au volume $V - v$ auquel se trouve réduite la chambre à hydrogène quand le ballonnet à air est rempli. On doit donc avoir :

$$nV \geqslant V - v.$$

La valeur minimum de n correspond à l'atterrissage ; elle est donnée par la relation :

$$n = 1 - \frac{v}{V}$$

Si l'on néglige la surpression de l'hydrogène par rapport à l'air ambiant, on voit que n, rapport entre les volumes de l'hydrogène à l'atterrissage et à l'altitude H, est le rapport entre la pression p de l'air à l'altitude H et sa pression P à terre. On a donc :

$$\frac{p}{P} = 1 - \frac{v}{V}$$

En prenant $\frac{v}{V} = \frac{1}{10}$, comme dans le dirigeable de Dupuy de Lôme, on en déduit, par les tables de Laplace, H = 860 mètres.

Si on dépassait cette altitude, il faudrait cracher trop d'hydrogène à la montée, et il y aurait, depuis une certaine hauteur jusqu'au sol, toute une région où le ballon serait flasque, alors même que le ballonnet à air serait plein.

MM. Tissandier. — Cependant, le ballon que MM. Tissandier essayèrent en 1883 *(fig. 6)* n'avait ni la forme invariable ni la suspension rigide.

Élèves de Giffard, ces deux aéronautes croyaient à la seule efficacité de la force motrice, qu'ils demandèrent à une dynamo actionnée par une pile au bichromate de soude, très ingénieusement disposée de façon à réduire le poids et à obtenir un grand débit. Avec 225 kilogrammes de piles, on pouvait produire 1 cheval 1/3 pendant

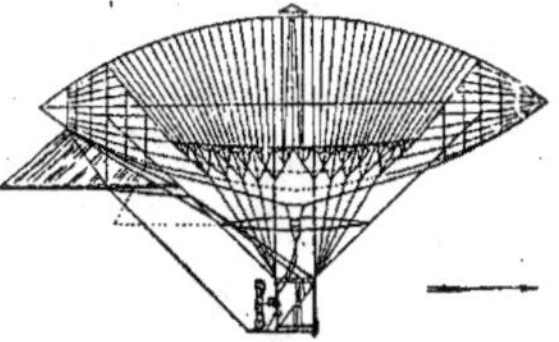

Fig. 6. — Ballon Tissandier.

deux heures et demie. Le ballon avait un trop faible volume, 1.000 mètres cubes environ ; mais comment en faire un reproche aux inventeurs, qui durent, après un vain appel au public, réduire le projet primitif, et construire leur dirigeable de leurs propres deniers ? Après un essai infructueux, MM. Tissandier reprirent leurs expériences deux ans plus tard, avec un moteur encore insuffisant ; le gouvernail fut mis plus à l'arrière, comme le montre la figure, où les traits pointillés représentent le gouvernail de 1883. Malgré ces modifications, on n'obtint qu'une déviation d'une durée éphémère.

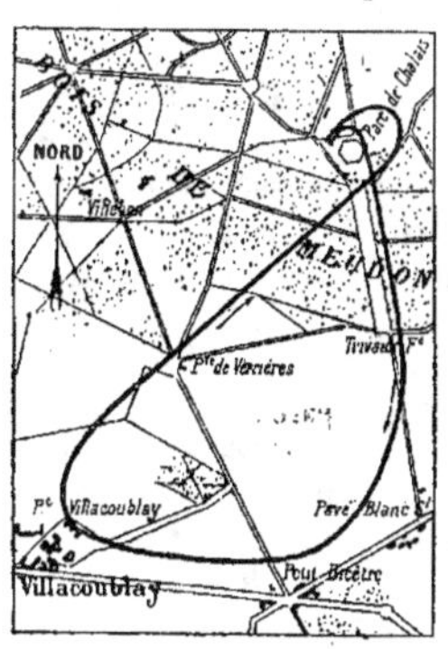

Fig. 7. — Itinéraire de la première sortie du ballon *la France.*

Bien que, entre ces deux sorties, une expérience autrement concluante ait été faite à Chalais, la Science n'oubliera ni la grandeur de l'effort fait par MM. Tissandier, ni leur beau désintéressement. Patriotiques promoteurs de l'aérostation militaire en 1870, ces deux hommes de cœur gagnaient un titre de plus à la reconnaissance de leur pays.

MM. Renard et Krebs. — C'est vers la même époque qu'eurent lieu les célèbres expériences de MM. Renard et Krebs. Le 9 août 1884, le ballon *la France* sortait pour la première fois des ateliers militaires de Chalais-Meudon, ayant à son bord ses deux inventeurs. L'hélice était aussitôt mise en mouvement, et le navire, obéissant aux moindres indications du gouvernail, évoluait dans l'air calme avec la docilité d'un canot à vapeur sur la surface tranquille d'un lac *(fig. 7).* Les aéronautes étaient maîtres de leur direction. Ils effectuèrent un virage suivant une courbe élégante, et revinrent, après un voyage de deux lieues environ, planer exactement sur la pelouse d'où ils étaient partis vingt minutes auparavant. L'hélice fut alors ralentie, un coup de soupape détermina la descente, le propulseur maintint le ballon au-dessus des aides qui attendaient son retour, et bientôt le premier navire aérien se posait à l'endroit même d'où les aéronautes étaient partis avec l'espoir de démontrer que le génie humain venait de faire sur les éléments une nouvelle et grandiose conquête.

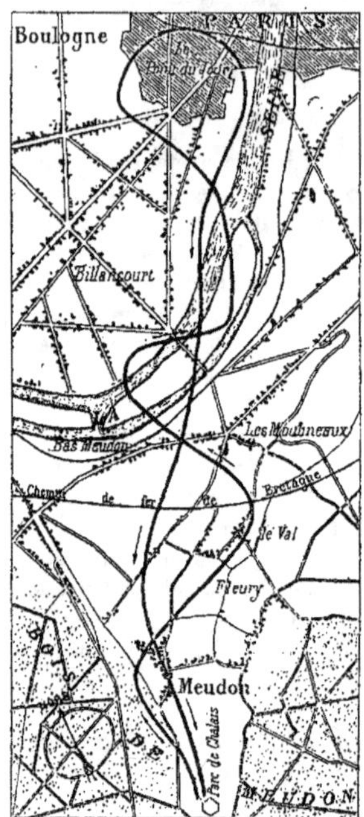

Fig. 8. — Itinéraire de la plus longue sortie du ballon *la France*.

Cette démonstration fut accueillie par un vif enthousiasme. Hervé-Mangon déclara à l'Académie des Sciences que le 9 août 1884 était une date désormais mémorable. Mais, à la suite d'une seconde sortie où le dirigeable, désemparé de sa machine, ne put rentrer à son port d'attache, les critiques s'élevèrent, injustes et passionnées. Le beau mérite, s'écria-t-on, de sortir par un temps calme, et de lutter avec 400 kilogrammes de piles et une dynamo de 9 chevaux, contre un vent qui n'existe pas ! J'ai même entendu soutenir cette opinion fantastique que la rentrée à Chalais avait toujours été due à la présence d'un courant de retour. Imaginez-vous ce courant providentiel qui, cinq fois sur sept, ramène un ballon précisément au-dessus du point où il s'est élevé.

Néanmoins, le public se laissa prendre à de pareilles raisons, sans démêler l'exacte signification de ces expériences, signification que je vais préciser. De même que le philosophe de l'antiquité démontrait le mouvement en marchant, de même le ballon *la France* prouvait la possibilité de se diriger en se dirigeant, puisque, avec sa merveilleuse stabilité, il pouvait décrire une trajectoire absolument quelconque, dans n'importe quel courant et quel que fût le vent observé à terre. Mais la projection de cette trajectoire sur le sol, elle, n'était quelconque, elle ne pouvait en particulier se fermer sur elle-même, que si la vitesse du courant aérien était inférieure à la vitesse propre du navire, soit 6^m,50 environ. Et si, pour frapper le public, pour se donner à eux-mêmes la démonstration qu'ils avaient préparée pour les autres, MM. Renard et Krebs avaient choisi un temps calme pour leur première sortie, les expériences où le ballon évolua dans des courants supérieurs à 6ᵐ,50, — sans naturellement revenir à son point de départ, — ces expériences-là n'auraient dû être ni moins probantes, ni moins décisives pour les gens éclairés. Bien au contraire, la possibilité d'évoluer dans un vent de 7 mètres, comme on le fit dans une des sorties, était une preuve convaincante de la stabilité, puisque les variations du vent sont plus grandes que par un temps calme.

Je mets sous vos yeux *(fig. 8)* la carte de l'ascension faite le 23 septembre 1885, en présence du Ministre de la Guerre. C'est dans cette sortie qu'on parcourut le plus long trajet. Le dirigeable partit vent debout, et vint jusqu'à Paris en décrivant une courbe dont les inflexions régulières montrent, de façon frappante, la sûreté de la manœuvre ; puis il vira au-dessus du Point-du-Jour et revint en ligne droite au Parc de Chalais. La durée de ce voyage ne dépassa pas une heure.

Par quels moyens MM. Renard et Krebs sont-ils parvenus à ces résultats décisifs ? En faisant une application heureuse des principes posés par Dupuy de Lôme, en améliorant les dispositifs imaginés par cet éminent ingénieur, et surtout en mettant en œuvre un moteur singulièrement puissant pour l'époque. Ce moteur se composait d'une dynamo légère due au capitaine Krebs, et d'une batterie de piles chlorochromiques, imaginées par le capitaine Renard. Ces piles pesaient seulement 25 kilogrammes par cheval et par heure ; elles étaient véritablement l'âme du navire.

J'ajoute que la suspension enchevêtrée de Dupuy de Lôme, dont la résistance à l'avancement était considérable, fut remplacée *(fig. 9)* par un dispositif

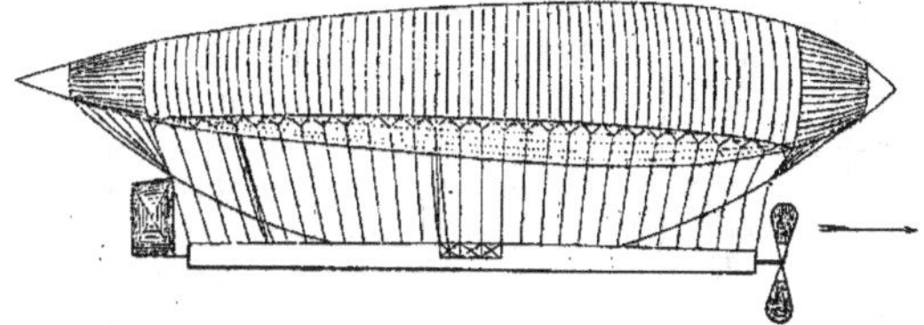

Fig. 9. — Ballon dirigeable Renard et Krebs *(la France)*.

absorbant dans la marche beaucoup moins d'énergie. Le ballon avait un volume de 1.860 mètres cubes, deux fois moindre que dans le ballon de 1870. Au lieu d'être symétrique, il était en forme de cigare, marchant le gros bout en avant. Cette forme, qu'on a critiquée, a l'avantage certain de contribuer à la stabilité de route ; d'autre part, elle se rapproche des formes récemment obtenues en Amérique par M. Moulton, en usant un prisme de glace par une promenade prolongée dans l'eau, ou en soumettant un prisme de cire à l'action d'un courant d'air chaud. J'ai tenu à vous signaler en passant ces curieuses expériences, genre Tyndall, qui offrent un réel intérêt dans l'étude si délicate de la dynamique des fluides.

Enfin le gouvernail du ballon *la France* était placé très loin de l'axe vertical d'inertie ; il avait une forme particulière qui en augmentait beaucoup l'efficacité. L'hélice fut mise à l'avant, contrairement à ce qu'on avait fait jusqu'alors ; cette position me semble tout à fait judicieuse, étant donnés l'extrême mobilité de l'air, ses mouvements internes et la flexibilité des matériaux qui composent un dirigeable. Imaginez que vous deviez rouler sur un terrain sablonneux une brouette ayant des brancards et une ossature flexibles : d'instinct vous la traînerez plutôt que de la pousser. D'ailleurs, l'hélice placée à la proue a l'avantage de mordre dans un air qui n'a pas encore été troublé.

Ainsi donc, les officiers de Chalais ont surmonté avec beaucoup de bonheur les difficultés considérables du problème, et l'on peut dire que leur dirigeable, en tant qu'appareil de démonstration, aurait dû convaincre les plus pessimistes. Mais, en tant que navire aérien, les résultats obtenus étaient un peu mièvres, comme poids utile, comme vitesse et comme durée. La situation exacte, après les belles expériences de 1884 ei 1885, peut se résumer en deux mots : *le problème était nettement quoiqu'imparfaitement résolu.*

Pour que le dirigeable devienne un navire susceptible d'applications intéressantes et fructueuses, il faut doubler sa vitesse propre, et porter à une demi-journée au moins la durée du trajet. Mais ces simples désiderata impliquent d'immenses progrès de toutes sortes, en particulier dans la construction des moteurs ; en effet, doubler la vitesse, cela revient, toutes choses égales d'ailleurs, à faire un moteur huit fois plus léger, puisque, dans le problème qui nous occupe, le travail est proportionnel au cube de la vitesse ; quintupler la durée de trajet, cela revient à emporter cinq fois plus d'approvisionnement : au total, moteur vingt à trente fois plus puissant pour le même poids. De pareils perfectionnements ne peuvent être que l'œuvre du temps. Toutefois, à l'heure actuelle, il semble possible de construire un dirigeable marchant à 10 mètres et tenant l'air pendant trois ou quatre heures. Selon toute vraisemblance, les études silencieusement poursuivies à Chalais par le colonel Renard ont mis ce savant à même de doter notre armée d'un navire qui donnerait ces résultats.

III. — AVIATION

La solution du problème de la navigation aérienne par le ballon dirigeable est souvent appelée le moins lourd que l'air, quoique, en bonne

logique, on dût dire l'aussi lourd que l'air. La troisième et dernière
solution est celle du plus lourd que l'air, ou Aviation.

Vous n'ignorez pas, tant leurs querelles ont été bruyantes, que les partisans du moins lourd et les partisans du plus lourd que l'air se sont
montrés d'irréconciliables ennemis. Nadar, un des plus fougueux apôtres
de l'Aviation, disait à la suite des expériences de Chalais : « Si mes yeux
voyaient jamais ce ballon remonter le vent, je leur crierais : Vous avez mal
vu ! » Paroles imprudentes dans la bouche d'un homme que sa profession
aurait dû habituer au respect de l'oculaire.

L'aéroplane considéré comme prolongement du dirigeable. — En réalité,
la doctrine qu'il faut proclamer est plus électrique et plus large. Loin d'être
exclusifs l'un de l'autre, le moins lourd et le plus lourd que l'air se complètent ; ils correspondent à des phases différentes d'un même problème.
C'est ce qu'il importe de montrer dès maintenant.

Supposez qu'on utilise les progrès continuels dans la construction des
moteurs, des hélices, etc., à augmenter progressivement la vitesse du
ballon dirigeable. Pour faire équilibre à la pression exercée à l'avant du
ballon et maintenir celui-ci constamment gonflé, — condition que nous
savons nécessaire, — il faudra aussi augmenter progressivement la
pression de l'hydrogène, et donner à l'étoffe une résistance de plus en
plus forte : d'où diminution de la force ascensionnelle et augmentation
simultanée du poids. Par suite, le dirigeable deviendra trop pesant à
partir d'une certaine vitesse, qu'on peut assurément reculer à l'aide de
certains artifices, par exemple en munissant le ballon d'une proue en
aluminium, mais qu'on ne peut reculer sans limite. Alors la solution
par le moins lourd que l'air s'élimine d'elle-même.

Mais la résistance produite par les grandes vitesses peut donner lieu,
si le ballon est convenablement
disposé, à des réactions verticales de bas en haut, c'est-à-
dire à des forces sustentatrices
capables de suppléer à l'insuffisance de plus en plus marquée
de la force ascensionnelle.
Lorsque celle-ci deviendra insi-
gnifiante, il y aura lieu de
substituer au ballon une surface de forme et de dimensions

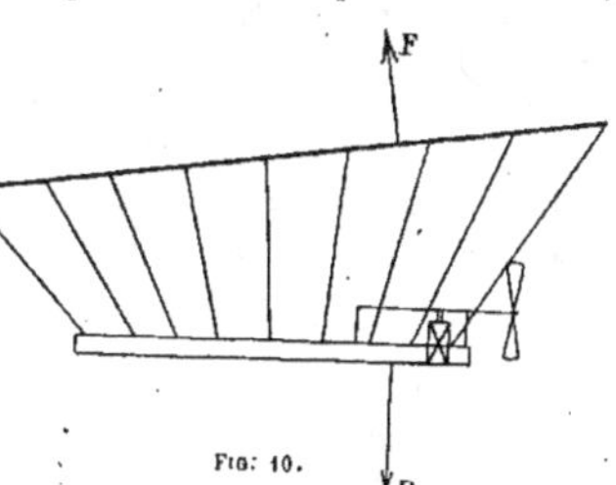

Fig. 10.

convenables (*fig. 10*) : on arrive ainsi tout naturellement à l'aéroplane.

Cette manière si logique de considérer l'aéroplane ne vous fixe-t-elle
pas, sans qu'il soit besoin de calculs, sur ce qu'il convient d'en attendre ?

Comme le ballon dirigeable, l'aéroplane devra former un bloc rigide, sous la seule réserve qu'on puisse légèrement modifier l'inclinaison de la voiture qui remplace l'aérostat; comme le ballon dirigeable, il aura une nacelle, il aura un réseau de balancines plus ou moins enchevêtré; aux grandes vitesses qui sont la raison d'être de cette sorte de navire, le déplacement de cette nacelle et de ces balancines absorbera une puissance motrice considérable. Et alors, que restera-t-il comme poids utile? Qu'aurons-nous comme durée de trajet? Peu de chose assurément, et peut-être moins qu'avec le ballon.

Nous voilà bien loin des promesses faites par certains aviateurs, qui ne parlaient de rien moins que de transporter des régiments de Paris à Berlin, ou de franchir l'Atlantique en quelques heures. Désirez-vous que je précise, que je vous démontre ce qu'il y a de peu fondé dans les assertions des aviateurs les plus autorisés, de savants comme Langley, de constructeurs comme Maxim?

Pour soutenir un aéroplane, dit Langley, la puissance nécessaire est d'autant plus faible que la vitesse est plus grande; par conséquent, avec de grandes vitesses — que les moteurs actuels permettent d'obtenir, — on peut, non seulement enlever ces pesants moteurs, mais encore transporter un très grand poids utile. Sur quoi s'appuie l'honorable professeur? Sur des expériences de laboratoire, faites avec un plan de quelques décimètres carrés. Par une habitude assez fréquente chez les gens d'études purement spéculatives, il les transporte telles quê dans le domaine de la pratique. Mais un aéroplane-navire n'est pas un plan mince! Si l'on peut admettre, à la rigueur, que la voiture obéisse à la loi de Langley, tout le reste, la nacelle, les balancines, etc., obéit à la loi générale qui régit le transport d'un mobile dans un fluide: ce transport exige une puissance proportionnelle au cube de la vitesse. Et cette nacelle, ces balancines offrent, à vitesse égale, une résistance parfaitement comparable à celle du ballon. Jetez les yeux sur le tableau ci-dessous où Dupuy de Lôme, qui s'y entendait, évalue la résistance à l'avancement des diverses parties de son dirigeable, à la vitesse de $2^m,20$ par seconde: la résistance à l'avancement du ballon proprement dit n'y entre que pour $\frac{1}{3}$; donc, en le remplaçant par une voiture, on n'eût diminué le coefficient k de la résistance à l'avancement du navire, c'est-à-dire sa résistance à la vitesse de 1 mètre, que dans une proportion médiocre. Encore faudrait-il, pour ne pas avoir une voilure de dimensions démesurées, décupler au moins la vitesse, ce qui centuple la résistance et la porte à 720 kilogrammes:

	Résistance à 2^m,20 par seconde.	Résistance à 22 mètres par seconde, en supprimant le ballon.
Ballon sans filet	3^{kg},830	
Nacelle . . . . 0^{kg},432		
Saillie du corps des hommes. 0^{kg},400		
Tuyaux à hydrogène et à air. 0^{kg},850	7^{kg},201	720 kilogr.
Petit cordonnet des filets. . . 3^{kg},325		
Cordes fortes des suspentes et des balancines . . . . . . 2^{kg},194		
RÉSISTANCE TOTALE.	11^{kg},031	720 kilogr.

Ainsi donc, loin d'être négligeable dans l'aéroplane-navire, la résistance à l'avancement prend des valeurs dont les aviateurs ne se sont pas rendu compte.

On pourrait m'objecter que la suspension Dupuy de Lôme, très enchevêtrée, se prête trop bien à ma démonstration ; que les calculs de cet ingénieur peuvent paraître trop faibles en ce qui concerne la résistance du ballon proprement dit, trop forts pour la résistance des cordages et de la nacelle. Mettons les choses au mieux : supposons un dirigeable dans lequel la suspension soit assez bien comprise pour que la résistance des parties non sustentatrices ne soit que le $\frac{1}{8}$ de la résistance totale au lieu des $\frac{2}{3}$; remplaçons le ballon par une voilure suffisante pour porter, à une certaine vitesse V, le même poids utile et le même moteur que le dirigeable ; négligeons le poids et la résistance à l'avancement de cette voilure et des appareils spéciaux à l'aéroplane pour sa mise en marche, le maintien automatique de son horizontalité en cours de route, la stabilité, l'atterrissage, etc. Puisque la force motrice est la même, on voit qu'il y a entre la vitesse v du ballon et la vitesse V de l'aéroplane, la relation :

$$K v^3 = \frac{K}{8} V^3,$$

d'où :

$$v = \frac{1}{2} V.$$

Ainsi, dans ces conditions éminemment favorables, l'aéroplane ne donnerait qu'une vitesse double du ballon, pour un même poids utile : mince résultat si l'on songe, d'un côté aux difficultés du départ et de l'atterrissage, aux catastrophes certaines qu'amènerait la moindre avarie au moteur, d'autre part à la sécurité qu'offre un voyage en ballon dirigeable, sécurité qui est, j'ose l'affirmer, au moins comparable à celle des chemins de fer et des paquebots. Aussi, loin d'admettre l'opinion de ceux qui reprochent au ballon d'avoir retardé les progrès de la navigation aérienne, j'estime qu'il convient de rééditer à son profit le mot célèbre : « S'il n'existait pas, il faudrait l'inventer ».

La voilure et son angle d'attaque. — Et ce n'est pas la seule difficulté du problème. L'aéroplane est soumis à d'autres exigences que je ne puis étudier à fond dans cette causerie, mais qu'il importe d'indiquer (*).

Il y a d'abord les dimensions de la voilure. Si la vitesse est modérée, ces dimensions deviennent énormes avec le poids actuel des moteurs ; il faut alors sectionner la surface sustentatrice, ce qui ne va pas sans de grandes difficultés de construction, sans un accroissement notable de la résistance à l'avancement, et sans sujétions dans la manœuvre. Si la vitesse est plus grande, la surface est moindre, mais la résistance à l'avancement est énorme, puisqu'elle croît comme le carré de la vitesse, et l'emploi d'ossatures légères devient impossible.

D'autre part, le calcul montre qu'avec les moteurs actuels, et pendant longtemps encore, la voilure devra être inclinée de quelques degrés seulement sur la route suivie. Si l'inclinaison augmente, la réaction F de l'air sur la voilure *(fig. 10)* donne une composante verticale qui n'équilibre plus le poids P du navire, et celui-ci descend plus ou moins lentement. Si l'inclinaison devient négative, la réaction se produit du haut vers le bas, et le navire est entraîné par une chute rapide : c'est ce qui arriva, comme nous le verrons tout à l'heure, à Otto Lilienthal. Il faut donc maintenir, *d'une façon certaine*, l'inclinaison générale entre des limites espacées de quelques degrés seulement ; il le faut, en dépit de la flexibilité des matériaux qui composent l'aéroplane, en dépit des variations du vent. Pour qui n'est-il pas évident que cette nécessité est une des grosses difficultés du problème ?

J'aurais aussi à vous parler des moyens pour lancer une pareille machine, pour lui assurer la stabilité en cours de route, pour lui permettre d'atterrir : questions complexes que j'effleurerai en vous présentant quelques appareils.

Différences avec l'aéroplane-oiseau. — Cette rapide analyse ne vous montre que les difficultés principales : elles sont gigantesques, et devant elles l'ingénieur, qui peut s'enorgueillir de tant de résultats merveilleux obtenus dans ce dernier demi-siècle, hésite à affirmer qu'il en viendra

---

(*) Voir R. SOREAU, *Le problème général de la navigation aérienne* (E. Bernard, éditeur).

à bout. C'est que le problème qui se pose à lui est autrement complexe que le problème résolu par la nature avec l'oiseau.

Car l'oiseau, lui aussi, est un aéroplane, comme Dzrewiecki et moi-même l'avons clairement démontré. Mais c'est un aéroplane de faible poids, qui n'oppose à l'avancement qu'une résistance minime : la preuve en est dans cette observation moyenne que, parvenu à 100 mètres d'alti-tude, il peut parcourir près de 1 kilomètre avant de rencontrer le sol, tout en conservant son allure et en laissant ses ailes au repos. Si parfois il peine à l'essor, il dépense extrêmement peu en plein vol. Pour lui, la loi des faibles inclinaisons de la voiture se fait plus douce, et son instinct la suit sans effort. Quant à la stabilité, tous ceux qui ont vu les chutes foudroyantes des oiseaux de proie, leurs élégantes ressources dans les passades successives auxquelles ils se livrent pour lier et trousser leur victime, savent avec quelle précision elle est résolue ; la difficulté est d'un tout autre ordre pour le navire aérien, obligé, par sa destination même, de se mouvoir dans des plans horizontaux ou très faiblement inclinés.

Et c'est parce que les conditions de l'aéroplane-navire sont très diffé-rentes de celles où se trouve l'aéroplane-oiseau qu'il faut chercher à les résoudre par des moyens tout autres, par un emploi judicieux des organes propres à la mécanique, dont le rendement et la puissance sont, d'ail-leurs, incomparablement supérieurs à ceux des organes animés. Il faut en particulier proscrire les battements d'ailes, qui compliqueraient singuliè-rement et inutilement la question ; la nature y re-court parce que le mou-vement alternatif est le seul moyen de mettre en œuvre l'énergie muscu-laire, et il serait aussi illogique d'imiter le mou-vement des ailes dans les aéroplanes que d'imiter le mouvement des jam-bes dans les automobiles.

Fig. 11. — Chaudière Maxim.

Aéroplanes Maxim. — Parmi les essais d'aéroplanes-navires, le plus considérable est, sans contredit, celui de M. Hiram Maxim. Cet éminent constructeur imagina à cette occasion une machine à vapeur dont la chaudière, à vaporisation instantanée, est un véritable chef-d'œuvre de mécanique (*fig. 11*). L'introduction du combustible liquide au foyer se faisait automatiquement, et était toujours rigoureusement proportionnelle

à la consommation de vapeur : de la sorte, il n'y avait pas à craindre de
surchauffe , et il n'était pas nécessaire de combattre les à-coups par les
moyens habituellement employés, à savoir volant de chaleur formé par une
grande masse d'eau, ou, dans les types Serpollet, par une grande masse de

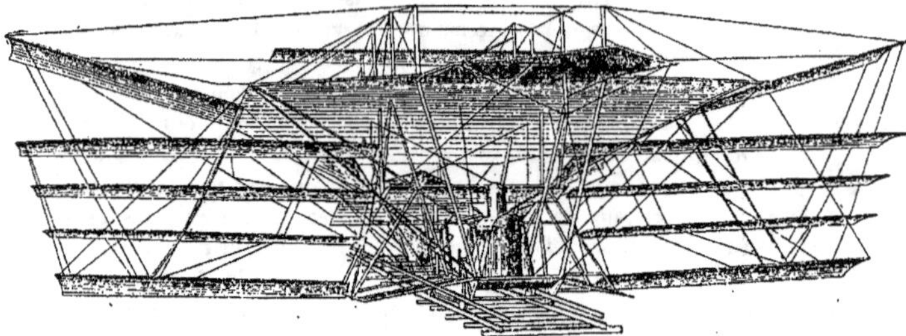

FIG. 12. — Aéroplane Maxim de 1890.

métal ; la chaudière en charge était ainsi notablement allégée. Les tubes
de cette chaudière étaient en acier à haute résistance, soudés sur des
plaques conductrices en cuivre rouge ; le nombre de ces soudures, faites
à l'argent, dépassait 48.000, et la grille n'avait pas moins de 45.000
becs, qui produisaient une chaleur terrifiante. J'ai calculé, d'après les
données de Maxim, que l'ensemble du moteur, approvisionnements, con-
denseur, et tous accessoires compris, pesait moins de 15 kilogrammes
par cheval avec dix heures de marche. S'il n'y a pas erreur dans ces
données — dont je laisse à l'inventeur toute la responsabilité, — ce
serait un résultat merveilleux.

La figure 12 montre le dernier aéroplane construit en 1890. Les surfaces
sustentatrices atteignent un grand développement, plus de 500 mètres
carrés. Vous voyez sur les côtés deux ailes qui forment les éléments d'un
dièdre dont l'arête fictive serait dirigée vers le sol. Ce dispositif est imité
des oiseaux planeurs, qui volent les ailes étendues et relevées : de la sorte,
s'ils viennent à s'incliner vers la droite pendant une chute, l'aile gauche
s'efface et supporte une pression moindre que l'autre aile, ce qui ramène
le voilier dans sa position primitive. Ce moyen me paraît insuffisant
pour les aéroplanes-navires dans le cas d'une *chute* accidentelle ; il
est sans effet pour assurer la stabilité transversale quand il n'y a pas
chute.

La vitesse maximum prévue par Maxim n'était rien moins que de
160 kilomètres par heure. « On pourrait alors, écrivait-il, se rendre de
Londres à New-York en moins de deux jours. » Et quand l'expérience, ce
criterium redoutable, eut fait évanouir toute chance de réussite, Maxim

attribua uniquement son échec à l'imperfection de la stabilité. Certes, la stabilité n'était pas résolue, mais il y avait bien d'autres causes d'insuccès : le simple examen de la figure montre que les haubannages de la nacelle auraient présenté une très grande résistance, qui aurait absorbé, à la vitesse projetée, un travail colossal, ce que l'auteur, imbu sans doute des idées de Langley, ne semble pas avoir soupçonné ; cette résistance aurait probablement déformé maintes parties essentielles ; l'aéro-condenseur, qui formait une partie de la voilure, aurait été insuffisant pour la quantité de vapeur capable de produire de pareilles puissances ; l'inclinaison du plan ne pouvait être qu'extrêmement faible, et il aurait été impossible de la maintenir dans les limites dont j'ai parlé, etc. Pour assurer la permanence de l'inclinaison, j'ai indiqué, en 1897, qu'on pourrait utiliser les propriétés des disques tournants, ou de sortes d'hélices à ailes planes, auxquelles il ne conviendrait pas de demander un effet sustentateur.

Toutefois, malgré l'insuccès de Maxim, on ne peut nier l'intérêt de ses coûteuses expériences. Elles se faisaient de la façon suivante : les roues qui portaient l'aéroplane étaient placées entre deux voies de rails superposées, avec un certain jeu dans le sens vertical. La chaudière étant sous pression, on embrayait, et l'hélice, tournant très vite, entraînait l'aéroplane sur les rails avec une vitesse rapidement croissante. On a pu constater qu'à certains endroits du parcours les roues portèrent sur les rails supérieurs ; c'est que l'appareil, guidé par les deux voies, a présenté momentanément un angle d'attaque assez petit pour que la sustentation fût possible. Mais, au sortir de la voie, il tombait aussitôt.

Aéroplane Phillips. — Il convient aussi de citer l'appareil construit par M. Phillips *(fig. 13)*, appareil dont la surface sustentatrice est formée de lames concaves disposées en persiennes. La concavité est déterminée de telle sorte que la réaction de l'air sur chaque lame soit verticale ; on obtient ainsi une réaction F beaucoup plus élevée que la réaction f sur une lame plane de même surface, et cette réaction F est tout entière utilisée pour la sustentation, sans

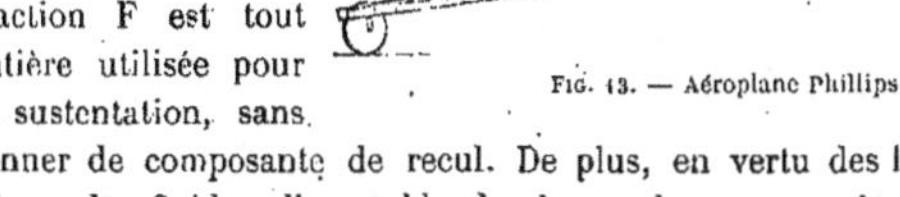

Fig. 13. — Aéroplane Phillips.

donner de composante de recul. De plus, en vertu des lois de la dynamique des fluides, l'ensemble des lames donne une réaction très supérieure à celle d'une voiture unique de même surface totale. Enfin, les variations du centre de pression sont plus limitées, ce qui contribue à assurer la stabilité (*).

Malheureusement, la sécurité est nulle, et il conviendrait d'adjoindre à ces lames une large voiture pouvant faire parachute.

Expériences de M. Lilienthal. — Ce parachute peut, en effet, être d'un certain secours. A ce propos, je vous citerai les curieuses expériences faites en Allemagne, il y a quelques années, par M. Otto Lilienthal.

Cet aviateur construisit une machine qu'on a eu le grand tort d'appeler machine volante, car elle n'a pas de force motrice propre, et elle ne résout pas plus le problème de la navigation aérienne que les chariots des montagnes russes ne donnent une solution de la locomotion sur rails. L'appareil se composait essentiellement de deux ailes concaves, constituées par une toile fortement tendue sur une légère ossature d'osier. A

Fig. 15. — Appareil de M. Lilienthal, d'après des photographies.

l'arrière se trouvait un grand gouvérnail vertical qu'on a inexactement comparé à la queue des oiseaux. L'aéronaute, placé dans une échancrure

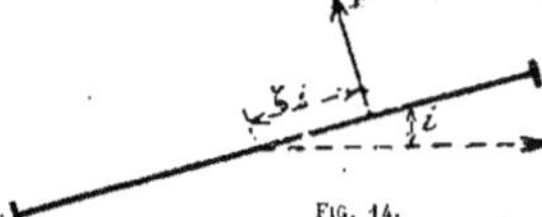

Fig. 14.

(*) A mon avis, c'est là un des gros avantages des surfaces allongées dans le sens transversal, comme le sont les ailes des oiseaux. Les déplacements du centre de pression sont, en effet, assez considérables avec les plans carrés, comme l'indique la formule suivante :

$$\frac{\zeta_i}{l} = \frac{1}{2(1 + 2 lg i)}$$

que j'ai présentée au Congrès tenu à Boulogne par l'Association française pour l'avancement des Sciences, à la suite de mes expériences d'Argenteuil.

Dans cette formule $2l$ est le côté du carré, ζ_i est la distance du centre de pression au centre du plan pour l'inclinaison i *(fig. 14)*.

pratiquée entre les ailes, s'appuyait par les bras dans des gouttières garnies, tandis que ses mains tenaient solidement une barre transversale. La surface totale était de 14 mètres carrés, pour un poids de 20 kilogrammes.

Lilienthal fit son éducation de gymnaste aérien en s'élançant de la plate-forme d'une petite tour qui dominait de 10 mètres un tumulus situé dans une plaine des environs de Berlin; il descendait ainsi sous un angle de 10 à 15°. Les figures 15 sont des reproductions de photographies instan-tanées, qui constituent d'irréfutables documents.

Après de nombreuses expériences, de 1893 à 1895, Lilienthal voulut faire plus grand, et se jeta d'une colline de 80 mètres avec une machine à sustentateur double. Mais, un jour, il ne réussit pas à contre-balancer une forte embardée qui inclina sa machine de telle sorte qu'elle était frappée en dessus. L'aéroplane fut précipité vers le sol, contre lequel il vint piquer une tête, et le hardi expérimentateur fut tué ; il en était, dit-on, à sa deux millième expérience.

Résumé

Telles sont, Messieurs, les principales considérations que peut suggérer un examen attentif du problème de la navigation aérienne. Je m'en suis volontairement tenu aux grandes lignes, effleurant à peine de nombreuses et importantes questions secondaires. J'ai cherché surtout à mettre en lumière des idées précises, à établir des criteriums qui vous permettent de vous y reconnaître dans les nombreux projets, trop souvent ridicules, que fait éclore la fièvre de la navigation aérienne.

Je me résume en quelques mots. L'utilisation des courants aériens ou l'emploi de la voile avec les ballons ordinaires ne saurait donner une solution satisfaisante. La direction des ballons est virtuellement résolue pour une faible charge et une vitesse modérée ; mais, à partir d'une cer-taine vitesse, qui semble voisine de 20 mètres par seconde, sa réalisation devient difficile. Les aéroplanes-navires, encore dans la période embryon-naire, exigent d'énormes progrès dans la mécanique, sans parler du peu de sécurité qu'ils offrent et des dangers de l'atterrissage ; les difficultés à vaincre croissent rapidement avec le poids utile et avec la vitesse ; par suite, il faut assigner des limites fort restreintes à ces deux caractéristiques de tout appareil de transport.

Vous voyez donc combien sont vaines les promesses de ceux qui, para-phrasant la parole de l'Ecclésiaste, annonçaient que la navigation aérienne renouvellerait la face de la terre. En vérité, si de pareils utopistes avaient, dans les autres recherches scientifiques, l'autorité qu'ils exercent, on ne sait pourquoi, dans les choses de la navigation aérienne, ils justi-fieraient l'opinion de ceux qui ont cru pouvoir conclure à la banqueroute de la Science. Bien au contraire, la Science nous montre ce que de tels espoirs ont de chimérique ; elle nous permet, en dégageant les conditions du problème, en les analysant, d'apercevoir dans quelles limites il est réalisable ; elle nous révèle enfin qu'il faut en attendre la solution, moins d'une invention géniale ou d'une découverte merveilleuse, que des progrès continus dans les diverses branches de l'industrie.

Et le problème ainsi limité vaut encore la peine d'être résolu. Car si le navire aérien, quel qu'il soit, n'est pas destiné à devenir un moyen de transport courant, il pourra du moins être une puissante arme de guerre et un merveilleux outil pour certains grands travaux de la paix. Or, l'Aéronautique est une science essentiellement française, puisque notre pays est le berceau des Montgolfier, des Giffard, des Dupuy de Lôme, des Tissandier, des Renard et des Krebs ; puisse la France qui, à la guerre, comme dans la paix, doit maintenir son rang glorieux, puisse la France être la première à créer de semblables engins !

<hr>

M. G. FORESTIER

Inspecteur général des Ponts et Chaussées.

LA ROUE A TRAVERS LES AGES

— 8 février —

<hr>

M. Paul LEMOULT

Agrégé de l'Universtié, à Paris.

INDUSTRIE DES MATIÈRES COLORANTES ARTIFICIELLES

— 15 février —

M. Léon TEISSERENC DE BORT

Fondateur de l'Observatoire de météorologie dynamique.

L'EXPLORATION DE L'ATMOSPHÈRE PAR BALLONS ET CERFS-VOLANTS

— *22 février* —

M. L. AUGÉ DE LASSUS

Publiciste.

DE DAMAS A PALMYRE

— *1er mars* —

C'est le 3 octobre 1899, une date que l'histoire dédaignera d'enregistrer — l'histoire est d'humeur aristocratique et fait profession d'ignorer les humbles — une date cependant qui se grave au plus profond de ma pensée, et qui doit rayonner en moi, tant que je connaîtrai la lumière de la vie et du souvenir.

Nous sommes en voiture ; voilà qui n'est pas d'une mise en scène bien orientale. Le landau qui reçoit, sur ses banquettes formant vis-à-vis, le trio ami des voyageurs, sur le siège le cocher et notre fidèle Joseph, a déjà roulé sur ces routes et même sur cette absence de route ; il a fait à Bagdad une entrée comme n'en fit jamais Haroun-al-Raschid. Nous ne demanderons pas cependant à ses ressorts une telle endurance ; et le vaillant landau nous sera obligeant et hospitalier comme toutes choses et toutes gens nous furent, dans ce voyage de magique enchantement. Le commandant militaire de Damas, est grand chef de qui relèvent toutes les troupes de la région, naguère grand vizir, toujours aide-de-camp du sultan, un homme d'une courtoisie parfaite, d'une intelligence très éveillée, qu'un visage sympathique reflète et révèle aussitôt, un homme qui comprend le passé s'il est un serviteur des besoins nouveaux et des choses présentes, un homme enfin qui donne l'impression, heureuse mais rare de se trouver à la place méritée, se trouvant à l'une des premières places qui soient dans l'empire ottoman, le maréchal Djevad-Pacha, nous a obligeamment accueilis. Il prend sur son temps et ses occupations multiples pour causer avec nous, en un Français correct et facile, de Palmyre, mais aussi d'intérêts plus prochains, de politique et d'avenir. Il est possesseur, ce qui est bien, et lecteur, ce qui est mieux, d'une nombreuse bibliothèque, où la France tient large place ; il abandonne ce trésor à notre curiosité, et il ne tiendrait qu'à nous d'y étudier en de savants mémoires, la cité lointaine, si notre temps n'était jalousement mesuré, et si nos curiosités n'étaient d'une vision longtemps rêvée, plutôt que d'une laborieuse initiation. Djevad-Pacha, du moins, nous donne escorte et sauvegarde en la multiple personne de vingt cavaliers polis, empressés, discrets ; sa sollicitude ne doit pas cesser de nous accompagner. Le gouverneur civil ne nous est pas moins providentiel : et les lettres qui nous sont par lui remises mettront, comme à notre portée et à notre premier appel, tout ce qui détient jusqu'au terme de notre voyage, une parcelle de crédit et d'autorité. Nos joies furent trop grandes pour que cette gratitude ne soit pas hautement proclamée. Et du reste le souvenir est charmant des visites faites à ces personnages d'importance. Le décor est déjà si amusant de tout spectacle en ces pays d'Orient ! Ce qui frappe aussitôt, c'est la facilité d'accès auprès des fonctionnaires, même les plus puissants. Il n'est pas chez nous de chef de bureau qui ne grandisse sa petitesse, des embarras d'une étiquette impertinente et son insignifiance, sa nullité exige que l'on fasse antichambre. Ici règne encore une sorte de bonhomie patriarcale. Les quémandeurs montent librement les escaliers, une tenture soulevée donne accès auprès du maître, et l'audience est obtenue, sans même être sollicitée. Ceci ne veut pas dire que toutes requêtes soient aussitôt accueillies. L'Orient sait mal le prix du temps ; mais enfin si l'on ne conclut pas, on cause, et ce n'est pas la manière la plus désagréable de mener les affaires. Au reste, nous ne jugeons des choses que sur les apparences, ce qui sans doute est le plus sage dans la vie ; et les apparences séduisent ici et n'abusent guère plus que de prétendues vérités. Les dignitaires chrétiens, vénérables du moins, dans leurs attitudes graves, leurs gestes apaisés et leur barbe opulente, tiennent, sur les banquettes, comme un conclave. On croit qu'ils vont disputer du dogme du Christ consubstantiel ; et peut-être que seulement ils attendent une cigarette et une tasse de café. Les religions les plus diverses sont là, réunies en un étroit espace, aussi les races ennemies, les vainqueurs et les vaincus, les hérésies et les ambitions vulgaires ; pour l'instant tout cela n'échange que de nobles salutations et ne tient qu'un langage discret. L'hospitalité, l'accueil facile ne dédaignent rien que le bon Dieu ait créé. Un magnifique lévrier, au museau pointu, aux yeux très doux, aux longues pattes, vient, réclamant une caresse, et sur la place même, devant le palais du gouvernement, des gazelles familières attendent l'aubaine d'un peu de tabac. Elles se jouent en des pirouettes gentilles, en de gracieuses nonchalances, et le chien qui les aurait, au désert, traquée jusqu'à la mort, maintenant les ignore. Une paix très douce est partout répandue et respirée.

Les compagnons ne seront pas un des moindres attraits du voyage. M. Gaillardot est un fils de France, en même temps qu'un fils de l'Orient. Il est né dans l'antique Sidon, et sa mère est Levantine, mais son père était Lorrain. Si ce dernier servit de sa science (il était médecin) Méhémet-Ali, c'était encore servir la France, car l'astre du grand pacha Égyptien gravita longtemps dans l'orbite du soleil de France. Mme Gaillardot est Levantine, elle aussi, du Liban chrétien, mais nos religieuses lui ont enseigné, mieux que le langage de France, l'âme même de cette France, d'autant plus aimée souvent, qu'elle est plus lointaine, et qui se fait pardonner tout jusqu'à ses folies. Joseph est encore de la race des drogmans qui deviennent rares, des drogmans amis, et qui conduisent, conseillent, servent non seulement de leur endurance, de leur expérience, mais un peu de leur cœur.

En saluant enfin le digne consul de France à Damas, M. Savoie, j'aurai non pas
acquitté toutes mes dettes, mais attesté les plus aimées.

. . . .

La piste suivie par nous est assez bien frayée, c'est presque une route, et
l'on pourrait se croire cheminant en quelque canton desséché de Provence,
si la rencontre des caravanes longuement déroulées n'attestaient le patriarcal
Orient. Ces terres n'ignorent pas la culture et le labeur humain. Les maïs s'y
dressent en phalanges carrées, toutes hérissées d'épis, et, pour veiller sur ses
richesses, des postes sont disposés, cahutes misérables que des pieux élèvent
par-dessus les champs. Observatoires et perchoirs, une famille niche là, et sur
les échelons de l'échelle qui seule y donne accès, les enfants se groupent superposés. Demi-nus, en guenilles bleuâtres, les yeux luisants, ils nous regardent.
Nous passons silencieux; un cri, un geste les ferait envoler ou se cacher dans
leur nid.

Notre escorte est à cheval et, par bonheur, ses uniformes sont de capricieuse
fantaisie, en rien de scrupuleuse ordonnance. Tout cela marche un peu à la dé-
bandade, et cela me plaît ainsi. Un groupe de bâtisses limite la première étape.
Ce fut bien construit en des temps lointains. Il y avait là un abri de voyageurs,
un fortin, un corps de garde, une écurie, une vaste citerne, des cours, des portiques ; et le linteau monolithe de la grande porte raconte et chante les gloires
du calife, bienfaisant fondateur. Mais les siècles ont mordu là-dessus. Le dôme
où la citerne s'abrite semble un ballon crevé, et cependant par ses brèches ou
les petits jours autrefois ménagés, le soleil darde quelques rayons, en ces profondeurs humides. Ce sont comme des étoiles dans la nuit, où, non sans quelque
peine, je devine les margelles ruisselantes, les flaques d'eau. Les crapauds s'y
prélassent, rafraîchis et contents. Combien admirables sont les jeux de l'ombre
et de la lumière! Quelles splendeurs le soleil verse à toutes ces misères et ces
décrépitudes !

Un cavalier bédouin arrive, lui aussi fera reposer son cheval en ces murs hos-
pitaliers. Je ne sais ce qu'il pense de nous, et peut-être il nous porte envie ; mais
plus justement nous devrions envier cet homme. Je sens que je suis un touriste
très vulgaire et très laid. Ce fut, en ce voyage prestigieux, une rare bonne fortune
pour moi de ne pas rencontrer mon semblable. Nous détonnons dans le paysage.
Cet homme est ce qu'il faut. Je le vois encore sur son cheval assez petit, léger,
coquet, docile, un cheval qui obéit, moins à la main qu'à la pensée, un cheval
qui est le complément de l'homme. Moi, quand je suis à cheval, j'ai toujours
l'air de plaider en divorce. En ces deux êtres, ou plutôt en cet être double et
unique, quelle alliance et quelle harmonie! Ce fils du désert n'est guère qu'un
paquet fait de son ample burnou, de son turban brun, de ses chaussures rouges;
le dessin est flottant, incertain, sans une ligne bien rigide, mais la couleur est
superbe ; les yeux sont des éclairs qui jaillissent, le visage se devine plus qu'on
ne l'aperçoit. La main fiche en terre la longue lance dont le fer est agrémenté
d'amulettes métalliques et cela fait, sous le choc, un gentil carillon. Le
Bédouin ne nous regarde guère, il a bien raison ; nous le regardons beaucoup.
Sournoisement nous allons le saisir dans un instantané, quand il disparaît en
un bond soudain, en de joyeux hennissements.

En vue du village d'El-Konté-fé, les tentes sont dressées ; et le drapeau
français y flotte. Le vent s'élève, le ciel se voile et quelque peu larmoie; ce n'est
pas même une ondée. Les maisons basses, carrées, faites de terre battue, rappellent les bâtisses de limon séché qui émergent aux campagnes d'Égypte.

L'orage a grondé ; mais en un mystérieux éloignement, escarmouchant en quelque sorte contre nous, de ses rafales enragées et de ses éclairs. La subite illumination en a plus d'une fois traversé ces toiles tendues qui sont notre seul rempart et notre seul protection. Un assaut plus brutal a jeté tout à coup, sur ma petite couchette et sur moi-même, table, pot à eau, chandelle et chandelier, au reste sans mal et sans dommage. Les tempêtes elles-mêmes nous devaient être clémentes. Cependant, dès les dernières heures du jour, c'était pitié de voir s'affoler et claquer ce petit haillon tricolore qui plane et veille sur nous. Il semblait désespérément se cramponner à sa hampe ; il a tenu bon, et jusqu'au dernier jour il ne sera pas de bise furieuse qui puisse le renverser ; ne serait-ce pas que nos cœurs le défendent et que notre amour lui soit une force invaincue ?

Ces campagnes éternellement plates, en quelque autre saison, revêtent leur nudité de quelque verdure ; elles doivent enfanter même de misérables moissons. Elles ne sont plus, à l'heure où nous les traversons, qu'aridité, mort et désolation.

Toute cette campagne compose une symphonie en gris mineur. L'orage de la nuit précédente a quelque peu rafraîchi l'air plutôt que la terre. Les quelques pleurs tombés des nuages n'ont pas suffi à la désaltérer. Au petit jour qui tamise au travers de nos toiles, je me suis éveillé et bien vite levé. Si rapides seront les heures comptées à ce voyage que des yeux et de l'âme je veux en dévorer et savourer tous les instants. A l'aube, encore devinée à peine, quel calme délicieux ! Et que cela est reposant !

Les montagnes revêtent une livrée bleuâtre, puis violette, puis de tons incertains et qui se fondent en une pourpre grise. Nos bêtes ont passé la nuit attachées à des cailloux ; il n'est pas d'arbrisseau où fixer un licou ; et telle est d'ailleurs leur docilité amie qu'en vérité on pourrait ne les retenir que sur parole. La cavalerie engagée à notre service est déjà nombreuse ; mais il est curieux d'observer quelle prodigieuse population d'animaux hante ces mornes solitudes. L'homme y apparaît comme perdu en tout ce qu'il a dompté et asservi. Il révèle sa présence beaucoup plus en ses troupeaux qu'en sa personne, bien rarement aperçue. Triomphant, le soleil s'est levé. Quelques lézards gris hâtent leur fuite lourde.

Médinet-Lot cela veut dire la ville de Loth. Un village vient d'y renaître qui n'est pas la cité maudite ; mais celle-ci repose, dit-on, là-bas, à deux heures de cheval, car la légende biblique est venue jusqu'ici.

Là-bas, en effet, nous découvrirons sans les atteindre, des monticules blanchâtres, qui sont de sel, paraît-il ; et la hauteur plus hardie qui les domine arrêta le saint homme quelques instants ; de là il vit l'engloutissement et la disparition suprême des murs profanes et condamnés. Autour de nous, là même où notre campement est dressé, le site est moins farouche. Un peu d'eau y serpente, qu'il faut aller chercher en un trou ténébreux. Un escalier, taillé dans la glaise glissante, y accède, et les femmes y descendent, lentes et graves, ainsi que de sombres fantômes.

Les montagnes sont d'un gris-perle très fin. Quelques taches de verdure barrent le lamentable infini du désert.

Il n'est plus de piste qui soit reconnaissable, et notre caravane se guide, comme feraient des fauves, sur les étoiles, la nuit, ou bien, le jour, sur quelques signes lointains de l'horizon. La terre, rocailleuse et sèche, n'accuse pas un plissement même incertain, et cependant les gerboises l'ont criblée de trous qui leur servent de terriers. En vain notre curiosité cherche et guette quelqu'une de ces petites bêtes, rapides sauteuses; une seule se montrera en un bond subit, mais l'appel nous en sera à peine adressé que la fugitive aura disparu en ses retraites souterraines.

Quelles immensités, toujours à peu près les mêmes, qui, cependant ne lassent ni ma patience ni ma surprise ! Cela est beau, sublime comme la mer, effrayant aussi. Pas de mystères, rien ne se dérobe ; tout se révèle et s'étale. Nous marchons dans un infini qui semble, lui aussi, marcher avec nous, et les distances à franchir succèdent aux distances franchies. Les yeux s'égarent, ne sachant où se reposer, ainsi que notre pauvre âme ferait en une insondable éternité. Cela dépasse l'homme, l'envahit, le dévore, l'anéantit. Que sommes-nous, nos hommes, nos soldats, nos bêtes? qu'un petit point noir passant, passant, et qui, quelques instants, tache à peine le désert.

Après cinq heures de route, un entassement de pierres écroulées nous arrête et nous reçoit. Quelques pans de murs y jettent un peu d'ombre en cette lumière enragée qui tout embrase. Il y eut là un khan hospitalier, des salles, des portiques, une vaste citerne. Mais le sable est monté à l'assaut de l'accueillante citadelle ; il en a rompu l'enceinte, il en effacera quelque jour les derniers débris. La citerne n'est plus qu'un sinistre souterrain de carnage et de mort. Des formes bizarres s'y révèlent. Des choses innommées y craquent et s'écrasent sous le pied, carcasses, ossements, reliefs de hideux festins. Les hyènes, les chacals, les hommes aussi, maraudeurs du désert, et qui hantenr parfois ces lieux maudits, sont venus là ; puis, leur appétit satisfait, ils ont abandonné ce que leurs dents n'ont pu ronger et engloutir. C'est un cauchemar affreux que cet antre. Au grand jour, tout alentour de nous, le massacre s'est continué, et sans doute se continue souvent encore, car de ces débris, quelques-uns sont reconnaissables ; les crânes, mouchetés de poils, révèlent les chèvres, les agneaux exterminés. Personne cependant, rien qui respire, rien qui vive, sinon notre groupe ami. Le désert est moins lugubre encore.

La campagne est toujours plate, mais le sol, plus ferme, permet une course plus hâtive, et les chevaux témoignent eux-mêmes d'une singulière impatience à dévorer ces solitudes méchantes. Point n'est besoin de les presser. Les roues du landau creusent de légères ornières; à notre retour nous les retrouverons, car rien de longtemps ne les doit effacer. Quatre heures ainsi nous trottons. Une double chaîne de montagnes nous a longuement accompagnés, et vers le nord, vers le sud, de loin, de bien loin, vaguement elles limitaient ces immensités. Voilà que cela même s'abaisse, s'efface, se fond en l'uniformité plane de tout. Plus même de ces arbrisseaux épineux dépassant à peine le pied, qui mouchetaient la terre ; ces touffes d'herbe sèche disparaissent enfin. Est-ce donc que plus rien ne puisse vivre ou végéter? Cependant nous approchons d'une bourgade de quelque importance. Vaguement d'abord, puis en des contours qui lentement se précisent, Karyatéin apparaît ; voilà que nos chevaux se hâtent, flairant, à travers l'espace, les fourrages verts, les eaux limpides.

Karyatéin semble une ville, presque une capitale en ces solitudes. Quelques taches de verdure nous l'ont signalé ; mais les tombes précèdent les maisons, les morts précèdent les vivants. Les uns comme les autres n'ont d'abri que de terre misérable et fragile.

Ceux-là dorment sous d'étroits monticules blanchis à la chaux, et la kouba d'un chef semble garder cet immobile troupeau ; ceux-ci vivent, ou plutôt sommeillent, derrière des murs de pisé, en des logis sortis de la poussière et qu'une bourrasque brutale y ferait rentrer. Le minaret de

l'unique mosquée émerge à peine ; mais sa blancheur fait tache en la livrée
grise de toutes. choses. C'est le prêtre de la communauté catholique syrienne
qui nous aperçoit le premier, et le premier nous fait accueil, non pas sans
quelque arrière-pensée d'aubaine. C'est chrétien de le lui pardonner. Ici le
prêtre vit de l'autel, et l'autel n'est pas de grand profit. Quelques familles à
peine suivent la loi du Christ ; encore sont-elles partagées en deux commu-
nautés rivales, sinon ennemies. L'homme qui vient à nous se peut croire et
dire à peu près notre coreligionnaire. Les différences de rite et son droit d'être
un père de famille dont largement il a usé, ne le séparent point de la grande
Église romaine. Il a femme, enfants, petits-enfants, multiple lignée, mais c'est
d'usage assez vulgaire. Nous sommes arrivés tard à Karyatéin, et le soleil préci-
pite sa fuite, ainsi que le matin il a précipité sa venue. A peine se veut-il
attarder quelques instants. Des nuages olivâtres barrent l'horizon. Il y plonge,
et aussitôt trois rayons d'or, adieu suprême, en jaillissent. Phébus à décoché
ses flèches dernières, à moins que ce ne soit le diadème du dieu, imposant
encore sa gloire et promettant son retour. Un moment les nuages se sont
frangés d'or. Des éclairs les traversent ; un vague roulement dénonce de lointains orages.

Le lendemain matin, cela paraissant lui faire plaisir et honneur, j'ai voulu
rejoindre le prêtre en son église et assister à sa messe. Bien pauvre cérémonie,
sanctuaire plus pauvre encore. Mais un dieu. né dans une étable ne saurait
mépriser un temple qui aussi bien pourrait être une écurie. On a cependant
disposé un banc et, du presbytère, apporté le plus beau tapis. Sa mosaïque
harmonieuse dérobe quelque peu l'indigence d'un sol fait de poussière. Un
Christ veille, grossière enluminure, et qui se montre en buste seulement ; ses
mains tiennent le livre de sa loi, et son expression est douce, comme s'il voulait, en toutes ces misères et ces tristesses, épandre du moins la richesse et la
joie de son éternelle bonté. A moi seul je suis toute l'assistance, et la messe est
dite en famille. Le prêtre est père et assisté de son fils ; ils échangent des
chants nasillards et très doux ; ce n'est pas la maîtrise de la Madeleine, mais
cela n'est pas déplaisant, et la génération dernière, le petit-fils de l'officiant,
est venu, lui aussi. Il badine aux marches de l'autel, se joue en la chasuble de
bon papa, éclate de rire à ses génuflexions rituelles. Tout cela bien gentiment,
et de tout cela encore ne se doit point scandaliser Celui qui dit un jour, de sa
parole et de son sourire : « Laissez venir à moi les petits enfants ! »

Karyatéin a son seigneur, de père en fils, ou du moins de génération en
génération, ayant hérité cette haute suprématie. Son bisaïeul, ou trisaïeul (la
chronologie est toujours flottante en ces mémoires orientales), reçut Volney, le
premier Français qui soit venu là, aussi le plus fameux ; et cette hospitalité,
offerte, il y a cent vingt ans à peu près, à l'un des nôtres, est tenue à grand
honneur dans la famille. Volney cependant, passait, plus riche de pensées que
de piastres, et l'on ne pouvait imaginer un plus piètre équipage. Fyad (c'est le
chef de la dynastie, le prince régnant, pourrions-nous dire) nous accueille en
son logis. C'est le plus beau, le plus vaste qui soit ici ; et le goût du maître s'y
accuse, aussi sa magnificence, autant du moins qu'il peut y avoir de magnificence à Karyatéin. Certes les éléments en sont venus de loin. Les peupliers de
Damas ont fourni les poutres des plafonds ; Palmyre a livré quelques unes de
ses sculptures récemment enchâssées dans les murailles. C'est toute une assem
blée de lointains ancêtres qui, de leurs visages graves, de leurs yeux béants, de
la majesté étriquée mais fastueuse des draperies, des colliers où ils s'enve-

loppent, président l'assemblée de leurs derniers descendants. Femmes parées comme des idoles, jeunes hommes imberbes, magistrats impérieux qui affectent la tranquillité superbe d'un consulaire romain, tous sont représentés de haut-relief, mais en buste seulement. Telle était dans Palmyre la multitude de ses effigies qu'à Beyrouth, en leurs musées tous les établissements d'instruction, en leurs collections tous les collectionneurs, entre lesquels il faut citer le très érudit, le très accueillant, le très heureusement chercheur, M. Durighello, ont pu rassembler, sans grande peine, quelques-uns de ces monuments. Notre Louvre en a tapissé toute une muraille ; et voici qu'un scheik du désert de Syrie s'en compose un cortège et toute une cour.

L'Orient, et ce n'est pas un de ses moindres attraits et de ses moindres enseignements, n'ayant point marché du pas précipité qui entraîne notre monde d'Occident, nous peut rendre la vision des âges franchis par nous, et dont nos histoires seules gardent le souvenir. La différence des climats, surtout la dissemblance extrême des religions suivies devaient toujours laisser dissemblables bien des choses ; cependant l'âge que nous disons notre moyen âge, serait ici reconnaissable encore. C'est notre vie féodale d'autrefois que mène ce chef dont l'hospitalité si largement se prodigue. Il est maître, il est renommé, il est riche ; mais un maître quelquefois inquiet d'un autre maître lointain et qui peut lui devenir redoutable ; il est glorieux, il est riche, mais beaucoup de la gloire de sa race et d'une richesse faite, moins d'espèces sonnantes que d'incertaines redevances, que du libre produit de ses troupeaux. Les hommes fournissent au train de sa maison, les bêtes mieux encore. La cour vaste et ensoleillée qu'au delà du seuil franchi, nous rencontrons aussitôt, s'ouvre à la libre promenade des nobles étalons, des juments illustres. Ceux-là, celles-ci sont aussi de la famille ; ils le comprennent, et leur aisance est toute joyeuse à dévisager les hôtes inattendus, à reconnaître leurs amis, à flairer, enjamber discrètement et d'un bond en quelque sorte caressant, les enfants du logis, leurs maîtres d'un prochain lendemain, leurs petits frères d'aujourd'hui. Combien douce et charmante est cette familiarité ! Les yeux mêmes de ces bêtes ont des clartés et des profondeurs presque humaines ; ne serait-ce pas qu'ils reflètent, plus souvent et plus longuement que chez nous, des yeux humains ? Ces chevaux, ces hommes sont, les uns comme les autres, fils du désert, et amoureux des libres immensités. Ceux-ci nourrissent ceux-là ; mais ceux-là portent ceux-ci ; ils vivent de la même vie, presque sous les mêmes abris, que cet abri ne soit qu'un sourire tombé des étoiles ou qu'il soit d'une salle ombreuse, au logis des ancêtres. Ils ont l'infatuation superbe des mêmes gloires ; l'homme et l'animal sont de race et de noblesse consacrées. Que dis-je ? Le mystère du harem dérobe à toute curiosité profane les amours du maître et ses multiples fantaisies ; les amours chevalines sont hautement proclamées ; on y veille, on les enregistre, sinon dans l'écriture peu familière à des Bédouins, même de bonne lignée, du moins dans la mémoire des hommes ; et toute mésalliance est interdite à ces nobles coursiers. Ils semblent eux-mêmes avoir conscience de leur dignité ; et la bonne grâce qu'ils mettent à nous accueillir, à faire étalage pour nous de leur admirable élégance, de leur finesse, de leur harmonieuse légèreté, ne va pas sans quelque complaisance et même quelque impertinence de grand seigneur. Je vois encore une merveilleuse jument qui, m'ayant flairé et toisé, s'éloigna dédaigneuse, comme pour me dire : « Toi, tu n'es pas pour me monter sur le dos. » En quoi j'avoue qu'elle avait bien raison.

Le maître est plus poli et plus courtois. Il nous fait place au divan de la grande salle et nous régale de sirops, de café, de sucreries, mieux encore, d'une fête improvisée. Il est nôtre; il nous sert. Sa maison tout entière, nous appelle et nous reçoit jusqu'au harem où, du moins, librement pénètre Mme Gaillardot. Une enfant y vient de naître; et cette fillette recevra le nom de notre amie; cela, paraît-il, porte bonheur. N'est-ce pas d'une galanterie exquise de donner ainsi au petit être, à peine entré dans la vie, le nom même du voyageur qui passe? C'est écrire la loi divine de l'hospitalité en l'âme obscure d'un enfant.

Deux fois nous avons pris place, nous et l'état-major de notre caravane, à la table du chef; et tout d'abord il nous sert, ainsi qu'un vassal, même de lignée fameuse, aurait fait de son suzerain. Ne me sentant pas si haut suzerain que cela, j'insiste pour que cette hiérarchie se tempère et s'efface; cependant il faut insister beaucoup pour que le maître consente à s'égaler aux voyageurs qu'Allah lui envoie. Encore exige-t-il que son fils continue l'office de serviteur, et c'est des mains de ce beau jeune homme, déjà promis à ses premières épousailles, que les plats nous sont offerts, que les verres sont remplis, que les beaux raisins violets nous arrivent, que les ragouts de gazelle parfumés de truffes — car le désert a aussi ses truffes — nous sont prodigués, que les aiguières enfin versent l'eau qui repose et rafraîchit les mains. Voilà certes un festin qui échappe aux banalités coutumières. Si la table est fastueuse et hospitalière, c'est l'honneur de toute la maison; et comme sa tradition. A peu près, tout venant y est admis, longuement accepté. Le maître n'est le maître que pour se faire l'hôte; le conseiller, le protecteur de tous; voilà qui est encore de la féodalité, mais de la meilleure. Le spectacle est admirable et bien pittoresque de cette assistance, accroupie à terre ou assise sur les divans, de ces turbans, de ces manteaux, de ces robes noires de prêtres chrétiens, de ces carbouches écarlates des soldats et officiers, de ces poses indolentes et toujours harmonieuses, des chanteurs interminables qui nasillent dans un coin, du violon raclé longuement, enfin de l'eau murmurante qui jaillit et clapote en un bassin de marbre, tout au milieu de la salle. Cette eau seule tient des propos un peu suivis; cela est bien ainsi: on ne fait pas d'esprit en ce salon, on n'échange pas de paroles non plus que de pensées, et cela est reposant, et cela est bien doux.

L'orgueil de Fyad est de ses chevaux, de ses enfants, aussi de ses armes; et voilà qui est encore bien féodal. Il nous montre, mais en quelque secret et loin des curiosités dangereuses, quelques sabres d'une admirable beauté. L'or s'y incruste dans l'acier, proclamant des sentences pieuses, ou les noms, les hauts faits des batailleurs d'autrefois. Ainsi le sabre, l'instrument de massacre et de mort, dit, lui aussi, sa prière, et cela est d'une magnifique pensée. Sans doute ces armes ne tueront plus; elles furent la sauvegarde et la gloire des aïeux lointains; qu'elles restent longtemps encore la gloire et la parure des fils d'une race vaillante! Moi-même, j'ai senti quelque joie orgueilleuse à seulement les toucher.

100 kilomètres nous séparent encore de Palmyre, 25 lieux de désert absolu; nous ne devons y rencontrer qu'un puits. Aussi faut-il, à notre caravane, ajouter des chameaux, porteurs de l'eau nécessaire à nos chevaux, plus encore qu'à nous-mêmes. D'autre part le pays n'est pas sûr. Un brigand le hante et le rançonne. C'est une épouvante, aussi une gloire. Invisible et partout présent, de sa personne ou de quelque rôdeur, il défie l'autorité turque, et vainement les régu-

liers de Damas ou d'Alep s'essoufflent à le traquer. L'immensité décevante du désert le protège. Un jour cependant, il fut rejoint, serré de près, et un coup de sabre lui trancha trois doigts. De ce qui lui reste, ce demi-manchot est redoutable encore; dans les récits que l'on nous fait de lui, on ne saurait dire ce qui l'emporte de la terreur ou de l'admiration. Nous voulons croire cependant que ce héros ne gagnerait pas, pour nous du moins, à être connu de trop près, nous acceptons un renfort de dix cavaliers qu'un officier commande. Je ne suis armé que d'une canne fidèle; le ménage ami qui m'accompagne n'a d'autres armes qu'une jumelle et un appareil photographique; mais nous avons trente fusils et autant de sabres qui nous suivent et nous entourent; et c'est ainsi que nous partons à la conquête de Palmyre.

A trois heures de l'après-midi, le signal du départ est donné. C'est toute une expédition qui se prépare, sans danger, je crois, mais dans l'illusion, l'apparence pittoresque de quelque danger. Ce n'est point un départ vulgaire et banal dont rien ni personne ne s'émeut. Je me sens grandir à provoquer tant d'embarras, à émouvoir toute une population. Karyatéin ne s'occupe que de nous. Ne serait-on contemplé que par des traîne-guenilles, la contemplation flatte l'humaine vanité. Il n'est d'yeux que pour nous. On nous regarde et l'on ne nous ennuie pas; voilà qui est admirable; et prenant place en notre landau, il me semble monter sur un piédestal. Ma gloire se fait bonhomme. Il est si facile d'être grand lorsque tout s'abaisse et salue.

Fyad est là et le café reconnaissant lui a été offert; son fils aîné l'accompagne, l'un reflet fidèle de l'autre; l'un printemps, l'autre été, semble-t-il, de la même vie et d'une âme commune. Le prêtre catholique syrien, en barbe blanche, en toque noire, est venu, espérant une aumône, mais ne la sollicitant point; le prêtre grec est plus timide encore, en sa robe un peu plus râpée que celle de son rival, il se sent pour nous une manière d'hérétique, il louvoie à distance, mais accepterait un para même sacrilège. L'argent est toujours orthodoxe. Au sommet des terrasses qui terminent les maisons, des fantômes bleuâtres surgissent qui sont des femmes; et les enfants, peureux autant que curieux, se tassent au pied des murailles grises; ils ont moins peur, se sentant plusieurs et ainsi pressés; quelquefois une fusée de rire éclate en la nichée. Les chameaux sont amenés; pièce à pièce, ils se démontent, pliant leurs genoux rugueux, abaissant leurs petites têtes emmanchées d'un long cou; lamentablement ils grognent, troussant leurs lèvres lippues, découvrant leurs dents jaunes. Caisses de tôle que le feu a soudées et qui ne laisseront rien perdre, outres qui gardent la forme grossière de la bête qu'elles furent autrefois, sont remplies d'eau et se posent en équilibre sur les bosses dociles. Puis les chameaux, en brusques mouvements, aux saccades d'un mécanisme bien articulé, reprennent pied et se haussent. Dès lors, ils ne grognent plus et tout à l'heure ils vont cheminer. Toute leur existence sera de ce labeur, jusqu'au jour, où, lassés, quelque caravane les doit abandonner sur le sable. On mettra auprès d'eux quelques grains, un peu de paille, aumône suprême, dernier salaire aux bons serviteurs; puis ils mourront; ils seront à leur tour de la nourriture, une proie guettée des fauves, et leurs carcasses décharnées traîneront aux mornes solitudes, semblables à celles dont notre campement est environné; jusqu'au jour enfin où ces débris, assés eux-mêmes d'être le jouet des vents, disparaîtront, poussière confondue dans toutes les poussières.

Nos tentes sont abattues. Une à une les cordes qui les assujettissent, se sont distendues et enroulées autour des piquets de bois, tout à l'heure fichés en

terre. Les moukres se hâtent, ainsi que d'adroits machinistes sur une scène de
théâtre. En quelques instants le décor a disparu. Les lits, les tables, les sièges,
tout le petit mobilier est emballé. La batterie de cuisine, le fourneau trouvent
leurs caisses rapidement fermées. Le mât de soutien, seul appui de la toiture,
fléchit, se renverse, et les toiles tout alentour sont nouées et ficelées. Ce n'est
plus qu'un parasol un peu lourd qu'un homme suffit cependant à emporter.
Et cela prend place au dos de quelque mulet. La petite cité qui fut nôtre, s'est
émiettée, dispersée, et nous aurions peine à la reconnaître en ces ballots qui nous
vont accompagner. Nos splendeurs, comme des papillons ont replié leurs ailes.
A l'arçon de quelques selles, des gargoulettes humides sont pendues, complaisantes
aux lèvres que la chaleur dessèche. Un des mulets fait office de porte-drapeau.
Nos couleurs flottent sur son échine. Il n'en est pas plus fier. C'est l'âne chargé
des reliques. Notre âne à nous, car nous en avons un, n'est chargé de rien que
de sa douce philosophie, et parfois d'une couverture devenue inutile. Il n'est
pas grand, à peine au sortir de l'enfance, comme le Joseph de Méhul, et comme
lui placide et résigné. Il fermera la marche, allongeant, secouant ses petites
pattes pour s'égaler de vitesse à la course des chevaux, aux larges enjambées
des chameaux. Karyatéin est derrière nous, bientôt loin de nous ; et loin de
nous aussi est la dernière tache de verdure, est le dernier ruisselet d'eau, le
dernier lambeau de vie. Nous entrons, cette fois sans répit, dans le désert et
dans la mort. Bientôt la libre fantaisie des bêtes égraine notre escorte, et l'immensité quelque peu la disperse. Je pense à ce que j'ai laissé là-bas, en notre
France, et l'angoisse m'étreint le cœur. Il me semble que je descende en un
abîme inhospitalier, et que plus rien ne me rattache au pays délaissé, à ce que
j'aime, à ce qui est de ma vie journalière. Je n'ai plus avec moi de tout cela
qu'un souvenir flottant, une pensée fragile, un fil ; une bise méchante suffirait à le
briser. Quel est donc cet ensorcellement, qui me pousse vers ces mirages ? Mon
Dieu que je suis loin !

. . . .

Que d'étoiles ! Que de mondes ! Ils ne se présentent plus dans l'ordre qui
m'est familier. La grande ourse renverse les sept étoiles de sa constellation et
rien ne dit mieux l'immensité des distances franchies. De ces étoiles, celles qui
nous sont connues et amies, ne sont plus telles que nous les connaissons et
aimons ; les autres révèlent de nouveaux mystères et combien elles sont nombreuses ! Le vertige saisit les yeux et la pensée à les poursuivre. Que ce vide
serait terrifiant, si rien qui nous soit clément ne devait l'habiter ! Mais ces
clartés sont douces à ceux-là dont elles pénètrent l'âme aussi bien que les yeux.
Ne serait-ce pas que jusqu'à lui, la croyance en est protectrice et consolante,
Dieu a voulu, de ces lumières et de ces mondes, marquer la route et jalonner
l'infini ?

Il fait nuit encore lorsque nous repartons. Le jour enfin éclate. Mêmes solitudes, même effroyable aridité. Le sol plus sablonneux cède sous les roues, et
notre quadrige peine plus durement. De loin, de très loin, on nous épie, paraît-
il ; quelques humains paraissent que nos pauvres yeux ne soupçonnent pas, que
nos soldats devinent. Cela disparaît aussitôt, fantômes légers. On nous respecte.
Nous sommes très imposants. Ces maraudeurs sont des Gazours. Qui donc prétend que le désert n'a pas ses hôtes ? Voici des lézards gris qui se hâtent vers
leurs trous un instant désertés ; et le sol, un instant, est tout grouillant de
serpents, des couleuvres innocentes, aussi des vipères aisément reconnaissables
et plus dangereuses. Je ne leur fais la chasse, non plus que je ne leur déclare

la guerre, ayant scrupule d'être indulgent et facile à toute chose qui vit. Cependant mon pied s'étant posé par mégarde tout au ras d'une tête lourde, plate, et dont la morsure tout net arrêterait le voyage et supprimerait le voyageur, je ne suis pas maître d'un premier mouvement, ou plutôt le bâton de lui-même s'est abattu, et la vipère n'achève pas sa promenade matinale. Je m'accuse, ou du moins je m'excuse ; c'est le seul meurtre que j'aie consommé.

Une petite ligne de poussière fuit à l'horizon. L'apparition est plus joyeuse ; c'est un troupeau de gazelles. Elles paissent, et quoi donc, mon Dieu ? L'illusion d'une herbe absente. Enfin, il n'est pas que des humains pour se repaître d'illusion. Feu ! Feu ! Pan ! Pan ! Voilà que nos soldats les ont aperçues ! Et la poudre parle ! Oh ! bien innocemment. Les balles soulèvent une poignée de poussière là où elles sont tombées ! et c'est tout ! Les chevaux d'eux-mêmes partent en chasse ; c'est joli de les voir piaffant, caracolant, dévorant l'espace, et de suivre l'envolée de toute l'escorte un instant dispersée. Les gazelles n'en prennent guère souci. Une agitation légère, un appel, un signal peut-être les rassemble. Un nuage monte et glisse. Plus rien ! Tout s'est évanoui.

Cependant là-bas, là-bas, apparaît une tache brunâtre, puis une masse confuse. L'étape est marquée là ; car c'est là qu'est le puits, unique recours, c'est là qu'est le khan dit khan-Abiad, lieu de rendez-vous donné, souhaité, rêvé en toute une vaste région. Quelques soldats le gardent, déguenillés, poudreux, ainsi que toutes choses. Un puits, une citadelle, celle-ci pour veiller sur celui-là, à l'occasion même pour l'interdire, voilà ce qui nous appelle, voilà ce qui nous accueille. La citadelle a des murs de terre, de pierres grossièrement rassemblées et qu'une porte seule interrompt; encore cette porte est-elle cuirassée de toutes les plaques, de tous les lambeaux de tôle, de fer battu que l'on a pu réunir et clouer. C'est comme un blindage qui serait fait de boîtes de conserves. Le puits, à quelques pas de cette porte unique, béant sous la menace ou la protection des meurtrières, dérobe son eau précieuse à de vertigineuses profondeurs. La margelle est de grosses pierres, où les cordes, depuis des siècles, péniblement halées, ont creusé des cannelures luisantes et polies. Il faut plus de trente mètres de ces cordes pour plonger, ramener les seaux, rude labeur. Tout un attelage humain y suffit à peine. L'eau est saumâtre et tiède qu'il faut ainsi conquérir. La terre en dérobe le trésor sans prix au mystère de ses entrailles. Les bêtes dételées, déchargées, aspirent gloutonnement ce breuvage. Les chevaux ont bu, puis les mulets, enfin les chameaux qui sans doute préfèrent sentir l'eau sous leurs lèvres que sur leur bosse. Est-ce donc que l'on va oublier le petit âne ? C'est le sort des modestes et des humbles de passer (et encore !) après tout et après tous. Les chevaux hennissent de joie et piaffent ; les mulets se roulent dans la poussière et disparaissent dans un gris nuage. Le petit âne a les oreilles basses ; discrètement il s'approche, mais si longues que soient ses oreilles, il ne saurait les tremper dans l'abîme ténébreux. J'interviens ; le petit âne aura son tour et sa gorgée, aussi un croûton bien dur mais que très doucement il accepte. Après quoi il essaie un braiement sonore, car il fait plus de bruit qu'il n'est gros : ce n'est pas très joli, mais c'est sans doute sa manière à lui de dire merci.

Il n'est pas un arbrisseau qui végète là ; et cependant l'étroit espace que le khan enferme ou protège, est tout grouillant de vie. La vie trouve là refuge, qu'elle soit de l'homme ou des plus humbles créatures. A la crête des murs quelques pigeons roucoulent, se content leurs tendresses ; et j'en vois un tout blanc qui fait tache en l'encadrement tout noir d'une lucarne. Son nid est là sans

doute ; il le réjouit de ses révérences, il le couve de ses yeux ; d'autres oiseaux
sautillent presque à la portée de la main. Ils ont la tête fine, la démarche
alerte. Ils coiffent comme une aigrette faite de leurs plumes coquettement
redressées ; et la queue oscille, mignonne et pointue. Leur confiance, jamais
déçue, les rend hardis et familiers. Au reste le désert est redoutable et serait
mortel pour eux, ainsi que pour les humains. Si l'homme ne leur épandait en
aumône quelques larmes de cette eau inaccessible, les pauvres petits périraient
bien vite. Il faut s'entr'aider, même de l'homme à la bête. Les Bédouins, ces
hommes des menaçantes immensités, ingénument comprennent ces hauts
devoirs. L'hospitalité est sacrée et sauvegarde quiconque la sollicite et l'accepte.
Les oiseaux gaiement s'abreuvent ; une goutte d'eau suffit à les désaltérer. On
fera mieux encore. A la nuit tombante, au creux d'une pierre, on répandra
plus abondamment cette eau précieuse ; et lorsque le khan refermé sommeil-
lera, les gazelles à leur tour viendront boire et jamais elles ne seront
inquiétées.

Nous repartons. Les deux chaînes de hauteurs qui nous ont parfois, de loin,
à droite comme à gauche, accompagnés, reparaissent. Ce sont des collines,
presque des montagnes, sans un lambeau de verdure qui dissimule leur triste
nudité. Elles se rapprochent ; elles vont se rejoindre, comme si elles voulaient
nous fermer le passage. Nous ne devons plus être éloignés de Palmyre. Serait-ce
qu'il se dérobe, ou qu'à l'instant de le saisir il va se dissiper et fuir, ainsi qu'un
mirage, un magique enchantement ? Non ! Il ne saurait plus nous échapper.
Voilà que là-bas, devant nous, surgissent des tours, dirait-on, des masses
grises, des sentinelles mornes. Il en est presque au niveau de la plaine où nous
courons ; il en est qui se dressent aux pentes rocailleuses ; d'autres, plus
hardies encore, qui jaillissent aux cimes les plus hautes. Ce sont des tombes ;
c'est toute une nécropole. Nous courons, et les choses se précisent ; et les
ruines, si longtemps fuyantes, semblent venir, elles aussi, à notre rencontre.
Palmyre a député vers nous, et comme pour nous faire honneur, ce sont les
plus glorieux de ses morts qu'il envoie au-devant de nous. C'est bien ainsi que
la cité, morte elle-même, se devait annoncer. Et rien n'est plus grandiose, plus
superbe que cette entrée à Palmyre, entre ces sépulcres qui font la haie, ces
spectres qui nous regardent passer.

Palmyre ! Un nom magique ! Une cité de prodige et de mystère ! Amusés de
quelques vieilles estampes, mes rêves d'enfant me l'ont montré. Et voici
qu'après plus d'un demi-siècle d'attente et d'espérance déçue, je le vois, je le
foule du pied, je l'embrasse de toute ma tendresse et de mes lointaines amours.
La joie en est profonde ; aucune déception ne la doit traverser. Voici cependant,
il y a quelques jours à peine, j'étais en ce sanctuaire unique de l'absolue beauté
que demeure à jamais la divine acropole d'Athènes. L'art qui fleurit à Palmyre
ne saurait en soutenir ni la souvenance ni la comparaison ; c'est, avec quelques
variantes, de l'art romain, non du meilleur, de cet art romain hâtivement
conçu, en quelque sorte d'ordonnance officielle, que les Césars épandaient en
l'immensité obéissante de leur empire ; de l'art romain, tel que le voulut la
période, glorieuse du reste et encore féconde, des derniers Antonins et des
Sévères, de l'art qui se fait, qui se veut magnifique et superbe, désespérant
peut-être de réaliser, une fois encore, le miracle de la suprême perfection.
Mais si cette perfection, rare merveille, mérite nos hommages et nos adora-
tions, s'il faut fléchir le genou au seuil du divin Parthénon, la formidable
conception d'une cité tout entière, en quelque sorte enfantée dans un songe et

jaillissante, contre toute vraisemblance, dans une implacable solitude, n'est-elle pas d'un spectacle inouï, d'une surprise singulière, enfin d'une étrange splendeur ?

Je ne devais pas prolonger, en des jours nombreux, ma résidence à Palmyre, et peut-être pour Palmyre cela est mieux ainsi. Le détail n'est pas toujours heureux ; il est souvent critiquable. Une féerique improvisation ne saurait subir, sans dommage, une étude méticuleuse, un sévère examen. Palmyre vaut par l'ensemble, par l'effet général, par la stupéfaction même aussitôt ressentie. Je le rêvais bien ainsi, et ce ne fut pas un étonnement de surprendre des gaucheries, des lourdeurs en ce faste furieusement étalé.

Mais ce que je ne rêvais pas assez complaisamment, ce que rien ne saurait égaler dans les chimères les plus aimées où se bercent l'attente et la pensée, c'est le cadre de ce tableau extraordinaire. Palmyre plus accessible, Palmyre sans le désert, Palmyre sans les désolations et les épouvantes qui lui font cortège, ne serait plus Palmyre. J'ose dire que rien de ce que j'ai vu, et j'ai vu bien des choses, ne ressemble à Palmyre. C'est une chose unique, une merveille inconcevable, inoubliable aussi, et je me demande aujourd'hui encore que Palmyre m'a donné son hospitalité, comment cela peut être une réalité, être foulé du pied et touché de la main, Palmyre est un mirage qui se laisse approcher.

Avant de descendre en l'arène prodigieuse où Palmyre vaincu, à demi-renversé, étale sa sublime dévastation, lutteur superbe, athlète glorieux tombé sur le sable, mais à l'applaudissement de tous, car Palmyre est tombé en toute noblesse, en toute grandeur héroïque, avant d'éveiller ce silence, je m'écarte, je m'éloigne, comme soucieux d'ajourner mes joies suprêmes, de reculer l'accomplissement de mon rêve si aimé. C'est que l'arrivée sera suivie du départ, c'est que le voile retombera bien vite sur ce spectacle merveilleux ; c'est aussi que, debout sur le faîte d'une montagne étrange, un amoncellement de tours, de courtines, de remparts fantastiques apparaît, veille et menace ; et la visite, la profanation plutôt, m'en est attirante et fascinatrice. Je me hâte vers ce séjour de mystère, et voilà même que je tourne le dos à Palmyre. Mais devant un fossé béant, taillé au vif du rocher, il me faut arrêter stupide et déçu. Un pont donnait accès à la porte unique ; mais la porte est murée, le pont est détruit. Les piliers qui le soutenaient sont restés debout, mais sans un madrier qui les relie et qui traverse le vide béant. Le château, en sa cuirasse de pierre, ainsi qu'un chevalier fantôme en sa cuirasse d'acier, défie l'assaut, l'escalade, même l'attouchement d'une main sacrilège. Il se retranche replié sur lui-même, il s'isole ; il est inaccessible, intangible. Quelques enjambées cependant m'en séparent à peine, mais il faudrait les lancer dans l'espace. Seuls les oiseaux de rapine et de proie trouvent là libre accueil, inviolable hospitalité ; et sans doute ce n'est pas beaucoup changer la destination première. Ces murs, œuvre des Arabes peut-être, ont donné des lois à la vaste étendue qu'ils embrassent. Une embuscade incessante y était dressée. Non plus un roi, non plus une reine régnait sur cet empire ; mais un bandit le rançonnait, un maître de hasard, sans gloire et sans nom, tremblait autant peut-être qu'il faisait trembler. Maintenant il n'est plus là ; il a disparu dans les ombres de l'oubli ; et le château, avec ses fenêtres aveuglées, ses meurtrières noires, ses créneaux ébréchés, semblables à des mâchoires de monstre à demi édenté, ses échauguettes sournoises, ses mâchicoulis de ruse et de traîtrise, semble le manoir d'un magicien redouté et méchant. Quels enchantements se préparent

là et se dissimulent? Au son du cor, la porte va-t-elle tout à coup se rouvrir et
laisser apparaître un cortège seigneurial ? Je ne m'en étonnerais qu'à demi, tant
les choses qui m'environnent sont loin de mes visions coutumières. Mais non ;
le château est bien silencieux. Palmyre est mort, le château sommeille, et moi je
veille, mais je rêve et je ne sais plus où s'arrête le mensonge, où commence la
réalité.

Colonnades et colonnades, c'est la gloire et le décor de Palmyre. Plusieurs
villes de Syrie, l'antique Damas, d'autres encore, présentaient cette disposition
qui fut une mode et, ajoutons ceci, une conception facile, aux princes, aux
municipalités qui voulaient rapidement composer un vaste ensemble de décoration magnifique. Athènes n'aurait pas satisfait ses rêves de luxe et de beauté
en des redites aussi complaisantes. Toutefois ces dispositions convenaient au climat ; et quelque tache d'ombre assombrissait ainsi et rafraîchissait du moins le
seuil des logis palmyréens. Ces logis, peut-être de matériaux plus fragiles, de
brique, de terre battue (les palais mêmes des grands Pharaons souvent ne furent
pas construits autrement) ont disparu. Leur enveloppe seule est restée, laissant
supposer les richesses abolies en les exagérant peut-être. Si préparé par le souvenir
ou les descriptions des voyageurs que l'on puisse être à cette découverte, elle est
saisissante et d'une surprise prodigieuse. L'homme semble avoir conquis tout un
vaste espace du désert ; et ces colonnes, jalons fièrement plantés, marquent,
dirait-on, ses victorieuses enjambées. Ainsi le plan général de la cité se révèle,
et son invraisemblable grandeur est librement proclamée. Le sol n'est que de
sable ; il monte au long des colonnades, cachant le dallage des voies antiques,
ensevelissant partout les bases et rapetissant quelque peu toutes choses. Mobile,
il efface aussitôt la trace des pas humains ; et pas une graine n'a pu y germer.
Il n'est de floraison, de végétation qu'en ces pierres dressées, ou les blocs épars ;
et même ces acanthes, uniformément épanouies en chapiteaux, ont les rigidités
métalliques de l'agavé, de l'aloès, plutôt que les souplesses, les grâces nobles
des véritables acanthes, filles de la terre corinthienne. Serait-ce que les feuillages mêmes des colonnes se sont desséchés aux brûlures d'un soleil furieux ?
La terre cependant, de colère peut-être, a voulu quelquefois secouer ce réseau
captivant, ces chaînes de pierre longuement étendues sur elle ; le réseau s'est
rompu sous les tremblements soudains, les secousses vengeresses ; et de-ci, de-là,
la perspective détruite laisse des vides. Aux blocs écroulés, l'examen est facile
de l'ornementation et du travail. La richesse renchérit en quelque sorte sur
elle-même. Soffites et caissons, corniches et entablements déploient de somptueux
feuillages ; et des pampres joyeux y sont complaisamment sculptés. Les colonnes
sont de proportions médiocres, mais leur rassemblement les grandit, ainsi des
soldats, sur un champ de bataille, qui isolément seraient d'assez pauvres guerriers, qui réunis, fièrement alignés, deviennent redoutables et magnifiques,
par cette discipline et cette union même. Ces colonnades, encore qu'elles soient
brisées, font songer à la phalange d'Alexandre, rempart inébranlable, où venait, impuissant, succomber l'effort des empires et des rois, et tel au seuil
de Palmyre, après tant de siècles de ruine et d'abandon, d'assaut inlassé et de
lent envahissement, le désert hésite encore et ne remporte qu'une douteuse
victoire.

Que de magnificences ! J'en suis étourdi plutôt que lassé. Et cependant la
rencontre est réjouissante de notre petit campement, dressé en l'intimité de
ces grandeurs surhumaines. Il est ce qu'il est toujours, changeant de place,
changeant de cadre, ne changeant pas lui-même, déjà familier, très aimé, j'ose-

rai dire aimant aussi. Je le reconnais, et notre drapeau, non plus battu des tem-
pêtcs, y flotte si gentiment qu'il semble me connaître aussi, me saluer et nous
souhaiter à tous la bienvenue. Si le logis est de modeste apparence, en aucun
lieu du monde, il ne pouvait usurper un plus splendide encadrement, Il est
tout de joyeuse vie, l'encadrement est tout de silence et de mort. Une arche
triomphale nous enveloppe, et la pierre qui forme clef, ayant glissé, menace,
étrangement suspendue, En s'y posant, un oiseau en achèverait le suprême
écroulement. Mais je n'ai peur de ceci, non plus que de rien. Je sens en toutes
choses une clémence hospitalière. Cette arche est flanquée de deux autres plus
petites. Elle marque le départ d'une nouvelle avenue et d'une quadruple colon-
nàde. Il semble que pour atteindre le temple du Soleil, dont les splendeurs
résumaient et exagéraient toutes les splendeurs de la cité, Palmyre ait voulu
renchérir encore. S'approchant de son dieu, à chaque pas, elle revêtissait une
parure nouvelle . . . .

Et qu'il soit chassé par les mouches,
Puisque les hommes en ont peur !

chante Victor Hugo. Je ne sais pas si les hommes ont peur de moi, mais certainement je suis chassé par les mouches. O prodige! O joie! Les voilà qui s'en-
fuient jusqu'à la dernière. Quelle divinité bienfaisante en faut-il remercier ?
Une nymphe, ou plutôt, une source qui tout à coup me barre le chemin. Elle
est abondante et prend les airs vainqueurs d'un ruisseau, presque d'une petite
rivière. En ces aridités une telle masse d'eau et que je ne puis franchir en
deux bonds, sans me mouiller les pieds, c'est un prodige. Cette eau est limpide
et révèle les secrets de ses profondeurs. Une vapeur légère s'en exhale, et voilà
qu'une odeur vaguement s'épand peu agréable. Cette eau, en effet, est sulfureuse et
imbuvable. A dix pas, elle tue les mouches. Du mystère ténébreux d'une voûte
crevassée et d'un souterrain de rocher, brusquement elle surgit. Quelle heure
douce et reposante j'ai passée là! Cette eau tiède a de molles caresses; et c'est
un charme exquis d'en sentir tout le corps poursuivi, voluptueusement enve-
loppé. Jamais baigneur ne s'attarda en un bain plus délicieux. Et dire qu'un
jour viendra où l'on ordonnera peut-être les eaux de Palmyre, où Palmyre
aura son casino! Écartons ce présage horrible!

Cette eau fait la lessive de tout Palmyre, et à quelques pas de ma salle de
bain, des femmes sont venues. Elle ne m'ont point aperçu, ou du moins je
l'espère; je les aperçois d'un peu loin, et sans doute le spectacle en est plus
pittoresque. Accroupies entre les pierres, elles battent leurs guenilles, elles
devisent aussi, elles badinent, et leurs regards, peut-être leurs propos me
raillent. Je le suppose du moins. Les quolibets reçus, ou du moins inspirés,
c'est déjà de la gloire.

Palmyre, j'entends le Palmyre encore vivant, essaime en ce voisinage ses
morts ; et nulle enceinte ne limite cette cité muette et dolente. Les tombes
sont de terre séchée et brutalement badigeonnée de blanc. L'aspect en est
misérable. De ces colonnades triomphales qui barrent l'horizon et montent dans
l'azur, à ces taupinières à peine reconnaissables, quelle distance ! et quel inso-
lent désaccord ! Cependant ceci pille effrontément cela. Ou plutôt la cité souveraine fait, à son héritière indigne, l'aumône de quelques pierres. Les tombes
affectent souvent la forme d'un sarcophage vide et qui aurait perdu son couvercle. Quelquefois une stèle s'y dresse, et des inscriptions se lisent qui parlent

des autres, des ancêtres méconnus. Le mensonge est flagrant ; et c'est ainsi qu'un pauvre Bédouin, un chamelier traîne-guenilles, usurpe dans la mort, des dignités ignorées et devient, ironie singulière ! un Palmyréen des anciens jours.

Cependant toutes nos somptuosités humaines ne sont que misères auprès de la fête où chaque soir, le jour et la nuit, quelques instants associent leurs magnificences et leurs sérénités. Ce n'est pas un conflit, c'est une alliance ; deux amants adorés ne sauraient entremêler, en une joie plus enivrante, leurs rêves et leurs tendresses. Le jour et la nuit étaient deux tout à l'heure et tout à l'heure ils seront deux encore, et voici qu'ils se confondent. La terre et le ciel fêtent leurs épousailles divines. C'est une pamoison de toutes choses, un insondable rayonnement. Les premiers plans sont estompés de lilas,; les colonnes sont d'or. Telle est l'ampleur des horizons découverts qu'en l'arène du libre espace, il y a place pour des étoiles douces, car les écrins célestes ont sans fin épandu comme une poudre de diamant ; il y a place pour la pâle faucille de notre satellite, il y a place enfin pour un orage lointain. Les grondements ne sont qu'un incertain murmure. Mais parfois le voile noir tout là-bas étalé, brusquement se déchire. Un éclair a passé, le ciel a saigné d'une subite blessure, et quelque ruine, tout à l'heure invisible, a surgi des ténèbres, tachée de feu, comme le nuage est taché de sang. Ce n'est qu'une fantastique apparition. La morne sérénité du désert retombe sur toutes choses. Notre campement a ses lumières discrètes. Les sacs vidés, les ballots défaits sont épars. Pas un hennissement, pas un cri; nos bêtes sommeillent. Les tentes sont closes. En avant de la mienne, un falot est suspendu et, balancées à des cordes, les gargoulettes rafraîchissent. Quelques vagues rumeurs sortent de la tente où nos plus intimes serviteurs prolongent leur causerie reposante. De plus loin m'arrivent parfois des éclats plus bruyants. Ce sont les soldats Turcs de la petite caserne, seule garde de Palmyre qui, gratifiés par nous d'un mouton à immoler, font joyeuse fantasia. Tout s'éteint bientôt cependant, tout bruit se tait. Un cliquetis de sabre m'arrive encore, effleurant cette toile, mon seul rempart, mon seul abri : c'est un homme de garde qui passe et qui veille.

De tous les dieux qu'il pût servir et adorer, Palmyre n'en adora jamais aucun plus fidèlement que le soleil. Vaincus et vainqueurs s'accordaient du moins à cette dévote prédilection, et Aurélien, alors même qu'il saccageait, ensanglantait la ville, respectait le dieu et enrichissait le temple. On ne voit pas, il est vrai, quel élément et quelle force, plus légitimement que le soleil, pourraient être divinisés à Palmyre. La cité apparaît l'encadrement pieux du Temple ; il semble encore, dans sa ruine même, que tout entière elle s'achemine vers ses parvis et se traîne à ses pieds.

Lorsque germaient et grandissaient, rayonnaient aussi, sous le libre soleil, leur dieu favori, ces temples d'Héliopolis ou de Palmyre, les jours étaient comptés de ces cultes épuisés et de ces dieux. Déjà on entendait sourdre une foi nouvelle ; le christianisme allait surgir, jetant sa lumière plus haute sur toutes ces obscures lumières. Mais à l'instant de périr et de disparaître, il semble que le paganisme ait voulu, une fois encore, se ressaisir, crier, non pas au ciel qui ne l'entendait plus, mais à la terre qu'il avait si longtemps charmée et séduite, qu'il aurait voulu toujours séduire, sa grandeur, ses gloires, ses défaillantes immortalités. Il se faisait plus splendide que jamais. Il commandait les offrandes, ne pouvant plus espérer les prières; il éblouissait les yeux, ne sachant plus pénétrer les âmes. Telle Cléopâtre, dit-on, la dernière des

Ptolémées, la survivante suprême de la vieille Égypte, se faisait apporter et revêtissait tous ses joyaux, s'écrasait de tous ses trésors, au moment de tendre sa main à la morsure du serpent, d'agoniser et de mourir.

Tadmor gîte en ce qui fut le temple du Soleil. A droite, à gauche, montent d'énormes colonnades. Comme joyeuses d'échapper à la sanie qui déshonore leur base, elles vont là-haut, loin de toute humaine profanation, épanouir les feuillages de leurs magnifiques chapiteaux. Elles disent les enceintes successivement inscrites les unes dans les autres et du moins, dans ses grandes lignes, révèlent le plan de l'édifice conquis désormais à cette minable truanderie.

Une haute muraille enveloppait le temple, ses portiques, ses cours, tout cet ensemble de grand luxe et de souveraine somptuosité. Des fenêtres y sont ménagées à des intervalles réguliers, et de hauts piliers corinthiens jalonnent cette immensité, variant un peu son uniformité, animant ce rythme solennel. Cette muraille repose sur une base formant stylobate, et tout accuse, en un puissant appareil, une construction réfléchie, noblement ordonnée. Cependant tout un côté de cette enceinte première a fléchi et penche hors d'aplomb, tout d'une pièce. Non sans gène et sans malaise, le regard suit cette effrayante inclinaison ; et mon sommeil serait angoissé sous cette formidable menace. Tadmor n'en a pas de souci. Que la muraille achève de glisser sur ses fondations disjointes, Tadmor sera anéanti du coup. Le Temple vengera en un instant tous les outrages et les sacrilèges subis.

Deux heures du matin ; c'est l'instant fixé pour le départ, voici que le retour commence. Ce qui fut devant nous sera derrière nous ; nous allons relire les mêmes pages, mais la première sera la dernière. Ce qui fut l'espérance et l'attente sera le regret ; ce qui fut le rêve ne sera plus que le souvenir. Il fait nuit. Mais la corne de Joseph a sonné, et, une fois encore, la disparition se hâte et rapidement s'achève de notre bivouac et de notre campement. Les mêmes labeurs et manœuvres qui nous sont déjà coutumiers, composent les mêmes scènes et le même spectacle changeant. Je m'en amusais, je m'en attriste. Cela est bien cher à mon cœur isolé, que je vais chercher maintenant et bientôt retrouver. L'absence m'en était une angoisse endolorie ; et dans mes pensées prochaines, dans ma vie de tous les jours ainsi interrompue, la place était bien vide et bien sombre que la magie des merveilles sans cesse prodiguées ne suffisait pas à remplir. Voilà cependant que j'ai peine à déserter cette terre inconnue. Mieux que les toiles de nos tentes attachées seulement d'une corde fragile, je tenais à ce sable aride, à ces pierres silencieuses. J'ai poussé déjà des racines, ou du moins des radicelles, au sol qu'il me faut abandonner. Je m'en arrache, et cela me fait un peu mal. Aux portiques magnifiquement développés tout alentour, quelquefois les colonnes ont été fauchées presque au ras de terre. On les croit disparues ; mais sous le sable le pied heurte leur base première qui tient encore indéracinée. Ainsi je vais partir, je vais disparaître, je serai loin, mais sous l'envahissement des pensées nouvelles, peut-être et surtout des nouvelles peines, quelque chose restera mal enseveli, à jamais ineffaçable. Ma pensée s'y viendra heurter ; et comme cette pierre invisible dit les splendeurs détruites, la moindre chose, la fuite d'un rêve, une ombre qui passe, un écho mystérieux, un rien me rendra, tout à coup en un mélange de joie et de tristesse, l'Orient, le désert de Palmyre.

De brusques hennissements éclatent, et des appels nous arrivent, des saluts obligeants. Ce sont nos hommes d'escorte qui viennent ; nous les entendons sans les apercevoir. Quelques éclairs jaillissent tout au loin, mais pâles, apaisés. Les ténèbres nous environnent, et cependant toutes les étoiles sont là, poudrant d'or l'immensité. Un chien qui hantait le campement, un familier, déjà presque un ami, regarde nos apprêts ; il comprend, il se tait, et la tête basse, le voici qui disparaît dans l'ombre. C'est un regret, une tristesse que nous laissons. C'est la fatalité de notre vie humaine de laisser toujours quelque peine à qui nous fut le mieux aimant et le mieux accueillant.

La caravane s'est reformée. Tout en arrière, le petit âne a repris sa place. Il sera le dernier à déserter Palmyre, dont sans doute très peu il a du souci. Péniblement la voiture s'ébranle ; elle s'est enfoncée dans le sable ; elle ne veut plus repartir ; il y faut le labeur et l'effort des quatre chevaux, bien qu'elle soit vide encore de ses voyageurs, car j'ai voulu du moins, jusqu'au dernier moment, fouler de mon pied, la terre si longtemps désirée et de si loin conquise. Voici que nous avançons, que nous allons, que nous fuyons. Je détourne un instant la tête ; et les trois étoiles jumelles, les trois rois, apparaissent scintillants au vide d'une arcade triomphale. La myriade des étoiles leur sont comme un cortège. Aux ténèbres transparentes et très douces, les colonnades apparaissent encore une fois, rigides, grandies en ce mystère qui flotte épandu. Nous les dépassons. Ce sont les tombeaux maintenant qui nous annonçaient Palmyre ; ils étaient resplendissants de lumière et d'or ; ils sont noirs et menaçants. Nous les dépassons ; ils disparaissent à leur tour. La vallée qu'ils habitent, se referme derrière nous. Plus rien de Palmyre ! et pour jamais le mirage s'en est effacé; le rêve s'en est évanoui.

M. le Dr Félix BRÉMOND.

Président du Syndicat de la Presse scientifique.

RABELAIS MÉDECIN

— 8 mars —

Mesdames, Messieurs ;

« Chacun a son défaut où toujours il revient ».

Mon défaut capital, persistant, chronique, consiste à dire à tout le monde : « Lisez Rabelais ».

Depuis trente ans et plus je ne passe presque pas un seul jour sans savourer quelques pages de *Gargantua* ou de *Pantagruel* ; toutes les fois que j'ai un peu de loisir, je le consacre à vérifier une citation, à creuser une idée, à peser un terme de mon auteur favori. On ne s'étonnera donc pas que j'aie accepté avec grand empressement la proposition de parler de Rabelais à mes collègues, à mes amis de l'Association française pour l'avancement des sciences.

Lorsque notre excellent secrétaire général, le professeur Gariel, m'a dit : vous ferez une conférence sur *Rabelais médecin*, j'étais tout joyeux ; maintenant, l'heure de m'exécuter étant venue, je suis plutôt triste, car mon auditoire mixte m'intimide considérablement.

Si je n'avais devant moi que des collègues du sexe laid, aisément je leur ferais accepter les plus gros morceaux de prose pantagruélique ; mais, hélas ! — pardonnez, mesdames, cette interjection — j'aperçois dans la salle d'aimables représentantes du beau sexe, et leur présence m'impose une réserve, assez difficile en l'espèce.

Le style de Rabelais, franc, loyal, imagé, est d'un naturalisme souvent excessif ; je serais impardonnable de l'oublier devant les dames, même devant celles qui auraient lu sans broncher les romans de Zola les plus naturalistes.

Me voici donc bridé de retenue, sanglé de prudence et caparaçonné de circonspection. Ainsi accoutré, je suis assez gêné en mon harnois ; pourtant, quand le vin est tiré, il faut le boire : quand une conférence est annoncée, il faut la faire. Je la ferai.

Sans tourner plus longtemps autour du pot, j'aborde mon sujet : la médecine dans les œuvres de Rabelais, *Gargantua* et *Pantagruel*.

Ce livre, qui est le rire à plein ventre, est aussi la science à plein cerveau. L'Homère bouffon est doublé du savant le plus complet du xvie siècle. Laissez de côté l'écorce grossière, ne vous arrêtez pas à l'enveloppe matérielle, sucez l'os jusqu'à la moelle, et les paradoxes risqués de Panurge, les saillies épicées de Frère Jean, les maximes hardies de Rondibilis, les théories gigantesques de Pantagruel vous apparaîtront renfermant, en leur gros sel savoureux, plus de bon sens médical qu'il n'y en a dans un tas d'insipides in-folio des auteurs de son temps. Eux compilaient, lui, Rabelais, jugeait.

Cette immixtion de la science dans le roman, ce mariage de l'éclat de rire et de la médecine, a eu plus d'un résultat. Cela nous a donné le tableau et souvent la charge de l'art de guérir, tel qu'on l'exerçait au xvie siècle : des pratiques médicales dangereuses ou malhonnêtes ont été tuées par un bon mot ; des croyances physiologiques absurdes ont été déracinées par une plaisanterie ; des contes grivois — trop grivois souvent — ont servi à la vulgarisation de saines notions scientifiques.

Il faut pardonner à Rabelais ses grivoiseries les plus folles, parce que toujours elles furent un moyen de faire accepter les enseignements ou les remontrances les plus sages, et aussi parce que les gravelures ne choquaient point la pudeur de ses contemporains, comme elles choquent la nôtre. Feuilletez seulement quelques pages de l'*Heptaméron*, livre écrit par une reine élégante, et vous verrez que les plus grandes dames de la cour de François Ier en dégoisaient également « des meures et des verdes ». Nous prononcerions aujourd'hui ainsi : « ces dames en disaient de vertes ».

Mais laissons la forme et venons au fond. Ce fond est une mine inépuisable. Je n'en exploiterai ce soir qu'un filon, le filon médico-religieux.

Un des premiers commentateurs de Rabelais, Ginguené, écrivait en 1791 : « L'auteur de *Pantagruel* attaqua les préjugés en véritable philosophe ; son autorité doit être comptée parmi celles qui ont préparé la destruction de nos sottises ».

Nous allons voir Rabelais à l'œuvre dans cette tâche d'assainissement intellectuel.

Prêtre et médecin, maître François dit aux pieux malades : ne mêlez pas la médecine à la religion, ne mariez pas la foi avec la thérapeutique, ne confondez pas les drogues et les oraisons, ne faites pas des onguents avec des reliques.

Gargamelle est en mal d'enfant ; son mari Grandgousier la réconforte ainsi : « Prenez courage au nouvel advenement du poupon, et encore que la douleur vous soit en fâcherie; toutefois elle sera brève; et la joie qui tôt succedera enlèvera tout votre ennui, de sorte que seulement ne vous en restera la souvenance: Notre Sauveur n'a-t-il pas dit en son évangile : la femme qui est à l'heure de son enfantement a tristesse, mais lorsqu'elle a enfanté, elle n'a souvenir aucun de son angoisse. »

Que répond la bonne Gargamelle ?

« Vous parlez bien, ami ; j'aime ouïr tels propos et beaucoup mieux m'en trouve que de ouïr la vie de sainte Marguerite, ou quelque autre capharderie. »

Lire aux femmes en douleurs la vie de sainte Marguerite n'était pas la seule *capharderie* en usage. Les reliques de la sainte faisaient leur apparition à l'accouchement des princesses, à preuve cette particularité des couches de Marie de Médicis, notée par sa sage-femme Louise Bourgeois : « La colique, dit-elle, travaillait plus la reine que le mal d'enfant. Les reliques de sainte Marguerite étaient sur une table, dans la chambre ; le mal dura vingt-deux heures (1).» Sainte Marguerite continua — elle n'a pas cessé — de collaborer aux naissances.

En notant les détails d'un accouchement laborieux le poète-médecin Courval Sonnet, auteur des *Exercices de ce temps*, livre publié en 1621, écrit :

> Le mari tout fâché, faisant la chate-mite,
> Lit la vie et la mort de sainte Marguerite.

Un médecin qui ressembla à Rabelais en plus d'un point et qui précéda M. Brouardel au décanat de la Faculté, Gui Patin, nous apprend que les accoucheurs de son temps devaient compter eux aussi avec la sainte gynécophile, car le 28 décembre 1657, il écrivait à son ami, le Lyonnais Spon, une lettre dont j'extrais ce passage : « S'il n'y avait que vingt-cinq lieux d'ici à Lyon, j'irais dire la vie de sainte Marguerite pour Mlle Spon, et prendre ma part du gâteau de baptême de cet enfant qui viendra ».

Anne d'Autriche avait usé en ses couches d'une ceinture de la vierge. Sa bru, Marie-Thérèse, femme de Louis XIV, préféra avoir recours à sainte Marguerite. Dom Jacques Bouillard, dans son *Histoire de l'abbaye royale de Saint-Germain-des-Prés*, nous montre comme suit la croyance de la reine : « Le vingtième juillet 1661, fête de la sainte, est remarquable par une cérémonie qui se fit dans l'église de l'Abbaye. La reine, qui était pour lors enceinte, donna des marques de sa piété et de sa dévotion envers sainte Marguerite, par l'offrande qu'elle fit du pain béni. Elle ne put le présenter elle-même, parce qu'elle était à Fontainebleau, mais elle y suppléa par trois de ses aumôniers, qui vinrent le présenter au son des trompettes et des tambours du roi. Douze Suisses portaient six brancards sur lesquels étaient les pains ornés de banderoles de taffetas rouge... Le seizième octobre suivant, le Père Prieur eut ordre de porter à Fontainebleau les reliques de sainte Marguerite, pour satisfaire à la dévotion de la reine qui les demandait et était proche du terme. »

Les bienheureuses reliques firent un autre voyage à Versailles, le 4 août 1682, lorsque Anne de Bavière, femme du dauphin, fils de Louis XIV, fut prise des douleurs de l'enfantement.

En Italie, sainte Marguerite a eu ses fidèles comme en France. Petit-Radel l'a noté ainsi, en ses souvenirs de voyage de 1815 : « A Naples, le temps où la cré-

---

(1) Malgré cette durée un peu longue, pour remercier sainte Marguerite, la reine fit don à l'abbaye de Saint-Germain des Prés d'une belle figure d'argent représentant la sainte, qui coûta cinq cents écus... aux contribuables, s'entend.

dulité s'exerce le plus est celui de la délivrance pour les femmes en mal d'enfant. On colporte alors dans les maisons la ceinture de sainte-Marguerite, ou autres reliques, propres à faciliter l'accouchement et à le rendre heureux, pour la mère comme pour l'enfant. »

Revenons à Rabelais. Le curé-médecin parle encore de sainte Marguerite dans le prologue de son second volume ; nous allons lire cette belle page ensemble :

« Très illustres et très chevaleureux champions, gentilshommes et autres, qui volontiers vous adonnez à toutes les gentillesses et honnêtetés, vous avez naguères vu, lu et su les grandes et inestimables chroniques de l'énorme géant Gargantua ; vous y avez maintes fois passé votre temps avec les honorables dames et damoiselles, leur en faisant beaux et longs narrés ; dont vous êtes bien dignes de grande louange et mémoire sempiternelle. A ma volonté, chacun devrait les savoir par cœur et les enseigner à ses enfants ; car il y a en ces chroniques plus de fruit que ne pensent un tas de gros encroutés qui n'entendent goutte à ces petites joyeusetés. J'ai connu de hauts et puissants seigneurs, qui allant à la chasse et ne rencontrant aucun gibier, étaient marris, comme entendez assez ; mais leur refuge de réconfort, afin de ne se morfondre, était à recoler les inestimables faits dudit Gargantua. Autres sont par le monde (ce ne sont fariboles) qui étant grandement affligés du mal des dents, après avoir dépensé tout leur argent en médecins sans en rien profiter, n'ont trouvé remède plus expédient que de mettre lesdites chroniques entre deux beaux linges bien chauds et les appliquer au siège de la douleur.

» Mais que dirai-je des pauvres vérolés et goutteux ? Oh quantesfois nous les avons vus, à l'heure qu'ils étaient bien oints et engraissés à point, le visage reluisant comme la clavure d'un charnier, les dents leur tressaillant comme font les marchettes d'un clavier d'orgues ou d'une épinette.

» Que faisaient-ils alors ? Toute leur consolation n'était que d'ouïr lire quelque page dudit livre. Et en avons vu qui se donnaient à cent pipes de vieux diables, en cas qu'ils n'eussent senti allègement manifeste à la lecture dudit livre lorsqu'on les tenait dans les limbes, ni plus ni moins que les femmes étant en mal d'enfant, quand on leur lit la vie de sainte Marguerite. »

La sainte dont Rabelais osait parler aussi irrévérencieusement n'avait pas le monopole exclusif des accouchements laborieux. En effet, si le *Dictionnaire des Reliques*, de Collin de Plancy, note que « les jacobins de Poitiers avaient une côte de sainte Marguerite, qui délivrait les femmes en mal d'enfant » et que « on vénérait encore à Paris, en 1789, la ceinture de la sainte, qui avait la même vertu » ; le *Dictionnaire des Reliques* mentionne en outre ceci : « On vend à Conflans des jarretières de sainte Honorine, lesquelles procurent d'heureux accouchements ». Le même recueil ajoute : « On garde à Rome, parmi les reliques de sainte Brigitte, une de ses robes qui a, dit-on, beaucoup de vertus et qui délivre les femmes en travail d'enfant ».

D'autre part, vous pourrez lire ceci dans le curieux ouvrage du xv° siècle intitulé *les Quinze joies du mariage* : « Or, approche le temps de l'enfantement, où elle est tant malade que c'est merveille tant et tant que les femmes ont grand peur qu'elle n'en puisse échapper : mais le bonhomme de mari la voue aux saints et saintes, tandis que elle-même se voue à Notre-Dame-du-Puy, en Auvergne, à Rochemadour et en plusieurs autres lieux. »

Ceci tend à prouver que la médecine n'est, au fond, qu'un assez vilain métier, puisque la concurrence est à redouter par les médecins du ciel, presque autant que par les médecins de la terre.

Passons à un nouveau saint guérisseur.

Dans le prologue de *Pantagruel*, que je viens de savourer avec vous, et que vous avez, avouez-le ou ne l'avouez pas, savouré avec moi, il est question d'un autre bienheureux de la pathologie, saint Antoine, lequel reparaît en maints chapitres de mon auteur favori. Ce saint, que l'on invoque actuellement pour retrouver les objets égarés, avait une mission différente au xvi⁰ siècle : il passait pour présider à la préservation, ou à la production, de l'érysipèle gangréneux et autres pyrexies; parenthèse : je ne crois pas nécessaire de définir le mot *pyrexie*, tant est universelle et extraordinaire la vogue du terme *antipyrine*, son compère, en faveur duquel des Allemands, trop malins, ont obtenu un brevet français, malheureux autant qu'horrifique.

A saint Antoine, donc, était dévolu le domaine des inflammations et des fièvres, témoin cet extrait de Brantôme — encore un auteur mal embouché — qui écrivit, de la même plume, la *Vie des grands capitaines* et la *Vie des dames galantes* : « Le brave M. de Bayard étant un jour persécuté d'une forte fièvre chaude, de telle façon qu'il en brûlait, il implora Monsieur saint Antoine en lui faisant telle oraison : « Ah ! Monsieur Antoine, mon bon saint et seigneur, je « vous supplie avoir souvenance que, lorsque nous autres Français, nous « allâmes jeter dans Parme, il fut arrêté qu'on brûlerait toutes les églises; je « ne voulus jamais consentir que la vôtre fût abattue, bien qu'elle fût de grande « importance, mais je m'y allai jeter dedans avec ma compagnie, si bien que je « la gardai et demeura entière. »

Cette oraison faite, dit Brantôme, M. de Bayard fut guéri... au bout de huit jours. Le saint brûleur aurait pu le guérir plus vite, s'il l'avait voulu. Mais saint Antoine ne veut pas toujours. Exemple, cet autre soldat, dont l'histoire est racontée dans les *Serments espagnois* : « Sortant d'une maladie et d'une grande fièvre chaude, étant allé à l'église pour remercier Dieu de sa guérison, il dit et salua ainsi : *Beso los manos, Señor Jesus, y tambien a vos san Pablo y san Pedro*, et, se tournant vers saint Antoine, peint avec sa grande barbe blanche, il dit : *y no a vos barba blanca, que tan mal su fuego me trato, y que me quemo en mis calenturas.*

Ce guerrier, qui ne voulait pas remercier la barbe blanche de saint Antoine, dont le feu l'avait tant brûlé pendant sa fièvre, fait voir que *feu Saint-Antoine* se disait de toute maladie dans laquelle la température du corps se trouvait augmentée.

Avait-il été la victime d'une imprécation fréquente, notée par Rabelais au terrible chapitre de « l'esprit merveilleux de Gargantua en matière de... disons d'antisepsie rectale » et en d'autres chapitres moins scabreux ? C'est fort possible.

Un ordre religieux, fondé à Saint-Didier (Isère), où l'on conservait des reliques de saint Antoine, vouait ses membres aux soins à donner aux malheureux atteints du *feu sacré* ou *mal des ardents*, qui sévissait épidémiquement au moyen âge et qui faisait de grands ravages; l'épidémie donna naissance à cette vilaine malédiction pathologique: que le feu Saint-Antoine vous arde ! On la trouve dans les contes de la reine de Navarre, dans les poésies de Clément Marot, dans les moralités d'André de La Vigne et même dans les œuvres chirurgicales d'Ambroise Paré.

C'en est assez, je crois, pour excuser Calvin d'avoir osé dire : « Saint Antoine, c'est un saint colère et dangereux, comme ils le peignent, lequel brûle ceux à qui il se courrouce ».

Pour mettre un peu de science positive au milieu de toutes ces fantaisies, voici une page de Littré sur le feu Saint-Antoine : « Depuis la fin du xie siècle, on observa en France les plus fortes attaques de cette maladie. On sait que c'était le temps de la plus grande ferveur pour les croisades; qu'on abandonnait tout pour aller se signaler dans la Terre-Sainte; que les guerres féodales conti- nuelles et les courses des ducs de Normandie rendaient la partie septentrionale et la partie moyenne de la France le théâtre d'une infinité de misères de toute espèce, parmi lesquelles le mal dont il est question était peut-être un des moindres. La France se dépeuplait sensiblement; les champs, l'agriculture, étaient abandonnés. Presque toute la France, le Dauphiné principalement, se ressentit de la maladie dont on parle : c'est ce qui détermina le pape Urbain II à fonder l'ordre religieux de saint Antoine, dans la vue de secourir ceux qui en étaient atteints, et à choisir Vienne en Dauphiné pour le chef-lieu de cet ordre. Cette fondation eut lieu en 1093. Vingt-cinq ans avant, le corps du saint de ce nom avait été transporté de Constantinople en Dauphiné, par Josselin, seigneur de la Mothe-Saint-Didier... On croyait généralement que les malades que l'on conduisait à l'abbaye Saint-Antoine, où reposent les cendres de ce saint, étaient guéris dans l'espace de sept ou neuf jours. Ce bruit, répandu en Europe, attirait à Vienne un grand nombre de malades, dont la plupart y laissaient quelque membre. L'auteur de la vie d'Hugues, évêque de Lincoln, dit qu'il vit de son temps, au mont Saint-Antoine, en Dauphiné, plusieurs personnes de l'un et de l'autre sexe, des jeunes et des vieux, guéris du feu sacré, et qui paraissaient jouir de la meilleure santé, quoique leurs chairs eussent été en partie brûlées, et leurs os consumés; qu'il accourait de toutes parts en cet endroit des malades de cette espèce, qui se trouvaient tous guéris dans l'espace de sept jours; que, si au bout de ce temps, ils ne l'étaient pas, ils mouraient; que la peau, la chair et les os des membres qui avaient été atteints de ce mal ne se rétablissaient jamais, mais que les parties qui en avaient été épargnées restaient parfaitement saines, avec des cicatrices si bien consolidées, qu'on voyait des gens de tout âge et de tout sexe les uns privés de l'avant-bras jusqu'au coude, d'autres de tout le bras jusqu'à l'épaule, enfin d'autres privés d'une jambe ou de la jambe et de la cuisse jusqu'à l'aine, jouir de la santé et de la gaieté de ceux qui se portent le mieux. »

Voulez-vous d'autres saints guérisseurs, cités par Rabelais ?

Voici saint Sébastien, invoqué pour la peste, nommé au chapitre des fantas- tiques pèlerins cachés sous les choux et à celui de l'escarmouche de Picrochole.

Oyez comment en devise mon curé-médecin.

Grandgousier, procédant à l'interrogatoire des pèlerins, leur demande d'où ils viennent et où ils vont. Ils répondent :

« — Nous venons de Saint-Sébastien et nous en retournons par nos petites journées.

» — Voire, mais, dit Grandgousier, qu'alliez-vous faire à Saint-Sébastien ?

» — Nous allions lui offrir nos votes contre la peste.

» — Oh ! dit Grandgousier, pauvres gens, estimez-vous que la peste vienne de Saint-Sébastien ?

» — Oui vraiment, nos prêcheurs nous l'affirment.

» — Oui, dit Grandgousier, les faux prophètes vous annoncent-ils tels abus ? Blasphèment-ils en cette façon les saints de Dieu qu'ils les font semblables aux diables, qui ne font que mal entre les humains ? Comme Homère écrit que la peste fut mise chez les Grecs par Apollon, et comme les poètes peignent un tas de dieux malfaisants. Ainsi prêchait un caphard que saint Antoine mettait le leu aux jambes, saint Eutrope faisait des hydropiques, saint Gildas les fols, saint Genou les gouttes, mais je le punis en tel exemple, quoiqu'il m'appelât hérétique, que depuis ce temps caphard quelconque n'a osé entrer en mes terres, et m'ébahi si votre roi les laisse prêcher par son royaume tels scandales. Car plus sont à punir que ceux qui auraient mis la peste par le pays : la peste ne tue que le corps; mais tels imposteurs empoisonnent les âmes. »

Le docteur Chereau, un des rares journalistes devenu membre du Sénat médical dit Académie de médecine, a noté en ses éphémérides, pour le 25 décembre 1496 : « La peste sévit depuis six ans à Chalon-sur-Saône. Les échevins convoquent les habitants en Assemblée générale, et l'on décide ceci : Attendu que, depuis environ six ans en ça, la ville est affligée par la maladie appelée peste, il convient d'avoir recours à saint Sébastien, intercesseur d'icelle maladie, et faire jouer « le mystère de Monsieur saint Sébastien, glorieux ami de Dieu ».

A Chalon on honorait le saint en faisant représenter, sur des théâtres en plein vent, une pièce dont il était le héros ; à Nevers l'hommage était d'une autre nature. Les *Recherches historiques* de sainte Marie mentionnent pour le mois de janvier 1564 : « A Nevers la peste ayant régné deux ans et demi, les habitants vouent à saint Sébastien un cierge long comme la ville, c'est-à-dire de 1.720 toises ».

Saint Sébastien, patron des pestiférés, avait pour adjoint saint Roch.

Dans les *Aventures du baron de Fœneste*, d'Aubigné montre un Gascon qui, étant tombé dans le charnier des pestiférés, alla voir son curé et lui fit dire « une messe de saint Roch ». Un pieux ouvrage moderne, intitulé *Fleurs des vies des saints*, que j'ai acheté naguère à deux pas d'ici, me fournit ces renseignements plus précis : « Saint Roch est invoqué dans la peste et dans les maladies contagieuses, à cause des grands miracles qu'il fit à Rome, Césarée, Plaisance et autres villes d'Italie. Arrivé à Aiguespendante, où il trouva plusieurs personnes frappées de la peste, il s'en alla droit à l'hôpital et se mit avec l'administrateur nommé Vincent (comment se nommait le médecin ? on ne le dit pas) pour servir les pauvres, faisant le signe de la croix sur leurs pestes et charbons dont ils furent tous guéris ».

D'autres livres affirment que pendant le concile tenu à Constance, en 1414, la peste s'étant jetée sur cette ville on la fit partir en promenant par les rues l'image de saint Roch, avec ou sans son chien. Cet animal, dressé à lécher les plaies, mériterait de figurer parmi les ancêtres des bonnes bêtes fournissant actuellement le serum antipesteux !

Je termine mes renseignements sur saint Roch par une particularité provençale. A Marseille, quand l'état sanitaire est bon et que mon vieux camarade Catelan, directeur du Frioul, est d'humeur joyeuse, les gens du port disent :

San Roch ris
Auron pas la pesto (1)

Parlerai-je maintenant de saint François et de saint Martin, de saint Rigomé et de saint Maur, de saint Fiacre et de saint Babolin, et de tous les autres bienheureux, guérisseurs ou morbifères, que Rabelais cita ? Non. Je ne veux plus parler que de saint Jean, le grand maître de l'épilepsie, dont la fête approche, avec le renouveau des bonnes herbes salutaires dites « herbes de la Saint-Jean ».

Chaque année, quand vient le 24 juin, jour consacré par l'Église catholique

____

(1)   Saint Roch rit :
Nous n'aurons pas la peste.

apostolique et romaine, à honorer saint Jean-Baptiste, les Provençaux brûlent
en son honneur quelques centaines de sarments et font pétarader quelques
douzaines de serpenteaux, tandis que d'autres Provençaux aspergent les spectateurs du feu à grand renfort de seringues. Cette lutte est destinée à rappeler
que saint Jean arrosa ses contemporains dans les flots du Jourdain.

Grand partisan de l'hydrothérapie, je note que la large méthode du saint précurseur du Messie était, hygiéniquement parlant, beaucoup plus réconfortante
pour l'organisme humain que les trois gouttes d'eau tiède de nos prêtres timo-
rés. Ne traitez pas mon opinion de révolutionnaire, car vous n'auriez plus
d'épithète exacte pour qualifier celle de mon confrère Floyer. Ce Floyer fut un
célèbre médecin d'Angleterre, qui disait très gravement : « Si les rachitiques
sont aussi nombreux en Europe, c'est parce que l'on a renoncé à l'usage de
l'Église primitive, qui ordonnait de baptiser par immersion dans un cours d'eau ».

Saint Jean mériterait donc d'être choisi pour patron par la corporation des
baigneurs, dont notre collègue Philippe est le grand maître, et, cependant,
c'est surtout par des feux de joie qu'on le fête.

Lisez le curieux chapitre consacré au feu de saint Jean par mon éminent compatriote Bérenger-Féraud, directeur du Service de santé de la Marine, dans son
ouvrage sur les *Traditions de la Provence*, vous y verrez que les Provençaux
ne ménagent pas le bois pour les flambées joyeuses du 24 juin. Ici, c'est la
municipalité qui inscrit à son budget le prix du bûcher ; là, les jeunes gens
vont, de porte en porte, quêter des sarments ou des fagots ; partout, le feu
pétille, avec ou sans accompagnement de tambourin, avec ou sans bénédiction
de M. le curé, avec ou sans mise au vent de l'écharpe de M. le maire, mais
toujours les flammèches du brasier légendaire sont saluées par des cris enthou-
siastes de la foule assemblée. Les jeunes assistants se livrent à une gymnastique
savante en franchissant le feu d'un bond ; les vieux alimentent le brasier qui va
s'éteindre avec des corbeilles hors de service, des paniers veufs de leur anse,
des chapeaux de paille démodés, des coussins troués, des cages à lapin voire
même des restants de bahuts branlants, disputés aux vers depuis la mort du
bon roi René.

Vieux et jeunes font ainsi de la saine hygiène : les gambades pyriques des
adolescents assouplissent les articulations ; les autodafés mobiliers des hommes
mûrs assainissent l'habitation, ainsi débarrassée périodiquement de quelques
nids à microbes.

En se divertissant de la sorte, mes compatriotes font-il de l'hygiène, comme
M. Jourdain faisait de la prose, sans le savoir, ou bien ont-ils en vue quelque
salutaire effet à produire ?

J'estime que les Provençaux, allumant des feux dans la rue, croient contribuer au maintien de la santé publique. Ont-ils tort ? — Non ; égayer les gens,
c'est les empêcher de devenir malades, et le feu de saint Jean réjouit. De plus,
le feu passe pour chasser les miasmes et purifier le mauvais air : que cette
croyance soit fondée ou non, il faut la respecter, puisqu'elle rassure des populations trop souvent visitées par les épidémies. Quand le fléau menace nos côtes
méditerranéennes, le feu de saint Jean a droit au respect, aussi bien le 24 juin
que les autres jours de l'année.

En 1884, quand le choléra décimait Toulon, l'autorité locale s'associa au culte
des Toulonnais pour le feu de saint Jean purificateur, et elle fit bien. Je félicite
sincèrement M. Bérenger-Féraud d'avoir mentionné cela dans les termes suivants : « L'épidémie durant, les habitants de chaque carrefour furent bientôt à

court de vieilles caisses, de copeaux et de bois de rebut pour le feu quotidien, auquel on s'était doucement habitué, et la voix publique demandait leur continuation avec une insistance telle que la municipalité se mit en frais pour y satisfaire. Bientôt même il fallut que l'État y contribuât à son tour ; aussi, pendant plusieurs semaines, un chaland chargé de bois fut conduit, chaque jour, du port de guerre sur le quai de la ville, afin que ceux qui voulaient s'éguyer un peu à la vue de la flambée vespérale pussent aller faire leur provision de combustible.

L'auteur dit, dans ses commentaires : « Le public a été porté à considérer, plus ou moins, le feu de saint Jean comme une pratique nécessaire à la santé ».

Je trouve cette note bien laconique. M. Bérenger-Féraud, qui connaît mieux que moi les vieux auteurs grecs et latins, aurait pu rappeler, en s'appuyant sur des textes précis, l'ancienneté vénérable du rôle dévolu à la chaleur dans la désinfection des milieux contaminés. Ce qu'il n'a pas fait, je ne veux pas tenter de le faire ; je me borne à noter ce principe, devenu axiome dans la science moderne : à savoir que notre époque généralise avec succès l'application du feu à la destruction de tous les éléments de contage, depuis les plus bénins jusqu'aux plus terribles, sans penser, ni peu, ni prou, aux brasiers allumés en l'honneur de saint Jean.

Ce pieux héros du 24 juin, dédaigné des médecins modernes, les vieux malades le considéraient bien fort, au temps où le calendrier avait des rapports directs avec la thérapeutique. En effet, lorsque sainte Marguerite aidait les femmes en mal d'enfant, que saint Laurent était souverain contre la colique, et que saint Janvier faisait concurrence aux bandagistes, saint Jean n'avait pas de rival pour guérir l'épilepsie.

Faisons, pour nous en convaincre, une petite excursion à travers les bouquins poudreux.

L'auteur de l'*Apologie pour Hérodote*, Henri Estienne, nous apprend que le mal caduc, mal de terre, haut-mal ou épilepsie, était dit « mal Saint-Jean ».

Dans le *Livre des Monstres*, d'Ambroise Paré, nous trouvons l'histoire d'un mendiant malin « qui ne savait métier autre que de contrefaire ceux qui sont travaillés du mal Saint-Jean. »

Les *Mémoires de l'Académie de Médecine* nous apprennent que l'expression « mal Saint-Jean », pour désigner l'épilepsie, a eu cours longtemps dans presque tout le midi de l'Europe.

Sauvage, dans sa *Nosologie* ; Portal, dans ses *Mémoires* ; Buchan, dans sa *Médecine domestique*, et nombre d'autres auteurs médecins, font usage du même terme « mal Saint-Jean » dans les chapitres consacrés à la maladie dont furent atteints César, Mahomet, Pétrarque, Molière, Napoléon et Gustave Flaubert.

Tout cela ne nous dit pas pourquoi l'épilepsie fut nommée « mal saint Jean » par les chrétiens, après avoir porté, chez les païens, les noms de « mal sacré » « mal des Comices », « mal d'Hercule ». Avec Cullen et Naudet, nous avons le droit de penser que l'imagination des peuples primitifs, frappée de terreur en présence des symptômes de la crise épileptique, avait pu en faire remonter la cause jusqu'à la colère des dieux ; mais nous ne comprenons pas comment saint Jean est venu prendre la place d'Hercule dans la pathologie, même après avoir consulté le *Dictionnaire critique des Reliques*, de Collin de Plancy, ouvrage aussi fécond en explications audacieuses, qu'en renseignements techniques indiscrets. Le tome II de ce recueil fait mention d'une fontaine dite de Saint-

Jean-du-Doigt, dans le Finistère, dont les eaux guérissent tous les membres qui y sont plongés : il parle encore d'un oratoire de Saint-Jean-de-Latran, à Rome, dans lequel les femmes ne peuvent pénétrer sans accident fâcheux, à cause d'un miracle perpétuel rappelant que saint Jean fut décapité à l'occasion d'une mauvaise femme ; il dit aussi qu'on garde à Venise une pierre teinte du sang de saint Jean-Baptiste, dont le contact est salutaire contre le rhumatisme ; mais, des raisons de l'intervention de saint Jean dans l'épilepsie, le prolixe Collin ne dit absolument rien.

Comme lui, je m'abstiens. Cependant je note encore, pour vider mon sac, que les vieilles femmes de Marseille saluent l'enfant qui éternue de la formule : *San Jan ti creisse!* (saint Jean te fasse grandir !) Enfin, pour bien montrer qu'en traitant mon sujet de pathologie sacrée, je n'ai point l'intention de manger du prêtre, je fais appel à un membre du clergé, capable d'élucider la question du mal Saint-Jean : ce prêtre est un archéologue de premier ordre, un érudit et un chercheur, M. l'abbé Arbellot, lequel n'a pas cru encourir les foudres ecclésiastiques en présentant au Congrès des Sociétés savantes de la Sorbonne un *Mémoire*, excessivement intéressant, sur le culte des saints, les pèlerinages et les pratiques religieuses au point de vue de la guérison des maladies.

Passons à un autre sujet, avec la transition réglementaire, s'entend. Les rois, disait-on autrefois, sont les représentants de Dieu sur la terre. Entre les saints et les rois il y avait fatalement un trait d'union. A côté de l'autel, il faut donc faire une place au trône. Opérer autrement serait contraire à toute bonne tradition monarchique.

Ergo, les rois furent, eux aussi, dotés de propriétés curatives vénérées. Voulez-vous savoir si Rabelais les trouvait vénérables ? Lisez avec moi ce chapitre de la *Reine Quinte* :

« En la seconde galerie, le capitaine nous montra la reine, belle, délicate, vêtue gorgiasement, au milieu de ses damoiselles et gentils hommes. Le capitaine nous dit : Soyez spectateurs attentifs de ce qu'elle fait. Vous, en votre royaume, avez quelques rois, lesquels fantasiquement guérissent certaines maladies, comme scrophule, mal sacré, fièvre quarte, par seule opposition des mains, mais cette reine notre de toutes maladies guérit sans y toucher, seulement leur sonnant une chanson selon la compétence du mal. Puis nous montra les orgues, desquelles sonnant, faisait ses admirables guérisons. Ces orgues étaient bien étranges, car les tuyaux étaient de casse en canon, le sommier de gaïac, les marchettes de rhubarbe, le suppied de turbith, le clavier de scammonée. »

Si scammonée, turbith, rhubarbe, gaïac et casse sont ainsi figurés comme matériaux de l'orgue dont les airs guérissent les maladies, cela revient à dire tout simplement que, pour faire de la pharmacie, ce n'est pas un monarque qu'il faut, c'est un pharmacien.

Peut-être n'est-il pas inutile de noter ici un détail important qu'enregistra mon ami Chereau, déjà nommé : « Quand le toucher des écrouelles avait lieu à l'occasion du sacre, le roi allait entendre la messe à Saint-Marcoul, chapelle située à peu de distance de Reims ; mais, à une date incertaine, on trouva plus simple de faire transporter à Reims la châsse et les reliques du saint ».

Dans ses confessions professionnelles, intitulées le *Médecin de Campagne*, l'excellent Munaret, qui ne manquait pas de piété, a naïvement écrit : « La royale prérogative de guérir les écrouelleux par le toucher a été retirée à l'homme couronné ; il n'y a plus que saint Marcoul, de qui nos monarques tenaient ce don surnaturel, qui continue à en user dans la banlieue de Corbey, diocèse de Laon ».

A tout auditeur qui verrait dans ces commentaires une attaque contre la religion, j'affirme que, ayant le plus profond respect pour toutes les convictions sincères, je serais désolé d'en avoir blessé une seule parce que j'ai ri, avec Rabelais, de la ceinture de sainte Marguerite, des jarretières de sainte Honorine ou de quelques autres capharderies.

J'ai pensé qu'on pouvait, à l'aurore du xxe siècle, secouer les préjugés d'antan, sans scandaliser les gens d'esprit; j'ai cru faire œuvre morale et œuvre médicale en paraphrasant, à propos de *Gargantua* et de *Pantagruel*, ces belles pensées de Dupuis:

« Sommes-nous malades, ce n'est point dans les temples, ni au pied des autels, que nous devons chercher des secours; c'est à l'art de la médecine à nous les procurer. Si les médecins sont impuissants, les prêtres le seront encore plus. La confiance que l'on a aux secours qu'offre la religion a cet inconvénient qu'elle nous rend moins actifs dans les recherches des remèdes, qu'elle nous jette dans une sécurité funeste, et que l'espoir dans les secours qu'envoie le ciel nous prive souvent de ceux que nous présente la terre. »

Ici finit ma conférence — ou ma compilation — sur ou à côté de Rabelais-médecin. Que ceux qui l'ont trouvée trop médicale me pardonnent, comme me pardonneront ceux qui pensent qu'elle ne l'a pas été assez à leur gré. Que tous acceptent mes remerciements bien sincères pour la patience avec laquelle ils ont daigné m'écouter.

M. le Dr E.-T. HAMY

Membre de l'Institut, vice-Président de l'Association.

LABOUREURS ET PASTEURS BERBÈRES
TRADITIONS ET SURVIVANCES

— *15 mars* —

L'ethnographie, dans le sens moderne et restreint qu'il faut attacher à ce terme, est cette partie de l'anthropologie qui est consacrée à l'étude spéciale des *manifestations matérielles* de l'activité humaine, considérées dans les diverses races anciennes et actuelles. L'ethnographe a donc pour tâche particulière de recueillir, de comparer, de classer les observations de cet ordre qui peuvent servir à mieux connaître la vie des groupes ethniques, en s'attachant cependant d'une manière plus attentive à celles qui jettent quelque jour sur l'origine, les relations de parenté et les mouvements des peuples.

Il est à peine besoin de dire que ce seront les plus sauvages, les plus barbares, qui fourniront à son enquête les matériaux du plus haut intérêt. Telle peuplade, qui occupe le bas de l'échelle sociale, reproduira sous ses yeux les scènes *traditionnelles* d'une humanité primitive, ignorante des métaux ; telle autre, plus avancée, accusera néanmoins encore, par de singulières *survivances*, certains états sociaux extraordinairement antiques.

Les premières étapes des grandes civilisations se retrouveront ainsi peu à peu, grâce à l'analyse de ces *phénomènes actuels* et les indications précises fournies par les traditions, par les survivances ethniques, seront appelées à suppléer, en bien des cas, à l'insuffisance des monuments figurés ou écrits de l'archéologie et de l'histoire.

I

L'importance de ces études communes, et pour ainsi dire convergentes, ne se manifeste nulle part avec plus de décision, que dans les vastes territoires occupés par les peuples dits *berbères*, le long des côtes méridionales de la Méditerranée. Au milieu des vicissitudes d'une histoire particulièrement dramatique, luttant avec une indomptable énergie pour leur indépendance, ballottées par le flot des invasions d'un bout à l'autre de l'Atlas, les tribus berbères ont néanmoins conservé une grande partie de leur originalité, et l'on retrouve chez elles, encore aujourd'hui, sans trop de peine, les éléments d'une reconstitution d'autant plus instructive, que ce n'est pas seulement l'aspect ancien, d'ailleurs si mal connu, des Berbères eux-mêmes, qui nous est ainsi rendu, mais encore et surtout la physionomie générale des premiers agriculteurs et des premiers pasteurs de notre Europe occidentale tout entière, saisie dans quelques-unes de ses expressions les plus caractéristiques.

Je me suis trouvé naguère dans des conditions exceptionnellement favorables pour ébaucher l'étude ethnographique de quelques-unes de ces agglomérations rurales, pendant un séjour dans le grand domaine de Dar-bel-Ouar, avec un collègue de mission, ingénieur et géologue et un interprète volontaire, versé tout à la fois dans l'arabe et le zenatia. Et je vais résumer de mon mieux les faits les plus frappants qu'il m'a été donné de recueillir ainsi, en compagnie de MM. de la Croix et Juving, chez des cultivateurs et des bergers, aux habitudes exceptionnellement archaïques.

A peine modifiés dans leur type essentiel par quelques croisements arabes, ces paysans parlent pourtant à peu près la langue du vainqueur, mélangée seulement d'un peu de zenatia et de quelques mots de *sabir;* l'interprète qui me donne son concours saisit d'ailleurs les moindres nuances de ce dialecte populaire.

Les indigènes nous montrent le matériel agricole très simple qu'ils s'obstinent à employer, et nous en expliquent brièvement la mise en œuvre ; c'est, nous allons le constater ensemble, une sorte de commentaire perpétuel des récits antiques.

Après les pluies, ils ont hâtivement donné aux terres les mieux arrosées, un premier labour appelé *maïali.*

L'araire employée à cet usage est une des plus primitives qui se puisse voir. Le célèbre voyageur botaniste et agronome, Louiche-Desfontaines, professeur du Muséum, a, le premier, décrit cet appareil avec quelques détails, au cours de son exploration de quatre années (1782 à 1785), dans la régence de Tunis :

« La charrue que l'on emploie, dit-il, est fort différente des nôtres ; elle n'a point de roues et elle est composée de cinq pièces principales. Un seul morceau,

    CONFÉRENCES

coudé presque à angle droit, en forme le corps ; la branche postérieure qui
sert de manche, est simple, la partie inférieure est destinée à recevoir le soc ;

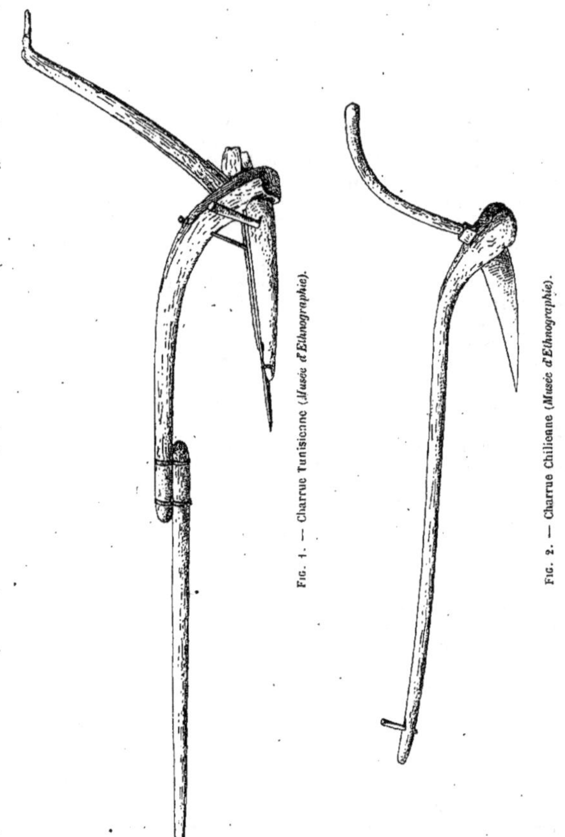

le timon est légèrement convexe, fendu à son extrémité inférieure qui va s'in-
sérer dans l'angle du corps de la charrue, où il est fixé par un gros coin de
bois ; il est percé, vers sa partie antérieure, de quatre trous où l'on implante la
cheville sur laquelle agit l'effort des bœufs. Selon que l'on avance ou qu'on
recule cette cheville, la charrue laboure plus ou moins profondément.

» Le soc est la troisième pièce principale; obtus, convexe, plus petit que celui de nos charrues, il a la forme d'une large truelle. J'en ai vu, dans quelques cantons, qui ressemblaient à des coins.

» Enfin, la quatrième et la cinquième pièces consistent en deux morceaux de bois placés ordinairement à angle aigu, de chaque côté de la partie inférieure du corps de la charrue. Ils servent à renverser, à droite et à gauche, la terre que le soc a divisée. »

« Cette charrue, continue Desfontaines, qui l'a vue à l'œuvre, est moins avantageuse que les nôtres ; elle ne fait pour ainsi dire qu'effleurer la terre et je doute qu'elle laboure à plus de cinq à six doigts de profondeur. A chaque tour elle trace deux demi-sillons et dans le milieu de chacun il reste toujours une langue de terre qui n'est pas divisée (1). »

Telle que l'a observée le botaniste agronome expérimenté que je viens de vous citer, l'araire berbère n'est pourtant pas encore le type le plus simple, le plus élémentaire dont j'ai pu fixer les détails. Je me suis procuré, pour le Musée d'Ethnographie, d'autres spécimens tunisiens plus primitifs encore et plus voisins, vous allez le voir, de ce que fut le premier des instruments de labour.

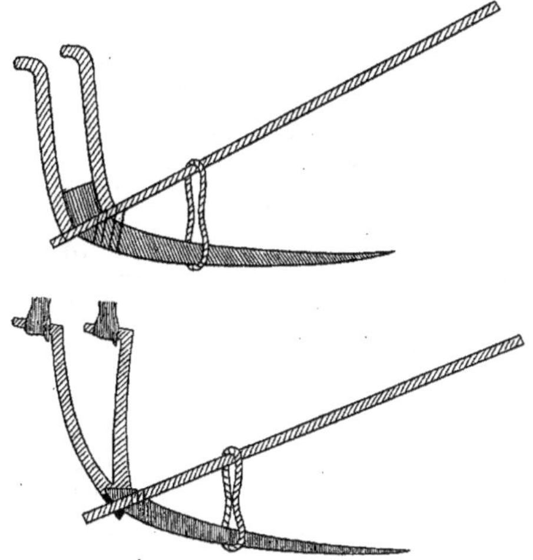

Fig. 3 et 4. — Araires égyptiennes à double mancheron (d'après Rosselini).

Cette araire simplifiée est, en effet, dépourvue des *joues* ou *oreilles* (l'un et l'autre se disent) qui servent de *verseur*, en même temps que le *régulateur* dont parle Desfontaines lui fait absolument défaut. Il reste donc *trois pièces seulement*

(1) Cf. *Nouv. Ann. des Voyages*, 1830, t. III, p. 328.

disposées dans un même plan vertical : l'*âge* ou *flèche*; qui s'articule en avant avec le joug, le *sep* ou *dentale*, inséré au-dessous à 40' ou 50° et terminé par un petit soc ou vomer engagé par une soie et rattaché par une courroie; enfin, le *man-cheron* qui aboutit à une poignée ramenée en arrière *(fig. 1)*.

Le *dentale* ne dépasse guère 60 centimètres et son armature de fer en mesure seulement 27 en dehors du bois. C'est bien là ce petit *vomer;* ce petit *dentale* dont nous parle Celse, *censet exiguis vomeribus et dentalibus terram subigere,* et que Colùmelle estimait convenir particulièrement à l'Égypte et à la Numidie.

Toutefois, le laboureur égyptien représenté dans les tombeaux de l'Ancien Empire, à Säkkara, par exemple, s'appuie des deux mains sur un mancheron dédoublé. Il produisait aussi un travail à la fois plus intense et mieux réglé *(fig. 3 et 4.)*

Girard a encore assisté, en l'an VII, au fonctionnement de la charrue *à deux montants,* qu'il a décrite dans sa curieuse *Notice sur l'Aménagement et le Produit dès terres de la province de Damiette* (1).

Toutes les autres araires antiques, toutes les araires modernes qui en sont déri-vées, ont un seul et unique mancheron, et, comme je l'ai déjà fait remarquer un peu plus haut, l'appareil tout entier est dans un seul et même plan vertical...

Les hommes des anciens âges, qui, après avoir découvert les propriétés ali-mentaires de certaines plantes, ont su comprendre les premiers la puissance germinative de la graine, et qu'on honorait sous les noms de Triptolème, de Buzygès, etc., ont dû s'appliquer à découvrir une manière pratique de confier ce précieux dépôt à la terre nourricière.

La méthode la plus simple, mais aussi la plus longue et la plus pénible, nous est révélée par l'examen des plantations de *dourah* de la Haute Égypte, telles que Girard les a vu faire encore en l'an VII de la République. Les fellahs, dont il suivait les travaux, avaient divisé leurs champs en un certain nombre de planches, dressées à l'aide d'une sorte de rabot, la *maçougha,* et séparées par de petites banquettes destinées à retenir l'eau. Et, dans chacun de ces quadrila-tères, ils creusaient avec leur pioche de bois 60 à 80 fossettes de quatre doigts de profondeur, qui recevaient le grain (2).

Cette pratique, toute primitive, est fréquemment le sujet de peintures plus ou moins détaillées, dans les hypo-gées de l'Ancien Empire égyptien *(fig. 5)*; l'emploi du pic de bois s'y associe fréquemment à celui de l'*araire* proprement dite : l'idée d'ou-vrir un sillon s'était donc déjà pré-sentée à l'esprit des agriculteurs dès cette haute antiquité.

Fig. 5. — Pioche en bois des anciens Égyptiens
(d'après Rosellini).

Une branche d'arbre, convenable-ment coupée au voisinage d'une bifurcation, sorte de fourche à deux dents inégales, fut certainement la pre-mière de toutes les araires. Une corde s'attachait à l'extrémité d'une des dents,

(1) *Décad. Égypt.,* 1ᵉʳ trim., an VII, T. I, p. 236.
(2) Girard. *Mémoire sur l'Agriculture et le Commerce de la Haute Égypte* (Déc. Égypt. t. III, p 27.)

que tiraient la femme ou l'esclave, et, plus tard, les bêtes de somme. La seconde dent, durcie au feu et appointie, était dirigée vers la terre par le conducteur, qui tenait en mains la branche elle-même, et appuyait de son mieux sur le sol.

Age, soc et mancheron, toute l'araire antique se retrouve donc dans ce morceau de bois à trois pointes qui n'est autre que le pic primitif retourné et que Volney, ne l'oublions pas, rencontrait encore en usage en quelque coin perdu de la Syrie, à la fin du XVIIIe siècle (1). Il est vrai que ce n'étaient plus des êtres humains qui tendaient la corde. Mais Costaz, décrivant, en l'an VIII, les peintures d'Elythia, a cité un exemple de « charrue tirée par quatre hommes attelés deux à deux » (2); et tout récemment on nous montrait, à l'exposition de Prague, le modèle d'une araire de montagne des plus primitives de Krkonosich (Bohême), que trois vigoureuses paysannes mettaient non sans peine en mouvement.

Cette branche coupée, tour à tour pic ou araire, c'est presque l'engin que porte à l'épaule, sur certaines urnes cinéraires, le héros athénien qui assommait les Barbares à Marathon. Il était inconnu de tous et il disparut après la bataille, et l'oracle consulté, dit Pausanias, ordonna d'honorer ce guerrier d'un culte particulier, sous le nom de ἥρως ἐχετλαιός, *le héros au mancheron* (ἐχέτλη). Il faut changer peu de chose à cet instrument *héroïque* pour en faire la charrue simple dont nous parle Hésiode, αὐτόγυον ἄροτρον, et dont quelques objets antiques, tels que la pierre gravée de Florence, nous ont conservé le profil (3).

On utilisait dès lors, le plus souvent, chez les Grecs, la *charrue composée* d'Hésiode, (πηκτόν ἄροτρον) toute semblable à la charrue berbère à trois pièces que je décrivais ci-dessus. On y distinguait γύης, l'*age* qu'Hésiode recommandait de faire en bois d'yeuse et qui se continuait par le timon, ἱστοβοεύς; ἔλυμα, *le sep*, qu'on taillait dans du chêne et auquel on fixait le soc, ὔννη; enfin ἐχέτλη, *le manche* ou mancheron, avec poignée, χειρολάβης, parfois indépendante (4).

La forme la plus antique de cette araire serait représentée dans le groupe du Louvre provenant de Tanagra et publié par M. Jules Martha dans le dix-septième volume du *Bulletin de correspondance hellénique* (5).

C'est une scène de labourage qui remonterait, suivant le savant commentateur, au VIIe siècle avant notre ère.

Cette présomption d'archaïsme se tire des procédés de modelage au pastillé, et surtout de la peinture d'un ton inégal, brunâtre, appliquée directement au pinceau sur l'argile et soumise avec elle à la cuisson du four.

Deux bêtes grossières tirent une araire que guide un paysan modelé à grands coups de pouce : on reconnaît aisément l'ἔλυμα dont l'extrémité s'emboîte dans un soc cordiforme ; l'ἐχέτλη, surmonté d'une poignée horizontale, χειρολαβής, sur laquelle le laboureur pèse de la main ; l'age ; le timon ; enfin le joug avec la cheville qui le fixe au timon.

L'instrument que l'on vient de décrire était répandu dans tout le vieux monde occidental, de la Grèce à la péninsule hispanique, et il s'est si bien con-

<hr>

(1). *Voy.* t. II, p. 378, 1787.

(2) Costaz: *Mémoire sur les restes de la ville d'Eletihius, dans la Thébaïde, et sur les procédés de l'Agriculture et de quelques autres Arts de première nécessité chez les anciens Égyptiens.* (*Déc. Égypt.*, t. III, p. 110.)

(3) Dans cette variété de la charrue antique, le soc et le manche sont tous deux formés des prolongements naturels de la pièce de bois qui constitue tout à la fois l'age et le timon :

(4) Cf. Saglio, v° *Aratrum*.

(5) J. Martha. *Paysan à la charrue, figurine béotienne en terre cuite* (*Bull. de correspond. helléniq.*, 1893, t. XVII, pp. 80-84, pl. I).

servé en certains points de ce dernier pays que les émigrants qui allaient
peupler au xvie siècle les contrées lointaines nouvellement soumises à l'Espagne,
y ont porté cet engin de labour sous sa forme la plus primitive.

Les métis hispano-indiens du Chili méridional emploient, de nos jours, une
araire de bois de trois pièces *(fig. 2)* armée de la dent de bois durci au feu, soc
et sep tout ensemble, qu'ont décrit Columelle et Varron, et qui suffit au travail d'une terre légère, préalablement nettoyée par un incendie méthodique.

Chez nos Berbères, auxquels il me faut revenir après cette longue digression,
le soc est toujours une pièce de fer mobile de dimension plutôt réduite, tantôt
simple barrette toute droite, tantôt lame aplatie se terminant en douille. Le

FIG. 6. — Groupe en terre cuite de Tanagra, représentant le labourage antique (*Musée du Louvre*).

laboureur ne s'en sépare jamais ; s'il est contraint de laisser sa charrue dans
le champ qu'il défonce, il démonte rapidement le soc et l'emporte dans sa
blouse...

A une certaine époque, probablement fort ancienne, le soc, aujourd'hui
métallique, était représenté par une pierre de même forme et de même proportion ; du moins trouve-t-on quelquefois, en Berbérie, des pierres qui ressemblent à des socs. Le musée d'ethnographie possède un spécimen de cet usten-
sile en pierre demi-polie, recueilli naguère par Largeau dans le sud algérien.
J'ajouterai que MM. H. et L. Siret, auxquels nous devons tant de précieux renseignements sur l'Espagne aux temps préhistoriques, considèrent aussi, comme
des socs, certains gros couteaux de silex, retouchés à petits coups et polis
partiellement, qu'ils ont découverts dans leurs fouilles de Murcie et d'Almérie.

Au soc de pierre a succédé le soc de bronze, usité notamment chez les
Étrusques et certains Italiotes. Le fer a remplacé à son tour le bronze, et il
a gardé les mêmes formes primitives en Gaule qu'en Berbérie, lame plate en
Auvergne *(fig. 7)* comme dans l'Enfida, douille en flèche dans l'Allier comme en
Grande Kabylie.

Les araires de nos Berbères de Tunisie et d'Algérie sont tirées le plus souvent par une paire de bœufs, très largement attelés, au lieu d'être serrés l'un contre l'autre comme dans nos provinces du centre. Le joug de bois qui les assujettit est grossièrement équarri, un peu arqué et échancré au niveau des colliers. Un coussin de paille nattée protège l'encolure et deux clavettes plates, chevillées de bois (car partout on économise autant que possible le métal) descendent de chaque côté de l'échancrure vers les épaules.

C'est, à peu de chose près, l'attelage qui défile, avec une majestueuse lenteur, dans les vieux bas-reliefs de Thèbes et de Memphis.

Labourée une seconde fois, si l'on doit semer du froment (on ne donne qu'un travail pour l'orge), ensemencée, foulée quelquefois, sarclée aussi, la terre s'est couverte d'épis et voici venir la récolte. Les moissonneurs, légèrement vétus de leurs blouses de coton clair serrées à la taille par un tablier rougeâtre en peau de chèvre tannée, la main droite en partie protégée par un doigtier de cuir *(digitalia)*, vont couper les épis avec une faucille de fer d'un type assez particulier. La lame de cette faucille berbère, comme celle de la faucille antique des moissonneurs de l'Asie antérieure, prolonge d'abord le manche, suivant une droite de 8 à 9 centimètres, puis se recourbe pour décrire un arc de cercle de même longueur plus accentué vers la pointe. Cette dernière partie est la seule qui agisse dans le sciage du blé.

C'est la faucille que Paul Lucas a signalée dès le commencement du dernier siècle à Bourgara, près de Chourlou. C'est celle des moissonneurs égyptiens, des

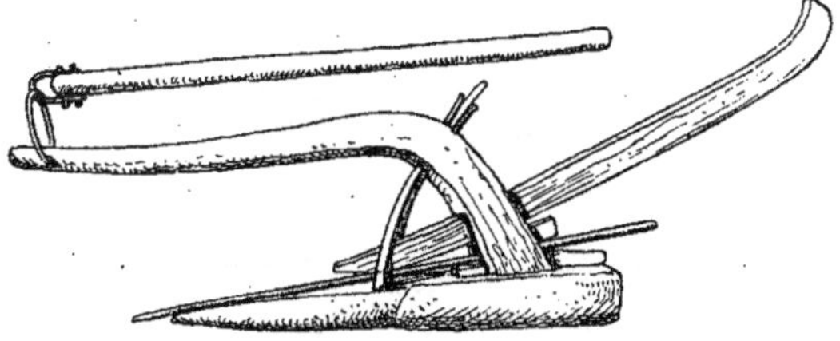

Fig. 7. — Araire d'Auvergne *(Mus. d'ethnograph.)*.

nécropoles de l'Ancien Empire au voisinage de Memphis : c'est celle enfin que Girard a vue, coupant le dourah dans la Haute Égypte (1), « plus petite et moins courbée que celle de France ». Le type primitif de cet outil est la pièce trouvée par M. Flinders Petrie à Kahoun, et décrite dans son curieux ouvrage de 1890 (2). L'instrument est formé de deux parties, un manche de bois terminé par une sorte de talon aplati, une lame aussi de bois, insérée presque à angle droit sur ce manche. Cette lame, un peu courbée et de plus en plus étroite, rappelle assez exactement une mâchoire de bœuf et, pour compléter la ressemblance, de longs silex, finement denticulés, sont insérés dans la courbure interne, correspondant aux alvéoles dentaires. Il semble hors de doute que le

(1) *Décad. égypt.*, t. III, p. 27.
(2). Flinders Petrie. *Kahun, Garob and Hawara*. London 1890, in-4°, p. 29, pl. IX.— Cf. *Id. Naquda and Ballas*. London 1896, in-4°, pp. 50-56, pl. LXXI.

moissonneur primitif ait utilisé tout d'abord le maxillaire inférieur du bœuf (1), dont il a remplacé peu à peu les molaires par des pierres taillées, puis par des

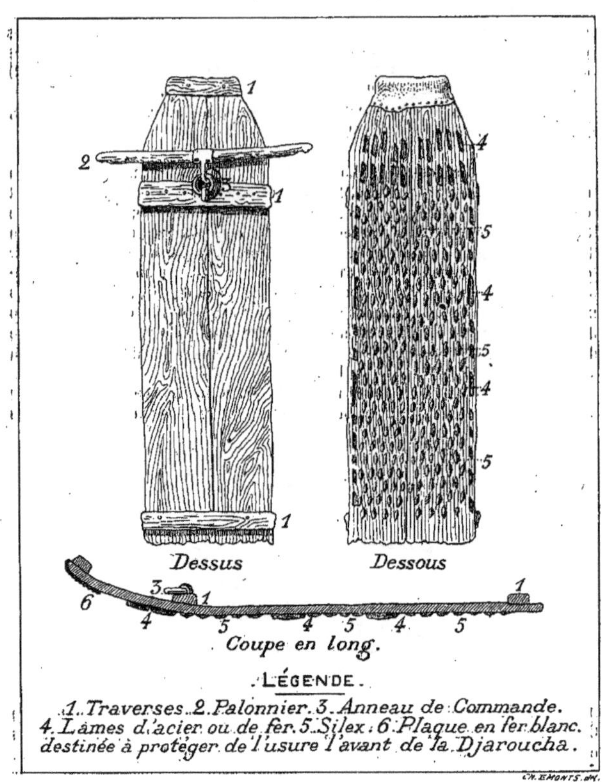

FIG. 8. — La Djaroucha de Medjez-el-Bab.

pièces de métal, *ligneum incurvum batillum in quo sit extremo serrula ferrea*, suivant l'expression de Varron (2).

M. Spurrel a essayé de couper à la façon des anciens Égyptiens, c'est-à-dire

(1) C'est ce qui explique comment le mot *mâchoire* est représenté, ainsi que l'observe M. Maspéro, dans les hiéroglyphes, par une paire de faucilles simples ou dentelées.
(2) Varron l. l.

environ à un pied et demi du sol, avec une faucille copiée sur celle de Kahoun ;
il y a fort bien réussi.

Les épis, ainsi détachés vers le tiers de la hauteur des tiges, sont liés par
poignées et transportés, dit Desfontaines, « près du lieu où l'on a le dessein d'en
faire sortir le grain ».

« Après les avoir étendus sur l'aire, comme en Europe, on fait passer dessus
les bêtes de charge à diverses reprises » ; mais on emploie plutôt pour le même
objet, continue notre voyageur, « une sorte de table faite de deux ou trois
planches unies ensemble et dont la surface inférieure est parsemée de clous, de
lames de fer et de petites pierres tranchantes. On la fait traîner sur le blé par
des mules, des bœufs ou autres bêtes de charge. »

Cette table, ainsi sommairement décrite par Louiche-Desfontaines, est la
djaroucha, ou *garocha*, appareil à dépiquer, employé dans presque toutes les
contrées occidentales au commencement de notre ère, et qu'on ne trouve plus
en usage aujourd'hui qu'aux Canaries, en Tunisie, en Syrie, en Anatolie et dans
une partie de la péninsule des Balkans. Varron en a brièvement parlé, comme
d'un engin agricole d'usage tout à fait courant de son temps : *Id 'fit e tabula
lapidibus aut ferro asperata.* « Il est fait d'une table hérissée de pierres ou de
fer. »

La figure ci-jointe, dessinée d'après nature dans les bureaux du contrôle de
Souk-el-Arba, nous montre le type de la *djaroucha* la plus répandue. Elle se
compose, comme l'on voit, de deux planches de sapin longues de 1ᵐ,65, larges
ensemble de 0ᵐ,55, assemblées par 3 traverses, et quelque peu recourbées à une
de leurs extrémités, qui est munie d'une plaque de renforcement en fer blanc.
La première traverse est munie d'un anneau auquel s'attache le palonnier.

La face inférieure est armée de lames de fer et de nodules siliceux ; les
lames, *amouass*, forment en avant deux rangées irrégulières et 26 autres
lames s'alignent sur les deux côtés de la planche, dont tout le centre est occupé
par 24 rangées de silex grossièrement taillés, insérées dans des trous de forme
quadrilatère disposés en quinconces à peu près symétriques (1).

Les dimensions en longueur de la *djaroucha* varient de 1ᵐ,65 (Souk-el-Arba)
à 2ᵐ,20 (Sousse) ; la largeur est de 0ᵐ,55 à 0ᵐ,70 pour l'extrémité postérieure,
de 0ᵐ,30 à 0ᵐ,55 pour l'antérieure, toujours quelque peu rétrécie.

Le nombre des lames de fer va de 13 (Beja) à 40 (Monastir) et 44 (Souk-el-
Arba) ; le plus habituellement il est de 22. Ces lames métalliques, qui ont toujours
à peu près la même forme, celle d'un couteau replié sur son manche, affectent,
par rapport aux pierres, quatre dispositions différentes. Ou bien elles forment
en avant une rangée unique (Tabarka) ou bien elles sont distribuées en avant
et sur les côtés : en avant sur un rang de 8 (Thala), ou deux rangs de 40
(Medjez-el-Bab) à 18 (Maktar) ; sur les côtés, en files de 4 (Kairouan) à 8 (Djemmal) ;
ou encore on les rencontre, comme à Grombalia, presque toutes en avant,
2 seulement restant en arrière ; ou, enfin, on les trouve enfermant de tous côtés
les pointes de pierre, à Thala, par exemple, ou à Teboursouk.

Les pierres, dont le nombre peut s'élever jusqu'à 320, sont le plus souvent
des silex, parfois des calcaires siliceux, parfois aussi des quartz. On connaît

(1) Cf. E.-H. Giglioli. *La Trebbiatrice guernita di pietre in uso presso alcune tribù berbera nella
Tunisia (Archivio per la Antrop. e la Ethnol.*, t. 00, p. 53-56, 189).

même, dans le caïdat de Mahdia, des appareils garnis tout simplement de poteries cassées (1).

Le général Loysel a vu le même engin, portant de petits cubes de limonite, fonctionner à Ténériffe (1862).

Sir John Evans en cite un autre, le *trilho*, garni de roches volcaniques, employé à Madère (1872).

FIG. 9 à 11. — Fourche, râteau et pelle en bois des agriculteurs Tunisiens.

La *dougani* des Albanais, la *devenne* des Raias d'Anatolie, l'άλωνίστρα des Grecs modernes, forment une seconde famille de dépiquoirs, qui diffèrent seulement de notre *djaroucha* par l'absence de lames de fer. Ce n'est pas ici le lieu d'étudier ces appareils en détail, il me suffit d'en signaler l'existence et de constater leur expansion dans une partie de l'Asie antérieure et de l'Europe orientale. On les a trouvés, en effet, à Jaffa (Lortet) et à Alep (sir John Evans), à Beiramitch (Fellows) et à Adabazar (J. Dybowski), aux bords de la mer de Marmara (Paul Lucas), en Caramanie (Giglioli), enfin en Grèce, en Thessalie, en Thrace et dans les pays du Danube, le long de la mer Noire (Burnouf) (2).

Tous ces instruments agricoles sont des plus économiques. La *djaroucha*, notamment, ne coûte que 8 à 12 francs à Bizerte, 10 francs à Tunis même, et les exemplaires les plus soignés, à Mahdia ou au Kef, ne dépassent jamais 25 francs. On fait, avec ce dépiquoir primitif, d'assez bonne besogne, et il ne reste dans le chaume que ce qu'on veut bien y laisser, un peu de grain réservé par l'usage aux glaneuses.

Le grain détaché de l'épi est soulevé à contre-vent, suivant l'usage antique (3), à l'aide d'une grande pelle carrée de bois (*fig. 11*), et on l'amasse, ainsi nettoyé, vers le centre de l'aire, tandis qu'avec des fourches et des râteaux aussi de bois (*fig. 9 et 10*) l'on se débarrasse des épis vides. Il ne reste plus alors qu'à emmagasiner le grain dans les *silos*, qui ne sont autres que les σειροί, ces greniers souterrains, que mentionnent Pline et Varron, et dont Shaw a laissé

(1) Ces renseignements, si précis sur la *djaroucha*, aussi bien que ceux qui vont suivre sur la *carreta*, ont été recueillis dans une enquête spéciale que M. Dybowski, alors directeur de l'agriculture et du commerce à Tunis, a bien voulu instituer à ma demande. Qu'il reçoive ici tous mes remerciements !

(2) Cf. *Compte rend. Acad. Inscrip. et Belles-Lettres*, 1872, pass. — E.-H. Giglioli. *La Trebbiatrice guernita di selci taglienti... tuttora in uso à Cipro, nel S.-E. dell' Europa, in Asia Minore e nell' Africa Boreale* (*Archiv. per l'Antrop.*, vol. XXIII, pp. 58-64, tav. I. 1893), etc.

(3) C'est pour faciliter cette opération que l'on établissait l'aire *in agro, sublimiore loco*, que le vent pût bien balayer, *quam perflare possit ventus* (Varron).

une notice plus détaillée sous le nom de *mattamores* (1). La paille, toute hachée, se donne aux bestiaux, qui s'en montrent fort avides.

Dans quelques parties de la Tunisie centrale, et notamment dans les contrôles civils de Kairouan et de Sfax, et vers Mahdia, dans le contrôle de Sousse, on emploie, pour le dépiquage de l'orge, un autre appareil, fort différent de la *djaroucha* et que l'on nomme, en *sabir*, *carreta*. Il se compose d'un cadre de bois long de 1^m,50 et large de 0^m,80, traversé par trois tiges de même matière, qui portent enfilés onze disques de fer, denticulés, de 25 à 35 centimètres de diamètre, disposés sur trois rangs alternes, de quatre, trois et encore quatre, et sur

FIG. 12. — La *carreta* (*plaustellum punicum*).

lesquels roule l'instrument comme sur autant de roulettes. Une sorte de caisson de brouette surmonte l'appareil et loge le conducteur ; un gros anneau de fer attaché à l'avant sert à atteler la pièce.

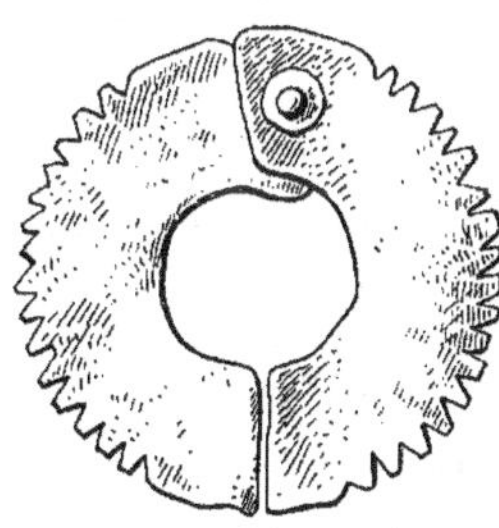

FIG. 13. — Orbicule de la *carreta*
(*Mus. d'ethnogr.*)

J'ai montré, dans une récente communication à l'Académie des Inscriptions et Belles-Lettres (2) que c'est exactement le *chariot à la Carthaginoise*, décrit en quelques mots par Varron, avec ses ais et ses orbicules dentés, *assibus, dentatis cum orbiculis, quod vocant plostellum pœnicum*, son conducteur assis et ses bêtes de trait. Varron avait vu cet appareil en fonction dans l'Espagne citérieure, quand il commandait de ce côté les troupes de Pompée, l'an 705 de Rome : c'était sans doute quelque colonie envoyée par Carthage, qui avait développé sur place l'emploi de cet engin industrieux, qui s'est conservé dans trois des contrôles de la Régence, et dont l'Égypte moderne possède encore l'équivalent, le *noreg*, vu par Costaz et par Girard dans la Haute Égypte en l'an VIII (3), et dont Wilkinson a donné bien plus tard la figure et la description (4).

(1) Th. Shaw. *Travels and Observations relating to several Posts of Barbary and Levant*. Oxford, 1738, in-folio).

(2) E.-T. Hamy. Notes sur le *plaustellum pœnicum* (*Compt. rend. Acad. Inscript.*, 1900, p. 22).

(3) *Décad. Égypt.*, t. III, pp. 46, 110.

(4) Wilkinson. *Manners and Customs of the ancient Egyptians*, vol. II, p. 190, and 2d ser., vol. I, p. 94. — Cf. S. B. Wetzstern. *Die Syrische Dreschtafel*. (*Zeitschr. für Ethnolog.* Bd. V., S. 272 à 280 Berlin, 1872.)

II

J'aurais bien des choses encore à vous dire sur l'agriculture des Berbères et sur les industries qui s'y rattachent. Mais le temps nous presse et j'ai hâte d'aborder l'étude des mœurs pastorales des tribus de la Tunisie Centrale sur lesquelles je possède des documents vraiment originaux et tout à fait curieux.

Cette organisation est beaucoup plus compliquée qu'on pourrait le croire au premier abord. D'une part, en effet, le propriétaire est représenté par un agent spécial, le *caïd el azib*, qui marche en avant, règle tout ce qui concerne le pâturage et rend compte, à des intervalles périodiques, de l'état de chacun des troupeaux dont il dirige et surveille la transhumance. D'autre part, les bergers, qui sont aussi propriétaires pour une certaine part des animaux qu'ils conduisent, ont des délégués qui prennent les titres de *chefs des bergers*, de *rois des bergeries*.

Il y avait au Dar-bel-Ouar, deux de ces chefs, élus par les trente-deux bergers, employés alors par la Compagnie franco-africaine. Quand au *caïd el azib*, c'était un grand et solide gaillard, du nom de Salah el Maël, de ce type particulier à certains groupes berbères des montagnes de l'Atlas, haute taille, peau claire, cheveux d'un blond roussâtre, barbe rouge et yeux bleus. Coiffé du large chapeau de paille orné d'appliques de cuir, vêtu d'un ample burnous de laine blanche et chaussé de bottes rouges, il marchait d'un pas allongé, s'appuyant sur une forte canne à tête de massue.

C'était l'époque de la tonte et les troupeaux s'étaient concentrés autour de la résidence. Chaque matin, plusieurs bergers venaient présenter leurs bêtes, et tandis qu'on procédait à l'opération de la tonte, à l'aide de grandes cisailles d'une forme archaïque, à lames lozangiques, montées sur de grosses poignées courbes revêtues de cuir, le *caïd el azib* établissait de son mieux la *comptabilité* qu'il devait remettre le soir à l'agence de la Compagnie. Or, ce brave homme était tout à fait illettré, et il ne possédait d'autre moyen de tenir ses comptes qu'une certaine figuration de son invention, d'un caractère d'ailleurs assez particulier. C'était une sorte de *pictographie* pittoresque et grossière, qu'il étalait sur les feuilles du livret de l'agence, tracée péniblement avec un bout de crayon.

On va voir que la méthode que Salah el Maël se vante d'avoir trouvée tout seul et dont il se montre très fier, est une méthode commune à bien des illettrés qui l'ont imaginée isolément, sans qu'on puisse établir aucun lien entre leurs inventions d'origines fort diverses, mais d'ailleurs, semblables les unes aux autres.

Par exemple, M. Landrin a publié dans ma *Revue d'Ethnographie*, en 1882, plusieurs pages de deux livrets de métayage breton, offerts par un médecin de Concarneau au Musée du Trocadéro et dont la comptabilité figurée offre des analogies évidentes avec celles de notre caïd. Des documents de même nature se sont aussi rencontrés en Espagne et jusqu'au Mexique, où l'émigration les a transportés (1).

Les signes abréviatifs espagnols et bretons se rapportent aux divers éléments monétaires, juxtaposés ou non à la figure élémentaire de l'objet dont ils repré-

(1) Ch. Taylor. *Anahuac*, p. 87.

sentent le prix. Salah el Maël figure numériquement par des signes conventionnels les têtes de bétail dont il a la charge, et la figure placée à côté de ces signes désigne celui des bergers, dont ces animaux dépendent.

Hassan l'Akebi et Hassan el Naïl sont pour l'instant les *rois des bergeries*, et le *caïd el azib* distingue l'un et l'autre, dans son livret, par la hampe d'un drapeau en donnant au premier les jambes arquées, au second la claudication qui de loin les font reconnaître.

Dans la troupe incohérente que le hasard a groupée sous leur houlette, figure au premier rang le formidable Amor ben Hassin, un colosse énorme et velu, connu dans la contrée sous le nom de *Forza-bezef* et que la grosseur de ses jointures a fait surnommer par ses camarades *bou Khaïb*, le *père des genoux*. Notre caïd s'est étudié à rendre cette noirceur, cette musculature, et l'exagération des mains, des pieds et des rotules dans un dessin naïvement barbouillé qui s'étale sur la moitié d'une page et pour l'achèvement duquel il a réclamé de l'agent un crayon neuf, à cause, disait-il, « de l'abondance de la matière ». La tête, le ventre et les genoux sont des disques concentriquement crayonnés ; les mains étalées ressemblent à des pattes de grenouille, et les pieds, aux vastes talons, rappellent ceux de l'ours.

Hassan ben Fredj est aussi un solide gaillard, mais ce sont surtout les bras qui sont volumineux, et le caïd les représente par un double contour ombré. Abdallah ben Ahmed, de la tribu des Nefate, est, au contraire, long et sec, et sa tête est fort petite ; notre artiste primitif lui donne l'aspect d'une ligne allongée surmontée d'un simple point. Cet autre, un Trabelsi, Brahim ben Abdallah, également mince et léger, se distinguera du précédent par la crosse du bâton pastoral dont il ne se sépare jamais.

Mohammed porte un harem brun attaché très bas sur les hanches, Salah bel Fizzi, fort petit, est vêtu d'un pagne gris très clair, Salem ben Mansour a un faible pour le gland de sa chechia, toujours touffu et bien peigné, M'hamed ben Moulah a perdu l'avant-bras gauche d'un coup de feu, Salah l'Acar est estropié du même côté, Allera ben Ahmed est borgne et gaucher, Mohamed ben Leffi se plaint souvent du ventre. Le vieil Ali bel Hadj porte une large barbe grise et symétrique, tandis que Ahmed ben Moulah a la barbiche d'un noir de jais et plantée de travers. Salah ben Ali est timide et, quand on lui parle, il se frise la moustache gauche pour se donner une contenance. Kilani bel Hadj se couche en allongeant les jambes de côté... Autant de caractères distinctifs, que ne manque pas d'utiliser l'ironique *caïd el azib*. Et la ligne qui représente le corps de ses administrés, incurvée ou droite, remonte jusqu'au disque noirci, petit ou gros, orné, quand il convient, d'un gland de chechia, et au-dessous duquel sont latéralement accrochés l'œil, la demi-moustache ou la touffe de poils crépus, considérés comme caractéristiques. Plus bas s'attachent les membres déformés ou non, les pagnes foncés ou clairs, etc., etc.

Grâce à ces signalements divers, grossièrement figurés sur son carnet, le caïd Salah el Maïl est en mesure d'ouvrir à chacun de ses bergers un compte séparé. Il trace, à cet effet, à côté de chaque portrait, des enceintes irrégulières, closes ou non, parfois carrées, parfois aussi irrégulièrement ovales ; certaines de ces surfaces sont placées à la tête, aux mains, aux pieds de chacun des bergers comptables.

Quand un compte est terminé, on le bâtonne, et s'il reste de la place, on construit une nouvelle bergerie où de nouveau viennent s'inscrire les signes numériques et conventionnels qui constituent la base de chaque compte individuel.

Les bêtes à laine sont énumérées par catégories de béliers, de brebis et d'agneaux (le bélier est figuré par une corne), de sorte qu'à une date donnée, le chef des bergers peut savoir, avec la plus grande exactitude, la statistique de chaque troupeau.

La numération se compose de cercles centrés d'un point, qui reproduisent les centaines, de cercles simples correspondant aux dizaines, et de bâtons ou points qui sont des unités. Le caïd a, en outre, introduit dans ses cases un chiffre de son invention, sorte de N renversée, qui équivaut à cinquante. Enfin, il a aussi spontanément imaginé une méthode de *soustraction* qui lui permet de représenter 9 par le 0 (dix) avec une barrette ce qui donne la forme Q, $10 - 1 = 9$.

C'est à peu près la numération ordinaire des Berbères, qui, suivant Hanoteau, se servent de barres verticales pour les unités, de 0 pour la dizaine, mais ont, pour la centaine, une sorte de *b* ou de *6*, et non le point centré de notre berger (1).

Je relève, en outre, dans ses procédés de numération, une tendance involontaire déjà signalée, chez les Égyptiens primitifs par exemple, à grouper trois par trois les barres des unités, comme pour en faciliter l'addition.

La science de Salah el Maïl ne s'arrête pas à ces combinaisons de figures et de signes, si intéressantes à nos yeux. Vétérinaire habile, il sait trépaner un mouton atteint de tournis, et possède quantité de recettes dont certaines ont des apparences très antiques; un peu sorcier, comme tout bon berger doit l'être, il connaît toutes sortes d'incantations magiques; conteur populaire, à l'occasion, il a retenu toutes les légendes et toutes les histoires de la montagne et de la plaine. Et lorsque, ses comptes déposés à l'agence de Dar-el-Bey, sous forme du cahier crasseux, chargé d'images que je vous présente, il reprendra de son pas allongé sa marche vers le nord, à la tête de ses bergers; j'éprouverai un véritable chagrin de n'avoir pu que bien incomplètement tirer parti d'un tel informateur.

III

Tissot, dans son grand ouvrage sur la Tunisie antique, s'est abstenu de parler des abeilles, et l'on ne trouve rien non plus au sujet de l'utilisation de ces précieux insectes dans le livre, rédigé au moment de la visite, à Tunis, de notre Association. L'industrie apicole existe cependant toujours dans la Régence, et j'ai vu d'importants ruchers dans le Cherichera.

Des informations que j'ai recueillies il résulte, d'ailleurs, que les apiculteurs tunisiens d'aujourd'hui ne diffèrent en rien des contemporains de Varron. C'est encore un chapitre, et non des moins curieux, qui vient s'ajouter à l'histoire des survivances rustiques du pays berbère.

Varron distinguait, dans le chapitre XVI du troisième livre de son *Traité d'agriculture*, cinq espèces de ruches usitées chez les *mellarii* de son temps.

« Les uns, nous dit-il, arrondissent des ruches avec des osiers, les autres en

---

(1) Dans la numération bretonne, un cercle horizontalement barré vaut cinquante écus, le cercle simple vaut cinq francs ou vingt réaux, la barre horizontale ou verticale vaut un réal (vingt-cinq centimes), le point ou la croix, un sou.

ont de bois et d'écorce; d'autres les font d'arbres creux; d'autres de terre cuite; d'autres, enfin, les construisent carrées avec des *férules* longues d'environ trois pieds sur un pied de large. »

Trois au moins de ces ruches antiques sont encore en usage dans la Berbérie moderne : les ruches d'*osier*, les ruches d'*écorce*, enfin les ruches de *férules*, *beaucoup plus caractéristiques*.

Je n'ai rien à vous dire des premières, qui n'ont' rien de bien spécial (1). Les ruches d'écorce, fort répandues d'ailleurs dans une grande partie du continent africain (le Trocadéro en possède plusieurs, notamment, de la province de Constantine), ont la forme d'un tronc de cône allongé *(fig. 14)*. Elles dépassent quel-

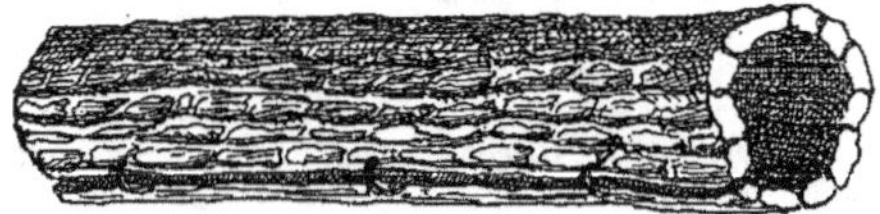

Fig 14. — Ruche berbère en écorce.

quefois 1 mètre de longueur, leur diamètre, à l'extrémité la plus large, peut atteindre 30 centimètres, et descendre à 18 vers l'extrémité la plus étroite. Le rouleau d'écorce qui les forme a de 2 à 4 centimètres d'épaisseur; des attaches d'osier le maintiennent, et un bouchon de bois en ferme le bout mince : *alii e ligno et corticibus*.

Alii etiam ex ferulis quadratas. Ces ruches en férules, de forme carrée, sont représentées, dans les collections ethnographiques du Trocadéro, par un spécimen de 0^m,84 de haut et 0^m,24 de côté, dont je vous montre le dessin *(fig. 15)*.

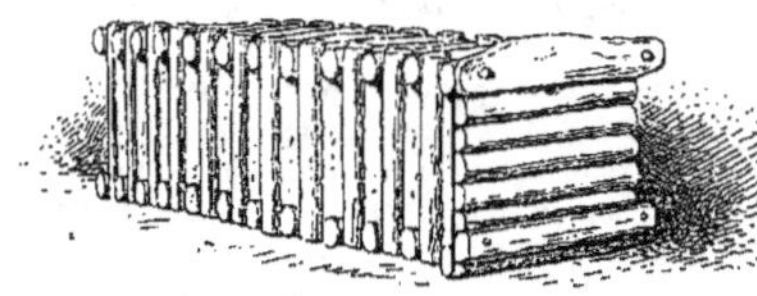

Fig. 15. — Ruche berbère en férules.

L'appareil est fait de petits rondins, alternativement enfilés avec soin dans un sens, puis dans l'autre, à l'aide de menues baguettes de bois. Ces rondins sont irréguliers et mesurent de 2 à 5 centimètres de diamètre. J'en compte exactement une centaine sur ma pièce : 27 d'un côté, 25 d'un second côté, 28 et encore 25 sur les dernières faces.

Le couvercle est formé d'un rondin semblable, et de quatre autres fendus en deux et traversés par deux chevilles de bois; une encoche de 18 millimètres sert de porte aux abeilles. Tous les joints ont été bouchés avec une fine argile; l'ensemble est à la fois léger et solide.

La ruche que je viens de décrire est *carrée longue*, comme le veut Varron, et ses proportions diffèrent peu de celles du *Traité d'agriculture*. Mais la plante qui en a fourni les matériaux est-elle bien celle que l'agronome latin désigne sous le nom de *ferula* ?

(1) Cf. *Dict. des Antiquités grecques et romaines*. v°. *Apes*, t. I, figure 350.

C'est mon collègue au Muséum, M. Ph. Van Thiegem, qui s'est chargé de trancher cette intéressante question : « Malgré la disparition de l'écorce, m'écrit-il à la suite de l'analyse qu'il a bien voulu faire de l'un des éléments de ma ruche tunisienne, malgré la disparition de l'écorce qui rend la comparaison plus difficile, je crois que le bout de tige que vous avez soumis à mon examen est bien d'une *férule*. La disposition et la structure de faisceaux libéro-ligneux, la présence des canaux résinifères, tout y ressemble à une tige de *ferula thyrsiflora*, par exemple, que je viens d'étudier comparativement ».

Ainsi l'identité de matière s'ajoute à l'identité de forme et de mesure, et nous nous trouvons, une fois de plus, en présence d'un de ces curieux phénomènes de *survivances ethnographiques*, dont la vie rustique des Berbères vient déjà de nous fournir de si remarquables exemples.

J'aurais pu multiplier encore les constatations de ce genre et vous montrer, par exemple, que le choix des emplacements occupés par les constructions rurales, le plan adopté pour leur bâtisse, chacun des détails de l'architecture indigène, sont toujours les mêmes à travers les siècles. L'étude du mobilier nous aurait fourni des séries de types, céramiques ou autres, s'enchaînant depuis les temps puniques et romains jusqu'au règne des derniers beys. Enfin, j'aurais pu, dans le détail des cérémonies de toutes sortes, fêtes publiques, danses, etc., trouver de nouvelles démonstrations.

Les éléments décoratifs les plus antiques survivent dans les tatouages actuels ; certaines modes, en usage chez les Tamahous du Nouvel Empire, ont persisté parmi certains groupes de Berbères actuels. J'ai vu près de Dar bel Ouar, le tombeau d'un santon qui ressemblait aux pseudo-dolmens de l'Henchir el Hadjar, etc., etc.

Mais il faut savoir se borner, et, d'ailleurs, il me semble que les matériaux que je viens d'accumuler sous vos regards suffisent largement à mettre en lumière les phénomènes sociologiques sur l'importance desquels j'insistais en commençant cet entretien. Cette étude de la vie rurale en pays berbère démontre nettement, en effet, le rôle de la tradition et l'importance des survivances dans l'existence des peuples. Et du même coup se trouve affirmée la haute valeur du *document ethnographique* qui vient ainsi, en faisant reparaître certains traits du passé, éclairer les récits des anciens, et compléter, d'une manière souvent inattendue, les renseignements historiques et archéologiques.

Le rôle scientifique de l'anthropologie se trouve ainsi considérablement élargi ; notre science ne se montre plus, dès lors, sous l'angle étroit où certains de ses adeptes s'obstinent à la contempler. Ce n'est plus seulement une maîtresse branche de l'anatomie descriptive ; elle a poussé aussi de vigoureux rameaux dans le champ de l'histoire.

ASSOCIATION FRANÇAISE

POUR

L'AVANCEMENT DES SCIENCES

VINGT-NEUVIÈME SESSION

CONGRÈS DE PARIS

DOCUMENTS OFFICIELS — PROCÈS-VERBAUX

PROCÈS-VERBAUX DE LA VINGT-NEUVIÈME SESSION

CONGRÈS DE PARIS

ASSEMBLÉE GÉNÉRALE EXTRAORDINAIRE

Tenue à Paris, le 2 août 1900

PRÉSIDENCE DE M. LE GÉNÉRAL SEBERT

Membre de l'Institut.

— Extrait du Procès-verbal —

La séance est ouverte à onze heures un quart, à l'issue de la séance d'inauguration du Congrès.

Le Secrétaire donne lecture du rapport présenté sur un vœu de la sous-section d'électricité médicale, rapport qui a été imprimé et adressé à tous les membres. (Bulletin de l'*Afas*, nᵒ 95.)

Ce rapport conclut à la transformation de la sous-section en section.

Personne ne réclamant le scrutin, le vote peut avoir lieu à mains levées. Le Président met aux voix les conclusions qui sont adoptées à l'unanimité.

La séance est levée à onze heures trois quarts.

ASSEMBLÉE GÉNÉRALE

Tenue à Paris, le 9 août 1900

PRÉSIDENCE DE M. SEBERT

La séance est ouverte à trois heures.

Le Président fait connaître le résultat du dépouillement du scrutin pour l'élection des délégués de l'Association.

MM. de Nadaillac, Ollier, Gaudry, Richet, Javal, ayant obtenu la majorité des suffrages, sont proclamés délégués de l'Association.

Le Secrétaire fait connaître le résultat des élections dans les sections pour la nomination des présidents et délégués.

Le Secrétaire donne lecture des vœux qui ont été proposés par le Conseil comme vœux de l'Association.

Les 3°, 4°, 13° et 15° Sections, considérant que la prospérité de l'industrie de l'alcool n'est pas moins utile que celle de l'industrie sucrière au développement de l'agriculture du nord de la France, émettent le vœu :

« Que les pouvoirs publics adoptent à bref délai une nouvelle législation analogue à celle de l'Allemagne, pour favoriser le développement de la consommation industrielle de l'alcool, en remplacement du pétrole étranger, pour l'éclairage et le chauffage, notamment pour les moteurs employés dans l'automobilisme, et que l'emploi du vert malachite et du méthylène soit remplacé, dans la dénaturation, par la benzine, le toluène, l'huile d'acétone ou tout autre produit à bon marché fabriqué en France. »

La 15° Section émet le vœu : « Que la législation relative aux colis postaux soit réformée, notamment pour la création de colis postaux régionaux à demi tarif, circulant dans le département et dans les départements limitrophes d'où ils sont expédiés, et que la compétence en matière de colis postaux, soit enlevée à la juridiction administrative pour être attribuée aux tribunaux de droit commun. »

Les deux vœux, mis aux voix, sont adoptés comme vœux de l'Association.

Le Secrétaire donne lecture des vœux qui ont été adoptés par le Conseil comme vœux de section.

Les 3° et 4° Sections émettent le vœu :

« Que pour éviter un très grand nombre d'accidents, suivis de mort, provenant de l'éclatement de meules artificielles tournant au-dessus d'un banc fixe, l'attention des inspecteurs du travail soit appelée sur la nécessité qu'il y a de donner à l'espace restant entre le banc fixe qui supporte la poupée de la meule et la meule, des dimensions suffisantes, ou que le banc soit coupé, ou encore que cet espace soit entouré de façon suffisante pour que l'objet à meuler, venant à échapper des mains de l'ouvrier meuleur, ne puisse jamais être coincé entre la jante de la meule et le banc. »

Les 3°, 4°, 9° et 13° Sections émettent le vœu que les mesures prises dans les régions ouest du sud de la France, pour la fixation des dunes, soient étendues à la région nord avec l'intervention de l'administration forestière.

La 10° Section émet le vœu que toutes les Sociétés françaises adressent, soit à la Société zoologique, soit au *Concilium bibliographicum* de Zurich, le titre de leurs travaux relatifs à la zoologie, accompagné d'un court résumé indiquant tous les sujets envisagés dans le cours de cette note.

La 10° Section :

« Considérant que les conclusions du rapport présenté en 1895 au Congrès de Bordeaux n'ont été que très imparfaitement comprises et appliquées par les auteurs de travaux scientifiques, notamment en ce qui touche la forme à donner aux titres de leurs communications, émet le vœu :

» Que les conclusions du rapport soient à nouveau votées par le Congrès et communiquées au Congrès international de bibliographie qui se tiendra prochainement à Paris. »

La 12e Section émet le vœu que la vaccination soit imposée dans les colonies et pays de protectorats français, en attendant qu'elle devienne obligatoire par tous les moyens que les pouvoirs publics tiennent à leur disposition.

La 13e Section :

« Considérant que, par suite de l'augmentation rapide et constante de la production du sucre dans le monde entier et de l'impossibilité où la sucrerie française peut se trouver placée d'ici à peu d'années, d'écouler en Angleterre et sur les autres marchés consommateurs l'excédant de sa production sur la consommation nationale, émet le vœu :
» Que le Gouvernement étudie sans tarder les moyens de prévenir la crise sucrière qui se produira infailliblement d'ici à quatre ou cinq ans, et cherche à en combattre les effets. »

La 16e Section émet le vœu :

« 1° Il y a lieu d'adopter une langue scientifique et commerciale universelle, en excluant les langues nationales des choix possibles ;
» 2° Les Académies officielles sont respectueusement priées de s'entendre entre elles pour la réalisation de ce projet. »

Le Secrétaire donne lecture d'un rapport sur un vœu de la 15e Section, demandant une modification au titre de la Section.
Personne ne demandant le scrutin, les conclusions du rapport maintenant le titre actuel sont votées par mains levées et adoptées à l'unanimité.

Le Président rappelle que l'Assemblée générale de Boulogne avait chargé le Conseil du choix de la ville pour 1901. Le Conseil avait engagé des pourparlers avec la ville de Dijon ; ces pourparlers ont abouti, mais pour des raisons particulières, la municipalité de Dijon demande à ne recevoir l'Association qu'en 1902.
Acquiesçant à cette demande, le Conseil a décidé de tenir à Ajaccio le Congrès de 1901.

Le Président demande à l'Assemblée de confirmer cette décision et de réunir le Congrès de 1901 à Ajaccio et celui de 1902 à Dijon.
Adopté à l'unanimité.

Le Président donne lecture des propositions de candidatures pour la vice-présidence et pour le vice-secrétariat. Comme il n'y a pas deux propositions, l'élection peut avoir lieu par mains levées.
Le Président met aux voix les candidatures de M. Carpentier, ancien ingénieur des manufactures de l'État, ancien président de la Société internationale des électriciens, pour la vice-présidence, et de M. Reuss, ingénieur des Ponts et Chaussées, secrétaire du Comité local du Congrès de Saint-Étienne, pour le vice-secrétariat.
Adopté à l'unanimité.

Les pouvoirs du Trésorier étant expirés, le Président propose de réélire M. Émile Galante.

La nomination de M. Galante comme trésorier pour quatre années est adoptée à l'unanimité.

Plusieurs membres proposent un vote de remerciements pour les services rendus par M. Galante; cette proposition est votée par acclamation à l'unanimité.

L'Assemblée vote, sur la proposition du Conseil, des remerciements au Conseil municipal de Paris, aux ministres qui ont envoyé des délégués, aux Compagnies de chemins de fer et à la Compagnie transatlantique, aux chefs d'industrie et directeurs d'établissements visités pendant le Congrès, aux personnes qui ont prêté leur concours à l'organisation du Congrès et des excursions, notamment à MM. Gariel et Cartaz, au directeur et au secrétaire de l'École des Ponts et Chaussées.

Le Président remercie l'Assemblée et déclare close la session.

CONSEIL D'ADMINISTRATION

ANNÉE 1899-1900

BUREAU DE L'ASSOCIATION

MM. HAMY (le Dr E.-T.), Membre de l'Institut, Professeur
au Muséum d'histoire naturelle de Paris . . . . .   *Président*

CARPENTIER (JULES), ancien Ingénieur des Manufactures de l'État, ancien Président de la *Société internationale des Électriciens*, successeur de Ruhmkorff.   *Vice-Président.*

SEBERT (le Général HIPPOLYTE), Membre de l'Institut.   *Président sortant.*

FERRY (ÉMILE), Président du Conseil général de la
Seine-Inférieure. . . . .   *Secrétaire.*

REUSS (GEORGES), Ingénieur des Ponts et Chaussées.   *Vice-Secrétaire.*

GALANTE (ÉMILE), Fabricant d'instruments de chirurgie . . . .   *Trésorier.*

GARIEL (C.-M.), Professeur à la Faculté de Médecine,
Membre de l'Académie de Médecine, Ingénieur en
chef, Professeur à l'École nationale des Ponts et
Chaussées . . . .   *Secrétaire du Conseil*

CARTAZ (le Docteur A.), ancien Interne des Hôpitaux
de Paris . . . .   *Secrétaire adjoint du Conseil.*

ANCIENS PRÉSIDENTS FAISANT PARTIE DU CONSEIL D'ADMINISTRATION

MM. BERTHELOT (M.-P.-E.), Membre de l'Institut et de l'Académie de Médecine,
Professeur au Collège de France, Sénateur.

BISCHOFFSHEIM (R.-L.), Membre de l'Institut, Député des Alpes-Maritimes.

BOUCHARD (CHARLES), Membre de l'Institut et de l'Académie de Médecine, Professeur à la Faculté de Médecine de Paris.

BOUQUET DE LA GRYE (ANATOLE), Membre de l'Institut, Président du Bureau des
Longitudes.

BROUARDEL (Paul), Membre de l'Institut et de l'Académie de Médecine, Doyen de
la Faculté de médecine de Paris.

CHAUVEAU (AUGUSTE), Membre de l'Institut et de l'Académie de Médecine, Professeur au Muséum d'histoire naturelle.

COLLIGNON (ÉDOUARD), Inspecteur général des Ponts et Chaussées, Examinateur
de sortie à l'École Polytechnique.

CORNU (ALFRED), Membre de l'Institut et du Bureau des Longitudes, Professeur à
l'École Polytechnique, Ingénieur en chef des Mines.

MM. DEHÉRAIN (PIERRE-PAUL), Membre de l'Institut, Professeur au Muséum d'histoire naturelle et à l'École nationale d'Agriculture de Grignon.

DISLÈRE (PAUL), Président de Section au Conseil d'État, Président du Conseil d'administration de l'École coloniale.

FAYE (HERVÉ), Membre de l'Institut, ancien Président du Bureau des Longitudes.

JANSSEN (JULES), Membre de l'Institut et du Bureau des Longitudes, Directeur de l'Observatoire d'astronomie physique de Meudon.

LACAZE-DUTHIERS (HENRI DE), Membre de l'Institut et de l'Académie de Médecine, Professeur à la Faculté des Sciences de Paris.

LAUSSEDAT (le Colonel AIMÉ), Membre de l'Institut, Directeur honoraire du Conservatoire national des Arts et Métiers.

MAREY (ÉTIENNE-JULES), Membre de l'Institut et de l'Académie de Médecine, Professeur au Collège de France.

MASCART (ÉLEUTHÈRE), Membre de l'Institut, Professeur au Collège de France, Directeur du Bureau central météorologique de France.

PASSY (FRÉDÉRIC), Membre de l'Institut.

TRÉLAT (ÉMILE), Professeur honoraire au Conservatoire national des Arts et Métiers, Directeur de l'École spéciale d'Architecture, Architecte en chef honoraire du département de la Seine.

DÉLÉGUÉS DE L'ASSOCIATION

MM. CARNOT (ADOLPHE), Membre de l'Institut, Inspecteur général, Professeur à l'École nationale supérieure des Mines.

DAVANNE (ALPHONSE), Vice-Président de la Société française de Photographie.

GAUDRY (ALBERT), Membre de l'Institut, Professeur au Muséum d'histoire naturelle.

GRANDIDIER (ALFRED), Membre de l'Institut.

GRÉARD (OCTAVE), Membre de l'Académie française et de l'Académie des Sciences morales et politiques, Vice-Recteur de l'Académie de Paris.

HENROT (le Docteur HENRI), Directeur de l'École de Médecine de Reims.

JAVAL (le Docteur ÉMILE), Membre de l'Académie de Médecine.

LAUTH (CH.), Directeur de l'École municipale de Physique et de Chimie industrielles.

LEVASSEUR (ÉMILE), Membre de l'Institut, Professeur au Collège de France.

LŒWY (MAURICE), Membre de l'Institut et du Bureau des Longitudes, Directeur de l'Observatoire national de Paris.

NADAILLAC (le Marquis ALBERT DE), Correspondant de l'Institut.

NOBLEMAIRE, Directeur de la Compagnie des Chemins de fer de Paris à Lyon et à la Méditerranée.

OLLIER (le Docteur LÉOPOLD), Correspondant de l'Institut, Professeur à la Faculté de Médecine de Lyon.

RICHET (CHARLES), Professeur à la Faculté de Médecine de Paris, Membre de l'Académie de Médecine.

SANSON (ANDRÉ), Professeur à l'Institut national agronomique et à l'École nationale d'Agriculture de Grignon.

PRÉSIDENTS, SECRÉTAIRES ET DÉLÉGUÉS DES SECTIONS

1re et 2e SECTIONS (Mathématiques, Astronomie, Géodésie et Mécanique).

MM. **Collignon** (Édouard), Inspecteur général des Ponts et Chaussées. . . . . *Président (Paris-1900).*

. . . . *Secrétaire (d° d°).*

Laisant (Ch.-A.), Docteur ès sciences, Répétiteur à l'École Polytechnique. . . . .)

de Longchamps (Gaston Gohierre). . . . . . . } *Délégués des Sections..*

Mannheim (le Colonel), Professeur à l'École Polytechnique. . . . .)

(1) . . . . *Président pour 1901 (Ajaccio).*

3e et 4e SECTIONS (Navigation, Génie Civil et Militaire).

. *Président (Paris-1900).*

Jannettaz, Ingénieur des Arts et Manufactures.. *Secrétaire(d° d°).*

Regnard (Paul), Ingénieur civil. . . . .)

Pasqueau, Inspecteur général des Ponts et Chaussées, à Paris. . . . . } *Délégués des Sections.*

Petiton (Anatole), Ingénieur . . . .)

(1) . . . . *Président pour 1901 (Ajaccio).*

5e SECTION (Physique).

Pellat, Professeur à la Faculté des Sciences de Paris. *Président (Paris-1900).*

Turpain, Docteur ès sciences. . . . . *Secrétaire(d° d°).*

Lacour, Ingénieur civil des Mines. . . . .)

Baille, Professeur à l'École municipale de Physique et de Chimie industrielles . . . . } *Délégués de la Section.*

Broca (André), Agrégé à la Faculté de Médecine de Paris . . . .)

(1) . . . . *Président pour 1901 (Ajaccio).*

6e SECTION (Chimie).

Haller, Correspondant de l'Institut, Professeur à la Faculté des Sciences de Paris . . . . *Président (Paris-1900).*

Charon, Préparateur à la Faculté des sciences . . *Secrétaire(d° d°).*

Hanriot, Membre de l'Académie de Médecine, Agrégé à la Faculté de Médecine de Paris . . .)

Béhal, Maître de Conférences à la Faculté des Sciences de Paris . . . . } *Délégués de la Section.*

Lauth, Directeur de l'École municipale de Physique et de Chimie industrielles. . . . . . .)

de Clermont (Philippe), Sous-Directeur du Laboratoire de chimie à la Sorbonne . . . . *Président pour 1901 (Ajaccio).*

(1) Les Présidents, n'ayant pas été élus par les Sections, seront nommés par le Conseil d'Administration.

7e SECTION (Météorologie et Physique du Globe).

MM. **Teisserenc de Bort**, Secrétaire général de la
Société météorologique de France . . . .   *Président (Paris-1900).*
Sieur (P.), Professeur au Lycée de Niort. . . . .   *Secrétaire (d°   d°).*
Angot (Alf.), Météorologiste titulaire au Bureau
central météorologique de France . . . . 〉
Chauveau, Météorologiste adjoint au Bureau cen-
tral météorologique de France. . . . . 〉 *Délégués de la Section.*
Moureaux (Théodule), Chef du service magnétique
à l'Observatoire du Parc-Saint-Maur. . . . . . 〉
Maze (l'Abbé Camille) . . . .   *Président pour 1901 (Ajaccio).*

8e SECTION (Géologie et Minéralogie).

Sauvage, Conservateur du Musée de Boulogne-
sur-Mer. . . . .   *Président (Paris-1900).*
Bourgery (Henri), Membre de la Société géolo-
gique de France. . . . .   *Secrétaire (d°   d°).*
Péron . . . . 〉
Schlumberger (Charles), Ingénieur de la Marine,
en retraite. . . . . 〉 *Délégués de la Section.*
Bourgery (H.). . . . . 〉
Péron, Correspondant de l'Institut. . . . .   *Président pour 1901 (Ajaccio).*

9e SECTION (Botanique).

Guignard (Léon), Membre de l'Institut, Directeur
de l'École supérieure de Pharmacie de Paris . .   *Président (Paris-1900).*
Danguy (Paul), Préparateur au Muséum d'his-
toire naturelle de Paris . . . .   *Secrétaire (d°   d°).*
Petit (Paul), ancien Pharmacien . . . . 〉
Poisson (Jules), Assistant de botanique au Muséum
d'histoire naturelle de Paris . . . . 〉 *Délégués de la Section.*
Guignard (Léon). . . . . 〉
Bonnet (le Docteur Edmond) . . . .   *Président pour 1901 (Ajaccio).*

10e SECTION (Zoologie, Anatomie, Physiologie).

Perrier (Edmond), Membre de l'Institut, Directeur
du Muséum d'histoire naturelle. . . . .   *Président (Paris-1900).*
Viré (Armand), Attaché au Muséum . . . . . .   *Secrétaire (d°   d°).*
Bureau (le Docteur Louis), Directeur du Muséum
de Nantes. . . . . 〉
Bonnier (Jules), Directeur adjoint de la Station
de zoologie maritime de Wimereux. . . . . . 〉 *Délégués de la Section.*
Giard (Alfred), Membre de l'Institut . . . . . . 〉
Jourdan, Professeur à la Faculté de Médecine de
Marseille. . . . .   *Président pour 1901 (Ajaccio).*

11e SECTION (Anthropologie).

MM. Capitan (le Docteur), Professeur à l'École d'an-
thropologie . . . . *Président (Paris-1900).*
Granet (Vital). . . . . *Secrétaire (d°   d°).*
D'Ault du Mesnil. . . . : . . . .)
Delisle (le Docteur Fernand) . . . . |
De Mortillet (Adrien), Professeur à l'École d'An- } *Délégués de la Section.*
thropologie . . . . |
. . . .)
Delisle (le Docteur) . . . . *Président pour 1901 (Ajaccio).*

12e SECTION (Sciences Médicales).

Kelsch (le Docteur), Directeur de l'École d'appli-
cation du service de Santé militaire du Val-
de-Grâce . . . . *Président (Paris-1900).*
Faguet (le Docteur). . . . . *Secrétaire (d°   d°).*
Duguet (le Docteur), Membre de l'Académie de
Médecine, Médecin des Hôpitaux de Paris. . .)
Livon (le Docteur Ch.), Directeur de l'École de |
Médecine de Marseille. . . . . } *Délégués de la Section.*
Launois (le Docteur), Agrégé à la Faculté de Méde- |
cine de Paris, Médecin des hôpitaux . . . . . .)
(1) . . . . *Président pour 1901 (Ajaccio).*

13e SECTION (Agronomie).

. . . . *Président (Paris-1900,.*
Sagnier (Henri), Directeur du *Journal de l'Agriculture* . . . . : : : : . . . . .)
Ladureau. . . . . } *Délégués de la Section.*
Dybowski, Inspecteur général de l'agriculture |
coloniale. . . . .)
Ladureau (Albert), ancien Directeur de la Station
agronomique du Nord. . . : : : : : : : : : : *Président pour 1901 (Ajaccio).*

14e SECTION (Géographie).

Hulot (le Baron Étienne), Secrétaire général de la
Société de Géographie. . . . . *Président (Paris-1900).*
Marin (Louis). . . . . : : : : . . . . *Secrétaire (d°   d°).*
Anthoine (Édouard), Ingénieur-Chef du service de)
la Carte de France au Ministère de l'Intérieur |
Gauthiot (Charles), Membre du Conseil supérieur } *Délégués de la Section.*
des Colonies. . . . . |
Fournier (le Docteur Alban). . . . .)
Bonaparte (le Prince Roland). . . . : : : : : *Président pour 1901 (Ajaccio).*

(1) Le Président, n'ayant pas été élu par la Section, sera nommé par le Conseil d'Administration.

15e SECTION (Économie politique et Statistique).

MM. **Levasseur** (Émile), Membre de l'Institut. . . . .   *Président (Paris-1900).*
   Febvre-Wilhélem, Conseiller général de la Haute-
    Marne.   *Secrétaire (d°   d°).*
   Letort (Ch.), Conservateur adjoint à la Biblio-
    thèque nationale. . . . .
   Saugrain (Gaston), Docteur en droit . . . . . .   *Délégués de la Section.*
   Bouvet (A.), Inspecteur régional de l'Enseigne-
    ment industriel et commercial. . . . .
   Saugrain (Gaston) . . . .   *Président pour 1901 (Ajaccio).*

16e SECTION (Enseignement).

Laisant, Examinateur d'admission à l'École Poly-
   technique. . . . .   *Président (Paris-1900).*
Guézard (J.-M.) . . . .
Bérillon (le Docteur Edgard) . . . .   *Délégués de la Section.*
Godard, ancien Directeur de l'École Monge. . . .
de Montricher (Henri), Ingénieur civil des Mines.   *Président pour 1901 (Ajaccio).*

17e SECTION (Hygiène et Médecine publique).

Henrot (le Docteur), Directeur de l'École de Méde-
   cine de Reims . . . .   *Président (Paris-1900).*
   . . . .   *Secrétaire (d°   d°).*
Courmont (le Docteur). . . . .
Papillon (le Docteur Ernest) . . . .
Bard (le Docteur), Professeur à la Faculté de   *Délégués de la Section.*
   Médecine de Lyon. . . . .
Tachard (le Docteur), Médecin principal, Directeur
   du Service de santé du XIe corps d'armée. . . .   *Président pour 1901 (Ajaccio).*

18e SECTION (Électricité médicale).

Leduc (le Docteur Stéphane) . . . .   *Président (Paris-1900,.*
Marie (le Docteur), Chargé de cours à la Faculté
   de Médecine de Toulouse . . . .
Bordier (le Docteur), Agrégé à la Faculté de Méde-
   cine de Lyon. . . . .   *Délégués de la Section.*
Bergonié (le Docteur), Professeur à la Faculté de
   Médecine de Bordeaux . . . .
Leduc (le Docteur Stéphane), Professeur à l'École
   de Médecine de Nantes . . . .   *Président pour 1901 (Ajaccio).*

SOUS-SECTION (Archéologie).

Enlart, Membre de la Société des Antiquaires de
   France . . . .   *Président (Paris-1900).*
Deslandres, Archiviste-Paléographe . . . . . .   *Secrétaire (d°   d°).*

COMMISSIONS PERMANENTES

Commission des Conférences : MM. ANTHOINE, BROCA, CAPITAN, CORNU (Max), GIARD, LAUTH, LEVASSEUR, RICHET, SAGNIER.

Commission des Finances : MM. BAILLE, BOURGERY, GUÉZARD, SAUGRAIN.

Commission d'Organisation du Congrès d'Ajaccio : MM. DISLÈRE, FOURNIER ALBAN, DE MORTILLET, POISSON.

Commission de Publication : MM. LAISANT, HANRIOT, BONNET, HULOT.

Commission des Subventions : MM. MANNHEIM (1re et 2e Sections), PETITON (3e et 4e Sections), LACOUR (5e Section), HALLER (6e Section), ANGOT(7^e Section), SCHLUMBERGER (8e Section), GUIGNARD (9e Section), PERRIER (Ed.) (10e Section), D'AULT DU MESNIL (11e Section), KELSCH (12e Section), SAGNIER (H.) (13e Section), GAUTHIOT (14e Section), LETORT (15e Section), GUÉZARD (16e Section), Dr HENROT, (17e Section), Dr BERGONIÉ (18e Section) ; DAVANNE et DE NADAILLAC *(Délégués de l'Association)*.

LISTE DES ANCIENS PRÉSIDENTS

ANNÉES	VILLES	PRÉSIDENTS	
1872	Bordeaux	Claude Bernard	(Décédé.)
1873	Lyon	de Quatrefages de Bréau	(Décédé.)
1874	Lille	Wurtz (Adolphe)	(Décédé.)
1875	Nantes	d'Eichthal (Adolphe)	(Décédé.)
1876	Clermont-Ferrand	Dumas (J.-B.)	(Décédé.)
1877	Le Havre	Broca (Paul)	(Décédé.)
1878	Paris	Frémy (Edmond)	(Décédé.)
1879	Montpellier	Bardoux (Agénor)	(Décédé.)
1880	Reims	Krantz (J.-B.)	(Décédé.)
1881	Alger	Chauveau (Auguste)	
1882	La Rochelle	Janssen (Jules)	
1883	Rouen	Passy (Frédéric)	
1884	Blois	Bouquet de la Grye (Anatole)	
1885	Grenoble	Verneuil (Aristide)	(Décédé.)
1886	Nancy	Friedel (Charles)	(Décédé.)
1887	Toulouse	Rochard (Jules)	(Décédé.)
1888	Oran	Laussedat (Aimé)	
1889	Paris	de Lacaze-Duthiers (Henri)	
1890	Limoges	Cornu (Alfred)	
1891	Marseille	Dehérain (P.-P.)	
1892	Pau	Collignon (Edouard)	
1893	Besançon	Bouchard (Charles)	
1894	Caen	Mascart (É.)	
1895	Bordeaux	Trélat (Émile)	
1896	Tunis	Dislère (Paul)	
1897	Saint-Étienne	Marey (J.-E.)	
1898	Nantes	Grimaux (Édouard)	(Décédé.)
1899	Boulogne-sur-Mer	Brouardel (Paul)	
1900	Paris	Sebert (Hippolyte)	

LISTE DES SAVANTS ÉTRANGERS

QUI ONT ASSISTÉ AU CONGRÈS DE PARIS

MM. Busana (Dr Emanuele), médecin-chirurgien, à Madrid.

Cloquet (Louis), professeur à l'École du génie civil annexée à l'Université de Gand.

Dekterew (Dr Wladimir de), conseiller municipal à Saint-Pétersbourg, délégué du Conseil municipal de Saint-Pétersbourg.

Dickstein (S.), professeur de mathématiques à l'Université de Varsovie.

Geddès (Patrick), professeur à la Faculté des sciences de l'Université de Saint-Andrews (Écosse). Délégué de la Société *International Association* (Groupes britannique et américain).

Giovanni (Dr Gasparini).

Gladstone (John Hall), D^r science, professeur de chimie.

Guimaraès (Rodolphe), officier du génie, membre de l'Académie des sciences de Lisbonne, délégué de l'*Association des ingénieurs civils portugais*.

Hartog (Marcus), professeur d'histoire naturelle, au Queen's College de Cork.

Luraschi (Dr Carlo), médecin, directeur du Cabinet d'électricité médicale de Milan.

Macfarlane (Alexander), professor de physique mathématique, à Chatham (Canada), délégué de la société *American Association for the Advancement of sciences*.

Mavor (James), professeur d'économie politique à l'Université de Toronto (Canada), délégué du gouvernement Canadien.

Stéphanos (Cyparissos), professeur à l'Université d'Athènes (Grèce).

Statuti (Augusto), secrétaire de l'Académie pontificale *dei Nuovi Lincei*, Rome.

Zenger (Ch.), professeur à l'École polytechnique slave, à Prague.

BOURSES DE SESSION

LISTE DES BOURSIERS DU CONGRÈS DE PARIS

MM. Castets (Joseph), Préparateur de chimie biologique à la Faculté de médecine de Bordeaux.

David (Pierre), Préparateur de physique à la Faculté des sciences de Clermont-Ferrand.

Delmas (Léon-Th.), Élève au laboratoire de physique de la Faculté des sciences de Toulouse.

Delsart (Paul), Préparateur de physique médicale de la Faculté de médecine de Nancy.

Doussaint (Maurice), Préparateur de chimie à la Faculté des sciences de Bordeaux.

Haouy (Charles), Licencié ès sciences mathématiques et physiques (Fac. des Sc. de Nancy).

Laporte (Xavier), Étudiant en pharmacie à la Faculté de médecine de Bordeaux.

Lefebvre (Alphonse), Archéologue, à Boulogne-sur-Mer.

Leroy (Gaston-Arm.), Élève au laboratoire de physique expérimentale de la Faculté des sciences de Bordeaux.

Mailhe (Alphonse), Licencié ès sciences physiques (laboratoire de chimie générale de la Faculté des sciences de Toulouse).

MALFREYT (Jules), Boursier d'agrégation à la Faculté des sciences de Marseille.

MAURY (Louis), Étudiant à l'Institut de physique de Montpellier.

MONTALAND (Louis), Étudiant au laboratoire de chimie générale à la Faculté des sciences de Lyon.

MOREL (Albert), Docteur ès sciences. Préparateur de chimie à la Faculté de médecine de Lyon.

RESSOUCHE (l'abbé J.), Élève au laboratoire de chimie de l'Institut catholique de Toulouse.

SERVANT (Simon-Joseph), Agrégé des sciences physiques, préparateur de chimie à la Faculté des sciences de Montpellier.

THIÉBAUT (Charles), Étudiant en pharmacie au laboratoire de chimie organique de l'École supérieure de pharmacie de Nancy.

WILLOT (Joseph), Licencié ès sciences, Élève au laboratoire de chimie de la Faculté catholique des sciences de Lille.

CONGRÈS DE PARIS

PROGRAMME GÉNÉRAL

JEUDI 2 AOUT. — A dix heures du matin, séance d'ouverture à l'hôtel des Sociétés savantes. Dans l'après-midi, à l'École des Ponts, séance de sections, nomination des bureaux.

VENDREDI ET SAMEDI 3 ET 4 AOUT. — Séances de sections ; visites industrielles ; excursions particulières de sections, soit à l'Exposition, soit aux environs de Paris.

DIMANCHE 5 AOUT. — Excursion générale à Saint-Germain, Achères, Colombes.

LUNDI 6 AOUT. — Séances de sections et visites industrielles.

MARDI 7 AOUT. — Excursion générale à Creil et à Chantilly.

MERCREDI 8 AOUT. — Séances de sections et visites industrielles.

JEUDI 9 AOUT. — Assemblée générale. Séance de clôture.

SÉANCE GÉNÉRALE

SÉANCE D'OUVERTURE

— 2 août —

M. le Général SEBERT

Membre de l'Institut, Président de l'Association.

LES PROGRÈS DES INDUSTRIES MÉCANIQUES ET LES MOYENS DE LES DÉVELOPPER

MESDAMES ET MESSIEURS,

La Ville de Paris, que l'on trouve toujours prête à encourager les entreprises généreuses et à soutenir les œuvres qui peuvent contribuer à grandir la Patrie, a voulu, comme en 1878 et en 1889, nous témoigner l'intérêt qu'elle porte à notre Association en contribuant, par une généreuse subvention, à venir en aide à nos efforts pour recevoir dignement les hôtes qu'a attirés la tenue de notre session à Paris à l'occasion de l'Exposition universelle.

Je l'en remercie, au nom de l'Association française, en regrettant l'absence à cette séance du représentant de la nouvelle municipalité qui aurait pu juger par lui-même des efforts qui sont faits dans nos réunions pour accroître le patrimoine scientifique de notre pays et se rendre compte que nous sommes dignes de l'appui qu'elle a bien voulu nous donner.

A l'exemple des hommes éminents qui m'ont précédé dans ce fauteuil, j'aurais voulu pouvoir consacrer ce discours à l'exposé de quelques-unes des questions qui ont fait particulièrement l'objet de mes travaux personnels, et vous parler notamment des études d'artillerie que j'ai pu poursuivre pendant de longues années, à la tête de l'établissement que j'ai eu la bonne fortune d'être appelé à créer sous le nom de Laboratoire central de la Marine et du service d'expériences qui en dépendait à Sevran-Livry et que j'ai eu longtemps à diriger.

Mais les recherches qui s'exécutaient dans ce service présentaient un caractère spécial qui en rendraient l'exposé délicat, et elles touchent à des questions qui ne seraient pas à leur place au milieu de ces fêtes de la Paix et de la Concorde, qui réunissent en ce moment, à Paris, des représentants de tous les pays.

Aussi je vous demanderai à aborder un sujet plus général, en jetant avec vous un coup d'œil sur les progrès réalisés dans ces dernières années par les Sciences mécaniques, et en cherchant à déduire de cet examen des conclusions utiles, en ce qui concerne les développements ultérieurs de la Science et de l'Industrie dans notre pays.

L'Exposition universelle de 1900 clôture avec un éclat incomparable une période séculaire pendant laquelle le monde civilisé a vu des transformations profondes dont rien de ce qui s'était antérieurement produit à la surface de la terre ne peut être rapproché.

Bien que les vestiges des monuments antiques, que l'on retrouve en divers pays, nous montrent qu'il a déjà existé sur notre globe des civilisations puissantes qui correspondaient à un développement considérable des Sciences et des Arts, il est certain que rien ne s'est rencontré sur terre, en aucun temps et en aucun pays, qui fût analogue à notre industrie actuelle, à nos moyens de production et de construction, ni à nos moyens de communication et d'échange.

Malgré l'incertitude que la sauvage destruction de la bibliothèque d'Alexandrie laisse subsister sur la nature des connaissances acquises déjà par la Science il y a deux mille ans, il est évident qu'au moins au point de vue mécanique les notions acquises devaient être restées rudimentaires comparativement à l'état actuel de nos connaissances à ce sujet.

L'homme qui aime à attacher un nom aux faits qui caractérisent une époque ou une situation a cherché bien des fois la désignation à donner à notre siècle pour le distinguer des périodes séculaires antérieures.

Suivant le point de vue envisagé ou la tournure d'esprit des intéressés, on a pu le désigner sous les noms de siècle de la métallurgie, siècle de la machine à vapeur, siècle des chemins de fer, siècle de l'électricité, siècle des machines, etc.

On ne peut nier que chacune de ces industries ou de ces inventions a vu, sinon sa naissance, du moins son développement intensif pendant ce siècle, mais néanmoins aucune de ces désignations — sauf peut-être la dernière — ne peut convenir exactement pour caractériser complètement notre temps. C'est d'ailleurs une idée peu justifiée que de vouloir faire coïncider, avec une période aussi étroitement limitée que celle d'un siècle, l'évolution d'une invention ou d'une institution donnée, pouvant faire époque dans l'histoire de l'humanité.

Si chaque période d'un an correspond à un phénomène naturel, commandé par le cours de l'astre qui régit la vie de notre globe, il n'en est pas de même de la période séculaire dont la durée repose sur un nombre arbitrairement choisi de cent révolutions solaires et dont l'origine est déterminée par un événement accidentel.

Ces périodes ne doivent leur valeur qu'au choix d'une numération particulière et elles sont variables suivant les pays, puisqu'elles dépendent de la chronologie adoptée. Il n'y a donc aucune raison pour que les phénomènes dont l'enchaînement constitue la vie même des nations présentent, comme durée ou comme origine, une coïncidence quelconque avec ces périodes séculaires.

Mais, sans chercher à encadrer exactement dans la durée de chacun de nos siècles un fait qui puisse le caractériser, on conçoit que l'homme soit porté à désigner d'un mot la période qu'il a lui-même parcourue dans sa vie, période à laquelle se reportent ses plus lointains souvenirs et qui, dans l'état actuel de l'humanité, correspond à peu près à une centaine d'années.

Il n'est donc pas surprenant que bien des essais aient été déjà tentés pour désigner par des noms caractéristiques cette période si remarquable de l'histoire de l'humanité que les hommes de notre temps voient se dérouler sous leurs yeux. Mais parmi les noms qui ont été proposés et que nous avons rappelés plus haut, aucun ne nous paraît exactement convenir.

Il est certain que l'emploi en grande masse des produits métalliques de toute nature que l'industrie moderne a su créer et mettre en œuvre est ce qui différencie nettement notre civilisation moderne des civilisations antiques, aujourd'hui disparues. On conçoit donc que l'on ait songé à désigner le xix⁰ siècle sous le nom de siècle de la métallurgie; mais ce n'est là qu'une partie des faits qui le caractérisent, car les progrès de la métallurgie ont commencé avant ce siècle et continueront longtemps après lui.

La machine à vapeur pourrait peut-être, à plus juste titre, être adoptée pour le désigner.

S'il n'en a pas vu réellement la naissance, puisque les premiers essais de machines à vapeur industrielles remontent avec Newcommen au commencement du xviiiᵉ siècle et les perfectionnements dus à Watt à l'année 1769, on peut dire qu'il en a suivi les développements dans la vie industrielle des nations et en a vu l'apogée, car, à côté de la machine à vapeur, il a vu s'élever déjà d'autres moteurs rivaux et l'on prévoit le moment où elle sera supplantée peut-être par d'autres machines d'un principe différent.

Mais on peut dire que cette évolution prévue restera pendant longtemps encore limitée à certaines applications et à certaines régions de notre globe.

Elle se continuera donc pendant le siècle prochain et chevauchera par trop sur deux périodes séculaires pour qu'elle puisse plus particulièrement convenir pour désigner une seule d'entre elles.

Les chemins de fer, l'électricité, comme aussi la télégraphie et la téléphonie, ou encore l'éclairage électrique et même la photographie ont pu prétendre aussi à l'honneur de donner leur nom au xixᵉ siècle.

Ce sont aussi, au point de vue industriel, des événements importants dont chacun marque ce siècle d'un signe inoubliable.

Mais la multiplicité même de ces inventions et le fait qu'aucune d'elles n'a terminé aujourd'hui son évolution suffisent pour les faire toutes écarter.

En dehors de l'électricité dont les premiers développements industriels coïncident à peu près avec le début du siècle, elles ont toutes d'ailleurs leur origine dans la seconde moitié de cette période.

Au même titre aussi la vélocipédie et la locomotion automobile, qui sont appelées à réaliser à la surface du globe une révolution plus rapide et plus considérable encore que les chemins de fer, pourraient prétendre au droit de donner leur nom au siècle qui finit, si ce droit était attribué au seul fait d'y avoir son origine.

Mais sans chercher à trancher la question du choix à faire entre ces diverses appellations, on peut dire, en choisissant un terme qui les contient toutes, que ce siècle aura été le siècle de la naissance et du développement des industries mécaniques de toute nature, ou, comme l'a dit M. Levasseur, le siècle des machines, en entendant par là celui de la substitution de la machine à l'homme.

Cette substitution ayant comme conséquence le progrès des industries mécaniques qui interviennent dans toutes les manifestations de l'activité humaine et transforment toutes les conditions de la vie sociale, c'est là le fait capital qui, on peut le dire, caractérise notre siècle. C'est le fait qui doit attirer notre attention et provoquer nos réflexions si nous voulons diriger et combiner nos efforts pour contribuer à accélérer le mouvement rapide qui, par le développement de nos ressources et de notre bien-être, nous entraîne vers une période nouvelle et meilleure de l'existence de l'humanité.

Si nous nous reportons, par la pensée, à l'état dans lequel se trouvait l'industrie mécanique vers le début du siècle, nous pouvons mesurer d'un coup d'œil le chemin parcouru dans cette direction et apprécier la nature des progrès réalisés.

A cette époque, c'étaient les chutes d'eau naturelles qui étaient surtout employées pour la mise en marche des usines et manufactures. Leur puissance était utilisée sur place, à l'aide de roues hydrauliques de modèles rudimentaires, et elles étaient sujettes dans leur emploi à tous les aléas résultant des irrégularités de débit des cours d'eau, dues aux variations normales ou anormales des saisons où aux intempéries..

Les moulins à vent installés dans des conditions plus primitives encore fournissaient, dans certaines régions, un supplément de puissance qu'utilisaient un petit nombre d'industries spéciales.

La machine à vapeur, à ses débuts, commençait, dans les localités où la houille était abondante, à apporter son contingent de ressources, mais elle était encore, sous une forme massive et lourde, limitée à des emplois restreints.

Peu à peu, cependant, on la voit transformer ses formes et ses allures, se plier aux exigences des diverses industries et s'implanter à côté des roues hydrauliques pour suppléer à leur action dans les moments critiques, quand les chutes devenaient insuffisantes ou inutilisables.

On voit même les machines à vapeur se substituer à celles-ci, s'installer seules dans les localités où le combustible est abondant, puis prêter leur concours à l'extraction de ce combustible et à son transport dans les centres manufacturiers, en mettant en mouvement les véhicules sur les voies ferrées et contribuant ainsi doublement à la transformation industrielle du pays.

On les voit aussi s'introduire à bord des navires pour leur donner la propulsion en provoquant une complète transformation de la marine et enfin se plier même à la mise en mouvement des véhicules sur route.

Dans leur emploi pour la mise en marche des usines des industries métallurgiques, elles arrivent à atteindre des dimensions gigantesques et à développer des puissances colossales.

Mais ces puissances sont encore dépassées par les machines qui sont appelées à donner le mouvement aux navires modernes auxquels on impose des dimensions toujours plus grandes et dont on réclame des vitesses toujours croissantes.

Là, le problème se complique, car il importe de réduire et le poids et l'encombrement du moteur, tout en économisant le mieux possible le combustible, aussi les machines marines, prenant une forme compacte et réalisant des mouvements de plus en plus rapides, arrivent à constituer des types nouveaux d'une puissance remarquable.

C'est ainsi qu'à l'Exposition on peut voir, d'une part, des machines monumentales d'une puissance de trois mille chevaux destinées à des services à terre, et, d'autre part, des machines marines qui, sous un aspect moins imposant, permettent de réunir à bord d'un même navire, dans un espace restreint, une puissance de vingt à vingt-cinq mille chevaux, et l'on peut mesurer le chemin parcouru depuis la machine marine primitive à balancier de trois cents à quatre cents chevaux qui pesait 800 kilogrammes par cheval jusqu'à la machine moderne qui pèse seulement 80 kilogrammes par cheval et ne consomme que 600 grammes de charbon pour produire cette même puissance d'un cheval.

Les progrès réalisés par la machine à vapeur, sous la forme de locomotive, pour le service des chemins de fer, n'ont pas été moindres, puisque nous voyons actuellement des machines locomotives d'une puissance de deux mille chevaux permettre de réaliser des vitesses dépassant facilement 100 kilomètres à l'heure.

Mais c'est l'introduction des machines électriques qui, dans ces dernières années, a contribué à faire apporter aux machines à vapeur les modifications les plus notables. Pour arriver à commander directement les moteurs électriques, elles ont dû prendre de nouvelles formes et réaliser des vitesses de marche de plus en plus grandes.

Pour la mise en mouvement des hélices des torpilleurs et des embarcations, on est arrivé aussi à utiliser des machines légères à grande vitesse, et c'est ainsi que l'on a pu réaliser des moteurs ne pesant que 6 kilogrammes par cheval. On entrevoit même le jour où de nouveaux progrès permettront d'appliquer la machine à vapeur à la navigation aérienne.

L'emploi des turbo-moteurs, d'une part, la création de nouveaux générateurs à grande puissance, d'autre part, ont marqué d'ailleurs récemment l'ouverture d'une ère nouvelle qui peut être aussi féconde en résultats.

A côté de la machine à vapeur, la seconde moitié de ce siècle a vu aussi naître et se développer d'autres moteurs qui ont pu se substituer à elle dans certains cas, tels que les moteurs à air chaud, les moteurs à air et à gaz comprimés, les moteurs à gaz fonctionnant par explosion ou combustion, les moteurs à pétrole et à essence dont les emplois se développent chaque jour.

Les moteurs hydrauliques, que l'invention de la machine à vapeur tendait à faire délaisser, se sont perfectionnés de leur côté pour lutter contre elle. Les roues hydrauliques ont pris des formes et des dispositions rationnelles proportionnées aux données variables des chutes motrices utilisées.

Les turbines qui leur ont succédé et qui, sous des formes multiples, se plient plus facilement aux conditions variables d'utilisation des chutes d'eau se sont trouvées prêtes à jouer un rôle important, quand l'emploi de l'électricité est venu permettre de recourir, dans des conditions meilleures, aux forces naturelles disponibles à la surface du globe.

Nous assistons, en ce moment même, à l'évolution nouvelle que l'emploi des machines électriques va déterminer dans les industries mécaniques, et il est permis de croire que cette évolution aura plus d'importance encore que toutes celles dont le siècle qui finit a été le témoin. L'énergie électrique ainsi produite par l'utilisation des chutes d'eau n'est pas seulement appelée à produire la force motrice, en substituant ce que l'on a déjà dénommé la *houille blanche* aux combustibles actuellement employés, elle est aussi utilisée pour déterminer des réactions chimiques nouvelles, détruire les combinaisons qui se sont produites dans la formation des matériaux de notre globe et réaliser ainsi des opérations métallurgiques inattendues.

Déjà nous voyons une première application de ces ressources nouvelles dans l'installation des fours électriques employés à la fabrication du carbure de calcium qui s'établissent de tous côtés et qui, entre autres résultats, en rendant facile la fabrication économique du gaz acétylène, provoquent, dans certaines industries, une véritable révolution économique.

Parlerai-je de la révolution d'un autre genre provoquée par l'introduction des vélocipèdes dont l'usage, en se généralisant, a déjà tant modifié, en si peu d'années, les conditions d'existence des générations nouvelles et de celle, plus profonde encore peut-être, qui en a été la conséquence et qui résulte du développement de la locomotion automobile, rendue possible par les perfectionnements apportés à la construction des moteurs légers et par les progrès réalisés dans les applications de l'électricité?

Si le développement rapide des chemins de fer a contribué à transformer en peu d'années une grande étendue de la surface du globe, en facilitant la pénétration de la civilisation dans des régions restées si longtemps fermées, combien plus prompte encore sera l'action de la locomotion automobile lorsqu'elle aura acquis toute sa force d'expansion.

Qui sait même si, avant que ses effets ne se soient réalisés, les progrès de la locomotion aérienne n'auront pas ajouté un nouvel élément aux moyens de propagation rapide des découvertes nouvelles qui tendent à uniformiser avant peu les conditions de la vie sur la surface entière du globe?

Peut-être, au pas dont marche en ce moment le progrès, verra-t-on avant la fin du xxᵉ siècle se réaliser cette transformation complète et disparaître ainsi ce qui reste encore sur la surface du globe de peuplades étrangères à la civilisation.

Si l'on considère la façon dont le mouvement d'expansion des peuples civilisés s'est accentué dans les dernières années de ce siècle, on est en droit de s'attendre à ce résultat, si quelque cataclysme imprévu ne vient pas arrêter la marche du progrès et replonger le globe dans la barbarie.

Je m'arrête sans avoir terminé l'examen rapide que j'ai esquissé des progrès qui ont été réalisés dans les industries mécaniques pendant le xixᵉ siècle. Mon intention n'était pas de passer en revue toutes les branches de ces industries. En énumérant sommairement les transformations principales survenues pour quelques-unes d'entre elles, j'ai eu surtout pour but d'attirer votre attention sur certaines remarques que suggèrent les faits que j'ai rappelés. De ces remarques résulteront des conclusions sur la voie à suivre pour accélérer encore la marche du Progrès et rapprocher pour notre pays l'époque où la Science l'aura doté de toutes les ressources dont elle peut disposer au profit de l'humanité.

Ce qui ressort en effet, de cet examen, c'est que si les progrès aujourd'hui réalisés dans les différentes branches de l'industrie mécanique ont pris leur naissance ou ont reçu leurs premiers développements dans la première moitié du xixᵉ siècle, ils n'ont eu, pendant cette période, qu'un accroissement relativement lent, tandis qu'ils ont pris, dans la seconde moitié du siècle, un essor de plus en plus rapide.

Or il est à remarquer que cette marche des progrès observés coïncide avec le développement de l'instruction technique dans les pays ouverts à l'Industrie et l'on peut ajouter que les progrès les plus rapides se sont produits dans les pays où les établissements d'expériences et de recherches ont reçu le plus d'extension. C'est, en effet, dans les pays où ont été créés des laboratoires d'essais et d'expériences permettant d'étudier les meilleures conditions de réalisation des inventions nouvelles que se sont manifestés d'abord les progrès les plus marqués.

. Dans notre pays où la centralisation est restée si longtemps en honneur, où nos institutions sont encore si souvent imbues du principe d'autorité qui a fait, à une certaine époque, notre grandeur, ce sont les institutions d'État qui ont, au début, réuni les moyens d'investigation et de recherches qui devaient leur permettre de réaliser, dans les services dont elles étaient respectivement chargées, les progrès et les améliorations désirables.

Ces institutions ont pu ainsi prendre l'avance et donner de profitables exemples mais, tandis que des pays étrangers, où les créations d'organismes nouveaux rencontraient moins d'entraves, pouvaient organiser de nombreux établissements analogues, en profitant de notre expérience, nous sommes restés trop souvent immobilisés à la suite de nos premiers succès.

Les institutions officielles ont rarement, en effet, l'esprit d'initiative et la liberté d'action nécessaires pour se transformer en temps utile et suivre les évolutions de l'humanité. Elles ont trop souvent aussi la tendance de garder pour elles le fruit de travaux qui devraient appartenir à tous, quand ils ont été faits aux frais du budget de l'État, et l'on a vu parfois cette tendance s'appliquer alors même qu'il s'agissait d'inventions capitales pouvant constituer pour le pays ou pour l'humanité un bienfait incontesté.

Il serait possible de citer, encore en ce moment, de regrettables exemples de ce genre.

Seule, l'initiative privée peut donner aux institutions qui en relèvent les ressources et la souplesse voulues pour se plier aux exigences des transformations continuelles que doivent subir les créations humaines pour suivre les évolutions des Sciences et de l'Industrie.

Dans notre pays, de grands exemples nous ont été donnés, à différentes époques, de l'action puissante que peut exercer l'initiative privée pour hâter la marche des progrès industriels. La création, en 1801, de la Société d'encouragement pour l'Industrie nationale, celle en 1829 de l'École centrale des Arts et Manufactures qui a eu pour conséquence ultérieure la constitution de la Société des Ingénieurs civils ; la création enfin à partir de 1840, des différentes Compagnies de chemins de fer, sont des exemples frappants de ce que peut faire l'initiative privée pour la grandeur ou la prospérité de l'industrie d'un pays.

D'autre part, par la fondation des Écoles d'arts et métiers, par l'organisation du Conservatoire qui était destiné à devenir, comme on l'a dit, la Sorbonne de l'Industrie, par la création de l'École des travaux publics, qui devenue l'École polytechnique, a été complétée par les Écoles d'application des divers services, l'État avait, dès le début du siècle, constitué dans notre pays l'enseignement scientifique et technique sur des bases solides qui pendant longtemps ont assuré à la France une situation prépondérante dans le monde industriel. Mais malgré ces conditions favorables qui auraient dû nous garantir le maintien de cette situation, il y a longtemps déjà que l'on a pu constater les progrès rapides que faisaient à côté de nous des pays étrangers dont l'industrie réussissait à prendre sur plusieurs points l'avance sur la nôtre.

On constatait également que dans ces pays l'enseignement technique se développait avec une rapidité extrême et que de tous côtés se créaient des établissements de recherches et d'expériences, largement ouverts aux étudiants et aux industriels.

Les pouvoirs publics, dans notre pays, ne sont pas restés indifférents aux avertissements qui leur ont été donnés sur cette situation, et grâce aux mesures prises, nos établissements d'enseignement se sont organisés dans les différents centres universitaires pour pouvoir rivaliser avec les institutions de l'étranger.

C'est surtout, toutefois, en ce qui concerne l'enseignement de la physique, de la chimie et des sciences naturelles, que l'attention avait été primitivement appelée sur les magnifiques installations de nos voisins et c'est, par suite, de laboratoires de ce genre que les instituts groupés autour de nos Universités ont été d'abord dotés.

Mais la création de laboratoires pour les études mécaniques n'est pas moins utile, et il suffit de jeter un coup d'œil sur ce qui existe dans ce genre à l'étranger pour voir combien il nous reste à faire à ce sujet.

Ce n'est pas que nous manquions, en France, de laboratoires d'essais mécaniques, tout au moins pour les essais de résistance de matériaux ou même de laboratoires de recherche et d'expériences dans les principaux établissements des divers services de l'État ou dans nos grandes Compagnies de construction, mais ce que l'on peut reprocher à ces laboratoires, c'est d'être fermés au public, de ne travailler que pour eux-mêmes et de conserver, même souvent avec un soin trop jaloux, pour le service particulier dont ils dépendent, les fruits de leur travaux et de leurs recherches. Ce qu'il faut, au contraire, pour aider au développement de l'industrie d'un pays, ce sont des laboratoires ouverts, dans lesquels les particuliers ou les industriels puissent faire faire les vérifications et les essais dont ils ont besoin et dont ils puissent même, dans certains cas, utiliser les ressources pour l'exécution de recherches personnelles.

Des laboratoires de ce genre existent dans les autres pays, les uns dus à l'initiative privée, les autres administrés par l'État.

En France, nous n'avons rien de semblable, au moins en ce qui concerne la mécanique. Dans une branche de science voisine, pour l'électricité, l'exemple d'une création de ce genre due à l'initiative privée, agissant avec l'appui de l'État et le concours de la Ville de Paris, a été donné par la Société des électriciens, qui a pu créer un laboratoire destiné à l'essai et à la vérification des appareils électriques.

Le succès qu'a rencontré cette entreprise montre l'intérêt qui s'attache à la création d'établissements de ce genre organisés spécialement en vue des besoins du commerce et de l'industrie.

Des tentatives ont bien été faites pour mettre certains laboratoires officiels, tels que le laboratoire d'essais des matériaux de l'École des ponts et chaussées ou les laboratoires du Conservatoire des Arts-et-Métiers à la disposition du public pour des essais et des vérifications, mais l'insuffisance des ressources de ces laboratoires, les exigences de leurs travaux ordinaires et les entraves apportées à leur développement par les formalités administratives, sans parler des obstacles résultant d'errements surannés ou de scrupules déplacés, ont rendu stériles ces efforts.

On ne peut arriver aux résultats cherchés que par la création d'établissements organisés sur des bases nouvelles, spécialement constitués en vue des besoins du commerce et de l'industrie et pouvant se plier à leurs exigences.

La question ainsi posée avait été mise déjà à l'étude au Congrès de mécanique de 1889. Elle a figuré aussi à l'ordre du jour du Congrès de 1900 et a donné lieu à la publication de rapports pleins d'intérêt, signés des noms les plus autorisés et les plus compétents.

Je ne donnerai pas l'énumération des nombreux laboratoires étrangers dont il est question dans ces rapports. Je me contenterai de vous en signaler quelques-uns pour appeler votre attention sur ceux dont il y aurait intérêt à reproduire les dispositions dans notre pays.

Les laboratoires de mécanique qui ont été installés jusqu'ici à l'étranger se rattachent à différents types.

Les laboratoires destinés à l'enseignement et annexés aux écoles techniques supérieures sont les plus nombreux ; ils sont relativement faciles à créer et à faire fonctionner, et je ne m'arrêterai pas sur leur organisation.

Des laboratoires destinés à la vérification et à l'étalonnage des mesures, ainsi que d'autres chargés des essais de résistance des matériaux, sont, dans les pays voisins, mis largement à la disposition des particuliers et des industriels et ils présentent souvent un caractère officiel.

Il existe enfin des laboratoires de recherches et d'expériences, qui sont pourvus des moyens d'investigation nécessaires pour étudier avec méthode et précision les conditions d'établissement et de fonctionnement des machines de toute nature, et ces laboratoires sont ouverts largement à tous ceux qui veulent mettre à profit leurs ressources.

Pour vous permettre de vous rendre compte de l'importance et de l'organisation de ces établissements, je ne puis mieux faire que de passer rapidement en revue avec vous un certain nombre d'entre eux.

Je mentionnerai d'abord particulièrement l'un des derniers installés, le Laboratoire de mécanique de Zurich qui est rattaché à l'École polytechnique fédérale.

Ce laboratoire forme deux établissements placés sous les ordres de directeurs différents : l'un est affecté aux essais de résistance des matériaux, l'autre aux recherches et expériences.

Ce dernier dispose d'une machine à vapeur de 120 chevaux, pourvue de dispositifs permettant de réaliser des combinaisons variées pour la distribution et la détente. Il possède des chaudières de types différents avec modes de chauffage divers.

Il a, en outre, à sa disposition une machine compound de 40 chevaux, une machine verticale de 10 chevaux, une turbine de Laval, des moteurs à gaz, à pétrole, à gaz pauvre, etc.

Il est également pourvu de moyens de faire des recherches sur les moteurs hydrauliques et il dispose de turbines et de réservoirs permettant d'alimenter des canalisations pouvant produire l'effet de chutes d'eau de hauteurs variables, depuis 4^m,50 jusqu'à 40 mètres.

Le laboratoire d'électrotechnique de l'Institut de physique est appelé à compléter le laboratoire de mécanique et il est mis à la disposition des élèves de quatrième année pour compléter leurs études.

En regard de cette organisation réalisée en Suisse, nous pouvons mentionner celle qui existe en Allemagne, à Charlottenbourg. Là, deux laboratoires officiels, constituant des établissements d'empire, sont mis à la disposition du commerce et de l'industrie : l'un est la *Commission normale d'étalonnage* qui est chargée de la vérification des mesures et appareils employés dans les transactions commerciales depuis les mesures de longueur, de capacité, de densité, jusqu'aux instruments de pesage et aux compteurs à gaz ; l'autre est le *Laboratoire impérial de physique* chargé de tous les autres instruments de précision ; mesures optiques, électriques, thermométriques, manométriques, etc.

Ces deux établissements comportent un nombreux personnel ; le dernier forme deux sections, dont l'une est affectée aux recherches purement scientifiques, et l'autre est chargée des déterminations pour l'industrie et délivre des certificats ayant un caractère légal.

Deux autres laboratoires, dépendant ceux-là du royaume de Prusse, existent également à Berlin-Charlottenbourg.

Le premier est le *Laboratoire royal d'essais mécaniques*, rattaché pour ordre, au point de vue budgétaire seulement, à l'École technique supérieure. Il comprend quatre sections chargées respectivement des essais de métaux, des essais de lubréfiants, des essais des papiers et textiles et des essais de matériaux autres que les métaux. Ce laboratoire qui, en outre du directeur et des quatre chefs de sections, dispose de soixante-dix-sept agents, a effectué, en 1899, plus de trente mille essais divers. Il possède, pour les essais de traction, une machine d'une puissance de 500 tonnes, et doit être sous peu considérablement agrandi.

Le second est le *Laboratoire royal d'essais chimiques*, rattaché pour ordre à l'École des mines, mais placé, comme le précédent, sous le contrôle d'une Commission royale qui a pour mission de veiller à ce qu'ils soient toujours tenus en état de satisfaire aux besoins de l'industrie.

Le troisième enfin est le *Laboratoire d'essais de machines* rattaché à l'École technique supérieure, et mis également à la disposition de l'industrie.

De création relativement récente, il dispose d'une puissance de 500 chevaux, il comprend un directeur secondé par six adjoints, et quatorze agents divers.

Il y a lieu de remarquer que des laboratoires analogues aux trois laboratoires royaux de Charlottenbourg sont entretenus, par les principaux États confédérés, sur leur budget, auprès de chaque école technique supérieure, notamment à Munich, Dresde, Hanovre, Stuttgart, Aix-la-Chapelle, Carlsruhe, Brunswick, etc.

A côté des établissements impériaux ou royaux de mesures et d'essais, il existe, en Allemagne, de nombreux laboratoires dans l'industrie, les services publics, les universités et les écoles, et c'est, sans contredit, dans le concours prêté par ces établissements à l'industrie allemande, en même temps que dans l'organisation éminemment pratique des Écoles techniques supérieures, qu'il faut voir la cause première de l'essor rapide de l'industrie allemande.

Nous donnerons une idée de cet essor, en rappelant qu'en Allemagne plus de dix mille étudiants fréquentent les Écoles techniques supérieures, connues sous le nom d'Écoles polytechniques, et qui sont au nombre de sept.

Si nous passons en Amérique, nous voyons aux États Unis un grand nombre d'institutions techniques considérables et parfaitement organisées, soutenues par des dotations particulières et qui presque toutes sont aujourd'hui pourvues de laboratoires de mécanique organisés par l'intervention de savants éminents comme les professeurs Thurston, Carpenter, Whollaker.

Nous citerons le laboratoire de Sibley, de l'Université Cornell à Ithaca, le laboratoire de l'Université d'Illinois, ceux de l'Institut de technologie de Massachusetts à Boston, et de l'Institut polytechnique de Worcester, ainsi que le laboratoire de l'Université de l'État de l'Ohio, qui tous disposent de nombreuses machines d'essais pour la résistance des matériaux et de machines à vapeur, de chaudières de divers systèmes et parfois de machines hydrauliques ou de moteurs variés pour les recherches et essais.

En Angleterre, les écoles techniques ont été pourvues, pour la plupart, grâce à la munificence de généreux donateurs, de laboratoires d'essais mécaniques, possédant des machines à vapeur et des machines-outils pour le travail des métaux.

En Belgique, l'exemple donné à Liège par M. Dwelshauvers-Dery a été suivi par l'Université de Gand et par l'École polytechnique de Bruxelles, et là encore l'initiative privée est intervenue pour doter ces établissements de puissants moyens d'études.

Ces exemples nous montrent ce que nous avons à faire en France pour pouvoir rivaliser actuellement avec l'organisation industrielle des pays étrangers.

Disposant des éléments puissants, mais en ce moment mal employés, que possèdent nos anciens établissements officiels, utilisant les ressources nouvelles dues à l'initiative privée que les règlements actuels donnent le moyen de leur affecter, et mettant à profit, pour leur organisation matérielle, l'expérience acquise par nos voisins, nous pouvons aujourd'hui constituer, à coup sûr, un ensemble d'institutions répondant à tous les besoins et joignant, à la stabilité des œuvres d'État, l'élasticité et la souplesse de fonctionnement qu'exige le programme à remplir.

Il nous faudra d'abord évidemment prévoir, dans la constitution des Écoles techniques supérieures, qui doivent être rattachées à nos grands centres d'instruction, la création de laboratoires de mécanique destinés à l'enseignement, mais pouvant aussi prêter leur concours au commerce et à l'industrie pour les essais et les recherches de mécanique appliquée.

Ces établissements ne rendront toutefois tous les services qu'on est en droit d'en attendre que si nous réussissons à faire disparaître enfin cet esprit d'antagonisme et de méfiance qui existe encore parfois en France entre la science officielle et l'industrie, esprit fâcheux qui a déjà été bien des fois signalé et que tout récemment encore le directeur actuel de l'École municipale de physique et de chimie industrielles de la ville de Paris a rappelé, en termes si heureux, dans l'introduction de son Rapport général sur l'histoire et le fonctionnement de cette école, en faisant ressortir pour les industries chimiques une situation qui s'appliquerait avec non moins de justesse aux industries mécaniques de notre pays.

On sait aujourd'hui que c'est à cet esprit regrettable que l'on doit en grande partie attribuer l'éloignement que manifestent nos étudiants pour la carrière industrielle et la grande différence qui existe notamment sous ce rapport entre notre pays et l'Allemagne.

L'attention est appelée déjà sur ce point et, ainsi que le constate M. Lauth, une heureuse transformation est en train de s'accomplir.

Nous pouvons compter sur le cours naturel des événements qui se déroulent en ce moment chez nous et qui impressionnent si vivement notre corps universitaire pour voir, avant peu, sans doute, des idées plus saines dominer, et l'union se faire plus intime entre les éléments qui doivent constituer les forces vives de la nation.

Mais, pour que le mouvement se produise plus rapide, il faut que l'impulsion parte d'en haut, et, pour nous borner à la question des laboratoires spéciaux de mécanique, nous croyons qu'il nous faut aussi créer, comme en Allemagne, un établissement central qui devra donner l'exemple et la direction aux établissements régionaux et qui centralisera les essais officiels d'étalonnage et de vérification des appareils et instruments de mesure.

Notre Conservatoire des Arts et Métiers est tout indiqué pour recevoir ce laboratoire central.

La réorganisation dont vient d'être l'objet ce grand établissement et qui laisse place aujourd'hui à l'action de l'initiative privée pour lui apporter des donations avec affectation spéciale rend le moment propice pour une création de ce genre. — Ainsi, on donnera satisfaction aux vœux tant de fois exprimés par de bons esprits et l'on complétera, par la création d'un service d'essais, ouvert largement à tous, la série des établisssements de recherches et d'expériences que possèdent déjà nos grandes administrations et les divers services de l'État.

Ces derniers établissements, laissés entièrement à leur rôle officiel, pourront ainsi continuer sans entraves leurs propres travaux, mais ils auront aussi éventuellement la ressource de mettre à profit les moyens d'action, plus puissants du laboratoire central pour leur venir en aide en cas de besoin, et il y aura profit pour tous à faciliter ces échanges de bons offices.

Si les nombreux laboratoires de mécanique appliquée qui existent déjà à l'étranger peuvent nous guider dans l'organisation de l'établissement modèle que nous voudrions voir installer à Paris, il est un point spécial sur lequel je voudrais appeler particulièrement l'attention de ceux qui seront chargés de cette création, car il me semble possible de réaliser de ce côté de nouveaux progrès.

Pour que le laboratoire d'essais et de recherches mécaniques puisse rendre aujourd'hui tous les services qu'on est en droit d'en attendre, il me paraît nécessaire qu'on se préoccupe de la création de nouvelles méthodes et de nouveaux appareils pour ces essais et ces recherches.

Il faut qu'on ne soit pas seulement en état d'effectuer des mesures sur place dans le laboratoire, il faut aussi que l'on puisse disposer d'appareils susceptibles d'être transportés et pouvant se monter sur les machines en mouvement, dans les usines ou sur les chantiers, pour en étudier sur les lieux mêmes les conditions réelles de fonctionnement.

Les indicateurs de pression usuels, les freins dynamométriques existants ne suffisent plus pour la série des études qui s'imposent aujourd'hui.

C'est, en effet, en introduisant, dans l'étude des organes mécaniques des machines, l'enregistrement des actions moléculaires, en fonction des temps, et par suite la mesure des variations réalisées dans les conditions de fonctionnement de ces machines, pour des intervalles de temps très courts, c'est-à-dire souvent pour des fractions minimes de seconde, qu'on peut aujourd'hui espérer réaliser des progrès importants dans la technique des machines.

Le temps n'est plus où l'on pouvait se contenter de vérifier sommairement, dans l'étude de la marche d'une machine, les résultats de calculs basés sur des hypothèses prétant aux corps des propriétés idéales et faisant abstraction des phénomènes physiques qui interviennent si souvent pour compliquer et transformer les conditions du problème.

La nécessité de tenir compte, dans les machines à marche rapide, des réactions mises en jeu, des effets perturbateurs des vibrations et de l'inertie, ainsi que les exigences de la pratique qui obligent de plus en plus à tenir compte des conditions de rendement économique, rendent indispensables des mesures de haute précision et des expériences rigoureuses faites dans les conditions mêmes d'emploi des machines réalisées.

Heureusement, les enregistreurs électriques, les instruments de mesure basés sur l'emploi des diapasons, les moyens d'étude que fournissent l'optique et la photographie procurent aujourd'hui des ressources précieuses pour pénétrer dans la structure intime des corps et pour en enregistrer les variations les plus délicates.

C'est à ces procédés perfectionnés d'investigation que l'on devra avoir recours pour doter les laboratoires de mécanique modernes de toutes les ressources qui leur sont indispensables.

Pour préciser ma pensée, je dirai, en invoquant un exemple qui m'est familier, que c'est en faisant pour l'étude des machines en général ce qu'on a réalisé pour l'étude des bouches à feu, c'est-à-dire en ayant recours à des appareils spéciaux susceptibles d'enregistrer sur place, les plus petits mouvements des corps et les lois de leurs déplacements en fonction du temps, dans les intervalles les plus courts, qu'on arrivera à provoquer de nouveaux progrès.

L'exemple des résultats obtenus dans la construction du matériel d'artillerie, en suivant la voie que j'indique, est de nature à donner confiance dans le succès de recherches de ce genre.

Le problème pour l'artillerie présentait, en effet, des difficultés spéciales que l'on rencontrera rarement réunies au même degré.

Considéré au point de vue mécanique, un canon est un moteur thermique à explosion, fonctionnant par intermittences, dans des conditions qui en rendent l'étude particulièrement difficile.

Le projectile en constitue le piston que l'on remplace à chaque coup. Il est abandonné à lui-même et projeté librement dans l'espace; mais on doit en observer les mouvements, en relever la trajectoire et souvent en déterminer les effets contre les obstacles qu'il rencontre.

Pour obtenir la meilleure utilisation de la poudre qui donne la puissance motrice, pour assurer le bon fonctionnement et la durée des organes des canons et des affûts, ainsi que la résistance de leurs points d'attache quand les pièces sont installées à poste fixe, sur des navires ou dans des tourelles par exemple, pour réaliser aussi la construction d'affûts ressérrant, mathématiquement, le recul dans d'étroites limites et assurant le retour régulier en batterie, pour étudier enfin les conditions de fonctionnement des armes nouvelles à tir rapide et même à fonctionnement automatique dont on est parvenu à établir récemment les types les plus variés, il a fallu créer des appareils susceptibles de fonctionner dans les conditions les plus difficiles et permettant d'enregistrer avec précision des déplacements brusques ou des pressions énormes se produisant dans des temps excessivement courts souvent inférieurs à un millième de seconde.

Pour montrer la variété et la nature spéciale des déterminations que comporte un seul coup de canon et sans aller chercher des exemples plus complexes que je pourrais trouver en relevant les mesures qui permettent d'analyser le fonctionnement d'une arme à tir automatique comme celles dont je viens de parler, je ne puis mieux faire que de rappeler l'exemple relativement simple cité par M. Canet, l'un de ceux qui ont le plus contribué aux progrès de l'artillerie moderne, dans le discours qu'il a prononcé cette année en prenant la présidence de la Société des ingénieurs civils de France.

Il s'agit du tir d'un canon de 305 millimètres de diamètre, normalement employé pour l'armement de notre flotte, tirant au polygone un coup d'essai sur un affût qui limite le recul de la pièce et la ramène automatiquement en batterie et voici, résumée, d'après ce discours, l'énumération de quelques-unes des données numériques que les appareils de mesure ont permis de relever dans ce tir :

« La charge de 100 kilogrammes de poudre sans fumée, enflammée par la déflagration d'une étoupille renfermant 4 centigrammes de fulminate, donne naissance à 90.000 litres de gaz qui développent dans l'âme une pression maximum de 2.700 atmosphères.

« Cette pression soumet la fermeture de la culasse à une poussée de 2.600.000 kilogrammes. Sous cette action des gaz qui s'exerce pendant 75 dix-millièmes de seconde, le projectile du poids de 300 kilogrammes sort de la bouche du canon avec une vitesse de 900 mètres par seconde. Il emporte avec lui une puissance vive de 12.500.000 kilogrammètres, lui permettant de perforer, à 3.000 mètres de distance, une plaque d'acier de 55 centimètres d'épaisseur. Pendant ce temps, les 1.800 kilogrammes qui constituent le canon et la partie mobile de l'affût supportent la réaction des gaz de la poudre et reculent de 920 millimètres en 25 centièmes de seconde avec une vitesse dont le maximum est de 6ᵐ,60 par seconde. Le frein hydraulique a opposé une résistance de 200 tonnes pour amortir le recul, et enfin le récupérateur a, dans ce mouvement, emmagasiné l'énergie nécessaire pour ramener lentement, sans chocs, en 3 secondes, le canon en batterie, à sa position de tir. »

Ces mesures que cite M. Canet, pour un des calibres supérieurs employés dans l'armement des cuirassés modernes, on sait aussi les effectuer, à l'autre extrémité de l'échelle, pour les canons des plus petits calibres et même pour les fusils.

On a même réussi à enregistrer la succession des pressions développées sur le culot du projectile pour chacun des intervalles de temps élémentaires que l'on peut considérer pendant la durée si courte de son trajet dans l'âme ou même la résistance éprouvée par lui, à chaque période de son parcours de pénétration dans la muraille d'un navire blindé.

On se rend compte que, pour pouvoir relever une telle multiplicité de mesures sur des bouches à feu si différentes, dans des conditions si variées, il a fallu créer une série nombreuse de types d'appareils spéciaux.

Le caractère commun de ces appareils, c'est qu'ils sont conçus de façon à être sinon portatifs, du moins facilement déplacés pour pouvoir aller s'installer à proximité des champs de tir et des polygones où s'exécutent les tirs d'essai et d'expérience du matériel d'artillerie. C'est l'emploi d'organes électriques qui, dans la plupart de ces appareils, a permis de résoudre les difficultés spéciales que présentaient le relevé des mesures et la transmission des signaux qui les déterminent.

Je n'énumérerai que les principaux types de ces appareils.

Ce sont les *chronographes électro-balistiques*, établis pour mesurer la vitesse moyenne du projectile dans le parcours d'une portion déterminée de sa trajec-toire, ou même la succession des vitesses réalisées soit dans une fraction choisie à l'avance de leur trajet dans l'air, soit même dans le parcours de l'âme du canon.

Ce sont les *vélocimètres* qui enregistrent graphiquement les durées des parcours successifs de l'affût dans son recul et dans son retour en batterie sous l'action des freins et permettent, sous certaines conditions, de déterminer les vitesses successives prises par les corps en mouvement ou les pressions exercées ou subies par eux pour des intervalles de temps régulièrement croissants et très petits.

Ce sont encore les *flectographes* qui permettent d'enregistrer les flexions et les oscillations des points d'attache et d'apprécier la fatigue des pièces soumises aux réactions du tir.

Ce sont aussi les *projectiles enregistreurs*, qui, à l'aide de mécanismes à diapasons vibrants, logés dans le projectile même et fonctionnant en vertu des lois de l'inertie permettent de recueillir des tracés qui donnent également, pour des intervalles de temps régulièrement croissants, la succession des espaces parcourus par ces projectiles, soit dans leur trajet dans l'âme, soit dans leur parcours dans l'air au voisinage de la pièce, soit encore dans la traversée d'un milieu résistant, voire même d'un massif cuirassé.

A ces appareils fournissant, par une méthode indirecte, l'évaluation des pressions développées dans l'âme des bouches à feu, ou dans les cylindres des freins hydrauliques modérateurs du recul des affûts, il faut encore ajouter les appareils analogues, *accéléromètres* et *accélérographes*, qui nécessitent la perforation des parois des bouches à feu dont on veut apprécier la fatigue, et la nombreuse famille des *manomètres*, qui, de perfectionnements en perfectionnements, sont arrivés à se loger, dans les projectiles ou dans les vis de culasse et les douilles métalliques des charges, et à donner même l'enregistrement, en fonction du temps, des pressions développées dans l'âme des bouches à feu pour chaque coup de canon.

Dans ces derniers appareils, c'est encore l'emploi de diapasons ou de lames vibrantes qui a permis de réaliser la mesure des durées très petites que l'on est obligé de considérer.

L'électricité, la photographie, les dispositions optiques les plus délicates ont été aussi mises en œuvre par les artilleurs pour réaliser les multiples combinaisons d'appareils qui ont été successivement expérimentés pour résoudre les nombreuses questions que soulève l'étude du matériel d'artillerie moderne.

Le succès obtenu, dans des conditions si difficiles, montre qu'il n'est pas de problème d'expérimentation mécanique, si complexe soit-il, qui ne puisse aujourd'hui être résolu avec les ressources dont dispose actuellement la Science.

Il est donc permis de dire qu'un laboratoire de recherches et d'essais mécaniques complètement outillé devra être pourvu, comme le sont aujourd'hui les établissements et les champs d'épreuves d'artillerie, de séries d'appareils appropriés à toutes les recherches expérimentales utiles et en particulier d'appareils pouvant permettre d'enregistrer les lois de fonctionnement de tous les organes des machines et les variations correspondant à des intervalles de temps assez petits pour mettre en évidence les perturbations résultant des déformations moléculaires et des réactions élastiques des corps.

Le Laboratoire central d'essais et de recherches mécaniques qui va être organisé au Conservatoire des Arts et Métiers pourra, je l'espère, être ainsi doté des moyens d'étude et d'investigation les plus modernes et les plus perfectionnés.

Les études qui s'y exécuteront pourront alors servir de types aux laboratoires analogues qui devront être créés dans nos principales villes de France, et ces laboratoires pourront ainsi rendre à nos industriels les services les plus utiles et replacer, sous ce rapport, notre pays au rang qui lui convient.

Ainsi, avec le développement de l'enseignement technique, dont le plan est déjà en voie d'exécution, et avec le changement que nous espérons voir se produire dans l'esprit de la jeunesse, nous verrons disparaître les causes principales qui ont provoqué un état d'infériorité qu'il n'est pas possible de méconnaître et qu'il serait dangereux de vouloir dissimuler.

Mais, comme complément de ces mesures, il en est encore d'autres qu'il me paraîtrait opportun de ne pas négliger en ce moment, bien qu'elles soient d'un ordre secondaire, si nous voulons nous mesurer à armes égales avec nos rivaux dans les luttes industrielles.

Je veux parler des dispositions à réaliser pour mettre à la portée de tous les travailleurs, dans les conditions les plus rapides et les plus simples, les documents et les renseignements dont ils peuvent avoir besoin, à un moment donné, sur un sujet quelconque, et, par conséquent, des mesures à prendre pour recueillir et classer les matériaux scientifiques innombrables qui vont s'accumulant sans cesse sous les efforts des travailleurs de tous les pays. C'est là le rôle dévolu aux travaux bibliographiques, et nous devons aussi constater que jusqu'à ce jour ces travaux ont été beaucoup plus en honneur à l'étranger qu'en France.

En ce qui concerne, tout au moins, les questions scientifiques et industrielles, dont nous nous préoccupons particulièrement ici, les recueils bibliographiques spéciaux existent nombreux et bien faits à l'étranger et l'on y trouve rapidement publiés les titres et souvent l'analyse des ouvrages nouveaux ou des articles récemment parus dans les publications spéciales qui concernent les différentes branches de science ; ces renseignements sont naturellement complétés par les indications voulues pour remonter, au besoin, aux sources originales. Ces documents bibliographiques sont mis libéralement à la disposition du public qui peut rapidement et facilement se renseigner sur les sujets qui l'intéressent.

En France, jusqu'en ces derniers temps, les recueils de ce genre sont restés rares ; les difficultés que rencontrent les lecteurs de nos bibliothèques pour se renseigner et se documenter sont considérables, et il n'est donné qu'aux travailleurs de profession et aux spécialistes de certaines études de pouvoir se tenir régulièrement au courant des progrès réalisés dans les branches de sciences qu'ils cultivent.

Pour les besoins du commerce et de l'industrie, c'est cependant le premier intéressé venu qu'il peut être utile de mettre en mesure de se renseigner rapidement, à un moment donné, sur un sujet qui peut-être resté jusque-là étranger pour lui.

Il conviendrait donc de multiplier les sources d'informations et de renseignements et de prendre des mesures pour les mettre à la portée de tous, dans des conditions qui en rendent l'emploi avantageux et pratique.

Mais, si l'on songe au nombre considérable de travaux et de recherches qui s'exécutent dans toutes les contrées où la science est en honneur et où l'industrie se développe, ainsi qu'à la quantité de publications auxquelles donnent lieu ces travaux et ces recherches, on se rend compte que c'est une entreprise gigantesque que celle de réunir, de classer et de conserver en bon ordre les documents bibliographiques qui les concernent.

Ce n'est pas, d'ailleurs, par la publication de recueils bibliographiques, comme ceux qui existent déjà en grand nombre, surtout à l'étranger, que l'on peut songer à trouver une solution satisfaisante de la question.

Ces recueils, préparés par des travailleurs isolés et établis sur des plans différents, sont difficiles à tenir complets et à jour dans chaque spécialité et font souvent double emploi entre eux.

Leur préparation entraine donc des pertes de temps et d'argent qui pourraient être évitées.

Ils constituent vite des collections volumineuses et d'un prix élevé qui ne peuvent être consultées avec fruit que par des spécialistes et qui ne s'adressent pas à la masse des travailleurs.

Ce qu'il faut pour ceux-ci, ce que l'on doit chercher à réaliser, c'est le Répertoire unique, dont toutes les parties combinées pour embrasser l'ensemble des sciences seraient établies sur un plan uniforme, de façon à pouvoir constituer isolément des répertoires partiels, s'appliquant chacun à une spécialité et se complétant mutuellement sans doubles emplois ni lacunes.

Ce répertoire devrait nécessairement être établi sur fiches, consacrées chacune à un seul document bibliographique, de façon à pouvoir être tenu constamment à jour par l'intercalation de nouvelles fiches.

Il ne peut être évidemment réalisé qu'en faisant appel à la coopération internationale et en faisant concourir à sa formation de nombreux travailleurs, opérant simultanément sur un plan uniforme, dans les différents pays, de façon à fondre en une œuvre unique les matériaux réunis de toutes parts par un travail continu et coordonné.

Une pareille entreprise est certainement difficile à mener à bonne fin.

Bien que le programme en eût été formulé depuis longtemps et à différentes reprises, elle était restée inexécutée, et tout récemment encore on la considérait comme irréalisable, même en la supposant limitée à l'inventaire des ouvrages de bibliothèque et en laissant, par suite, de côté le relevé des articles parus dans les publication périodiques.

La solution du problème, même en le laissant complet, ne paraît plus actuellement impossible, grâce aux travaux bibliographiques qui ont été faits, dans ces dernières années, en différents pays et l'œuvre est même aujourd'hui en pleine voie de réalisation.

Il s'est fondé, en effet, à Bruxelles, en 1895, un *Institut international de bibliographie* dont la création est due à l'initiative de deux courageux apôtres, MM. Lafontaine et Otlet, qui en faisant appel à la coopération des travailleurs de tous les pays, ont entrepris la préparation, sur un plan uniforme, d'un immense répertoire bibliographique, sur fiches, embrassant l'ensemble des connaissances humaines et réunissant dans ses différentes parties, méthodiquement classées, tous les renseignements concernant les publications faites dans le monde entier.

Une grande partie de ce répertoire, occupant de nombreux meubles classeurs, a pu être amenée à l'Exposition et a été déposée dans la grande salle du Palais des Congrès où il a été mis, comme instrument de travail, à la disposition des congressistes.

Des reproductions de ce répertoire, limitées aux différentes branches qui concernent des spécialités déterminées, peuvent être préparées et déposées dans des établissements convenablement choisis, pour être mises à la portée des travailleurs qui peuvent avoir intérêt à les consulter.

On peut donc trouver là la solution cherchée. Il suffira d'aider l'Institut international de bibliographie à compléter son œuvre dont le développement est déjà considérable, puisque le nombre des fiches réunies et classées dans le Répertoire universel dépasse actuellement 5 millions.

L'œuvre est conçue, d'ailleurs, de façon à pouvoir profiter des concours les plus variés.

A la seule condition de se conformer, dans la préparation des Notices bibliographiques, à quelques dispositions fort simples, tous les matériaux préparés pour des bibliographies quelconques, les catalogues des bibliothèques et des éditeurs, les sommaires mêmes des publications périodiques édités par ces recueils peuvent fournir autant d'éléments venant s'incorporer dans le Répertoire universel.

Le classement de ces fiches s'opère avec facilité, en suivant les règles fixées par l'Institut de bibliographie et dont je dirai un mot plus loin.

Pour coopérer efficacement, dans notre pays, à l'œuvre de cet Institut, on a constitué à Paris, sous le nom de *Bureau bibliographique*, un centre de travail qui se charge, pour notre production nationale, de contribuer à la préparation et à la tenue à jour du Répertoire universel.

Ce Bureau doit aussi prêter son concours au développement des Tables de classification et à l'organisation, dans les différentes villes, de centres d'informations bibliographiques possédant des reproductions intégrales ou partielles du Répertoire sur fiches. Il suffira donc, pour en revenir à la question qui m'occupe, que dans l'organisation nouvelle de notre Conservatoire des Arts et Métiers et dans l'organisation de nos Écoles techniques supérieures, on réserve une place et des crédits pour l'installation de Répertoires bibliographiques spéciaux, pour que ces répertoires puissent être immédiatement constitués par la reproduction de parties convenablement choisies, extraites du Répertoire universel prototype conservé au siège de l'Institut international de bibliographie et tenu par lui en état d'élaboration permanente.

Cette œuvre gigantesque de la préparation d'un Répertoire universel unique, pour l'ensemble des connaissances humaines, n'a pu être conçue et réalisée que grâce à l'adoption d'un système de classement général, permettant d'attribuer à chacun des sujets qui peut faire l'objet d'un travail de l'esprit un classement déterminé, toujours identique à lui-même et facile à retrouver.

Ce système de classement doit faire naturellement l'objet de Tables que chacun de ceux qui ont à faire usage du Répertoire doivent avoir à leur disposition.

Le sytème qui a été choisi par l'Institut international de bibliographie est celui qui est connu sous le nom de *Classification décimale* et dont les premières tables ont été dressées, il y a déjà une vingtaine d'années, par M. Melvil Dewey, à cette époque, directeur de la bibliothèque de l'État de New-York.

Ces tables, publiées en anglais, ont fait déjà l'objet de six éditions successives, en recevant à chaque fois de nouveaux développements.

L'Institut international de bibliographie, après en avoir publié une édition française abrégée, a entrepris la publication d'une édition générale refondue, dans laquelle de nouveaux développements, souvent considérables, ont été donnés aux parties relatives aux Sciences pures et appliquées, parties qui, dans les éditions anglaises publiées jusqu'à ce jour, étaient parfois restées trop écourtées.

On est donc en mesure, aujourd'hui, d'établir, avec toute la précision nécessaire dans le classement, ce répertoire bibliographique des documents qui intéressent les sciences et l'industrie, dont je voudrais voir dotés nos grands établissements d'enseignement technique.

On a parfois présenté la Classification bibliographique décimale, sur laquelle est basé ce classement, sous un jour inexact qui a contribué à jeter sur elle une certaine défaveur, et je voudrais, pour terminer, vous dire quelques mots de ce système pour vous en faire apprécier les qualités et vous convaincre qu'en en préconisant l'emploi on fait œuvre raisonnée et justifiée.

L'opposition au système est venue d'abord, il faut le dire, du pays d'origine et de gens dont il lésait les intérêts ou risquait de changer les habitudes: Ce sont les critiques souvent injustes et exagérées qui ont été alors formulées, qui sont encore habituellement reproduites, bien qu'elles aient été victorieusement réfutées, le plus souvent par les faits.

Le promoteur du système de classification décimale ne l'avait pas proposé seulement à l'origine pour le classement des fiches bibliographiques, il l'avait appliqué, dès le début, au classement même des volumes et des ouvrages de bibliothèque.

Il est certain que ce système présente, en effet, pour le classement matériel de certaines bibliothèques, un avantage précieux en permettant de réunir, sur les mêmes rayons ou dans les mêmes salles, les ouvrages qui concernent les mêmes sujets, et en donnant ainsi le moyen d'admettre, dans les salles mêmes de dépôt, les lecteurs habituels répartis par spécialités, en facilitant le service des salles.

Des exemples curieux d'organisations de ce genre ont été réalisés en Amérique, lorsqu'on a eu à créer, de toutes pièces, des bibliothèques spéciales pour lesquelles on pouvait appliquer sans obstacles toutes les innovations.

Mais des difficultés se sont présentées quand on a voulu étendre l'application du système à des bibliothèques existantes dont il aurait fallu bouleverser le classement et remanier les installations.

On s'est heurté alors à l'opposition des bibliothécaires et des architectes, et l'affaire s'est compliquée rapidement de questions d'amour-propre, quand on a été amené à opposer le nouveau système de classification à des systèmes antérieurement proposés par d'autres bibliothécaires, et déjà appliqués et défendus par leurs auteurs.

On sait ce que sont les rivalités de spécialistes, à quel diapason s'élèvent les querelles que la passion domine et quelle acuité elles peuvent prendre quand l'esprit de corps s'y introduit.

C'est ce qui est arrivé pour le système de la Classification décimale quand les bibliothécaires de profession ont pu craindre que ce fût une machine de guerre dirigée contre leurs traditions et leurs règles consacrées par l'usage.

Mais nous pouvons espérer remettre la question dans les régions calmes et sereines de la discussion scientifique, en nous limitant à la stricte application du système, à la bibliographie pure et au simple classement des fiches dans les répertoires.

C'est en nous maintenant sur ce terrain que nous examinerons le principe sur lequel repose la Classification bibliographique décimale et les avantages qu'elle présente.

Dans ce système de classification, un sujet donné est représenté par un numéro d'ordre emprunté à la numération décimale et qui lui est propre, de sorte qu'à chaque nombre correspond un sujet unique, et inversement chaque sujet a pour le désigner, un seul et même numéro.

Pour former ces nombres, on a considéré l'ensemble des connaissances humaines comme constituant l'unité. On a divisé cette unité en 10 parties et l'on a réparti entre les dix premières fractions décimales ainsi obtenues toutes les connaissances humaines groupées en dix classes principales, telles que Philosophie, Religion, Sciences sociales, Philologie, Sciences naturelles, Sciences appliquées, Beaux-Arts, Littérature, Histoire et Géographie. La division 0,5 par exemple, a été ainsi affectée aux Sciences pures, et la division 0,6 aux Sciences appliquées.

Dans chacune de ces divisions, on a créé dix subdivisions représentant des centièmes de l'unité et on les a affectées à représenter les différentes sciences contenues respectivement dans les grandes classes précédentes.

On a ainsi, dans la division 0,5, obtenu les subdivisions :

0,51 Mathématiques.
0,52 Astronomie.
0,53 Physique.
0,54 Chimie.
0,55 Géologie, etc.

En divisant la fraction 0,53 en dix nouvelles parties, on a pu affecter des fractions représentant des millièmes de l'unité aux différentes branches de la Physique.

C'est ainsi que l'on a créé, par exemple, les subdivisions : .

> 0,534 Acoustique.
> 0,535 Optique.
> 0,536 Chaleur.
> 0,537 Électricité.

Dans l'optique représentée par la fraction 0,535 une nouvelle division en 10 a donné des fractions comportant 4 chiffres décimaux qui correspondent par suite à des dix-millièmes de l'unité et s'appliquent à des sujets plus étroitement délimités.

Avant d'aller plus loin, je dois dire que, dans la pratique, tous les nombres décimaux dont il s'agit sont imprimés dans les tables sous forme de nombres entiers, en supprimant, pour simplifier, le zéro et la virgule qui devraient figurer devant chacun d'eux.

En sorte que les divisions précédentes sont réellement écrites :

> 534 Acoustique.
> 535 Optique.
> 536 Chaleur.
> 537 Électricité.

En poussant plus loin encore la division, on arrive à créer les nombres suivants que l'on doit toujours considérer comme des fractions décimales, en rétablissant, par la pensée, devant chacun d'eux, le zéro et la virgule supprimés dans l'impression :

> 535.5 Polarisation.
> 535.56 Polarisation rotatoire.
> 535.567 Polarisation rotatoire magnétique.

On se rend compte, par cet exemple, du mécanisme de création d'un nombre appelé à représenter un sujet déterminé quelconque.

On voit que l'on peut toujours, en procédant à de nouveaux fractionnements par l'addition de nouveaux chiffres à la droite, obtenir des divisions de plus en plus petites pour représenter des sujets de plus en plus étroitement limités et spécialisés.

On peut toujours aussi, par l'addition de nouveaux chiffres, créer de nouveaux embranchements pour représenter de nouvelles branches de sciences récemment explorées, ou intercaler, dans les tables, de nouveaux sujets d'études, et cela sans rien changer aux numéros d'ordre précédemment affectés aux sujets voisins. .

Ces additions et intercalations sont rendues d'autant plus faciles que, dans l'établissement des tables, on a eu généralement soin de ne pas immédiatement utiliser toutes les cases obtenues en partageant en dix les subdivisions d'ordre immédiatement supérieur et de réserver généralement au moins la dizième, caractérisée par le chiffre final 9, pour représenter tous les autres sujets non spécialement dénommés, qui peuvent compléter la nomenclature établie pour l'embranchement créé.

Ces propriétés dont jouit le système de classification décimale, et qui résultent de ce que les nombres, d'apparence entière, qui figurent dans les tables représentent, en réalité, des fractions décimales de l'unité, donnent à ce système de classement une élasticité et une souplesse précieuses, qui n'existent au même degré dans aucun autre système.

Il a, en outre, l'avantage de présenter une simplicité extrême et de permettre d'utiliser de simples manœuvres pour assurer la conservation de l'ordre dans le classement des fiches lorsqu'une fois celles-ci ont reçu leur numérotage.

Les Tables de classification méthodiques, établies en inscrivant en regard des numéros d'ordre, classés dans leur ordre naturel, la désignation des sujets qu'ils représentent, doivent être naturellement complétées par des Index alphabétiques dans lesquels les titres de ces sujets sont classés dans leur ordre alphabétique et suivis chacun du numéro qui leur correspond.

Ces tables méthodiques et alphabétiques doivent être établies pour chaque idiome, mais à un numéro d'ordre identique correspond dans toutes ces tables un même objet, quels que soient les termes employés dans les différentes langues.

Les notations numériques des tables de la classification décimale constituent donc un langage scientifique international, et les mêmes sujets se trouveront, par l'usage de cette classification, groupés de la même façon et réunis sous les mêmes numéros dans les répertoires établis dans les différents pays.

Les divisions de la Classification décimale, telles que les a originairement établies M. Melvil Dewey, peuvent certainement prêter à de nombreuses critiques, si l'on veut discuter, au point de vue de la méthode, le classement adopté.

Les critiques varient alors suivant les pays et les individus, car, d'une part, les méthodes adoptées pour la classification ou l'enseignement des sciences varient suivant les pays, et chaque spécialiste a ses idées particulières sur la façon dont il envisage la coordination des sujets qui lui sont familiers.

Mais il faut, en pareille matière, voir les choses de plus haut et se dire qu'il ne pouvait être question de créer une classification méthodique irréprochable des connaissances humaines, car il ne peut en exister qui satisfasse l'esprit et puisse rester immuable.

L'auteur a donc dû se borner à constituer un groupement des matières, se rapprochant des idées reçues dans son pays, de façon à assurer à chaque chose une place bien déterminée et un numéro d'ordre facile à retrouver.

Peu importe dans la pratique qu'à une branche de science donnée réponde un numéro ou un autre, et que deux sujets, que notre pensée rapproche momentanément, se trouvent représentés parfois par des nombres distincts les uns des autres dans les tables ; l'important, c'est que ces sujets aient chacun, pour le désigner, un numéro d'ordre bien déterminé et facile à trouver, et tout ce que l'on peut faire c'est de demander au système, ce qui a été réalisé par des perfectionnements de détail, de permettre d'établir entre ces numéros les rapprochements qu'il peut être utile de ménager.

Des améliorations récentes, dont l'exposé serait trop long et qui sont, en majeure partie, l'œuvre de l'Institut de bibliographie, sont venues augmenter encore la commodité d'emploi et la variété des ressources du système de classification décimale qu'avait primitivement conçu Melvil Dewey.

Telle a été, entre autres, la création des *Tables des subdivisions communes* qui sont formées de séries de nombres qui peuvent être utilisés, d'une façon uniforme, dans toute l'étendue des tables générales, pour représenter des idées qui se reproduisent fréquemment dans l'analyse des sujets à classer.

Ces nombres, qui se distinguent par des signes particuliers, comme un zéro intercalaire, une parenthèse ou d'autres signes de ponctuation, peuvent venir compléter chacun des numéros classificateurs donnés dans les tables générales, en formant ainsi des nombres composés.

Ils peuvent servir, par exemple, à désigner le lieu ou le temps auquel s'applique le sujet considéré, à indiquer la langue dans laquelle un ouvrage est écrit, ou la forme qu'il affecte, le point de vue sous lequel un sujet est traité, les opérations ou fonctions décrites ou étudiées, les parties constitutives examinées, etc.

La création de ces Tables de divisions communes a permis de réduire considérablement l'étendue des Tables générales.

Elle leur a donné un caractère d'unité et d'homogénéité remarquable ; elle a introduit dans l'ensemble du système des notations mnémoniques et des éléments de clarté et de méthode qui en facilitent considérablement l'emploi.

Ainsi complétées, les Tables de la Classification décimale permettront de mener à bonne fin l'œuvre considérable entreprise par l'Institut international de bibliographie et de laquelle on a pu dire qu'elle ferait honneur au pays qui l'a entreprise et au siècle qui la verra mettre à exécution.

La France ne pouvait refuser son appui à une entreprise qui constitue une nouvelle extension du système de numération décimale dont les applications ont été si fécondes et qui a toujours compté notre pays au nombre de ses plus ardents défenseurs.

En patronnant cette œuvre dès le premier jour, l'Association française pour l'avancement des sciences est restée fidèle à sa devise, et elle aura travaillé encore pour la Science et pour la Patrie, si elle peut contribuer, par son appui, à la réussite des projets dont je vous ai entretenus, et qui ont pour but le développement de nos richesses industrielles par l'organisation de laboratoires de recherches et d'essais et par la création de centres d'informations et de renseignements techniques.

L'entreprise est d'autant plus à encourager qu'elle se présente dans des conditions qui peuvent faire espérer de brillants résultats, car ces conditions comportent l'alliance d'œuvres d'initiative privée avec des institutions d'État, et unissent ainsi aux garanties de stabilité de ces dernières institutions les éléments de vitalité et de progrès continus que, seules, les fondations libres peuvent aujourd'hui posséder.

M. BERGONIÉ

Secrétaire de l'Association.

L'ASSOCIATION FRANÇAISE EN 1899-1900.

MESDAMES, MESSIEURS,

Je voudrais bien vous remercier, selon l'usage et la formule, du très grand honneur que vous m'avez fait en me chargeant des fonctions annuelles de Secrétaire de notre Association. Ces fonctions, comme vous le savez peut-être, sont une véritable sinécure, grâce aux vrais Secrétaires que vous connaissez, MM. Gariel et Cartaz. On vous a déjà souvent dit qu'ils étaient l'âme, l'esprit, les soutiens, que sais-je encore? de notre Association. Toutes les comparaisons élogieuses ont été épuisées à leur endroit; quand vous aurez été secrétaire d'un comité local et secrétaire annuel, vous saurez mieux encore que par les apparences combien, toutes, elles sont vraies. C'est grâce à ces deux pivots immuables et toujours centrés, que notre Association effectue sa révolution annuelle sans éclipse ni retard. Vous voyez, après cela, à qui nos remerciements, les miens comme les vôtres, doivent aller.

Après le Congrès de Boulogne-sur-Mer dont j'ai à vous rendre compte, ces remerciements deviennent plus chaleureux encore. Ce congrès-là peut compter, en effet, parmi les plus intéressants, les plus suivis, les plus fructueux, non seulement pour l'avancement de la Science, mais pour le progrès de la fraternité parmi les savants. Fraternité est le seul mot qui peigne vraiment cette fusion cordiale et franche des deux associations sœurs, la *British Association* et l'Association française pour l'avancement des Sciences, dont le Congrès de Boulogne a été l'occasion. Je ne suis pas plus cocardier qu'un autre et j'essaye de me garer des illusions qui naissent souvent de l'enthousiasme du moment, mais pendant quelques jours, permettez-moi l'expression, j'ai cru que *c'était arrivé*. Que celui qui, comme moi, aux réunions de Douvres, de Boulogne et de Canterbury, n'a pas senti son cœur s'ouvrir aux discours de nos Présidents et ne s'est pas cru, pour un instant, le citoyen convaincu d'une république universelle des Sciences, me jette la première pierre.

Faut-il vous rappeler quelques-unes de ces émotions si douces que nous ont values ces réceptions, quitte à en laisser dans l'ombre d'autres plus amères, causées par nos traversées successives?

Vous souvenez-vous de notre arrivée à Douvres, alors que, défaits et tête basse, encore plus pâles par contraste au milieu de cette double rangée d'habits écarlates, nous défilions sans fierté, essayant de nous rallier à notre Président, le professeur Brouardel, seul capable de sauver la situation? Ce fut une belle manœuvre, n'est-ce pas? que celle qui découvrit par un mouvement tournant, stratégiquement combiné par nos hôtes, cette formidable batterie de victuailles et de munitions réconfortantes, sur la digue de Douvres. Combien nous admirions mieux, après l'assaut donné, la magnifique organisation des sections dans le *Town Hall*, le costume d'hermine et d'or revêtu en notre honneur par le Mayor Sir W. H. Crundall, l'éloquence si affectueuse et sans panache du sympathique président de la *British*, sir Michael Foster! Il faudrait noter mieux que je ne puis le faire notre état d'âme après ce déjeuner sous la tente du collège de Douvres, où, mêlés à nos collègues anglais, nous écoutions émus, et vraiment unis dans nos aspirations les plus hautes, les belles et nobles paroles de ceux qui étaient chargés de traduire nos sentiments.

Vous souvenez-vous encore de Canterbury, de la magnifique réception qui nous y fut faite, de notre visite à sa merveilleuse cathédrale et aux divers monuments si curieux de la vieille ville? Ce fut une séance archéologique des plus instructives et des mieux remplies. Nos amis d'Angleterre se sont montrés là encore, si attentifs à nous être agréables, et ils y ont si bien réussi, qu'on est à se demander ce qu'ils auraient bien pu faire de plus.

Puisqu'il faut une ombre à tous les tableaux, un revers aux médailles, nous eûmes le soir de cette radieuse journée, et en dehors du programme, une aventure nautique qu'en ma double qualité de Gascon et de terrien irréductible, vous me permettrez d'appeler un demi-naufrage. Partis de Douvres sur le *Conqueror* (un nom, hélas, bien usurpé !), à la nuit pour une traversée de deux heures au plus, c'est à 3 heures du matin que nous retrouvions chacun notre *home* à Boulogne. Par quelles péripéties avons-nous passé pendant ces six à sept heures où l'on nous a embarqués, secoués, débarqués, rembarqués, où le chemin de fer succédait au bateau, pour lui céder à nouveau la place, où nous avons traversé successivement quatre villes ? tout cela, par analogie sans doute, danse encore un peu dans ma mémoire. Je n'y retrouve assez nettement que la traversée de Folkestone, à grandes enjambées, à 1 heure du matin, suivant nos chefs de file, le président, M. le professeur, Brouardel, et mon prédécesseur, et ami M. Loir, qui nous conduisaient par le plus court chemin (ô ironie! un chemin en forme de Z !) au dénouement de nos tribulations.

Le lendemain tout était oublié ; c'était à notre tour à recevoir l'Association britannique, et vous savez si la ville de Boulogne a fait largement les choses. Que M. Aigre, le modèle des maires, reçoive ici un nouveau témoignage de notre juste reconnaissance. C'est grâce à lui, grâce à son tact, et à son amabilité impeccables, que nous avons pu dignement recevoir nos collègues anglais et leur rendre l'hommage dû à leur renommée scientifique. Quel spectacle réconfortant que celui de nos Sections fusionnées avec celles de la *British Association* ! où, à côté des notres : les Brouardel, Collignon, Dislère, Bouchard, Hamy, Richet, Giard, Bouquet de la Grye, Cornu (que l'on m'excuse, si j'en oublie), nous avons vu s'asseoir les Michael Foster, Gabriel Stokes, lord Lister, John Evans, Archibald Geikie, Burdon Sanderson, William Crookes, Henri Rosde, Lawrence Rotch, John Murray, Kronecker, etc. Lord Lister vint dans la section des Sciences médicales, réunie pour la circonstance avec trois autres, et présidée par le professeur Ch. Bouchard. Ce ne fut pas une séance, ce fut une cérémonie simple et touchante. Le président rappela, en quelques mots émus les bienfaits rendus à l'humanité par Pasteur et Lister; les millions de vies épargnées depuis leurs travaux ; puis il nous présenta à tour de rôle à notre vénéré collègue d'un moment, et au milieu d'applaudissements, respectueux comme des bénédictions, il leva cette séance qu'aucun de nous n'oubliera.

Voilà, certes, de beaux spectacles et les Congrès qui les provoquent ont une portée trop haute pour pouvoir être remplacés. On y oublie les bas égoïsmes, d'où naît la haine ; ils provoquent à l'union par l'exaltation des gloires humanitaires et scientifiques de tous les pays. Je ne crois guère encore aux États-Unis d'Europe, mais je me laisserais convaincre, après le Congrès de Boulogne, à l'idée d'une Association universelle pour l'avancement des sciences.

D'ailleurs, en dehors de ce rôle provocateur de paix et d'estime internationale qu'a joué notre dernier Congrès, nous y retrouvons : les nombreuses communications dont nos deux gros volumes publiés sont remplis; les fêtes extrêmement brillantes organisées en notre honneur par une municipalité à donner en exemple ; les excursions et les visites industrielles, pour lesquelles le Comité local de Boulogne, et en particulier son dévoué secrétaire général, M. Farjon, n'avaient rien négligé. L'idéal d'une organisation de Congrès : faire qu'avec la moindre somme de temps et de peines, on nous donne la plus grande somme de plaisirs instructifs et reposants, a été entièrement atteint à Boulogne. C'est ainsi que nous avons vu Wimereux, et les expériences si curieuses de la télégraphie sans fil, la station de zoologie maritime de la Pointe-aux-Oies fondée par notre éminent collègue le professeur Giard, le cap Griz-Nez, la vallée Heureuse, etc. Nous avons visité Calais, Arras, Douai, Saint-Omer,

Dunkerque, fêtés et instruits dans notre rapide passage comme ne le furent jamais des touristes de sang royal.

Je n'aurais garde d'oublier l'hommage rendu par Boulogne à l'un de ses glorieux enfants, le médecin neurologiste-électricien Duchenne. L'éloquent panégyrique prononcé à cette occasion par le professeur Brissaud restera, pour ceux qui ont lu Duchenne, comme une image complète et fidèle de cette pure gloire dont le sculpteur Desverges a immortalisé si artistiquement les traits.

Mais vous savez tout cela ; notre premier volume de Congrès a déjà paru depuis longtemps, et vous avez pu y lire, avec tous les détails contés d'une plume alerte, ce que fut cette vingt-huitième session de notre Association tenue à Boulogne-sur-Mer, l'une des plus brillantes par ses fêtes et par la réunion des grands noms scientifiques des deux pays qui vinrent s'y donner la main.

Il me reste la dernière partie de ma tâche ; c'est de vous dire la série des joies et des deuils dont l'Association française, comme une famille, fait part au bout de l'an à chacun de ses membres par la voix du secrétaire. Nos deuils ont été particulièrement cruels et nombreux ; nous avons perdu parmi nos membres fondateurs : Scheurer-Kestner, Pierre de Balaschoff, Prosper Demay et Étienne Hecht. Parmi les membres du bureau : le professeur Azam, un ami convaincu de l'Association, qui fut secrétaire du comité local de notre premier Congrès en 1871, à Bordeaux, et nous aidait encore, vingt-cinq ans après, au deuxième Congrès dans cette ville, de sa grande autorité et de son expérience ; Jules Martin qui fut secrétaire de l'Association en 1893 au Congrès de Besançon ; Ph. Salmon, ex-membre du Conseil ; M. Decès, professeur de l'École de médecine de Rennes, membre du Conseil depuis trois ans ; Milne-Edwards, de l'Institut et professeur au Muséum, l'un des derniers présidents de l'Association scientifique avant la fusion de cette dernière avec l'Association française ; Grimaux de l'Institut, professeur à l'École polytechnique, qui présida l'avant-dernier Congrès de Nantes, et dont les travaux en chimie ont rendu de si grands services à de nombreuses industries ; enfin G. Masson, l'éditeur bien connu, président de la Chambre de commerce de Paris, administrateur de la Compagnie du Nord, pendant quinze ans trésorier de notre Association, puis trésorier honoraire, l'un de nos membres les plus actifs et les plus dévoués, enlevé en quelques jours en pleine activité à l'apogée de sa carrière. Citons encore, hélas ! Bourdelles, inspecteur général des ponts et chaussées ; le général Poizat ; M. Henri Petit ; M. G. Wickham ; S. Jordan, professeur à l'École centrale ; l'éminent mathématicien Joseph Bertrand ; Émile Blanchard, professeur au Muséum et membre de l'Institut, le professeur Henry Beauregard de l'École supérieure de pharmacie ; Paul Crépy (de Lille) ; Ernest Chabrier ; Armand Colin ; enfin Bourdeau de Billère qui a légué en mourant à notre Association la somme de 2.000 francs.

A côté des lettres noires, voici les lettres satinées annonçant les événements heureux de notre famille. Sans former une compensation bien impossible, hélas ! ils sont un encouragement au travail, et l'occasion la plus légitime pour notre Association de s'enorgueillir des hautes situations acquises, des récompenses obtenues, des distinctions méritées par quelques-uns de ses membres. Notre éminent collègue, M. Berthelot, dont toute la carrière, si pleine de labeur obstiné et de dévouement à la Patrie, n'est qu'une longue suite de magnifiques découvertes scientifiques, Secrétaire perpétuel de l'Académie des Sciences, vient, suivant en cela l'exemple lumineux des Claude Bernard, Pasteur, Joseph Bertrand, d'entrer à l'Académie Française. Sont entrés cette année à l'Institut

(Académie des Sciences) : MM. Georges Lemoine, Joannès Chatin et Alfred Giard, le président si fêté de notre Section de Zoologie à Boulogne; M. Gauckler, qui fut à Tunis notre cicérone jamais lassé, a été nommé correspondant de l'Académie des Inscriptions et Belles-Lettres ; M. Péron est devenu membre correspondant de l'Académie des Sciences. M. Edmond Perrier, membre assidu de nos Conseils, a été appelé à la Direction du Muséum ; M. Henneguy, dont les beaux travaux vous sont connus, occupe la chaire de Balbiani au Collège de France.

À l'Académie de Médecine, M. Bondet (de Lyon), Andouard (de Nantes), Pierret (de Lyon) ont été élus associés nationaux ; MM. Laroyenne (de Lyon) et Lalesque (d'Arcachon), correspondants.

Donnons une place à part, parmi nos joies, à ce touchant hommage d'une université étrangère, celle de Barcelone, rendu à l'un de nos anciens Présidents, M. de Lacaze-Duthiers. L'Association française pour l'Avancement des Sciences ajoute le témoignage respectueux de sa reconnaissance à tous ceux qui sont allés, dans une cérémonie récente à la Sorbonne, vers ce maître glorieux et vénéré.

La moisson des prix accordés à nos collègues a été cette année particulièrement abondante.

A l'Académie des Sciences :

Le prix Fourneyron est décerné à M. Auguste Rateau ;

Le prix La Caze à M. Blondlot ;

Le prix Montyon à M. Turquan ;

Le prix Jecker à M. Maurice Hanriot ;

Le prix Delesse à M. W. Kilian ;

Le prix Fontanne à M. Émile Haug ;

Le prix Thore à M. Paul Parmentier ;

Le prix Bordin à M. Viré ;

Le prix Montyon (médecine et chirurgie) à M. Nocard ;

Un autre prix Montyon à M. Mayet ;

Le prix Barbier à M. Schlagdenhauffen ;

Le prix Bréant à M. Courmont ;

Le prix Serres à M. Roule ;

Le prix Mège à MM. Terrier et Marcel Baudoin;

Le prix Pourat à M. Weiss ;

Le prix Petit d'Ormoy à M. Alfred Giard.

A l'Académie de Médecine sont accordés :

Le prix d'Argenteuil à M. Poncet ;

Le prix Laborie à M. Jeannel ;

Une médaille d'or, service des eaux minérales, à M. A. Carnot ;

Un rappel de médaille de vermeil à M. Vergely, de Bordeaux, et un rappel de médaille d'argent à M. Loir, de Tunis.

Parmi les distinctions honorifiques nous signalerons seulement celles obtenues dans la Légion d'honneur.

Ont été nommés :

Grand-officier : M. Delaunay-Belleville.

Commandeur : M. le général Carette.

— M. Stéphane Dervillé.

Officiers : M. le commandant Barisien.

— M. le Dr Tachard, de Nantes.

— M. Siégler, de la Compagnie de l'Est.

Officiers : M. le professeur Mathias Duval, de Paris.
— M. Gounouilhou, de Bordeaux.
— M. Jacques, de Tunis.
— M. Fontès, de Toulouse.
— M. Polony, de Rochefort.
Chevaliers : M. le Dr Bories, de Montauban.
— M. le Dr Hublé, médecin-major.
— M. Reuss, secrétaire du Comité local du Congrès de Saint-Étienne.
— M. Reynaud, de Bétheniville.
— M. le professeur Raphaël Dubois, de Lyon.
— M. Ch. Arnould, de Reims.
— M. le Dr Duchamp, de Saint-Étienne.

Voilà la longue liste de nos deuils et de nos joies ; faisons en sorte l'an prochain de la raccourcir d'un bout pour l'allonger autant que possible de l'autre. D'ailleurs la vue des merveilles de notre Exposition universelle, au milieu desquelles notre Congrès de cette année va s'ouvrir, nous en promet qui, pour n'être pas catologuées, n'en sont pas moins des plus réelles. Sans vouloir insister sur les manifestations du génie humain, nous pouvons bien, dans une association scientifique aussi complète que la nôtre, nous réjouir en pensant qu'à peu près toutes ces merveilles, sinon toutes inclusivement, n'existent que par la Science. En dehors d'elle, le mot « civilisation » semble de plus en plus un terme vague, qu'il faut se hâter de remplacer puisqu'il peut s'accorder, comme viennent de le prouver des événements cruels et récents, avec les pires actes de la sauvagerie. Il faut lui substituer, comme mesure du progrès des peuples, ce qui fait le mieux reculer l'ignorance, la superstition, la haine, la barbarie, ce qui pousse le mieux vers l'union, le travail, la paix, la justice sociale : l'Esprit scientifique et l'Avancement de la science.

M. Émile GALANTE

Trésorier.

LES FINANCES DE L'ASSOCIATION.

Mesdames, Messieurs,

Les recettes de l'exercice 1899 s'élèvent à la somme de 85.503 fr. 65, dont voici le détail ;

RECETTES

Cotisations des membres annuels. . . . . Fr.	49.120 »
Ventes de volumes	1.790 »
Recettes diverses	225 05
Tirages à part	922 10
Intermédiaire . . . '	141 »
Intérêts des capitaux (non compris ceux du fonds Girard). . ..	33.305 50
TOTAL. . . . . . . Fr.	85.503 65

DÉPENSES

Frais d'administration. . . . . Fr.	26.471 60
Publications des comptes rendus	20.919 65
Conférences	2.214 40
Impressions diverses	591 75
Pensions.	2.401 60
Frais de session. . . . . '	3.303 80
Tirages à part	964 35
Intermédiaire.	3.747 15
TOTAL. . . . . . . Fr.	60.614 30

L'exercice se solde donc par un bénéfice de . . . . Fr. 24.889 35
Dont le Conseil a disposé en attribuant :
1° Aux subventions, dont le détail est plus loin, la
la somme de . . . . Fr.   21.241 25
2° Au fonds de réserve, le solde, soit . . . .   3.648 10 } 24.889 35

SUBVENTIONS

Le Conseil d'administration a voté, sur les propositions [de la Commission spéciale, les subventions suivantes :

Société astronomique de France pour contribuer à une étude sur les étoiles filantes et à la publication de ces observations. Fr.	500 »
MM. Laisant et Lemoine, pour aider à la publication de travaux mathématiques	800 »
Turpain, pour des recherches sur la multicommunication télégraphique par ondes hertziennes	1.000 »
Dr Amans, pour aider à la construction d'un nouveau type d'enregistreur.	200 »
Trutat, pour des études et expériences de photographie · .	250 »
Kerforne, pour la continuation de ses études sur les services géologiques en Bretagne	200 »
A reporter . . Fr.	2.950 »

Report . . . . Fr.   2.950 »

MM. Kilian, pour continuer ses études sur les glaciers du Dau-
    phiné (Subvention de la Ville de Paris). . . . .   400 »
    Authelin, pour aider à la publication de sa thèse sur le
    Trias et le jurassique inférieur de l'est du bassin de
    Paris. . . . .   200 »
    Jadin, pour la continuation de ses études sur les sima-
    rubacées . . . .   300 »
    Bonnier, pour aider à la publication des travaux du labora-
    toire de Fontainebleau. . . . .   350 »
    Société des sciences naturelles de la Rochelle, pour la con-
    tinuation de la publication de la flore de France . . . .   500 »
    Daniel, pour la publication de ses études sur les variations
    produites par la greffe. . . . .   250 »
    Perrot, pour des recherches sur les organes sécréteurs de
    l'eau dans les feuilles des végétaux. . . . .   300 »
    Tison, pour la publication de recherches sur la chute des
    feuilles . . . .   300 »
    Jumelle, pour la continuation de ses études sur les plantes
    à caoutchouc . . . .   250 »
    Heckel, pour aider à la publication des travaux de l'Institut
    colonial. . . . .   350 »
    Coupin, pour la publication de recherches sur la toxicité des
    poisons à l'égard des plantes . . . .   250 »
    De Lacaze-Duthiers, pour aider à la réparation du bateau
    du laboratoire de zoologie Arago. . . . .   1.200 »
    Buchet, pour la continuation de ses études sur le plankton.   250 »
    Hallez, pour contribuer à l'achat d'appareils pour le labora-
    toire du Portel (subvention Brunet) . . . .   1.000 »
    Bordas, pour continuer ses études de la faune entomologique
    de l'Algérie. . . . .   250 »
    Marchand, pour la continuation de ses recherches sur la
    reproduction des anguilles . . . .   300 »
    Giard, pour la publication des travaux du laboratoire de
    Wimereux. . . . .   1.500 »
    Muller, pour des recherches d'ethnographie sur le plateau
    des Brandes. . . . .   200 »
    Société les Amis des sciences et arts de Rochechouart, pour
    la continuation des fouilles dans les ruines du palais de
    Longias. . . . .   200 »
    Perrier, pour la publication de recherches sur l'alimenta-
    tion par la voie sous-cutanée. . . . .   250 »
    Lesage, pour la continuation de ses études sur l'hygrométrie
    de la cavité respiratoire dans ses rapports avec la germi-
    nation des spores dans cette cavité. . . . .   300 »
    Saquet, pour l'achat d'un instrument pour l'étude de l'ac-
    tion des trépidations sur les microbes. . . . .   275 »

À reporter. . . . Fr.   12.125 »

Report . . . . Fr.   12.125   »

MM. Baudouin, pour aider à la publication de travaux de bibliographie.   500   »
Joubin, pour aider à la publication de son travail sur l'histoire de la Faculté des sciences de Rennes   400   »
Thiollier, pour aider à la publication d'un travail sur l'ar-
chitecture romane dans la Haute-Loire.   400   »
Commission du vieux Boulogne, pour continuer les fouilles
du rempart romain de la haute ville.   400   »
Deniker, pour la publication de son travail sur les races de
l'Europe. 1.411   25
Bourses de session.   427   35
Médailles.   49   90
Mme Pinhède.   1.500   »
Planches et gravures du volume. 4.027   75

Total . . . Fr.   21.244   25

CAPITAL

Le capital au 31 décembre 1898 était de. . . . . Fr. 1.319.977 08

Il s'est augmenté de :

Rachat de cotisations et parts de fondateurs, . .   6.540   » }
Legs Boudet.   400   » }   6.940   »

Le capital au 31 décembre 1899 est de. . . . . Fr. 1.326.917 08

Les formalités et les démarches relatives au legs Gobert dont nous vous entre-
tenions l'an dernier ont pris fin récemment. Ce legs figurera donc sur les
comptes de l'exercice en cours.

Laissez-moi donner une parole d'affectueux souvenir à M. Georges Masson.
Les fondateurs de l'Association ne peuvent oublier le zèle et le dévouement
qu'il mit au service de notre œuvre à son origine.

Plein de confiance en l'avenir de l'Association, alors naissante en 1872, à
cette place même où j'évoque son souvenir, il vous donnait le résultat du premier exercice financier de notre Société dont le capital, constitué en quelques
mois, s'élevait à 137.000 francs. Depuis, vous avez suivi sa progression.

De nombreux legs, en contribuant à cet accroissement, vous ont permis d'employer des sommes relativement importantes : aux subventions, aux publications, aux conférences et enfin aux congrès annuels.

Inspirés par le but que poursuit l'Association et par les moyens qu'elle met
en œuvre, ces témoignages de sympathie et d'intérêt, en accompagnant l'Association depuis ses débuts, rendent hommage à ses fondateurs et à ceux qui se
sont engagés dans la voie tracée par eux.

Nous serons certainement l'interprète de vos sentiments en saluant, au nom
de l'Association, la mémoire des hommes de bien qui, se rencontrant dans une
même pensée généreuse, nous ont montré le but et donné les moyens de l'atteindre.

PROCÈS-VERBAUX DES SÉANCES DE SECTIONS

1er Groupe.

SCIENCES MATHÉMATIQUES

1re et 2e Sections,

MATHÉMATIQUES, ASTRONOMIE, GÉODÉSIE ET MÉCANIQUE

Président (1) . . . . M. FONTANEAU, ancien élève de l'École Polytechnique, à Limoges.
Secrétaire . , ... M. LUCIEN LIBERT, au Havre.

— 3 août —

M. Émile CUGNIN, à Paris.

L'heure et la longitude décimales et universelles. — L'extension des relations internationales fait ressortir la nécessité d'une heure universelle et, par suite, d'un *premier* méridien universel et d'un même mode de division du jour. D'un autre côté, le temps se mesure par l'arc, et alors la division du jour doit concorder avec celle de la circonférence. Enfin, si l'on veut faciliter les relations internationales, il faut un point de départ universel pour les longitudes, et il est naturel de choisir pour cet objet le premier méridien en question.

Quant au mode de division commun au jour et à la circonférence, il serait donné avantageusement par le système décimal appliqué à ces deux grandeurs, la dixième partie du jour ou de la circonférence étant *l'heure*, la centième partie de l'heure, la *minute*, et la centième partie de la minute, la *seconde*.

L'heure proprement dite étant représentée naturellement par un arc de sens direct, pris sur l'équateur terrestre, si on adopte le sens rétrograde pour la longitude, on a, entre H_u, l'heure universelle d'un lieu quelconque, H_l, son heure locale de même date et au même instant, et L, sa longitude, la relation très simple $H_u = H_l + L$, qui est d'une utilité évidente.

Mais l'heure universelle ne serait en usage que dans les services où elle est nécessaire, c'est-à-dire dans les services des chemins de fer, des télégraphes et

(1) Nommé en remplacement de M. Mannheim, empêché par un deuil de présider la Section.

de la marine; et, quant aux usages ordinaires de la vie, c'est-à-dire pour l'heure civile, il conviendrait de revenir à l'heure locale, qui est donnée par la nature même et qui évite entièrement les inconvénients antisociaux des heures nationales ou régionales créées à peu près partout dans ces dernières années.

L'auteur indique enfin les mesures de détail très simples qui seraient à prendre pour faciliter au public l'usage des deux heures, et présente un projet de loi, en six petits articles, résumant toute sa thèse et pouvant être appliqué, sans le moindre à-coup, dès le premier jour de l'année 1905.

M. Éd. COLLIGNON, Insp. gén. des P. et Ch., à Paris.

Remarques sur les moments d'inertie des polygones réguliers et des polyèdres réguliers. — Moments d'inertie d'un polygone régulier, de son aire, de son périmètre. Moments d'inertie d'un polyèdre régulier, de son aire convexe, de son volume, de l'ensemble de ses arêtes. Formules en fonction des rayons des cercles inscrits et circonscrits, des sphères inscrites, circonscrites, et passant par les milieux des arêtes.

M. de BEAUPONT.

Sur l'adoption d'une langue internationale universelle, et en particulier de la langue Esperanta.

M. Léopold LEAU, à Paris.

Proposition relative à l'adoption d'une langue auxiliaire universelle. — J'ai rapidement repris les idées exposées dans ma brochure *Une langue universelle est-elle possible?* Et conformément aux conclusions de cette brochure, j'ai soumis aux sections réunies un vœu et une décision qui ont été adoptés à l'unanimité.

Le vœu exprime l'intérêt qu'il y a de choisir une langue scientifique et commerciale universelle, et le désir que les Académies officielles se chargent de déterminer cette langue.

La décision consiste dans la nomination d'un membre à une délégation des Congrès et de diverses Sociétés, chargée de s'occuper de la question, de présenter les vœux aux Académies, et, en cas de refus de ces dernières, de faire elle-même, ou par le moyen d'un comité, le choix désiré.

— 4 août —

MM. Gabriel ARNOUX et C.-A. LAISANT.

Application des principes de l'Arithmétique graphique; congruences; propriétés diverses. — Cette communication a pour objet de montrer, par quelques exemples, les avantages des principes exposés dans l'*Arithmétique graphique* de M. G. Arnoux (1894). Après avoir rappelé les notions essentielles concernant les espaces, les espaces congruents, les lignes arithmétiques, l'indicateur, on montre comment les tables de multiplication et de division congruentes permettent d'établir certaines propriétés, et entre autres, le théorème de Fermat. Des considérations sur les indices, sur les tables de puissances, fournissent le moyen de démontrer aussi le théorème de Wilson. Enfin, la communication se termine par quelques aperçus rapides sur les résidus quadratiques.

M. Émile LEMOINE, à Paris.

Notes diverses. — 1° Théorèmes et résultats de calculs concernant la géométrie du triangle;

2° Remarques géométrographiques sur le mémoire présenté au Congrès de Boulogne (1899). Géométrographie dans l'espace;

3° Décomposition d'un nombre N en une somme de nombres A_p, A_{p-1}, A_{p-2}..., tels que A_p soit le plus grand nombre triangulaire contenu dans N, A_{p-1} le plus grand nombre triangulaire contenu dans $N - A_p$, etc.

M. le Commandant Léon RIPERT, à Paris.

Étude sur des groupes de triangles trihomologiques inscrits ou circonscrits à une même conique ou à des familles de coniques. — Les travaux de M. *Caspary*, (*N. A.*, 1900, p. 75), le mémoire de M. *Jahnke (Ueber dreifach perspektivische Dreiecke in der Dreiecksgeometrie*, Berlin, 1900), et cette observation, faite par M. *E. Lemoine* (*I. M.*, 1900, p. 152), que la question fort intéressante des triangles trihomologiques inscrits à une même conique n'a pas encore été étudiée, donnent à ce mémoire un caractère d'actualité.

L'auteur a démontré, dans une communication à la Société mathématique de France (S. M., 1900, p. 196), la proposition suivante: *On peut inscrire* ET *circonscrire à une conique une* DOUBLE INFINITÉ *de triangles trihomologiques à tout triangle inscrit* OU *circonscrit donné et trihomologiques entre eux.*

Le mémoire développe cette proposition et en fait ressortir les nombreuses conséquences. La suite de ses recherches a montré à M. Ripert qu'à la *double infinité* (∞^2), il faut substituer l'infinité d'infinités (∞^∞), et qu'il y a lieu de considérer, indépendamment des groupes de triangles trihomologiques inscrits, ou circonscrits, ou les uns inscrits et les autres circonscrits, des groupes absolument généraux de triangles de toute espèce (inscrits, circonscrits ou non à la conique fondamentale), mais, dans ce dernier cas, inscrits ou circonscrits, par sous-groupes, à des familles de coniques dérivant de la conique fondamentale.

M. Éléonor FONTANEAU, à Limoges (Haute-Vienne).

Du mouvement stationnaire des liquides. — Le mouvement dont il s'agit est caractérisé par les équations

$$\frac{d\beta}{dt} = 0, \qquad \frac{d\gamma}{dt} = 0,$$

qui expriment que les vélocites ne changent pas de forme avec le temps, ce qui aurait lieu si le temps figurait explicitement dans leurs équations. L'auteur a jugé nécessaire d'établir cette distinction au début du calcul d'intégration des équations de l'hydrodynamique, parce qu'elle permet d'étudier d'abord les questions les moins complexes et qu'au point de vue de l'application on sépare ainsi nettement le mouvement de l'eau dans les tuyaux de conduite de celui qui a lieu dans les machines hydrauliques où il est constamment modifié par l'action incessante de cloisons mobiles.

Parmi les développements donnés par l'auteur, il y a lieu de distinguer : une généralisation des théorèmes de Bernouilli et de M. Poincaré ; la mise en équations sous sa forme la plus générale de la condition nécessaire pour que les composantes de la rotation élémentaire vérifient chacune l'équation aux dérivées partielles de la transmission de chaleur dans les corps solides ; enfin un essai de détermination directe des vorticites en partant des vélocites données et réciproquement.

L'auteur s'occupe ensuite du problème simple, mais encore imparfaitement résolu, du mouvement des liquides rectilignes et parallèles à une même direction.

Il discute, à cette occasion, les conditions aux limites proposées par Kirchhoff et montre qu'avant toute modification aux conditions de Navier généralement adoptées jusqu'ici, il serait indispensable de soumettre à l'expérience le principe de Navier qui s'exprime par l'équation

$$X_n \cos nx + Y_n \cos ny + Z_n \cos nz = \pi$$

où π désigne la pression du liquide.

L'auteur termine son travail en montrant que le problème sus-indiqué se résout par un calcul d'intégration analogue à celui qui donne la transmission de chaleur dans une verge cylindrique dont la section droite serait formée par deux couples d'arcs de courbes orthogonales.

M. Gaston TARRY, à Kouba (Algérie).

Le problème des 36 officiers. — Représentons par 1, 2, 3, 4, 5, 6 les 6 grades différents et les 6 régiments différents, et désignons par $a\,b$ l'officier de grade a et de régiment b.

Supposons le problème résolu. Les 6 chiffres représentant les 6 grades sont répétés chacun 6 fois et répartis de manière que, dans chaque rangée et chaque colonne on trouve les 6 chiffres, ce qui forme une permutation carrée. A un groupe de 6 officiers d'un même régiment correspond dans cette permutation carrée une disposition de 6 chiffres différents placés à la fois dans les 6 rangées et les 6 colonnes, formant un groupe magique. Si le problème des 36 officiers a une solution, les chiffres de la permutation carrée sont répartis en 6 groupes magiques et réciproquement, si une permutation carrée peut être répartie en 6 groupes magiques, on obtiendra une solution du problème des 36 officiers en plaçant un même chiffre à la droite de chacun des 6 chiffres différents d'un groupe magique.

Réunissons dans une même famille toutes les permutations carrées qui peuvent se transformer l'une en l'autre par des transpositions de rangées, de colonnes et de chiffres. On voit aisément qu'il est permis de remplacer une permutation carrée par une autre de la même famille. L'auteur démontre que le nombre des familles est égal à 17 et choisit 17 types pour les représenter.

Par chacun des chiffres de la permutation carrée doit passer nécessairement un groupe magique. L'auteur commence par constater que sur les 17 types il y en a 14 dans lesquels par un certain chiffre ne peut passer aucun groupe magique, ce qui réduit de 17 à 3 le nombre de cas à considérer. Enfin, pour chacun de ces trois cas, il démontre très simplement l'impossibilité de la répartition en 6 groupes magiques. D'où cette conclusion : Il est impossible de résoudre le problème des 36 officiers.

M. Lucien LIBERT, au Havre.

Sur quelques découvertes nouvelles dans le domaine des étoiles filantes. — L'auteur débute par un bref résumé de sa méthode d'observations au Havre. Puis il passe après ce préambule à l'étude des grands essaims d'étoiles filantes, principalement des Perséides. M. Libert s'est rendu, l'année dernière, à l'observatoire du Puy-de-Dôme pour les observer. Il confirme l'opinion de M. Schmidt : il y a plus de 40 radiants dans la nuit du 10 août. Le travail contient une liste de 36 radiants déterminés avec précision.

M. Libert applique la méthode aux Léonides et détermine dans la nuit du 14 novembre 18 radiants.

Ensuite il fait part à l'A. F. A. S. de la découverte d'un nouvel essaim d'étoiles filantes dans la constellation de la Girafe, c'est un essaim important par sa longue durée et la moyenne horaire des météores.

Puis, étudiant l'essaim des Orionides, M. Libert démontre qu'il y a deux pluies bien distinctes par leurs caractères physico-chimiques.

Il termine en exprimant l'espoir de présenter bientôt de nouveaux travaux sur ce sujet si intéressant des étoiles filantes.

M. Maurice LÉMERAY, à Saint-Nazaire.

Équations fonctionnelles linéaires à fonction de substitution inconnue. — M. Lémeray considère l'équation

$$f_n(x) + A_1 f_{n-1}(x) + \dots + A_{n-1}(fx) + A_n x = 0$$

dans laquelle $A_1 \dots A_n$ sont des fonctions données de x, et où l'on cherche une fonction de substitution $f(x)$ telle que ses itératives d'ordre entier $f_2(x)$, $f_3(x) \dots f_n(x)$, satisfassent à l'équation.

L'auteur montre que ces équations présentent certaines analogies avec les équations algébriques et les équations différentielles linéaires et qu'en particulier, l'on peut, à leur sujet, faire une théorie analogue à celle du plus grand commun diviseur.

M. Émile CUGNIN, à Paris.

Un nouveau calendrier. — Toujours en vue de l'extension des relations internationales, il serait évidemment utile qu'un calendrier universel remplaçât la multitude des calendriers qui sont actuellement en usage sur la surface de la Terre. Par suite, un tel calendrier ne peut être que scientifique, c'est-à-dire entièrement basé sur la nature et réglé de telle façon que ses quatre divisions principales concordent aussi exactement que possible avec les saisons astronomiques. En conséquence, l'origine de l'année civile doit être placée exactement, ou à peu près, au solstice d'hiver.

Quant au nombre de jours composant cette année, il résulterait : 1º de la réforme julienne, prise comme base et instituant un cycle *quaternaire* ou de quatre années , dont les trois premières sont *communes* (365 jours) et la dernière, *abondante* (366 jours) ; 2º de l'institution d'un *grand* cycle, de 128 années, dont la dernière, contrairement à la réforme julienne, serait commune ; autrement dit, un grand cycle *normal* se terminerait par un cycle quaternaire *anormal.*

Des observations astronomiques indiqueraient, à l'avance, l'origine du premier grand cycle et la fin de chaque série de grands cycles, cette fin étant marquée par une année abondante et le dernier grand cycle étant alors *anormal.* Deux séries consécutives seraient séparées par un cycle quaternaire anormal, et chaque série comprendrait 20 ou 21 grands cycles, sauf peut-être la première, celle du commencement de la réforme, qui pourrait en comprendre moins de 20.

Tous ces résultats sont déduits logiquement, par des calculs très simples, de la valeur de l'année tropique moyenne et amèneraient ce fait, que l'origine de l'année, pour l'ensemble de la surface de la Terre, aurait, comme limites extrêmes, un peu moins de un jour un quart avant le solstice et un jour et demi après.

Pour achever d'éclaircir sa thèse, l'auteur l'applique, à titre de simple exemple, à une période de temps d'environ 1.700 ans, à partir de l'époque actuelle, et il complète son travail par l'exposé d'un calendrier détaillé, dans lequel les trimestres cadrent aussi bien que possible avec les saisons et qui présente quelques autres particularités intéressantes et utiles.

M. A. DUROY DE BRUIGNAC, Ing. A. et M., à Versailles.

Remarques sur la théorie des couples.— M. de Bruignac présente des remarques sur la *théorie des couples,* dont les points principaux se résument ainsi :

Même en statique, il faut tenir compte des mouvements virtuels que causeraient les forces si elles étaient libres d'agir ; car si les déplacements attribués aux forces changeaient ces mouvements, la question serait changée.

Pratiquement, il faut considérer les couples comme appliqués à un solide. On n'a pas le droit (pour la pratique) d'étudier les couples indépendamment de leur liaison avec le solide, car les mouvements virtuels, fussent-ils de durée et d'étendue infinitésimales, ne peuvent pas être négligés.

Le mouvement virtuel d'un couple est un pivotement autour du milieu de son bras de levier, et pas autre chose. La rotation autour de tout autre axe est un cas particulier, résultant de cette condition que l'axe est immobilisé relativement au solide.

Par conséquent, un couple ne peut pas être déplacé dans son plan, car l'axe de pivotement change pour chaque place du couple. Cette considération tend à modifier la plus grande partie de la théorie actuelle des couples.

Le point d'application d'une force ne peut pas être déplacé sur sa direction, si cela change le mouvement virtuel. Par exemple, les points d'application de deux forces ne peuvent pas être changés lorsque ces forces sont appliquées et dirigées de manière à faire pivoter le solide.

La résultante de forces parallèles ne peut pas remplacer les composantes dans tous les cas.

———

— 6 août —

M. Auguste PELLET, Doyen de la Fac. des Sc. de Clermont.

Sur l'équation aux périodes des racines de l'unité. — Par la méthode de Laguerre, on obtient entre les coefficients des racines de l'équation aux q périodes des racines de l'unité, quand ces périodes sont réelles, ce qui arrive forcément lorsque q est impair, des relations d'inégalité qui conduisent à des limites pour le nombre des solutions de la congruence :

$$g^{c_1 q} + g^{c_2 q} + g^{c_k q} + 1 \equiv 0 \ (\text{mod. } p.).$$

$c_1, \ldots c_k$ étant les nombres à déterminer.

———

Sur la plus petite distance absolue d'un point à une surface du second degré et la plus grande distance absolue d'un point à un ellipsoïde. — Les trois plans principaux d'une quadrique à centre forment huit angles trièdres, qu'on peut appeler octants, opposés deux à deux. Parmi les normales qu'on peut mener d'un point P à la quadrique une seule a son pied M dans le même octant que le point P ; P M est la plus courte distance de P à la quadrique. Si la quadrique est un ellipsoïde, l'une des normales a son pied M' dans l'octant opposé à celui qui contient le point P ; P M' est la plus grande distance du point P à l'ellipsoïde.

———

M. R. FÉRET, Chef du Lab. des P. et Ch., à Boulogne-sur-Mer.

Déformations et tensions rémanentes pendant le déchargement d'un prisme fléchi imparfaitement élastique. — Comme suite à une communication présentée l'année précédente au Congrès de Boulogne, M. Feret considère un prisme rectangulaire homogène fait avec une matière dont les déformations élastiques et permanentes sont données par deux courbes ayant pour ordonnées les tensions positives ou négatives ramenées à l'unité de section et pour abscisses les allongements correspondants, élastique et permanent, rapportés à l'unité de longueur.

Supposant ce prisme progressivement déchargé après avoir été soumis à un effort de flexion déterminé, il montre comment on peut déduire de ces courbes l'allongement et la tension rémanents en chaque point d'une fibre quelconque pendant tout le cours du déchargement et la position de retour d'une section transversale quelconque sous un moment fléchissant donné.

Le problème se simplifie considérablement quand on suppose les allongements élastiques proportionnels aux tensions, quelle que soit d'ailleurs la loi de variation simultanée des allongements permanents.

Après avoir étudié le cas d'un prisme homogène, M. Féret montre comment on peut étendre les constructions à celui d'un prisme de ciment armé.

———

M. Ed. MAILLET, Ing. des P. et Ch., Répétiteur à l'Éc. Polyt.

Sur une méthode d'évaluation du débit d'une crue extraordinaire. — Pour évaluer le débit Q d'une crue extraordinaire au passage d'un pont quand on n'a pu faire de jaugeages directs on peut mesurer les surélévations de niveaux par rapport à l'aval qui se produisent à l'amont, vers le milieu M de chaque avant-bec, le long des tympans. En tenant compte du théorème de Bernouilli, on arrive à la formule :

$$\frac{Q^2}{2gk^2L^2h^2} = h_0 - h,$$

applicable à chaque arche, où k est un coefficient numérique, L la distance entre les axes des piles qui limitent l'arche, h_0 à peu près la moyenne des hauteurs observées en M, h la hauteur moyenne pour la largeur de l'arche à une certaine distance à l'aval.

L'application de cette formule à la Garonne, à Toulouse, donne, pour la crue de 1855, un résultat presque identique à celui obtenu par jaugeage direct (4.200 mètres cubes).

Pour la crue de 1875 elle nous a donné 9 à 10.000 mètres cubes. Deux autres méthodes nous ont fourni des résultats à peu près concordants (1). Ce chiffre a été approuvé par le Conseil général des Ponts et Chaussées.

————

Sur les graphiques et les formules d'annonces de crues. — Supposons le régime quasi-permanent (Boussinesq) établi pour un cours d'eau et son affluent, dans une partie ABCD ; on peut admettre, entre les débits Q_A, Q_B, Q_C ou les hauteurs d'eau h_A, h_B, h_C, en trois stations hydrométriques A, B, C, à trois instants convenablement choisis t_A, t_B, t_C ($t_A - t_B$ et $t_A - t_C$ à peu près constants), une relation de la forme

$$Q_A = Q_B + Q_C$$

ou la relation équivalente

$$h_A = f\,(h_B,\ h_C)$$

(Mazoyer, par exemple).

On peut représenter graphiquement ces relations dans un plan à l'aide des courbes h_A, h_B ou $h_C = c^{te}$, le débit Q étant ici fonction de la hauteur h. Nous avons été conduit ainsi à étudier la représentation plane de quadriques ou de cônes. Le choix du système de courbes h_A, h_B ou $h_C = c^{te}$ n'est pas indifférent. Par exemple, si l'affluent C est un petit cours d'eau, il peut y avoir avantage à choisir les courbes $h_C = c^{te}$, ces courbes ayant alors une asymptote commune dont elles sont voisines quand h_A et h_B sont assez grands.

On pourra remplacer avec une certaine approximation ces courbes par des droites, des cercles ou des ellipses dans une certaine région du plan. On retrouve ainsi la loi des montées de Belgrand, les lois linéaires à coefficients variables, certaines des formules données par M. Breuillé, d'autres encore. On peut calculer l'approximation ainsi obtenue.

Ces considérations s'étendent à un nombre quelconque de variables.

————

(1) M. l'Ingénieur en chef Lantcirès avait obtenu par deux méthodes différentes, en se basant sur des idées analogues, mais sans aucune analyse, un résultat plus faible (7.000 mètres cubes) : ce chiffre avait été d'abord approuvé.

M. CADENAT, Prof. au Coll. de Saint-Claude (Jura).

Règle pratique pour obtenir le développement d'un déterminant de degré quelconque.

— **8 août** —

M. BRANCHER, Ing.-mécan., à Paris.

Sur le tracé des profils des encoches d'encliquetages à galets cylindriques.

M. A. BÉGHIN, à Roubaix.

Sur un modèle de règle à calcul. — La règle à calcul, en permettant de résoudre instantanément la plupart des opérations de l'arithmétique, fournit à l'esprit un puissant et précieux moyen de contrôle ou d'appréciation. Le mérite de cet instrument essentiellement populaire, et destiné à le devenir plus encore, réside non seulement dans l'agencement plus ou moins heureux des échelles logarithmiques, mais principalement dans la simplicité de son mode opératoire. Aussi, après la très ingénieuse modification introduite dès 1851 par M. le colonel Mannheim, il était peut-être téméraire de proposer une disposition nouvelle, que plusieurs avaient tenté d'ailleurs sans grand succès. Toutefois, j'ai cru avoir évité dans une certaine mesure l'écueil de la complication dans le modèle que j'ai eu l'honneur de présenter l'année dernière au Congrès de Boulogne-sur-Mer En utilisant le curseur, accessoire indispensable dû à M. Mannheim, j'ai pu employer deux sortes d'échelles ayant toute la longueur de l'instrument, et décalées l'une par rapport à l'autre d'une demi-longueur, et de plus y adjoindre une échelle renversée, de manière à permettre l'usage constant des grandes échelles et à ajouter aux opérations effectuées par un seul mouvement de la réglette le produit de trois facteurs et le quotient d'un nombre par un produit.

Il serait probablement difficile d'y apporter encore quelque autre changement sans tomber dans la complication qui aurait pour effet d'en restreindre considérablement l'usage. Cependant, il peut être utile de songer à combiner des types spéciaux pour des calculs déterminés. C'est dans ces idées que j'ai fait construire par la maison Tavernier-Gravet, pour les calculs astronomiques et de navigation, le modèle que j'ai l'honneur de vous présenter, et qui renferme sur la règle même une échelle nouvelle, celle des angles horaires. Ce modèle permet de résoudre directement les calculs : x ou $\sin x = \dfrac{\sin a \, \sin b}{\sin c}$ et x ou $\sin x = \dfrac{\sin a \, \tan g\, b}{\operatorname{tg} c}$, l'angle a étant évalué en temps.

Nouveau calendrier perpétuel. — M. Béghin présente un nouveau calendrier perpétuel (1) donnant, au moyen d'une table unique à quadruple entrée, la correspondance des jours et des dates pour un siècle quelconque des cycles julien et

(1) CALENDRIER PERPÉTUEL Julien et Grégorien, donnant pour une année quelconque, la correspondance de la semaine et des dates, les fêtes mobiles, les phases de la lune et les lever et couche du soleil pour tout lieu de la terre, *sans calculs et aussi rapidement que les calendriers annuels* pa Auguste Béghin, licencié ès sciences (M. et Ph,) à Roubaix. — Ce calendrier a obtenu une mention honorable à l'Exposition universelle de 1900 dans la classe 14. Il est en vente à Paris chez les éditeurs Rondelet et Cᵉ, rue de l'Abbaye, 14 ; Émile Bertaux, rue Serpente, 25.

grégorien et, de plus, les nombres d'or, épactes et fêtes mobiles, dans l'ancien et le nouveau style. Une abaque donne les heures de lever et de coucher du soleil pour tout lieu de la terre.

———

M. MICHEL, Insp. de l'Expl. au Ch. de fer du Nord, à Béthune.

Sur certaines courbes ayant deux points N^{ples} à l'infini, et sur une classe particulière de quartiques.

———

Travaux imprimés
PRÉSENTÉS A LA SECTION

Duroy de Bruignac. — *Résistance des carènes, essais de Joëssel et formules du sinus carré.*
Guimaraes. — *Les mathématiques en Portugal au XIXe siècle.*
Moutier. — *Théorie algébrique de la comptabilité.*

3ᵉ et 4ᵉ Sections.

GÉNIE CIVIL ET MILITAIRE, NAVIGATION

PRÉSIDENT. . . . . M. PASQUEAU, Ing. en chef des P. et Ch. à Paris (1).
VICE-PRÉSIDENT . . . . M. PETITON, Ing. à Paris.
SECRÉTAIRE . . . . M. JANNETTAZ, Ing. à Paris.

— **4 août** —

M. **Xavier CORDEIRO**, ancien élève de l'École des Ponts et Chaussées, Ing. à Lisbonne.

Formule rationnelle pour la détermination de l'épaisseur des voûtes circulaires. — Les arches de 50 et 60 mètres d'ouverture construites récemment ne sont pas rares, et ces beaux ouvrages sont dus à la connaissance plus parfaite des matériaux de construction aussi bien qu'au perfectionnement des méthodes de calcul. Par rapport aux petites voûtes employées couramment dans les constructions, sous des remblais parfois énormes, et pour lesquels on est porté à profiter des matériaux que l'on trouve sur place, le problème n'a pas eu toutefois jusqu'aujourd'hui de solution pratique.

La charge de rupture de la pierre de construction varie entre 50 et 1.200 kilogrammes par centimètre carré; le poids du mètre cube en est compris entre 1.100 et 1.800 kilogrammes, et la résistance du mortier varie aussi entre des limites très étendues. Il est donc évident qu'une formule rationnelle de l'épaisseur des voûtes doit être fonction du poids de la voûte, de la surcharge, en y comprenant le poids des véhicules ou des trains de chemin de fer qui passent sur le pont, et de la pression que la voûte aura à supporter, d'après la résistance des matériaux dont elle est formée.

L'auteur, dans l'étude sous le titre susmentionné, a pour but de combler cette lacune.

Formule pratique pour les murs supportant de grands remblais. — Pour déterminer la poussée, l'auteur suit la théorie ancienne, basée sur le principe de l'équilibre limite; il en suppose aussi le mur assez rugueux pour que le frottement des terres sur lui puisse être représenté par tang φ, φ étant l'angle du talus naturel des terres.

En désignant par Q la composante normale de la poussée, par h la hauteur du mur, par r le rapport entre la hauteur du remblai sur le mur et la hauteur totale et par δ le poids du mètre cube de terre, l'auteur déduit pour la valeur de Q :

$$Q = \frac{\delta H^2}{2} \cdot \frac{\cos^2 \varphi \, (1 + r)^2}{\left(1 + \sqrt{1 - \cos 2\varphi (1 - r^2)}\right)^2};$$

(1) M. Pasqueau, victime d'un accident, avait envoyé sa démission. La Section a décidé qu'elle le maintenait comme président et que les travaux seraient dirigés par le vice-président.

et pour la distance du point d'application de la poussée à la base du mur :

$$y = \frac{1}{3}h\left[1 + \frac{r}{1-r}\,\frac{(\tang \alpha - r \cotang \varphi)^2}{\tang \alpha\,(\tang \alpha - r^2 \cotang \varphi)}\right],$$

α étant l'angle du plan de rupture avec la verticale, donné par la formule :

$$\tang \alpha = - \tang 2\varphi + \frac{\cotang \varphi}{\cos 2\varphi}\sqrt{1 - \cos 2\varphi\,(1 - r^2)}\,.$$

Ces expressions lui permettent de déterminer l'épaisseur e du mur, en obtenant la formule :

$$e = \frac{1}{2}e_o\,\Delta\,\frac{1 - \frac{2e_o}{h}\tang \varphi + \frac{3y}{h}}{1 - \frac{2e_o}{h}\tang \varphi(1 - \frac{1}{2}\Delta)},$$

la valeur de Δ étant :

$$\Delta = (1+r)\frac{1 + \sin \varphi\,\sqrt{2}}{1 + \sqrt{1 - \cos^2\varphi\,(1 - r^2)}}$$

et celle de e_o déduite de l'équation :

$$e_o^2 = \frac{2\,Q_o}{\pi}\left(1 - \frac{2e_o}{h}\,\tg\varphi\right),$$

où π est le poids par mètre cube du mur et Q_o la valeur de Q pour $r = o$.

Le rapport $= \frac{\delta}{\pi}$ variant seulement entre 0,6 et 1,0, on peut donner à e_o la forme linéaire :

$$e_o = 0,2\,h\left(1 + \frac{3}{4}\frac{\delta}{\pi}\right)$$

et la valeur de e se réduit aussi par l'interpolation parabolique à :

$$e = e_o\left(1 + r - \frac{1}{2}r^2\right).$$

Finalement, en remarquant que r peut prendre la forme :

$$r = 1 - \frac{h}{U}$$

l'auteur arrive à la formule très simple :

$$e = 0,3h\left(1 + \frac{3}{4}\frac{\delta}{\pi}\right)\left(1 - \frac{1}{3}\frac{h^2}{U^2}\right).$$

Distribution des rails courts et longs. — En désignant par R le rayon du rail extérieur de la courbe, b la largeur de la voie entre les axes des rails, l la longueur du rail long, y compris le jeu pour la dilatation, et δ la différence entre les rails courts et longs, on peut toujours trouver pour le rapport $\frac{n}{N}$ des rails courts et longs de la file extérieure de telles valeurs que l'erreur commise en les considérant constantes entre $\dfrac{n+n'}{2\,N}$ et $\dfrac{n'+n''}{2\,N}$ ne surpasse pas une quantité Σ par mètre courant de voie en faisant :

$$N = \frac{\delta}{2\Sigma l}, \; n = N, \; N-1, \; N-2, \ldots$$

$$R = \frac{b}{\Sigma\,(n+n'j)}, \; \frac{b}{\Sigma\,(n'+n''j)}, \cdots$$

Les quantités N et n étant déterminées, on calculera le nombre x des rails courts à employer dans la courbe dont le développement est D, au moyen de l'expression :

$$x + \frac{n}{Nl}\,D.$$

L'auteur fait l'application de ces formules à la voie de 40 kilogrammes adoptée dans les lignes de la Compagnie royale des chemins de fer portugais.

M. **MÉDEBIELLE**, Ing. des A. et Man.

Chemins de fer de montagne à traction électrique. — Ce mémoire résume les progrès qui ont été réalisés pendant ces dernières années dans la traction électrique des chemins de fer de montagne.

L'auteur, après avoir indiqué sommairement les avantages de la substitution de l'énergie électrique à la vapeur comme force motrice de traction, examine les applications dans les quatre systèmes de chemins de fer de montagne suivants :

1° Chemins de fer et tramways à adhérence totale et fortes rampes ;

2° Chemins de fer à crémaillère ;

3° Chemins de fer et tramways à traction électrique « mixtes » ;

4° Chemins de fer funiculaires.

Dans les lignes de la première catégorie, il a été possible de franchir de très fortes rampes, allant jusqu'à huit centimètres, à l'aide de l'adhérence totale qui a été obtenue en attaquant tous les essieux d'un même véhicule, par des moteurs électriques. L'exploitation a lieu, soit par des voitures automotrices indépendantes, comme dans le chemin de fer Pierrefitte-Cauterets, soit par des trains composés de quatre ou cinq voitures également automotrices, mais commandées par un seul wattman à l'aide d'un servo-moteur (ligne de Fayet, Saint-Gervais à Chamonix). Dans les cas les moteurs sont toujours couplés en parallèle, sauf dans les démarrages où ils sont couplé en série.

La traction électrique a permis dans les lignes à crémaillère de diminuer considérablement le poids morts à trainer et par suite d'obtenir un matériel roulant et de voie plus léger, ce qui diminue les frais du premier établissement.

Dans les chemins de fer de montagne mixtes, où il est quelquefois désirable de marcher à grande vitesse sur les parties à adhérence, l'énergie électrique se prête très bien aux variations demandées. Il suffira pour cela d'attaquer, suivant les cas, les pignons dentés ou les roues porteuses, par les moteurs électriques qui seront couplés en série ou en parallèle et la vitesse pourra varier de 1 au nombre des moteurs employés.

L'auteur cite les exemples des lignes du Salève, du Gornergras, de la Jungfrau et du Pic du Midi de Bigorre.

Enfin, dans une dernière partie il examine la substitution des moteurs électriques aux moteurs à vapeur dans la commande des treuils des funiculaires ; les transports onéreux d'eau et de charbon seront avantageusement remplacés par un simple transport de force qui sera d'autant plus économique s'il est fait à haut voltage puisqu'il ne sera pas nécessaire de le transformer avant d'utiliser les courants dans le moteur. De plus avec une seule usine hydro-électrique il sera possible de commander les treuils de différents tronçons d'une longue ligne funiculaire qu'il aura fallu sectionner en plusieurs parties pour éviter les forts poids de câble ou des ouvrages d'art trop coûteux. Parmi les exemples de funiculaires cités, nous trouvons les lignes du Burgenstack, du Stauserhorn, du Gürten, du Mont Dore et du Grand Jer de Lourdes.

M. F. BIENVENÜE, Ingénieur en chef des Ponts et Chaussées, à Paris.

Le chemin de fer métropolitain municipal de Paris. — Résumé historique de la question du Métropolitain de Paris. — Dispositions fondamentales réglant la concession du Métropolitain. — Consistance du réseau général, lignes concédées et éventuelles. — Tracé, en plan et en profil, de la première ligne construite; type des ouvrages, souterrains, stations, etc.; nature des divers terrains rencontrés. — Travaux de construction de la première ligne métropolitaine : travaux préliminaires, déviations d'égouts et de conduites d'eau; travaux d'infrastructure : division en onze lots d'entreprise, moyens d'action employés, application du bouclier, confection des maçonneries; circonstances particulières présentées par l'exécution de chaque lot; étendue et importance des lots, ouvrages spéciaux, marche du bouclier, durée des travaux, etc.. — Conclusion.

M. A. MONMERQUÉ, Ingénieur en chef des Ponts et Chaussées, Ingénieur en chef
des Services techniques de la Compagnie générale des Omnibus.

Quelques observations générales sur la traction électrique. — L'auteur, après avoir rappelé que la caractéristique propre de la traction électrique est (traction par accumulateurs mise à part) que le tracteur, ne portant pas lui-même son énergie, transforme simplement l'énergie qu'il reçoit d'une usine centrale, énumère et développe rapidement les avantages qui en résultent :

1° Puissance pour ainsi dire indéfinie du tracteur;

2° Facilité de conduite et souplesse du moteur;

3° Économie.

Passant ensuite aux applications de ce mode de traction aux tramways et aux chemins de fer, l'auteur, après avoir dit quelques mots des trois systèmes de traction par fil aérien, caniveau souterrain (latéral et central) et contacts superficiels (Claret, Vuilleumier et Diatto) actuellement employés pour les tramways, fait ressortir que si l'emploi du premier de ces systèmes constitue une solution simple et avantageuse de la traction électrique, on n'en saurait dire autant des deux autres systèmes qui donnent lieu à de graves difficultés et à de sérieuses objections pour les grandes villes et surtout pour Paris. Il rappelle ensuite les premières applications qui en ont été faites aux chemins de fer (système du troisième rail), et laisse envisager le développement que cette question pourra prendre dans l'avenir.

Enfin, après avoir consacré un chapitre spécial à la traction par accumulateurs et aux inconvénients qu'elle présente, l'auteur aborde les questions d'exploitation des tramways et signale que le système dit « du chapelet » ne saurait donner de bons résultats dans de grandes villes, comme Paris, où les différentes lignes de tramways présentent des troncs communs et où la circulation générale est intense. Il est à noter aussi que, dans ces mêmes villes, la substitution de la traction mécanique à la traction animale n'a pas donné l'augmentation de vitesse commerciale sur laquelle comptaient et le public et les exploitants.

La traction à air comprimé en France. — Après avoir rappelé les premiers essais et les premières installations faits, tant à Nantes qu'à Paris, en vue de la traction par air comprimé, l'auteur arrive de suite au nouveau réseau que la Compagnie générale des omnibus vient de mettre en exploitation à l'aide de ce système, à l'occasion de l'Exposition de 1900.

Ce réseau comprend 8 lignes desservies par 148 automotrices remisées en 4 dépôts différents. Chaque automotrice est pourvue d'une batterie d'accumulateurs composée de 8 réservoirs communiquant entre eux et placés sous le châssis dans le sens de la longueur de la voiture. Ces réservoirs sont timbrés à 80 kilogrammes et éprouvés à 107 kilogrammes. On les remplit d'air comprimé, à l'aide de postes de chargement qui les mettent en communication avec des canalisations formées de tubes en acier soudé, venant de l'usine de Billancourt, et dont l'une, celle de Montrouge, mesure plus de 7 kilomètres de longueur.

L'usine de Billancourt a été prévue pour pouvoir fournir à l'heure environ 16 tonnes d'air à la pression de 80 kilogrammes. Dans un grand bâtiment auquel est accolé un bâtiment spécial, constituant la chaufferie, avec 16 chaudières multitubulaires de chacune 210 mètres carrés de surface de chauffe se trouve réunie toute la machinerie comprenant :

> 7 groupes aérogènes,
> 2 moteurs pour le service d'eau,
> 2 moteurs pour le service de l'éclairage électrique.

Chaque groupe aérogène se compose d'une machine à triple expansion horizontale, dont les deux premiers cylindres sont placés à droite et en tandem alors que le troisième est placé à gauche et attelé en tandem avec le premier cylindre de compression. Celle-ci s'effectue en trois cascades, mais s'il n'y a qu'un seul cylindre compresseur de basse pression (comprimant à 4 ou 5 kilogrammes), il y en a deux de moyenne pression placés verticalement (comprimant à 25 kilogrammes) lesquels sont respectivement attelés en tandem avec chacun des deux cylindres de haute pression.

Il est bien certain qu'une pareille installation ne laisse pas que d'être coûteuse au point de vue des frais de premier établissement et surtout de ceux d'exploitation. Il est bien évident aussi que ce système a contre lui le défaut inhérent à tous les systèmes à accumulateurs, savoir : le poids considérable des automotrices. Mais il offre, par contre, un avantage énorme et qui a déterminé la Compagnie générale des Omnibus à l'adopter pour la transformation dont nous venons de parler, c'est que son fonctionnement est satisfaisant au point de vue du public, les détresses qu'il est difficile d'éviter d'une façon absolument rigoureuse avec n'importe quel autre système, ne se produisant pour ainsi dire jamais avec la traction à air comprimé.

— 6 août —

M. René ARNOUX, Ing. civil à Paris.

Sur le coefficient de mérite d'un automobile. — Jusqu'ici, dans les concours d'automobiles, on a attaché à la *vitesse* une importance capitale sans se préoccuper aucunement des dépenses et sacrifices auxquels il a fallu consentir pour obtenir cette vitesse.

Quelles sont donc, en réalité, les qualités *essentielles* qu'on est en droit d'exiger du constructeur dans un automobile judicieusement établi? C'est évidemment (en dehors d'un entretien peu coûteux) de transporter le plus grand poids à la plus grande vitesse et le plus loin possible avec le minimum de dépense correspondante en pétrole et en huile, s'il s'agit, par exemple, d'une voiture à pétrole. Eh bien! c'est sur la prise en considération de ces quatre facteurs qu'il est facile de baser une formule qui permettra de mettre en évidence les qualités d'un automobile en disant que son coefficient de mérite C_m sera *directement proportionnel* au poids P transporté, à la vitesse moyenne V, au chemin parcouru L et en *raison inverse* à la somme des poids $(p + p')$ de pétrole et d'huile consommés (ces deux poids étant ramenés à la même valeur marchande), et nous aurons la formule:

$$C_m = \frac{PVL}{p + p'} = \frac{PL^2}{(p + p')T},$$

T désignant la durée du trajet L effectué.

Cette formule permettra, avec des facteurs qui sont tous d'un contrôle facile et précis, de déterminer d'une façon beaucoup plus complète et rationnelle le véritable mérite pratique d'un automobile.

Un concours, basé sur ces principes, aura un autre avantage, celui d'obliger les constructeurs à faire une étude très attentive du moteur et des organes de transmission, engrenages, courroies, chaînes, etc., de façon à en porter au maximum le rendement économique, question qui a été laissée complètement de côté jusqu'ici.

———

M. COTTANCIN, Ing. des A. et Man., à Paris.

La construction armée. — Démonstration avec de nombreuses photographies à l'appui, de la différence entre la construction armée P. Cottancin et le béton armé ou fer-béton ou tous autres systèmes analogues, parce que ces systèmes collent le fer par le ciment, tandis que la construction armée P. Cottancin forme une série de frettes à une matière travaillant bien à la compression. Ces frettes étant intimement reliées entre elles par un tissage qui réunit les éléments métalliques entre eux d'une façon parfaite, ce qui n'a pas lieu avec le béton armé, etc., puisque dans ces systèmes, les éléments métalliques ne sont reliés entre eux que par le ciment formant l'office de colle. Cette colle manquant totalement d'action à un moment donné, il y aura destruction de ces ouvrages en béton armé, etc. C'est pourquoi les Américains ont abandonné, au bout de trois ou quatre ans, ces travaux en béton armé, etc. Un tissage concrétionné, comme la construction armée P. Cottancin, ne présente aucune partie destructible par le temps. Les points faibles de la construction métallique sont prouvés par des arguments irréfutables qui démontrent la valeur de la construction armée P. Cottancin, qui a supprimé tous ces points faibles de la construction métallique.

Toute construction dépend, pour son épaisseur, de la hauteur, tandis que la construction armée P. Cottancin n'a pas à faire intervenir ce facteur, parce que l'équilibre est assuré de petits éléments à petits éléments superposés, de sorte qu'on peut mettre un nombre indéfini d'éléments les uns sur les autres pour former toute hauteur, par exemple des murs de 11 centimètres d'épaisseur, de 35 mètres de hauteur, comme à l'église Saint-Jean de Montmartre, ou de 6 centimètres d'épaisseur pour 25 mètres de hauteur au pavillon de la République de Saint-Marin, à l'Exposition. Démonstration de la fonction des contreforts des cathédrales du moyen âge, qui ont simplement pour but d'empêcher d'être folles, les balances créées dans les murs par le constructeur. Avec la construction armée P. Cottancin, ces rappels se faisant dans les faibles épaisseurs élément à élément, on peut les supprimer et créer des murs de 11 centimètres d'épaisseur sans contreforts portant, à 7 mètres au-dessus du sol, des planchers de 9 mètres de portée avec surcharge de 3.500 kilogrammes par mètre carré.

La construction armée P. Cottancin a permis de construire aussi le massif de la machine à gaz pauvre de Delamarre-Deboutteville, à l'exposition Cockerill, sur dix cloisons en briques armées de 7 centimètres d'épaisseur, résistant au choc de 250.000 kilogrammes par dixième de seconde.

La maison du 29, avenue Rapp, montre la décoration faisant partie intégrante de la construction, puisque cette maison se construit avec des pièces de grès décoratif de Bigot, qui sont armées par les dispositions P. Cottancin.

———

— 8 août —

M. DEMORLAINE, Garde gén. des Eaux et Forêts, à Compiègne (Oise).

Sur la fixation des dunes de Gascogne. — *Historique de la fixation des dunes.* — Jusqu'à ces derniers temps, la fixation des dunes, dont l'histoire remonte jusqu'à l'époque barbare, avait été attribuée à l'ingénieur Brémontier. Reprise à la fin du XVIIIᵉ siècle, la fixation des dunes de Gascogne a surtout été étudiée et mise au point par le baron de Charlevoix-Villers. Il est juste de rendre un légitime hommage à ce dernier, encore méconnu et trop oublié aujourd'hui.

Travaux de fixation. — L'auteur a passé en revue la fixation des premières dunes en mouvement, le reboisement des lettes ou vallées situées entre les dunes, la construction de la dune littorale. Pour l'établissement de cette dernière, la période des tâtonnements n'est pas encore terminée. Il semble nécessaire de fixer surtout la pente occidentale, c'est-à-dire du côté de la mer, la hauteur de la dune, la largeur de la plate-forme supérieure. L'auteur du mémoire a proposé de fixer ces différents éléments aux chiffres suivants : 25 0/0, pente occidentale; hauteur, 7 à 10 mètres; largeur de la plate-forme, 10 mètres.

Il est intéressant également de placer la dune littorale à 50 mètres environ de la laisse des plus hautes marées.

Conclusion. — Dans la troisième partie du travail, l'auteur a étudié brièvement les différentes améliorations à apporter à la gestion des forêts de pin maritime ou à leur exploitation. Elles peuvent se résumer ainsi : amélioration des voies de vidange forestières et construction de transports ou voies ferrées parallèlement aux routes existantes ;

2° Introduction du chêne en mélange avec le pin maritime pour prévenir les dangers d'incendie et les dégâts d'invasion d'insectes ;

3° Amélioration des procédés de récolte de la résine, du *gemmage*, de façon à ne pas entraver la production ligneuse. Introduction dans ce but d'un appareil pour la mesure des quarres du pin maritime, appelé le « quarrimètre ».

M. Jules POISSON, Assist. au Muséum, à Paris.

Boisement des dunes dans le nord de la France. — Dans une note préliminaire sur le boisement des dunes du département du Pas-de-Calais, insérée aux comptes rendus du congrès de Boulogne-sur-Mer, l'auteur a signalé, en quelques lignes, l'intérêt qu'il y aurait à provoquer une discussion sur un sujet aussi important pour les points de la France où le littoral est improductif, et cela parfois sur des étendues considérables.

Le mémoire présenté cette année au Congrès de Paris comprend une analyse des principales publications ayant trait aux essais de boisement des dunes du nord de la France ; puis l'exposé d'impressions personnelles sur les dunes visitées durant ces dernières années, et une appréciation des résultats obtenus sur celles mises déjà en état de boisement ou de cultures.

M. Henri BEHAGHEL, à Beaumerie-Saint-Martin (Pas-de-Calais).

Les arbres et les arbustes à planter dans les dunes. — Le nord de la France n'a pas été aussi favorisé des gouvernements divers que nous avons eus que le midi ; c'est pourquoi les dunes de Gascogne ont acquis cette renommée qu'elles doivent aux pouvoirs publics.

Le principal intérêt comme le principal but de cette étude est de mettre en lumière l'état des dunes de la Somme, du Pas-de-Calais et de tout le nord jusqu'à Ostende, si abandonnées jusqu'à ces derniers temps.

Il faut surtout indiquer aux nombreux propriétaires de ces dunes les essences les plus propres à résister au climat et à transformer en terrains de rapport ces déserts qui paraissaient jusqu'ici sans valeur et sans avenir. Aux essences déjà connues devraient s'en ajouter d'autres qu'on pourrait essayer pour en recommander la plantation et dont l'énumération est donnée ailleurs.

M. PETITON, Ing. à Paris.

Sur les accidents par les meules. — M. Petiton expose des considérations générales sur les meules ; il rappelle le vœu qu'il avait proposé d'émettre au Congrès de Boulogne. Une omission n'a pas permis de présenter ce vœu à l'Assemblée générale ; il renouvelle aujourd'hui ce vœu. (Voy. p. 74).

M. A. LADUREAU, Ing. Agron., à Paris.

Application de l'alcool à l'éclairage et au chauffage. — M. Ladureau fait ressortir les avantages qui résulteraient pour la distillerie et par suite, pour l'agriculture française, de la suppression des droits de dénaturation des alcools destinés au chauffage et à l'éclairage, du remplacement des méthylènes et huiles lourdes actuellement employés dans cette dénaturation par les benzines, toluènes et autres produits de faible densité et de faible valeur, et enfin de la suppression de la matière colorante verte, connue sous le nom de vert malachite, qui ne présente que des inconvénients nombreux sans avoir aucune utilité. Il présente un vœu dans ce sens. (Voy. page 74.)

M. LEVAT, Ing. des Mines, à Paris.

Chemin de fer de la Guyane française. — M. Levat expose les conditions techniques et économiques dans lesquelles se trouve la construction du chemin de fer de Cayenne aux placers de l'intérieur, qui forme une première section de 135 kilomètres de longueur. Le réseau total qui a été concédé par la colonie aura un développement de 400 kilomètres, mettant Cayenne, tête de ligne, en relation directe avec l'hinterland de la Guyane hollandaise d'une part et du Contesté franco-brésilien de l'autre.

La largeur de la voie sera de 1 mètre; rampes de 25 millimètres; courbes de 75 mètres. Le matériel, adapté aux pays chauds, sera analogue à celui employé sur les chemins de fer du Sénégal et du Congo belge.

L'étude du tracé, déjà achevée sur les 58 premiers kilomètres, montre que les cols de passage entre la vallée de la Comté et celle de l'Orapu et de l'Approuague, ne dépassent pas une altitude moyenne de 150 mètres.

Le pays est uniformément couvert de forêts, dans lesquelles se rencontrent les riches placers qui font la réputation de la colonie.

VŒUX PROPOSÉS PAR LES 3ᵉ ET 4ᵉ SECTIONS

Voy. page 74.

Travaux imprimés

PRÉSENTÉS A LA SECTION

MONMERQUÉ. — *La traction à air comprimé, installations existantes à Paris.*

CASTANHEIRA DAS NEVES. — *Notice sur les études de résistance et essais des matériaux de construction au Portugal.*

DEMORLAINE. — *Notice sur le quarrimètre, appareil enregistreur pour la mesure des quarres du pin maritime.*

2ᵉ Groupe.

SCIENCES PHYSIQUES ET CHIMIQUES

5ᵉ Section.

PHYSIQUE

Président d'honneur. . . . . . . M. ZENGER, Prof. à l'Éc. Polytech. de Prague.
Président. . . . . M. PELLAT, Prof. à la Fac. des sc. de Paris.
Vice-Président . . . . M. LACOUR, Ing. civ. des mines, anc. élève de l'Éc. Polytechn. à Paris.
Secrétaire . . . . M. TURPAIN, Dʳ ès sc., Prép. à la Fac. des Sc. de Bordçaux.

— **2 août.** —

M. CASALONGA, Ing.-conseil, à Paris.

De la cause mécanique du phénomène de la gravitation et de la pesanteur.
— M. D.-A. Casalonga, se fondant sur les conditions mêmes de la Cosmogonie
de Laplace, expose une hypothèse d'après laquelle le phénomène de l'attraction
résulte d'une cause purement mécanique, de même nature que celle qui assure
la constance de la radiation solaire, provoque la marée antipode et préside à tous
les autres phénomènes de la nature. L'attraction, d'après cette hypothèse, résulterait du mouvement de rotation du soleil et du mouvement de rotation et de
circulation des planètes, engendrant les deux forces antagonistes centrifuge et
centripète, mises en jeu par la présence et le mouvement de l'éther. Celui-ci,
chassé du centre solaire, par la rotation et l'action de la chaleur, y produit un
vide qui appelle de nouveau l'éther après qu'il a perdu une partie de sa force
vive.

En considérant un cône de force du flux éthéré, cône ayant son sommet au
centre du soleil, M. D.-A. Casalonga y choisit deux sections droites circulaires,
l'une sur le disque solaire, et une autre à une distance du centre, double de la
première, où l'effet du flux éthéré sera réparti sur une surface quatre fois plus
grande, mais sera, par unité de surface, quatre fois moins intense. L'effet attrac-
tif ou répulsif, sur l'unité de surface, varie donc en raison inverse du carré de
la distance au centre et l'on retrouve là une des lois de Newton. — Quant à la
proportionnalité de la masse qui est fonction, pour une température donnée,
de la quantité de chaleur, elle résulte de l'intensité du vide qu'elle produit par
la rotation, au centre de tous les corps du système solaire, ou des autres systèmes.

En appliquant l'hypothèse de cette cause à la gravitation, M. D.-A. Casalonga a pu donner, du phénomène de la marée antipode, une explication mécanique tout à fait plausible, basée sur l'effet mécanique produit par le troisième mouvement de la Terre, ou mouvement de gravitation autour du centre de gravité Terre-Lune.

M. Albert TURPAIN, Docteur ès sciences, à Bordeaux.

Dispositifs simples de cohéreurs à cohésion magnétique. — M. le lieutenant de vaisseau Tissot a indiqué récemment comment on pouvait rendre très sensibles les tubes radio-conducteurs ou cohéreurs, en les constituant par des limailles de métaux magnétiques, et en faisant agir sur eux dans le sens de l'axe du cohéreur un champ magnétique convenable.

J'ai utilisé le cohéreur de M. Tissot dans les expériences de télégraphie hertzienne avec conducteurs que je poursuis. J'ai réalisé trois dispositifs qui rendent la décohésion la plus rapide et la plus complète possible. Les deux premiers de ces dispositifs sont susceptibles de permettre l'entretien d'un récepteur de Morse par les ondes électriques. Le troisième dispositif peut être appliqué aux appareils télégraphiques à transmission rapide.

Sur l'état électrique du résonateur de Hertz en activité. — Les diverses théories de la résonance électrique s'accordent pour assigner aux oscillations électriques qui excitent un résonateur filiforme de Hertz, une longueur d'onde égale au double de la longueur du résonateur. Elles indiquent également que la distribution électrique le long du résonateur est telle que les deux extrémités du résonateur sont deux nœuds de vibration, alors que le milieu correspond à un ventre.

Les phénomènes présentés par un résonateur circulaire dont le plan est maintenu perpendiculaire à la direction des fils de concentration du champ et qui est déplacé dans son plan autour de son centre, ainsi que les phénomènes observés à l'aide d'un résonateur à quatre micromètres, situés aux extrémités de deux diamètres rectangulaires, semblent conduire à la conclusion suivante : *Le résonateur présente deux ventres de vibration situés aux extrémités du diamètre perpendiculaire au plan des fils de concentration et deux nœuds qui limitent un diamètre perpendiculaire au premier.*

D'autre part, la mesure des étincelles éclatant au micromètre d'un résonateur à coupure mobile, construit de manière à rendre aisément variable l'angle que fait le rayon qui passe par le milieu de la coupure avec le rayon qui passe par le micromètre, conduit à la conclusion suivante : *Le résonateur à coupure se présente comme ayant un nœud de vibration à chaque extrémité limitant la coupure et un ventre au point diamétralement opposé à la coupure.*

Je me suis proposé d'appliquer à la recherche pour laquelle les expériences précédentes avaient été imaginées, une méthode qui permette de se rendre compte, au même instant, de l'état électrique des divers points du résonateur tout le long du conducteur qui le constitue.

A cet effet, tout le résonateur, sauf le micromètre, est renfermé dans un tube de verre de forme circulaire, dans lequel on raréfie suffisamment l'air pour permettre au conducteur du résonateur de produire la luminescence de cet air raréfié. Le résonateur décèle alors les états électriques qui se succèdent le long de l'arc conducteur qu'il forme, par la luminescence, d'éclat plus ou moins estompé, que ce conducteur produit aux divers points du tube.

Des résonateurs complets à une ou deux spires, des résonateurs à coupure et à plusieurs micromètres ont été étudiés par cette méthode, et leur étude a conduit à la conclusion suivante : *Le résonateur de Hertz doit être considéré comme ayant un ventre de vibration au milieu de sa longueur et deux nœuds de signes contraires à ses deux extrémités.*

M. Armand CHAMPIGNY, à Paris.

Considérations sur le grossissement, la netteté des images et le champ de vue dans les lunettes de Galilée. — M. Champigny expose que les lunettes à oculaire divergent, dites de Galilée, sont susceptibles de donner les grossissements désirables dans les lunettes terrestres, huit et dix diamètres, sans que le champ de vue pour l'œil, c'est-à-dire le champ de vue sur le terrain multiplié par le grossissement, descende au-dessous de 20 à 25 degrés. La netteté des images exige l'emploi d'objectifs et d'oculaires achromatiques et aplanétiques, question qui n'avait pas été étudiée, avec les données relatives à la lunette de Galilée. M. Champigny annonce qu'il a fait cette étude, et qu'il a fait exécuter plusieurs lunettes d'après les résultats de ses calculs.

M. ZENGER, Prof. à l'Éc. polytech. de Prague.

L'objectif de l'œil apochromatique et anastigmatique. — Il y a avantage à ne pas augmenter le nombre des lentilles qui constituent un objectif, la quantité de lumière qui traverse un objectif diminuant considérablement avec le nombre des lentilles que comprend cet objectif. J'ai constitué un objectif par deux lentilles de même courbure, à l'image de l'œil, lentilles formées de substances ayant des indices de réfraction très voisins. Avec un semblable objectif on a pu photographier une tour de 20 mètres de hauteur, l'appareil ne se trouvant qu'à 9 mètres de la tour, et sans que l'image accuse la moindre courbure.

Par suite de la réfraction plus grande de la première lentille, l'astigmatisme de l'objectif se produit également.

M. CASALONGA, Ing.-conseil, à Paris.

Valeurs des divers équivalents mécaniques de la calorie. — M. D.-A. Casalonga, revenant sur un sujet déjà présenté, auquel il apporte une contribution nouvelle, fait remarquer que c'est en se fondant sur la loi de dilatation des gaz, à pression constante, de Gay-Lussac, que Mayer a trouvé le principe I de thermodynamique et déterminé alors, approximativement, la valeur de l'équivalent mécanique, fixée à 425 kgm, à la suite des expériences de Joule.

Mayer, toutefois, s'arrêta à l'examen de la seule calorie transformée; ni lui ni les auteurs ne prêtèrent une suffisante attention à la quantité de chaleur totale qu'il faut indispensablement *dépenser* pour transformer une calorie et qui est 3,41 fois plus grande; d'où il suit que la valeur de l'équivalent mécanique de la calorie dépensée est de $\dfrac{425}{3,41} = 125$ kgm.

De plus, ces deux valeurs ont été déterminées en ne considérant que le seul trajet de dilatation; mais si on les considère dans la totalité du cycle fermé, tel que M. D.-A. Casalonga l'établit sur les lois de Gay-Lussac, de Dulong et de Mariotte, alors, par le fait qu'il s'effectue, au retour, par enlèvement de chaleur, autant de travail qu'à l'aller par versement de chaleur, la valeur des deux équivalents ci-dessus est doublée, puisque la quantité de chaleur dépensée et celle transformée sont restées les mêmes.

M. D.-A. Casalonga montre que le travail effectué, au cours de chacun des deux trajets qui ferment le cycle, est représenté par l'aire d'un rectangle, laquelle varie comme la température du corps ou la quantité de chaleur incorporée, ou la pression et non pas par l'aire du losange ordinaire, laquelle est la représentation de la force vive suivant laquelle s'effectue l'évolution et varie suivant le carré de la vitesse correspondant à la différence des pressions entre lesquelles s'effectue cette évolution. Pour une quantité de chaleur double, engagée dans le corps, la surface de chacun des deux triangles du losange est quadruple.

M. le Dr AMANS, à Montpellier.

Sur un nouveau dispositif de volet de tension. — Le nouveau volet diffère de celui que j'ai décrit au précédent congrès par les longueurs des bras et le genre de levier du porte-stylet. Il a sur le précéent l'avantage de pallier les mauvais effets du faux rond; il s'emploie uniquement comme reproducteur. Il suit docilement les sillons, aussi docilement que la casserole américaine, tout en ayant sur celle-ci l'avantage d'avoir un rocher fixe.

Fabrication des pâtes phonographiques. — Formules et manipulations pour obtenir des pâtes plus ou moins dures et les couler en bobines de toutes dimensions.

Phonographe pour bobines de 40 centimètres de longueur. — J'ai construit ce phonographe, en partie avec une subvention de l'AFAS. Dans une note plus explicite, je donnerai les détails de construction, pouvant intéresser à la fois les fabricants et les chercheurs.

M. Albert TURPAIN.

Application des ondes électriques à quelques problèmes de télégraphie. — En utilisant les ondes électriques à la transmission télégraphique entre deux postes A et B, de A vers B, concurremment avec la transmission d'un courant électrique s'effectuant de B vers A, j'ai pu réaliser un système de transmissions duplex. L'une des transmissions actionnait un récepteur de Morse, l'autre influençait un téléphone où les signaux se lisaient au son. Le dispositif a été essayé, avec succès, sur une ligne de 350 mètres, et a permis non seulement l'envoi de signaux rythmés, mais encore l'échange de mots entiers.

Multicommunicateur à ondes électriques. Dispositif récepteur. — Dans les nouvelles expériences que j'ai entreprises sur l'application des ondes électriques à

la multicommunication, et que j'ai pu mener à bien grâce à la subvention de
l'Association, je me suis efforcé de rendre le dispositif récepteur plus sensible
que dans les essais précédents. J'y suis parvenu en disposant à la suite les unes
des autres des caisses de résonances électriques constituées par des couples de
fils réunis à leurs deux extrémités et dont la longueur correspond à la longueur
d'onde du résonateur à influencer. Les résonateurs à coupure sont disposés au
milieu des caisses de résonance, et ils actionnent chacun un appareil télégraphique. Au micromètre de chaque résonateur est relié le circuit d'un des cohéreurs à cohésion magnétique précédemment décrits.

— 4 août. —

M. Henri BÉNARD, Agrégé, Prép. au Collège de France.

*Mouvements tourbillonnaires à structure cellulaire dans une nappe liquide propa-
geant de la chaleur par convection.* — Les conditions aux limites sont uniformes
dans le plan horizontal. Dans le régime permanent de stabilité maximum, les
surfaces sans rotation instantanée divisent la nappe liquide en cellules prismatiques à base d'hexagones réguliers, égaux. Les trajectoires sont des courbes
fermées planes, contenues dans les divers azimuts de la cellule. Il y a une pério-
dicité parfaitement définie sur trois directions de rangées à 60° l'une de l'autre,
dans tout plan horizontal. La détermination de cette distance entre deux centres
de cellules contiguës et les lois qui la régissent, en fonction de l'épaisseur, de
la température et du flux, et d'autre part les mesures donnant le relation entre
les vitesses aux divers points de la cellule, et la quantité de chaleur transportée,
ont été effectuées par des méthodes soit mécaniques, à l'aide de particules solides
flottantes, en suspension, ou déposées, soit purement optiques, fondées sur ce
que la surface libre de cette nappe liquide n'est pas plane, mais présente des
courbes de niveau régulières ayant exactement la même symétrie que la circulation interne. Ces différences de niveau, d'ailleurs extrêmement faibles, ont
conduit l'auteur à appliquer aux liquides les méthodes optiques les plus délicates proposées pour l'étude des surfaces.

M. J. de REY-PAILHADE, à Toulouse.

*Sur les avantages d'adopter de nouvelles unités basées sur une nouvelle unité phy-
sique de temps égale à la cent-millième partie du jour solaire moyen.* — L'année
dernière, M. A. Blondel a montré les inconvénients du système actuel C. G. S.
Dans l'*Annuaire du Bureau des Longitudes* de 1900, l'éminent physicien A. Cornu
fait ressortir la faute commise par les créateurs de ce système en n'adoptant pas
pour unité physique de temps la cent-millième partie du jour solaire moyen.

Il est facile d'établir un système dans le même genre avec l'unité de temps
décimale. Dans toutes les branches de la science, on cherche à terminer le
système métrique décimal.

En prenant pour nouvelle unité physique de temps la *cent-millième* partie du
jour solaire moyen, qui vaut $0'',864$, durée convenable à tous les points de vue,
on passe des coefficients actuels aux nouveaux au moyen des trois facteurs
$0,864$, $(0,864)^2$ et $(0,864)^3$. Alors, au moyen d'un déplacement de virgule, on a

les valeurs au jour ou à ses parties décimales. Dans la plupart des cas, la transformation peut se faire à l'aide de la règle à calculs.

Pour éviter toute confusion, on peut conserver les anciens noms et les faire précéder du préfixe *no* pour les nouvelles unités.

On trouve aisément que :

$$
\begin{array}{rl}
(a) & \text{Vitesse} \times 0{,}864 = \text{novitesse,} \\
& \text{Ohms} \times 0{,}864 = \text{noohms,} \\
& \text{Ampères} \times 0{,}864 = \text{noampères,} \\
(b) & \text{Accélération} \times (0{,}864)^2 = \text{noaccélération,} \\
& \text{Volts} \times (0{,}864)^2 = \text{novolts,} \\
(c) & \text{Watts} \times (0{,}864)^2 = \text{nowatts.}
\end{array}
$$

Nous avons déjà publié des tables de transformation. Dans notre vitrine à l'Exposition, dans la section de l'horlogerie française (aux Invalides), on verra nos mémoires et la collection de nos appareils divisant décimalement le jour et le cercle entiers. La science retirera de grands avantages de cette réforme.

M. Charles **FÉRY**, à Paris.

Pendule à restitution électrique constante. — Ce pendule est entretenu par l'électricité de la manière suivante : le courant de la pile est lancé à chaque oscillation par le pendule lui-même dans un électro-aimant ordinaire ou polarisé. Cet électro-aimant produit l'arrachement de l'armature de l'appareil bien connu sous le nom de « coup de poing de Bréguet » ou de toute autre disposition analogue.

Ce sont les courants induits qu'on obtient ainsi qui servent à entretenir le mouvement du pendule au moyen d'un aimant et d'une bobine.

L'ensemble de l'électro-aimant moteur et du coup de poing de Bréguet constitue un transformateur donnant une quantité d'électricité constante et indépendante des variations de la pile.

Cet appareil réalise d'une façon très parfaite les conditions théoriques bien connues pour obtenir un entretien régulier. Quelques marches obtenues par l'Observatoire de Paris seront jointes au mémoire.

— 6 août —

VISITE DU LABORATOIRE DE M. PELLAT

La Section s'est réunie à la Sorbonne, dans le laboratoire de M. Pellat, pour reproduire les expériences de MM. Zenger et Turpain.

6° Section.

CHIMIE

Président d'honneur . . . . . . M. BÉCHAMP, Prof. hon. de l'Univ.
Président. . . . . M. HALLER, Prof. à la Fac. des sc. de Paris.
Vice-Président . . . . M. de CLERMONT, Dir. à l'Éc. des hautes études.
Secrétaire . . . . M. CHARON.

— 3 août —

M. A. BÉCHAMP.

Sur la composition et la constitution des matières albuminoïdes en général, et particulièrement sur celle de la fibrine ou plutôt des fibrines. — M. Béchamp rappelle qu'il a établi, dès 1856, que les matières albuminoïdes constituaient une famille de composés présentant des propriétés caractéristiques très nettes de composés définis.

Il n'y a pas une matière albuminoïde unique, répandue dans les tissus des êtres organisés, mais toute une série de matières albuminoïdes, ayant chacune ses propriétés propres.

Il a utilisé, entre autres, le pouvoir rotatoire comme constante physique permettant de caractériser ces matières albuminoïdes.

Il rappelle ses travaux, l'ouvrage publié par l'Académie des sciences, en 1884, et les recherches de son fils Joseph.

Il insiste surtout sur un point de ses travaux : l'étude des fibrines.

Bouchardat avait constaté que la fibrine ne se dissout pas tout entière dans l'acide chlorhydrique très dilué. Une petite quantité de matière reste non dissoute. Il en avait conclu que la fibrine n'est pas un principe immédiat défini.

En reprenant cette expérience, M. Béchamp a vérifié que la fibrine ne se dissout que partiellement dans l'acide chlorhydrique.

Il reste un résidu insoluble très faible, d'environ 1/1000, qui décompose énergiquement l'eau oxygénée ; la partie dissoute, au contraire, est sans action, même isolée de sa combinaison chlorhydrique.

Il a été ainsi amené à conclure que la fibrine n'est pas un principe immédiat, mais bien un produit organisé, dont l'élément organisé est le microzyma, lequel y possède seul la propriété de décomposer l'eau oxygénée, et a expliqué ainsi l'expérience de Thénard, qui avait découvert cette propriété de la fibrine.

MM. Paul SABATIER, Prof. à l'Univ. de Toulouse et J.-B. SENDERENS.

Pétroles de synthèse. — Au contact du noir de platine, l'acétylène et l'hydrogène se combinent dès la température ordinaire, avec formation exclusive d'éthylène et d'éthane. Mais au contact de nickel récemment réduit, le mélange d'acétylène et d'hydrogène en excès réagit de suite et indéfiniment, pour donner de l'éthane, et aussi des carbures forméniques supérieurs, gazeux et liquides. Ceux-ci constituent un liquide incolore, dont l'odeur et la composition sont celles des pétroles légers d'Amérique. En opérant avec une colonne de nickel maintenue à 200 degrés, la formation a pu être poursuivie pendant vingt-neuf heures, au bout desquelles l'activité combinante du métal n'était pas encore diminuée; le liquide, légèrement jaunâtre, présente la fluorescence bleue et l'odeur des pétroles, et comme les pétroles d'Amérique, il contient, à côté des carbures forméniques qui le constituent en majeure partie, une faible proportion de carbures éthyléniques, et de carbures cycliques. Ces derniers sont dus à une légère intervention de l'action propre du nickel sur l'acétylène.

Des formations semblables ont lieu avec le fer et le cobalt : dans le cas du fer, les carbures obtenus, même en présence de beaucoup d'hydrogène, sont bruns rougeâtres, et toujours assez riches en carbures éthyléniques et aromatiques ; l'activité du métal diminue peu à peu.

Le cuivre peut aussi donner lieu à des réactions similaires, mais moins facilement, et il tend à donner, par action propre, sur l'acétylène lui-même, le *cuprène*, carbure solide, dont les auteurs ont déjà indiqué la formation au Congrès de Boulogne, en même temps que des gaz éthyléniques, et un carbure bleu dont l'étude est poursuivie.

Ces formations si aisées de *pétroles* identiques aux pétroles naturels d'Amérique ou de Galicie, permettent de croire que des phénomènes semblables ont contribué à produire ces derniers, conformément aux prévisions formulées, il y a trente ans, par M. Berthelot.

———

M. François-Jules ALOY, à Toulouse.

Recherches sur la détermination du poids atomique de l'uranium. — Il existe un grand nombre de déterminations du poids atomique de l'uranium, mais aucune d'elles n'offre une certitude suffisante pour être généralement adoptée. M. ALOY a repris l'étude de ce sujet, en employant une méthode nouvelle ; le principe de cette méthode consiste à chercher, pour un poids quelconque d'azotate d'urane, que l'on obtient très pur, le rapport entre le poids d'azote dosé en volume par la méthode de Dumas, et le poids d'uranium dosé à l'état d'oxyde UO^2. Le volume de gaz étant très considérable pour un petit poids de matière employée, son évaluation comporte une grande précision ; quant au dosage de l'uranium à l'état d'oxyde UO^2, il est absolument rigoureux. Huit expériences concordantes ont donné comme moyenne : 239,4 avec des écarts maxima et minima correspondant à 239,6 et 239,3.

———

— 4 août —

M. Paul SABATIER, Prof. à l'Univ. de Toulouse.

Sur le plombite d'argent. — L'existence d'un plombite d'argent $Pb(OAg)^2$ avait été signalée par Wœhler, bien que le précipité jaune qu'il obtenait contînt un excès d'oxyde de plomb. Rose, et d'autres observateurs, étaient arrivés à des produits de composition mal définie, allant du jaune au noir, et de la formule

Ag²O, 2PbO à 7Ag²O, 2PbO. En 1898, Bullnheimer a pu obtenir, cristallisé, le plombite normal Pg(OAb)², sous forme jaune ou brune. L'auteur a vérifié les résultats de Bullnheimer, et a pu arriver au même composé par une méthode plus simple :

L'oxyde d'argent sec Ag²O, introduit dans une solution potassique d'oxyde de plomb, ne tarde pas à s'y transformer complètement en plombite cristallisé jaune identique à celui de Bullnheimer. L'oxyde d'argent précipité et employé de suite après lavage ne convient pas et donne de suite un plombite jaune olive amorphe.

En opérant par déplacements réciproques des oxydes de plomb et d'argent dans leurs solutions salines, l'auteur est arrivé à des résultats curieux. Rose avait annoncé autrefois que l'oxyde d'argent abandonné dans une dissolution de nitrate de plomb, noircit en déplaçant partiellement le plomb *sans aucune formation de sel basique*. En réalité, cette dernière a toujours lieu, sous forme d'aiguilles de nitrate diplombique, qui se dépose en amas feutré, tandis que l'oxyde d'argent est remplacé par une matière noire qui a la composition du plombite Pb(OAg)², et est en réalité partiellement dédoublée en oxyde puce PbO² et *argent métallique* libre. Ce dédoublement lent paraît provoqué par la présence dans la liqueur du nitrate argentique. Aussi, est-il bien plus net, si on traite une solution d'azotate d'argent par de l'oxyde ou de l'hydrate plombeux : dans ce cas, on a immédiatement formation de plombite jaune, mais celui-ci ne tarde pas à noircir, et à éprouver le dédoublement partiel en oxyde puce et en argent métallique, qui vient argenter les parois du flacon, ou se dépose au sein de la masse, en arborescences qui grandissent dans le liquide et atteignent parfois une longueur de deux centimètres.

M. A. BÉCHAMP.

Sur la nature et la nomenclature des ferments solubles ou zymases, dans leurs relations avec les ferments figurés. — M. Béchamp a démontré que les principes immédiats que l'on nommait ferments solubles et qui sont de nature albuminoïde sont toujours des produits secrétés par les éléments anatomiques des tissus, cellules ou microzymas.

Ces ferments solubles, il les a nommés zymases, pour indiquer leur rôle analogue à celui de la diastase.

M. Béchamp fait remarquer que ce ne sont pas des ferments dans le sens propre du mot : ce sont de simples agents de transformation, mais de nature et de fonctions spéciales.

Il démontre, en outre, contrairement à l'opinion admise, qu'une zymase n'a pas une fonction unique, mais peut opérer des transformations de substances de natures très différentes ; aussi propose-t-il de les nommer par leur origine et non par leurs fonctions.

Il en a donné la nomenclature rationnelle. Il joint au nom de la substance organisée origine du composé le suffixe zymase.

Il y a ainsi : Une hordéozymase ;
Une galactozymase ;
Une zythozymase, etc.

M. Alphonse MAILHE, à Toulouse.

Sur la solubilité de l'acide sulfureux dans l'acide sulfurique. — Je me suis proposé de chercher la variation de solubilité de So^2 dans $So^4 H^2$ à diverses concentrations. La méthode a consisté à faire dissoudre dans ces liqueurs maintenues à température constante (18°), le gaz sulfureux sec. Voici quelques résultats obtenus :

Densité de So^4H^2.	Quantité de gaz So^2 dissous.
1,067	$0^{gr},139$
1,093	$0^{gr},134$
1,4906	$0^{gr},076$
1,5490	$0^{gr},111$
1,8290	$0^{gr},122$; etc.

En cherchant à représenter par une courbe la variation de cette solubilité, portant en abscisses les densités, en ordonnées les quantités de gaz So^2 dissous, j'ai obtenu une courbe décroissante jusqu'au voisinage de la densité 1,4906, puis la courbe se relève et devient constamment croissante. Il se produit donc dans le voisinage des densités 1,4906 et 1,5490 un minimum de dissolution du gaz SO^2. Je me propose dans des expériences ultérieures de fixer à quelle densité a lieu ce minimum.

M. ALOY.

Préparation de l'iodure uranique. — L'iodure uranique était inconnu jusqu'à ce jour ; toutes les tentatives faites pour l'isoler de sa solution soit par concentration au moyen de la chaleur, soit par évaporation dans le vide sec, avaient complètement échoué. J'ai réussi à préparer ce composé en opérant par double décomposition dans l'éther anhydre. Voici le meilleur mode opératoire qu'il convient d'employer. L'azotate uranique est d'abord amené à l'état d'hydrate à trois équivalents d'eau puis dissous dans l'éther anhydre ; cette solution est ensuite additionnée d'un léger excès d'iodure de baryum pur et sec ; la double décomposition se produit bientôt et la solution éthérée prend une belle coloration rouge ; en même temps il se forme un précipité constitué par de l'azotate de baryum et de l'iodure en excès. Le précipité est ensuite séparé par filtration et la liqueur évaporée dans le vide sec, l'iodure se dépose sous la forme de cristaux rouges altérables et déliquescents.

M. Ad. HERRAN, Ing. à Paris.

Les trois grandeurs inséparables : masse initial, volume initial, temps initial, qui forment la matière et l'énergie sont équivalentes. — L'intitulé de cette communication m'oblige à démontrer l'existence des trois grandeurs : masse initiale, volume initial, temps initial, et leur inséparabilité, et à faire voir les relations qu'il faut établir entre ces trois grandeurs inséparables pour avoir la matière et l'énergie. Pour faire ces démonstrations, je pars d'une idée extrêmement simple, qui est la suivante : il y a un Dieu ou il n'y en a pas, ce qu'on peut exprimer en disant : Dieu crée tout ou ne crée rien ; aussi, puisque Dieu doit tout créer, je lui fais tout créer. Dans le néant, Dieu crée la masse initiale, mais comme une masse occupe toujours un volume, il crée en même temps le volume initial, et comme pour créer une masse initiale et un volume initial, il faut du temps, Dieu crée au même instant le temps initial. Dieu crée donc ces trois grandeurs au même moment, et comme tout ce qui est créé par Dieu est immuable et éternel, les trois grandeurs : masse initiale, volume initial, temps initial, créées par lui, seront de toute éternité, et comme Dieu les a créées à la fois, elles seront toujours inséparables. Je démontre donc ainsi, en m'appuyant sur l'existence de Dieu, l'existence des trois grandeurs : masse initiale, volume initial, temps initial, et leur inséparabilité. Si je désigne par M la masse initiale, par V le volume initial, par T le temps initial, et que je pose : $M =$ constante, $V =$ constante, $T =$ constante, j'ai trois équations inséparables, égales à trois constantes, et comme une fonction quelconque de trois grandeurs inséparables constantes, est elle-même une grandeur constante ; si j'appelle matière la grandeur représentée par la somme de ces trois grandeurs inséparables constantes, et énergie la grandeur représentée par le produit de ces trois grandeurs inséparables constantes, j'aurai, en désignant la matière par μ et l'énergie par E, l'équation (1) $\mu = M + V + T =$ constante, l'équation (2) $E = M + V + T =$ constante, qui représenteront la matière et l'énergie. L'examen de ces deux équations (1) et (2) me fait voir : 1° que ces deux équations sont fonctions l'une de l'autre parce que toutes les fonctions formées avec ces trois grandeurs inséparables sont toutes fonctions les unes des autres ; 2° que les trois grandeurs inséparables, masse initiale M, volume initial V, temps initial T, qui composent la matière, représentent les trois axes de l'énergie et que, par conséquent, pour obtenir le maximum d'énergie avec le minimum de matière, il faut que l'on ait : $M = V = T$; or, comme l'œuvre de Dieu ne peut être que parfaite, j'en déduis que Dieu a créé les trois grandeurs inséparables : masse initiale, volume initial, temps initial, équivalentes, puisqu'il a créé la masse initiale $M =$ le volume initial V $=$ le temps initial T.

* * *

Les trois grandeurs inséparables masse initiale, volume initial, temps initial qui composent la matière et l'énergie ont chacune trois dimensions. — La grandeur volume ayant trois dimensions que je représente par V; V^2; V^3; j'en déduis que les deux autres grandeurs, masse initiale, temps initial, équivalentes au volume initial ont également trois dimensions que je représenterai par M; M^2; M^3; et par T; T^2; T^3; par suite j'aurai les équations équivalentes suivantes : $V = M = T$; $V^2 = M^2 = T^2$; $V^3 = M^3 = T^3$; $V^2 = M \times T$; $T^2 = V \times M$; $M^2 = T \times V$; $V^3 = M^2 \times T$; $V^3 = T^2 \times M$; $M^3 = T^2 \times V$; $M^3 = V^2 \times T$; $T^3 = V^2 \times M$; $T^3 = M^2 \times V$. Je vais démontrer que ce résultat obtenu par déduction est exact. Pour faire cette démonstration, je pars de cette vérité que, si on fait abstraction de la masse, des volumes égaux, quelles que soient les masses variables qu'ils contiennent, exigent pour création des temps initiaux égaux et que si on fait abstraction de la capacité variable du volume, des masses égales, quel que soit le volume variable qui contient ces masses égales, exigent pour leur création des temps initiaux égaux. Ceci posé, si je divise la masse en trois états principaux, état éthéré, gazeux et solide, les autres états étant des états intermédiaires entre ces trois états principaux et si je prends un volume constant V pouvant contenir une masse variable, que je désigne cette masse variable contenue dans le volume constant V; par M quand elle est éthérée, par M^2

quand elle est gazeuse, par M^3 quand elle est solide, j'aurai, le volume V restant constant et la masse M variable. Énergie masse éthérée $= (V \times T) \times (M \times T)$. Énergie masse gazeuse $= (V \times T) \times (M^2 \times T^2)$. Énergie masse solide $= (V \times T) \times (M^3 \times T^3)$. Si je prends maintenant une masse M constante comme quantité et un volume variable et que je désigne ce volume variable, contenant la masse M constante, par V quand la masse M est solide, par V^2 quand la masse M est gazeuse, par V^3 quand la masse M est éthérée, j'aurai la masse M restant constante comme quantité et le volume V variable. Énergie volume solide $= (M \times T) \times (V \times T)$. Énergie volume gazeux $= (M \times T) \times (V^2 \times T^2)$. Énergie volume éthéré $= (M \times T) \times (V^3 \times T^3)$. Les équations ci-dessus ne sont pas tout à fait exactes parce que Dieu, qui a créé à la fois la masse initiale et le volume initial, n'a pas créé ces deux grandeurs séparément, mais elles ne m'en ont pas moins permis de démontrer que la masse initiale, le volume initial et le temps initial ont trois dimensions et elles vont me permettre de représenter l'énergie quand la masse et le volume créés à la fois par Dieu deviennent variables. En effet, puisque dans la matière créée par Dieu, la masse initiale, le volume initial et le temps initial sont équivalents on a $M = V = T$ et par suite $T^2 = M \times V$. Donc si la masse M et le volume V créés à la fois par Dieu viennent à varier, il souffrira que le carré du temps initial T^2 soit constant pour que le produit des deux grandeurs variables volume et masse soit constant et vice versa, il suffira que le produit de ces deux grandeurs variables soit constant pour que T^2 soit constant et, par conséquent, le temps initial qu'il aura fallu pour créer ces deux grandeurs variables sera donné par l'équation $T = \sqrt{M \times V}$. La masse et le volume variables ayant chacun trois dimensions, si je représente ces grandeurs en états de variation par V^{1+k} et M^{3-k} (k représentant un nombre variable variant de 0 à 2), le temps initial qu'il aura fallu pour les créer sera donné par l'équation $T^2 = V^{1+k} \times M^{3-k}$ ou l'équation similaire $T^2 = M^{1+k} \times V^{3-k}$; par suite, si le temps initial reste constant, les équations suivantes, qui représentent des énergies équivalentes, représenteront les énergies des états principaux et les énergies des différents états intermédiaires de la matière. Énergie matière solide $= M^3 \times V \times T^2 =$ Énergie matière gazeuse $= M^2 \times V^2 \times T^2 =$ Énergie matière éthérée $M \times V^3 \times T^2 =$ Énergie matière état intermédiaire quelconque $= M^{1+k} \times V^{3-k} \times T^2 =$ constante. Par suite de l'équivalence des trois grandeurs masse initiale, volume initial, temps initial, les énergies représentées par les équations précédentes seront équivalentes aux énergies représentées les équations suivantes : $V^3 \times T \times M^2 = V^2 \times T^2 \times M^2 = V \times T^3 \times M^2 = V^{1+k} \times T^{3-k} \times T^2 = T^3 \times M \times V^2 = T^2 \times M^2 \times V^2 = T \times M^3 \times V^2 = T^{1+k} \times M^{3-k} \times T^2 = T^{k'} \times V^{k''} \times M^{k'''} =$ cons.; la somme des trois nombres variables $K' + K'' + K'''$ restant toujours égale à 6. Quant aux matières correspondantes à ces énergies, elles seraient représentées d'une façon générale par des équations de la forme $K'T + K''V + K'''M$ avec la condition $K' + K'' + K''' = 6$.

Lois des gaz déduites des trois grandeurs inséparables, masse initiale, volume initial, temps initial. — J'ai fait voir précédemment que l'énergie pouvait être représentée d'une manière générale par l'équation (α) $E = M \times V \times T$ et que dans le cas des gaz, elle prenait la forme (β) $E = M^2 \times V^2 \times T^2$. Je vais démontrer maintenant que toutes les lois des gaz peuvent être déduites de cette équation (β).

Si je prends un gaz dont la masse gazeuse reste constante, l'équation (β) devient $E = \text{const} \times V^2 \times T^2$ et en posant $\dfrac{E}{\text{cons}} = E_1$ l'équation (β) devient l'équation (γ) $E_1 = V^2 \times T^2 = V \times V \times T \times T$ et si pour distinguer les termes égaux V et T les uns des autres, j'écris l'équation (γ) $E_1 = V_1 \times T_1 \times T_2 \times V_2$ en posant $V_1 = V_2 = T_1 = T_2 = V = T$ et que j'appelle V_1 volume, chaleur absolue, T_1 temps initial chaleur absolue, le rapport $\dfrac{V_1}{T_1} = C_1$ chaleur absolue, c'est-à-dire chaleur comptée à partir du zéro absolu, T_2 temps initial pression, V_2 volume pression, le rapport $\dfrac{T_2}{V_2} = p_1$ pression, j'aurai en introduisant ces rapports dans l'équation (γ) l'équation (δ) $E_1 = V_1 \times T_1 \times C_1 \times T^2 \times V_2 \times p_1$ équation (δ) qui est égale à l'équation (γ) puisque V étant égal à T ou à $\dfrac{V_1}{T_1} = \dfrac{V}{T} = C_1$ et $\dfrac{T_2}{V_2} = \dfrac{T}{V} = p_1 = 1$. Si je transforme à son tour l'équation (δ) en y remplaçant les termes constants $V_1 T_1 C_1 V_2 T_2 p_1$ par des termes variables $V'T'CT''V''p$ en posant $V' \times T' \times C = V_1 \times T_1 \times C_1$ et $T'' \times V'' \times p = T_2 \times V_2 \times p_1$, les rapports constants $\dfrac{V_1}{T_1} = C$ et $\dfrac{T_2}{V_2} = p_1$ deviennent des rapports variables exprimés par les équations (1) $V' = T' \times C$ et (2) $T'' = V'' \times p$ et l'équation (δ) devient l'équation à termes variables (3) $E_1 = V' \times T' \times C \times T'' \times V'' \times p$; cette équation (3) étant le produit de tous les termes des équations (1) et (2) il s'ensuit que des variations dans ces équations feront subir des transformations aux gaz, ce sont ces transformations que je vais étudier et exprimer en lois. Je rapporterai pour cela tous les gaz à un gaz étalon dont l'énergie, la chaleur absolue et la pression auraient des valeurs déterminées fixes, c'est-à-dire que tous les termes $V'TCV''T''p$ étant choisis fixes on aurait (1) $V' = T' \times C = \text{const}$ $T'' = V'' \times p = \text{const}$ (3) $F = V' \times T' \times C \times T'' \times V'' \times p = \text{const}$, équation (3) qu'on peut également écrire (4) $E = V \times p \times T \times C$ quand on y remplace les produits $V' \times V''$ et $T' \times T''$ qui représentent le volume total et le temps initial total par V et T. Loi de Boyle. Cette loi se démontre en laissant fixes et invarier tous les termes de l'équation (1) et le terme T'' de l'équation (2) et faisant variables les deux autres V'' et p de l'équation (2) variations de V'' et p qu'on peut exprimer (k représentant un nombre variable) par $\dfrac{V''}{k}$ et kp puisque le produit $\dfrac{V''}{k} \times kp$ doit rester égal à la constante T''. Par suite des variations du volume pression V'' et de la pression p les équations (1) (2) (3) (4) deviennent (1bis) $V' = T' \times C$ (2bis) $T'' = \dfrac{V''}{k} \times kp$ (3bis) $E'' = V' \times T' \times C \times T'' \times \dfrac{V''}{k} \times kp = (T' \times T'') \times C \times \dfrac{1}{k}(V' \times V'') \times kp$ (4) $E'' = T \times C \times \dfrac{V}{k} kp$ équation (4bis) qui donne la loi de Boyle que j'énonce d'une manière plus complète qu'on ne l'a fait jusqu'à présent en disant : quand on comprime un gaz en maintenant sa chaleur absolue constante, le temps initial reste constant, le produit du volume par la pression reste constant.

Loi de Joule. Cette loi découle de ce fait que malgré la transformation qu'elle a éprouvée par suite du changement de volume et de pression, l'énergie reste constante, on a en effet (4) $E_1 = T \times C \times V \times p = (4^{bis})$ $E'' = T \times C \times \dfrac{V}{k} \times kp$

$=$ const. Loi de Gay Lussac. Cette loi se démontre en laissant fixes et invariables tous les termes de l'équation (2) et le terme T′ de l'équation (1) variations réglées par l'équation (1) V′ $=$ T $\times$ C puisque quand C devient kC, le volume V′ devient kV′, par suite de ces variations de C et de V′ en kC et kV′, les équations (1) (2) (3) (4) deviennent (1ter) kV′ $=$ T′ $\times$ kC (2^{ier}) T″ $=$ V″ $\times$ p (3ter) E‴ $=$ kV′ $\times$ T′ $\times$ kC $\times$ T″ $\times$ V″ $\times$ p $=$ k (V′ $\times$ V″) $\times$ kC $\times$ (T′ $\times$ T″) $\times$ p $=$ (4ter) E‴ $=$ kV $\times$ kC $\times$ T $\times$ p équation (4ter) qui donne la loi de Gay Lussac que j'énonce d'une manière plus complète que ne l'a énoncée ce savant en disant : quand on chauffe un gaz en maintenant sa pression constante, le temps initial reste constant et le volume du gaz croît proportionnellement à sa chaleur absolue. L'équation (4ter) pouvant s'écrire E‴ $=$ k^2E$_1$ $=$ k^2 (V $\times$ C $\times$ T $\times$ p), on en déduit la loi suivante : quand on chauffe un gaz, sa pression restant constante, le temps initial reste constant et l'énergie du gaz croît proportionnellement au carré de sa chaleur absolue. On sait que quand on chauffe un gaz sans le laisser se dilater, sa pression augmente ; il est facile de calculer cette pression, en effet T′ et T″ restant constants, si la chaleur absolue C augmente, le volume chaleur V′ augmente, vu qu'on a : kV′ $=$ T′ $\times$ kC, mais comme le volume total doit rester constant, il faut que le volume pression V″ diminue et devienne $\dfrac{V''}{k}$ on a en effet V $=$ V′ $\times$ V″ $=$ kV′ $\times$ $\dfrac{V''}{k}$ $=$ const, par suite les équations (1) (2) (3) (4) deviennent (1^{IV}) kV′ $=$ T′ $\times$ kC (2^{IV}) T″ $=$ $\dfrac{V''}{k}$ $\times$ kp (3^{IV}) E‴ $=$ (kV′ $\times$ $\dfrac{V''}{k}$ $\times$ (T′ $\times$ T″) $\times$ kC $\times$ kp. (4^{IV}) E‴ $=$ V $\times$ T $\times$ kC $\times$ kp·équation (4^{IV}) qui donne cette loi : quand on chauffe un gaz en maintenant son volume constant, le temps initial reste constant et la pression du gaz croît proportionnellement à sa chaleur absolue. Si la chaleur, la pression et le volume varient à la fois T′ et T″ restant constants, les équations (1) (2) (3) (4) deviennent (1^{V}) kV′ $=$ T′ $\times$ kC (2^{V}) T″ $=$ $\dfrac{k'}{k}$V $\times$ $\dfrac{k}{k'}p$. (3^{V}) E‴ $=$ k' (V $\times$ V′) $\times$ $\dfrac{k}{k'}p$ $\times$ kC $\times$ T. (4^{V})E‴ $=$ k'V $\times$ $\dfrac{k}{k'}p$ $\times$ kC $\times$ T d'où cette loi : quand on chauffe un gaz et que son volume et sa pression varient, le produit du volume par la pression croît proportionnellement à la chaleur absolue du gaz, c'est-à-dire qu'on a Vp $=$ TC.

———

— 6 août —

M. BARTHE

Action du bibromure d'éthylène sur le cyanacétate d'éthyle sodé. — Le 18 mai 1899, MM. H. Carpentier et W. H. Perkin junior ont communiqué les résultats donnés par ces deux composés réagissant l'un sur l'autre. Ils ont obtenu l'éthyltriméthylène cyanocarboxylate (1,1).

$$\begin{matrix} CH^2 \\ C'H^2 \end{matrix} > C < \begin{matrix} CA^3 \\ CO^2C^2H^5 \end{matrix}$$

M. Barthe avait depuis longtemps essayé semblable réaction ; et au lieu du liquide distillant à 210°-211° sous 766 millimètres de pression et de D $=$ 1,0703, il avait observé par le traitement habituel et distillation sous pression réduite, une décomposition des corps réagissant : les produits distillés émettaient un abon-

dant dégagement de HCy. Si au lieu de soumettre le résidu obtenu en fin d'opé·
ration à une distillation fractionnée sous pression réduite, on vient à l'abandonner sous cloche, après avoir pris soin de bien le priver de l'éther sulfurique,
il se fait, au bout de deux à trois mois, de rares cristaux qui vont en augmentant peu à peu et qui n'ont pas encore été analysés.

L'action du bibromure d'éthylène sur le *cyanotricarballylate d'éthyle sodé* est
nulle après avoir chauffé pendant vingt-quatre heures au B-M bouillant les composés préalablement dissous dans l'alcool absolu.

De même l'action du bromure de triméthylène ne m'a rien donné dans les
cyanacétate et cyanosuccinate d'éthyle sodés.

M. A. BÉCHAMP.

*Sur la fermentation en général et particulièrement sur la fermentation dite
alcoolique, considérées comme phénomènes de nutrition.* — A propos des récentes
expériences de M. Buchner sur la fermentation dite alcoolique et effectuées avec
les produits extraits par pression de la levure de la bière, M. Béchamp rappelle
qu'il y a longtemps qu'il a observé l'action du contenu de la levure.

Il a aussi démontré que toute fermentation est un phénomène de nutrition.

Le saccharose, en présence de la levure, est d'abord interverti par une zymase
secrétée par les microzymas de la levure.

Les sucres réducteurs formés sont ensuite consommés par la levure, qui
excrète l'alcool et les divers produits signalés comme résultant de la fermentation : alcools supérieurs, éthers, glycérine, acide acétique, acide succinique, etc.

Tous les tissus organisés peuvent donner naissance à des phénomènes du
même genre.

La formation d'alcool notamment s'observe dans les circonstances les plus
diverses.

M. Béchamp en a démontré la présence dans la plupart des tissus ou liquides
organisés, même dans le lait.

Il faut de même rapporter aux microzymas de la levure et à leurs produits
les phénomènes observés par M. Buchner.

En terminant, M. Béchamp insiste sur l'importance fondamentale que présentent ces recherches pour la médecine et la biologie.

M. DE REY-PAILHADE, à Toulouse.

Sur le philothion. — M. de Rey-Pailhade, après la communication de
M. Béchamp sur la fermentation de l'alcool par l'alcoolase de M. E. Buchner,
fait remarquer que ce phénomène paraît se produire par une action réductrice.

Le philothion, découvert dès 1888, qui est très réducteur et très abondant
dans la levure de bière, paraît jouer un rôle dans ce phénomène, car en
détruisant le philothion par le soufre, on n'observe plus la fermentation du
sucre.

M. A. BERG

Élatérase, diastase des cucurbitacées. — L'auteur avait montré que l'élatérine,
principe actif de l'élatérium, ne préexistait pas dans les fruits d'Ecballium

élaterium, mais s'y formait au moment de l'expression par le dédoublement d'un glucoside sous l'influence d'une diastase particulière, l'élatérase.

Cette diastase, différente des diastases végétales connues, se rencontre aussi dans les racines de bryone et de melon.

Outre le glucoside de l'Ecballium, elle dédouble ceux de la coloquinte, de la bryone et un corps, glucoside aussi probablement, qui existe dans les racines du melon.

M. HERRAN.

Molécules et hypothèse d'Avogrado. — J'ai fait voir dans mes communications précédentes que les cinq grandeurs, l'énergie E ; la matière μ ; la masse initiale M ; le volume initial V ; le temps initial T ; par suite de leur inséparabilité, étaient fonctions les unes des autres et qu'il y avait un nombre infini d'énergies, de matières, de masses initiales, de volumes initiaux et de temps initiaux équivalents, équivalences que l'on pouvait représenter par les égalités : $E = E' = E''... = $ const. pour les énergies équivalentes, $\mu = \mu' = \mu''... = $ const. pour les matières équivalentes, $M = M' = M''... = $ const. pour les masses équivalentes, $V = V' = V''... = $ const pour les volumes équivalents, $T = T' = T''... = $ const. pour les temps initiaux équivalents ; si je considère les égalités ci-dessus et que je vienne à les multiplier et à les diviser par un nombre entier n, elles prennent la forme $n\frac{E}{n} = n\frac{E'}{n} = n\frac{E''}{n} ... = $ const., $n\frac{\mu}{n} = n\frac{\mu'}{n} = n\frac{\mu''}{n} ... = $ const., $n\frac{M}{n} = n\frac{M'}{n} = n\frac{M''}{n} ... = $ const., $n\frac{V}{n} = n\frac{V'}{n} = n\frac{V''}{n} ... = $ const., $n\frac{T}{n} = n\frac{T'}{n} = n\frac{T''}{n} ... = $ const., et comme ces égalités sont toujours vraies quelque grand que soit le nombre entier n ; il en résulte que si je représente les énergies fractionnaires égales $\frac{E}{n} = \frac{E'}{n} = \frac{E''}{n} ...$ par $e = e' = e''...$; les matières fractionnaires égales $\frac{\mu}{n} = \frac{\mu'}{n} = \frac{\mu''}{n} ... = v = v' = v''...$; les masses fractionnaires égales $\frac{M}{n} = \frac{M'}{n} = \frac{M''}{n} ...$ par $m = m' = m''. .$; les volumes fractionnaires égaux $\frac{V}{n} = \frac{V'}{n} = \frac{V''}{n} ...$ par $v = v' = v''...$, les temps initiaux égaux $\frac{T}{n} = \frac{T'}{n} = \frac{T''}{n} ...$ par $t = t' = t''...$; et si, à ces grandeurs qui deviennent de plus en plus petites au fur et à mesure que le nombre entier n devient de plus en plus grand, je donne le nom de molécules ; je puis dire que les énergies égales $E = E' = E''... = $ const., que les matières égales $\mu = \mu' = \mu''... = $ const., que les masses égales $M = M' = M''... = $ const., que les volumes égaux $V = V' = V''... = $ const., que les temps initiaux $T = T' = T''... = $ const., contiennent le même nombre de molécules énergies, de molécules matières, de molécules masses, de molécules volumes, de molécules temps initiaux, c'est-à-dire que l'hypothèse d'Avogrado est une vérité indiscutable non seulement pour les volumes mais encore pour les quatre autres grandeurs, masses, volumes initiaux, matières et énergies. Comme toutes les grandeurs ont besoin d'être comparées à une grandeur de même espèce choisie comme unité, si je prends les énergies équivalentes $E = E' = E''... = $ const. comme unité d'énergie et si je donne au nombre entier n une valeur fixe et déterminée infiniment grande, les rapports égaux $\frac{E}{n} = \frac{E'}{n} = \frac{E''}{n} \ldots = e = e' = e'' \ldots = $ const., auront, eux aussi, une valeur fixe et déterminée et pourront être choisis comme unité moléculaire de toutes les énergies. Ce que je viens de dire pour les énergies équivalentes égales s'applique, bien entendu, aux quatre autres grandeurs, matière, masse, volume et temps initial. Le nombre n par lequel on multiplie et on divise la grandeur prise pour unité, n'est pas arbitraire ; pour la grandeur volume prise pour unité, un cube v par exemple, le nombre n doit être égal à un des nombres suivants $n = 2^{n'} = 3^{n'} = 4^{n'} \ldots = x^{n'}$; n' étant un nombre entier infiniment grand, parce qu'alors toutes les molécules représentées par $\frac{V}{2^{n'}} \frac{V}{3^{n'}} \ldots \frac{V}{x^{n'}}$ sont des cubes. Ceci fait voir qu'une molécule divisée en deux parties égales ne donne pas deux molécules, mais bien deux atomes ou radicaux atomiques égaux placés l'un dans un sens, l'autre en sens contraire. La molécule telle que je viens de la définir changerait de fond en comble les idées qu'on a actuellement sur la matière. 1° La molécule ne serait pas une grandeur à dimensions fixes mais une grandeur à dimensions variables, il n'y aurait de dimension fixe que pour la molécule unité. 2° La division en deux parties égales de la molécule donnerait deux atomes ou deux radicaux atomiques égaux placés en sens contraire l'un de l'autre. 3° La juxtaposition d'un nombre infini de molécules semblables pour former un volume semblable exigerait que toutes les molécules soient en contact et qu'il n'y ait pas de vides entre elles. 4° Toutes les molécules auraient des formes cristallines et leurs juxtapositions engendreraient des formes cristallines. 5° La matière serait divisible à l'infini. 6° Tous les corps contiendraient les trois états principaux de la matière à l'état latent, les corps solides renfermeraient de l'éther à l'état latent et les liquides des vapeurs à l'état latent. 7° Il y aurait autant d'éthers différents qu'il y a de corps différents. 8° La matière serait pénétrable. 9° La matière en se pénétrant et en se dépénétrant produirait des déplacements de la masse et du temps initial, c'est-à-dire produirait le mouvement.

———

Analogies entre les points, les lignes, les surfaces et les ombres. — Si je prends une masse, je sais que cette masse donne une ombre, que si je la divise en deux j'ai deux ombres, et qu'en la divisant n fois j'ai n ombres ; je sais également que je puis reconstituer la masse avec ses n fragments, mais qu'il m'est impossible de reconstituer une parcelle même infinitésimale de cette masse avec ses n ombres. Cependant si, choisissant une masse M comme unité de masse, je divise cette masse en un nombre n de fragments ayant tous la même masse m et ayant n ombres, chacune d'elles représentant l'ombre d'une masse m, je viens à supposer, quoique cela soit absurde, que chaque ombre de masse m, soit la masse m elle-même, les n ombres de masse m représenteront les n masses elles-mêmes, c'est-à-dire la masse M. Cette absurdité étant admise, si je prends différentes masses M'M'' et que je les divise en fragments égaux à la masse m et si $n'n''$ représentent le nombre de fragments égaux à la masse m contenus dans M'M'', j'aurai respectivement $n'n''$ ombres de masse m, et comme j'ai admis que les n ombres de masse m représentent n masses m ou la masse M elle-même, il s'ensuit que les $n'n''$ ombres de masse m représenteront aussi les masses M'M'' elles-mêmes, et j'aurai les équations suivantes : n ombres $m =$

n masses $m = M = 1$; n' ombres $m = n'$ masses $m = M'$; n'' ombres $m = n''$ masses $m = M''$; par suite, les rapports du nombre des ombres $\dfrac{n'}{n}\dfrac{n''}{n}$ représen-
teront les masses $M'M''$, puisque les n ombres de la masse M représentent l'unité de masse M, d'où je tire cette conclusion qu'en partant d'une absurdité j'arrive à une vérité. Si je compare une ligne de longueur L à une masse M et le milieu de cette ligne L à l'ombre de cette masse M, et que, de même que je l'ai fait pour la masse M, que j'ai divisée en n petites masses m, je divise la ligne L en n lignes égales l, j'ai n lignes l qui, séparées les unes des autres, me donnent n points milieux séparés. Or, de même qu'avec les n ombres de masse m, je ne puis pas reconstituer la masse M, de même avec les n points milieux des n lignes l je ne puis pas reconstituer la ligne L, chose que je puis faire avec les n lignes l. Cependant, quoique cela soit absurde, si j'identifie les n points milieux des n lignes l aux lignes l elles-mêmes, je puis poser l'équation : n points milieux $= n$ lignes $l = L$, puis, si adoptant cette ligne de longueur L comme unité de longueur, je prends d'autres lignes $L'L''$ et que je les divise en $n'n''$ lignes égales à l, je puis poser les équations : n' points milieux $= n'$ lignes $l = L'$ n'' points milieux $= n''$ lignes $l = L''$, et par suite les rapports du nombre de points milieux $\dfrac{n'}{n}\dfrac{n''}{n}$ me donneront les longueurs des lignes $L'L''$; or, les équations précédentes étant vraies quelque grands que soient les nombres $n\,n'\,n''$, c'est-à-dire quelque petites que soient les lignes égales l, je puis être amené à conclure que quand les nombres $n\,n'\,n''$ croissent infiniment, les lignes l décroissent infiniment et tendent, par conséquent, à s'identifier avec leurs points milieux; mais comme je puis faire le même raisonnement avec des masses et dire que quand les nombres des fragments $n\,n'\,n''$ tendent vers l'infini, les masses m décroissent infiniment et tendent vers zéro, c'est-à-dire vers leurs ombres, et comme ce dernier résultat est manifestement absurde, il s'ensuit que le premier résultat qui lui est identique est également absurde, d'où je tire cette conclusion qu'avec un nombre infini de points milieux je ne puis pas former une ligne. Je démontrerai de même qu'avec un nombre infini de lignes je ne puis pas former de surfaces et qu'avec un nombre infini de surfaces je ne puis pas former de volumes. De ce qui précède, je conclus : 1° Qu'un volume divisé infiniment donne toujours des volumes, vu que l'équation $V = n\dfrac{V}{n}$ ou $V = nv$ en posant $\dfrac{V}{n} = v$ est toujours vraie; 2° qu'il existe trois classes de volumes : les volumes linéaires ou volumes à une dimension que j'écrirai $V = nv \times 1 \times 1$; les volumes surfaces ou volumes à deux dimensions que j'écrirai $V^2 = (n \times n')\,v \times 1$ ou en posant $n' = n$; $V^2 = n^2\,v \times 1$ les volumes volumes ou volumes à trois dimensions que j'écrirai $V^3 = (n \times n' \times n'')\,v$ et en posant $n'' = n' = n$; $V^3 = n^3 v$, équations qui deviennent, en remplaçant nv par l, $V = l$, $V^2 = l^2$, $V^3 = l^3$.

M. A. LADUREAU.

Sur l'incandescence de l'oxyde de thorium et d'autres oxydes métalliques. — L'auteur expose les particularités intéressantes de la composition des manchons employés dans l'incandescence par le chimiste autrichien Auer von Welsbach et insiste sur ce fait que l'oxyde de thorium absolument pur ne donne qu'une lumière blafarde et sans éclat à peine éclairante, tandis que si l'on imprègne les manchons avec une solution de nitrates de thorium et de cérium dans laquelle le dernier oxyde ne forme que le 1/100 du premier, on obtient la lumière éclatante que chacun connaît. En augmentant la proportion de l'oxyde de cérium ou en la diminuant, on voit la lumière devenir de plus en plus faible. L'oxyde de cérium est donc l'agent excitateur de lumière du thorium. Aucun autre oxyde métallique ne peut le remplacer.

La présence de quantités infinitésimales de fer suffit pour empêcher l'incandescence, d'où résulte la nécessité de n'employer que des produits très purs.

M. Ladureau a cherché à remplacer l'oxyde de thorium qui coûtait fort cher et rendait cet éclairage dispendieux par suite de la fragilité des manchons, par d'autres oxydes métalliques, et il a obtenu, en mélangeant la magnésie, la zircone l'alumine et l'oxyde de chrôme, des manchons possèdant un pouvoir éclairant très supérieur à celui du thorium, avec une lumière plus jaune, plus dorée, mais qui ne durent que cent heures environ, tandis que celle des manchons au thorium est pour ainsi dire illimitée. Le coût des manchons préparés par la liqueur composée par M. Ladureau n'est que de quelques centimes. Il y a peut-être là une application qui sera intéressante pour ce mode d'éclairage le 28 septembre de cette année, époque à laquelle les brevets Auer tombent dans le domaine public.

Incandescence de l'oxyde de thorium. — M. LADUREAU présente à la Section le résultat de ses recherches sur l'incandescence par les manchons lumineux (système Auer) et décrit toutes les particularités des mélanges d'oxyde de thorium et de cérium employés à cet usage. Il annonce en outre qu'il a obtenu en mélangeant dans des proportions déterminées les oxydes de zirconium, aluminium, magnésium et chrôme des manchons très éclairants, très solides et à très bon marché qui auront un emploi intéressant quand le brevet Auer sera dans le domaine public, c'est-à-dire le 28 septembre 1900.

Discussion. — M. HALLER fait observer que les faits communiqués par M. Ladureau ont été déjà décrits dans diverses publications scientifiques.

On sait que l'incandescence est due à une faible proportion de cérium contenue dans le manchon. En ce qui concerne l'action du fer on l'a attribuée au ferrocarbonyle. Enfin de nombreux essais ont été faits avec les différents oxydes pour préparer des manchons plus économiques que les manchons Auer.

M. Louis **HENRY**, Prof. de chimie à l'Univ. de Louvain.

Sur les alcools-amines. — M. Louis HENRY constate d'abord que l'on ne connaît guère, jusqu'ici, à l'état libre, en fait *d'alcools-amines*, que l'éthanol-amine $(HO)CH_2 — CH_2(NH_2)$ décrite, il y a peu de temps, par Knorr. Il fait connaître deux nouveaux composés de ce genre :

a) L'*isopropanol-amine* $CH_3 — CH(OH) — CH_2(NH_2)$ produit de la réduction de l'isopropanol mononitré $CH_3 — CH(OH) — CH_2(NO_2)$. Ébull. 160° (E. Peeters).

b) Le *butanol-amine* $(HO)CH_2 — (CH_2)_2 — CH_2(NH_2)$ bi-primaire, produit de l'hydrogénation de l'alcool cyano-butylique normal et primaire ($CN - (CH_2)_2 - CH_2(OH)$). Ébull. 206°.

Ces deux corps sont en tous points analogues à l'éthanol-amine.

M. Louis Henry insiste sur l'intérêt que présentent, au point de vue de la *solidarité fonctionnelle*, les alcools-amines. Il s'occupe, en particulier, de leur volatilité. Il fait remarquer les modifications subies, dans ses aptitudes réactionnelles, par le radical ($- OH$) dans les dérivés alkylés de l'alcool amidométhylique ($(NH_2)CH_2(OH)$).

MM. E. NOELTING et W. FEUERSTEIN, à Mulhouse.

Sur la prétendue transformation du phosphore en arsenic. — M. Fittica prétend avoir transformé le phosphore, partiellement, en arsenic, en le chauffant avec du nitrate d'ammoniaque. M. Winkler a montré, de son côté, que tous les phosphores du commerce contiennent de l'arsenic et qu'ils en fournissent la même quantité avec tous les oxydants, y compris le nitrate d'ammoniaque. L'arsenic de M. Fittica préexistait donc dans son phosphore. Nous avons, de notre côté, réussi à purifier le phosphore du commerce par distillation à la vapeur d'eau, et à obtenir ainsi un produit qui, traité soit par les oxydants usuels, soit par le procédé Fittica, ne fournit pas la moindre trace d'arsenic. Les expériences de M. Fittica sont donc entachées d'erreur, et rien ne permet, pour le moment, de mettre en doute la nature élémentaire de l'arsenic.

M. CHARON.

Transformation des chlorures d'aldéhydes non saturés en iodures d'alcool chlorés. — M. CHARON a constaté que lorsque l'on traite les composés de formule

$$R - CH = CH - CHCl^2,$$

par l'iodure de sodium anhydre dissous dans l'alcool méthylique, il se produit une très curieuse réaction.

Il y a substitution d'un atome de chlore par un atome d'iode et, en même temps, transposition moléculaire.

On obtient des composés de formule :

$$R - CCl = CH - CH^2I.$$

Ces nouveaux dérivés donnent très facilement lieu aux réactions de substitution et permettent de préparer ainsi les éthers des alcools éthyléniques chlorés.

M. Jules ALLAIN-LE CANU, à Paris.

Action de la phénylhydrazine sur les iodures alcooliques. — L'auteur a montré que les iodures de propyle et de butyle se combinent avec deux molécules de phenylhydrazine pour donner les composés :

$$(C^6H^5Az^2H^3)^2C^3H^7I \text{ et } (C^6H^5Az^2H^3)^2C^4H^9I.$$

Avec l'iodure d'isoamyle, il a obtenu des corps de compositions variables, contenant moins d'une molécule de $C^5H^{11}I$. Ce résultat est sans doute dû à la décomposition rapide du composé $(C^6H^5Az^2H^3)^2C^5H^{11}I$; car, au bout d'un certain temps, on obtient toujours le composé stable $(C^6H^5Az^2H^3)^2HI$.

MM. HALLER et UMBDGROVE.

Sur l'acide diméthylamidométaoxybenzoylbenzoïque tétrachloré. — MM. HALLER et UMBDGROVE sont parvenus à ce composé de formule :

$$C^6CCL^4 < \genfrac{}{}{0pt}{}{CO}{CO} > C^6H^3(OH)Az(CH^3)^2,$$

en partant de l'acide orthophtalique tétrachloré. Ils ont appliqué la méthode antérieurement publiée par l'un d'eux, et qui a déjà permis de préparer un si grand nombre de nouveaux composés intéressants.

En possession de ce nouveau corps, ils ont essayé d'introduire un second oxhydrile dans la molécule, espérant ainsi obtenir des matières colorantes nouvelles.

Les nombreuses expériences tentées ont donné des résultats négatifs.

M. CHICANDARD.

Sur la stéréoisomérie du benzène.

7ᵉ Section.

MÉTÉOROLOGIE ET PHYSIQUE DU GLOBE

PRÉSIDENT D'HONNEUR . . . . . . M. ZENGER, Prof. à l'Éc. polyt. de Prague.
PRÉSIDENT. . . . . M. TEISSERENC DE BORT, Secr. de la Soc. météorol., à Paris
VICE-PRÉSIDENTS. . . . . M. l'abbé MAZE.
                        M. RAULIN, Prof. hon. à la Fac. de Bordeaux.
SECRÉTAIRE . . . . M. SIEUR, Prof. au lycée de Niort.

— 3 août —

M. MOUREAUX, de l'Obs. du Parc-Saint-Maur.

Sur un moyen d'atténuer l'effet des courants industriels sur le champ terrestre, dans les observatoires magnétiques. — M. MOUREAUX rappelle la situation désastreuse faite à la plupart des observatoires magnétiques par le développement croissant des réseaux de tramways électriques à trolley ; le retour du courant par le rail donne lieu à des courants dérivés, dits *vagabonds*, qui agissent sur l'aiguille aimantée à des distances de plusieurs kilomètres. Depuis le 22 juin dernier, les appareils de variations du Parc Saint-Maur sont influencés par des courants provenant de la ligne de Vincennes à Nogent-sur-Marne, distante, pourtant, de 3.200 mètres de l'Observatoire. M. Moureaux a reconnu qu'il est possible, sinon de supprimer, au moins de réduire considérablement l'influence des courants dérivés sur les aimants du déclinomètre et du bifilaire ; il suffit de réaliser les trois conditions suivantes : choix d'un aimant à section carrée ou rectangulaire, fortement aimanté ; augmentation du moment d'inertie du système oscillant ; emploi d'un amortisseur. Des expériences ont été faites au Parc Saint-Maur et dans les forêts de Vincennes et de Nogent, à diverses distances de la ligne, avec des appareils modifiés en conséquence. Les résultats montrent nettement l'importance de la méthode de correction pour les deux éléments considérés, mais on ne peut guère espérer qu'elle soit applicable aux variations de la composante verticale, ni aux instruments de valeur absolue. Les courbes du 24 juillet correspondent à une assez forte agitation magnétique, dont tous les détails se superposent à ceux observés au Parc Saint-Maur. Il semble donc que les modifications adoptées soient sans action sur les variations magnétiques proprement dites.

M. E. DIETZ, Corresp. du Bureau central météor., à Rothau (Alsace).

Trente années d'observations dans les Vosges. — Entre les deux contreforts les plus élevés des Vosges septentrionales, le Donon (1010 mètres) à l'ouest, et le Champ-du-Feu (1100 mètres) à l'est, s'étend une vallée qui a pris son nom de la Bruche, rivière qui coule du sud-ouest au nord-est, vers Strasbourg, où elle se jette dans l'Ill. Au milieu de la partie supérieure de cette vallée se trouve Rothau, à l'altitude de 347 mètres, par 44° 27' 30" de latitude nord et 4° 52' 20" de longitude est. C'est là que M. le pasteur Dietz a établi dans son presbytère, en 1869, une station météorologique. Il communique quelques-uns des résultats de ses observations, faites sans interruption, pendant une période trentenaire, de 1870 à 1899.

La direction de la vallée, la proximité des montagnes et des forêts, plus encore que son altitude, en font une contrée passablement pluvieuse et froide. Les nuages, arrivant généralement de l'ouest ou du sud-ouest, y sont comme encaissés et y déposent le produit de leur condensation avant de franchir le contrefort du Champ-du-Feu.

La moyenne annuelle de l'eau recueillie, pluie et neige, en 30 ans, a été de 1264 millimètres.

Les années les moins pluvieuses ont été 1883 avec 906 millimètres et 1874 avec 954 millimètres.

Toutes les autres ont donné plus de 1000 millimètres. Les quatre années les plus abondantes ont été :

1877 avec 1528 millimètres,		1879 avec 1600 millimètres,	
1895 avec 1560	»	1882 avec 1772	»

Comme comparaison, on peut remarquer que la moyenne annuelle, dans la plaine du Rhin, à Strasbourg (altitude 140 mètres) est d'environ 850 millimètres, tandis qu'à la station forestière de la Melkerei, placée près du Champ-du-Feu, sur le versant est, à l'altitude de 930 mètres, la moyenne est de 1840 millimètres, et à l'hôtel du Hohwald, situé plus bas, à l'altitude de 610 mètres, la moyenne est de 1250 millimètres.

A Rothau, les plus fortes chutes en 24 heures ont donné : 96^{mm},2 le 31 décembre 1879 ; 80^{mm},7 le 25 octobre 1892, et 88^{mm},6 le 6 novembre 1895.

La quantité de neige est moins importante à Rothau qu'au Hohwald, et surtout qu'à la Melkerei, où les premières chutes ont lieu en octobre et les dernières en mai, dépassant parfois 1 mètre d'épaisseur (1^{m}70 le 27 janvier 1895).

A Rothau, le nombre des jours pluvieux est en moyenne, par an, de 185 ; l'année 1893 n'en a compté que 158, tandis que le maximun 218 s'est produit en 1882. A la Melkerei, il en est de même ; à Strasbourg, la moyenne est de 120.

La moyenne annuelle de la température, tirée des maxima et minima journaliers, est à Rothau de 8°,36 ; à Strasbourg elle est de 9°,5 ; à la Melkerei de 7° et au Hohwald de 7°,8. C'est dans cette dernière station que se produisent souvent les extrêmes les plus bas et les plus élevés.

A Rothau, la température la plus haute s'est produite le 19 juillet 1881, avec 34°,3, et le maximum le moins élevé, 28°, a eu lieu le 8 juin 1885 et en août 1890.

Le minimum absolu s'est produit en janvier 1893, avec — 25° ; en janvier 1895 il est arrivé à — 23°,5.

Le minimum annuel le moins bas a eu lieu le 1er décembre 1884, avec — 9°,3 ; on peut aussi noter ceux du 5 janvier 1897, avec — 10°, et du 25 décembre 1895, avec — 10°,4.

L'écart annuel le plus grand, 54°,7, s'est produit en 1893 ; puis vient celui de 1881, qui a été de 53°,6.

L'écart le plus faible, 40°,3, a eu lieu en 1882 et 1883.

La moyenne annuelle la plus élevée, 9°,35, a eu lieu en 1897, et la plus basse, 7°,06, en 1888. La majorité des moyennes est entre 8° et 9°.

M. SIEUR, Prof. au lycée de Niort.

Photographies de nuages.

— 4 août —

Visite de la Section à l'Exposition et à l'Observatoire du Parc-Saint-Maur.

— 6 août —

M. MOUREAUX.

Sur le Réseau magnétique de la France au 1er janvier 1896. — Les observations en campagne, commencées en 1888, ont été terminées en 1895; elles se rapportent à 617 stations différentes, disséminées sur la surface de la France, et comprenant 1143 mesures de la déclinaison, 1037 de l'inclinaison, 1004 de la composante horizontale. M. MOUREAUX rappelle les avantages des petits instruments de voyage, et indique les précautions prises pour le choix des stations. Les résultats de chaque série annuelle ont été d'abord réduits au 1er janvier de l'année suivante, et publiés dans les *Annales du Bureau central météorologique* ; finalement, tous ont été ensuite ramenés au 1er janvier 1896, en appliquant à chaque élément la correction due à la variation séculaire.

L'auteur a montré déjà, au Congrès de Limoges, que la distribution des éléments magnétiques en France est très irrégulière, notamment dans le bassin de Paris. La première partie de son travail est relative à la distribution *réelle* des éléments magnétiques, telle qu'elle résulte de l'observation ; elle est accompagnée de cartes relatives à la déclinaison, à l'inclinaison, aux composantes horizontale, verticale, ouest et nord, et à la force totale.

La deuxième partie, qui est en préparation, se rapportera à la distribution *théorique* des éléments magnétiques, et à l'étude des anomalies.

M. RAULIN.

Sur les observations pluviométriques faites dans la zone équatoriale de 10° N. et 10° S. — Elles ont été faites dans plus de 500 localités, mais avec des durées très inégales, depuis quelques mois, jusqu'à vingt et trente années. La moitié des séries provient de l'Archipel Indien néerlandais, et Java seul en donne une centaine ayant une durée de 17 ans en 1895.

Les moyennes annuelles varient de 2 à 3.000 millimètres ; mais à Sumatra et Java, elles peuvent atteindre et dépasser même 4.000 millimètres. Parfois elles sont très faibles, comme à Saint-Paul de Loanda, 270, et aussi à l'île de l'Ascension, 277. La chaîne N.-S., des Ghâtes, dans l'Hindoustan, occasionne de grandes différences : Kochin, à l'ouest, 2.918 ; Tuticorin, à l'est, 493. C'est au

11

Kameroun, au fond du golfe de Bénin, que les moyennes atteignent leur maximum : 9.406, à Debundja.

L'année se divise en deux parties : l'une, sèche, de quatre à cinq mois, l'autre, pluvieuse, de sept à huit mois, désignée sous le nom d'*hivernage*; celui-ci, le plus souvent, a lieu pendant la partie de l'année la plus chaude, la plus évaporant, soit boréale (mai à novembre), soit australe (décembre à juin). Il y a cependant des exceptions : entre l'Orénoque et l'Amazone, dans les Guyanes, c'est pendant l'hiver et le printemps; il y a ainsi opposition avec la côte caraïbe et toutes les Antilles.

Sous le rapport de l'altitude, les quantités diminuent avec son accroissement :

		Altitude.	Moyennes.
		Mètres.	Millimètres.
Colombie. . . .	Colon.	5	2.773
	Porto-Berrio.	165	2.383
	Bogota	2.615	1.097
	Quito.	2.850	1.069
Java.	Buitenzorg	265	4.427
	Tjilatjap	5	3.883
	Tankoeban Prahoe. .	2.111	3.717
	Gr. Malawar	2.339	3.043

M. SIEUR.

La question de la foudre globulaire, d'après des expériences récentes. — M. Sieur complète une communication antérieure faite au Congrès de Caen. Il cite de nouveaux témoignages en faveur de l'existence de la foudre *globulaire*. Ce curieux phénomène a été longtemps considéré comme le résultat d'une illusion d'optique. M. Sieur prétend qu'on ne peut plus penser ainsi en présence des faits dont il a fait l'énumération.

Les récentes expériences faites par le docteur Leduc, de Nantes, et répétées, d'ailleurs, par M. Sieur et son collègue Aupaix, du lycée de Niort, viennent, dit-il, donner le dernier mot de la question. Le problème de la foudre globulaire est résolu. Il ne peut y avoir de discussion que sur la théorie du phénomène dont l'existence est attestée par les faits les mieux contrôlés.

M. Sieur expose, devant la Section, une théorie de son collègue, M. Riffaud, ingénieur civil, à Niort, et membre de la commission météorologique des Deux-Sèvres. Pour lui, cette théorie ingénieuse ne lui semble pas rigoureuse, et il se propose de la discuter ultérieurement.

M. l'abbé C. MAZE, à Harfleur.

L'unité de mesure de la grande expérience barométrique du Puy-de-Dôme, en 1648 (1). — L'examen des documents contemporains montre que le pied employé par Périer, pour la célèbre expérience faite simultanément au Puy-

---

(1) Publié *in extenso* dans le *Cosmos* du 28 juillet 1900.

de-Dôme, et chez les Célestins de Clermont, en Auvergne, n'était pas le pied
de Roy, ou pied déduit de la toise du Châtelet, mais le pied des maçons, plus
long d'environ une ligne. En effet, il mesurait $0^m,3270$, au lieu de $0^m,3248$,
longueur du pied de Roy.

M. Paul GARRIGOU-LAGRANGE, Secr. gén. de la Soc. Gay-Lussac, à Limoges.

*Sur le calcul des anomalies et sur son application à l'étude des grands mouve-
ments atmosphériques et à la prévision du temps.* — M. GARRIGOU-LAGRANGE expose
la suite de ses recherches sur le calcul des anomalies en un point donné du
globe, considérées comme fonctions linéaires des anomalies antérieures en ce
point et des anomalies correspondantes en d'autres points du globe.

L'application de cette méthode conduit à un nombre très grand d'équations,
dont le calcul est d'autant plus pénible que certaines d'entre elles se trouvent
parfois incompatibles, circonstance que la méthode des moindres carrés ne permet pas de reconnaître à temps.

L'auteur lui préfère une autre méthode de réduction dont il fait l'exposé.

Comme application, il a calculé d'après les valeurs trimestrielles de la pression, en huit stations, pour une période de seize années, les anomalies de la
pression de ces huit points, pour chaque saison, et il en a déduit les relations
qui lient chaque saison à celles qui précèdent.

Il a également calculé les relations qui existent entre les anomalies de pression aux différentes phases des mouvements lunaires.

M. RICHARD, Ing. const., à Paris.

Sur un nouvel héliographe.

3° Groupe.

SCIENCES NATURELLES

8e Section.

GÉOLOGIE ET MINÉRALOGIE

PRÉSIDENT D'HONNEUR . . . . . .   M. A. GAUDRY, Membre de l'Inst., Prof. au Muséum
PRÉSIDENT. . . . .   M. le Dr SAUVAGE, Conserv. des musées de Boulogne.
VICE-PRÉSIDENTS. . . . .   M. LENNIER, Dir. du musée du Havre.
                                  M. PÉRON. Intend. milit. en retraite.
SECRÉTAIRE . . . .   M. BOURGERY, Membre de la Soc. géol. de France.

— 2 août —

M. G. RAMOND, Assis. au Muséum, à Paris.

Études géologiques dans Paris et sa Banlieue. — Comme suite à une communication antérieure sur le même sujet (1), l'auteur présente à la Section une série de documents (profils géologiques, coupes, photographies, etc.) relatifs à la ligne de Courcelles au Champ-de-Mars, qui a pour but de desservir l'Exposition Universelle. Ces coupes intéressent plus particulièrement les étages *lutétien, yprésien, sparnacien.*

La traversée de la Seine, à la hauteur de l'île des Cygnes (entre Passy et Grenelle), a fourni quelques renseignements sur l'allure des alluvions anciennes, superposées aux étages *montien* et *sénonien* supérieur.

M. LENNIER, Conservateur du Musée d'Hist. nat. du Havre.

Dinosauriens découverts dans le kimméridien des environs du Havre.

Discussion. — M. Albert GAUDRY fait remarquer qu'il est intéressant de trouver les restes de gigantesques dinosauriens herbivores, au milieu de dépôts marins. Il est difficile de supposer que les os énormes découverts par M. Lennier soient venus de bien loin, et par conséquent, nous sommes portés à sup-

(1) Voir G. RAMOND : *Études géol. dans Paris et sa Banlieue* (Assoc. franc., Congrès de Nantes (p. 145 et 312.)

poser que les rivages de la mer étaient garnis d'une végétation qui attirait les Dinosauriens.

M. Péron, à propos des faits constatés par M. Lennier, et des observations de M. A. Gaudry, rappelle que le mélange signalé de Sauriens avec des restes de végétaux et des coquilles marines dans les couches du Kiméridgien, est un fait très général dans l'étage albien du nord-est du bassin parisien, où, avec les rognons phosphatés qu'on exploite dans la Meuse et dans les Ardennes, on peut recueillir des dents très nombreuses et des ossements de Sauriens et de poissons, en même temps que des cônes de pin, des morceaux de bois perforés par les tarets, et de très nombreux fossiles marins, notamment des céphalopodes Cette situation et ce mélange dénotent l'existence d'un rivage bas, garni par une végétation puissante, et probablement de nombreuses petites îles sableuses peu élevées au-dessus du niveau de la mer.

Visite au Muséum

L'après-midi, visite, par la Section, des nouvelles galeries du Muséum, sous la conduite de MM. Albert Gaudry et Stanislas Meunier.

M. Albert Gaudry annonce que M. André Fournoux, fils de notre éminent et regretté confrère, M. Raoul Fournoux, vient d'arriver de Patagonie, où il a fait des recherches paléontologiques dans les terrains qui ont fourni à M. Ameyhino, M. Moreno, etc., de si curieux mammifères fossiles. Il a rapporté au Muséum de très intéressantes pièces de différents genres, notamment d'Astropothérium. Ces pièces ont été mises sous les yeux des membres de l'Association, pendant la visite.

— 3 août —

M. Maurice COSSMANN, à Paris.

Observations sur quelques coquilles crétaciques recueillies en France. — Cette Note paléontologique, précédée d'une courte introduction stratigraphique, par M. E. Pellat, fait connaître une très intéressante faunule urgonienne, principalement composée de petits Gastropodes microscopiques, conservés avec leur test, et rappelant beaucoup, par leurs affinités, ceux qui ont été décrits par Pictet et Campiche, comme provenant du gisement de Châtillon-de-Michaille, dans le Jura bernois. La couche qui les renferme, à Orgon, est au-dessous du Barrémien, dans lequel on trouve les *Harpagodes* gigantesques, qui ont précisément fait l'objet de l'article précédent (Congrès de Boulogne), sur quelques coquilles crétaciques recueillies en France ; le contraste entre cette succession de faunes est frappant.

Discussion. — M. Péron présente quelques observations au sujet de *Retusa Jaccardi* et surtout de *Retusa tenuistriata* Cotteau.

Cette dernière espèce est une forme décrite très sommairement par Cotteau, et non figurée, dont le type provient du Néocomien de l'Yonne. M. Péron a retrouvé ce type dans la collection Cotteau, et vient de le décrire ainsi que beaucoup d'autres, dans le *Bulletin de la Société des Sciences de l'Yonne*. Il pense que M. Cossmann, qui a déjà parlé de cette espèce dans ses essais de paléoconchologie comparée, a été induit en erreur par l'insuffisance de la diagnose, et a appliqué le nom de *Retusa tenuistriata* à une forme qui diffère du type d'une façon très notable.

M. Stanislas MEUNIER, Prof. au Muséum.

Recherches stratigraphiques et expérimentales sur la sédimentation souterraine. — La conclusion de l'auteur, c'est qu'un certain nombre de formations, dont plusieurs se signalent par leur importance industrielle, par exemple des couches de phosphate de chaux résultent d'une sorte d'analyse subie par les assises du sol, sous l'influence des eaux d'infiltration et dont elles sont le résidu.

Dans les régions soumises au régime continental, cette production se réalise progressivement à partir de la surface du sol, et elle peut, dans certains cas, atteindre 15, 20 mètres d'épaisseur et davantage. Une coupe des environs de Mortagne (Orne) est spécialement instructive à cet égard. Les produits sont étendus régulièrement les uns sur les autres et aussi bien réglés que dans le cas de la sédimentation ordinaire. On remarque que l'âge relatif de ces produits spéciaux est l'inverse de celui que semblerait indiquer la vue de la coupe : les plus profonds sont les plus récents. Leur étude permet de retrouver le faciès continental dans une foule de circonstances où l'on n'eût pas espéré le rencontrer. L'auteur a soumis la question au contrôle de l'expérimentation, qui a révélé l'origine de différentes catégories de formation, et spécialement des lits de rognons phosphatés, des lits de sable et de galets, des *bone-beds*, etc.

MM. Félix RÉGNAULT et Léon JAMMES.

Étude sur les puits fossilifères des grottes (Puits de Peireigne Hautes-Pyrénées). — Poursuivant leurs recherches sur les puits fossilifères du massif de Gargas, les auteurs présentent le plan et la coupe du puits ou trou de Peireigne, encore inexploré, creusé dans ce massif, et les ossements qu'ils y ont recueillis, après de longues et difficiles fouilles. L'intérêt offert par ces recherches réside surtout dans le remplissage révélé par la disposition du puits, et qui diffère essentiellement des dépôts des grottes de Gargas et de Tibiran. Le puits de Peireigne s'ouvre librement, en plein air, sur le flanc d'un mamelon, et s'enfonce verticalement dans les profondeurs de la masse calcaire. Il a été rempli de haut en bas par de l'argile renfermant des ossements d'ours des cavernes (grande et petite espèce) et de loups. Un certain nombre de ces ossements ont été soudés à la voûte des galeries par la stalactite.

— 4 août —

M. FLAMAND.

Sur les gisements de sel gemme et autres produits salins du Nord-Africain, du Sahara et du Soudan. — L'auteur classe les gisements de sel gemme et des produits salins du Nord-Africain et du Sahara en deux grandes sections : la première dont le type est représenté par les *Rochers de sel,* si connus en Algérie, comprend en outre, tous les très nombreux affleurements gypso-ophitiques (terrain triasique) qui criblent les chaînes atlantiques tellienne et saharienne et jalonnent leurs axes anticlinaux ; ces gisements de sel gemme sont le plus souvent en relation directe avec des zones de fractures et de failles. La seconde section comprend les dépôts salins : chlorures, sulfates, nitrates, etc., des grandes dépressions (chotts, sebkhas, daïas, etc.) des Hauts-Plateaux, des Hautes-Plaines et du Sahara ; ces dépôts cristallins s'intercalent ordinairement dans des sédiments silico-calcaires ou limoneux, des terrains tertiaires pléïstocènes ou actuels. Dans cette seconde section, certains des dépôts (A) sont en contact direct ou très voisin de formations triasiques, ainsi que l'a montré M. J. Blayac, et ils doivent leur existence à ce voisinage, tels sont : les Chotts-Ech Chergui, les Zahrez et les *lacs salés* de la province de Constantine (Tharf). — A ceux-ci se rattachent les sources et rivières salées et amères de l'Algérie (Aïn-Melah, Oued-Melah, Aïn-Morra, Oued-Morra). D'autres (B) au contraire sont sans relations avec des pointements triasiques, ils sont dus uniquement à l'évaporation d'eaux (fleuves tertiaires pléïstocènes et actuels) chargées de produits salins par ruissellement sur et au travers des assises de la chaîne saharienne : tels sont les dépôts sédimentaires de sel gemme de la *zone d'épandage* (Oued-Gharbi, Oued-Seggueur) (Sebkha-Melah, Hacé-Marra) et plusieurs Sebkhas de l'archipel touatien, et les dépôts de *sel de poudre* exploités par les indigènes de cette région.

Les gisements de *sel-gemme* ou autres produits salins sont, en Algérie, en nombre considérable, ils se groupent en trois bandes parallèles correspondant successivement à la chaîne tellienne, à la dépression des chotts, à la chaîne saharienne. Dans le Sahara la disposition générale est inverse et les dépôts s'échelonnent, pour les bassins de l'Oued-R'ir et de l'Oued-Saoura, suivant une direction sub-méridienne et cela jusqu'à l'extrémité méridionale des oasis touatiennes. Dans le Grand-Sahara, en dehors des gisements connus de Bilma, Taouddéni, qui paraissent appartenir à des formations primaires ou être en relation étroite avec elles, et de la Sebkha d'Idjil, des gîtes sont signalés dans l'Ennedi, le Bodelé et chez les Tou, puis dans le Ouadaï ; pour le Soudan, l'auteur cite les Dalhol qu'il rapproche morphogéniquement et géologiquement des couloirs de la zone d'épandage.

M. G.-B.-M. FLAMAND envisageant aussi le côté *application* donne une très longue nomenclature de tous les gisements ; citant le beau travail de M. de Crozals, il insiste sur le rôle économique et politique de ce produit, le *sel gemme,* dans les régions sahariennes et soudanaises.

A l'appui de cette communication l'auteur présente une carte d'ensemble, en couleur, de la dispersion de ces divers gisements et des zones de consommation qui y correspondent ; cette carte montre en outre les zones d'utilisation, comme *sel* comestible, de produits d'incinération des plantes (Bahr-el-Ghazal) ; et l'étalement vers le Nord du *sel marin* des factoreries anglaises de la côte atlantique.

Gisements d'amiante des montagnes des Ksour, chaîne saharienne (Sud-Oranais). — L'auteur signale des gisements d'amiante dans presque tous les affleurements ophito-gypseux, rochers de sel (trias) de la chaîne atlantique saharienne ;

minéralogiquement, c'est plutôt la variété *asbeste* qui se montre développée, mais, toutefois, l'*amiante* blanche se trouve en plusieurs gisements. Cette espèce est accompagnée. assez généralement de ses variétés plus ou moins fibreuses ou compactes, connues sous les noms de *carton*, *cuir*, *liège* de montagne.

Les gisements d'amiante du Sud-Oranais sont constituées par des veinules, des veines et de véritables filons perçant au travers de *tufs ophitiques* plus ou moins vacuolaires. Les points où se rencontrent les asbestes les plus développées sont : Kéragda (Djebel-Melah), Arba-Tahtani (Mouïlah). — En Nefich (Djebel-Malah), — Teniet-er-Rmel (Djebel-Malah), pour le cercle de Géryville ; on en retrouve aussi dans l'annexe d'Aflou, vers l'est ; et à l'ouest, à Djebel-Zerga, près Djenien-Bou-Resk, Aïn-el-Hadjadj, et Aïn-Ouarka, dans le cercle d'Aïn-Sefra. C'est au Teniet-er-Rmel (Djebel-Malah) et à Aïn-Ouarka que sont les deux plus importants gisements ; dans le premier, le filon d'amiante a, en certains points, un mètre et plus d'épaisseur, mais il diminue très vite. Ces deux gisements ont été temporairement exploités. L'amiante est, en tous ces pointements, accompagnée d'espèces minérales variées : calcite, quartz, calcédoines, amphiboles, fer oxydulé, fer oligiste, épidote, thallite, chlorites, etc.

————

Sur le pointement ophito-gypseux (Trias) d'Aïn-Nouïssy, région littorale du département d'Oran. — L'auteur reprenant l'historique du gisement *ophito-gypseux (Trias)* d'Aïn-Nouïssy, indique que, signalé pour la première fois par A. Pomel, il fit l'objet dès 1889 d'une étude de MM. J. Curie et Flamand. — Des phénomènes complexes de contact et des sortes de sublimations minérales dans les assises des terrains pliocènes, avaient fait déterminer comme *pliocène* l'âge de cette éruption ophito-gypseuse. Un peu plus tard et à deux reprises, M. L. Gentil, revisant ces précédentes études avait définitivement conclu à l'âge *miocène supérieur* de ce pointement ophitique.

On voit quelle importance s'attachait à la reprise d'études nouvelles de ce pointement si intéressant, surtout après la découverte du *trias* par M. Marcel Bertrand, dans l'est de la province de Constantine.

A la suite d'une nouvelle exploration très détaillée de cet affleurement, M. G.-B.-M. Flamand a pu y établir la succession suivante, du sud au nord : 1° Noyaux ophitiques et tufs avec roches feldspathiques sédimentaires sporadiques. 2° Marnes bariolées et gypses en bancs intercalés. 3° Calcaires argileux et argiles marneuses jaunes *(jaune de miel)* avec intercalations à différents niveaux de *cargneules* et de *quartzites*.

Dans les *calcaires jaunes de miel* M. Flamand a pu recueillir des moules de *Myophories* à forme globuleuse, accompagnées de *gastropodes* de genres très voisins de ceux du Muschelkalk.

4° Enfin, au-dessus, en concordance, grands bancs de calcaires gris, siliceux et dolomitiques par place, équivalents aux calcaires à *Cypricardia porrecta* de l'Infralias, de la vallée de Tifrit (Saïda et signalés antérieurement par l'auteur.

————

Sur l'âge des pierres écrites de l'Atlas et du Sahara.

————

M. Ch. AUTHELIN, Prép. de géol. à l'Univ. de Nancy.

Sur le toarcien du département des Vosges. — M. AUTHELIN signale, dans le toarcien supérieur du département des Vosges, la présence de marnes à nodules phosphatés avec *Grammoceras Aalense* et des formes du groupe *Harpoceras opalinum.*

Il insiste sur l'intérêt que présente la présence des formes du groupe de *Harpoceras opalinum*, dont l'absence a été signalée aux environs de Nancy.

Au-dessous de ces couches phosphatées, on rencontre quelques niveaux ferrugineux, dont les supérieurs seuls, caractérisés par la présence de *Dumortieria*, peuvent être synchronisés avec la partie inférieure du minerai du bassin de Nancy. Les autres couches ferrugineuses, au contraire, appartiennent à la partie supérieure de la zone à *Grammoceras fallaciosum* et peuvent être considérées comme le prolongement des marnes ferrugineuses signalées plus au nord.

Il est à remarquer que cette succession est bien différente de celle des environs de Nancy, où le minerai de fer occupe toute la partie supérieure du toarcien. Le toarcien inférieur est, au contraire, presque identique dans les deux régions, bien que l'établissement des subdivisions soit rendu plus difficile dans le département des Vosges par suite de la rareté relative des ammonites.

M. G. DOLFUS, à Paris.

Structure du bassin de Paris.

M. Fernand KERFORNE, à Rennes.

Classification des assises gothlandiennes du Massif armoricain. — Les assises gothlandiennes du Massif armoricain peuvent se classer de la façon suivante :

8° Zone à *Posidonomya eugyra* ;
7° Zone à *Monograptus ultimus* et *Mon. clavulus* ;
6° Zone à *Monograptus Salweyi* ;
5° Zone à *Monograptus colonus* et *Mon. Nilssoni* ;
4° Zone à *Cyrtograptus* et *Monograptus priodon* ;
3° Zone à *Retiolites Geinitzi* et *Mon. Jœkeli* ;
2° Zone à *Monograptus exiguus* et *Diplogr. palmeus* ;
1° Zone à *Monograptus lobiferus* et *Rastrites peregrinus.*

La zone 1° correspond au *Llandovery*, la zone 2° au *Tarannon* ; les zones 3° et 4° au *Wenlock* et les zones suivantes au *Ludlow.*

M. le Dr Adrien GUÉBHARD, Agrégé des Fac. de méd., à St-Vallier-de-Thiey (Alpes-Maritimes)

Sur quelques gisements nouveaux de plantes tertiaires en Provence. — L'auteur, au cours de ses nombreuses excursions sur les feuilles de Nice Sud-Ouest et Castellane Sud-Est, a eu l'occasion de découvrir plusieurs gisements inédits de plantes fossiles : à **La Roque-Esclapon** (Var), quartier de Blacouas, à **Roquefort-sur-Loup** (Alpes-Maritimes), quartier de San-Peiré, et à **Biot** (Alpes-Maritimes), quartier de Saint-Julien. Tous, quoique de natures fort différentes, semblent occuper, comme les argiles ligniteuses du Vallon de la Combe, à Saint-Vallier-de-Thiey (Alpes-Maritimes), une position intermédiaire entre le Bartonien et le Poudingue supérieur, oligocène ou même [miocène. L'étude phytologique qu'en fait M. L. Laurent à la Faculté des sciences de Marseille permettra sans doute d'en fixer l'âge avec plus de précision.

Carte géologique de la commune d'Escragnolles (Alpes-Maritimes). — A l'appui d'une explication tectonique de la célèbre *Collette de Clars*, près Escragnolles (Alpes-Maritimes), l'auteur présente une carte géologique détaillée de la commune tout entière, réduite au 1/80.000 sur la feuille de l'État-major, d'après des levers faits à l'échelle cadastrale du 1/5.000. Il en résulte à première vue une explication toute naturelle des singularité multiples de cette localité, où viennent se réunir en congruence palmaire, au pied de la grande *barre* Est-Ouest de l'Audibergue, huit synclinaux convergents couvrant de leur faisceau étoilé toute la moitié sud du plan. Le sommet angulaire de chaque interdigitation anticlinale devait être marqué par des perturbations maximales, et c'est justement ce que l'on observe sur le terrain.

Travaux imprimés

PRÉSENTÉS A LA SECTION

KERFORNE. — *Variations des glaciers.*
G. RAMOND. — *Étude géologique de l'aqueduc du Loing et du Lunain.*
    —   *La géographie physique et la géologie à l'Exposition universelle de 1900, France, colonies et pays de protectorat.*

9° Section.

BOTANIQUE

Président d'honneur. . . . . . .   M. HARTOG, Prof. au Queen's College de Cork.
Président. . . . .   M. GUIGNARD, Dir. de l'Éc. sup. de pharm. de Paris, memb. de l'Inst.
Vice-Président . . . .   M. le Dr BONNET.
Secrétaire . . . .   M. DANGUY, Prépar. au Muséum.

— **3 août** —

M. le Dr GERBER, Prof. sup. à l'Éc. de méd., à Marseille.

Sur le dimorphisme sexuel des fleurs du romarin. — M. GERBER présente des fleurs de *Rosmarinus. officinalis* L. offrant deux sortes d'anomalies, qui ne semblent pas avoir été rencontrées jusqu'ici, réunies, dans la même espèce.

1° Certaines fleurs ont, en effet, les deux étamines atrophiées ; elles sont donc femelles, et leurs corolles sont beaucoup plus petites que celles des fleurs normales. Il y a donc parallélisme entre les Labiées à quatre étamines (*Thym*, etc.) et celles à deux étamines au point de vue de la séparation des sexes.

2° Les autres fleurs ont l'éperon du filet terminé par une seconde loge d'anthère fertile, et l'on n'observe pas de modifications correspondantes dans la corolle. Il y a donc parallélisme entre le groupe à deux étamines des *Sauges*, où pareils faits ont été signalés, et le groupe également à deux étamines des Romarins.

Discussion. — M. HARTOG. La filiation des Romarins aux Sauges comme origine paraît ressortir nettement des observations de M. Gerber. Au sujet des Sauges, je rappellerai que, chez certaines espèces, il existe deux autres étamines latérales en forme de haltère ; l'étamine médiane même peut, je crois, s'y retrouver.

Pour la recherche des étamines absentes, je conseillerai l'étude organogénique. Le *Chrysophyllum*, par exemple, montre au stade convenable les mamelons des étamines extérieures, qui disparaissent absolument par la suite, pour donner à la fleur le diagramme d'un *Primula*. Vu que la différenciation fasciculaire est un fait d'apparition tardive, il ressort que l'organogénie peut donner des indications d'origine qui échappent aux études anatomiques.

M. le Dr Antoine **MAGNIN**, Prof. à la Fac. des Sc. de Besançon.

Limites de la région jurassienne : son extension dans la Souabe et la Franconie.
— M. Magnin rappelle d'abord les divergences des botanistes à propos des
limites du Jura ; il passe en revue les diverses opinions émises à ce sujet, et
justifie les limites telles qu'il les a admises dans ses publications.

M. Magnin traite ensuite particulièrement de l'extension du Jura dans la
Souabe et la Franconie, admise par plusieurs botanistes (Martens, Christ, etc.),
repoussée par d'autres (Thurmann, Briquet, etc.), et énumère les raisons oro-
graphiques, géologiques et floristiques qui justifient la première manière de
voir, notamment les plantes caractéristiques communes aux deux régions ; il
reconnaît cependant qu'il y a des différences importantes, soit dans l'orographie,
soit dans la flore ; mais ces différences sont de même ordre que celles qui caractérisent les *régions d'attentes* du Jura, le palier dauphinois (île de Crémieux), le
palier séquanien, les avant-monts et les collines préjurassiennes, le Tafel-Jura ;
il faut donc considérer aussi le *J. souabo-franconien* comme une partie du Jura,
mais une annexe, analogue à ces dernières, du Jura proprement dit, dans la
grande région jurassienne.

———

M. Edmond **GAIN**, Maître de conf. à la Fac. des Sc. de Nancy.

Sur les graines de l'époque mérovingienne. — Plusieurs auteurs admettent que
les graines de l'époque mérovingienne peuvent encore germer. Après avoir
soumis à la critique le mémoire de Ch. Des Moulins où sont mentionnées les
expériences faites de 1834 à 1846 avec les graines des tombeaux de La Monzie,
Saint-Lazare, Coudes, Maiden-Castle, l'auteur arrive à la conclusion suivante :
Il semble qu'on peut revenir à l'opinion de plusieurs botanistes, contemporains
de ces expériences, qui refusèrent de leur reconnaître une authenticité pro-
bante. D'autre part, depuis cinquante ans, aucune expérience n'est venue les
appuyer. De nouvelles expériences, faites avec précision, seraient nécessaires,
avant de regarder comme classiques les conclusions du mémoire de Ch. Des
Moulins.

Quelle que soit l'opinion qu'on puisse avoir sur la théorie du pouvoir germinatif des graines et sur la durée de celui-ci, *il n'y a pas actuellement d'expérience
authentique, scientifiquement conduite, qui permette d'affirmer que les graines
des sépultures mérovingiennes ont pu germer après plus de douze siècles de conservation.*

Discussion. — M. Bonnet dit : qu'ayant constaté que l'une des gousses du *Phaseolus farinosus* de l'herbier de Tournefort contenait encore quelques graines,
il a voulu recommencer l'expérience de Desfontaines ; en conséquence, une de
ces graines, ayant été extraite de sa gousse, fut semée, au printemps de
cette année (1er mai 1900), dans les meilleures conditions possibles pour assurer
sa germination, en évitant toute cause d'erreur ; en même temps, M. Bonnet
prélevait, dans le même herbier, et semait dans les mêmes conditions un certain nombre de graines de céréales et de légumineuses appartenant aux espèces
suivantes : *Triticum hybernum, Hordeum distichum, Andropogon Sorghum* var. à
caryopses noirs, *Phaseolus sp., Ervum nigricans, Gœbelia alopecuroides* ; après
cinquante-trois jours d'attente on put constater que toutes ces graines avaient

pourri sans donner la moindre germination ; il semble donc, d'après cette expérience, que des graines de légumineuses telles que celles des Phaseolus, conservées en herbier pendant un siècle, peuvent encore germer, mais qu'après deux siècles elles ont complètement perdu leur faculté germinative.

M. Poisson. — On a depuis longtemps émis des opinions très dissemblables sur la durée du pouvoir germinatif des graines. On ne peut pas édifier de théorie bien solide sur cette question. Il y a des graines qui ne peuvent attendre leur mise en germination plus que quelques jours ou peu de semaines, qu'elles soient albuminées ou non, et encore faut-il qu'elles soient maintenues dans un milieu approprié que les gens de métier nomment stratification. — D'autres, au contraire, gardent à l'état latent leur vitalité pendant une période de temps fort long.

Toutefois, la conservation des graines, ou la plupart d'entre elles ont besoin de conditions particulières pour rester dans un sommeil prolongé et que l'on a attribué, peut-être à tort, comme étant spécial aux espèces considérées du moment.

Les jardiniers, forestier, etc., et les marchands grainiers particulièrement ont des connaissances de tradition sur ce sujet et qu'ils indiquent parfois sur leurs catalogues. C'est le résultat des observations courantes. Mais en prenant telles précautions, on arrive souvent à prolonger le pouvoir germinatif des graines plus longtemps qu'on ne l'indique en général, et j'ai, pour ma part, des preuves nombreuses de ce fait.

J'ai la conviction que plusieurs facteurs contribuent à la conservation des graines : 1° la température ; 2° l'état de siccité de l'air ; 4° l'influence de l'oxygène ; 4° la lumière.

La température doit être plutôt basse qu'élevée sans s'approcher trop près de zéro degré, afin de ne pas provoquer de modifications fâcheuses dans le contenu cellulaire des tissus.

L'air doit être dans un état de siccité suffisant pour ne pas amener des conséquences analogues à celles de la chaleur.

L'oxygène ayant une action marquée sur tout ce qui est vivant, en particulier, éviter que son influence soit manifeste en maintenant les graines dans un air plutôt confiné que trop fréquemment renouvelé. Des graines en bon état maintenues dans un milieu azoté ou pauvre en oxygène auront chance de se garder longtemps vivantes.

La lumière n'est pas sans effet nocif sur quantité de graines si non sur toutes. Quoique maintenues dans un milieu sec, d'air confiné, des graines mises en pleine lumière dans un vase de verre s'altéreront d'avantage que si elles sont placées à l'obscurité. On peut facilement répéter cette expérience.

Plusieurs sortes de graines ont été mentionnées comme ayant des propriétés germinatives de longue durée, mais à la condition toutefois de rester enfoncées à une profondeur suffisante dans le sol et soustraites absolument aux influences extérieures fâcheuses ; ou bien encore dans un milieu humide, si le végétal qui produit les graines considérées est aquatiques ou recherche le voisinage des cours d'eau. Mais il est essentiel que l'air oxygéné n'arrive pas jusqu'à la couche du sol où ces graines sont enfoncées sans quoi elles s'altéreront, à moins d'être ramenées accidentellement à la surface auquel cas elles germeront.

C'est à des remaniements de terrain que l'on doit l'apparition d'espèces qui n'avaient pas été jusqu'alors constatées dans la localité. C'est aussi à des conditions nouvelles d'aération et de lumière qu'il faut attribuer le changement de flore sur un sol jusqu'alors garni de forêt, et qui vient à être subitement éclairé par le fait du déboisement et du défrichement. Nous avons ces exemples sous les yeux fréquemment lorsqu'on fait des coupes dans nos bois, mais ce n'est pas comparable, comme spectacle, à ce qu'on observe lors de la suppression de la forêt vierge dans les pays tropicaux.

Mlle M. BELÈZE, à Montfort-l'Amaury.

Les roses et les rosiers.

Liste des Champignons de la forêt de Rambouillet et des environs de Montfort-l'Amaury.

Liste des Mousses et des Hépatiques de la forêt de Rambouillet et des environs de Montfort-l'Amaury.

— 4 août —

Visites.

Dans la matinée, la Section a visité les collections coloniales de l'Exposition et, l'après-midi, les serres du Muséum.

— 6 août —

M. JODIN, Prép. à la Fac. des sc. de Paris.

Structure asymétrique du pétiole des feuilles composées privées de certaines folioles à l'état jeune. — Chez les feuilles composées l'ablation de certaines folioles à l'état jeune peut avoir une influence sur le développement de la feuille; elle est toujours la cause d'une asymétrie notable dans la structure du pétiole, par suite de l'arrêt de développement des vaisseaux qui devaient se rendre dans les folioles enlevées.

M. Henri COUPIN, Prépar. à la Fac. des Sc. de Paris.

Sur la toxicité de divers composés métalliques à l'égard des végétaux supérieurs. — Dans ce long travail, l'auteur étudie d'une manière générale la manière dont il faut étudier la toxicité des substances nuisibles pour les plantes. Sa méthode est très simple et très précise. Suivent les résultats obtenus avec un grand nombre de composés métalliques, notamment le sodium, le potassium, l'ammonium, le lithium, le baryum, le strontium, le calcium, l'aluminium, le magnésium, le zinc, le cadmium, etc., résultats présentés sous forme de tableaux et de courbes des plus instructives.

M. Paul **PARMENTIER**, Chargé de cours à la Fac. des Sc. de Besançon.

Recherches morphologiques sur le pollen des Dialypétales. — L'auteur présente un mémoire avec six planches hors texte portant sur l'étude *morphologique* du pollen de 270 espèces appartenant à 190 genres, répartis dans 46 familles DIALYPÉTALES.

Il continuera ces importantes recherches en examinant les *Gamopétales, Apétales, Monocotylédones* et *Gymnospermes* et terminera par des considérations générales et taxinomiques sur le pollen.

De sa première étude, l'auteur tire les conclusions suivantes :

1º Les CARYOPHYLLACÉES, PORTULACÉES, LINACÉES, GÉRANIACÉES, POLYGALACÉES, MALVACÉES, ONAGRARIACÉES, OMBELLIFÈRES, etc., ont un pollen absolument caractéristique;

2º De nombreux genres (*Thalictrum, Fumaria, Bocconia, Scleranthus, Anthyllis*, etc.), sont également bien différenciés ;

3º Quand, dans certaines familles ou groupes inférieurs, les caractères, tirés du pollen, paraissent manquer de précision, ils affectent fréquemment une allure qui permet de saisir nettement certaines affinités évolutives ou phylétiques de plusieurs entités taxinomiques (tribus, genres polymorphes, etc.);

4º L'intine existe dans tous les grains de pollen indistinctement, ce qui confirme les recherches de M. L. Mangin.

M. Ernest **MALINVAUD**, Sec. gén. de la Soc. bot. de France, à Paris.

Signes d'hybridité dans le genre Mentha. — M. MALINVAUD rappelle et résume une Note sur le genre *Mentha* présentée, en 1898, au Congrès annuel des Sociétés savantes réunies à la Sorbonne. Il y exposait, en s'appuyant sur une longue série d'observations et sur les données obtenues par la voie expérimentale, que les espèces nommées par lui *cardinales* dans le groupe des *Eumenthæ* sont au nombre de cinq et reliées entre elles par des formes de transition dont un grand nombre ont été considérées et décrites par divers auteurs comme de véritables espèces; ce procédé rendait insaisissable la notion des types spécifiques réels, et la classification rationnelle du groupe était réputée à bon droit un problème insoluble. Cette classification devient au contraire relativement aisée, si, au lieu d'élever les productions intermédiaires au rang d'espèce, on reconnaît en elles des plantes hybrides, sujettes au polymorphisme qui est une des marques de l'hybridité. On a objecté, que beaucoup de ces formes intermédiaires paraissant stables et se comportant dans la nature comme de vraies espèces, au point d'avoir été regardées comme telles par les observateurs les plus compétents; d'autre part, la preuve expérimentale qui trancherait la question pouvant se faire longtemps attendre, la double origine présumée est, provisoirement au moins, très contestable. M. Malinvaud répond que, parmi les phénomènes d'hybridation, on doit toujours s'attendre à rencontrer des cas embarrassants et, sous ce rapport, le genre *Mentha* ne saurait faire exception, mais le plus souvent les hybrides de ce groupe se manifestent par des indices qui ne laissent aucun doute dans tout esprit non prévenu, par exemple : 1° Une inflorescence mélangée (telle que spiciforme ou pseudoverticillée sur l'axe primaire avec des capitules au sommet des rameaux, etc.) ; 2° la face interne du tube de la corolle velue dans une forme de la division des *Spicatæ* ; 3° inversement, la même surface glabre dans une Menthe pseudoverticillée ; 4° les feuilles de l'axe primaire longuement pétiolées dans une *Spicata* ; ou 5° au contraire, sessiles dans *aquatica* et *arvensis* ; 6° la base du calice glabre dans une forme des sections *Capitatæ* et *Verticillatæ*, etc. etc. L'observation apprend et l'expérimentation confirme que ces diverses combinaisons de caractères ne sont jamais réalisées que sur des Menthes hybrides.

———

M. le Dr Antoine MAGNIN.

Zones de végétation du Jura. — M. MAGNIN, en rappelant les limites de la région jurassienne, telles qu'il les a données dans sa communication de vendredi, insiste sur les difficultés que le botaniste éprouve à déterminer des zones de végétation suffisamment caractéristiques, dans cette région si naturelle ; il passe successivement en revue :

A. Dans le *Jura souabo-franconien* : 1° la Franconie ; 2° la région de l'Altmühl ; 3° l'Albe de Souabe ; 4° les Randen ; — B. Dans le *J. franco-helvétique* : Partie *orientale* : 5° le Palier rhénan (Tafel-Jura) ; 6° les Chaînes jurassiennes proprement dites (argoviennes, soleuriennes, etc.) ; — Partie *septentrionale* : 7° les Collines préjurassiennes (belfortaines, montbéliardaines) ; 8° les Plateaux. — Partie *occidentale* : 9° le Palier séquanien ; 10° les Avant-Monts bisontins ; 11° le Vignoble ; 12° les Plateaux ; — 13° le Jura *central*, à Tourbières ; 14° les *Hautes-Chaînes* (du Chasseral au Mont-Lépine) ; — 15° le Jura *méridional*, etc.

M. Magnin donne ensuite quelques détails sur certaines *lignes de végétation* : vignoble ; plateaux ; zone du sapin ; pâturages alpestres ; en présentant des *cartes* des régions botaniques de la distribution des vignes, des sapins, des tourbières, des pluies, etc., il signale les rapports évidents qui existent entre la répartition des pluies et les limites des forêts de sapins, etc.

M. Magnin termine en indiquant les nombreux *desiderata* à combler pour avoir une connaissance exacte de la floristique jurassienne ; pour y arriver, M. Magnin a fondé les *Archives de la Flore jurassienne*, dont il distribue des numéros aux membres de la Section et pour lesquelles il sollicite les encouragements et l'appui de l'*Association française*.

———

M. Aug. CHEVALIER, Lic. ès sc. à Paris.

Une nouvelle plante à sucre de l'Afrique française centrale (Panicum Burgu A. Chev.). — Le *Bourgou* est une graminée nouvelle, appartenant au genre *Panicum*, section *Echinochloa*. Il a été rencontré pour la première fois sur le Niger entre le lac Débo et Tombouctou par René Caillié, en 1828. Les explorateurs Barth, Duveyrier, Hourst, le mentionnent ensuite dans les relations de leurs voyages.

Il apparaît en juin ou juillet dans la zone d'inondation du Niger moyen et constitue, associé au *Panicum pyramidale* Lamk., d'immenses prairies aquatiques ayant parfois des milliers d'hectares d'étendue et servant de pâturages aux hippopotames et aux lamantins très communs dans le Niger. Les embarcations peuvent circuler à travers ces prairies en écartant les herbes et nous sommes restés nous-mêmes un mois entier au milieu des *bourgous*.

Le *Panicum Burgu* A. Chev. apparaît dans le Niger et dans les marigots et dépressions tributaires dès que les eaux d'inondation y arrivent et il s'élève à mesure que le niveau monte. Son chaume, genouillé à la base, et garni aux nœuds de nombreuses racines adventives, peut acquérir la grosseur d'un doigt et s'élever à trois mètres de hauteur en dépassant le niveau de l'eau (au moment de la pleine inondation) de 0^m,50 à 1 mètre.

Il est très abondant dans toutes les régions inondées du Niger moyen au nord de 13° latitude N.; il existe probablement autour du lac Tchad; la mission d'Arnaud l'a rencontré sur le Nil-Blanc en 1840, M. le Dr Viancin l'a recueilli sur le haut Oubangui en 1895, puis Jacques de Brazza et Thollon en divers points du Congo et de l'Ogooué. Le *Bourgou* a des emplois multiples dans la région de Tombouctou. En vert il constitue un excellent fourrage pour les troupeaux, le foin est employé pour nourrir les chevaux des postes. Les graines sont alimentaires et mangées en couscous et en semoule. Des tiges sèches et écrasées, les indigènes retirent un sirop le *Koundou-hari* qui est leur boisson habituelle et qui, concentrée, donne le *Katou*, sorte de cassonnade qui remplace le miel. Cette boisson fermente très rapidement à l'air et donne de l'alcool, puis du vinaigre. L'industrie pourrait donc retirer de ce produit extrêmement abondant et peu difficile à récolter :

1° Du *sucre* dont on trouverait l'écoulement sur place ;

2° De l'*alcool* qui, comme producteur d'énergie, sera précieux dans ces régions dépourvues de combustibles minéraux et où le bois lui-même est très rare ;

3° Peut-être *une boisson hygiénique* qui permettrait à l'Européen de suppléer à la mauvaise qualité habituelle des eaux de l'Afrique tropicale.

En faisant la revision des *Panicum* africains du groupe *Echinochloa*, contenus dans l'Herbier du Muséum, nous avons été amené à décrire plusieurs formes nouvelles dont nous donnons une courte diagnose et qui se rattachent comme sous-espèces au *P. scabrum* Lamk. *P. Oryzaetorum* s. sp. nov. Tiges très grêles, hautes de 1 mètre, glabres sur les nœuds, feuilles sans ligules, scabres seulement sur les bords, vertes, très étroites. Épis secondaires de 4 à 8, espacés, à rachis pubescent, fleurs pubescentes et ciliées à glumelle stérile aristée. (Sénégal Heudelot, n° 300).

P. Lelievrei s. sp. nov. Chaumes rameux de la grosseur du petit doigt, velus aux nœuds inférieurs, feuilles larges de 1 à 2 centimètres, vertes, ligulées par des cils, scabres seulement sur les bords. Panicule robuste à rachis secondaires glabrescents. Fleurs ordinairement hérissées de quelques poils, mais sans cils raides ; arête courte (5-8 millimètres de long). — Sénégal (Lelièvre, Herb. Mus.).

P. Burgu s. sp. nov. Chaumes robustes, ordinairement de la grosseur d'un doigt. Feuilles vertes larges de 15 à 20 millimètres très scabres, surtout en dessous, ligulées par de longs cils. Panicules très fournies, fleurs ciliées sur les glumes et sur la glumelle stérile qui est longuement aristée (8 à 12 millimètres de long) Niger moyen ; Nil Blanc (d'Arnaud), Haut-Oubangui (Viancin), Congo et Ogooué (J. de Brazza et Thollon).

Visite.

Dans l'après-midi, la Section s'est rendue à Verrières pour visiter les serres et jardins de la maison Vilmorin-Andrieux.

— **8 août** —

M. Émile PERROT, à Paris.

Sur des organes appendiculaires des feuilles du Myriophyllum verticillatum. — Les appendices si particuliers que présente la pointe des feuilles du *Myriophyllum* ont été signalés depuis longtemps par BENJAMIN (1830), puis par IRMISCH et EICHLER qui découvrent des formations analogues à la base des feuilles. BORODIN, puis MAGNUS cherchent la signification biologique de ces sortes d'organes, et ce dernier, en particulier, considère ceux de la base comme des formations stipulaires.

L'étude approfondie du développement de ces feuilles montre que ces organes, soit qu'ils terminent la pointe des jeunes feuilles, soit qu'ils se rencontrent *vers la base* de ces feuilles, sont identiques au point de vue anatomique; de plus, ils sont répartis sans ordre à la surface même des feuilles, et ne sauraient jamais être considérées comme des formations stipulaires. Ce sont de simples lames foliacées dont les cellules renferment un noyau volumineux, et jamais de chlorophylle; aucune ramification vasculaire ne s'introduit non plus dans leur tissu ; ils disparaissent de très bonne heure, souvent sans laisser de cicatrice apparente.

Parfois, à l'extrémité de la feuille, il peut exister deux de ces petites lames que nous n'hésitons pas à considérer comme des poils massifs. On sait que dans beaucoup de plantes aquatiques, certaines cellules épidermiques se prolongent en poils unicellulaires ou pluricellulaires unisériés ; on pourrait donc voir, dans ces organes *caducs*, des formations homologues dont le rôle physiologique dans la jeune feuille est encore inconnu.

M. F. HEIM, Ag. à la Fac. de Méd. de Paris.

Le caoutchouc des herbes ou caoutchouc des racines ; ses plantes productrices. — Le caoutchouc dit « des herbes ou des racines » est fourni en abondance par certaines régions du Congo Portugais et Belge. La consommation qui en est faite par l'industrie européenne s'accroît d'année en année, sans que la connaissance des plantes productrices et de la matière première ait acquis, tant au point de vue scientifique qu'au point de vue technique, toute la précision désirable.

Le but de notre travail est de combler cette lacune, dans la mesure du possible.

Deux Apocynacées constituent seules la source de ce caoutchouc; elles ont reçu de K. Schumann les noms de *Carpodinus lanceolatus* et de *Clitandra Henriquesiana*. Cette dernière doit, en réalité, être placée dans le genre *Landolphia*, la première dans la section *Antchinea*, du genre *Carpodinus*. Les planches jointes à ce travail fixent tous les détails organographiques de ces deux plantes, qui n'ont été, jusqu'ici, qu'insuffisamment décrites et figurées.

Quant au *Carpodinus gracilis* et à la forme de savanes de *Landolphia owariensis*, indiqués comme sources possibles du caoutchouc de racines, les indications sommaires fournies par les collecteurs permettent seulement de supposer que ces plantes sont susceptibles de jouer, dans un avenir rapproché, un rôle économique d'une certaine importance.

L'étude anatomo-histologique des divers organes des *Carpodinus lanceolatus* et *Landolphia Henriquesiana* révèle des faits dont la connaissance est de nature à guider des essais de culture, et à légitimer le mode d'extraction du caoutchouc actuellement en usage.

Le *C. lanceolatus* (Otarampa) est une liane souterraine, hôte exclusif des grandes plaines arénacées inondées, et couvertes de pâturages. C'est la « pianta das chânas ».

Le *L. Henriquesiana* (Bihungo) est aussi une liane souterraine, mais hôte des des brousses sèches, à sol de sable siliceux, riche en humus.

Cette différence de station rendrait singulièrement plus facile la culture du Bihungo. La richesse plus grande de ses rhizômes en caoutchouc, lui-même plus pauvre en résine que celui de l'Otarampa, tendrait également à faire préférer la première de ces lianes pour des essais culturaux.

L'analyse des terres où croissent ces végétaux permet de fixer avec précision la nature des terrains où leur culture pourrait, le cas échéant, être tentée avec chances de succès.

Les échantillons présentés à la Section permettent de se rendre compte des diverses phases du procédé d'extraction en usage chez les Congolais. Ces procédés très primitifs, sont, à très peu près, identiques à ceux récemment proposés en Europe, pour l'extraction du caoutchouc des écorces de lianes.

D'après les documents les plus précis recueillis sur les lieux de production, et en grande partie inédits, les diverses phases de ce procédé peuvent se résumer ainsi :

Exposition au soleil des rhizômes, jusqu'à complète dessiccation ; concassage des rhizômes avec un maillet en bois ; nouvelle exposition au soleil de la masse concassée; pilonnage sur pierre, de façon à pulvériser les fragments d'écorce et de bois, et à agglomérer la gomme élastique ; la masse pilonnée est portée à l'ébullition dans une chaudière pleine d'eau ; au sortir de la chaudière, le tout est tassé sur le sol et pulvérisé; tandis qu'un jet d'eau élimine une quantité notable des impuretés adhérentes à la gomme. Un nouveau passage à l'eau tiède ramollit suffisamment la masse pour qu'elle soit jetée dans l'eau froide, par petits morceaux, aussitôt pétrie entre les mains, sous forme de petites saucisses.

Ces manipulations fournissent la première qualité de cette sorte de caoutchouc.

Des dosages soigneux des impuretés, de l'eau d'inclusion, de la résine, des matières fermentescibles, permettent d'acquérir des données précises sur la valeur relative des gommes fournies par les deux plantes étudiées. Ces données acquièrent une valeur particulière de ce fait que les analyses ont porté sur des échantillons de gommes, extraites des plantes mêmes ayant servi à la détermination botanique.

L'analyse chimique a été étendue aux rhizômes, aux rameaux aériens, et aux feuilles. Elle permet de conclure à une teneur beaucoup trop faible en gomme des organes aériens, pour qu'il y ait lieu de songer à utiliser autre choseque les rhizômes âgés.

Le procédé de choix pour l'extraction d'une gomme de qualité supérieure est le broyage des rhizômes, le pilonnage joint au lavage de la masse broyée, et la purification définitive par l'action de déchiqueteurs.

Les résultats de cette étude de botanique économique qui ne prête qu'imparfaitement à un résumé rapide, pourront être de quelque utilité pour ceux qui seraient tentés, par l'exemple récemment donné par les Allemands, d'introduire les Apocynées à « caoutchouc de racines » dans nos possessions coloniales, ou à exploiter, d'une manière rationnelle, celles qui doivent également se rencontrer dans diverses régions de notre Congo français.

———

M. le Dr Louis BRAEMER, Prof. à l'Univ. de Toulouse.

Anatomie des feuilles des Erythroxylums des colonies françaises. — M. Braemer expose la suite de ses observations anatomiques sur les feuilles des Erythroxylums, communiquées au Congrès de Boulogne. Il étudie les *Erythroxylums hypericifolium* Lam. et *E. laurifolium* Lam. de la Réunion, les *E. ovatum* Cav. et *E. squamatum* Vahl, des Antilles françaises.

Il signale, parmi les caractères anatomiques communs aux feuilles de toutes ces espèces, la disposition de l'appareil stomatique caractérisé par deux cellules de bordure parallèles à l'ostiole et la réduction de l'assise palissadique à une seule rangée d'éléments, quelque soit l'épaisseur de la feuille.

Il indique les caractères spéciaux à chacune de ces espèces, et insiste sur ce que dans l'*E. ovatum* seul, il a retrouvé la forme des cellules de l'épiderme inférieur si caractéristique de l'*E. coca* Lam, type du genre. Dans l'*E. squamatum*, il mentionne des sclérites de soutien dans le parenchyme palissadique.

———

M. Fernand CAMUS, à Paris.

Simple remarque sur la présence d'un Sphagnum en Tunisie. — La flore bryologique de la Tunisie est à peine connue. M. Bescherelle a publié, dans l'*Exploration scientifique de la Tunisie* (1897), les Mousses peu nombreuses provenant des récoltes de divers explorateurs. M. Corbière a donné depuis, dans la *Revue bryologique* (XXVI, 1899, p. 65), le résultat des récoltes de M. de Bergevin. En additionnant les deux listes, on arrive à un total de 77 mousses et de 4 hépatiques.

Assurément, la flore bryologique de la Tunisie ne doit pas être bien riche. Il est permis de dire, cependant, que les listes ci-dessus ne représentent qu'une partie de cette flore : je crois que le nombre des Mousses pourra être doublé et celui des Hépatiques au moins quintuplé.

Aucune Sphaigne ne figure dans ces deux listes. J'ai donc été agréablement surpris récemment, en trouvant, dans une collection de Sphaignes que m'avait confiée M. Bescherelle, un sachet renfermant une espèce du genre de provenance tunisienne. Cette Sphaigne avait été récoltée en 1883 par Cosson, dans des marécages au nord d'Aïn Draham. Elle appartient au *S. Gravetii* Russ.

Dans le *Répertoire sphagnologique* de M. Cardot (1897), le *S. rufescens* Br. germ. est indiqué en Tunisie, sans nom de lieu ni de collecteur. Il est très probable que c'est l'échantillon de Cosson qui a donné lieu à cette indication. M. Cardot a utilisé, pour son travail, des renseignements inédits fournis par

M. Warnstorf, et l'échantillon de Cosson avait été communiqué à ce dernier, qui l'a annoté de sa main (!) *S. rufescens.* Pour des raisons qui ne seraient pas à leur place dans cette courte note, je préfère adopter pour cette plante le nom de *S. Gravetii.*

Le fait de la présence d'un *Sphagnum* en Tunisie n'est donc pas précisément nouveau. J'ai cru bon, cependant, de le rappeler, et d'indiquer la provenance exacte. Les Mémoires de MM. Bescherelle et Corbière, devant fournir la base de tout travail ultérieur sur le sujet, l'existence du *S. Gravetii* en Tunisie aurait pu être oubliée.

Les Sphaignes, on le sait, sont très rares dans la région méditerranéenne. A ma connaissance, on n'en a encore indiqué qu'une espèce en Algérie : c'est précisément le *S. Gravetii* (*S. subsecundum* var. *algerianum* Cardot *in Rev. bryol.* XI, 1884, p. 54, qui lui identifie le *S. subsecundum forme à feuilles molles et lâches* Bescherelle *Catal. Mousses Algér.*, 1882). Je n'ai encore pas vu cette espèce de Corse.

Réunion des 3e, 4e, 9e et 13e Sections. (1)

M. DEMORLAINE.

La fixation et le reboisement des dunes.

M. POISSON.

Sur la fixation des dunes et dans l'Ouest et dans le Nord de la France.

M. BÉHAGHEL.

Sur les arbres et arbustes à planter dans les dunes.

— 9 août —

M. le Dr BONNET, à Paris.

Végétaux antiques du musée égyptien de Florence.

M. P. PARMENTIER

Recherches sur les glandes pétiolaires de quelques amygdalées.

M. Marcus HARTOG, Prof. au Queen's College de Cork (Irlande).

Une nouvelle série d'Abutilons hybrides. — M. HARTOG signale une nouvelle série d'Abutilons hybrides, provenant de mères qui ressortaient des hybrides

(1) Voyez procès-verbaux des 3e et 4e Sections, pages 135 et 136.

Darwinii-Boule-de-neige, etc., et de père *A. vexillare ;* ce qui ressort nettement
de leur calice coloré et plissé, de leur corolle allongée et de leur pollen plutôt
gris que jaune. La feuille était couleur lie-de-vin chez quelques individus. Les
cultures subissaient une infection multiple, se manifestant par des dilata-
tions des racines ; les ennemis étaient le *Thielavia Hartogii* Butler, l'*Heteroderes
radiciola* et une Peronosporée plasmatopare, étudiés par son ami et élève M. E. J.
Butler.

M. MALINVAUD.

Faits nouveaux pour la flore du département du Lot. — M. MALINVAUD expose
sommairement les conditions physiques (variété et nature des terrains, climat,
topographie, situation géographique, etc.) que présente le département du Lot
et montre la part d'influence qu'il convient d'attribuer à ces divers facteurs sur
la composition de la flore qui en est le produit. Il rapporte ensuite la découverte
récente de plusieurs espèces nouvelles pour ce département, ainsi que des
observations intéressantes au point de vue de la géographie botanique.

Discussion. — M. MAGNIN pense aussi : 1° qu'il y a plusieurs Fougères voisines
et distinctes de l'*Aplenium Breynii;* 2° que l'*A. Breynii* de nos régions est bien
une hybride des *A. septentrionale* et *A. ruta-muraria;* 3° cette hybridité est
prouvée par : *a)* la croissance qu'il a observée, avec le Dr Bravais, de l'*A. Breynii*
dans des touffes d'*A. ruta muraria,* au voisinage d'*A. septentrionale ; b)* par l'examen anatomique fait par M. Parmentier, de l'hybride et de ses parents.

M. le Dr Paul **VUILLEMIN**, à Nancy.

Développement des Azygospores chez les Entomophthorées.

Le Docteur Marius-Henri **ARNAUD**, à Montpellier.

Le laurier-cerise est-il une amygdalée? — L'auteur passe en revue soigneusement le port, l'inflorescence, les feuilles et les diverses parties de la plante
désignées sous les noms de calice, corolle, étamines, ovaire et fruit, graine, et il
en conclut que le laurier-cerise (*prunus lauro-cerasus*) n'est pas une *amygdalée,* ni
même une *rosacée.* Il insiste plus particulièrement sur la forme de la corolle qui,
visiblement, n'est pas une *corolle rosacée.* L'ovaire et le fruit ne sont pas non plus
semblables à ceux des *Amygdalées,* malgré quelques analogies apparentes. La
forme du fruit et du noyau est en pointe très aiguë et représente une *convexité
suivie d'une concavité* (à partir de la base); tandis que la forme du fruit des
rosacées, et notamment des cerises, représente une *concavité suivie d'une convexité* : Dans la corolle du *lauro-cerasus* la forme est très caractéristique et fait
ressembler les cinq pétales à autant de *petits pavillons* ou d'*éteignoirs,* à circonférence munie d'un prolongement unilatéral, dont la coupe est bien différente
de celle de la corolle rosacée.

En conséquence, l'auteur croit devoir ranger provisoirement le laurier-cerise
en une petite famille, celle des *lauro-cerasées,* très distincte des *Rosacées* et voisine
des *Myrtacées,* auxquelles la plante ressemble par le port, la vue d'ensemble et

la conformation des diverses parties, avec, toutefois, des différences qui ne permettent pas de les confondre (telles que l'unilocularité de l'ovaire, constante par avortement, la monospermie également constante, la disparition absolue de l'endosperme à maturité complète, enfin l'absence de glandes nettement appréciables dans les feuilles). La famille des *lauro-cerasées*, ne contenant pour le moment que le seul genre *lauro-cerasus*, appartient à ce qu'on appelle le groupe des *Myrtiflores*.

Travaux imprimés

PRÉSENTÉS A LA SECTION

Archives de la Flore jurassienne, publiées sous la direction du Dr Antoine Magnin, professeur à l'Université de Besançon (avec le concours de la Société d'Histoire naturelle du Doubs).

10ᵉ Section.

ZOOLOGIE, ANATOMIE ET PHYSIOLOGIE

Président. . . . . M. Edmond PERRIER, Dir. du Muséum, membre de l'Inst.
Secrétaire . . . . M. Armand VIRÉ, Attaché au Muséum.

— 3 août —

M. François SECQUES, Bibliothécaire de la Soc. Zool. de France.

Bibliographie et bibliothèques. — Beaucoup de notes relatives à la zoologie sont publiées dans des recueils contenant les sujets les plus variés et, pour cette raison, peu répandus. Ces travaux resteront donc inconnus si leur indication bibliographique exacte n'est pas mentionnée dans un index spécial mis à la portée des zoologistes. Il conviendrait donc de favoriser la centralisation de ces documents soit au *Concilium bibliographicum* de Zurich, soit à la *Société Zoologique de France* qui leur donnerait une plus grande publicité.

Jusqu'ici les bibliothèques ne peuvent être considérées que comme des magasins de volumes. Un travail quelconque qui aura été omis dans la bibliographie précédente restera donc ignoré du zoologiste, et le bibliothécaire reste impuissant à réparer cette erreur. Il serait donc de la plus grande utilité que chaque bibliothèque renfermât une série de fiches classées méthodiquement (le système décimal nous paraît réunir tous les avantages) ayant trait aux volumes qu'elle renferme. Le lecteur aurait ainsi sous les yeux comme une table des matières de cette bibliothèque en même temps que les volumes à consulter.

M. Secques propose à la Section le vœu que toutes les Sociétés françaises adressent, soit à la Société zoologique, soit au *Concilium bibliographicum* de Zurich le titre de leurs travaux relatifs à la zoologie, accompagné d'un court résumé indiquant tous les sujets envisagés dans le cours de la note.

Ces titres, rédigés conformément aux indications du *Concilium bibliographicum* et classés d'après les mêmes méthodes, pourraient constituer dans chaque bibliothèque une sorte de table des matières de cette bibliothèque.

M. Émile BELLOC, à Paris.

Recherches sur la faune aquatique dans les Pyrénées. — M. Émile Belloc expose le résultat de ses recherches sur la faune aquatique dans les Pyrénées.

Parmi les salmonides, la *Truta fario* est l'espèce la plus répandue, et même la seule que l'on trouve dans les lacs supérieurs des Pyrénées.

Certains bassins de la zone élevée, tel que le lac de Caïllaouas, par exemple, situé à 2.165 mètres d'altitude, donnent asile à des truites qui atteignent jusqu'à un mètre de longueur. M. Belloc cite un sujet, péché l'an dernier dans ce lac, dont la carcasse osseuse mesurait 80 centimètres de longueur. Lorsqu'il fut péché, ce salmonide pesait environ 8 kilogrammes.

Les poissons de cette taille sont rares, fort heureusement car ce sont des destructeurs de premier ordre. Au moment où celui-ci a été capturé, on a trouvé dans son estomac deux truites mesurant chacune de 28 à 30 centimètres de longueur.

Les salamandres et les batraciens abondent dans certains lacs de la région moyenne. Quelques mollusques : *Limnœa limosa, ancyclus fluviatilis, pisidium cazertanum*, etc., ainsi qu'un grand nombre d'espèces de *Copépodes*, de *Cladocères*, de *Rotifères*, de *Protozaires*, etc., pullulent également dans les eaux pyrénéennes.

Discussion. — M. LAMEY dit qu'il a constaté dans deux cours d'eau du Jura, très rapprochés l'un de l'autre, deux formes très différentes de la truite commune. Dans le premier de ces cours d'eau (la rivière d'Ain) où le courant est très rapide, les truites sont très allongées de forme et ont la chair blanche, tandis que, dans le second (la Valouse), elles ont une forme courte et ramassée, et leur chair est saumonée. Ces modifications sont dues sans doute aux conditions dans lesquelles vivent ces poissons.

M. BRUCKER.

Embryogénie des pédiculoïdes. — L'œuf donne d'abord un embryon octopode à pattes segmentées. L'abdomen de cet embryon se replie sur la face ventrale et vient recouvrir la quatrième paires de pattes : il n'y a plus que trois paires de pattes externes. C'est l'état pexapode. Mais en même temps les appendices ont commencé à régresser, et l'on a bientôt une pupe complètement apode. Des pattes se reforment alors et se différencient en même temps que les autres organes; il se constitue ainsi un des adultes mâles ou femelles qui sortent de l'utérus maternel pour se reproduire aussitôt.

M. COUTIÈRE.

Le développement des margarodes.

M. Émile BRUMPT.

Reproduction des Hirudinées. — *Existence d'un tissu de conduction spécial chez les Ichthyobdellides.* — Au cours de mes recherches sur le mode de reproduction des *Hirudinées* par fécondation hypodermique, j'ai été frappé des particularités que présente la *Piscicola geometra*. Il existe chez cette espèce, au-dessous de l'orifice femelle, une région spéciale que j'appellerai aire copulatrice, par où pénètre le sperme. A cette région correspond un tissu, formé d'éléments conjonctifs, dont les espaces intercellulaires, entre lesquels le sperme se fait jour, communiquent avec les ovaires, par des canaux soit épais et courts, soit longs et grêles. C'est à ce tissu que je donnerai le nom de tissu vecteur. Je l'ai retrouvé chez toutes les *Ichtyobdellides* que j'ai étudiées, ainsi que chez l'*Acanthobdella peledina*. Suivant la différenciation plus ou moins grande de ce tissu, on peut distinguer trois groupes. Dans le premier nous placerons *Callobdella lubrica* et *Branchellion torpedinis* qui forment des types un peu aberrants et montrent le début de l'individualisation de ce tissu. Dans un second groupe nous étudierons *Piscicola geometra, Cystobranchus respirans* et *C. fasciatus*, ainsi qu'une *Callobdella* exotique non encore déterminée, ces animaux sont conformés sur le même type que la *Piscicola*. L'*Acanthobdella peledina* se rattache à ce groupe. Enfin, dans le troisième groupe, nous nous occuperons du *Cystobranchus mammillatus* et des *Callobdella lophi et nodulifera*, ces animaux copulent, fait unique dans la série animale, par dépôt du spermatophore et injection de sperme dans l'orifice mâle de l'individu fécondé ; de là, les spermatozoïdes s'acheminent par un tissu vecteur hautement différencié jusque dans les ovaires.

Les conclusions à tirer des faits exposés sont les suivantes : les caractères que nous donne le mode de reproduction bizarre des *Hirudinées* étant variables d'une espèce à l'autre, acquis secondairement et fixés par la sélection sont d'un faible secours pour la phylogénie de ce groupe dont les affinités sont encore discutées ; mais, par contre, la morphologie pourra en tirer quelque parti pour l'identification de certaines espèces très difficiles à distinguer les unes des autres. Mais un fait que je suis heureux de remarquer, c'est que le groupe des *Hirudinées* est une preuve éclatante des interprétations souvent fausses qui sont imputables à la logique. Il était si facile d'expliquer la reproduction de ces animaux hermaphrodites ; le rapprochement des orifices suffisait, puis tout était dit. L'absence de pénis dans un grand nombre d'espèces ne rebutait même pas les anatomistes qui imaginaient des organes copulateurs bicornes, éversibles, etc. Or, tout cela n'était que pure hypothèse ; la logique jetait un voile épais sur la réalité des choses ; ce voile avait bien été soulevé à quelques reprises par des observateurs, mais étonnés eux-mêmes par les faits qu'ils voyaient, et aveuglés par la logique qui bornait leur initiative, ils n'osaient les interpréter et se mettaient d'accord avec leur conscience en les considérant comme anormaux. C'est C.-O. Witman qui, le premier a eu le mérite de jeter au loin les hypothèses classiques et de voir un peu les phénomènes en face. C'est un pareil exemple qu'il faudra toujours suivre dans les sciences naturelles. Le naturaliste ne doit jamais s'étonner de l'étrangeté des faits qu'il observe ; il doit toujours considérer la nature vivante sans parti pris et s'aider ensuite des ressources que la science moderne lui procure, grâce à ses instruments perfectionnés, en lui facilitant si grandement les dissections fines et les recherches histologiques.

M. A. CERTES.

Amendement à la communication de M. Secques. — M. CERTES, à propos de la communication de M. Secques, rappelle qu'au Congrès de Bordeaux, en 1895, M. le docteur Cartaz a présenté un rapport des plus intéressants sur la réforme de la bibliographie scientifique. La question mise à l'ordre du jour du Congrès de 1895, avait été posée dans les termes suivants : « Étudier les règles qu'il conviendrait d'appliquer pour les titres des travaux scientifiques de manière à rendre plus faciles les recherches bibliographiques » (1).

La résolution votée par le Congrès de 1895, sur la proposition de la Commission, répondait par avance à l'un des principaux desiderata formulés par M. Secques. Elle est ainsi conçue : « Dans le titre imprimé d'un travail le mot — ou les mots — qui caractérise le point essentiel doit être souligné dans toute sa longueur ; s'il y a un mot — ou des mots — caractérisant un point important, mais moins essentiel que le précédent, il doit être souligné dans la moitié de sa longueur : enfin, si même il est un mot — ou des mots — caractérisant un point moins important encore, mais qui mérite cependant d'être signalé, il sera indiqué par un point placé au-dessous. » (2) Cette conclusion a été également adoptée par la Conférence bibliographique internationale de Bruxelles, séance du 3 septembre 1895, sur la proposition de notre secrétaire général, M. Gariel.

Il ne semble pas néammoins d'après les exemples mêmes cités par M. Secques que ces dispositions si simples soient entrées dans la pratique journalière des auteurs scientifiques. M. Certes estime donc qu'il ne serait pas inutile de provoquer sur ce point un nouveau vote de l'Association française dont l'attention a été appelée sur l'importance que présentent les questions de bibliographie scientifique, par le discours de son président, M. le général Sebert.

Après discussion cette proposition est adoptée à l'unanimité.

Voyez le vœu page 74.

M. A. VIRÉ, Attaché au Museum.

Les sphæromicus des cavernes et l'origine de la faune souterraine.

M. COUTIÈRE

Le dimorphisme des mâles chez les Crustacés. — Les faits de cet ordre ont été observés d'abord chez les Isopodes de la famille des Tanaïdœ. Fritz Muller a montré, chez *Tanaïs dubius*, l'existence de deux sortes de ♂, différant surtout par les dimensions de leurs pinces ravisseuses. Dohrn a confirmé ces observations, et G. O. Sars a observé un dimorphisme analogue chez un Cumacé, *Iphinoe serrata* Norman. En rapportant ces faits, Norman et Stebbing y joignent ceux du même ordre expliqués par W. Faxon, chez *Cambarus*, où le dimorphisme des ♂ est en réalité une suite de deux états successifs, l'un qui caractérise la période de reproduction, le second, la période de repos sexuel, et les auteurs précités pensent qu'il faut expliquer semblablement les cas qu'ils énumèrent.

Borradaile a récemment ajouté à ces exemples celui d'un Hippolytidé, *Saron marmoratus* Olivier. Cette espèce diffère de *Saron gibberosus* H. M.-Edwards seulement par les ♂, les ♀ étant impossibles à distinguer. En réalité, il n'y a qu'une seule espèce dont les ♂ sont dimorphes, et j'ai sur ce point étendu et confirmé l'opinion de Borradaile, en observant :

1° des ♂ typiques de *Saron marmaratus*, à maxillipèdes externes très longs et

1. *Assoc. franc.*, Bordeaux 1895, 1re partie, p. 168.
2. *Loc. cit.*, p. 171.

robustes et à fortes pinces antérieures. Ces spécimens sont toujours très adultes (Samoa, Nouvelle Zélande).

2° des ♂ moins typiques, dont les maxillipèdes sont inégaux, ou plus courts que la normale (mêmes localités).

3° Un ♂ que j'ai recueilli à Djibouti, et dont les maxillipèdes ont subi un allongement notable, sans que le volume des pinces se soit accru.

4° Des ♂ à pinces fortes et surtout très longues, dont les maxillipèdes n'ont pas subi d'allongement. Toutefois, ces appendices sont effilés à l'extrémité et plus faiblement armés, se rapprochant ainsi des appendices normaux des ♂ typiques (Zanzibar, Madagascar).

5° Enfin, des ♂ de la forme « gibberosus », dont les maxillipèdes et les pinces sont aussi peu développés que chez les ♀ (Toute la région Indo-Pacifique).

Je puis joindre aux exemples précédents ceux de *Palœmon lar* Fabr. et d'*Eurypodius Latreillei* Guerin.

La première espèce est distribuée dans toutes les eaux douces de la région Indo-Pacifique, depuis Zanzibar jusqu'à la Nouvelle-Zélande. Les ♂ très adultes dont la longueur totale atteint 180 à 200 millimètres, ont très généralement les pinces de la première paire, une fois et demie aussi longues que le corps. Chez ceux de taille moyenne (70 à 120 millimètres) les pinces sont tantôt plus longues que le corps, tantôt notablement plus courtes. L'armature des doigts varie dans le même sens, de sorte que les derniers spécimens sont tout à fait semblables aux ♀ de l'espèce. La complication de la synonymie dans cette espèce vient tout entière de cette particularité.

Eurypodius Latreillei Guerin, est un Oxyrhynque localisé dans la région de l'extrême-Sud américain. Miers a distingué dans cette espèces deux variétés, α et β, portant sur la puissance très inégale des pinces chez le ♂. J'ai fait remarquer, dans une note antérieure, qu'une semblable différence existait dans la longueur des pattes ambulatoires suivantes, qu'il fallait voir, dans la variété β, contrairement à l'opinion de Miers, des ♂ typiques, alors que ♂ α étaient « féminisés » et possédaient même, à un faible degré, l'instinct de se dissimuler sous des corps étrangers, qui manque aux ♂ typiques.

Il est difficile de décider si ces formes de ♂ dimorphes sont simultanées, comme cela a lieu chez quelques Insectes Lucanides, ou au contraire alternes, comme chez *Cambarus*, et liées à la période reproductrice. Je crois cependant que cette dernière hypothèse est la vraie, et qu'il s'agit d'une « parure de noces » temporaire, correspondant à une période d'activité maxima des glandes génitales.

———

— 6 août —

M. A. CERTES.

Colorabilité élective « intra vitam » des filaments sporifères du « Spirobacillus Gigas » (Certes) et de divers microorganismes marins, par certaines couleurs d'aniline. — Dans une récente communication à l'Académie des Sciences (1) M. CERTES a exposé les résultats de ses essais de coloration du Spir. gigas *vivant*, par le bleu de méthylène, et insisté sur les différenciations qui se produisent selon

———

(1) Colorabilité élective des filaments sporifères du « Spirobacillus gigas » *vivant* par le bleu de méthylène. *Comptes rendus*, 2 juillet 1900.

la stade de l'évolution de ces organismes. Ainsi que le montre le dessin en couleur communiqué à la Section (2), les spores sont toujours plus colorées que le filament qui les porte et, à un moment donné, on trouve dans la même préparation des individus incolores, d'autres uniformément colorés, d'autres enfin — et ce sont les plus instructifs — présentant des anneaux colorés juxtaposés à des anneaux incolores, groupés de la manière la plus variée et sans règle fixe apparente. Ce dernier résultat s'obtient non seulement avec le bleu de méthylène, mais aussi avec le rouge Congo qui ne colore, cependant, ni les spores, ni même la plupart des filaments du Spir. gigas *vivant* (3). M. Certes insiste sur cette démonstration expérimentale d'un principe qu'il a formulé depuis longtemps : que les réactions du protoplasma vis-à-vis de certaines matières colorantes varient selon que les organismes sont morts ou vivants. L'auteur complète sa communication en exposant le résultat de ses expériences de coloration « intra vitam » sur des organismes marins : larves d'hydraires, crustacés, annélides, infusoires, diatomées... avec le bleu de méthylène, le neutral roth, etc... et exprime l'avis que l'étude du Plankton pourrait être singulièrement facilitée par l'emploi de matières colorantes se dissolvant dans l'eau de mer sans former de précipité. Il rappelle aussi les expériences de coloration du noyau des infusoires et du pédoncule des vorticelles dont il a rendu compte au Congrès de Nancy, en 1886, et présente à la section des dessins et des planches qui seront publiées à l'appui de son mémoire dans la deuxième partie du *compte-rendu*.

———

M. M. HARTOG.

Sur la zymase peptique intracellulaire des embryons jeunes. — En fixant par l'alcool absolu l'embryon jeune de Rainette (R. temporaria) au moment où les macromères ne forment plus qu'un bouchon blanc dans l'aire du blastopore, le blastoderme de poulet de vingt-quatre heures, ou la partie extravasculaire de celui-ci après trois jours, j'ai obtenu, il y a trois ans, un extrait glycérinique qui donne, avec excès d'alcool absolu, un précipité-zymase de nature peptique. Cette zymase est bien fugace, en différant les opérations successives on risque d'obtenir des résultats négatifs.

Cette année j'ai répété ces observations sur les objets mêmes, traités avec l'eau thymolée ou chloroformée. Additionné d'acide chlorhydrique et tenu quelques heures à la température de 33°-40°, le liquide contient de l'albumose ou du peptone, reconnaissable à la réaction de Piotrowski, et provenant de la digestion de granules vitellines intercellulaires. Un corps réducteur accompagne quelquefois ces produits de digestions peptiques.

Cette découverte met d'accord la physchologie animale et la physiologie végétale, qui avait reconnu que partout où le protoplasme utilise des produits de réserve, il le fait non pas directement, mais par la sécrétion préalable d'une zymase qu'on peut extraire, et qui ferait sa besogne dans la cellule même morte, *in vitro*.

La division multiple (sporulation, segmentation) s'explique par les faits

____

(2) La planche de ce dessin sera publiée à l'appui du mémoire de M. Certes dans la deuxième partie du *Compte rendu*.

(3) Des préparations de Spir. gigas vivants et mobiles, colorés par le bleu de méthylène et le rouge Congo, ont été placées sous les yeux des membres de la Section.

cités. Il doit se former à un moment donné dans une cellule gorgée de réserves une zymase, qui permette au protoplasme de s'accroître aux frais des réserves ; par conséquent le protoplasme éprouve le besoin d'augmenter au fur et à mesure sa surface en se divisant, selon la loi de Spencer-Leuckart.

M. lè Dr LALESQUE, à Arcachon.

Les ressources de la station zoologique d'Arcachon. — La Société Scientifique d'Arcachon, fondée en 1863, créa, en France, le premier laboratoire de biologie marine. Paul Bert y poursuivit ses recherches sur l'Amphioxus. Depuis elle a établi une véritable station zoologique, aujourd'hui annexée à l'Université de Bordeaux, tout en gardant son caractère d'œuvre d'initiative privée et son autonomie.

Elle possède six laboratoires indépendants les uns des autres, avec eau douce, eau salée et gaz, et une instrumentation complète. A ses laboratoires sont annexés un aquarium de vingt-cinq bacs et 6 grands bassins extérieurs, une grande salle de dissection, une chambre noire pour photographie et enfin deux chambres pouvant loger trois ou quatre travailleurs peu fortunés ou dont les études exigent la présence constante aux laboratoires.

Une bibliothèque riche en œuvres de détermination, remarquable par ses collections de voyages ; un musée riche en collections de la faune et de la flore locales, complètent l'outillage scientifique.

Le service des pêches est tout particulièrement bien organisé. La petite pêche est assurée par la barque de la Société. En outre, la station zoologique jouit du grand avantage de pouvoir embarquer, en toute saison, un ou plusieurs travailleurs à bord des vapeurs chalutiers des « Compagnies de l'Océan » : ressource unique parmi tant d'autres stations.

Tout les services de la station, y compris son annexe de Guéthary, sont entièrement mis à la disposition des savants, tant français qu'étrangers; sans aucune redevance, à titre purement gratuit.

Chaque année, depuis 1895, la station publie un fascicule: *Travaux des Laboratoires.*

M. S. JOURDAIN

Sur les moyens employés par les Insectes pour se défendre contre leurs ennemis. — Pour échapper à leurs ennemis, qui sont légion, les insectes usent de moyens et de stratagèmes variés, dont le plus grand nombre ont fixé depuis longtemps l'attention des naturalistes.

Il y a d'abord les moyens que j'appellerais classiques, fuir de diverses façons et se cacher.

D'autres fois les insectes produisent des sécrétions, voir même des gaz détonants, ou se recouvrent de matières répugnantes, qui dégoûtent leurs ennemis.

Parmi les moyens de défense des insectes on a, dans ces dernières années, fait jouer un rôle important au mimétisme, c'est-à-dire à la simulation par l'être vivant, d'un végétal ou même d'un minéral.

Je crois qu'on a donné au mimétisme une importance exagérée. Le mimétisme, il ne faut pas l'oublier, est une chose toute relative, je dirais volontiers individuelle. Dans un grand nombre de cas il y a mimétisme pour l'homme, mais non pour les animaux, qui s'aident, en particulier, d'un sens très obtus chez l'homme, c'est-à-dire de l'odorat.

Chez beaucoup d'insectes, les jeunes naturalistes l'ont plus d'une fois appris à leurs dépens, l'animal contracte ses membres, *fait le mort*, ou se roule en boule et se laisse ainsi choir, comme une masse inerte.

On a voulu voir dans cette contraction des membres un acte de volonté, une ruse, je crois bien plutôt qu'il s'agit d'une abolition des mouvements et d'une contraction rentrant dans l'ordre des phénomènes cataleptiques.

Certains articulés à pattes longues et grêles ont un moyen assez singulier de dérouter leur ennemis, moyen qui ne paraît pas avoir fixé l'attention des observateurs.

Je l'ai observé bien des fois chez les *Pholcus*, les *Phalangium* et divers Diptères Culicides.

Ces insectes exécutent sur place des mouvements alternatifs de flexion et d'extension de leurs membres, tellement rapides, qu'ils ne donnent plus à l'œil que la sensation d'une image confuse et indistincte. Chez diverses araignées, les *Pholcus* en particulier, le même résultat est atteint par l'animal, qui, suspendu à sa toile, imprime à son corps un mouvement de pendule conique, d'une rapidité déconcertante.

De l'intelligence des batraciens. — Un grand poète a su nous attendrir sur le crapaud. Il ne faut pas voir dans cette élégie touchante la création factice d'un esprit merveilleusement doué au point de vue poétique. Les crapauds, grenouilles, salamandres, qu'on tue sans pitié, sont des animaux non seulement utiles, mais encore doués d'une certaine intelligence et que, bien à tort, le vulgaire considère comme stupides et dénués de tout sentiment. L'observation donne de nombreux démentis à cette manière de voir.

On peut apprivoiser les crapauds.

Un naturaliste anglais nous a raconté l'histoire d'un de ces batraciens, qui, durant de longues années, vécut familièrement dans une maison et, au moment des repas, venait se joindre aux hôtes du logis.

Je sais un fait plus curieux encore et plus convaincant. Il s'agit de deux crapauds qui, pendant les guerres du premier Empire, furent apprivoisés par mon grand-oncle, le lieutenant-colonel Chassay, le même dont ont parlé longuement Frédéric Cuvier et Geoffroy Saint-Hilaire, à propos d'un loup que M. Chassay avait apprivoisé et qui mourut à la ménagerie du Muséum.

M. Chassay, pendant qu'il était en Autriche, en 1809, avait rendu deux crapauds tellement familiers, qu'ils le suivaient dans ses promenades, et lorsqu'il était assis, venaient s'installer sur ses pieds. L'un plus gros se plaçait sur le pied droit, l'autre sur le pied gauche. Un soir cet officier s'était assoupi sur un banc, la tête appuyée sur son bâton, avec ses compagnons installés comme d'habitude. Il fut tiré de son demi sommeil par des mouvements insolites de ses deux crapauds. Il regarda autour de lui et vit à peu de distance un individu de mauvaise mine, qu'il mit en fuite en le menaçant de son gourdin. Dans la soirée, un officier français fut blessé d'un coup de pistolet par un individu embusqué sur son passage. « J'ai toujours soupçonné, dit M. Chassay. (*Notice sur quelques animaux élevés et apprivoisés*, 1830), que mes deux crapauds m'avaient sauvé la vie. »

J'ai gardé assez longtemps des salamandres terrestres qui venaient prendre à ma main les vers de terre que je leur présentais.

J'ai conservé près de dix années, en Normandie, une rainette verte *(Hyla viridis)*, que j'avais prise dans le Gard, lorsque j'étais professeur à la Faculté de Montpellier. Elle happait volontiers les mouches que je lui donnais et, chose bien plus curieuse, elle reconnaissait ces insectes dessinés sur le papier. Je les lui présentais à travers les parois transparentes du bocal où elle vivait, et, plus d'une fois, elle s'est jetée sur elles comme elle l'aurait fait sur une mouche en vie.

____

M. Barthélemy de NABIAS.

Nouvelles recherches sur le système nerveux des Gastéropodes pulmonés aquatiques. Cerveau de Planorbis corneus. — Le cerveau de *Planorbis corneus*, pulmoné senestre, présente la même organisation fondamentale que le cerveau de *Limnœa stagnalis*, pulmoné dextre. On y trouve identiquement les mêmes régions : procérébron, deutocérébron, noyau accessoire, éminence sensorielle. La ressemblance est telle que, dans les coupes microscopiques, on pourrait presque les confondre. Il faut examiner la région procérébrale pour faire aisément la distinction. Les cellules du procérébron sont plus petites et forment un amas plus dense chez les Planorbes que chez les Limnées. C'est la région procérébrale qui se montre également la plus variable d'un genre à l'autre chez les gastéropodes pulmonés terrestres.

____

M. Paul PALLARY, Prof. à Eckmuhl-Oran.

Troisième contribution à l'étude de la faune malacologique du N.-O. de l'Afrique. — M. PALLARY donne la description de quelques nouvelles espèces ou variétés de mollusques terrestres et aquatiques du département d'Oran. Ce sont les : *Helix aspersa var. chottica, trarensis, severinœ, Jugurthœ, Neritina mauretanica, Buliminus cirtanus v. Thomasi, Ferussaci Yeffriana.*

____

— 8 août —

M. René QUINTON, à Paris.

L'eau de mer, milieu organique. — *Constance du milieu marin originel, comme milieu vital, à travers la série animale.* — M. René QUINTON démontre : 1° que la vie animale, à l'état de cellule, est apparue dans les mers ; 2° qu'à travers toute la série évolutive, la vie a maintenu pour ses phénomènes cellulaires, à l'intérieur de chaque organisme, ce milieu marin des origines, en sorte que tout organisme est un véritable aquarium marin, où vivent dans les conditions aquatiques des origines, les cellules qui le constituent.

· 1° L'origine aquatique de toutes les formes animales est d'abord flagrante. Les seules espèces animales qui respirent selon le mode aérien, présentent toutes dans leur embryogénie une respiration branchiale primitive (fentes branchiales des Vertébrés aériens, par exemple). De plus, cette origine aquatique est marine. Les formes d'eau douce, en effet, ne sont jamais que des formes secondaires, doublant simplement, çà et là, les formes marines, qui, seules, composent l'ossature presque tout entière du règne animal. C'est ainsi que la disparition de toutes les formes d'eau douce n'entraînerait la disparition que de : une classe, quatre ordres, tandis que celle des formes marines entraînerait la disparition totale de : six groupes, onze embranchements, quarante classes, cent onze ordres. Ainsi tous les organismes animaux dérivent d'organismes marins. Les cellules primordiales d'où sont dérivés ces organismes ancestraux, furent donc nécessairement des cellules marines.

2° La vie animale, en créant des organismes de plus en plus compliqués et indépendants, a toujours maintenu les cellules constituant ces organismes dans un milieu marin.

Ceci est d'abord flagrant pour les premiers organismes de la série animale : Éponges, Polypes, Coraux, Méduses, etc. Chez ces organismes, ouverts, comme l'on sait, au milieu extérieur, le milieu intérieur de l'animal est l'eau de mer elle-même ; celle-ci pénètre l'organisme tout entier par une multitude de canalicules, assimilables aux capillaires. L'eau de mer elle-même baigne toutes les cellules.

Chez les Invertébrés marins plus élevés, un phénomène d'une importance de premier ordre se produit. La membrane branchiale est perméable aux sels, en sorte que, par simple osmose, le milieu intérieur de l'animal est encore le milieu marin, ce dont témoigne par ailleurs l'analyse chimique directe. L'hémolymphe, en effet, présente une composition minérale identique à celle de l'eau de mer.

Enfin chez les organismes les plus élevés de la série animale, les plus éloignés de la souche marine, l'expérience montre encore l'identité du milieu vital et du milieu marin.

M. Quinton rappelle ses expériences déjà publiées (*Soc. de Biol.* 1897-1898). A. — Un chien, saigné à blanc par l'artère fémorale, est réinjecté d'une quantité d'eau de mer égale à celle du sang perdu (l'eau de mer était ramenée à l'isotonie). Le lendemain, l'animal *trotte*. En quelques jours, l'hémoglobine est reconstituée, et le rétablissement complet. B. — Trois chiens sont injectés en eau de mer, le premier, des 66 centièmes de son poids, le second, des 81 centièmes, le troisième (Hallion), des 104 centièmes de son poids. Pendant toute l'injection, les animaux cessent à peine d'être normaux. En vingt-quatre heures, le rétablissement est effectué. C. — Le globule blanc est le témoin par excellence du milieu vital d'un organisme. D'autre part, sa délicatesse est telle qu'il est réputé ne vivre dans aucun milieu artificiel. Sa vie dans l'eau de mer devait être particulièrement démonstrative. M. Quinton s'est adressé expressément, à travers toute la série évolutive, aux globules blancs des organismes les plus éloignés de la souche marine (Mollusques pulmonés, Insectes, Poissons d'eau douce, Batraciens, Reptiles, Oiseaux, Mammifères, Homme). Tous, enlevés à l'organisme et portés brusquement dans l'eau de mer, y vivent à volonté.

L'analyse chimique directe confirme enfin cette identité du milieu vital et du milieu marin. Les sels du plasma sanguin sont les sels mêmes de l'eau de mer. Ils vont même jusqu'à se sérier entre eux dans les deux cas dans le même ordre d'importance : 1° Na, Cl ; 2° K, Ca, Mg, S ; 3° Si, P, Fl, Fe, AzH^4, I. Bien mieux, l'analyse chimique révélait dans l'eau de mer, à des doses extrêmement minimes, la présence de certains corps non admis dans l'organisme. Or, ces corps y existent, à l'état normal, d'une façon constante, à des doses voisines. Un ouvrage prochain (*L'eau de mer, milieu organique*) l'établira longuement. Ces

nouveaux corps, absolument constitutifs des organismes les plus élevés, sont :
le Brome, le Manganèse, le Cuivre, le Zinc, le Plomb, l'Argent, le Lithium,
l'Arsenic, le Bore, le Baryum, le Strontium. Ils font passer le nombre des
corps organiques de 12 ou 15, actuellement reconnus, à 26. Cinq autres sont
prévus.

De tout ce travail : 1° une loi nouvelle résulte : « La vie animale, apparue à
l'état de cellule dans les mers, a maintenu, à travers toute la série évolutive,
les cellules constituant les organismes dans un milieu marin » ; 2° une conception également nouvelle de l'organisme : « Un organisme, si élevé que soit
le rang qu'il occupe dans l'échelle animale, est une colonie de cellules marines ».

*(Travail du Laboratoire de Physiologie pathologique, du Collège de France ;
d'Embryologie comparée, du Collège de France ; de la Station zoologique d'Arcachon ; du Laboratoire maritime du Muséum, à Saint-Vaast-la-Hougue).*

M. KÜNCKEL D'HERCULAIS, Assist. au Muséum.

La faune de la République Argentine.

M. GOURRET, S.-Dir. à la stat. zool. de Marseille.

Sur la faune carcinologique de l'étang de Berre.

11e Section.

ANTHROPOLOGIE.

Présidents d'honneur . . . . . .   MM. Law BROS.
                          Th. VARLOR.
Président . . . .   M. le Dr CAPITAN, Prof. à l'École d'Anth.
Vice-Présidents. . . . .   MM. le Dr DELISLE.
                          Émile RIVIÈRE, S.-Dir. adj. de lab. au Coll. de France.
Secrétaires. . . . .   MM. Vital GRANET.
                          Paul PALLARY, Prof. à Oran.

— 3 août —

M. Émile RIVIÈRE, S.-Dir.-adj.de lab. au Coll. de France, à Brunoy (S.-et-O.).

La grotte de la Mouthe. — L'auteur commence par rappeler les conditions dans lesquelles les gravures sur roche de la grotte de la Mouthe ont été découvertes en 1895 ; puis il décrit le gisement de cette grotte, c'est-à-dire les trois couches nettement séparées qui le constituent : néolithique, magdalénienne et moustérienne, et indique les principaux objets qu'il a trouvés dans chacune d'elles ; enfin il fait connaître les résultats de ses dernières recherches (août-septembre 1899 et mars-avril 1900) et appelle surtout l'attention sur un galet creusé en forme de godet pour servir de lampe, galet qu'il a trouvé dans la couche magdalénienne, et qui porte sur sa face externe la tête, remarquablement gravée, d'un bouquetin, dont le dessin se retrouve également gravé sur la paroi droite de la grotte à cent et quelques mètres de distance de l'entrée.

Discussion. — M. G.-B.-M. FLAMAND fait observer à M. Rivière que dans sa présente communication sur les gravures rupestres de la grotte de La Mouthe, et dans ses précédentes publications sur ce même sujet, il a omis de parler des gravures rupestres *Hadjrat Mektoubat* (pierres écrites) du Sud-Oranais ; or, ces dernières ont été signalées depuis bien longtemps à Tyout et à Moghar (1847), lors de l'expédition du général Cavaignac dans le Ksour. Ces pierres gravées ont d'ailleurs fait l'objet de nombreux travaux de la part du docteur Armieux, de Duveyrier, de M. le Docteur Bonnet et M. le Docteur E.-T. Hamy, pour ne citer que les principaux. Dès l'année 1892, M. G.-B.-M. Flamand lisait à l'Acad. des Inscript. et Belles-Lettres (19 février 1892), un Mémoire sur cette question, au sujet de *nouvelles* découvertes faites dans le Sud-Oranais (imprimé *in extenso* dans *l'Anthropologie* mars-avril de la même année). Ces publications furent suivies d'autres communications aux mêmes lieux. Ces découvertes sont donc antérieures manifestement à la découverte des gravures à figurations animales de la grotte de La Mouthe, que précédaient, en Europe, celles de Pair-non-Pair et du Portugal. M. Flamand, reprenant l'historique de cette question, fait remarquer l'importance de ses dernières découvertes, et comme nombre et comme valeur des figurations (40 stations nouvelles de pierres gravées dans la région du Ksour); et, parmi les figurations les plus importantes, celle, en plusieurs stations (Keragda, Tazina, Touïdjin), du *Bubalus antiquus* (Duv.), animal aujourd'hui éteint en Afrique, et retrouvé à l'état *fossile*, dans les alluvions des Hauts Plateaux, à Djelfa, et sur le littoral méditerranéen. A cette figuration s'associait, entre autres, celle d'un homme armé d'une hache polie *néolithique*, *l'homme à la hache de Kéragda* (Ksar el Ahmar), éléments figurés qui dataient ces dessins : époque néolithique, quaternaire récent ; partie supérieure : sensiblement de l'âge des dépôts à *planorbes* du Sahara.

M. G.-B.-M. Flamand insiste sur la richesse de la faune figurée et sur la beauté artistique de quelques-unes des gravures rupestres du Sud-Oranais, sur les caractères *des traits,* sur *les dépôts constituant les patines* qui caractérisent ces *dessins préhistoriques* et qui les différencient des dessins à petits animaux de la période *libyco-berbère,* en stations également très nombreuses.

A propos des gravures du Col de Tende (Val d'Enfer), étudiées autrefois par M. Rivière, M. Flamand exprime l'opinion que ces gravures lui paraissent *relativement* récentes ; elles sont, quant à la facture et au galbe général, assez voisines des *libyco-berbères* ; il serait, pour lui, très intéressant d'en étudier pétrographiquement les patines et de les comparer avec les patines des gravures d'âge préhistorique, ainsi qu'il l'a fait pour quelques roches à couches successives d'inscription, du sud de l'Algérie et du Sahara.

Sans attacher plus d'importance qu'il ne faut à la question de priorité, M. Émile Rɪᴠɪᴇ̀ʀᴇ maintient que la découverte des gravures sur roche de la grotte de La Mouthe, si elle n'est pas antérieure à celle des gravures de la grotte de Pair-non-Pair, a, du moins, été publiée avant, ces dernières, en tout cas, n'ont été considérées et signalées comme préhistoriques par M. François Daleau, que postérieurement aux communications de M. Rivière qui a, le premier, appelé l'attention sur l'ancienneté incontestable des dessins gravés sur les parois des grottes, en France.

M. le Dʳ J. RIVIÉRE., Méd. maj. de 1ʳᵉ classe, à Poitiers.

Recherches préhistoriques aux environs de Tuyen-Quan. — Conclusions de ses recherches :

1° Existence, aux environs de Tuyen-Quan (Tonkin, dans la vallée de la Riv. Claire), de stations préhistoriques (j'entends par préhistoriques, bien antérieures aux Khmers) consistant en grottes, abris, *niches* creusées par les pluies ou autres agents atmosphériques, dans le calcaire cristallin, roche abondante dans tout le Tonkin.

2° Coexistence de la pierre éclatée et de la pierre polie avec le bronze ; certains spécimens de ce dernier contenant, les uns 7 0/0 d'étain, les autres, jusqu'à 13 0/0.

3° Taille par éclat rudimentaire ; ne servait qu'à dégrossir les pièces destinées au polissage.

4° Nombreux polissoirs destinés probablement à l'industrie de la poterie.

5° Polissoirs spéciaux à surface utile quadrangulaire ; (pétrosilex poli*)*.

6° Nombreux fragments de poterie, quelques-uns (rares) au complet.

7° Nombreux ornements en schiste.

8° Quelques pointes en os grossièrement façonnées.

9° *Aucun vestige humain.*

10° Grandes analogies entre poteries, bronzes des stations de Binh-Ca et ceux des stations de Som-Ron-Sen, au Cambodge et de diverses stations du Japon.

11° Caractéristique de cette civilisation : ne connaissaient pas le fer, ultérieurement utilisé par les Khmers, etc., etc.

L'étude stratigraphique se poursuit au laboratoire de Marseille, auquel ont été remis les divers fossiles, etc. (1).

Réunion des 8e et 11e Sections.

MM. CAPITAN et D'AULT DU MESNIL.

Stratigraphie quaternaire des plateaux et des alluvions de la Vienne et de la Vézère comparée à celle des vallées de la Seine et de la Somme. — D'une façon schématique — et sans entrer dans les très nombreux détails que comporte le sujet même, envisagé ici seulement au point de vue anthropologique — on peut dire que les dépôts quaternaires de la vallée de la Seine, comme ceux de la vallée de la Somme, sont formés essentiellement de sables et de graviers plus ou moins régulièrement stratifiés et qui occupent le fond des vallées, remontant parfois jusqu'à une certaine hauteur ; ce sont des dépôts d'origine fluviatile. A leur partie tout à fait inférieure (et la chose a été nettement établie aux environs d'Abbeville, par d'Ault du Mesnil), la faune comprend l'*Elephas antiquus, Rhinoceros Merckii, trogontherium,* et un éléphant qui a les plus grandes affinités avec le *Meridionalis*; l'industrie se compose exclusivement d'instruments très grossiers, formés d'un rognon de silex à peine dégrossi sur les deux faces.

Dans les couches sus-jacentes, la faune est profondément modifiée : *Elephas primigenius, Rhinoceros tichorinus,* etc. ; les autres espèces chaudes ont disparu. Dès les niveaux les plus inférieurs, les instruments sont bien mieux façonnés que dans les couches sous-jacentes et plus variés. L'instrument dit coup de poing devient plat, régulièrement taillé sur les deux faces, prenant diverses formes adaptées à des usages spéciaux, racloir, perçoir, etc., mais d'une façon générale, circulaire ou ovale.

Cet instrument est accompagné fréquemment de racloirs, de disques et de pointes, type du Moustier, parfois du grand éclat retouché à la base, du type dit Levallois.

Ces dépôts fluviatiles sont recouverts par des dépôts de limons argileux ayant parfois plusieurs mètres d'épaisseur, parfois absents. Ces limons se continuent à la surface et dans les anfractuosités des flancs et même des sommets des collines, formant des poches qui ont parfois plus de dix mètres d'épaisseur. Ces limons, aussi bien dans le fond des vallées que sur le flanc et au sommet des collines, renferment une industrie en général plus fine, mieux conservée que celle des sables et graviers, mais qui, morphologiquement, est à peu près la même. A peine pourrait-on signaler une plus grande quantité de types

moustériens unifaces : éclats Levallois, pointes et racloirs accompagnant les
grands instruments taillés des deux côtés.

Or, dans la vallée de la Vienne (étudiée surtout vers son embouchure, à
partir de Châtellerault), il est possible de reconnaître une disposition stratigraphique analogue. Mais les graviers du fond de la vallée sont extrêmement roulés
et renferment des éléments minéralogiques très variés, charriés par le cours
d'eau, presque depuis sa source. L'industrie y est rare, très roulée, et par
suite mélangée. Ce mélange est surtout sensible dans d'autres vallées voisines,
dont le régime différent a amené la production de dépôts autres, riches en objets
d'industrie, types chelléens et acheuléens mélangés : telle la vallée de la Claise,
près de son embouchure, dans la Creuse, non loin d'ailleurs du point où la
Creuse se jette dans la Vienne.

Le dépôt de sables et graviers n'occupe que le fond de la vallée. Il est impossible, au moins dans la région sus-indiquée, de trouver des dépôts analogues
aux limons de la Seine et de la Somme. Mais, en étudiant le sommet des plateaux, on y rencontre des dépôts de faible épaisseur, 30 à 50 centimètres,
1 mètre (Font-Maure), qui ont l'aspect de dépôts de ruissellement, et qui renferment une industrie nettement acheuléenne. Ces dépôts correspondraient
donc aux puissantes couches de lœss du Nord. Les labours en extraient souvent
les silex taillés, qu'on trouve alors à la surface des plateaux, souvent mélangée
à l'industrie néolithique.

Dans la vallée de la Vézère, aux environs de Montignac, par exemple, le
dépôt caillouteux et sableux du fond de la vallée avec éléments roulés, quartz,
grès et quartzites charriés d'amont, remonte un peu sur les flancs, environ à
quelques mètres au-dessus du niveau moyen de la Vézère.

En ces points, il est recouvert par une formation constituée par des fragments de calcaires brisés, altérés et enveloppés dans une argile fortement rubé-
fiée. Cette couche remonte parfois le long des pentes, quand elle n'a pas été
détruite par le ruissellement. On en voit des lambeaux sur les sommets des
plateaux. Enfin, en certains points, la surface même des plateaux est recou-
verte d'une couche argilo-sableuse de 25 à 30 centimètres, comparable à celle
des plateaux de la Vienne, et semblant, comme elle, être due à une formation
toute locale, ruissellement, par exemple : de la Vignole, près de Saint-Amand
de Coly.

Or, à la surface des graviers, d'Ault du Mesnil a pu recueillir une hache
acheuléenne. On peut également en recueillir dans ces dépôts caillouteux, au
fond de la vallée. La culture en fait sortir de ces couches. Cette industrie est
nettement acheuléenne.

Sur le sommet des plateaux, précisément dans la couche sus-indiquée, il
existe parfois des silex taillés nombreux (à la Vignole, par exemple dont nous
parlions ci-dessus). Là, enfermée dans ces couches superficielles dont la culture
la fait souvent sortir, on trouve une industrie comparable à celle du moustier
avec un peu plus de haches acheuléennes.

C'est, en somme, une industrie voisine de celle des limons du Nord, du lœss,
mais en pièces beaucoup plus petites. D'ailleurs, il n'y a pas d'erreur possible.
Le néolithique manque absolument en ce point.

En résumé, ainsi qu'on peut le voir par ces quelques observations, il existe,
semble-t-il aux auteurs, une analogie très grande, avec des faciès différents,
entre la disposition comparée des diverses couches géologiques quaternaires
auxquelles sont subordonnés les dépôts archéologiques les plus anciens, aussi

bien dans les vallées de la Seine et de la Somme que dans celles de la Vienne et de la Vézère.

M. J.-B. DELORT, Prof. de l'Univ. en retraite, à Saint-Claude.

Études anthropologiques dans l'Ain et le Jura. — Diverses excursions dans l'Ancienne Séquanie (Ain et Jura), nous ont permis :

1° Certaines constatations intéressant l'anthropologie : les monuments mégalithiques visités dans le Jura ne portent aucune trace de travail humain. Ce sont de simples roches légendaires ;

2° La fouille d'une nouvelle motte tumulaire qui nous a permis de recueillir les *restes d'une sépulture gauloise*, dont les photographies ont été communiquées au Congrès de Paris.

Visites de la Section

L'après-midi, la Section s'est réunie à l'Exposition pour visiter le Musée d'Ethnographie du Trocadéro et les collections de l'Exposition, l'exposition des gravures rétrospectives, dessins, photographies, recueillis dans le Sud-Oranais par M. Flamand.

— 4 août —

M. BOSTEAUX-PARIS, Maire de Cernay-lès-Reims.

Découvertes et fouilles du cimetière gaulois marnien du Mont de la Fourche, territoire de Lavannes (Marne). — Les fouilles du cimetière gaulois marnien du Mont de la Fourche, à Lavannes (Marne), faites par M. BOSTEAUX-PARIS pendant l'année 1899, ont donné un mobilier très perfectionné de cette belle époque de l'indépendance gauloise, les trois torques en bronze sont à tampons et d'une conservation admirable, l'un de ces torques est à figurines humaines et les deux autres sont ornés de jolies spirales.

La céramique recueillie dans ces sépultures est de belle facture, elle se compose d'une quarantaine de vases dont beaucoup portent des ornementations assez curieuses.

Quelques épées, des lances en fer, ont été recueillis dans des sépultures de guerriers et dans l'une d'elles, un guerrier portait à l'annulaire de la main droite une bague en argent, objet assez rare à cette époque.

Des fibules en bronze et en fer ont été recueillie dans les sépultures d'homme et de femme.

La profondeur des tombes variait de 1 mètre à $1^m,50$ de profondeur, le fond des fosses formait un terre-plein, entouré d'une gouttière autour des parois et aux pieds du squelette cette rigole correspondait à une petite fossette pour préserver ces fosses contre l'eau.

Discussion. — M. FOURDRIGNIER. Le fragment que M. BOSTEAUX-PARIS nous montre et qu'il a recueilli dans un milieu gaulois à incinération relativement rare en Champagne présente un intérêt capital. Il se compose de la partie du l et de l'épaule d'un vase dont la facture, en effet, n'a aucun rapport avec

l'industrie gauloise que nous connaissons. La terre d'un rose clair, l'engobe à
fond blanc extérieur qui supporte un dessin géométrique franchement noir,
évoquent le rapprochement d'œuvres chypriotes de la fin du deuxième millé-
naire. Puis, également celui de similaires de Rhodes, du Dipylon (Attique) et
plus encore, d'œuvres de Béotie, surtout à noter un grand vase funéraire du
Louvre (salle A), à cause de certains quadrillés et de la manière dont est traitée
l'amorce d'un sujet où l'on croit reconnaître la croupe d'un cheval et peut-être
une coiffure ou le cimier d'un casque. Nous aurions bien eu tendance à proposer également les vases géométriques de la collection Campana ; mais ces
derniers, s'il y a identité dans la manière picturale, ont généralement leurs
dessins posés sur la terre crue, dépourvue de cet engobe blanchâtre, du moins
pour ceux que nous connaissons avec provenance Cœré (Italia). D'ailleurs, le
vernis noir de ces dessins rappelle bien le lustré terne et léger béotien et non
celui relativement empâté des contrées tyrrhéniennes. Quoi qu'il en soit, nous
sommes là certainement en présence d'une œuvre du VIIᵉ siècle au moins
avant notre ère.

Les tombes de la Marne ont déjà révélé des produits italo-grecs. La coupe
ou discobole à dessin rouge sur fond noir de Somme-Bionne (coll. Morel), travail
au plus du IVᵉ siècle en est une preuve, à laquelle nous tenons à ajouter une
coupe que nous avons trouvée à la Gorge-Meillet, sépulture également à char.
Pour cette dernière, sa terre bien fumigée quoique non incisée lui donne place
sans hésitation auprès du *bucchero nero* toscan. Mais ces œuvres nous ramènent
au Vᵉ et même au IIIᵉ siècle, dates assez en rapport avec la contemporanéité des
tombes de la Marne. Nous aurions bien encore à citer les œnochoés de bronze à
facture encore italogrecque qui nous conduiraient au même résultat. Ce fragment de vase d'au moins le VIIᵉ siècle, si franchement hellénique, trouvé en
tel milieu, reste une énigme pour nous si l'on doit récuser une importation
dans notre région occidentale, démontrant alors des contacts à ces époques lointaines dont nous n'avons à ce jour aucunes preuves historiques et au plus, à
peine quelques vagues témoignages par des trouvailles archéologiques. Il serait
peut-être alors dangereux, pour l'instant, à propos d'un fait isolé, de conclure à
une généralité. Mais, malgré ce qui précède, en raison de l'autorité donnée à ce
document par notre estimable collègue M. Bosteaux-Paris, nous croyons que ce
nouveau fait mérite toute notre attention.

M. E. SCHMIT, à Châlons-sur-Marne.

*Main de Fatma ou amulette en forme de main découverte à Saint-Memmie-lès-
Châlons.* — M. Schmit présente à ses collègues un petit objet en fer terminé
d'une part par une main à cinq doigts et de l'autre par une tigelle à huit tours
de spire aboutissant à un annelet de suspension.

Cet objet mesurant 158 millimètres, a été trouvé à Saint-Memmie-lès-Châlons
sur un petit banc de 40 centimètres de hauteur qui formait saillie dans le bas
d'un gîte creusé dans la craie, à 1 m. 50 de profondeur.

M. Schmit présente cet objet comme offrant une analogie très évidente avec
des amulettes présentées par M. Adrien de Mortillet, sous le nom de Main de
Fatma, à l'exposition de 1889. Cette présentation est accompagnée de quelques
documents recueillis sur les mains, considérés au point de vue symbolique.

Discussion. — M. FOURDRIGNIER fait remarquer que tous les doigts de cette main se terminent par d'évidentes cassures accidentelles et que même le pouce, sur le côté, porte l'amorce d'une cassure d'un sixième doigt, comme aussi l'interstice entre le pouce et l'index qui n'est pas précis. Il croit plutôt que cet objet est un instrument de travail. Dans la section de la Russie asiatique, au Trocadéro, on trouve des outils de ce genre avec manche identique, mais dont toutes les extrémités sont intactes. Ce sont des peignes à carder. Il y en a en bois et en métal. Les *Matériaux pour l'Histoire de l'Homme* ont publié, il y a une quinzaine d'années, des objets de ce genre provenant de Lithuanie.

Sans doute, que la représentation de la main a joué un rôle fatidique : le *Mané, thécel, pharès,* du festin du dernier roi de Babylone et la dextera Domini expliquée par le prophète Daniel, sont bien connus, comme la légende des pays du Nord qui entoure l'étymologie de la ville d'Anvers, *Antwerp,* qui signifie main coupée ; comme cette main des palais des anciens rois d'Andalousie, que nous retrouvons jusque chez les noirs du Sénégal. Enfin dans le Jura comme sur les bords de la Loire, nous possédons un Saint-Main, un Saint-Lamain, qui nous édifie sur cette légende séculaire.

Mais ici nous ne croyons reconnaître qu'un simple instrument de travail, un peigne industriel dont les dents ont été brisées d'une façon telle, que l'on peut, l'imagination aidant, y voir la représentation d'une main.

Menhir de Champigneul-sur-Marne. — Le mégalithe que M. SCHMIT signale à Champigneul, se trouve à la sortie du village, côté nord. Après avoir traversé le cours d'eau de la Somme Soude, on rencontre le chemin des Cours-Brûlées, c'est sur la gauche de ce chemin que se trouve une pierre en grès bâtard de 2^m,45 de longueur sur 25, 30, 40 et 60 centimètres de diamètre à diverses hauteurs, en commençant par la tête qui est arrondie tandis que la base se termine en biseau.

Dolmen et stations néolithiques de Sommesous (Marne). — Une monographie sur Sommesous signalait un menhir dans cette commune. M. SCHMIT, ayant fait des recherches sur ce mégalithe, mit au jour deux grosses pierres couchées l'une sur l'autre, elles sont les bases d'un dolmen dont la table a été brisée en 1864, époque à laquelle on recouvrit de terre le dolmen exhumé une première fois.

M. SCHMIT signale, à Sommesous, deux éminences représentant des ateliers de taille, c'est la Motte des Vignes et le Mont Menou. Une autre pierre, un menhir, a été détruite, au lieu dit la Nau des Grès.

Le quaternaire, le néolithique et le bronze à Sarry (Marne). — M. SCHMIT déplore la perte, il y a une douzaine d'années, d'un crâne quaternaire arraché aux alluvions de la Marne, et fait connaître une station néolithique avec silex néolithiques associés à un bouton de bronze, le tout recueilli à la surface des alluvions quaternaires.

Fonds de cabanes d'Aigny (Marne). — M. SCHMIT fait connaître des fonds de cabanes gauloises et gallo-romaines où il a trouvé de nombreuses poteries brisées; les gauloises de dimensions énormes, les autres d'une pâte excessivement soignée et appartenant au IIe siècle; elles sont d'un noir lustré et valent comme qualité la poterie dite samienne vraie.

M. l'abbé **BREUIL**, à Paris.

Faciès particuliers de l'industrie néolithique dans l'Aisne et l'Oise. — On peut observer des stations montrant des formes différentes. Dans certaines stations, l'industrie est composée de grands tranchets quelquefois polis à l'extrémité, de gros pics, d'instruments d'usage assez grossiers.

Dans d'autres, il y a les instruments mieux façonnés, des tranchets plus petits, des haches polies, des pointes de flèches souvent du type tardenoisien. C'est le type de Catenoy.

Dans d'autres, on trouve des lames minces, fines, quelquefois retouchées à l'extrémité, des pointes de flèches en forme de feuilles et surtout des ciseaux entièrement polis en forme de fuseaux et des couteaux souvent en silex du Grand-Pressigny, polis parfois sur leurs deux faces, puis retouchés soigneusement sur les bords. On y trouve aussi de très beaux couteaux ou pointes de lance en silex du Grand-Pressigny admirablement retouchées; parfois seulement avec la base polie. Quelques pièces sont usées sur le tranchant, quelquefois même sur leur surface.

Discussion. — M. le Dr Capitan fait remarquer l'intérêt général de cette communication, basée sur de très nombreuses observations faites dans cette région (dont peut donner une idée la belle série présentée), ainsi que sur l'étude de multiples collections particulières. Ceci démontre que l'étude de l'industrie néolithique est infiniment plus compliquée qu'on ne le pense et en somme tout entière à reprendre, en se basant sur l'étude soigneuse de nombreuses séries observées, non seulement région par région, mais station par station.

Station néolithique de l'Aisne.

M. l'abbé **HERMET.**

Nouvelle série de Statues-Menhirs de l'Aveyron et du Tarn. — A deux reprises différentes, en 1892 et en 1899, M. l'abbé Hermet a publié une série de onze pierres sculptées primitives qu'il a trouvées dans l'Aveyron et le Tarn, et qu'il a appelées avec raison Statues-Menhirs, parce que, comme les statues, elles sont taillées sur toutes leurs faces avec représentation humaine tout à fait barbare, et que, comme les menhirs, elles étaient à l'origine plantées en terre.

Il a présenté au Congrès une intéressante communication sur une nouvelle série de Statues-Menhirs par lui récemment découvertes à la Raffinie, à Saint-Julien, au Mas-d'Azaïs (Aveyron), aux Arribats, à Rieuviel. à Labessière, à Plos (Tarn) (1).

(1) On peut ajouter à cette énumération les menhirs de Triby (Tarn), de Cambaïssy et de Picarel (Hérault), décrits par plusieurs archéologues, notamment par M. Adrien de Mortillet en 1892. M. Hermet les ayant examinés de très près, y a découvert des traits, inaperçus jusqu'ici, qui les assimilent incontestablement aux Statues-Menhirs de l'Aveyron et du Tarn.

La description qu'il en fait, accompagnée de cinq planches pour l'intelligence du texte, n'apprend rien de neuf. Mais ce qui donne à son mémoire un intérêt tout particulier et une importance considérable, c'est un fait nouveau, une constatation nouvelle qui, sans résoudre définitivement la question d'origine et de destination de ces monuments, fait faire néanmoins un grand pas à la question.

La Statue-Menhir du Mas-d'Azaïs (1), nous dit M. Hermet, quoique enfoncée entièrement dans la terre, a été trouvée dans sa position primitive, c'est-à-dire debout; son envelissement s'est produit naturellement par l'exhaussement lent et progressif du sol. Bien plus, les fouilles exécutées pour la déterrer ont permis de constater qu'elle avait été érigée sur une sépulture.

Aux pieds de la statue, à 1^m,20 de profondeur, on a découvert un tombeau rectangulaire formé de deux dalles latérales et deux autres placées à la tête et aux pieds; et dans ce tombeau, on a trouvé des ossements humains qui sont tombés en poussière au contact de l'air. Il est regrettable qu'on n'ait rencontré aucun mobilier funéraire qui permette d'assigner une date à cette sépulture.

Doit-on généraliser et dire que toutes les Statues-Menhirs étaient dressées sur des tombes? M. Hermet pense qu'il faut se tenir sur une prudente réserve, jusqu'à ce que de nouvelles découvertes éclairent d'un nouveau jour cette question mystérieuse et permettent de porter un jugement définitif.

———

M. PISTAT,

Carte préhistorique du canton de Ville-en-Tardenois (arrondissement de Reims).

———

— 6 août —

M. le Dr CAPITAN.

Résultat des fouilles pratiquées par la Section à Villeneuve-Triage et au Camp de Catenoy. — Comme président de la Section, M. le Dr CAPITAN donne le compte rendu des visites et fouilles faites, sous sa direction, par la Section le samedi 4 août, à Villeneuve-Triage, Villeneuve-Saint-Georges et Villeneuve-le-Roi, le 5 août au musée de Saint-Germain, et le 6 août au camp de Catenoy (près de Clermont, Oise).

Le samedi 4 août, sous la conduite de M. Laville, la Section a pu examiner à Villeneuve-Triage les nombreux fonds de cabane qu'il a fouillés si soigneusement et publiés dans le *Bulletin de la Société d'Anthropologie.* M. Laville avait découvert, le jour même, une charmante pointe de flèche à pédoncule et barbelure à la surface du sol de ce gisement. Nous avons pu recueillir encore de nombreux fragments de poteries et des débris de la terre formant enduit sur le clayonnage des parois des huttes et qui, cuite par les foyers, conserve encore l'empreinte des tiges végétales employées.

Un peu plus loin, un foyer mis à jour par M. Laville fournit une nombreuse série de fragments de poteries, les uns d'une terre très grossière, épaisse, remplie de fragments de coquilles, et sans ornements, d'autres avec ornements en coup d'ongle ou même formés par un petit bandeau d'argile plissé et fixé autour du

———

(1) Mas-d'Azaïs, commune de Montlaur, canton de Belmont-d'Aveyron.

goulot du vase. Enfin quelques spécimens provenaient de très petits vases de
terre noire, mince et bien mieux cuite que les précédents. A ce propos, le président, d'accord en cela avec M. de Mortillet et les membres présents, fit remarquer combien ce mélange de céramiques très différentes d'aspect était fréquent.
Ces fouilles, faites par nous-mêmes, ne laissaient aucun doute sur l'exactitude
de ce fait qui avait été souvent contesté ou considéré comme indiquant un
mélange accidentel. D'où la conclusion que se baser exclusivement sur la nature
de la terre d'une poterie pour la dater, est une méthode absolument erronée.

Dans les foyers des berges de la Seine, à Villeneuve-Saint-Georges, en étendant
leurs recherches jusque dans le sol du bord de l'eau et sous l'eau même, les
excursionnistes ont pu, avec les mêmes débris de poteries que dans les gisements précédents, recueillir un tranchant de hache polie, plusieurs silex taillés :
grattoirs, couteaux et même une épingle en bronze très typique à tête enroulée.

Enfin, après avoir traversé la Seine, nous pûmes recueillir encore des débris
de poteries, toujours identiques, dans une épaisse couche de limons jaunes fluviatiles traversés par des sondages.

L'énorme bloc de meulière, dit la Pierre-Fitte, saillant de 1 ᵐ, 50 au-dessus
du sol en ce point et considéré comme un menhir, nous a laissé des doutes
sérieux sur son authenticité de monument mégalithique. Il pourrait bien s'agir
tout simplement d'un énorme bloc de meulière éboulé en ce point au moment
du creusement de la vallée, et dont une extrémité ferait seule saillie au milieu
du sable qui l'enveloppe. Il est vrai que des fouilles pratiquées en 1884 auraient
complètement déchaussé le bloc, qui mesurerait 3 mètres de hauteur et 4 ᵐ, 50
de circonférence et aurait été calé par des pierres placées dessous. Malheureusement ces fouilles furent exécutées par des gens incompétents. (V. *Revue de
l'École d'Anthropologie*, 1895, p. 358.)

Le lendemain, la Section s'est rendue le matin à Saint-Germain et a écouté,
en suivant l'excursion générale, les intéressantes explications que M. Salomon
Reinach a données sur la mythologie gauloise qu'il connait si bien, sur la collection Moreau et la collection d'Acy, toutes deux récemment organisées.

Pendant l'après-midi, la 11ᵉ Section, avec l'aimable autorisation de M. Alex.
Bertrand, a examiné isolément une série de points spéciaux. Les silex tertiaires
ont été fort discutés, considérés par les uns comme portant des traces de travail
voulu très nettes, et par les autres comme le produit d'actions météorologiques.

Les belles séries d'instruments recueillies par M. d'Acy dans les sablières de
Chelles, de Saint-Acheul, des environs d'Amiens, sont en voie d'organisation,
en se conformant aux indications de M. d'Acy. Les séries sont rangées les unes
morphologiquement, les autres stratigraphiquement.

Le bronze a été l'objet d'études attentives, surtout en ce qui touche le contenu
des cachettes toujours si intéressantes. Les roches au moyen desquelles les
haches ont été fabriquées ont été très examinées, autant qu'il est possible de
le faire sans avoir les pièces en main.

Le lundi 6 août, plusieurs membres de la section se rendirent à Catenoy près
de Clermont, (Oise), où, par les soins du président, des fouilles avaient pu être
entreprises depuis quatre jours, grâce à une petite subvention de l'Association
Française et à l'aimable concours moral et matériel du propriétaire d'une partie
du Camp, M. le Dʳ Arthaud. Deux grandes tranchées de 1 ᵐ, 50 de profondeur,
4 mètres de long et 1 mètre de large environ, furent pratiquées à la partie
moyenne du versant sud du Camp, à peu près en son milieu. On put ainsi
constater nettement l'existence de deux lits de foyers se marquant sur les coupes

par des bandes de sable absolument noir, tranchant sur le ton gris jaune des
sables tertiaires qui recouvrent la surface du plateau. Chaque couche archéolologique mesure environ 35 à 40 centimètres. L'une comme l'autre renferment
la même industrie : fragments de poteries en nombre considérable, les unes
grossières, à peine ornées ou ornées de ronds ou de coups d'ongle, les autres
plus fines, d'autres enfin minces, bien cuites et d'aspect tout différent ; un
fragment de ce genre orné de lignes parallèles en creux a été trouvé au fond du
foyer inférieur. Donc mêmes observations que plus haut. Avec ces poteries, de
nombreux os brisés : sus, ovis, bos et des silex taillés pas très abondants. On a
pu pourtant en recueillir plus de 250, dont 50 au moins sont des instruments
bien façonnés : grattoirs simples, allongés ou ronds, grattoirs-burins, lames à
bords ou à dos retouchés, perçoirs, burins grossiers mais nettement caractérisés,
et enfin pics rares et tranchets très rares, une ou deux petites flèches à tranchant transversal. Une cinquantaine de pièces sont des instruments d'usage,
retouchés juste pour l'emploi auquel ils étaient destinés et souvent ébréchés par
le service. Mais, malgré toutes les recommandations faites au directeur de la
fouille, très soigneux, M. Mansuy, aucun spécimen, ni même aucun fragment
de hache polie n'a pu être découvert. Il semble donc qu'à Catenoy il en est de
même qu'au Campigny, dans les fonds de cabane de l'Hesbaye en Belgique et
même de Russie, ainsi que nous le faisait remarquer le prince Poutiatin,
qui était avec nous à Catenoy. Plusieurs autres sondages moins étendus, en
divers points du Camp, nous donnèrent les mêmes résultats.

Cependant, à la partie est du Camp, vers la pointe (il a une forme de triangle
isoscèle), les fouilles fournirent une épingle en bronze de 10 centimètres de
longueur, à petite tête ronde, et à côté, des débris d'amphore romaine et d'une
coupe en terre rouge.

— 8 août —

M. Ad. de MORTILLET

Industrie néolithique de Breonio (Vénétie). — L'auteur expose avec détails les
résultats de fouilles faites il y a dix ans à Breonio (environs de Vérone) à l'aide
d'une subvention de l'Association. Il indique comment il a trouvé sous l'abri
qu'il a fouillé de belles pointes de forme solutréenne à la partie supérieure
du gisement, tandis qu'au-dessous il rencontra des flèches de type franchement
néolithique et de travail plus soigné. La démonstration était donc faite. Ces
pointes si discutées étaient néolithiques. M. DE MORTILLET considère les silex à
formes étranges provenant de Breonio comme l'œuvre d'un faussaire, et il a pu
s'assurer que ce faussaire était un des ouvriers fouilleurs.

Silex tertiaires des environs de Chartres. — M. DE MORTILLET présente des
silex que M. Rousseau-Ramvoizé, architecte à Chartres, a trouvés dans des
sables tertiaires, à la base d'une couche non-remaniée.

Il s'agit de blocs prismatiques présentant des facettes allongées et simulant
ainsi des nucleus. M. de Mortillet se demande si ces silex, bien qu'ils soient
éclatés naturellement, n'ont pas pu être utilisés. Avant de rejeter d'une manière
définitive ces pièces, il serait bon d'examiner attentivement le gisement.

Discussion. — M. Capitan fait remarquer que lorsqu'un silex ne porte pas des traces indiscutables de travail voulu, il est impossible de le considérer comme un document utilisable pour nos recherches. Les Australiens emploient souvent des débris de quartz pour garnir leurs bâtons, ou même ils insèrent dans un bloc de gomme-résine fixé à l'extrémité d'un manche, des fragments brisés de quartz, ou de schiste pour en faire une sorte de massue. Or, une fois la massue détruite, le bois pourri, la gomme disparue, comment distinguer ces fragments de pierre de débris naturels ?

Quant aux silex présentés eux-mêmes, M. Capitan a pu, sur les indications de M. Salmon, avec M. d'Ault de Mesnil et M. Mahoudeau, observer *de visu* le mode de formation de blocs de silex identiques, dans un bois faisant partie des propriétés de M. Salmon dans l'Yonne. Là le sous-sol était formé par l'argile à silex dont les rognons glissant le long des pentes et soumis tantôt à la sécheresse tantôt à l'humidité, à la gelée, à l'action des eaux, des fermentations de l'humus, se fragmentaient de façon absolument analogue. M. Salmon conservait des blocs sur lesquels la lame détachée par des actions naturelles était encore partiellement adhérente au bloc sous-jacent.

M. Mahoudeau confirme ces faits et les développe. Il voit là des actions en tous points analogues à celles qui ont dû agir pendant un temps considérable sur les silex de la couche archéologique de l'abbé Bourgeois, à Thenay. Ceux-ci ont eu pour origine une véritable argile à silex exposée pendant presque tout l'éocène à des actions météorologiques variées, puis remaniée au début de l'oligocène, pour être alors emprisonné dans les marnes vertes où on les trouve.

A ce propos, il insiste sur les silex craquelés considérés comme brûlés et qui d'après les observations et les expériences de M. Carnot, faites dans son laboratoire de l'École des Mines, n'auraient pas subi l'action du feu.

M. Édouard FOURDRIGNIER, à Sèvres.

L'industrie et l'ornementation céramique à l'époque gauloise. — M. Fourdrignier compare la céramique du deuxième âge du fer avec celle des époques qui l'ont précédée. A ce tournant de l'histoire, soudain cette industrie se modifie foncièrement. La terre est fine, bien préparée; sa cuisson soignée indique une chauffe plus intense. Le lustrage, la forme au type caréné qui domine, avec ses ornements rectilignes qui font songer à l'imitation d'œuvres métalliques, tout cet ensemble constate un véritable progrès.

Après avoir établi que le type caréné de ces vases, si abondants dans les régions champenoises, n'apparaît qu'au vᵉ siècle, persiste jusqu'au iiiᵉ pour s'éteindre à la conquête romaine, M. Fourdrignier attire l'attention sur des vases peints qu'il signalait déjà en 1872. Il présente plusieurs planches coloriées qu'il fit à cette époque quand ces vases, fraîchement relevés des fouilles, avaient encore leurs peintures assez vives.

Par leur forme, ces vases rappellent le cratère sans anse. Les peintures sont faites sur un enduit rouge brique avec dessins noirs reproduisant des rinceaux, des méandres de même style que les ornements en relief des colliers à boutons de la région. Jamais la spirale à allure mycénienne, à peine son amorce dans quelques S figurées.

S'appuyant sur les méthodes usitées chez les anciens pour leurs peintures à l'encaustique, le décor des vases grecs, l'auteur s'étend sur les deux genres de produits employés. L'un composé de matières naturelles, telles que la poudre de marbre, est resté inaltérable. Tandis que l'autre, où l'on utilisait des couleurs végétales ou similaires, n'a pu persister. C'est ainsi que, pour les fresques murales pompéïennes, certains sujets de tableaux se sont conservés, tandis que le fond de la composition a disparu, devenu noir sous l'action du milieu sulfureux. Pour les vases grecs, les couleurs passées au feu sont restées, mais les autres, qui n'étaient pas fixables, se sont éteintes. En effet, comment s'expliquer l'allure de personnages assis sur rien, ou un pied levé s'appuyant en l'air ?

Nos vases gaulois étaient historiés avec de semblables matières colorantes ; c'est pourquoi leur peinture n'a pas résisté.

Après plusieurs observations sur les couleurs fixées au feu et les enduits à bases végétales, M. Fourdrignier donne des détails sur la fabrication de ces vases et les ornements divers qui les parent ; il appuie ses explications de nombreux dessins et photographies concernant le résultat de ses fouilles dans la Marne. Il termine en concluant qu'au deuxième âge du fer, l'industrie céramique de cette région procédait avec d'autres moyens que ceux des contrées classiques, et que ce n'est pas de leur côté qu'il y a à rechercher une inspiration, mais bien dans ce fond de civilisation ayant eu ses profondes attaches dans le nord de l'Europe.

M. Louis GENTIL, à Paris.

La station préhistorique du Lac Karar (Algérie). — M. L. GENTIL fait une communication sur la station préhistorique qu'il a découverte en Algérie, auprès du village de Montagnac (Oran), au fond d'un petit réservoir naturel désigné sous le nom de « Lac Karar » par les habitants du pays.

L'auteur donne quelques détails sur les conditions de gisement de cette station, dont les haches taillées et les ornements fossiles ont fait, de la part de M. Marcellin Boule, l'objet d'une étude des plus savantes, récemment parue dans l'*Anthropologie.* Il entretient également des difficultés des fouilles qu'il a dû opérer.

MM. CAPITAN et GENTIL.

Étude pétrographique des roches employées pour la fabrication des haches polies. — On sait combien il est souvent difficile de reconnaître par un simple examen la nature d'une roche, même lorsqu'elle se présente avec ses caractères ordinaires, surtout lorsque cette roche a été façonnée de façon à constituer une hache polie. La difficulté est encore bien plus grande lorsque la roche n'a plus son aspect ordinaire, ce qui peut tenir à un arrangement autre des matériaux qui la composent ou à l'absence de quelques-uns, ou bien à leur existence seulement à l'état microscopique. M. Gentil en montre un exemple pour une éclogite, où le grenat n'est visible qu'au microscope.

Or, aujourd'hui, il est indispensable, pour des recherches précises, de connaître exactement la nature de la roche employée, de façon à pouvoir la dénommer exactement. D'autre part, connaissant la roche, il sera souvent possible de reconnaître l'origine de la matière employée, de savoir, par exemple, si la néphrite des haches des palaffites est réellement un jade venu d'Orient, ou au contraire une idocrase dont le gisement serait alpin ou même une néphrite venant de Silésie ou de Styrie, ou toute autre roche plus ou moins locale.

Pour donner un exemple de la nécessité de l'introduction de la pétrographie en palethnographie, le Dr Capitan avait déjà, l'année dernière, présenté à la session de Boulogne-sur-Mer, une série d'échantillons d'une même roche (éclogite) très différents d'aspect et qu'il n'aurait été possible d'identifier, s'ils eussent été trouvés isolés, qu'au moyen de l'analyse micrographique.

C'est pour cela que, sur sa demande, M. Gentil, chargé à la Sorbonne de l'enseignement de la pétrographie, a bien voulu commencer ces recherches sur des échantillons que lui a fournis M. Capitan. Il vient d'étudier dix spécimens de haches polies dont un fragment enlevé a été réduit à l'état de plaque de 1/30° de millimètre d'épaisseur, qui, examinée au moyen du microscope polarisant spécial des pétrographes, a permis de faire un diagnostic précis.

Comme exemple, M. Gentil montre une hache façonnée avec une roche blanche tachetée de vert, impossible à déterminer à l'œil nu et qui n'est qu'une diorite quartzifère. Une autre hache a absolument l'aspect d'une diorite et c'est une diabase ; une autre hache trouvée à Soissons, en roche ressemblant à du basalte, est en phylade des Ardennes.

Ces quelques exemples montrent donc l'importance de ces études que les deux collaborateurs vont continuer, en se mettant à la disposition des personnes qui voudront bien leur envoyer des haches à déterminer. Ils recommandent vivement aux chercheurs de recueillir tous les fragments de haches polies en roches éruptives, qui sont ordinairement négligés et, s'ils n'en font rien, de les leur expédier avec l'indication des noms de l'inventeur et de celui de la localité. Il y a là une voie nouvelle et intéressante à explorer.

Discussion. — M. Cartailhac approuve absolument ce genre d'études et enverra prochainement des haches polies pour les déterminer.

M. Émile Rivière. — Je crois devoir rappeler, à l'occasion de l'intéressante communication de M. Gentil, que, dans mon livre sur l'*Antiquité de l'Homme dans les Alpes-Maritimes*, j'avais eu soin de faire étudier les nombreuses roches auxquelles les hommes des grottes des Baoussé-Roussé dites de Menton (en Italie) avaient emprunté les matériaux nécessaires à la fabrication de leurs armes et outils en pierre. C'est M. Stanislas Meunier, alors aide-naturaliste, aujourd'hui professeur de géologie au Muséum d'histoire naturelle de Paris, qui voulut bien, sur ma demande, s'occuper de cette étude, dont les résultats sont consignés dans mon livre, pages 272 à 274.

Depuis lors, j'ai demandé à M. F. Fouqué, professeur d'histoire naturelle des corps inorganiques au Collège de France et membre de l'Institut, de vouloir bien, dès que les fouilles de la grotte de La Mouthe seront terminées, faire l'étude pétrographique de tous les objets en pierre que j'y ai recueillis. Déjà, l'une des plus belles haches trouvées dans les environs de cette grotte, a été ainsi déterminée, sur une coupe examinée par lui au microscope.

— 8 août —

M. Germain SICARD, à Rivières (Aude),

Carte préhistorique de l'Aude. — M. Émile Cartailhac, au nom de M. Germain Sicard, présente la *Carte préhistorique de l'Aude* accompagnée d'un inventaire des gisements et des découvertes. Ce département est un de ceux dans lesquels les études sur l'ancienneté de l'homme furent d'abord commencées. Les travaux de Tournal sont classiques. Depuis 1830, de nombreux naturalistes et archéologues ont suivi son exemple, mais la richesse du département est telle que l'on peut considérer la moisson comme à peine commencée. Les grottes surtout sont très fréquentées, mais les explorateurs se sont surtout occupés de celles qui furent d'abord découvertes et quantité d'autres sont intactes.

M. Sicard a suivi, pour son inventaire et pour sa carte, la méthode adoptée par la majorité des auteurs et la légende internationale de Chantre et Mortillet. Il n'y a encore que trois ou quatre départements du Midi de la France qui aient été l'objet de semblables travaux d'ensemble. M. Sicard doit être vivement remercié et encouragé à continuer ses recherches.

La *Société d'Études scientifiques de l'Aude* publie ce travail. L'Association Française a bien voulu prêter les signes et caractères de la légende internationale destinés au texte. La carte est sur le fond de celle de l'état-major au 320.000°.

M. CARTAILHAC.

Exploration en Sardaigne.

M. Ad. DE MORTILLET.

Distribution des monuments mégalithiques en France. — Carte des menhirs et carte des dolmens. M. de Mortillet présente ces deux cartes qu'il a mises à jour récemment. Il insiste sur la façon de comprendre les cromlechs, qui la plupart du temps étaient destinés à maintenir les terres des tumulus.

Discussion. — M. Cartailhac fait observer que les cromlechs sont bien plus compliqués qu'on ne le pense d'ordinaire. Dans l'intérieur des tumuli, il y a souvent des cercles de pierres parfois superposés ou enchevêtrés qui sont aménagés dans un but déterminé. En certains cas, les menhirs devaient dépasser notablement le sol. Donc ils n'ont pas toujours servi uniquement à soutenir les terres du tumulus. Ils avaient une signification propre.

M. Capitan rappelle à ce propos le grand cromlech carré de Crucuno dont les grosses pierres ont parfois plus de 2 mètres de haut.

M. le Prince PONTIATIN, à Saint-Pétersbourg.

Survivance des constructions mégalithiques en Russie. — Le prince Pontiatin dit que l'on peut voir encore en Russie des survivances de monuments mégalithiques. Dans certains cimetières, il existe des sortes de grandes dalles dressées à la tête et aux pieds du cadavre. Quelquefois à la partie supérieure des pierres, il y a un trou où on plaçait une croix à l'époque chrétienne. Dans d'autres, autour de la fosse, il existe un véritable cromlech de petites proportions. Les ossements sont mêlés et à côté d'eux on trouve des scories de fer.

M. G.-B.-M. FLAMAND, Chargé de cours à l'École des Sciences d'Alger.

Note sur les outils et objets préhistoriques et leur figuration sur les HADJRAT
MEKTOUBAT *(pierres écrites) du sud de l'Algérie et du Sahara, leur nature, leurs gise-*
ments, origines. — M. G.-B.-M. FLAMAND indique d'abord l'aire de ses recherches,
qui s'étend du nord de Saïda au Tidikelt (oasis d'In-Salah), et comprend pour
les provinces d'Alger et d'Oran : partie sud du Tell, les Hauts Plateaux vrais,
les Hautes Plaines, les dépressions des Chotts, la chaîne atlantique saharienne ;
pour le Sahara : les Hammad, les Chebak (Mzab et Tadmaït) et les dépressions
du Méguiden et du Tidikelt (1889-1900) ; il présente des planches nombreuses
de reproductions des gravures rupestres, recueillies au cours de ses missions.

L'auteur montre ensuite différentes figurations d'outils et d'objets préhistoriques : haches polies, flèches, bâtons de jet, boucliers, etc., provenant des gravures sur roches (pierres écrites) du Sud-Oranais et du Sahara ; telle la belle
figuration de « L'HOMME A LA HACHE DE KÉRAGDA » (Ksar-el-Ahmar), cercle de
Géryville ; l'auteur signale d'autres figurations à Asla : boucliers et haches,
houes et bâtons de jet ; à Tyout : flèches et arcs ; à Bou-Alem : bouclier ; à
Er-Richa, cercle d'Aflou : bâton de jet ; auxquelles il joint, pour les différencier,
les représentations sub-schématiques des « PIERRES ÉCRITES » de la période libyco-
berbère : boucliers, lances, épées.

Etudiant ensuite succinctement la nature minéralogique des outils et instruments, provenant de ses très nombreuses récoltes, et leurs gisements origines,
M. Flamand en fait ressortir la fréquence et, pour la plupart d'entre eux, la
grande extension soit à l'état de roches en place, soit à l'état d'éléments remaniés
ou repris et portés au loin au cours de périodes géologiques antérieures (tertiaire et pléïstocène). Les haches néolithiques polies sont taillées dans les roches
ophitiques des gisements gypso-ophitiques (trias) qui constituent les « ROCHERS
DE SEL » du Nord-Africain. Ces roches se retrouvent en cailloux roulés dans les
dépôts continentaux du Sahara (tertiaire et pléïstocène), à de grandes distances
des gisements origines. A celles-ci se joignent ordinairement des haches et
pilons en diorite, ou amphibolite, roches sporadiques de ces gisements.

M. G.-B.-M. Flamand signale des ateliers de taille très nombreux, à *silex* et
calcaire siliceux, comme provenant du cénomanien et du turonien, et des pilons
et polissoirs en grès des assises gréseuses (albien) de la chaîne saharienne. Au
sud du Tell (Hauts Plateaux vrais), se rencontrent ces mêmes types auxquels
s'associent des silex noirs et gris des formations liasiques et médiojurassiques des
plateaux dolomitiques (Saïda-Télagh.) — Quelques rares *quartz* taillés proviennent
de la base de ces mêmes grès. Plus au sud (Méguiden et Tadmaït), se montrent
des ateliers de taille et des stations où abondent les *quartzites* ou grès quartzi-
teux, pris sur place dans les assises dévoniennes. Il en est de même d'un assez
grand nombre d'outils provenant des areg (grandes dunes). Plus au sud, avec
le Tadmaït se montrent à nouveau les éléments siliceux des assises supérieures
du Crétacé qui fournissent les éléments de nombre de stations (Fort Mac-Mahon,
Chebbaba, Inifel).

C'est dans la partie méridionale des Hauts-Plateaux et dans la chaîne atlantique saharienne (région de Djelfa, Aflou, Géryville, Aïn-Sefra, Figuig) que se
montrent en grand nombre les stations *de gravures rupestres*.

Dans le Sahara, au sud de la ride atlantique ; vallées, hammad, areg, et jusqu'au Tadmaït les poudingues, les graviers, les sables, les calcaires farineux,
qui constituent les dépôts mis à nu, sont trop meubles ou trop irréguliers en

surface pour permettre *la gravure sur roche* ; ce n'est donc qu'au delà, dans le Tadmaït (calcaires en bancs) et au Tidikelt (grès), que se retrouvent des *Pierres écrites* à Haci-Moungar et à Tilmas-Djelguem, par exemple ; pour les régions *touaregs* : Mouydir et Pays des Hoggar, les indigènes les indiquent comme fréquentes sur des rochers de grès et de granit.

Discussion. — M. A. DE MORTILLET dit que dans les dessins relevés par M. Flamand, il est facile de reconnaître des boucliers parfaitement représentés et rappelant ceux figurés sur les rochers de Scandinavie et sur les dolmens de France. Parmi les armes tenues en main par les hommes gravés sur les rochers du Sud-Algérien, il semble y avoir non seulement des haches, mais aussi des sortes de boumerangs ou sabres de bois coudés analogues au *trombash* en usage chez quelques populations de la pointe orientale d'Afrique.

M. G.-B.-M. FLAMAND, fait remarquer combien est parfait le dessin du « bouclier » des rochers d'Asla ; il insiste sur la belle figuration de la hache néolithique de Kéragda (Ksar el Ahmar), et partage la manière de voir de MM. Cartailhac et A. de Mortillet au sujet des figurations d'instruments à Asla et à Tyout. Certains peuvent être considérés comme des « *bâtons de jet* » (scènes de Tyout et d'Er-Richa) ; d'autres, provenant de la station rupestre d'Asla, sont peut-être des instruments dont l'usage nous est inconnu.

M. A. DE MORTILLET admet très bien la haute antiquité d'une partie des gravures rupestres du Sahara, mais il pense que c'est peut-être aller un peu loin que de les attribuer au quaternaire ancien. Elles semblent plutôt appartenir à la période néolithique. La présence d'un animal émigré, le buffle, ne nous fournit pas une raison suffisante pour les vieillir davantage, car nous ignorons à quelle époque cet animal a disparu de l'Afrique septentrionale.

M. FLAMAND, revenant sur l'âge de ces gravures *préhistoriques quaternaires* sur rochers, indique qu'il y a peut-être confusion au sujet de ce terme « quaternaire ». Les restes du *Bubalus antiquus* qui date ces dessins (ainsi que la figuration de la hache) ont été trouvés par M. Thomas, toujours dans les dépôts supérieurs ou formations équivalentes du *quaternaire récent*, partie tout à fait supérieure, c'est-à-dire correspondant aux alluvions (quaternaire récent) des grandes vallées, aux dépôts à *cardium* et à *planorbe* de la zone d'épandage des fleuves sahariens quaternaires. Ce qui concorde avec les conditions nécessaires à la vie de ces grands ruminants, auxquels, on le sait, se joignaient des troupeaux d'éléphants. Ces animaux, pour vivre, avaient besoin de gras et vastes pâturages, et le Sahara du Sud-Oranais et de l'archipel touatien, à l'époque de leur développement, devait présenter quelque analogie avec les rives actuelles du lac Tchad et la région du Bahr-el-Ghazal. Dans les estuaires des grands fleuves sahariens à dépôts calcaires farineux, à *mélanies*, à *planorbe* et à *cardium* abondent les silex taillés. Reprenant les grands traits de sa communication *sur les outils et objets préhistoriques* faite ci-dessus, M. Flamand fait ressortir combien, on le voit, concordent entre elles, ici, les preuves d'ordre géologique, paléontologique et anthropologique ; on peut y joindre les considérations déduites de l'étude pétrographique des patines.

M. PALLARY. — Dans l'énumération des roches qui ont servi à la confection des outils préhistoriques, je n'ai pas entendu M. Flamand citer les *calcaires.*

Or je possède de plusieurs localités du Sud, et notamment de Tiout, une très
jolie série de calcaires jaunâtres à surface vermiculée (obtenue par le frottement
du sable) qui ont été incontestablement taillés : par leurs dimensions et leurs
formes, ces outils sont certainement plus anciens que les petits silex du néolithique. M. Doumergue a également retrouvé ces calcaires à Elabiod Sidi Cheikh.
Pour moi, ces calcaires de Tiout représentent dans le Sud l'industrie moustié-
rienne.

Je n'ai pas entendu non plus M. Flamand mentionner les objets de parure
qui accompagnent presque toujours les silex taillés dans les stations sahariennes;
il n'est pas rare, en effet, de récolter sur les mêmes hamadas, dans les mêmes
foyers, des rondelles en œufs d'autruche trouées pour servir de grains de collier
et surtout des coquilles marines, telles que valves de pectoncles, cônes, cyprins...
J'ai d'Aïn-Sefra, un grand cône exotique troué dans toute sa longueur et une
rondelle soigneusement polie provenant d'une section transversale effectuée
dans un autre cône. M. Thomas en a aussi recueilli à Ouargla, avec des triton,
nassa, cardium...

Pour ce qui est de l'âge des débris du *Bubalus antiquus* de Djelfa et de
l'O. Seguen, j'insiste particulièrement sur ce point, que ces vertébrés ont été
trouvés dans la partie tout à fait supérieure des alluvions; c'est donc du quaternaire très récent, si toutefois ce n'est pas de l'époque actuelle. Quant à la
majorité des stations du Sud-Oranais, elles sont aussi d'âge très récent; pour
moi, les rochers gravés et les stations à petit silex et outils polis sont du néolithique récent.

Enfin pour terminer, je demanderai à M. Flamand s'il peut nous indiquer la
succession des industries des âges de la pierre dans le Sahara. Mieux que tout
autre il peut nous fixer sur ce point important de la chronologie préhistorique
du nord de l'Afrique.

M. FLAMAND indique qu'en effet les calcaires blancs et jaunes cireux se rencontrent parfois dans les stations préhistoriques du Sud. Cela est d'ailleurs très
naturel; ces calcaires abondent dans toute la chaîne saharienne (terrains céno-
maniens et turoniens). Lorsque les calcaires deviennent siliceux, ce qui est
assez fréquent, ils sont alors parfois employés et taillés. Pour ce qui concerne
les disques et sphéroïdes calcaires vermiculés, *damasquinés* par le sable, leur
présence dans les stations préhistoriques n'a rien de bien étonnant, étant des
plus connus dans toutes ces régions. Contrairement à l'opinion émise par
M. Pallary, il ne faut voir dans leur sculpture qu'exclusivement l'action du
sable projeté par le vent. Les rognons calcaires *guillochés* et polis par le sable,
agglutinés par un ciment calcaréo-sableux, forment d'épais poudingues qui
constituent les dépôts tertiaires et pléïstocènes du Sahara (sols de Hammada);
leur développement est considérable, ils s'étendent de la rive atlantique au
Gourara, sur 500 kilomètres du nord au sud, et de la Chebkha du Mzab à l'Oued-
Saoura, pour ne considérer que des régions voisines.

M. Flamand fait remarquer d'autre part, au sujet de la citation faite
par M. Pallary de la présence de coquilles de gastropodes (cônes) atlantiques
trouvées en des stations du Sud, qu'on ne doit pas conclure, à moins d'observations très précises faites pour des gisements où il ne peut y avoir de doute
possible, sur la présence ou non de telles coquilles à l'époque néolithique ou
antérieurement. En cet ordre d'idées les apports de coquilles ornementales trouvées en des stations de surface, peuvent être *très récents*, actuels, de nos jours.

Cypræa moneta en particulier orne, on le sait, nombre de vêtements et d'objets
d'origine soudanaise apportés par les nègres qui circulent ou vivent aujourd'hui
dans nos tribus ou dans nos ksours du Sud. Les cônes atlantiques que cite
M. Pallary sont des objets d'ornements pour la coiffure des *hartania* et des
négresses des oasis de l'archipel touatien ; M. Flamand possède des photographies prises à In-Salah, montrant les coiffures de femmes ainsi ornementées.
Il n'y a, au contraire, aucun doute sur l'utilisation de certaines coquilles à
l'époque préhistorique lorsqu'elles proviennent de gisements profonds, tel le
Murex trunculus perforé provenant des fouilles du Djebel-Mahisserat entreprises
par M. le Commandant Trépied et M. Flamand en 1892; ce gastropode gisait,
à 3 mètres de profondeur, avec des poteries, etc., débris de foyers des abris
sous roches du Rocher Carmillé (Aïn-Sefra, Sud-Oranais).

M. Arthur DEBRUGE, à Aumale.

Notice sur les stations préhistoriques des environs d'Aumale (Algérie). — M. Debruge
a trouvé autour d'Aumale une dizaine de stations qui lui ont fourni un outillage néolithique remarquable par la petitesse des instruments. Cette industrie
est comparable à celle que M. Pallary a signalée dans les grottes d'Oran et on
peut la comparer aussi à l'industrie tardenoisienne de la France.

Les pièces dont il est question dans la communication de M. Debruge sont
exposées au Trocadéro où la Section a pu les examiner dans la visite qu'elle y a
faite.

M. Félix REGNAULT, à Toulouse.

Foyers de la première époque quaternaire dans la grotte de Gargas. — L'auteur
a trouvé près de l'entrée de la grotte, sous une couche de stalagmite très dure
de 40 à 50 centimètres d'épaisseur, des foyers intacts renfermant une quantité
considérable d'ossements brisés le plus souvent, parfois brûlés, appartenant aux
espèces suivantes : grand et petit ours des cavernes, grand bœuf, grand cerf et
cheval (ces trois derniers abondants). Renne très rare. Au milieu de ces ossements deux pointes moustériennes publiées jadis par l'auteur (1) et plusieurs
galets de quartzite, l'un à peine dégrossi par l'enlèvement de part et d'autre de
quelques éclats formant des arêtes vives (l'outil se tient bien à la main) ; un autre
est un large éclat portant des retouches sur les bords, enfin un dernier a la
forme amygdaloïde très nette. Il est surtout retouché d'un côté. Quelques poin-
çons très grossiers façonnés à l'extrémité d'éclats d'os ou de côtes et deux dents
de cheval perforées complètent cet outillage, que l'auteur fait remonter avec
vraisemblance à l'époque de l'habitat le plus ancien des cavernes pyrénéennes.

M. P. Auguste CONIL, à Sainte-Foy-la-Grande (Gironde).

Une station campignienne aux Râles, près Sainte-Foy-la-Grande (Gironde).
— La station atelier du Râle est située au nord-ouest du village de même nom,
sur le flanc de la colline de Saint-André, à une altitude de 50 mètres environ
au-dessus du niveau de la mer.

(1) Assoc. française, Congrès de Bordeaux 1895 (séance du 9 août).

La couche limoneuse pleistocène à la surface de laquelle, dans un champ cultivé, on rencontre les silex, repose sur les assises Tongriennes qui constituent le coteau.

Les outils que l'on y trouve sont éclatés dans un silex calcédonieux d'eau douce, blanchâtre, parfois translucide, d'apparence cireuse ou cornée et d'origine locale.

L'outillage est varié, on y remarque de nombreux tranchets, grossiers, en général volumineux et souvent à tranchant courbe, des pics, des racloirs et grattoirs, dont plusieurs se rattachent à des formes paléolithiques, des burins ordinaires ou en bec de perroquet, des pointes, des couteaux, des perçoirs, des nuclei, des enclumes et des percuteurs.

Les fossiles animaux y font absolument défaut.

De l'avis de M. le Dr Capitan « cette industrie a une très grande analogie avec celle des grandes stations, ateliers du sud de la Dordogne tels que la Mérigode, par exemple » (1).

M. le Dr Edmond SPALIKOWSKI, à Petit-Couronne, près Rouen.

La femme normande contemporaine. — Après une rapide distinction entre les diverses catégories de femmes en Normandie : femmes des villes, paysannes — ouvrières de fabrique — l'auteur étudie la femme en général dans les cinq départements normands, depuis l'enfance jusqu'à la vieillesse. Il naît en moyenne dans cette région 26.819 filles sur 54.000 enfants, par suite de déductions statistiques on peut dire qu'il y a environ 1 million de femmes. L'éducation première a des conséquences énormes sur le développement de la jeune fille, entre autres l'influence du milieu qui peut favoriser l'alcoolisme chez les fillettes de 8 à 16 ans. De 14 à 16 ans, se montrent les règles, dont la première apparition varie suivant les occupations du sujet. Il faut laisser à 14 ans l'âge moyen de la puberté pour les jeunes filles de ville, à 15 ans pour les ouvrières, à 16 ans 1/2 pour les sujets de la campagne. L'anémie retarde beaucoup l'apparition des premières menstrues. — Les yeux sont le plus souvent bleus clairs 39 0/0 ou intermédiaires 40 0/0, les cheveux blonds et châtains très fréquents, les noirs très rares. La taille varie entre 1^m,62 et 1^m,67. Enfin les grossesses normales sont de 89 0/0 et les accouchements doubles de 594 en moyenne.

M. AVENEAU DE LA GRANCIÈRE.

Explorations archéologiques dans le centre de la Bretagne-Armorique (cantons de Cléguérec, Pontivy et Baud). — L'auteur, résumant ses recherches récentes, signale d'abord pour l'époque néolithique trois dolmens, deux à Cléguérec et un à Bieuzy (l'un d'eux mesure 27 mètres), onze menhirs, trois pierres à bassins, de nombreuses trouvailles de haches en pierre isolées. Pour l'époque du bronze : 22 tumuli. Ceux qui ont été fouillés ont donné les grands vases à quatre anses, les poignards à lame plate et triangulaire. Deux villages de l'époque du bronze. De nombreuses cachettes de l'époque du bronze. Pour l'époque du fer : deux grottes sépulcrales artificielles à chambre souterraine, un tumulus à enceinte circulaire, des vases isolés remplis d'ossements brûlés.

(1) Ex Compte rendu de la Section d'Anthropologie dans la *Revue de l'École d'Anthropologie* par L. Capitan.

Huit camps ont été également explorés par l'auteur, et il a étudié sept monolithes cylindriques, d'époque encore indéterminée. Pour l'époque romaine l'auteur signale l'exploration de bains et d'une villa, de sépultures et la trouvaille de nombreux objets isolés. Enfin il a étudié des sépultures mérovingiennes, deux retranchements et des traces de forges catalanes.

En terminant M. Aveneau de la Grancière insiste sur les traces extrêmement nombreuses et prépondérantes de l'époque du bronze constatées par lui dans la région qu'il explore.

M. le Dr GIRARD, Prof. à l'Éc. de Méd. nav. de Toulon.

Note anthropométrique sur les Tonkinois. — Mesures prises sur 533 individus habitant les provinces du Delta :

Taille	1.588
Grande envergure	1.648

Indice céphalique		82,62
Indice nasal		86,8
Indice facial		62,11
Rap. à taille (= 100)	Hauteur de la tête	14,1
	Membre supérieur	44,6
	Main	10,3
	Membre inférieur	46,4
	Pied	14,9

Race petite, brachycéphale, platyrhinienne.

M. ZABOROWSKI

Les Slaves; origine et questions de races.

M. Paul PALLARY

Quatrième catalogue des stations préhistoriques du département d'Oran.

12ᵉ Section.

SCIENCES MÉDICALES

Président . . . . M. le Dʳ KELSCH, médecin inspecteur, directeur de l'École d'Application du Service de Santé militaire du Val-de-Grâce.
Secrétaire . . . . M. le Dʳ FAGUET, à Périgueux.

— 3 août —

M. le Dʳ KELSCH, Médecin inspecteur.

Discours du Président.

Messieurs,

En m'informant, au 19 septembre 1899, que la Section de Médecine du Congrès de l'Association de l'année 1899 m'avait désigné pour présider ses travaux de 1900, M. le Professeur Bouchard a bien voulu ajouter que ses collègues et lui, en s'arrêtant à ce choix, avaient entendu donner un témoignage d'estime à la fois à ma personne et au corps de la médecine militaire auquel j'appartiens. L'honneur qui m'est fait m'est donc doublement précieux. Mais le juste orgueil qu'il m'inspire est tempéré par l'appréhension que j'éprouve de rester au-dessous de la haute fonction qui m'est dévolue. Daignez, Messieurs, me permettre de compter sur votre bienveillance et recevoir en échange l'assurance des sincères efforts que je déploierai pour répondre à ce que vous avez le droit d'attendre de moi.

Il n'est pas d'usage, me dit-on, d'ouvrir ces débats par des discours, car le temps qui leur est attribué est court et, partant précieux. Mais puisque nous travaillons pour l'avancement des sciences et, puisque c'est la dernière fois que nous nous réunissons dans ce siècle, laissez-moi du moins saluer les progrès qu'il a réalisés. On en médit volontiers. L'histoire pourtant n'en compte guère qui ait produit plus de grandes choses. Pour ne pas sortir du domaine de notre science, il s'ouvre avec l'œuvre de Bichat, dont la médecine a reçu l'impulsion féconde qui l'a soustraite aux stériles doctrines des temps passés pour la pousser dans la voie féconde de l'avenir, et il se ferme sur celle de Pasteur qui nous a initiés au monde des infiniment petits, et en a fait jaillir ces étonnantes révélations dont la source est loin d'être épuisée. Et entre ces deux époques, et les rattachant ensemble, se place celle qui fut remplie par les incessantes et lumineuses découvertes de Cl. Bernard. — La médecine doit à ces grands hommes les plus belles conquêtes qu'elle ait faites dans ce siècle. Je salue en eux le rôle, le génie et les glorieuses destinées de la France dans la marche du progrès. La science n'a pas de frontière, ai-je dit naguère aux pieds de la statue de Bernard, car elle travaille partout pour le bien de l'humanité. Mais si les découvertes de nos grands hommes appartiennent au monde entier, leur héritage de gloire fait partie du patrimoine de la patrie. Cette gloire est à la fois notre légitime orgueil dans le présent et notre espérance dans l'avenir.

M. le Dʳ Samuel BERNHEIM, de Paris.

Le bacille de Koch isolé ou associé. — L'auteur a fait de nombreuses expériences et des recherches anatomo-pathologiques d'où il tire les conclusions suivantes :

1º Le bacille tuberculeux humain ou animal ne possède pas toujours la même nocuité. Sa virulence peut être atténuée suivant la culture dont il provient. Cette même virulence s'exalte ou s'affaiblit aussi suivant le terrain qu'il infecte. Très souvent même son attaque reste stérile et nulle quand l'organisme est en bon état de défense ;

2º La virulence dépend tout entière des toxines qu'il sécrète. Ceci est démontré expérimentalement, car on peut déterminer, même en l'absence de tout microorganisme formé, des lésions tuberculeuses par des injections de toxines bacillaires ;

3º Grâce au procédé d'homogénéisation dû à Biedert perfectionné récemment par Lannoïse et Girard, la recherche du bacille de Koch dans les excreta pathologiques est beaucoup plus facile et les résultats positifs sont plus précis et plus nombreux ;

4º En cas d'échec et de doute on peut avoir recours à deux moyens infaillibles : 1º la séro-réaction d'Arloing et Courmont ; 2º l'injection de la tuberculine ;

5º L'association du bacille de Koch à d'autres bactéries est une complication dangereuse qu'il faut chercher à dévoiler le plus tôt possible à cause de certaines mesures curatives qu'on doit prendre pour remédier à cet état ;

6º Il n'existe aucun microbe antagoniste du bacille de Koch. Toute infection mixte est une aggravation redoutable.

Les micro-organismes qui s'associent le plus fréquemment au bacille de Koch sont par ordre de décroissance : le streptocoque, le staphylocoque aureus, le pneumocoque, le tétragène, le bacille pyocyanique et le coli commun.

Troubles gastriques précoces de la phtisie. — L'auteur a eu l'occasion d'observer ces phénomènes dyspeptiques chez un très grand nombre de sujets à une époque prétuberculeuse où l'on ne pouvait pas encore soupçonner l'infection bacillaire. D'autre part, il a vu fréquemment des malades qui étaient soignés depuis longtemps pour une affection gastrique rebelle et chez lesquels cette dyspepsie masquait le syndrome initial d'une phtisie. Enfin, il existe un lien si étroit entre la curabilité de la phtisie et la suralimentation que la connaissance de l'estomac des tuberculeux est de prime importance.

Voici ce qu'on observe chez les sujets en voie d'incubation bacillaire : ces individus se présentent avec une face pâle, ils ont légèrement maigri, ne peuvent pas manger, ils digèrent mal, éprouvent des sensations douloureuses une heure après l'ingestion des aliments ; ils ont des éructations, des régurgitations acides, du pyrosis, de la toux gastrique, des vomissements, un état plus ou

moins saburral de la langue, de la constipation, de l'inertie et de la dilatation
d'estomac. L'analyse du suc gastrique révèle le plus souvent de l'hypopepsie.

Quelle est la pathogénie de ces troubles gastriques précoces? M. BERNHEIM
réfute les différentes opinions soutenues jusqu'à ce jour. L'anatomie pathologique démontre que cette dyspepsie prétuberculeuse n'est pas sous l'influence
de la compression du nerf vague par des ganglions hypertrophiés du médiastin.
Il est impossible également d'admettre la fameuse sympathie qui existerait
entre le poumon et l'estomac. Une seule explication est possible : ces troubles
gastriques sont produits par une intoxication à la période précoce de l'infection
bacillaire, à une époque où les lésions ne sont pas encore localisées, où les
bacilles de Koch charriés par le sang et les lymphatiques sont très virulents
et où leur hypersécrétion détermine cette dyspepsie. M. Bernheim apporte à
l'appui de cette thèse des preuves expérimentales.

La dyspepsie prétuberculeuse est souvent le symptôme unique et précoce d'une
phtisie latente. Cette manifestation est donc très importante et le clinicien
doit y ajouter la plus grande importance pour établir de bonne heure le vrai
diagnostic.

Quant au traitement, il est purement hygiéno-diététique. L'auteur affirme
avoir vu toujours ces troubles disparaître chez tous les sujets soumis à une
cure de repos absolue exécutée sous un bon climat. Au bout de peu de semaines,
souvent au bout de peu de jours, on a pu pratiquer la suralimentation.

M. Ch. FAGUET (de Périgueux) ancien Chef de Clin. chir. de la Fac. de Bordeaux.

*Traitement des gangrènes limitées dans l'étranglement herniaire par le procédé de
l'enfouissement. (Trois observations personnelles et inédites.)* — Il est inutile de
rappeler ici les difficultés que l'on rencontre parfois dans la conduite à suivre
en présence d'une gangrène herniaire : c'est là un point de chirurgie courante
et urgente qui offre toujours un intérêt capital.

Le procédé de *l'invagination latérale partielle,* ou procédé de *l'enfouissement*
qui paraît être tombé dans l'oubli malgré les observations de Daviers, Bœckel,
Dayot et Lindner, a été remis en lumière par MM. Martinet et T. Piéchaud,
et mis en pratique par un certain nombre de chirurgiens et notamment par
M. Guinard qui en a étendu les indications en créant *l'invagination circulaire
totale.*

On sait que la technique de cette méthode qui est très simple peut se résumer
de la façon suivante : on procède à la kélotomie en suivant les règles ordinaires, et si l'intestin présente des lésions de gangrène limitée, on presse sur
la partie malade à l'aide d'une sonde cannelée, et on la déprime vers l'intérieur
de l'intestin. Une suture continue au catgut réunit au-dessus d'elle, sur toute
la longueur et au delà, la surface péritonéale demeurée relativement saine qui
la borde. L'escarre se trouve incluse dans la cavité de l'intestin chargé de
l'éliminer. Ainsi « enfouie » la plaque sphacélée s'élimine dans la cavité
intestinale « à couvert ». Un second surjet est indispensable, ainsi que l'a dit
M. Chaput : il constitue une ligne de « sutures de sûreté ». Il est indispensable
aussi, de réparer, avant de réduire tous les points malades. On fait ensuite la
cure radicale.

Cette méthode est celle dont les indications se présentent le plus souvent; c'est
la plus simple; elle est à la portée de tous les praticiens : enfin, elle est réali-

sable dans tous les milieux, même ceux qui paraissent le moins appropriés aux interventions chirurgicales.

M. Ch. FAGUET a eu recours à ce procédé dans trois cas : il a obtenu la guérison complète, sans incidents, dans deux cas ; dans le troisième, le malade mourut le cinquième jour après l'intervention, et l'autopsie permit de constater une péritonite due à ce qu'une plaque de sphacèle, qui avait passé inaperçue au cours de l'opération, avait donné lieu à une perforation. Les plaques enfouies étaient en voie d'élimination et l'adossement séro-séreux parfait.

MM. Donatien **SAQUET** et Urbain **MONNIER**, à Nantes.

Action des trépidations sur les microorganismes. — On sait que les microbes sont résistants à toutes sortes d'influences, nous avons recherché si les vibrations mécaniques pouvaient atténuer ou exalter leur virulence ou modifier leur coloration.

Après deux ans de tâtonnements sans nombre, nous nous sommes arrêtés à soumettre des cultures microbiennes en étuve à l'action d'un moteur mécanique donnant un millier de secousses assez fortes à la minute.

Des cultures de bacille d'Eberth et de pyocyanique furent soumises dix à onze heures par jour, pendant cinq jours consécutifs, sans différence comme coloration (pour le pyocyanique) avec des tubes témoins dans une autre étuve non trépidée et dans une autre pièce ; les inoculations furent aussi négatives avec des tubes témoins.

Dans deux autres séries d'expériences, où les cultures furent soumises à une trépidation continue pendant trois nychthémères. Une seule fois une culture de bacille d'Eberth injectée à un cobaye a donné lieu à une heure environ de somnolence, avec poil hérissé, alors que l'injection du tube témoin de donnait rien ; le cobaye malade se rétablit d'ailleurs parfaitement.

Nous nous proposons de continuer ces recherches sur les moisissures.

M. Stéphane **LEDUC**, Prof. à l'Éc. de méd. de Nantes.

Utilité du traitement spécifique de l'ataxie locomotrice. — Les préparations de mercure ou d'iodure de potassium, prises par la bouche, semblent n'exercer qu'une action faible ou nulle sur l'ataxie locomotrice.

Le sublimé en *injections intra-musculaires* exerce toujours une action bienfaisante.

Si l'ataxie est reconnue et traitée par les injections intra-musculaires de sublimé dès l'apparition des premiers symptômes, la maladie guérit complètement.

Lorsque l'ataxie est déjà avancée, les injections intra-musculaires de sublimé font rétrocéder certains symptômes et arrêtent la marche de la maladie.

Ce sont surtout les cas de syphilis insuffisamment traités au début, cas légers, méconnus ou négligés, qui produisent l'ataxie locomotrice.

M. ROHR, Vétér. en 1er au 17e d'artillerie, à la Fère.

Stomatite erythémateuse et érysipèle de la face chez le cheval, déterminés par les chenilles processionnaires.

———

Pasteurellose équine accompagnée de trois étapes d'accidents paralytiques séparés par des intervalles de santé apparente.

———

Relation d'un cas de tuberculose animale chez le cheval.

———

M. A. V. LE GRIX, à Paris.

Les parasubluxations scapulo-humérales. — Les parasubluxations scapulo-humérales sont constituées par un glissement sur place de la tête humérale dans la cavité glénoïde, tendant à la *coucher* plus ou moins, dans l'articulation, en deux positions, l'une supinative, l'autre pronative.

Ces affections ont été entrevues sous différents noms : scapulalgies, périarthrite de Duplay, etc.

Physiologiquement, la tête humérale se tient en momentum par les muscles formant sangle fixe à la tête humérale, et la maintenant en équilibre avec légère nutation normale en avant ou en arrière. Pathologiquement, si la nutation dépasse la limite physiologique, par déséquilibre des puissances musculaires, gardienne du momentum, on conçoit que le déplacement se produise et que la tête humérale se couche dans l'une ou l'autre position, sans pouvoir se redresser par la seule force des muscles supinateurs, ou pronateurs articulaires huméraux, le sous-scapulaire en avant, et les susépineux, sous-épineux, et petit rond en arrière.

Les rayons X ne décèlent rien de net ni de précis.

Ces affections sont relativement fréquentes, se manifestent surtout chez les débilités musculaires, spontanément quelquefois, le plus souvent par tiraillement du bras par surprise, chez les cavaliers, les cochers, etc.

Les symptômes varient avec la variété. Il existe toujours : 1° des douleurs localisées, ou irradiées; 2° des troubles fonctionnels ; 3° plus tard des troubles trophiques.

La variété supinative, la plus fréquente, offre surtout une douleur coracoïdienne à la pression, une impuissance plus ou moins complète à porter le bras en haut, derrière la tête et le dos, une pronation difficile et bornée, une réplétion du creux coracoïdien et une excavation de la fosse sus-épineuse.

La variété pronative se caractérise par une douleur le long de la gouttière bicipitale, et derrière l'épaule, par des mouvements du supination nuls, et l'impuissance encore plus grande de lever et de porter en arrière de la tête et des reins le bras déplacé. Les formes anciennes aboutissent à l'atrophie musculaire et à l'impotence fonctionnelle de plus en plus marquée.

Le pronostic est grave si on ne reconnait pas le déplacement, car la guérison spontanée est impossible et par des mouvements passifs ne serait due qu'à un heureux hasard.

Le traitement consiste à. redresser la tête humérale par une rotation pronative pour la variété supinative, et par une rotation supinative pour la variété pronative et à immobiliser les grands mouvements pour éviter le retour de la mauvaise position, tant que les muscles n'ont pas repris leur tonus.

— 4 août —

M. Jean GAUBE, à Paris.

L'Iodobenzoyliodure de magnésium spécifique des maladies bactériennes de l'homme. — De quelques angines à association bactérienne sans bacilles diphtériques. — L'iodobenzoyliodure de magnésium est un sel iodé multiple qui est abiodynamique pour les bactériacées ; il s'emploi sous forme de solution en injections hypodermiques ; le plus grand nombre des maladies infectieuses sont heureusement modifiées par l'iodobenzoyliodure de magnésium.

Discussion. — M. Jolly demande à M. Gaube si après l'administration, de l'iodobenzoyliodure de magnésium, on a recherché l'iode dans les urines et, sinon l'acide benzoïque formé paroxydation de l'hydrure de benzoyle, du moins . l'acide hippurique produit dans l'organisme par les transformations de l'acide benzoïque.

M. Gaube répond que la quantité d'iodure de benzoyle est fort petite dans le soluté d'iodobenzoyliodure de magnésium, et qu'en admettant que la quantité normale d'acide hippurique urinaire ait augmenté du fait de l'injection de soluté cette augmentation ne pourrait guère être appréciée faute d'analyses antérieures comme terme de comparaison. Quant à l'iode il a été retrouvé généralement deux heures après l'injection d'un centimètre cube de soluté. Trente-six à quarante-huit heures après l'injection les urines ne contenaient plus d'iode.

M. Joseph VIDAL-PUCHALS, à Valencia (Espagne).

. *L'Iodobenzoyliodure de magnésium dans la thérapeutique infantile.* — Le soluté d'iodobenzoyliodure de magnésium a guéri entre nos mains , employé en injections hypodermiques, la broncho-pneumonie, le croup, la pneumonie, la fièvre typhoïde , le rhumatisme articulaire aigu, la grippe, les adénites , l'érysipèle, la tuberculose pulmonaire et la tuberculose locale ; je pense que nous sommes en possession d'un *antidote* de l'infection bactérienne.

M. le Dr KELSCH

La prophylaxie de la tuberculose (1).

Messieurs,

La question de la tuberculose méritait bien d'être portée à notre ordre du jour. Vous savez avec quelle fièvreuse ardeur elle est agitée depuis quelques années. La lutte contre cette maladie est devenue une question de défense

(1) Question proposée à la discussion de la Section.

sociale qui a soulevé une véritable croisade à laquelle les pouvoirs publics eux-mêmes n'ont pas hésité à prendre part.

Je vous apporte, Messieurs, une modeste contribution à ce grave sujet. Elle consiste dans des observations faites au milieu des armées. J'en ai déjà produit quelques-unes devant l'Académie de médecine. Je pense que ce n'est pas faire œuvre inutile que de les rappeler et de les compléter devant vous ; d'autant plus qu'elles ne se superposent pas très exactement aux idées directrices de la campagne menée en ce moment contre la lèpre moderne. J'ai en effet à vous présenter quelques réserves et sur la pathogénie classique de la tuberculose et sur l'efficacité des armes prophylactiques qui sont forgées contre elle.

Les admirables travaux de Villemin, de Koch et de leurs successeurs ont réduit l'étiologie de la tuberculose à une expression aussi simple que lumineuse. Accaparée par l'expérimentation , qui a constitué sa pathogénie sur l'image de celle des animaux, délaissée en grande partie par l'observation clinique qui a dû s'effacer devant les lumineuses notions du laboratoire; la tuberculose de l'homme est devenue une maladie d'inhalation et d'ingestion. C'est par l'air que nous respirons, par les aliments que nous consommons, que le virus s'introduit dans l'organisme. La conception actuelle de cette maladie n'attribue guère d'autre origine au microbe que le milieu extérieur, ni d'autre voie à l'infection que le poumon et l'intestin. Et pourtant, les localisations primitives de la tuberculose infantile sur le système ganglionnaire, et surtout sur le système osseux sont bien éloignées de ces portes d'introduction. Elles méritent d'être méditées. La profondeur de leur situation par rapport aux surfaces d'absorption induit plutôt à les attribuer à une infection hématogène qu'à la pénétration directe du virus par les voies aérienne ou digestive. Mais les observations relevées dans nos milieux militaires sont réellement troublantes ; elles se laissent plus difficilement encore que les faits précédents, réduire à la doctrine simpliste et exclusive qui a cours. Les recherches pathogéniques dans les collectivités sont des plus fructueuses ; les enseignements y surgissent et s'y pressent sur une grande échelle ; les faits y apparaissent dans leur enchaînement et leurs rapports mutuels et démasquent des vérités qui se dérobent souvent dans les foyers restreints de l'observation hospitalière ou familiale. Or voici comment la tuberculose, ainsi envisagée, nous apparaît dans l'armée.

Tout d'abord, elle y est en progrès, malgré la lutte qui est engagée contre elle depuis plus de dix ans. C'est en vain que l'on voudrait nier cette douloureuse vérité, en se retranchant derrière des erreurs de calculs ou des artifices de statistique. L'interprétation rigoureuse des chiffres ne laisse aucun doute à cet égard. Mais, fait capital, la cruelle endémie augmente presque exclusivement chez les jeunes soldats de moins d'un an de service. Elle reste, au contraire, sensiblement stationnaire et tend même, depuis quelques années, à diminuer chez les anciens soldats. Elle n'est d'ailleurs point également répartie sur les douze mois de la première année. C'est le premier semestre qui en est le plus chargé ; la courbe représentant les atteintes s'élève à son fastigium en décembre, et s'y maintient jusqu'en mars ; après quoi elle s'abaisse et conserve son niveau bas jusqu'en novembre suivant. Cette évolution se répète chaque année avec des variations insignifiantes. Ces importantes données ont été très nettement mises en évidence dans l'intéressant travail que nos jeunes camarades, MM. Arnaud et Lafeuille, viennent de publier dans les *Archives de médecine militaire* (Statistique, étiologie et prophylaxie de la tuberculose dans l'armée. — *Arch. méd. mil.*, avril 1900).

Ainsi, la tuberculose n'augmente que chez les jeunes soldats ; elle se manifeste parmi eux surtout dans les six premiers mois du service ; elle est en décroissance chez les anciens militaires. Tel est son bilan, telles sont sa répartition dans la collectivité et son évolution à travers les saisons parmi nous. Mais, on ne peut se le dissimuler, ces notions ne sont pas sans mettre mal à l'aise la doctrine exclusive de la contagion, à laquelle nombre de médecins étrangers à l'armée attribuent tous les méfaits du bacille de Koch. Pourquoi la tuberculose choisit-elle ses victimes surtout parmi les tout jeunes soldats ? Pourquoi les frappe-t-elle au début de leur carrière militaire, plutôt qu'à la fin ? Pourquoi épargne-t-elle, dans une large mesure, leurs camarades plus anciens qui vivent à côté d'eux ? La réponse à ces questions est bien difficile, si l'on se cantonne systématiquement sur le terrain de la contagion. Si celle-ci était seule en cause, la tuberculose, qui ne respecte aucun âge, ne devrait-elle pas s'irradier indistinctement dans tous les rangs de l'armée, au hasard des contacts directs ou indirects des hommes entre eux, au lieu de rechercher plus spécialement une fraction de sujets, toujours la même ? Ne devrait-elle pas se répandre plus ou moins régulièrement sur toutes les saisons, au lieu de grouper ses atteintes sur une période invariable de l'année ?

Messieurs, pour nous, l'interprétation de ces anomalies ne présente aucune difficulté. Car, je le déclare avec une conviction invincible, un sentiment absolu de la vérité, la contagion n'a qu'un rôle secondaire dans la propagation de la tuberculose dans l'armée. Ce rôle est à peu près nul pour celle des jeunes soldats qui lui paient de beaucoup le plus large tribut, et dont les atteintes règlent seules la marche et les oscillations de cette affection dans la troupe. Il est difficile, il est impossible d'attribuer à la contagion des manifestations morbides qui éclatent et qui atteignent l'apogée de leur fréquence quelques semaines après l'incorporation, quand il s'agit d'une maladie telle que la phtisie, qui est si lente à accomplir les diverses étapes de son évolution, y comprise la période silencieuse de l'incubation. Je me suis déjà expliqué plusieurs fois sur cette grave question devant l'Académie de Médecine, dans ses séances du 7 février 1893, du 31 mars 1896, du 31 mai 1898 ; j'ai montré notre extrême embarras si nous persistons à tenir les atteintes de la tuberculose pour fonction exclusive de la dissémination des germes par la poussière, si notre pathogénie se refuse à admettre tout autre mode de propagation que la transmission d'homme à homme.

D'où vient donc la tuberculose des jeunes soldats ? Je l'ai dit et je le maintiens : elle n'est point, dans l'immense majorité des cas, originaire de la caserne. Elle s'y manifeste, mais n'y prend point naissance. C'est le conscrit lui-même qui l'y introduit. De même qu'il porte dans son humble musette le bâton de maréchal, il recèle dans les replis cachés de son organisme le bâtonnet de la tuberculose. Mais comment cela, me direz-vous ? La réponse est bien simple : il est affligé de tuberculose latente, de nodules fibro-caséeux solitaires ou multiples épars dans les ganglions médiastins ou mésentériques, dans le poumon ou quelqu'autre organe ; lésions compatibles avec les attributs d'une constitution vigoureuse et d'une santé florissante, ne se trahissant par aucun trouble fonctionnel et se dérobant à l'examen le plus pénétrant. Nous les avons rencontrées au moins une fois sur trois, ces lésions silencieuses et cachées, chez des sujets morts de maladies étrangères à la tuberculose, emportés par des affections diverses ou de grands traumatismes. Nous les avons même entrevues sur le vivant, au moyen de la radioscopie, cinquante et une fois sur cent vingt sujets pris au hasard dans le contingent récemment incorporé. Les dimensions souvent considérables et la structure toujours fibro-caséeuse de ces masses leur assignent une origine ancienne. Ont-elles été ensemencées pendant la vie intra-utérine, ou sont-elles le résultat d'une infection *post partum* ? J'incline pour la première alternative, mais laisse pour le moment cette question en suspens pour n'envisager que celle de l'époque probable de leur développement. Il est plus que vraisemblable qu'elles datent de l'enfance, cet âge si éprouvé par la tuberculose, qui, abstraction faite de l'athrepsie, cause un décès sur trois ; et cette léthalité ne donne même qu'une idée imparfaite de son extrême fréquence, vu que la forme latente est encore plus commune que celle qui tue. Ainsi, sur les cadavres de bébés morts de maladies diverses, on découvre, non sans surprise, comme chez les adultes de vingt ans, des foyers tuberculeux latents, tantôt encore en pleine activité, le plus souvent éteints et déjà enkystés. Mais ce qui est surtout saisissant dans l'espèce, c'est que les localisations tuberculeuses de l'enfance s'effectuent précisément dans les organes où se rencontrent les foyers latents de l'adulte, c'est-à-dire dans les ganglions bronchiques et mésentériques, dans le système osseux. Or, n'est-on point amené à voir une relation étroite entre ces tuberculoses infantiles et les foyers anciens, ou fibro-caséeux, que nous rencontrons si souvent dans nos autopsies ? Ceux-ci ne sont-ils point le reliquat de celles-là ? On ne peut hésiter à l'admettre. Mais ces déchets ne constituent pas un corps mort, ils recèlent encore des éléments vivants, des spores toujours prêtes à évoluer, véritables étincelles qui couvent sous les cendres et constituent une menace perpétuelle pour l'individu. Or, Messieurs, une longue expérience nous a appris que ces foyers mystérieux, ganglionnaires, osseux ou autres, sont aussi redoutables dans la pathogénie des différentes formes de la tuberculose du soldat que l'inhalation ou l'ingestion directe du virus. Que d'observations nous pourrions vous produire, portant témoignage de la vérité de cette proposition, mettant en évidence le rôle prépondérant de cette auto-infection, avec laquelle la pathogénie a toujours à compter, non moins qu'avec la contagion. Bien des fois, nous avons pris l'auto-infection sur le fait : nos autopsies nous ont montré l'infection pleuro-pulmonaire partir d'une adénopathie mésentérique ancienne, ou inversement, une péritonite tuberculeuse récente prendre son origine dans le reliquat enkysté d'une vieille pleurésie, la réplétion par des produits tuberculeux des lymphatiques interposés entre l'ancien foyer et le nouveau indiquant nettement la source et la voie de l'infection. Nous sommes loin de méconnaître le danger des poussières des planchers, bien que nous ayons inoculé sans réussir à les tuberculiser, plus de quatre-vingts cobayes avec celles que nous avons recueillies périodiquement dans les casernes de Lyon pendant un an et demi. Mais nous ne croyons pas que dans l'espèce l'inhalation soit coupable de tous les méfaits qu'on lui attribue, car nous sommes convaincu que la tuberculose de l'adolescent n'est souvent que la deuxième étape de celle de l'enfance, et, pour ne pas sortir de l'armée, que les phtisies qui se manifestent dans les six premiers mois de service, reconnaissent pour cause l'auto-infection, et non pas la contagion.

Ne perdons pas de vue ces foyers caséeux ou crétacés latents que l'observation purement empirique avait imposés à l'attention des précurseurs de Villemin et notamment de Buhl dont le curieux travail est aujourd'hui tombé dans un injuste oubli. Les enseignements qui s'en dégagèrent autrefois se sont perdus, la conception qui a assimilé la pathogénie de la phtisie à celle de la variole ou de la fièvre typhoïde en a fait justice, la génération actuelle ne voit

plus que le contage et son véhicule, le crachat. Méfions-nous de cette simplifi-
cation décevante. Ne perdons pas de vue la tuberculose latente. Ce serait une
erreur fâcheuse que de considérer ces foyers anciens, dus à des ensemence-
ments intra ou extra-utérins, comme des quantités négligeables dans la pathogénie de la tuberculose des adultes. Pour être momentanément éteints, ils ne
sont point irrévocablement réduits à l'impuissance. Un jour, stimulés par
quelque incitation morbide, ils se réveilleront de leur assoupissement, et émet-
tront à jet continu ou intermittent, à dosse massive ou fractionnée, des colonies
bacillaires qui iront par les voies sanguines et lymphatiques, ensemencer des
territoires voisins ou éloignés, et faire éclore une tuberculose chronique ou
aiguë, diffuse ou généralisée.

Quant au rappel à l'activité pathogène de ces foyers, il est provoqué par des
causes occasionnelles multiples et diverses, que l'ancienne médecine s'est effor-
cée de saisir, et qui restent toujours debout, aussi puissantes qu'autrefois, vis-à-
vis de l'infection tuberculeuse quelle qu'en soit la source, qu'elle soit autogène,
exogène ou hétérogène. Ces causes sont, d'une part les maladies fébriles et
phlegmasiques intercurrentes, d'autre part les perturbations de l'hygiène. C'est
dans les collectivités surtout que s'affirme et que se mesure le rôle de ces
influences. Dans l'armée, la fréquence de la phtisie et de la tuberculose en général, est avant tout fonction des péripéties pathologiques et professionnelles des
groupes, ainsi que nous le verrons un peu plus loin ; la part qui y revient aux
chances de contagion ou d'infection par les locaux est tout à fait inappréciable.
Bref, aujourd'hui, comme naguère, nous affirmons notre conviction absolue que
la caserne reçoit plus souvent la tuberculose qu'elle ne la donne, qu'elle la
reçoit à l'état de foyers latents qui se réveillent aux premières aggressions que
que font subir à l'organisme les péripéties de la vie militaire, les fatigues de
l'instruction et de l'entrainement et surtout les maladies aiguës auxquelles le
jeune soldat est si sujet ; qu'en un mot, la tuberculose qui sévit dans la première
année du service, et qui donne surtout, on ne saurait trop le redire, la mesure
de la fréquence et des oscillations de cette maladie dans l'armée, relève de
l'auto-infection et non pas de la contagion.

Messieurs, en insistant sur les vicissitudes professionnelles qui président à
l'éclosion de la tuberculose dans la première année du service, j'ai touché à un
des points les plus graves et les plus délicats de l'étiologie de cette maladie, au
rôle que remplissent les causes secondes dans sa genèse. J'ai à cœur d'y revenir,
car c'est surtout à leur intention que j'ai pris la parole.

Dans la campagne ouverte depuis quelques années contre la cruelle endémie,
la cause première occupe un rang prépondérant. Les crachats, le virus, le bacille
sont la préoccupation dominante, il semble que c'est à ce dernier qu'appartient
toute la puissance morbifique. Les causes secondes, celles qui préparent les
organismes à l'ensemencement fécond du microbe, sont à peine envisagées ou relé-
guées à l'arrière plan. Et cependant, la phtisie pulmonaire est celle de toutes
les maladies infectieuses qui réclament au plus haut degré leur complicité. Les
virus rabique et charbonneux triomphent de toutes les résistances, ils détien-
nent tout le pouvoir pathogène, ils se suffisent à eux-mêmes. A la phtisie convient une formule pathogène tout à fait inverse. Son virus, réduit à lui-même,
est impuissant, il ne peut se passer de la complicité de l'organisme pour perpétrer ses méfaits. Il n'est point de maladie où le degré de résistance des forces
vitales au moteur pathogène assume un rôle aussi important, il n'en est point
où la qualité de l'individu soit aussi décisive dans la réussite des entreprises du

15

microbe, il n'en est point enfin où il soit moins permis de conclure directement
de l'animal à notre espèce, de s'élever, sans plus ample informé, de la tuberculose que l'on inocule au lapin, à la phtisie qui se développe spontanément chez
l'homme. Nous sommes tous plus ou moins bacillifères, je l'ai dit plus haut, ce
sont les causes secondes qui nous rendent bacillisables. Elles sont répandues
dans les masses avec autant de profusion que le microbe ; je suis convaincu que
c'est dans leur suppression, ou du moins dans leur atténuation que se trouve la
défense la plus efficace contre la lèpre moderne. Nulle part leur rôle ne s'accuse
avec plus de netteté, ni ne se mesure avec plus de précision que dans l'armée.

Nous en avons fourni des preuves saisissantes dans notre communication à
l'Académie de Médecine à sa séance du 31 mai 1898. Rien n'est plus démonstra-
tif, j'allais presque dire plus émouvant, que ce qui s'est passé de 1881 à 1890
au corps des sapeurs-pompiers de Paris, où, sous l'influence d'un accroissement
momentané et excessif du travail, le nombre des phtisiques s'éleva brusquement à un niveau inconnu jusqu'alors dans les annales de la tuberculose de
l'armée, et où il suffit d'alléger le service des hommes, de renforcer leur valeur
physiologique par un régime et une sélection meilleurs pour rétablir l'ancien
état de choses et faire retomber la morbidité tuberculeuse à son niveau normal.

Et il en est toujours ainsi.

Dans les armées, toute cause de dépression durable de l'organisme, d'insuffisance ou de ralentissement des échanges nutritifs se traduit au bout de quelque
temps par une ascension du niveau des maladies infectieuses en général, et de
celui de la tuberculose en particulier. La fréquence de la tuberculose dans l'armée se règle de la façon la plus évidente sur les vicissitudes, les péripéties
créées par la profession. En dehors de l'armée, la tuberculose est la maladie
dominante des groupes voués à l'extrême misère.

Ici, comme là, sa pathogénie est complexe ; le crachat ne peut perpétrer ses
méfaits sans la complicité de facteurs multiples dont les plus puissants sont
l'insuffisance de l'alimentation, le surmenage, la malpropreté du corps, des
habitations, des rues, l'impureté de l'air, le manque de lumière et surtout
l'alcoolisme dont on ne saurait trop redouter l'influence néfaste.

Nous demandons, avec la plupart de nos confrères, l'organisation de la défense
contre le microbe ; mais nous sommes convaincu que la lutte contre le crachat restera stérile si elle n'est pas secondée par le déploiement d'efforts sérieux
et constants en vue de l'accroissement de la résistance humaine. La base la plus
solide de la prophylaxie antituberculeuse est le développement de la vigueur
physique de l'homme et le perfectionnement de ses conditions hygiéniques et
sociales.

M. Léopold JOLLY, Pharm. à Paris.

Prophylaxie de la tuberculose. — L'auteur démontre que la prédisposition à la
tuberculose tient à deux causes :

1° A la déphosphatisation de nos principaux aliments, pain, viande, légumes ;

2° A l'intoxication de l'organisme, qui peut être héréditaire ou acquise.

Chez le tuberculeux avéré, l'intoxication est considérablement aggravée, faisant de plus en plus obstacle à l'assimilation cellulaire nutritive et à la reconstitution phosphatique.

Comme traitement préventif, il faut, dès le premier âge, administrer aux
enfants lymphatiques des préparations iodées et, d'autre part, des préparation

phosphatées. Mais, bien que le phosphate de chaux soit l'agent nécessaire, il ne faut pas oublier que l'expérimentation a démontré que le phosphate de chaux n'est assimilable sous aucune forme pharmaceutique.

Comme traitement curatif, il faut imposer le même traitement, en donnant l'iode à dose élevée (40 centigrammes par jour).

Cette méthode de traitement est expérimentée depuis 1891 à l'hôpital de Villepinte, en collaboration avec le Dr Cadier.

MM. NICLOT et BRAUN, Médecins-majors à l'École du Service de santé militaire de Lyon.

De la virulence, quant à la tuberculose en particulier, des poussières d'hôpital. — Avec des poussières provenant de l'hôpital militaire Desgenettes, à Lyon, et prélevées sur la literie, les meubles, les murs, 104 cobayes ont été inoculés dans le péritoine.

La mortalité primitive, et par conséquent la virulence générale de ces poussières, est considérable (64,42 0/0 au lieu de 33,60 0/0 dans les casernes, 62 0/0 en médecine, 72 0/0 en chirurgie), mais il n'a pu être obtenu qu'un cas douteux de tuberculose.

Un certain nombre d'auteurs ont déjà été amenés à des conclusions semblables; il est intéressant aussi de rapprocher cette donnée des résultats analogues acquis dans les casernes par M. le médecin-inspecteur Kelsch, et MM. Boisson et Braün.

— 6 août —

M. Édouard MAUREL, Chargé de cours à l'Université de Toulouse.

Diarrhée expérimentale de suralimentation. — **M. MAUREL** revient sur la nécessité de distinguer désormais *la suralimentation de la surnutrition. La première est fonction des organes digestifs, et la seconde des besoins de l'organisme.* La suralimentation ainsi définie, le Dr Maurel rend compte de ses expériences.

Deux ont été faites sur un cobaye soumis à un régime exclusivement végétal (blé et carottes), et quatre sur des hérissons nourris avec de la viande de cheval.

La qualité des aliments est restée la même; seule, la quantité a été augmentée, et il a suffi d'une augmentation qui a varié d'un cinquième à un tiers pour que, dans quelques jours, il ait vu apparaître la diarrhée. Cette diarrhée s'est prolongée et s'est même aggravée en continuant les mêmes augmentations ; et, au contraire, pour la faire disparaître, il a suffi de ramener les aliments à une quantité un peu inférieure à celle qui constitue la ration d'entretien de l'animal.

Les conclusions M. Maurel sont les suivantes :

1º Lorsqu'un animal est soumis depuis quelque temps à sa ration d'entretien, c'est-à-dire à une ration exactement suffisante pour le maintenir à son poids initial, il suffit d'augmenter ses aliments d'un cinquième à un tiers, sans modifier leur nature, pour voir apparaître dans quelques jours des troubles digestifs, et notamment la diarrhée ;

2º Par leur persistance, ces troubles digestifs conduisent à l'entérite;

3º Il suffit de ramener ces aliments à une quantité sensiblement inférieure à la ration d'entretien pour voir les fonctions digestives redevenir normales.

Le Dr Maurel se propose de présenter, dans une autre communication, certaines considérations théoriques et pratiques sur ces expériences.

Discussion. — M. Cautru. La différence d'assimilation alimentaire, selon les saisons et les pays, est, à mon avis, due à la différence qui se fait dans la composition du sang. J'ai fait depuis trois ans des recherches sur l'acidité de l'urine à jeun, c'est-à-dire de celle qui représente vraiment la composition du sérum sanguin, et j'ai remarqué que l'acidité baisse pendant les chaleurs. Cela tient à la dépense en acide phosphorique qui s'exagère beaucoup alors ; l'acidité du sang en phosphate acide diminue, et les combustions se trouvant activées comme chez tous les hypoacides, le travail chimique gastro-intestinal se fait moins bien. Cela est si vrai qu'il m'a souvent suffi de donner de l'acide phosphorique à des malades pour leur voir digérer de la viande, qui était jusqu'alors pour eux une cause de véritable empoisonnement, avec fièvre et diarrhée.

———

Du rôle de la suralimentation dans la production des diarrhées de la saison chaude et des pays chauds. — Le Dr Maurel rappelle d'abord le résultat de ses expériences sur la suralimentation, expériences qu'il a exposées dans la communication précédente, et dont la conclusion est qu'il suffit d'augmenter la ration d'entretien d'un cinquième à un tiers, sans changer la nature des aliments, pour produire la diarrhée, et qu'il suffit aussi de ramener l'alimentation d'une manière sensible au-dessous de la ration d'entretien pour faire disparaître ces troubles digestifs.

Il rappelle ensuite le résultat de ses expériences sur l'influence des saisons sur les dépenses de l'organisme, expériences qui établissent qu'il suffit d'une différence de quelques degrés comme températures mensuelles moyennes pour faire varier ces dépenses du simple au double, ces dépenses étant deux fois plus élevées en hiver qu'en été.

Ces deux résultats généraux rappelés, le Dr Maurel les rapproche ; et de ce rapprochement, il tire les conclusions suivantes :

1º Que la suralimentation, telle qu'il la définit, entre pour une part importante dans la fréquence des diarrhées observées dans nos climats, en été, chez l'adulte et chez le nourrisson, et aussi dans les pays chauds ;

2º Que ces faits rendent nécessaire comme moyen préventif de ces troubles digestifs, la diminution de l'alimentation dans nos pays pendant l'été, et en toute saison dans les pays chauds ;

3º Que cette même diminution s'impose pendant leur traitement curatif ;

4º Que, vu les conditions dans lesquelles se sont produites les diarrhées dans ses expériences, et celles dans lesquelles se produisent celles des nourrissons, il est logique d'admettre que si certaines diarrhées sont dues à des micro-organismes spéciaux, d'autres peuvent être produites par les microbes ordinaires de l'intestin.

———

M. Fernand CAUTRU.

Pronostic et traitement de la tuberculose pulmonaire basés sur l'analyse du suc gastrique et l'examen de l'acidité urinaire. — D'après un grand nombre d'observations, j'ai pu me rendre compte que chez les tuberculeux dyspeptiques, le pronostic de la tuberculose peut, à toutes les périodes, être basé sur l'état de la muqueuse gastrique. Si, malgré une amélioration notable des états pulmonaire (rétrocession des lésions) et gastrique (disparition de la dilatation, des crises douloureuses, etc.), le chimisme stomacal reste mauvais, si surtout la gastrite évolue et aboutit à l'apepsie, le pronostic doit être considéré comme fatal.

Le traitement est le même que celui des dyspepsies en général. Dans la forme chloro-organique du début, le massage fait merveille. Il est contre-indiqué lorsque la première période s'accompagne d'hyperchlorhydrie presque toujours d'origine nerveuse. Aux périodes avancées, le massage est quelquefois mal supporté : il fatigue les malades, et doit s'accompagner d'un repos presque absolu.

On ne doit pas cesser de traiter un estomac de tuberculeux, tant que le chimisme n'est pas redevenu normal.

Au point de vue des urines, j'ai remarqué que celle des tuberculeux est toujours hypoacide. Cette hypoacidité s'accompagne de phosphaturie au début, d'hypophosphatie à la fin de la maladie. Le meilleur traitement à lui opposer est l'acide phosphorique à la dose de 2 à 6 grammes d'acide officinal (sauf en cas d'albuminurie), ou les phosphates, qui ne peuvent avoir d'efficacité que s'ils sont acides.

———

M. BARNAY, à Paris.

1°. Nécessité de substituer dans la thérapeutique les principes actifs aux substances d'où ils sont retirés. 2° Oportunité d'un formulaire uniforme basé sur la dose moyenne quotidienne de chacune d'elles. — 1° Cette communication a pour but, par des exemples pris dans la pratique journalière, de montrer les incertitudes et les mécomptes auxquelles expose en thérapeutique l'emploi des matières premières, des substances brutes, au lieu des principes actifs qu'ils contiennent.

Des exemples tirés de l'opium, de la digitale, du colchique, de la jusquiame, de l'hydrastis canadensis, etc., confirment cette opinion

On pourrait citer en exemple presque toute la matière médicale actuelle, car elle est à peu de chose près ce qu'elle était du temps de Bichat, qui en disait : « Ce n'est pas une science, c'est un ensemble d'idées inexactes et de formules bizarrement conçues » et de Fonsagrive qui demandait « qu'on remette à l'étude toute notre matière médicale à *commencer par les médicaments les plus usuels, ceux que sans paradoxe on peut dire les moins connus* ».

2° Comme conséquence de cette modification aux prescriptions thérapeutiques il y aurait lieu de créer un formulaire thérapeutique international uniforme basé non plus sur le système numérateur décimal ou autre, mais sur les doses moyennes de chaque substance pouvant être prescrites par jour.

Des granules par exemple, au lieu d'être divisés en milligrammes ou centigrammes, suivant leur activité, seraient divisés par un chiffre fixe invariable, ce nombre représentant la dose moyenne de toutes les substances; six (6) par exemple (10 ou 12 si l'on préfère); de la sorte, sans effort de mémoire, le médecin saurait s'il donne cette dose moyenne, ou plus, ou moins, et l'on supprimerait en même temps que cet inutile effort de mémoire toute chance d'accidents d'erreurs ou d'insuccès.

Il serait à désirer que la Section des Sciences Médicales émît un vœu dans ce sens et nommât d'ores et déjà des commissaires chargés de s'entendre avec les autres Sociétés savantes que cette question intéresse pour arriver à constituer une commission d'étude internationale chargée de mener à bien cette entreprise.

Traitement des coxalgies, fractures et luxations des membres inférieurs et de la colonne vertébrale. Luxations congénitales de la hanche. Redressement des gibbosités pottiques par un appareil orthopédique spécial. — Le traitement de la coxalgie comporte entre autres points : 1° l'immobilisation, 2° l'extension et la contre-extension appliquées à l'articulation malade.

L'appareil, objet de cette communication, a pour but de réaliser ces indications dans des conditions meilleures que celles existant actuellement.

Cet appareil se plaçant à volonté sur des roues permet de sortir chaque jour le malade, de le promener, de le laisser au grand air, et même de lui faire suivre des cours de façon à ne pas interrompre ses études. Ces sorties préviennent en outre l'ennui et l'anémie, facteurs importants pour les malades confinés longtemps à la chambre.

La description de son mécanisme n'est pas compatible avec un résumé sommaire.

Construit primitivement pour le traitement de la coxalgie, il a vu ses indications s'étendre petit à petit et embrasser les réductions de fractures et luxations des membres inférieurs et leur traitement, l'amélioration des luxations congénitales de la hanche, le traitement des fractures de la colonne vertébrale, du mal de Pott et le redressement des gibbosités pottiques.

Discussion. — Le Dr GAUBE, trouve l'appareil très ingénieux, et exprime le désir que dans le compte rendu *in extenso* de *l'Association française* la description soit accompagnée de figures montrant facilement l'application des forces qui y sont mises en jeu.

M. G. PERRIER, Maît. de conf. à la Fac. des Sc. de Rennes.

Sur l'alimentation par voie sous-cutanée. — J'ai étudié l'action des graisses et en particulier de l'huile d'olive introduite, par voie sous-cutanée, sur la nutrition. J'ai opéré sur des lapins.

En comparant l'élimination de l'Az des animaux injectés à celle des lapins témoins soumis à la diète hydrique, j'ai constaté qu'une faible partie de l'huile était utilisée et permettait à l'animal d'épargner ses tissus. Je conclus néanmoins, de ces expériences, que cette méthode ne saurait donner de bons résultats chez les lapins, au point de vue de l'alimentation par voie sous-cutanée.

M. JOUIN, à Paris.

Ovaires et glande thyroïde — Dans des travaux antérieurs et spécialement dans une communication au Congrès pour l'Avancement des Sciences à Tunis, l'auteur a montré l'action décongestionnante des préparations thyroïdiennes sur les organes pelviens en général, et particulièrement sur l'utérus dont elles peuvent même supprimer temporairement les fonctions menstruelles et guérir les fibromes. Dans un autre mémoire présenté à la Société Obstétricale et Gynécologique de Paris il a indiqué par contre l'action congestionnante des préparations ovariennes sur les mêmes organes pelviens et sur la matrice.

Revenant sur le sujet si souvent étudié par lui dans ses recherches cliniques, M. Jouin développe dans sa communication les quatre propositions suivantes :

1º La congestion des organes génitaux féminins et l'inflammation qui en est fatalement un jour la conséquence, peuvent dépendre partiellement et même exclusivement de l'insuffisance du développement ou du fonctionnement de la glande thyroïde du sujet :

2º L'anémie des organes génitaux, les phénomènes locaux et généraux qui cliniquement les caractérisent sont le plus souvent sous la dépendance du développement insuffisant des ovaires.

3º Il est donc rationnel d'opposer les préparations thyroïdiennes à certains phénomènes inflammatoires qui jouent dans la pathologie des organes génitaux un rôle si considérable :

4º Également les préparations ovariennes, en suppléant à l'insuffisance de développement des glandes génitales, fournissent à la thérapeutique gynécologique une arme des plus puissantes.

Il faut ajouter que dans certains cas complexes exposés par l'auteur, les deux thérapeutiques, bien que la chose paraisse paradoxale, demandent à être administrées successivement, et quelquefois même simultanément.

M. LINON, Méd. princ. de 1ʳᵉ classe, méd. chef de l'hôp. mil. de Toulouse.

L'appendicite dans la garnison de Toulouse du 12 mars 1897 au 1ᵉʳ août 1900.

M. A. LOIR, Directeur de l'Institut Pasteur de Tunis.

Époque de l'année à laquelle doit se faire la vaccination jennérienne. — L'an dernier au congrès de Boulogne, j'ai démontré qu'il fallait s'abstenir de pratiquer les vaccinations pendant l'été à cause de la sensibilité du vaccin aux grandes chaleurs. Voici deux faits nouveaux qui viennent à l'appui de cette thèse : Une épidémie de variole se déclarait au mois d'octobre dernier dans un village des environs de Tunis. Je répondis à un de mes confrères qui me demandait du vaccin que je n'en aurais pas avant le mois de novembre.

Néanmoins, comme il voulait faire de suite la vaccination il en obtint de l'Académie de Médecine. Nous connaissons tous l'excellence de ce produit. Tout le personnel d'un séminaire, comprenant 115 personnes, fut inoculé le 10 et le 20 octobre sans succès. Quelque temps après, mon confrère m'ayant parlé de ces résultats négatifs, je le priai de revacciner ces 115 personnes avec du vaccin récemment récolté à Tunis. Cette inoculation eut lieu le 2 décembre. Sur ce nombre on obtint cette fois vingt succès. Il est bon d'ajouter que la plupart de ces personnes avaient été vaccinées et revaccinées à des intervalles assez rapprochés. — Voici le second fait : j'appris l'an dernier, qu'un Français, habitant les environs de Tunis, venait d'être atteint de la variole hémorragique. Lorsque je le sus guéri, je lui écrivis pour lui demander s'il avait été vacciné et depuis combien de temps, en ajoutant que les renseignements qu'il me donnerait pourraient m'être utiles pour un travail que je faisais sur l'efficacité de la vaccination. Il me répondit le 10 novembre 1899 : « Je crois que mon cas ne peut vous être d'une grande utilité, car il ne prouve guère l'efficacité de la vaccination. J'ai été vacciné, mais sans succès, il y a deux ans, le 20 septembre, et j'ai pris cette terrible maladie le 11 septembre de cette année. »

Voilà un varioleux qui, d'après sa lettre, ne croit guère à l'efficacité de la

. vaccination. Il a raison, en somme, puisqu'il y a deux ans il a été vacciné et que cela ne l'a pas empêché de prendre la variole cette année-ci. Son vaccinateur n'avait même pas songé à lui diré que les vaccinations faites pendant l'été sont souvent inefficaces à cause de la perte de virulence du vaccin par suite de la chaleur. Si ce colon avait été un Musulman il aurait probablement ajouté (ce que j'ai entendu dire à des Arabes) qu'il préférait la variolisation, qui tue rarement et donne au moins l'immunité. — Il me semble que ces deux faits, ajoutés aux autres considérations que nous avons développées l'an dernier, démontrent le danger qu'il y a, au point de vue de la propagation de la vaccination, à se servir d'un vaccin qui a subi les grandes chaleurs de l'été. Il faut, pensons-nous, propager cette notion, et, si l'on ne peut arriver à la vaccination obligatoire pendant l'hiver, créer du moins un courant, pour faire dans les pays chauds toutes les vaccinations possibles en dehors de la saison chaude.

<hr>

VOEU PROPOSÉ PAR LA SECTION

(Voy. page, 75.)

4ᵉ Groupe.

SCIENCES ÉCONOMIQUES

13ᵉ Section.

AGRONOMIE

Présldent. . . . . M. DYBOWSKI, Insp. gén. de l'Agric. coloniale.
Vice-Président . . . . M. SAGNIER, Dir. du *Journ. de l'Agric.*
Secrétaire . . . : . . . . M. LADUREAU, Chim. agric.

— 2 août —

M. LADUREAU, Chim. agric., à Paris.

Protection des cultures contre la grêle au moyen des détonations d'artillerie.
— M. Ladureau appelle l'attention de ses collègues sur les services que paraissent
rendre en Italie et en Autriche l'installation des services préservatifs de la grêle
au moyen des détonations d'artillerie.

Les expériences commencées en Styrie en 1894 ont donné des résultats tellement satisfaisants que dans toute cette contrée et dans toute l'Italie, des stations
protectrices composées d'un certain nombre d'obusiers coniques et verticaux ont
été installées. Il y en a déjà plusieurs milliers en Italie et la France commence
à suivre cet exemple.

Discussion. — M. Sagnier décrit les appareils employés en Italie et les résultats obtenus ; il constate en outre que plusieurs compagnies d'assurances contre
la grêle ont aujourd'hui une telle certitude des services que les stations protectrices rendent aux contrées où elles sont établies, qu'elles y diminuent considérablement l'importance des primes à leur payer.

M. Poitou cite les faits observés par lui dans le Bordelais et dans d'autres
régions viticoles où ce service commence à se répandre, et où l'on a constaté
également son utilité.

M. Ladureau exprime le vœu que des expériences nombreuses et suivies soient faites dans toutes les contrées de la France où les orages accompagnés de grêle sévissent le plus fréquemment et que l'on arrive ainsi le plus rapidement possible à une certitude sur la possibilité de supprimer à l'avenir, grâce à ce procédé, le terrible fléau de la grêle qui anéantit parfois en quelques minutes tout l'espoir des cultivateurs.

———

M. Ab. COSTE, Vitic. à Perpignan.

Protection des cultures contre les gelées de printemps. — M. Ab. Coste, viticulteur, communique à la section le résultat de ses observations et de sa pratique personnelle sur la protection des cultures contre les gelées printanières au moyen des fumées produites soit par la combustion de tas de fumier un peu humide déposés dans les champs à cet effet, soit par tout autre moyen.

———

M. REGNAULT, Prés. du Trib. civil de Joigny.

Sur les cultures de haut rendement, comparées à celles de produits riches. — L'auteur expose le résultat des études auxquelles il s'est livré dans son domaine de La Folie, par Saint-Sauveur-en-Puisaye (Yonne). Des tableaux dressés avec soin rendent compte des récoltes obtenues. Sa conclusion est que la culture du trèfle ou autres légumineuses doit être maintenue dans les assolements, par suite de la quantité notable d'azote qu'elle laisse dans le sol.

Discussion. — M. Poitou ajoute quelques observations à cette communication, puis il expose le principe de la taille de la vigne connue sous le nom de taille Guyot, du nom de son auteur, médecin à Sillery (Marne), et déclare qu'il a dû renoncer aux avantages de cette méthode de culture, qu'il a expérimentée dans ses vignobles du Bordelais, par suite de l'infériorité du vin, qui est ainsi produit. Cette pratique paraît, du reste, avoir été généralement abandonnée.

———

M. LADUREAU.

La suppression des droits sur le sucre. — M. Ladureau rappelle le vœu émis sur sa proposition, au Congrès de Boulogne, relatif à la suppression des droits sur le sucre raffiné, et constate que l'augmentation générale de la production dans le monde entier, et surtout en Espagne, aux États-Unis et à Cuba, constitue un danger très grand pour notre industrie nationale, qui est obligée, aujourd'hui, d'exporter en Angleterre l'excédent de sa production sur la consommation française, soit environ 400.000 tonnes. Comme il est infiniment probable que, d'ici à quatre ou cinq ans, cette exportation ne pourra plus avoir lieu, par suite des offres à bas prix des pays de sucre de canne et de la fermeture du marché anglais, il estime qu'il est urgent que le Gouvernement prenne les mesures nécessaires pour conjurer la terrible crise agricole et industrielle qui se produira à cette époque, et qui rejaillira sur toute la France ; ces mesures sont l'abaissement progressif de l'impôt sur le sucre, de manière à arriver à sa suppression complète, le jour où cela sera nécessaire, afin que le consommateur français, payant cette denrée au même prix que les Anglais, en emploie le double de ce qu'il prend aujourd'hui, et qu'ainsi l'équilibre puisse subsister entre la production et la consommation, ce qui évitera la crise redoutée.

Il propose, en conséquence, à la Section d'Agronomie d'adopter un vœu. (Voy. page 75).

———

L'alcool comme moyen de chauffage et d'éclairage. — M. LADUREAU étudie ensuite la situation actuelle de l'alcool industriel utilisé, après sa dénaturation par la régie, pour l'éclairage et le chauffage ; il fait fonctionner devant la Section les derniers modèles de lampes à alcool à incandescence créés, et montre qu'on peut employer avantageusement ce liquide à l'éclairage domestique ou public, avec une dépense inférieure à celle qu'entraînerait une intensité lumineuse de même importance donnée par le pétrole.

Il montre également que dans le chauffage des moteurs automobiles, l'alcool mélangé avec un tiers de son poids de benzine, peut rivaliser avantageusement avec les essences de pétrole actuellement employées, et présenter, en outre, le grand avantage de supprimer absolument l'affreuse odeur que les voitures automobiles laissent derrière elles.

Il y a donc un double avantage à la substitution de l'alcool aux essences de pétrole actuellement employées presque exclusivement à ce genre de locomotion, celui de l'hygiène publique d'abord, et puis celui d'assurer la consommation considérable d'un produit sorti du sol français, que l'on peut se procurer facilement partout, même en temps de guerre, même si, les côtes de France étant bloquées par des flottes ennemies, le pétrole américain ou autre ne pouvait plus entrer, considération qui a bien son importance, si l'automobilisme pénètre, comme c'est probable, de plus en plus dans les services publics et dans ceux de l'armée.

On évitera, en outre, par cette substitution, de porter à l'étranger des capitaux considérables qui resteront en France et se répartiront entre l'agriculture, l'industrie et le commerce national.

Pour arriver à ce résultat, il faut que le Gouvernement appuie les efforts de l'industrie privée en lui permettant d'acquérir l'alcool à un prix voisin de son prix de revient, par la suppression presque complète des droits de dénaturation, par le remplacement du méthylène et des huiles lourdes actuellement employés, par la benzine extraite du sol français, en passant par le goudron de houille, et enfin par la suppression du vert malachite qui ne sert qu'à entraver les diverses applications de l'alcool dénaturé, sans avoir aucune utilité réelle.

Tout cela a été fait en Allemagne où, grâce à une législation libérale due au concours de l'empereur Guillaume II et de son Parlement, l'emploi de l'alcool industriel a décuplé depuis quelques années, tandis qu'en France, il reste presque stationnaire.

M. Ladureau estime donc qu'il y a un intérêt énorme pour la culture des départements betteraviers et, par répercussion, pour toute l'industrie française, à ce que l'on établisse le plus promptement possible une législation analogue à celle de l'Allemagne : cela revient à l'adoption du système préconisé par M. Dansette, député du Nord, dans le projet de loi qu'il a proposé au Parlement, le 19 mars 1900. (Voy. le vœu, page 74).

———

— 6 août —

M. ROHR, Vét. en premier au 17ᵉ régiment d'artillerie, à La Fère.

Sur la production chevaline dans le département de l'Aisne. — L'auteur passe en revue la topographie du département, ses ressources fourragères, la population chevaline et l'importance de sa production, les géniteurs, le mode d'élevage, les aptitudes des chevaux de cette région, etc. Il démontre que plusieurs parties du département réunissent les conditions désirables pour faire naître et élever le cheval de guerre, et propose que l'on réserve, à l'avenir, à ce cheval, les encouragements que l'on distribue si libéralement aux animaux de vente courante, d'un commerce facile.

M. LADUREAU.

Carte générale des fabriques de sucre. — M. Ladureau présente à la Section la carte générale des fabriques de sucre et des distilleries de France et de Belgique qu'il vient de terminer, et qui sera prochainement publiée.

14ᵉ Section.

GÉOGRAPHIE

PRÉSIDENT D'HONNEUR. . . . . . . M. GAUTHIOT, Sec. Gén. de la Soc. de Géog. commerc. de Paris.
PRÉSIDENT. . . . . M. le baron HULOT, Sec. de la Soc. de Géog.
VICE-PRÉSIDENT . . . . M. FROIDEVAUX.
SECRÉTAIRE . . . . M. MARIN.

— 2 août —

En prenant possession du fauteuil, M. le Baron HULOT, président de la Section, prononce les paroles suivantes :

Le Prince Roland Bonaparte, à la suite d'un événement tragique qui met en deuil sa famille, a été obligé de s'absenter de Paris.

Il est ainsi privé de la satisfaction de présider des séances à l'organisation desquelles il avait apporté tous ses soins.

La Section ne peut que regretter à tous points de vue son absence, et je m'associe plus que personne à ces regrets, tout en vous exprimant ma profonde reconnaissance pour l'honneur que vous me faites. Cet honneur, je le dois à la fonction que j'occupe à la Société de Géographie. Au président de la Commission centrale, vous avez désigné comme successeur le secrétaire général. Cette désignation s'adresse à la doyenne des sociétés françaises de géographie, et je trouve dans ce témoignage une raison de plus de vous adresser mes sincères remerciements.

M. André LECLÈRE, Ingénieur en chef des Mines, au Mans

Constitution géographique et géologique de la Chine Méridionale et du Haut Tonkin. — M. LECLÈRE complète la communication qu'il a faite à la Société de géographie par l'exposé des conséquences que les déterminations exécutées par le service de la carte géologique de France, entraînent pour l'appréciation de la constitution géographique et minière de la région comprise entre le Fleuve Rouge et le Fleuve Bleu.

Cette région est connue depuis longtemps pour renfermer d'innombrables gîtes métallifères. M. Leclère a constaté qu'elle contient en même temps des formations houillères très étendues, exploitées par la population chinoise. Ces formations appartiennent à des âges géologiques étagés entre le carbonifférien et le rhétien. La houille rhétienne, notamment, est d'une qualité tout à fait exceptionnelle.

Elle renferme une flore que M. Zeiller a reconnue identique à celle des mines de Hongay et Kebao. Comme les gisements chinois fournissent des houilles grasses, très riches en gaz, il devient très probable que des recherches convenablement conduites arriveront à faire aussi rencontrer là houille grasse, même dans les régions supérieures du Haut-Tonkin.

En tout cas, l'exploitation des houilles voisines de la frontière du Tonkin, donnera une valeur considérable aux gisements métallifères de la région.

Les échantillons principaux provenant de la mission accomplie par M. Leclère, figurent à l'Exposition, au pavillon des Produits de l'Indo-Chine.

M. Leclère expose ensuite les phénomènes de capture des eaux de tête de fleuves du Tonkin ; ces phénomènes sont l'origine des nombreux lacs du Yun-Nan, et expliquent aussi les conditions particulières d'insalubrité des régions qui forment actuellement le Haut-Tonkin.

— 3 août —

ALLOCUTION DU PRÉSIDENT

Le Président fait part à la Section des nouvelles reçues de la mission Foureau ; il annonce la mort du commandant Lamy et du capitaine de Cointet, et il rend hommage à la mémoire de ces vaillants soldats et explorateurs.

M. Paul VIDAL DE LA BLACHE, à Paris.

Types de peuplement. — Il s'agit d'expliquer sommairement ce qu'on peut entendre par ces mots : types de peuplement, et de montrer quel est l'intérêt scientifique de cette question. Pour cela on empruntera quelques exemples à la géographie de la France.

Les plateaux limoneux à sous-sol de craie de la Picardie, montrent une disposition de villages par échiquier; chaque village, séparé de son voisin de 3 à 4 kilomètres, se compose d'un noyau de maisons entouré d'une ceinture de vergers : le tout sur une longueur d'un kilomètre sur autant de large. Le type se transforme dans le Pays de Caux; le verger s'introduit entre les maisons; le village s'étend en espace. Un type tout différent prévaut dans l'Ouest : fermes disséminées ou petits hameaux.

Si les plateaux sont dépourvus de limon, les villages se succèdent en file dans les vallées. C'est le type qui prévaut en Champagne : ici, pas d'établissements sur des croupes intermédiaires. — D'autres types : dans le Laonnais, une ceinture de bourgs, villes, châteaux ou villages sur la zone d'éboulis, entre les plateaux calcaires, les sables glauconiens et les argiles des vallées. Dans l'Est, lignes d'*oppida* au contact des marnes du lias et des corniches calcaires. En Provence, des villages qui s'étagent au-dessus des croupes marneuses sur les escarpements de la roche, afin de ne rien perdre du sol utile (type méditerranéen).

Ainsi, il y a des lignes de cristallisation qui mettent en évidence l'importance humaine de certains faits géographiques : niveaux de sources, contacts de sols différents, ou ailleurs, zones de châtaigniers, etc. Elles répondent à des dates chronologiques différentes. Elles ont leurs lois propres ; la densité des plateaux ruraux est différente de celle des vallées. La géographie porte dans ces questions une autre manière de voir que la statistique : elle étudie les formes, les zones, les distances des établissements humains et en dégage des vues sur les rapports de l'homme et du sol.

M. Ludovic DRAPEYRON, Dir. de la *Revue de Géographie,*
Sec. gén. de la Soc. de Topog. de France.

La Société de Géographie de Cologne. — M. Ludovic DRAPEYRON fait une communication sur la *Société de Géographie de Cologne; son organisation* (1886-1800). Il a été mis en rapport avec cette Compagnie lorsqu'il se rendit au Congrès international géographique de Berlin (septembre 1899). Il s'est informé à bonne source, auprès de M. le président Jungbecker, sous-directeur des chemins de fer, et de M. le secrétaire, professeur docteur Blind. Il a de plus en main les fascicules que la Société de Géographie a publiés, sous ce titre : *Jahresbericht der Gesellschaft für Erdkunde zu Köln für das Vereinsjahr 1896-1897, 1897-1898, 1898-1899.* Il a consulté également le *Geographisches Jahrbuch,* qu'il rectifie quelquefois en ce qui concerne la Société. Cette Société qui a été fondée en 1886, n'a guère dépassé l'effectif de 100 membres, ce dont il ne faut pas trop s'étonner car un assez grand nombre de sociétés allemandes de géographie — sept ou huit — n'excèdent pas ce chiffre, et quatre ou cinq ont un effectif inférieur ! Ce qui a empêché la Société de Géographie de Cologne de prendre jusqu'ici un plus grand essor, c'est que Cologne n'est plus une ville universitaire. Il faut aussi tenir compte de la formation de la *Deustche Kolonial Gesellschaft,* qui fondée en 1887, compte actuellement près de 300 sections et 30.000 adhérents, et dont le budget s'élève à 100.000 marks. Les principaux centres d'activité de cette Société coloniale sont : Berlin, Leipzig, Dresde, Cologne, Karlsrühe, Hanovre, Magdebourg. Le bureau de la Société de Géographie a chargé M. Ludovic Drapeyron de la mettre en rapport avec les sociétés françaises de géographie, à commencer par celle de Paris. M. Drapeyron s'est acquitté de cette honorable mission en rendant hommage au zèle et à la courtoisie de MM. Jungbecker et Blind.

M. MARTEL, Sec. gén. de la Soc. de Spéléologie, à Paris.

Les récentes explorations souterraines (la Spéléologie depuis 1889). — M. MARTEL expose les résultats obtenus depuis 1889 par le développement considérable des recherches souterraines dans les grottes, abîmes et sources des divers pays; rappelant comment il a, depuis 1888, donné une impulsion toute nouvelle à ces sortes d'investigations, par l'emploi du téléphone dans les gouffres, et des bateaux démontables dans les courants d'eau souterrains, ainsi que par la création de la Société de Spéléologie à Paris, en 1895, il renvoie pour ses propres explorations à ses diverses publications et mentionne les travaux de ses collaborateurs ou imitateurs : MM. Renauld, Fournier et Magnin, dans le Jura ; Drioton dans la Côte-d'Or ; Rupin, Lalande, abbé Albe, en Quercy ; Mazauric, Raymond, Viré, dans les Cévennes ; Martrou, dans les Corbières ; Janet, en Provence ; Décombaz en Vercors, etc., etc.

Dans les Pyrénées, en dehors des magnifiques trouvailles, depuis longtemps classiques, des préhistoriens et paléontologues de Toulouse, on ne peut guère citer, comme récente découverte, que celles de MM. Ritter, Campan, Lary, dans la splendide grotte de Bétharram (longueur connue 3 kilomètres); pour le surplus de la chaîne une foule de recherches géologiques et hydrologiques restent à effectuer sous terre.

A l'étranger, l'Autriche-Hongrie, qui fut le vrai berceau de la spéléologie (Schmidl en 1850), demeure *la terre classique des cavernes*, grâce aux efforts de MM. Marinitsch, Müller, Novak, Boegan, Konvicja (autour de Trieste), Fugger (Salzbourg), Kriz et Trampler (Moravie), Siegmeth (Hongrie) ; et, sur les traces de M. Martel, les découvertes se multiplient en Angleterre (Yorkshire's Ramblers Club, MM. Calvert, Slingsby, etc.); Belgique (Van den Broeck, de Pierpont), Espagne (Font y Sagué, Puig y Larraz); Italie (Marinelli, Tellini), Serbie (Cvijc), Bulgarie (Scorpil), Grèce (Sidéridès), etc. Enfin, l'Amérique avec MM. Hovey, Ellsworth Call, miss L. A. Owen, commence à réduire les exagérations publiées jusqu'à présent sur ses immenses cavernes et à ramener, par exemple, de 241 à 48 ou 60 kilomètres l'étendue de Mammoth-Cave.

M. le baron HULOT, Sec. de la Soc. de Géog., à Paris.

L'œuvre de la Société de géographie, 1821-1900. — Le sujet proposé à M. HULOT ne pouvait qu'être effleuré dans une communication en séance. Il a d'abord établi que la Société de géographie est la première association scientifique qui ait eu pour objet exclusif l'étude de la Terre. Cette initiative a été féconde, comme le prouve le développement progressif des sociétés de géographie en France et à l'étranger, de même que l'institution de congrès nationaux et internationaux des sciences géographiques.

Si la Société limite son champ d'études à la géographie, elle envisage celle-ci sous tous ses aspects, qu'il s'agisse de géographie physique ou descriptive, mathématique ou historique, économique ou coloniale, etc.

M. Hulot examine ensuite les principaux moyens d'action de la Société :

Elle favorise, provoque et parfois subventionne les missions d'exploration; elle les récompense par l'attribution de prix et de médailles; elle les met en en valeur et les fait connaître par l'éclat de ses séances ; elle publie leurs résultats scientifiques dans ses recueils (*Mémoires* et *Bulletin*); elle coordonne ces documents et les rassemble dans sa bibliothèque et ses archives.

L'attention de la Société est également attirée vers les travaux des érudits, des savants, et de tous ceux qui concourent au progrès de la géographie. C'est ainsi que dans son nouvel organe, *La Géographie*, elle publie, à côté de relations inédites, un mouvement géographique mensuel et des notes bibliographiques.

En prouvant l'efficacité de ces moyens d'action par de nombreux exemples empruntés aux différentes époques de la vie de la Société, M. Hulot dégage la part de cette association dans le développement d'une science qui exerce la plus heureuse influence sur les progrès de la civilisation, comme sur l'accroissement du prestige et de la prospérité du pays.

M. David LEVAT. Ing. civ. des mines, à Paris.

Le chemin de fer de Cayenne aux placers de l'intérieur, en Guyane française. — Après avoir rappelé que le Congrès de Nantes a émis, en 1898, un vœu tendant à la réalisation du chemin de fer de la Guyane, M. Levat donne des indications sur la nature des terrains et sur l'orographie générale traverse par le tracé de la ligne, actuellement en cours d'exécution.

Le régime des eaux a été, de la part de M. Levat, l'objet d'une étude très complète. Il montre comment les divers éléments spéciaux au pays, la répartition des pluies annuelles, l'absence d'évaporation par les feuilles et enfin la nature imperméable des terrains qui composent l'ossature du pays, se combinent pour élever la proportion des colatures, à un chiffre de beaucoup supérieur à nos formules continentales.

M. Levat cite, avec éloges, en terminant, les travaux du géographe Brodel qui, en 1770, a parcouru pour la première fois les régions que va aborder, sous peu, la locomotive.

M. FAUVEL, à Paris.

Un Établissement français aux Seychelles au xviiie siècle. — M. Fauvel fait l'histoire des premiers essais de colonisation libre aux îles Seychelles, de 1772 à 1780. Le premier établissement fut fondé par un nommé Brayer du Barré, armateur à l'île de France, originaire de Normandie. Il se fixa sur l'île aux Cerfs, puis sur l'île Mahé, la principale des Seychelles. Mais il avait peu de moyens et fut bientôt couvert de dettes; des plaintes furent faites par ses créanciers auprès du gouverneur des îles de France et de Bourbon, dont dépendait l'archipel Seychellois. Il sombra en 1779. Le gouvernement français avait commencé lui aussi, vers 1774, un établissement sur l'île Mahé. Il s'agissait d'y introduire en secret la culture des arbres dits à épice : canelliers, girofliers et muscadiers. On les planta avec des poivriers au Jardin du Roi, près de l'anse Royale. M. de Romainville, commandant des Seychelles, les fit brûler, à la vue d'un navire français sans couleurs qu'il prit pour un anglais, et ce afin d'empêcher ces précieuses plantations de tomber dans les mains de l'ennemi, ainsi qu'on le lui avait officiellement recommandé.

Le Jardin du Roi fut abandonné à un particulier, le sieur Gilot qui le négligea Un nommé Hangard avait succédé à Brayer du Barré à Sainte-Anne et à Mahé, mais ses essais furent aussi infructeux. Ce ne fut qu'en 1778 que le roi de France se décida à ne plus subventionner ces établissements et résolut de coloniser officiellement les Seychelles.

L'histoire des établissements libres est faite d'après les documents inédits découverts par M. Fauvel dans les archives du Ministère des Colonies, dans celles du Ministère des Affaires étrangères et du Ministère de la Marine.

— 4 août —

M. Georges BLONDEL, à Paris.

L'expansion maritime allemande. — M. Blondel entretient la 14e Section de l'expansion maritime de l'Allemagne. Il montre comment ce pays, jadis essentiellement continental, s'oriente de plus en plus vers les questions maritimes : c'est la conséquence de son développement industriel. Il faut absolument que l'industrie allemande trouve des débouchés. Le tonnage de la flotte marchande allemande a, de 1871 à 1897, augmenté de 250 0/0 et le commerce maritime de

· l'Allemagne forme aujourd'hui plus des deux tiers du commerce extérieur total.

Le développement de la marine marchande a favorisé puissamment l'industrie des constructions navales et l'essor des compagnies de navigation. La Compagnie Hamburg-Amerika et celle du Norddeutscher Lloyd sont aujourd'hui les premières du monde.

Non contente de développer sa flotte commerciale, l'Allemagne se donne aussi une marine de guerre. A la suite du vote récent du Reichstag, l'Allemagne aura, en 1920, 38 vaisseaux de ligne, 20 grands croiseurs et 45 petits.

Toute cette transformation du nouvel Empire semble n'être encore qu'à ses débuts, elle aura pour l'avenir, non seulement de l'Allemagne mais de l'Europe entière, une haute importance.

M. Lucien GALLOIS, Maître de conf. à l'École Normale, à Paris.

Le Bassigny, étude d'un nom de pays. — Parmi les noms de pays que nous rencontrons sur le territoire de France, il en est de vraiment géographiques, et ceux-ci s'appliquent à des régions naturelles, d'autres sont simplement historiques et n'ont pas de valeur géographique. D'où la nécessité, pour le géographe, de distinguer entre les premiers et les seconds. La présente communication a pour objet de montrer combien cette recherche est quelquefois délicate. On étend généralement le nom de Bassigny à une région assez indécise comprise entre Neufchâteau et Langres, Chaumont-en-Bassigny et La Marche. Or, dans le pays, le nom de Bassigny a un sens beaucoup plus précis, c'est la région liasique de la haute vallée de la Meuse, jusqu'au moment où elle va s'engager dans les plateaux calcaires, vers Bourmont; c'est aussi celle où coule son affluent le Mouzon. Ce Bassigny constitue une véritable unité géographique, mais Chaumont-en-Bassigny n'y est pas compris, pas plus qu'Is-en-Bassigny. Comment expliquer cette singularité? L'auteur montre qu'il y a eu une ancienne division ecclésiastique, le doyenné d'Is-en-Bassigny, qui correspondait à peu près au Bassigny géographique, bien qu'il le dépassât déjà vers l'ouest, puis que ce nom s'est étendu à des territoires voisins, notamment à l'ancien *pagus boloniensis*, où se trouve Chaumont, qui perdirent leur individualité lorsqu'ils furent conquis par les comtes de Champagne. C'est ainsi qu'on en est venu à distinguer un Bassigny royal (champenois), un Bassigny mouvant (c'est-à-dire compris dans le Barrois mouvant) et un Bassigny non mouvant. Cette extension n'a plus rien de géographique. L'auteur conclut à la nécessité d'étudier de près ces noms de pays.

M. le Dr Fernand DELISLE, à Paris.

Sur la montagne Noire et le col de Naurouze. — Dans les ouvrages et les dictionnaires de géographie les plus récents, on fait finir la montagne Noire, le dernier massif méridional des Cévennes, au col de Naurouze. La montagne Noire n'arrive pas directement au col de Naurouze ni indirectement par les collines de Saint-Félix, comme on le prétend.

Les collines de Saint-Félix sont séparées de la montagne Noire par la vaste plaine qui s'étend de Castres à Naurouze et à Castelnaudary, la plaine de Revel.

La montagne Noire est limitée à l'ouest par la plaine de Revel et au sud par la vallée du Fresquel, affluent de l'Aude. Les limites au nord et au sud n'ont pas d'intérêt dans la question.

Le col de Naurouze, lieu dit géographique, est situé entre le pied des collines de Saint-Félix ou du Lauraguais au nord et l'un des contreforts qui prolongent vers l'ouest les Corbières occidentales. De plus les Corbières occidentales ne se terminent pas au col de Naurouze, ainsi qu'il est dit dans nombre d'ouvrages de géographie, mais près de Toulouse, aux coteaux de Saint-Agne et de Pech-David, entre Lhezs-Mont et Garonne.

C'est donc une erreur : 1° de prolonger la montagne Noire jusqu'à Naurouze ; 2° de raccorder les collines du Lauraguais à la montagne Noire ; 3° d'arrêter les Corbières occidentales aux environs de Castelnaudary ou de Naurouze.

———

M. Julien **THOULET**, Prof. à la Fac. des Sc. de Nancy.

De la confection des cartes lithologiques sous-marines — M. THOULET expose les bases sur lesquelles s'appuie la confection des vingt-deux feuilles de la grande carte bathymétrique et lithologique des mers qui baignent les côtes de France, entreprises par lui depuis une huitaine d'années et actuellement en cours de publication.

Ces bases sont :

Une classification rationnelle des divers fonds sous-marins permettant de nommer et de figurer un fond quelconque quand on connaît sa constitution et ensuite une étude générale d'analyse successivement mécanique, minéralogique, chimique et biologique de l'échantillon récolté.

Il devient alors possible de perfectionner indéfiniment une carte sous-marine, chaque échantillon pris en n'importe quelle localité et à n'importe quel moment se raccordant avec ceux précédemment étudiés.

Une telle façon de procéder est seule en mesure de fournir une notion de plus en plus parfaite du sol sous-marin qui est invisible et dont la connaissance ne s'obtient, par conséquent, qu'au moyen des sondages isolés et indépendants les uns des autres.

———

M. Jean-François **BLADÉ**,

Basse-Navarre et Vicomté de Labourd. — Après avoir rapidement exposé l'histoire de la Basse-Navarre et de la Vicomté de Labourd, l'auteur donne la géographie féodale de ces deux parties du pays Basque français, puis il expose l'organisation ancienne de la justice, situation fort compliquée. Enfin dans un appendice il s'occupe d'un territoire aujourd'hui Espagnol, la vallée méridionale de la Bidassoa.

———

M. Henryk **ARCTOWSKI**, Membre de l'expédition de *la Belgica*.

La question du continent antarctique. — Résumé.

Les découvertes géographiques de l'expédition antarctique belge.

Résultats des sondages de *la Belgica* : les relations bathymétriques entre l'Amérique du Sud et les terres antarctiques et, au delà du cercle polaire, dans la région de la dérive de *la Belgica*.

Nature des sédiments marins : les blocs erratiques.

Les icebergs et la banquise.

Les nouveaux arguments en faveur de l'hypothèse d'un continent austral.

— 6 août —

M. Émile BELLOC, à Paris.

Recherches hydrographiques dans la région de Néouvieille (Hautes - Pyrénées).
— M. Émile Belloc, qui a déjà eu l'occasion de parler des lacs du massif de
Néouvieille, communique le résultat de ses nouvelles recherches.

Les eaux épandues sur les pentes et dans les vallées qui entourent ce puissant massif montagneux, sont localisées, en majeure partie, dans des dépressions
plus ou moins vastes et plus ou moins profondes, qui donnent naissance à des
torrents impétueux.

Ces dépressions peuvent être divisées en deux catégories parfaitement distinctes : l'une déverse ses eaux dans le bassin de l'Adour, et l'autre dans celui
la Garonne.

Depuis quelques années l'administration de l'hydraulique agricole a entrepris
dans ses hautes régions des travaux très importants. Ces travaux ont pour but
de convertir quelques lacs des Pyrénées centrales en réservoirs, et de dériver
leurs eaux — principalement celles de la Neste d'Aure, — de façon à relever
son étiage, et à fournir, par ce moyen, un débit plus régulier aux nombreux
cours d'eau, — tels que le Gers, les Baïses, etc. — qui prennent naissance sur
le plateau de Lannemezan.

La plupart des lacs du massif de Néouvielle sont directement alimentés par
les précipitations météoriques et surtout par le produit de la fusion des glaces,
et des névés permanents qui recouvrent ces hauts-reliefs.

Leur formation est due, en grande partie, à des affaissements locaux de la
roche encaissante. Pour quelques-uns d'entre eux, le seuil rocheux constituant
le barrage qui retient leurs eaux prisonnières, a été légèrement exhaussé par
des apports morainiques anciens et par des éboulements de formation plus
récente.

Par suite du ravinement provoqué par les agents atmosphériques et la dénu-
dation du sol, de profonds couloirs d'avalanches accumulent au sein de ces
nappes lacustres d'énormes cônes de déjections, qui les comblent petit à petit et
modifient sans cesse les contours de leurs rivages.

M. J. de REY-PAILHADE, Ingénieur civil des Mines à Toulouse.

Application du système décimal au temps et à l'angle. — L'auteur annonce le
plein succès obtenu par les essais pratiques exécutés pendant six mois par des
officiers de la marine française avec des instruments et des tables gradués dans
la division décimale angulaire du grade. Ces expériences démontrent les grands
services que l'art de la navigation retirera de l'emploi de la division décimale
de l'angle.

Dans ces conditions il faudrait inviter tous les cartographes à munir les nouvelles cartes, au moins, d'une graduation supplémentaire décimale.

Le congrès international de chronométrie, pour avancer davantage, a nommé
une commission permanente chargée d'étudier la réalisation, au point de vue
scientifique, de la décimalisation du temps.

M. de Rey-Pailhade pense que pour résoudre le problème actuellement, il suffira : 1° de prendre pour l'angle le grade ou centième partie du quart de cercle ; 2° d'adopter pour unité de temps le *cé* ou centième partie du jour entier.

Plus tard, on examinera les moyens d'établir une concordance parfaite entre les mesures du temps et de l'angle.

M. de Rey-Pailhade rappelle enfin le vœu favorable à la décimalisation du temps et de l'angle que la Section de Géographie émit sur sa proposition au Congrès de Caen en 1894. Ce vœu a eu une heureuse influence sur les résultats acquis aujourd'hui.

M. FOURNEAU.

Notes ethnographiques sur les tribus Loangos et Barclis.

M. Paul LABBÉ, à Paris.

Les Ghiliaks de l'île de Sakhaline. — M. Paul LABBÉ donne le canevas de l'étude qu'il prépare sur les Ghiliaks de l'île de Sakhaline où il a accompli une mission du Ministère de l'Instruction publique.

Les Ghiliaks de Sakhaline qui se donnent le nom de « Nivoukh » tandis qu'ils appellent ceux de l'Amour « Iabessé », sont venus du bassin de l'Amour en traversant la mer glacée sur leurs traineaux attelés de chiens. Vivant loin de tout peuple civilisé, ils ont conservé un caractère plus original et plus primitif que ceux de l'Amour.

Leurs maisons sont des huttes enfumées où ils vivent dans des conditions déplorables. Ils sont d'ailleurs plus malheureux depuis la venue des forçats russes qui les refoulent et souvent les corrompent. Ils vivent par groupes de trois ou quatre maisons dans chacune desquelles habitent parfois trente individus.

La propriété est collective. Il y a pourtant un maître dans la hutte qui appartient à tous.

Il n'y a de cérémonies que celles des fêtes de l'Ours ou du Phoque ; encore la fête de l'Ours semble-t-elle, non une fête nationale, mais une fête imitée de celles des Aïnos. Le mariage n'est pas une cérémonie, on achète la femme qui est un être inférieur, mais le mari est bon pour elle. On brûle les morts et il est difficile de trouver des crânes. L'orateur s'en est procuré pourtant plusieurs et a fait des mensurations. Dieu est représenté par les forces de la nature : mauvaises, elles sont des diables, bonnes, des dieux. Dieu lui-même semble être un assez méchant esprit qui se contente de ne pas faire de mal.

M. Paul COLLENOT.

Situation économique de l'industrie pétrolière en Russie. — Depuis 1896, l'industrie pétrolière subit à Bakou une crise qui semble avoir atteint son point culminant pendant l'exercice de 1899. Cette crise économique, engendrée surtout par des spéculations malheureuses, a amené la déconfiture de nombreuses maisons qui ont périclité alors que jamais la production du naphte n'avait été si abondante.

Pour la première fois depuis vingt ans les capitaux français trouvent

l'occasion de s'intéresser à une industrie qu'ils ont toujours négligée. Doivent-
ils en profiter ?

Non ; car :

1° Le prix de vente du naphte diminuera. L'exploitation de nouveaux terrains
pétrolifères récemment découverts rétablira l'équilibre entre l'offre et la demande
et ramènera des cours normaux ; l'augmentation de la production houillère
permet de prévoir le jour où le naphte ne sera plus employé comme combustible.

2° Le prix de revient du naphte augmentera. La situation économique de
Bakou rend les affaires nouvelles très difficiles ; le sol appauvri est à un prix
hors de proportion avec sa valeur industrielle ; pour être productifs, les puits
doivent chaque année être forés plus profondément, et nulle part en Russie,
le problème du recrutement de la main-d'œuvre ne se pose avec plus d'acuité
qu'à Bakou.

— 8 août —

M. le colonel Charles CHAILLÉ-LONG.

Une page d'histoire de la géographie africaine. — Le colonel CHAILLÉ-LONG,
ancien officier supérieur de l'armée égyptienne, chef de l'état-major du général
Gordon-Pacha, fait le résumé des voyages accomplis par les anciens et par les
modernes dans le bassin du Nil.

D'origine française lui-même, il s'applique à mettre en pleine lumière les
noms des explorateurs français qui ont contribué à la solution du passionnant
problème des Sources du Nil, problème qui remonte à la cinquième dynastie
des Pharaons.

Le colonel Chaillé-Long cite une inscription relevée sur un tombeau
d'Assouan et relatant la découverte d'un pygmée. Cinq mille ans s'écoulent,
on est en l'année 1875 de l'ère chrétienne, et lui-même pour fixer un point
de la science ethnologique, ramène des profondeurs de l'Afrique centrale une
pygmée, or, sauf les sujets ramenés par le voyageur italien Miani, c'était le
premier spécimen du genre.

Le colonel fait ensuite un exposé de sa mission militaire et diplomatique
pour le pays d'Ouganda, il rappelle le traité conclu avec le roi M'tésa, en
vertu duquel tout le bassin du Nil fut annexé à l'Égypte ; la reconnaissance de
la partie de ce fleuve entre le lac Victoria et Foueira ; enfin, la découverte du
lac Ibrahim. Il réclame la part qui lui revient en toute équité, dans la découverte des Sources du Nil de concert avec Speke et Baker ; il appuie cette
revendication d'une lettre écrite de la propre main de Gordon-Pacha. Il fait
ressortir les résultats de la mission que lui a confiée le vice-roi d'Égypte,
Ismaïl-Pacha.

Il réfute catégoriquement, en observateur sérieux, soucieux de la vérité,
l'existence de la prétendue peuplade pourvue d'un appendice caudal, et cite, à
ce propos ce qui a été écrit à M. d'Arnaud-Bey, d'Égypte, par l'illustre membre
de l'Institut de France, Jomard.

Il signale le peu de profits matériels à tirer de la conquête du centre africain
et établit, d'accord avec les anciens, que les seules parties pouvant offrir des
avantages réels, indéniables, sont celles qui bordent le littoral.

M. Paul BONNARD, à Paris.

Le Grand Central africain (Bougrara et Bizerte — le Tchad). — La Russie n'a pas commencé plusieurs sibériens, elle a fait le Transsibérien. A plus forte raison, pour la traversée du Sahara par le rail, il faudra choisir entre les tracés.

Le transsaharien par Bilma fait l'unité de notre empire africain, à la différence de celui d'Igli au Niger, qui n'atteindrait le Congo français qu'à travers le Sokoto (anglais) et le Cameroun (allemand).

Il permet la défense de nos possessions de l'Afrique centrale, sans lui à découvert.

Bizerte pour les marchandises de prix, les voyageurs, les transports en temps de guerre, Bougrara pour les marchandises lourdes seraient deux têtes de ligne incomparables. Les quinze mille hectares d'eaux profondes à Bizerte, les trente mille hectares à Bougrara, permettraient, sur les deux bassins de la Méditerrannée, à l'est, à l'ouest, un port de guerre, et, à son service (pour la main d'œuvre et le ravitaillement, notamment en charbon) un port de commerce et un port franc. Bizerte rivalisera d'emblée avec Malte (port franc) sur la ligne Gibraltar-Suez. A ces eaux de Bizerte et de Bougrara, la France préférera-t-elle les eaux d'Oran, de Philippeville ou d'Alger ?

Ce transsaharien serait de cinq cents kilomètres par Bizerte, de mille par Bougrara, plus court que la ligne Philippeville — le Tchad.

Sans ce transsaharien, le commerce du monde et la civilisation réclameront impérieusement une ligne du golfe syrtique au Tchad, traversant le désert du côté où il est semé d'oasis et à moins de neuf cents kilomètres.

Nos possessions du centre africain seraient alors comprises entre deux chemins étrangers, d'Alexandrie au Cap, et du rivage tripolitain au rivage du Sokoto et du Cameroun.

Si ce transsaharien de l'est, par Bilma, est dans nos plans, attendrons-nous la terminaison où l'avancement des chemins du Cap au Caire et de l'Ouganda, le rétablissement de la paix dans le Sud Africain et en Chine, l'échec toujours à craindre (en l'absence de communications rapides notamment pour le contrôle) des sociétés qui se partagent le Congo français et le Haut-Oubanghi ?

Ces sociétés, pour trouver le concours de l'épargne, réclament ce grand central africain qui supprime la distance et « les ténèbres de l'Afrique ».

L'épargne française qui s'est dirigée vers Suez, Panama, la Sibérie, préfère à la Chine et au Transvaal, le Grand Central africain, plus sûr, également utile au monde et à la France.

Bizerte port de sortie des phosphates du Thala.

M. J. BRUNHES, Prof. à l'Univ. de Fribourg

Le boulevard comme fait de géographie urbaine.

Travaux imprimés

PRÉSENTÉS A LA SECTION

Observations sur les variations des glaciers et l'enseignement dans les Alpes dauphinoises, organisés par la Société des Touristes du Dauphiné, sous la direction de M. Kilian, professeur à la Faculté des Sciences de Grenoble, avec la collaboration de M. G. Flusin, préparateur à la Faculté et le concours des guides de la Société, de 1890 à 1899, et publiées sous le patronage de l'Association Française pour l'Avancement des Sciences.

M. RAMOND. — *La géographie physique et la géologie à l'Exposition universelle de 1900.*

15ᵉ Section.

ÉCONOMIE POLITIQUE ET STATISTIQUE

PRÉSIDENT. . . . . M. LEVASSEUR, Mem. de l'Inst., Prof. au Coll. de France.
VICE-PRÉSIDENT . . . . M. CURIE, Lieut.-Col. du gén. en ret., à Versailles.
SECRÉTAIRE . . . . M. SAUGRAIN, Av. à la Cour d'appel de Paris.
SECRÉTAIRE ADJOINT . . . . M. FEBVRE-WILHELEM, Cons. gén. de la Haute-Marne.

— 3 août —

M. le Colonel Ju¹es CURIE.

Représentation proportionnelle dans les élections municipales. — M. CURIE expose pour les élections municipales, trois solutions, dont les deux premières ne sont que l'application de la solution qu'il a proposée dès 1888 pour les élections politiques et qui a fait l'objet de communications à l'*AFAS*, en 1889, 1891, 1894 et 1897. L'idée, dans sa forme primitive, appartient à Thomas Hare (Angleterre, 1859, et à Andrae (Danemark, 1855) et a été proposée sous une autre forme par. M. Pernolet, ancien député de la Seine, à l'Assemblée nationale (1874). C'est, à peu de choses près, cette solution qui a été récemment adoptée en Belgique pour les élections politiques.

La troisième solution est l'application aux élections municipales du système de la concurrence des listes (systèmes belge et suisse) que M. Curie a étudié pour le cas des élections politiques (Comptes rendus de l'*AFAS*, 1898). Le système d'Hondt a été adopté il y a quelques années, en Belgique, pour les élections politiques, mais seulement pour remplacer le ballotage.

Dans les trois solutions, M. Curie admet que le *chiffre d'élection* aura été fixé à l'avance, ce qui simplifie et, en même temps, assure la représentation de tous les votants. M. Curie utilise les voix perdues en reportant d'un nom sur un autre ou d'une liste sur une autre, dans les conditions déterminées, les voix qui ne peuvent être utilisées autrement.

La première manière, où l'on vote pour une liste toute faite de noms classés par ordre de préférence (vote uninominal), pourrait être appliquée à Paris.

La deuxième manière, où l'on vote pour un nom hors liste et une liste (vote uninominal), pourrait être adoptée pour les villes où le conseil municipal doit se composer de plus de 15 membres.

La troisième manière (concurrence des listes) pourrait être employée dans les localités où le conseil municipal ne doit être composé que d'un nombre de membres inférieur à 15.

Discussion. — M. Adolphe Coste formule deux objections d'ordre général :

1° La représentation proportionnelle ne pourra s'établir qu'à l'aide de moyens faciles à comprendre et d'une vérification aisée pour tous les électeurs. Tout procédé de calcul ou de report des voix exigeant que l'on se confie à des scrutateurs spéciaux, serait un motif de suspicion invincible. Pour y échapper, la fixation préalable d'un quotient électoral ou chiffre d'élection, paraîtrait indispensable; ensuite le vote pour un seul candidat suivant une liste de préférence avec report des voix sur les noms subséquents, dès que le chiffre électoral serait atteint (système Hare), semblerait le procédé le plus simple et le plus intelligible. Le colonel Curie paraît s'en être exagéré les inconvénients. Il est improbable que, sur un grand nombre de bulletins portant trois noms par exemple, les bulletin A B C ne se trouvent pas également mélangés au bulletins A C B.

2° Les systèmes belge et suisse, même amendés comme le propose le colonel Curie, exigent, pour le report des voix, que l'on vote au scrutin de liste et par bulletin de parti. Ils forcent donc l'électeur à s'enrégimenter dans un parti, et même, dans le système Curie, à déclarer leur préférence subsidiaire pour tel ou tel autre parti en dehors du leur. On peut aboutir de cette manière à une représentation des partis, mais non à l'expression sincère de l'opinion individuelle des électeurs. Ce serait, politiquement, un recul plutôt qu'un progrès. Les partis tendent de plus en plus à se dissoudre, et les opinions individuelles qu'il importe de connaître se groupent, à l'occasion de chaque question dominante, dans un ordre variable et très différent de l'ordre permanent des partis, dont les programmes rigides répondent, en général, à des préoccupations de lutte sociale. Un système de représentation proportionnelle ne procurerait aucun avantage réel s'il ne permettait justement à l'électeur de s'affranchir des cadres inflexibles où il se trouve jusqu'ici beaucoup trop emprisonné.

— 4 août —

M. LEVASSEUR, Membre de l'Institut, Professeur au Collège de France.

Sur la comparaison du travail à la main et du travail à la machine, au point de vue de la main-d'œuvre. — M. Levasseur a déjà fait sur ce sujet une conférence à la Société d'Encouragement pour l'Industrie nationale, laquelle a été publiée en brochure. L'occasion de ce travail est une enquête très importante du Département du Travail à Washington, qui a porté sur cette comparaison. M. Levasseur en a tiré les conclusions économiques, en les appuyant sur ses propres recherches, à savoir, que le travail à la machine : 1° emploie pour confectionner le même produit, plus d'ouvriers que le travail à la main, et exige, à cause de la division du travail, un plus grand nombre d'opérations ; 2° que cependant le nombre total d'heures de travail est beaucoup moindre ; 3° et la somme totale payée en salaires est moindre, quoique dans beaucoup de cas, l'heure soit payée plus cher à l'ouvrier. Il montre que c'est une illusion de croire que la machine chasse l'ouvrier ; au contraire, quelles que soient les apparences, il est certain que nulle part la demande de bras n'est plus active que là où il y a beaucoup de machines et où le nombre des machines augmente. M. Levasseur entre aussi dans d'autres considérations qu'il serait trop long de rappeler.

Discussion. — M. Curie fait remarquer que, quand M. Levasseur établit que l'introduction de l'emploi des machines dans l'industrie n'a nullement pour effet d'enlever du travail aux ouvriers et qu'au contraire, loin de faire diminuer la main-d'œuvre, elle la fait augmenter, il y a une distinction à faire.

Si l'on considère une même quantité d'ouvrage exécutée sans l'emploi des machines ou avec l'aide des machines, dans le premier cas il faudra évidemment plus de main-d'œuvre que dans le second. Mais l'abaissement des prix dû à l'emploi des machines aura pour effet une augmentation de la consommation, par suite une augmentation de la production, et par conséquent du travail des ouvriers. Dans l'exemple cité par M. Levasseur, où, pour faire une paire de chaussures que faisait autrefois un seul cordonnier, on doit occuper à la fois cinquante-deux ouvriers, si au lieu d'un cordonnier travaillant sans machines, on en considère cinquante-deux, il y aura égalité de main-d'œuvre, mais au bout d'un même temps, les cinquante-deux ouvriers travaillant avec des machines auront fait beaucoup plus d'ouvrage que les cinquante-deux cordonniers avec l'ancien outillage. L'augmentation de la quantité d'ouvrage produite montre l'utilité des machines; et c'est l'abaissement du prix qui en résulte, par suite de la diminution de la quantité de main-d'œuvre entrant dans la confection d'une paire de chaussures, qui oblige à remplacer l'ancien outillage par des machines perfectionnées.

La machine, c'est le capital devenu productif d'une augmentation de la quantité d'ouvrage fait. De là, la nécessité de l'association du capital et du travail.

Du reste, M. Yves Guyot, dans une intéressante communication qu'il a faite au Congrès de Caen, a montré, par les données de la statistique relative aux employeurs et aux employés, qu'eu égard au grand nombre des patrons qui travaillent eux-mêmes comme ouvriers, le rapport du nombre des employés à celui des employeurs est bien moindre qu'on ne pourrait le supposer.

D'ailleurs, de la facilité avec laquelle se font de nos jours les petits placements, il résulte que le nombre des ouvriers et des employés de tout genre qui sont en même temps capitalistes, va toujours en augmentant.

L'état de guerre entre le capital et le travail ne saurait être que préjudiciable à tous, car une élévation exagérée du taux des salaires peut rendre impossible de soutenir la concurrence, et tuer une industrie.

Le journal *le Havre* a fait voir que dans une grève récente, qui a duré six semaines, l'augmentation de salaire obtenue par les grévistes ne couvrirait qu'au bout de dix-huit mois les pertes subies par les ouvriers, par suite du chômage. Or, les travaux du port, auxquels étaient employés ces ouvriers, devaient être terminés au bout de quatre mois.

Cet exemple fait bien voir combien les grèves peuvent être parfois préjudiciables aux ouvriers, et, par conséquent, quel avantage il y a pour tout le monde à ce que le capital et le travail contractent une intime alliance au lieu d'être en hostilité irréconciliable.

<hr>

M. BLAISE, Ingénieur des Arts et Manufactures, à Rouen.

Comparaison du travail à la main et du travail à la mécanique. — La question posée par le Bulletin n° 94, constituerait l'histoire de chacune des industries et des progrès qui y ont été réalisés, depuis l'origine du monde jusqu'à nos jours. Ne pouvant répondre pour chacune d'elles, il paraît naturel d'examiner les industries du pays que l'on habite, et de parler, pour un habitant de Rouen, plus longuement et plus spécialement, de la filature et du tissage, pratiqués dans la région normande ; ce travail peut s'appliquer aux textiles de toute nature ; les renseignements et les chiffres donnés pour le coton ont été recueillis à des sources très dignes de foi.

Ils permettent d'établir que : le travail mécanique offre toujours, quelle que soit la matière travaillée, une régularité très grande dans le produit obtenu. Que la main-d'œuvre va toujours en diminuant, avec les améliorations successives des machines. Il est presque impossible de comparer exactement ces deux sortes de travail, puisque les transformations et les améliorations sont continues.

— 6 août —

M. YVES GUYOT, à Paris.

L'organisation commerciale du travail. — M. G. de Molinari, dans un article publié en 1842, sur l'avenir économique des chemins de fer, disait : « Les industriels devront acheter le travail en gros au lieu de l'acheter en détail. » Cependant, Le Play a déclaré que les industriels devaient traiter individuellement avec les ouvriers. C'était l'idée du patronage du chef de tribu.

Or, un industriel n'a pas à gouverner au point de vue moral, intellectuel, religieux, le personnel de son usine. Il a à acheter, à fabriquer et à vendre en vue du gain. Il achète le produit du travail des ouvriers ; et une fois ce contrat exécuté, il n'a pas plus à s'occuper de l'usage que les ouvriers font de leur salaire, que ceux-ci n'ont à lui demander compte de la manière dont il dirige son usine. Le contrat de travail n'est qu'un contrat d'échange.

Les industriels qui affirment le plus énergiquement ne traiter qu'individuellement, oublient leur principe quand une grève survient. Ils traitent collectivement avec des délégués et dans les plus mauvaises conditions. Les syndicats sont des associations de combat. M. Yves Guyot n'en demande pas la suppression légale ; mais il faut les remplacer par des sociétés commerciales de travail, fondées conformément à l'article 68 de la loi sur les sociétés. Les industriels traiteront avec ces sociétés d'après les principes suivants :

1° Achat en gros du travail au lieu de l'achat en détail ;

2° Garantie de qualité et de durée pour un temps déterminé ou une quantité déterminée permettant à l'industriel d'établir son prix de revient ;

3° Grandes opérations dégagées de tous les détails accessoires ;

4° Responsabilité effective de la société contractante pour retard, malfaçon ;

5° En un mot, généralisation du travail aux pièces. Organisation des usines, chantiers, ateliers en sous-entreprises auxquelles l'industriel fournirait la matière première et l'outillage.

M. Édouard FEBVRE-WILHÉLEM, à Chaumont (Haute-Marne).

Création de colis postaux régionaux à demi-tarif. — Je soumets à votre appréciation une proposition tendant à la création de colis postaux régionaux de trois, cinq et dix kilogrammes à demi-tarif pour les colis circulant dans le département d'où ils sont expédiés et dans les départements limitrophes, comme cela existe pour les journaux et imprimés périodiques envoyés par la poste.

Je vous rappelle tous les bienfaits que la création des colis postaux a procurés à tout le monde en général, producteurs, commerçants et consommateurs ; l'utilité en a été tellement reconnue que les colis postaux qui n'étaient au début que de trois kilogrammes ont été étendus et que l'on a créé des colis postaux de 3 à 5 kilogrammes et de 5 à 10 kilogrammes.

Ces colis postaux jusqu'à 3 kilogrammes s'expédient d'une gare à l'autre du territoire français moyennant une taxe de 60 centimes compris 10 centimes de timbre.

Ceux de 3 à 5 kilogrammes une taxe de 80 centimes compris 10 centimes de timbre.

Ceux de 5 à 10 kilogrammes une taxe de 1 fr. 25 c. compris 10 centimes de timbre.

Mais en même temps que cette création nouvelle, favorisait les relations générales, elle avait une répercussion défavorable sur le commerce local et régional, en ce sens que de nombreux consommateurs n'hésitaient pas à s'adresser au loin pour se procurer les objets dont ils s'approvisionnaient autrefois dans la contrée.

C'est pour obvier en partie à ces inconvénients que je propose la création d'un demi-tarif pour les colis postaux circulant dans le département et les départements limitrophes d'où ils sont expédiés comme cela existe pour la taxe des journaux envoyés par la poste. D'ailleurs ce demi-tarif qui paraît à première vue un privilège n'en est pas un en réalité. Si l'on supprimait du tarif ordinaire le droit de timbre du récépissé de 35 centimes qui a été supprimé dans les colis postaux, les tarifs des Compagnies donneraient presque cette réforme.

Ainsi si l'on prend les tarifs de la compagnie de l'Est par exemple, on voit qu'un colis de 5 kilogrammes jusqu'à un parcours de 250 kilomètres paie 40 centimes à la Compagnie plus 10 centimes de timbre et 35 centimes de timbre de récépissé.

Un colis de 10 kilogrammes pour un parcours de 120 kilomètres paie 40 centimes plus 45 centimes de droit de timbre, et pour 180 kilomètres, 60 centimes plus le timbre de 45 centimes.

Or ces distances 250 kilomètres et 180 kilomètres sont des longueurs supérieures à la plus grande diagonale que l'on pourrait prendre dans le groupe formé par n'importe quel département entouré de ses départements limitrophes.

Comme vous le voyez par ces chiffres en appliquant le tarif ordinaire des Compagnies pour les colis de trois, cinq et dix kilogrammes sur les longueurs kilométriques que ces colis régionaux seront appelés à parcourir et le timbre des colis postaux qui n'est que de 10 centimes, la réforme serait presque établie, justice serait donnée aux relations régionales, et droit serait fait aux revendications du commerce et de l'industrie.

M. G. SAUGRAIN, Avocat à la Cour d'appel de Paris.

Des conséquences économiques de la création des colis postaux et des réformes à apporter à leur législation. — La création des colis postaux, en unifiant le prix de transport des petits colis et en supprimant ainsi l'effet de la distance sur les prix, a eu, pour le commerce de certains articles, des conséquences économiques que M. Gaston SAUGRAIN développe longuement et étudie en détail.

Le nombre des colis postaux augmente ; cependant ce service est encore bien imparfait, et il serait nécessaire d'y apporter de nombreuses améliorations. Le bon marché du transport, plus apparent que réel, n'existe que pour les très longues distances. En réalité, jusqu'à 250 kilomètres environ, si on tient compte de la différence du droit de timbre perçu pour le compte de l'État, le prix de transport prélevé à leur profit par les Compagnies de chemins de fer est plus élevé lorsqu'il s'agit d'un colis postal que lorsque le même colis est expédié en grande vitesse conformément au tarif général. Il ne faut pas oublier non plus que si on veut comparer les prix de transport, il faut ajouter la prime d'assurance au tarif des colis postaux ; la responsabilité des Compagnies de chemins de fer étant, en effet, limitée pour ceux-ci, tandis qu'elle est entière pour les colis ordinaires. Les Compagnies se sont même fait exonérer de toute responsabilité en cas de retard des colis postaux ; cependant les délais de transport qui, sans être sanctionnés, ont été réglementés, sont assez larges ; il serait même utile de les réduire en les rendant obligatoires les colis, qui sont réellement nécessaires à ceux qui se les font envoyer ne pouvant être expédiés par un mode de transport qui n'assigne aucune limite à leur arrivée.

Enfin, la principale réforme à introduire dans cette législation est celle de l'attribution de la compétence. On sait que depuis les arrêts de principe rendus le 11 février 1884 par la Cour de cassation et le 20 février 1891 par le Conseil d'État, il est désormais admis que toutes les contestations relatives aux colis postaux sont soumises à la juridiction du Ministre du Commerce en premier ressort, au Conseil d'État en appel, et il s'agit généralement d'une somme de 15 francs, maximum de l'indemnité pour les colis de 3 kilogrammes. Il semble que si on veut réellement sanctionner les préjudices causés aux expéditeurs par la perte ou l'avarie des colis, on devrait attribuer la compétence à une juridiction moins éloignée des justiciables.

A la suite de la communication de M. Saugrain, la Section a émis, sur sa proposition, un vœu qui a été adopté comme vœu de l'Association. (Voyez page 74.)

M. YVES GUYOT.

Examen des impôts et projets d'impôts proposés en remplacement des octrois en France. — Sauf l'Italie, tous les peuples de l'Europe ont supprimé les octrois. Dans toutes les grandes villes, sauf en France et en Italie, l'impôt direct constitue les principales ressources du budget. Ce qu'ont été capables de faire tous les autres peuples, la France est-elle impuissante à le réaliser ? — M. Yves Guyot rappelle la proposition Menier de 1879, sa proposition adoptée par le Conseil municipal en 1880, sa proposition de loi votée en 1889, reprise en 1893 par M. Guillaumou, le rapport Bardoux, et enfin la loi du 29 décembre 1897, faite dans le but, non pas de dégrever les consommateurs des villes, mais de favoriser les producteurs de vin.

L'article premier autorisait la suppression des droits et tout au moins les obligeait à réduire leurs tarifs. L'article 5 les autorise à choisir leurs taxes de remplacement sous les conditions fixées par MM. Menier et Yves Guyot. M. Yves Guyot examine les propositions faites à Paris et les délibérations du Conseil municipal. Reprenant le mémoire de M. Fontaine, président de la Commission des contributions directes de la ville de Paris, il montre que la taxe sur la valeur de la propriété bâtie et non bâtie, dont le propriétaire établira lui-même la répercussion sur ses locataires est la plus juste et la plus facile à établir. Le Conseil municipal de Paris a eu un délai de deux ans pour appliquer la loi de 1897 ; les autres communes une prorogation d'un an. M. Yves Guyot espère que ces prorogations ne seront pas renouvelées.

Discussion. — M. Curie, après avoir entendu l'intéressante communication de M. Yves Guyot, rappelle qu'en 1890, au Congrès de Limoges, il a présenté une étude dans laquelle il proposait, sans rien changer immédiatement au mode de perception des différentes taxes existantes, de modifier le taux de ces taxes de manière à aboutir indirectement à ce résultat que l'impôt payé par chaque contribuable soit proportionnel à son revenu.

Avec l'impôt proportionnel au revenu, le taux des taxes une fois établi et donnant un impôt total déterminé, on ferait varier le total de l'impôt de tant pour cent en faisant varier toutes les taxes dans le même rapport.

On régulariserait en tout temps le taux des taxes en vue de la proportionnalité au revenu.

Il n'y aurait dès lors à discuter que le budget des dépenses. Celui des recettes s'en déduirait par un calcul proportionnel.

M. Ad. Coste, d'accord en principe avec M. Yves Guyot, croit cependant qu'il serait juste de faire porter les impôts de remplacement des octrois aussi bien sur la valeur locative que sur la valeur foncière des immeubles, en laissant la taxe des locataires et celle des propriétaires bien distinctes. Toute amélioration du régime des villes se répercute favorablement sur la valeur des immeubles : les propriétaires doivent donc l'impôt en raison de cette plus-value. D'autre part, l'impôt sur la valeur locative est une taxe sur le revenu des habitants présumé d'après leur loyer d'habitation : il est donc tout autre que l'impôt sur le fonds. Sans doute, par le jeu de l'offre et de la demande, le propriétaire pourra prendre à sa charge tout ou partie de la taxe locative, comme il le fait déjà dans certaines villes pour la contribution des portes et fenêtres ; mais, dans le système de M. Y. Guyot qui ne règle pas d'avance la répartition, il pourrait se faire que le propriétaire, au lieu de prendre la taxe locative à sa charge, prétendît reporter sur le locataire l'impôt qu'il devrait personnellement sur son immeuble. Dans ce cas, le locataire ne pourra se rendre compte de la tentative que si les deux taxes, la locative et la foncière, sont séparées. Il est permis de penser que l'incidence des impôts de remplacement se trouverait de cette manière beaucoup mieux assurée.

———

VŒU PROPOSÉ PAR LA 15e SECTION

(Voy. page 74.)

16ᵉ Section.

PÉDAGOGIE ET ENSEIGNEMENT

Présidents d'honneur . . . . . . M. GARCIA DE GALDEANO, Prof. à l'Univ. de Saragosse.
M. GODART, Anc. Dir. de l'Éc. Monge.
Président. . . . . M. LAISANT, Exam. d'ad. à l'Éc. Polyt.
Vice-Président . . . . M. de MONTRICHER, Ing. civil des Mines, à Marseille.
Secrétaire . . . . M. GUÉZARD.

— 3 août —

M. le Commandant RIPERT, à Paris.

Sur la fusion de la planimétrie et de la stéréométrie dans l'enseignement de la géométrie analytique. — On sait que la question est à l'ordre du jour en Italie, en ce qui concerne l'enseignement de la *géométrie élémentaire*, et que les résultats obtenus par MM. Lazzeri et Bassani, dans leur cours professé à l'Académie navale d'Italie, ont rallié à la fusion, considérée d'abord comme une utopie, un grand nombre de partisans éminents.

En ce qui concerne l'enseignement de la *géométrie analytique*, pour lequel des raisons peut-être plus puissantes encore peuvent être invoquées, il semble que la question n'a pas été abordée, sauf par M. Laisant qui, dans sa *Mathématique*, s'est occupé, à plusieurs reprises, d'en faire ressortir le grand intérêt. C'est l'étude des mesures à prendre pour donner une sanction à cette manière de voir, depuis longtemps celle de M. Ripert, qui fait l'objet de son Mémoire.

Une pareille question ne saurait être tranchée prématurément; mais elle est assez importante pour mériter au moins une expérimentation. L'auteur présente un programme des expériences à faire ; il s'est efforcé de tracer ce programme dans des conditions de prudence qui soient de nature à rassurer les esprits les plus enclins à redouter les nouveautés.

M. J.-B. VINCE, à Pressy-sous-Dondin (Saône-et-Loire).

Méthode intuitive de calcul. — La méthode dont il s'agit est présentée à l'Exposition Universelle de 1900 (Groupe I, Classe 1), sous le numéro 13135, nᵒ 4002 du Catalogue général officiel (mention honorable). Elle est, jusqu'à présent, inédite.

L'idée fondamentale consiste à représenter les chiffres en y adaptant des signes qui donnent immédiatement l'idée précise de leur valeur absolue. En outre, une certaine variété de ces signes permet de reconnaitre aussi la nature des unités que chaque chiffre représente, depuis les unités simples jusqu'aux centaines de mille. On peut affirmer que pour l'initiation au calcul, — lecture et écriture des nombres, jeu de la combinaison des nombres, et mécanisme des quatre opérations, — les chiffres intuitifs (chiffres arabes légèrement embellis, sans aucune déformation) de ladite méthode, ont, pour l'enfant, sur les chiffres arabes ordinaires dont ils donnent le secret, la supériorité qu'a la gravure ou la photographie, pour la description des objets, sur un texte sans gravure. L'enfant voit et comprend. C'est l'enseignement par l'aspect, appliqué à la science du calcul des commençants. Bien qu'elle ait déjà reçu en petit la sanction de l'expérience, il serait désirable que la méthode pût être essayée d'une façon plus étendue. Elle est applicable, non seulement aux écoles, mais aussi à l'enseignement dans les familles.

— — —

M. Zoel GARCIA DE GALDEANO, Prof. à l'Univ. de Saragosse.

Quelques réflexions sur l'enseignement mathématique. — La mathématique s'est tellement développée dans le xixᵉ siècle, qu'il faut suppléer aux difficultés de sa grande étendue par les perfectionnements des méthodes d'enseignement. Il faut former un professorat qui connaisse la pédagogie mathématique, et ajouter dans les dernières années, quelques études critiques qui aident à faire de la synthèse. Cependant, l'analyse doit prévaloir dans les études. L'activité joue un rôle aussi important que l'intelligence. La mathématique doit être édifiée par chacun. Les branches classiques s'étant perfectionnées par le travail continuel des derniers temps et faisant partie de nouvelles branches, doivent être poussées vers les premières années, dans le but d'abréger et de laisser plus de place pour les nouvelles études qui complètent l'enceinte des connaissances.

— — —

Réunion des 1ʳᵉ, 2ᵉ et 16ᵉ Sections.

M. Louis DE BEAUFRONT, à Épernay.

Essence et avenir de l'idée d'une langue internationale. — Le mémoire établit logiquement l'utilité, la nécessité d'une langue internationale, la possibilité et même l'absolue certitude de son adoption, dans un avenir relativement proche. Le latin ne peut fournir la solution cherchée ; il ne donnerait qu'un organe international à la portée d'une toute petite élite intellectuelle. Son choix ne changerait rien à l'état de choses actuel. Si, au contraire, on adopte une langue *artificielle* simple et très facile, comme on peut l'obtenir ; tout homme d'instruction ordinaire est à même d'y trouver, en un ou deux mois d'étude, le moyen certain de faire face à ses relations internationales. Un congrès chargé de choisir la langue internationale ne pourrait donc adopter sagement qu'un idiome *artificiel*. Par le fait, il ne se trouverait en présence que de *deux* systèmes *achevés* et pratiquement essayés : le *volapuk* et l'*esperanto*. Leur comparaison l'amènerait infailliblement à rejeter le premier et à adopter le second A cause de sa constitution pleinement internationale dans ses éléments, l'*esperanto*, sous sa forme actuelle, ou très légèrement modifié, sera l'organe international des générations à venir.

— — —

17

— 4 août —

M. Charles BERDELLÉ,

Épellation, son et forme des lettres. — L'auteur tient à l'ancien nom des lettres et à l'ancienne épellation, et montre que les anciens noms des consonnes opéraient une espèce de classification en sons instantanés et en sons prolongeables. Il explique à quoi peuvent tenir les exceptions, et insiste sur la forme à donner aux lettres, de manière à ne pas confondre l'*I* majuscule avec l'*l* minuscule.

———

M. le Dr BÉRILLON, à Paris.

Application de la suggestion hypnotique à la pédagogie des enfants vicieux.

———

M. Alexander MACFARLANE, à Gowrie Grove, Chatham, (Ontario, Canada).

Sur des modèles pour l'enseignement de l'analyse de l'espace. — L'auteur a construit une série de modèles, dans le but d'illustrer les principaux théorèmes de l'analyse de l'espace. Les modèles sont construits avec des pièces de laiton, soudées ensemble sous des angles appropriés. De cette manière se trouve établi un diagramme permanent de l'espace, pour illustrer par exemple la forme complète du théorème fondamental concernant un triangle sur la sphère ; et un modèle associé illustre le théorème fondamental concernant un triangle sur un hyberboloïde équilatère.

———

— 6 août —

M. Henri de MONTRICHER, à Marseille.

L'enseignement populaire et l'extension universitaire à Marseille et en France. — L'enseignement populaire a pris à Marseille un essor considérable depuis la fondation en 1896 d'une section de l'Association Polytechnique. Antérieurement l'enseignement était surtout professionnel, et tendait à la diffusion des connaissances commerciales et maritimes, et des sciences économiques et juridiques qui s'y rattachent. L'Association Polytechnique se proposa d'offrir à la jeunesse prolétaire, à la sortie de l'école primaire et avant son entrée à l'atelier, au magasin ou au bureau, une instruction variée, non exclusivement professionnelle, propre à cultiver les esprits frustes, à ouvrir les jeunes cerveaux aux idées générales. L'Association Polytechnique organisa à cet effet, outre ses cours réguliers, un brigade volante de conférenciers et de lecteurs populaires ; d'où est née une nouvelle institution, l'Université Populaire, qui remplit le rôle de précurseur et d'avant-garde.

Enfin, tout récemment, uné section de la Société d'Études des questions d'enseignement supérieur, fondée à Paris en 1878 sous la présidence de Labourlaye, a été créée à Marseille, à l'instigation de MM. Delibes et de Montriche président d'honneur et président de l'Association Polytechnique.

Le Conseil d'administration de cette Société, à la tête duquel est le président de la Chambre de Commerce, est composé de professeurs de l'Université et de représentants de l'industrie et du haut commerce marseillais. Il a inscrit dans son programme, en première ligne, l'extension universitaire.

Après discussion, la 16ᵉ Section adopte les conclusions suivantes :

1° Il y a lieu d'organiser, d'une manière générale, en France, l'Extension Universitaire, sous la direction de la Société d'Enseignement supérieur et des groupes régionaux de cette Société.

2° L'Extension Universitaire a pour but la diffusion des connaissances générales nécessaires à tous les citoyens d'un pays de suffrage universel, sans préjudice des connaissances spéciales plus utiles à telle ou telle catégorie. Elle devra avoir une organisation assez souple pour répondre aux besoins de publics différents et de régions différentes.

3° L'extension devra être placée sous la direction technique des professeurs de l'Université, et s'assurer le concours des œuvres post-scolaires, et notamment des Associations d'anciens élèves des lycées et établissements universitaires, des Associations générales d'étudiants, des patronages et mutualités scolaires, etc.

4° Elle ne sera pas restreinte à la ville où siège l'Université, mais s'étendra à toutes les localités du ressort académique où elle croira pouvoir rendre des services.

5° Les cours et conférences seront, en principe, publics et gratuits ; néanmoins, il pourra être perçu une légère rétribution (annuelle ou mensuelle) de ceux des auditeurs qui, après inscription préalable, s'astreindront à certaines conditions et jouiront de certains avantages déterminés ;

6° L'Extension a pour ressources.

Les subventions des pouvoirs publics ;

Les contributions des Sociétés, Syndicats, Membres bienfaiteurs, etc, etc.

M. René ARNOUX, Ing. civ., à Paris.

Sur le principe du calcul différentiel et intégral de Leibnitz et son enseignement.

17ᵉ Section.

HYGIÈNE ET MÉDECINE PUBLIQUE

Présidents d'honneur . . . . . . M. BECHMANN, Ing. en chef du serv. municip. à Paris.
M. le Dʳ BROUARDEL, Doyen de la Fac. de méd. de Paris.
M. DUCLAUX, Direct. de l'Inst. Pasteur.
M. le Dʳ PROUST, Prof. à la Fac. de méd. de Paris.
Président. . . . . M. le Dʳ HENROT, Dir. de l'Éc. de méd. de Reims.
Secrétaire . . . . M.

— 3 août —

M. le Dʳ H. HENROT, Dir. de l'Éc. de Méd. de Reims.

De la meilleure utilisation des eaux d'égout (1). — La question de l'épuration des eaux d'égout semble complètement épuisée. Depuis trente ans, elle a été l'objet de nombreuses discussions ; dans les sociétés savantes, dans les Congrès d'hygiène internationaux et au Parlement. Au point de vue théorique et scientifique, elle n'est plus sérieusement discutée ; cependant, on trouve encore des opposants systématiques ; il y a quelques années, la passion a obscurci la conscience des membres d'un jury d'expropriation qui, quoiqu'ayant fait le serment de juger équitablement, accordait aux propriétaires une somme fantastique pour une parcelle de terrain dont la valeur réelle fut plus tard fixée à une centaine de francs.

A l'heure présente, nous n'avons plus à étudier les principes, mais à rechercher si les préoccupations des opposants étaient fondées. Les irrigations ont-elles amené des cataclysmes, des épidémies, des encrassements du sol, l'altération des sources voisines ? Évidemment non.

De toutes ces oppositions passionnées, il ne reste rien ; partout, aussi bien en France qu'à l'étranger, les résultats de l'épuration par le sol sont excellents au point de vue de l'hygiène et au point de vue agricole.

Dans toutes les villes où l'on a pu faire le tout-à-l'égout, c'est-à-dire l'éloignement immédiat des matières usées, la santé publique y a gagné, le taux de la mortalité a diminué.

La discussion de ce problème semblerait oiseuse ; si cependant nous avons soulevé cette question, c'est que les municipalités françaises entrent très péniblement et très lentement dans cette voie féconde. Pourquoi cette sorte de torpeur ? Pourquoi des milliers d'habitants s'obstinent-ils à vivre (ce que ne

---

(1) Question proposée à la discussion de la Section.

font même pas les animaux) au-dessus de leurs déjections? Pourquoi, dans ce siècle de progrès, cette malpropreté repoussante et dangereuse?

Les causes en sont multiples :

La plupart des municipalités,· les premières intéressées à la solution de ces questions, sont trop absorbées par des considérations politiques ; on ne cherche pas à faire entrer au conseil municipal ceux que leurs études et leurs travaux rendent les plus aptes à résoudre ces difficiles problèmes, mais ceux qui représentent telle ou telle opinion.

En remontant dans la hiérarchie administrative, on trouve très peu de préfets qui aient des notions élémentaires d'hygiène, et qui consacrent à ces questions le temps suffisant pour les bien étudier.

Le Ministre lui-même est trop accaparé par le Parlement pour pouvoir mener à bien un projet d'ensemble.

La Direction de l'Hygiène et de l'Assistance publiques n'a malheureusement pas dans chaque département, le représentant technique qui serait si nécessaire pour établir le casier sanitaire de chaque commune, comme on établit à Paris le dossier sanitaire de chaque maison ; c'est, du reste, une question que nous reprendrons tout à l'heure.

Pour ce qui est de l'épuration par le sol, nous pouvons dire qu'à l'étranger, le mouvement a pris une importance considérable, et qu'à côté des grandes villes comme Londres, Berlin, Francfort, Bruxelles, plus de cent villes recourent à ce système. En France, il y en a à notre connaissance une vingtaine à peine ; cependant il y a deux installations modèles, celle de Paris et celle de Reims.

Paris a un réseau d'égouts de 11.000 kilomètres et trois usines élévatoires de 5.000 chevaux ; 3.200 réservoirs de chasse ; 50.000 égouts particuliers ; l'émissaire général peut laisser écouler en vingt-quatre heures un million de mètres cubes se répandant sur 6.000 hectares, dont 1.600 appartiennent à la Ville. En moyenne, il passe 550.000 mètres cubes par jour dans l'émissaire général.

A Reims depuis quelques années, la puissance des machines élévatoires a été augmentée, ainsi que la surface des terrains à irriguer. Il y a maintenant 689 hectares, recevant en moyenne par jour 45.000 mètres cubes d'eau.

Depuis douze ans que ce système fonctionne, il ne s'est jamais produit de plaintes.

En dehors de Montélimar, qui a un champ d'épandage de 28 hectares, et de Poitiers qui en a un de 60 hectares, les autres installations sont beaucoup moins importantes.

Détruire instantanément toutes les matières usées, faire profiter l'agriculture d'un engrais d'une grande richesse, il semble cependant que ces deux avantages si précieux devraient sérieusement engager les grandes villes à entrer dans la voie que nous venons de tracer. Nous voudrions que cet appel fût entendu et que les projets de ces épurations par le sol fussent l'objet d'une étude systématique et sérieuse de la part de l'hygiéniste-fonctionnaire que nous voudrions voir au chef-lieu de chaque département.

Discussion. — M. A. VAILLANT : J'ai déjà fait observer l'année dernière, à Boulogne, que les cultures les plus intensives ne pouvaient à beaucoup près utiliser la matière fertilisante des eaux d'égout. Je crois me rappeler qu'à Paris l'utilisation n'est que de 10 p. 0/0. (28e session, 1re partie, p. 366.)

M. le Dr G.-E. PAPILLON, à Paris.

Hygiène des tuberculeux. — L'utopie des sanatoria populaires. — Au point de vue de l'hygiène, le tuberculeux doit être considéré : 1° comme malade, 2° comme foyer de contagion.

1° Le tuberculeux est un malade, et sa maladie est de celles qui sont curables par les processus physiologiques spontanés. L'auteur rappelle et résume ses récentes communications au Congrès de Naples sur la triple réaction — phagocytaire, thermique et sympathique — de l'organisme qui lutte dès la période prétuberculeuse et plus tard, au cours de l'évolution de la maladie, à chaque nouvelle résorption de toxines bacillaires; et il conclut aux indications de l'hygiène thérapeutique, considérée comme la seule méthode efficace et inoffensive de traitement de la tuberculose.

2° Envisageant le tuberculeux comme foyer de contagion, le Dr Papillon aborde la question des sanatoria et des établissements clos pour le traitement des tuberculeux ; il s'élève contre l'engouement actuel qui menace d'aboutir à la création de multiples et coûteux sanatoria — *création inutile et erreur économique et sociale*. Prenant les statistiques des sanatoria ouvriers allemands, il signale ce qu'elles ont de superficiel et de fallacieux ; il montre que les prétendues moyennes de durée du traitement correspondent en réalité à la durée légale et obligatoire du traitement gratuit des ouvriers aux frais des caisses d'assurance, telle qu'elle a été fixée par les lois de l'Empire allemand de 1883 à 1899.

Après une étude de divers desiderata d'ordre hygiénique, l'auteur conclut au rôle de l'hygiène urbaine et suburbaine, non seulement dans la prophylaxie, mais encore dans le traitement familial et à domicile de la tuberculose.

Discussion. — M. le Dr F. BRÉMOND. Dans la création des sanatoria destinés aux tuberculeux on s'occupe un peu trop de « faire grand ». Selon moi, au lieu d'édifier des bâtiments solides et durables, il faudrait construire de simples baraquements en bois, des asiles temporaires que l'on détruirait, chaque année, par le feu et que l'on remplacerait par des baraquements neufs, également destinés à flamber l'année suivante.

M. A. VAILLANT. — Il y a le plus grand intérêt à multiplier les sanatoria. Malheureusement les conditions qu'on impose, pour leur construction, les rendent coûteux et limitent fatalement leur nombre. Je crois qu'il est possible d'édifier ces nécessaires établissements par des moyens de moindre prix, même en employant le bois, comme on le fait avec succès à l'étranger. Cette observation vise également les hôpitaux, dont certains centres restent privés parce que la dépense que leur construction représente dépasse les ressources dont ils disposent. Pourtant en beaucoup de petites villes on se sert avantageusement d'hôpitaux qui sont loin de réaliser les conditions de salubrité qu'on organiserait facilement aujourd'hui dans une construction de très modeste dépense.

M. le Dr HENROT tout en félicitant M. Papillon de son travail, ne se rallie pas à ses conclusions.

Depuis quelques années la mortalité par la tuberculose pulmonaire s'est considérablement accrue ; la tuberculose est devenue un véritable danger social, compromettant tout à la fois la vitalité de la nation et le recrutement des défenseurs de la patrie.

Le séjour dans les hôpitaux, malgré les traitements les mieux appropriés, est désastreux ; dans une certaine semaine de l'hiver dernier M. Henrot a perdu quatre phtisiques arrivés au dernier degré de la maladie ; ces malades étaient fiévreux, ils toussaient énormément, et expectoraient deux ou trois crachoirs en vingt-quatre heures ; ils se trouvaient dans des conditions très défavorables et très tristes pour eux et dangereuses pour leurs voisins.

Si les sanatoria peuvent être l'objet de certaines critiques, s'ils sont installés d'une façon trop dispendieuse, si on leur attribue une vertu curative peut-être trop exclusive, il n'en est pas moins vrai que ce mode de traitement qui n'est peut-être pas parfait constitue une très grande amélioration comparativement à ce qui existait avant leur installation.

Dans les pays voisins, en Allemagne, en Italie, en Suisse, un effort très heureux a été tenté, il a été suivi de résultats très satisfaisants, il serait dangereux lorsque la question est soulevée en France de chercher à arrêter ce mouvement qui somme toute, constitue un bienfait pour les malades, et une excellente précaution hygiénique pour les personnes exposées à des contacts avec les tuberculeux.

M. Henrot ne saurait donc s'associer à des conclusions qui si elles étaient adoptées pourraient peut-être arrêter des bonnes volontés qu'il faut plutôt encourager de toutes nos forces.

La question de l'installation plus ou moins somptueuse, est une question de détail qui ne doit pas faire oublier l'objectif principal ; que ces maisons s'appellent sanatoria, maisons de convalescence ou maisons de refuge pour les tuberculeux, la chose en elle-même n'a qu'une importance secondaire pourvu que l'on s'occupe en France du traitement rationnel de la tuberculose dans les classes nécessiteuses et de la prophylaxie de cette terrible maladie.

M. Élie TACHARD, Directeur du Service de santé à Nantes.

Influence de la grippe sur le développement rapide de la tuberculose pulmonaire. — L'influence de la grippe sur le développement de la tuberculose pulmonaire a vivement attiré mon attention au début de l'année 1900, en raison de son évolution anormale au XIᵉ corps d'armée, pendant le printemps.

Depuis l'épidémie de 1889-1890 le nombre des malades ou des indisponibles n'avait jamais été aussi grand au XIᵉ corps que pendant l'hiver 1900 ; les complications aiguës de la grippe du côté des poumons et des plèvres occasionnèrent immédiatement de nombreux décès : 3 pleurésies purulentes ; 12 broncho-pneumonies ; 3 congestions pulmonaires ; 1 méningite ; 1 endocardite. Ce n'est qu'au printemps, lorsque l'épidémie est finie, que la tuberculose entre en scène secondairement, frappant nos grippés de l'hiver et causant 33 atteintes assez graves de tuberculose pulmonaire, pour motiver 3 réformes temporaires, 25 réformes définitives, 4 décès.

Il était intéressant de rechercher comment s'exerce l'influence grippale sur le développement de la tuberculose.

En relevant les faits observés dans les corps, soit 1974 cas de grippe, j'ai constaté que l'effet de cette affection a été rapide et qu'aucune atteinte tuberculeuse avérée n'a été observée chez nos grippés de 1900, restés indemnes jusqu'aux premiers jours de mai. Une enquête rigoureuse faite fin juillet n'a pas fait ressortir un seul cas nouveau de tuberculose.

Il était encore très important de connaître les antécédents de nos 33 tuberculeux.

Les inscriptions portées au registre d'incorporation donnent à penser que la grippe a bien été le principal facteur dans l'évolution de cette complication, car 2 sujets seulement avaient des antécédents personnels ou héréditaires, 5 étaient de constitution moyenne mais sans tares acquises ou héréditaires, 19 étaient de constitution robuste.

Conclusion :

Il importe, chez les jeunes gens surtout, de surveiller avec le plus grand soin la convalescence de la grippe ; d'éviter les associations microbiennes qui peuvent si facilement se produire dans les hôpitaux et partout où règne la vie en commun ; de prévenir toute contamination, la tuberculeuse surtout, en raison de l'état spécial de réceptivité des sujets touchés par la grippe, quelle que soit sa forme et sa bénignité apparente.

— **4 août** —

M. le Dr H. HENROT.

De l'organisation de l'hygiène publique en France. — Malgré les très grandes améliorations apportées dans les services de l'hygiène, depuis la création de la Direction du Ministère de l'Intérieur, il reste encore beaucoup à faire.

Dans un État bien organisé, un logement salubre, des denrées alimentaires de bonne qualité, de l'eau et de l'air purs, devraient être mis à la disposition de chaque citoyen.

Pour les logements insalubres, la loi de 1894, en mettant des ressources considérables à la disposition des comités régionaux des logements à bon marché, a fait faire un pas considérable à cette importante question ; malheureusement, elle n'arme pas de pouvoirs suffisants les commissions des logements insalubres pour obliger les propriétaires, (plus soucieux d'obtenir un grand rendement de leur capital, que de la santé de leurs locataires), à des reconstructions rendues nécessaires par l'état salpêtré des murailles, l'emplacement en contre-bas du sol, le peu de hauteur des chambres et le défaut d'aération ; ces vices ne permettant pas, le plus souvent, une amélioration utile du logement.

Une simple disposition législative, rendant la reconstruction obligatoire, donnerait à la loi de 1894 une efficacité et une autorité qu'elle n'a pas.

Pour les denrées alimentaires, un grand progrès est accompli dans les villes où les viandes de toute nature sont l'objet d'un examen très sérieux, mais dans les campagnes, où la surveillance est nulle, des marchands peu consciencieux écoulent souvent, systématiquement, toutes les bêtes qu'ils savent devoir être certainement refusées dans une ville.

Il y aurait lieu, comme nous l'avons plusieurs fois demandé, d'organiser, sous la surveillance des vétérinaires qui existent partout, des inspections qui s'étendraient à toutes les communes ; on sait combien les viandes et le lait provenant des bêtes tuberculeuses sont dangereux pour la santé publique. Les dépenses occasionnées par ce service seraient à la charge des départements. Deux articles de loi suffiraient pour régler cette question.

Pour la question de l'air, elle serait réglée partout où le tout-à-l'égout pourrait être convenablement installé. Dans les petits logements, la fosse fixe et les cabinets sans eau, constituent une source permanente d'insalubrité.

La question de l'eau potable joue un rôle considérable, nous voyons encore
des villes très importantes être envahies par des épidémies de fièvre typhoïde
qui touchent, tout à la fois, la population civile et la population militaire; il
n'est pas nécessaire de rappeler, ici, les statistiques douloureuses qui sont encore
dans là mémoire de tous.

Dans la commune, grande ou petite, l'étude de ces questions est difficile et
réclame des hommes spéciaux et compétents; c'est ici surtout qu'il faudrait
avoir dans chaque département un hygiéniste qui établirait le dossier sanitaire
de chaque village, comme on établit dans les grandes villes le dossier sanitaire
de chaque maison. Ce fonctionnaire fournirait au maire de chaque commune
des indications précises sur la meilleure solution à apporter; celui-ci, pour
assurer la bonne hygiène de sa commune, n'aurait plus qu'à faire voter les
ressources nécessaires pour faire face aux dépenses.

Enfin, pour compléter cette organisation, ce chef du bureau d'hygiène
départemental, puisque c'est le fonctionnaire que nous réclamons et qui, d'après
la loi, doit recevoir toutes les déclarations de maladies contagieuses, aurait
ainsi tous les renseignements nécessaires pour prendre, dès le début d'une
épidémie dans une commune, dans une école, dans un établissement quelconque,
des mesures utiles; et il pourrait faire procéder à l'isolement et à la désinfection.

Alors que l'Instruction primaire, que la Voirie, que les Finances, que les
Contributions ont, dans chaque département, un directeur responsable, il est
regrettable que pour un service aussi complexe que celui de l'Hygiène publique,
il n'y ait pas dans chaque chef-lieu de département un administrateur technique, un hygiéniste qui, sous le contrôle du Conseil d'hygiène et du Préfet,
chef responsable de tous les services, assurerait aux populations les meilleures
conditions de santé.

M. BOUVET, à Lyon.

Les logements économiques.

— 6 août —

M. le Dr Félix BRÉMOND, à Paris.

Hygiène de l'habitation à Paris. — Insalubrité des courettes. — Il existe à Paris,
dans les maison les mieux tenues, une cause d'insalubrité sur laquelle je crois
devoir appeler sérieusement l'attention des hygiénistes, je veux parler des
courettes; c'est-à-dire des petites cours, dont la dimension doit être d'au moins
9 mètres lorsqu'elles sont destinées à aérer et éclairer les cuisines, mais qui
peuvent n'avoir que 4 mètres lorsqu'elles n'éclairent que le vestibule ou
l'antichambre (décret du 23 juillet 1884). Ces courettes sont, selon l'expression de
Jourdan, de véritables puits ne communiquant avec l'air extérieur que par une
étroite ouverture; j'ajoute que leurs parois constituent un dangereux recep-
tacle de germes morbides, et je vais le démontrer.

L'article 5 du décret du 26 mars 1852 prescrit de tenir les façades des
maisons en bon état de propreté. A cet effet, elles doivent être grattées,

repeintes ou badigeonnées tous les dix ans. Cette obligation, imposée pour les murs de la rue, n'existe pas pour les murs intérieurs. Cependant, la propreté serait au moins aussi utile en dedans qu'en dehors : c'est pourquoi, sur ma proposition, la Commission d'hygiène du neuvième arrondissement a émis l'avis d'étendre aux courettes la prescription édictée pour les façades.

La Commission a signalé plus particulièrement les courettes couvertes comme constituant une insalubrité presque constante.

En effet, lorsque, pour tirer un meilleur parti de son immeuble, le propriétaire convertit la partie basse de la courette en arrière-boutique, au moyen d'une couverture, vitrée ou non, établie à la hauteur du premier plancher, il crée par cela seul une malpropreté permanente, car, s'il existe une réglementation de cette couverture (décret du 23 juillet 1884) en ce qui concerne l'aération des pièces d'habitation, des cuisines ou des cabinets d'aisances, elle ne vise point l'état des parois de la courette. Or, lorsqu'on sait que dans la plupart des maisons des beaux quartiers, c'est par les fenêtres des courettes que sont secoués les tapis, on ne doit pas ignorer que les poussières du battage, quotidiennement expulsées des appartements, voltigent de l'un à l'autre, puis se déposent et s'accumulent sur les murs intérieurs de la courette commune, sans que le propriétaire songe à les faire enlever par un nettoyage régulier.

Au concierge soigneux — ils le sont tous — qui s'excuserait, s'il oubliait un seul jour de balayer l'escalier ou d'en brosser les tapis, on ne peut pas faire le reproche de négliger la courette, durant des semaines ou des mois. Dans la plupart des cas il serait en droit de dire : pour nettoyer la courette, il faudrait pouvoir y entrer, et elle n'a pas de porte. En effet, généralement on n'accède à la courette couverte que par une fenêtre d'appartement, et, parfois, il arrive que le locataire de l'appartement possesseur de la fenêtre commode, venant à manquer de complaisance, tous les autres locataires se trouvent condamnés à l'infection certaine causée par la stagnation et la putréfaction des débris organiques.

Voulant connaître la nature exacte de ces débris, j'en ai recueilli quelques grammes par le raclage d'un angle de mur, dans ma propre maison, au droit de la fenêtre de l'antichambre de mon appartement, et voici ce que j'ai constaté, avec la collaboration de mon excellent confrère le Dr Barlerin : l'échantillon examiné contenait des filaments de coton et de laine, des crins, des cheveux, des fibres végétales, du sable, de la matière amylacée, etc. Au bout de trente-six heures, chaque gramme de poussière fournissait plus de cinq millions de bactéries.

Deux cobayes, dans le péritoine desquels a été injecté un bouillon de culture ensemencé avec un peu de cette poussière, sont morts, l'un après trois jours, avec de la congestion pulmonaire et un épanchement péritonéal, l'autre après cinq jours, avec engorgement de la rate consécutif à la diarrhée. Le sang recueilli dans la rate, ensemencé, a donné une culture contenant un bacille semblable au coli-bacille.

Ces expériences sont à reprendre et elles seront reprises. Je n'ai nullement la prétention de les considérer comme complètes. Cependant, telles qu'elles sont, elles me paraissent déjà probantes et propres à démontrer, d'une part, le danger de la malpropreté des courettes, d'autre part, la nécessité d'assurer leur nettoiement régulier.

Comment obtiendra-t-on ce nettoiement? Je le demande aux architectes, nos précieux collaborateurs, plus puissants que nous contre le mal, puisqu'ils peuvent l'empêcher de naître.

Pour moi, je voudrais, dans toutes les maisons de Paris, des courettes dont les façades intérieures, revêtues d'un enduit imperméable, permettraient un lavage général à la lance d'arrosage, au moins une fois par semaine.

***

M. A. VAILLANT, Architecte, à Paris.

L'aération naturelle. — Les murs et planchers, la distribution et les courettes des maisons d'habitation. — L'aération naturelle d'une localité habitée suppose la continuité de l'échange gazeux qui se produit spontanément entre cette localité et l'atmosphère ; dans de telles conditions que l'air de la localité se dissipant au dehors fasse place à de l'air pur et que l'homme y puisse vivre sans aucune gêne. Cette aération, soumise aux variations météorologiques, a des lois qu'il serait utile de définir. Actuellement on sait, d'après la théorie de Recknagel, qu'elle est fonction de la perméabilité des parois. Mais elle dépend aussi de la qualité de ces parois et de la manière dont celles-ci sont influencées par l'insolation, par leur état, et par les avaries qu'elles subissent en suite de leurs mauvaises dispositions et de causes nombreuses, d'ailleurs faciles à éviter. Elle dépend encore de l'organisation de l'ensemble de la distribution du logis et des circonstances particulières de la disposition. Ce sont les conditions de cette organisation qu'il serait très utile de préciser, en même temps que celles des murs enveloppants.

Ainsi, par exemple, les localités soustraites à l'insolation, à l'action de la lumière vive, aux influences météorologiques n'ont avec les localités voisines que des échanges aériens insuffisants ou nuls.

Les appartements qui n'ont d'air et de jour que par des courettes intérieures, où la lumière n'a d'accès direct que sur leurs parties hautes et dont l'atmosphère est immobilisée comme dans un puits, participent à cette atmosphère. Or ces courettes généralement inaccessibles et sans aucun entretien, sont sombres et malpropres et leur air poussiéreux est de salubrité dangereuse. Sur ce point, le principal remède est de mettre la partie inférieure des courettes en large communication soit avec la rue, soit avec la cour principale de la maison.

Pour d'autres causes, les localités en communication avec les cuisines, les water-closets, etc., sont envahies par les vapeurs que ceux-ci dégagent. La même incommodité vient des localités confinées.

Il y a donc un intérêt considérable pour la salubrité des habitations, non seulement à assurer l'éclairage diurne de la manière la plus large, non seulement à organiser les rapports aériens des localités qui composent un appartement, en même temps que leur logique ventilation, mais encore à en disposer le système de construction sur des principes qui ne relèvent pas seulement de la statique, mais aussi et à un titre égal de la salubrité. Les deux conditions pour être d'ordre différent n'ont qu'un même objet : la sécurité de l'homme.

Discussion. — M. le Dr BILHAUT. Les communications que nous venons d'entendre : celles de M. Félix Brémond et de M. Vaillant ont un grand intérêt pratique et elles n'ont pas pour seul objet les maisons d'ouvriers ; les maisons luxueuses des beaux quartiers de la capitale n'échappent pas aux reproches qui viennent d'être formulés. Que les courettes soient construites en bons matériaux comme l'indique M. Vaillant, rien de mieux. Qu'elles soient accessibles pour le nettoyage, c'est élémentaire, et c'est ce que nous devons tout d'abord indiquer aux pouvoirs publics. Je demande pour mon compte personnel qu'il ne soit point permis de couvrir les courettes à hauteur de l'entresol. La partie supérieure ne doit pas non plus être plus ou moins oblitérée par un vitrage plus ou moins hermétiquement établi.

Je souligne les remarquables recherches indiquées par le Dr Brémond ; je le félicite de la précieuse collaboration que lui a donnée le Dr Barlerin, un des distingués élèves de l'Institut Pasteur. Je retiens la présence du bacille pathogène de la fièvre typhoïde dans les poussières d'une maison qui depuis dix ans n'a présenté aucun exemple de cette maladie. C'est un grand enseignement qui doit nous encourager à éclairer les pouvoirs publics et à persévérer dans nos revendications.

M. A. VAILLANT. — Le lavage à la lance des parois d'une courette est impraticable. En principe, j'estime qu'au point de vue sanitaire tout lavage à grande eau doit être évité dans une habitation, surtout sur une façade où l'action solaire et le frottement du vent ne peuvent pas se produire, parce que l'humidité peut atteindre l'intérieur du logement et que le séchage est très long. Les parois des courettes, à Paris, sont toutes de mince épaisseur et construites de telle façon qu'elles sont généralement disjointes. Le seul lavage à conseiller est celui à l'éponge légèrement humide. Le badigeonnage annuel à la chaux est préférable, quand on ne peut enduire les façades avec les nouvelles peintures vernissées à ton blanc.

M. Ed. PHILIPPE confirme en tous points les sévères appréciations du Dr Félix Brémond sur l'insalubrité des courettes parisiennes, généralement sombres, et propose, pour les éclairer et permettre le lavage *périodique* et *fréquent* des murs, *sans que l'humidité puisse pénétrer ceux-ci*, de les peindre au *Goudron blanc*.

Cette peinture très bon marché, 40 ou 60 centimes le litre ou le kilogramme, constitue un *revêtement émail absolument imperméable à l'eau*, susceptible même de boucher les fissures.

M. Philippe dit faire, depuis sept ou huit ans, usage de cette peinture dans ses établissements de bains et aussi dans les sous-sols de ces établissements.

Cette peinture, dont l'usage est encore récent, est utilisée dans les caves des brasseries et malteries : lorsqu'elle est sèche, elle ne répand aucune odeur, empêche les moisissures et éloigne les insectes.

Elle offre donc par son bas prix, sa facilité d'emploi, et ses autres qualités une salubrité absolue.

M. le Dr H. HENROT. La question soulevée par MM. Brémond et Vaillant est très importante, il y aurait lieu de la résumer dans les propositions suivantes :

1. Les courettes devraient constituer, dans les habitations très élevées de Paris de véritables cheminées d'aération.

2. Elles devraient aboutir au rez-de-chaussée des maisons ; il devrait être interdit de les obstruer par des chassis vitrés.

3. Elles devraient toujours être accessibles par le rez-de chaussée.

4. Le sol devrait être imperméable, ainsi que les parois dont les angles seraient arrondis.

5. Les murs de la courette devraient être légèrement surélevés au-dessus du toit pour activer le courant d'air de bas en haut.

6. Elles devraient être construites de façon à pouvoir être lavées à grande eau à jour et à heures fixes, au moins une fois par semaine ; toutes les fenêtres

donnant sur la courette seraient naturellement fermées pendant ce nettoyage hebdomadaire.

———

M. Charles MOROT, Vétér., à Troyes (Aube).

La protection de l'homme contre les ténias par la destruction des cysticerques du bœuf, du mouton et du porc. — Le *tænia solium* et le *tænia saginata* se développent dans l'intestin de l'homme, à la suite de l'ingestion de viandes ladres, c'est-à-dire de chairs renfermant, dans le premier cas, le *cysticercus cellulosæ* commun au porc et au mouton, dans le second cas, le *cysticercus bovis* particulier au bœuf. La ladrerie ou cysticercose est signalée fréquemment chez les suidés, plus rarement chez les bovins et exceptionnellement chez les ovins.

En France, les constatations de ladrerie bovine paraissent avoir été faites exclusivement à Paris, Lyon, Besançon, Briançon, Toulon, Firminy et Troyes ; leur nombre ne semble pas dépasser douze pour l'ensemble des six premières villes, en comprenant les observations recueillies sur les bovins africains. A Troyes, elles sont plus considérables que pour tout le reste de la France : elles concernent une cinquantaine de bovidés français (sujets algériens et tunisiens non compris) porteurs de cysticerques *vivants* et *normaux*, ainsi qu'une quantité bien supérieure de mêmes bovidés pourvus de cysticerques *morts* ou *dégénérés*.

De telles différences de statistiques s'expliquent par ce fait que la ladrerie bovine est généralement restreinte, discrète, partant difficile à reconnaître, et qu'elle est à Troyes l'objet de recherches spéciales non pratiquées dans d'autres localités françaises. Les résultats obtenus à l'abattoir de cette ville s'accordent avec les observations qui, recueillies en France, comme presque partout ailleurs en Europe, indiquent que le ténia inerme, dû au cysticerque du bœuf, s'observe fréquemment chez l'homme, plus souvent même que le ténia armé provenant du cysticerque du porc et du mouton (1).

Les faits exposés ci-dessus démontrent la nécessité de l'application des mesures suivantes :

1° Après l'abatage, les animaux des espèces bovine, ovine et porcine subiront en France, au point de vue de la ladrerie, un examen rationnel, minutieux, comprenant des incisions exploratrices et portant sur les principaux lieux d'élection des cysticerques (régions massétérines, langue, cœur, diaphragme, coupes musculaires résultant de la division longitudinale du corps); cet examen sera imposé par un règlement d'État, analogue à celui en vigueur en Prusse pour le même objet depuis 1898.

2° Ces animaux auront le sort suivant s'ils sont reconnus ladres après l'abatage : 1° Destruction du tissu musculaire et des viscères des sujets très ladres, utilisation alimentaire de la graisse après stérilisation par la chaleur (fonte); 2° Utilisation alimentaire du tissu musculaire, de la graisse et des viscères des sujets faiblement ladres, et vente dans un étal spécial avec déclaration aux acheteurs, soit après stérilisation par la chaleur (cuisson ou fonte), soit après salaison de 21 jours au moins, ou après séquestration pendant le même temps, dans un local réfrigéré à une température de $+ 2°$ C. (2).

———

(1) Le téniasis m'a été signalé chez une fermière de l'Aube, ayant eu deux veaux de lait saisis pour ladrerie à l'abattoir de Troyes, en 1899 et 1900.

(2) Ces opérations provoquent la mort des cysticerques et par conséquent leur innocuité.

3° Tout animal reconnu ladre de son vivant, sera séquestré, puis sacrifié dans un abattoir régulièrement inspecté.

4° Les matières fécales humaines seront déposées dans des fosses étanches ; elle ne devront être employées comme engrais de culture, à l'état solide ou liquide, qu'après avoir subi une stérilisation efficace entraînant la destruction complète des œufs de ténia qui pourraient s'y trouver.

M. A. FÉRET, à Paris.

Hygiène du sommeil de l'adulte.

Édilité parisienne. — M. A. FÉRET rappelle que, la population de Paris augmentant de trente mille habitants par année en moyenne, la circulation devient de plus en plus difficile, surtout dans la partie centrale, il propose d'y remédier en déplaçant tous les services qui encombrent les trottoirs et en supprimant la vente à poste fixe des marchands de denrées dans certaines rues au point de vue de la convenance, de la nécessité et de l'hygiène générale.

Il propose la formation de candélabres où seraient annexés : l'affichage théatral, l'avertisseur d'incendie, la boîte aux lettres, le distributeur automatique de timbres-poste et cartes postales ; ce qui amènerait la suppression : des colonnes d'affichage, des boîtes aux lettres à réclames lumineuses, des avertisseurs d'incendie ; les trink-hall et les tourelles à eau chaude disparaîtraient également. Les urinoirs et les chalets de nécessité seraient internés en un seul service sous les trottoirs, il en serait disposé pour hommes et pour dames, avec un préposé à chacun d'eux. Les étalages extérieurs des magasins, où la poussière altère forcément les denrées, ce qui est une atteinte à l'hygiène, ne seraient plus autorisés ; il en serait de même pour toutes les professions, puisqu'il s'agit de rendre les trottoirs à la circulation ; il en résulterait un besoin d'agrandissement de locaux, source de revenus très importante pour la ville et pour l'État tout en supprimant les non-valeurs.

M. Féret fait remarquer qu'il y a quarante ans, les articles de bimbeloterie se vendaient sur la voie publique, les ponts sur la Seine étaient encombrés de marchands ambulants, tout ceci a disparu au grand profit de l'esthétique.

L'encombrement des places publiques, aux jours de fêtes, par un nombre de bateleurs, saltimbanques, acrobates, etc., paraît aussi d'un autre temps et qu'il serait bon de rayer, le supprimer peu à peu, car il développe l'instinct nomade et aventurier de nos jeunes gens, à l'esprit remuant, actif et débrouillard. Nos possessions coloniales réclament ces jeunes Français, chercheurs du nouveau, ils pourraient aider à la colonisation en devenant des auxiliaires d'entreprises et bientôt eux-mêmes des colons expérimentés, ils feraient souches de famille et fonderaient des agglomérations africandines.

M. Féret termine en demandant la fondation de grands cours du soir où des explorateurs viendraient donner des détails intéressants ; des personnes de professions diverses et autorisées par la Direction de l'Enseignement donneraient des leçons de choses. Tout le nécessaire serait fait pour rendre ces cours intéressants : projections lumineuses, intermèdes de chant, etc.. Une loi devrait les rendre obligatoires de 12 à 18 ans ; nous formerions ainsi, dit-il, des jeunes gens instruits, éduqués : au grand avantage de notre race, de notre avenir et de nos colonies.

M. Edmond **PHILIPPE**, Ing. civ., à Paris

Balnéation populaire (1). — La douche est incontestablement du domaine médical ; elle constitue un traitement énergique ; utilisée par les médecins, savamment et intelligemment appliquée, elle guérit ; mais, abandonnée aux mains des profanes, elle est presque toujours nuisible.

Ne pas reconnaître l'action médicale de la douche équivaudrait à taxer de charlatanisme ceux qui l'ordonnent.

La douche est l'épée médicale à deux tranchants, et l'employer comme mode de nettoyage, c'est jouer avec le danger : car, par son effet percutant, par sa température et sa soudaïneté, elle provoque un mouvement sanguin et nerveux qui resserre les papilles de la peau, lesquelles, par ce fait, retiennent la matière sébacée, élément constitutif de la malpropreté.

La douche est non seulement dangereuse si elle est mal appliquée mais, de plus, elle est désagréable ; elle ne constitue ni un bain rapide ni économique, attendu que le temps nécessaire pour se déshabiller, se savonner, s'essuyer et se rhabiller, est le même dans tous les genres de bains ; seule, l'eau employée étant en moins grande quantité, la dépense est légèrement moindre.

Voici, du reste, sur plusieurs centaines de mille bains donnés au public dans des établissements contenant tout les genres de bains, la proportion de leur fréquentation pour cent bains :

Bains de natation. . . .	63 0/0	Bains douches	2 0/0
Bains en baignoires . .	30 0/0	Non catalogués	5 0/0

Ces chiffres en disent plus que tous les raisonnements, sur le peu de faveur dont ces bains jouissent dans l'opinion publique.

A l'appui de ces affirmations, l'auteur cite des documents et l'opinion des membres du corps médical.

Pour éviter l'effet nuisible, désagréable et anti-hygiénique de la douche employée comme mode de nettoyage, M. Philippe préconise l'emploi de son système d'eau pulvérisée, espèce de buée qui mouille la peau sans l'impressionner, et aussi, pour se bien laver, l'emploi de l'eau dans des récipients différents et à des températures différentes, car le corps n'est pas, dans toutes ses parties, également sensible ; il recommande aussi l'emploi de la baignoire, attendu que tout le monde ne peut prendre son bain dans la position verticale, de plus, la mère de famille, venant avec de jeunes enfants, ne peut se montrer à eux, dans l'état de nudité absolue nécessitée par le bain d'aspersion.

Dans la baignoire, un peu de savon mêlé à l'eau suffit pour en atténuer la transparence.

(1) Par suite d'une erreur, cette note, communiquée au Congrès de Boulogne, n'a pas figuré en tête de la discussion, page 307, *Compte rendus du Congrès de Boulogne*, 1er volume.

18ᵉ Section (1).

ÉLECTRICITÉ MÉDICALE

Président. . . . . M. le Dᶜ LEDUC, Prof. à l'Éc. de Méd. de Nantes (2).
Vice-Président . . . . M. le Dᶜ MARIE, Chargé de cours à l'Univ. de Toulouse.
Secrétaires. . . . . M. BERGONIÉ, Prof. à la Fac. de Méd. de Bordeaux.
M. MICHAUX.

— 3 août —

Discours du Président

M. LEDUC prononce une allocution dans laquelle il signale l'importance, d'abord, de la création d'une Sous-Section d'Électricité Médicale dans l'Association française pour l'Avancement des Sciences, et, ensuite, de la transformation de cette Sous-Section, datant seulement d'une année, en Section. C'est une consécration officielle de l'électricité médicale mise à côté des autres sciences représentées dans l'Association. Il essaie de rechercher les causes de cette importance, de jour en jour plus grande, de l'électricité médicale, et il la trouve dans les travaux de plus en plus nombreux qui ont mis en lumière l'importance des agents physiques employés en thérapeutique. Autrefois, la médication par les agents physiques était purement empirique, et l'on considérait seulement comme rationnelles et déterminées scientifiquement, les médications chimiques. Aujourd'hui, on peut dire que les choses sont renversées. L'électricité, en ne prenant que cet agent physique, est moins empirique dans ses applications, on en connaît mieux les effets physiologiques que ceux des médicaments les plus connus, comme la quinine, l'opium, etc. Il n'est pas possible de douter que cette évolution va en s'accentuant davantage tous les jours, si bien que, dans quelque temps, les médications physiques seront les vraies médications scientifiques.

Une autre raison, qui explique cette place donnée à l'électricité médicale dans l'Association française pour l'Avancement des Sciences, tient aux progrès faits en France par cette partie de la science. Au courant de la littérature et du mouvement scientifique de l'étranger, M. Leduc a pu se rendre compte que nulle part l'électricité médicale n'est étudiée autant qu'en France ; nulle part il n'existe autant de Sociétés spécialisées dans son étude ; nulle part

(1) La Sous-Section a été transformée en Section par un vote de l'Assemblée générale sur la proposition du Conseil d'administration. Le rapport, présenté au nom de la commission spéciale par le professeur Bergonié, a été publié dans le nᵒ 95 du *Bulletin de l'Afas* (Voy. page 16.)

Le Conseil, dans sa séance du 6 novembre 1900, a décidé de classer la Section d'Électricité médicale à la suite de la Section des Sciences médicales.

(2) En remplacement de M. d'Arsonval, malade.

autant de savants ou de travailleurs ne s'y sont adonnés. Il rappelle le Congrès
de Boulogne, les nombreuses communications et rapports qui y ont été présentés et les savants étrangers venus à ce Congrès, bien qu'il fût purement
national.

Pour toutes ces raisons, la transformation de la Sous-Section d'Électricité
Médicale en Section était légitime; les membres de cette nouvelle Section feront
le nécessaire pour qu'elle grandisse encore.

M. BORDIER, Agr. à la Fac. de Méd. de Lyon.

Rapport sur la production de l'ozone pour les usages médicaux. — Peu de
corps chimiques ont suscité autant de travaux que l'ozone. Le nombre d'appareils ozoneurs est considérable, cela tient surtout aux propriétés désinfectantes
et bactéricides de plus en plus appréciées de l'ozone. L'auteur a réuni, sur
l'historique de la question, une quantité énorme de documents, qui font de son
rapport l'histoire la plus complète que nous ayons de ce gaz.

Les propriétés de l'ozone, sa toxicité, ses effets bactéricides ont fait naître
quelques divergences parmi les auteurs. Cela tient à ce que ses propriétés varient
avec la quantité de ce gaz contenue dans l'air ozonisé. Or, la difficulté de son
dosage dans cet air étant considérable, ces contradictions s'expliquent. Il faut
donc surmonter ces difficultés de dosage pour rendre les expériences comparables entre elles. C'est ce que l'auteur du rapport a essayé de faire, et c'est
le résultat de ses études particulières qu'il va donner.

Il étudie tout d'abord les appareils producteurs d'ozone, ou ozoneurs, et il
les range dans trois classes distinctes, suivant la source dont est tirée l'électricité servant à transformer l'oxygène de l'air en ozone. Ses trois sources
sont :

1° La machine statique ;

2° Les ozoneurs genre Houzeau ;

3° Les appareils de haute fréquence, avec résonateur Oudin.

Le meilleur réactif de l'ozone, sans contredit le plus sensible, c'est l'odorat. Malheureusement ce n'est qu'un réactif qualitatif, et l'on ne peut se
fier à lui pour évaluer la quantité d'ozone produite. Il faut donc un procédé
de dosage. L'auteur a imaginé, en collaboration avec Moreau, de se servir
d'un appareil particulier qu'il décrit et figure au tableau, consistant en une
sorte de ballon à long col renversé, contenant, pour absorber l'ozone, une
solution d'acide arsénieux et d'iodure de potassium. C'est le procédé le plus
rigoureux de dosage, procédé qu'ils n'ont adopté qu'après comparaison avec
d'autres. La manière dont l'air ozonisé dans lequel on veut doser l'ozone
barbote dans l'appareil est une chose importante, et il faut prendre des précautions pour qu'une partie de l'ozone n'échappe pas au dosage. L'appareil
des auteurs, joint à un compteur à gaz sensible, leur a donné d'excellents
résultats.

Les expériences de l'auteur ont porté :

1° Sur la production d'ozone par la machine statique. Il s'est servi d'une
machine ordinaire de Wimshurst, sans secteur et à balais multiples. Le courant de la machine était envoyé sur une pointe placée en face d'une électrode,
la pointe étant reliée au pôle négatif. Dans ces conditions, la quantité d'ozone
formée sur plus de 500 litres d'air ayant circulé dans l'appareil était si petite

qu'il n'a pas été possible de le doser. On a eu recours alors à l'action directe de la pointe sur du papier ioduré, et l'on a pu mettre en évidence de cette manière la production de l'ozone. Il ressort de cette expérience que la machine statique est un très mauvais producteur d'ozone.

2° La construction des ozoneurs genre Houzeau est fort variable. L'auteur s'est servi du dernier modèle de Chatelain décrit ici même(1) et formé d'un espace annulaire entre deux espaces vides d'air qui servent de conducteurs ; il a trouvé que, dans les meilleures conditions, la quantité d'ozone produite par cet ozoneur est d'autant plus grande que la vitesse du courant d'air est plus faible. Lorsqu'on se sert d'une vitesse semblable à celle que rend nécessaire l'entretien de la respiration chez l'homme, la quantité d'ozone obtenue au moyen de cet appareil est beaucoup trop faible.

. 3° Les appareils de haute fréquence sont de beaucoup les meilleurs producteurs d'ozone, surtout lorsqu'on utilise l'appareil connu sous le nom de résonateur de Oudin ; ce nom de résonateur n'est d'ailleurs guère légitime, d'après l'orateur, si l'on s'en tient à la définition donnée du mot *résonance*, lorsqu'on parle d'ondulations électriques. L'appareil dont s'est servi M. Bordier pour produire l'ozone se compose d'une grande cloche recouvrant presque complètement l'appareil de haute fréquence. C'est dans cette cloche qu'au moyen d'une trompe on faisait circuler l'air qui devait être ozoné.

L'auteur a déterminé l'influence des diverses conditions sur la production de l'ozone, telles que l'influence de la ventilation, l'influence de l'énergie électrique consommée dans l'appareil, celle de l'interrupteur, celle de la décharge obscure ou en aigrette. En. résumé et en ne donnant que la conclusion de ces recherches si complètes, nous dirons que la quantité d'ozone produite augmente avec l'énergie électrique consommée, qu'elle augmente avec certains interrupteurs, dont le meilleur serait celui de Wehnelt avec électrode active très petite, enfin que l'ozone produite augmente encore lorsque la décharge obscure se produit, et diminue lorsqu'il y a décharge en aigrettes lumineuses.

La conclusion générale de ce rapport est que, avec l'outillage du médecin électricien destiné aux opérations radiographiques et à l'application des courants de haute fréquence, celui-ci se trouve également outillé pour produire, dans les meilleures conditions, la plus grande quantité d'ozone pour les applications thérapeutiques.

Discussion. — M. Marie demande pourquoi le papier amidonné serait plus sensible que la solution dont a parlé M. Bordier.

M. Leduc pense que, peut-être, lorsqu'on fait agir directement le souffle statique sur le papier amidonné, il peut y avoir des phénomènes d'électrolyse. Ce serait à eux et non à l'ozone formée que serait due la coloration.

M. S. LEDUC, Prof. à l'Éc. de Méd. de Nantes.

Emploi du métronome dans les applications médicales. — Le métronome peut être employé comme interrupteur pour rythmer les interruptions. On peut

(1) *Archiv. d'électr. méd.*, 1899.

le placer : 1° en série ; 2° en dérivation ; il permet alors d'utiliser comme excitant le courant de polarisation ; 3° en dérivation sur une partie seulement des éléments de la pile, qu'il met ainsi en court circuit à chaque fermeture ; 4° en dérivation sur un rhéostat : 5° dans un circuit inducteur dont l'induit est en série ou en opposition avec une pile. Ces trois derniers dispositifs permettent d'exciter un nerf en état de catélectrotonus.

Le métronome simple peut être employé comme inverseur du courant de pile et du courant induit ; comme tel il peut donner des courants de sens inverse, d'égale intensité, produisant des excitations inégales ; ou bien des courants inverses d'intensités inégales, produisant des excitations égales.

Le métronome peut être employé comme rhéostat oscillant et donner des courants ondulés permettant de régler indépendamment le rythme et la forme des contractions dans toutes leurs parties.

Le métronome peut donner des courants sinusoïdaux en permettant de varier tous les détails de la sinusoïde.

Discussion. — M. BERGONIÉ fait remarquer l'importance de l'appareil fort simple que M. Leduc vient de décrire ; s'il est un desideratum en électricité médicale, c'est de pouvoir facilement onduler les courants faradiques et de les rythmer, ce que permettrait le rhéostat de M. Leduc ; il serait à désirer, dit-il, qu'un constructeur intelligent voulût bien rechercher la meilleure manière de réaliser pratiquement l'intéressant instrument de M. Leduc, dont il vient de démontrer si clairement les avantages.

M. BORDIER.

Recherches expérimentales sur les effets physiologiques de la franklinisation hertzienne. — M. BORDIER décrit un dispositif, déjà connu des spécialistes pour avoir des courants hertziens variables comme intensité. Mais ce qui fait l'objet de sa communication actuelle, c'est l'application de ces courants aux organes profonds. Ses expériences ont porté sur des chiens dans l'estomac desquels il introduit une ampoule manométrique reliée par un relais à un tambour inscripteur, et il a vu dans ces cas des contractions très violentes se produire lorsqu'on électrisait, au moyen des courants hertziens, la paroi de l'estomac. De même pour l'intestin ; il place dans le rectum une ampoule manométrique qui indique les contractions intestinales ; il tire de ses expériences des conclusions pour l'emploi en thérapeutique des courants hertziens obtenus au moyen de la machine statique.

Discussion. — M. MARIE a observé l'action très intense sur les muscles des courants de Morton, ou franklinisation hertzienne ; lorsqu'on se sert de ces courants en employant la méthode bipolaire, les effets sont trop considérables et le réglage de ces courants par la longueur d'étincelle peut devenir insuffisant.

M. DE KEATING-HART demande à M. Bordier s'il pense que ces courants agissent sur la fibre striée musculaire ou sur la fibre lisse.

M. BONNIOT demande s'il n'y a pas de douleur produite au point d'application.

M. Leduc. — Si, par la désignation de courant de Morton, on veut constater que Morton a contribué à faire apprécier ces courants, le fait est légitime ; il ne l'est pas si l'on attribue à Morton la découverte de ces courants ; ces courants sont très bien décrits dans un livre anglais du siècle dernier par John Adams ; ils sont également décrits dans le *Traité de l'Électrisation localisée* de Duchenne de Boulogne, à la page 44, édition de 1872.

Ces courants localisent mieux que tous les autres courants les excitations nerveuses.

Le champ électrostatique produit autour des bouteilles de Leyde permet l'excitation à distance des nerfs sensibles et moteurs.

Enfin, les séances prolongées d'électrisation générale par ces courants causent de la courbature et de la céphalée.

M. Bordier répond que ce sont les muscles striés recouvrant les organes qui se sont contractés dans ses expériences, que la douleur est peu vive et qu'on ne peut attribuer les effets observés à des phénomènes réflexes.

Visite à l'Exposition

La séance de l'après-midi est consacrée à une visite aux différents exposants. Les exposants visités ce jour-là sont :

M. Gaiffe, qui montre successivement à la Section tous les appareils de son exposition si complète. Signalons la machine statique à douze plateaux et à grande vitesse, les appareils de haute fréquence, les meubles complets pour électrothérapie, le renverseur du pôle rotatif de Truchot et, enfin, un petit appareil basé sur une idée fort ancienne de d'Arsonval pour mesurer le débit des machines statiques.

M. Ducretet a montré à la Section d'Électricité médicale sa grande bobine donnant près de 1 mètre d'étincelle, et a démonté, pour le faire mieux comprendre, son nouvel interrupteur pour courant très puissant. Nous avons vu aussi chez ce constructeur une grande machine électrostatique genre Wimshurst, les appareils de télégraphie sans fils, etc.

Chez **M. Carpentier**, nous avons trouvé M. Armagnat, qui a fait marcher devant nous l'interrupteur Wehnelt-Carpentier ; il nous montre ensuite divers appareils de mesure, tels que ohmmètres, galvanomètre de Broca, rhéographe d'Abraham, avec lequel il peut nous faire voir nettement la courbe du courant alternatif de l'Exposition modifiée par diverses résistances.

— 4 août —

M. GASPARINI.

Nécessité de bien établir le rapport d'indépendance entre les divers points douloureux des névralgies. — Il arrive souvent, dit-il, que les mêmes moyens thérapeutiques, y compris le courant, employés dans les névralgies, tantôt réussissent et tantôt échouent. L'explication en est dans ce fait que dans les premiers cas on portait le traitement sur le siège de ce que l'auteur appelle l'altération névralgique. Dans le cas de la névralgie sciatique, par exemple, il a trouvé qu'en appliquant l'électrode d'un appareil faradique à proximité de l'épine antérieure et supérieure, on agit très nettement sur la névralgie, qui n'était qu'un lumbago. De même pour les douleurs névralgiques du bras. Il montre un schéma du membre inférieur où ces points douloureux méconnus habituellement sont indiqués. La méthode qu'il emploie pour appliquer le courant est celle de l'électro-puncture, suivant l'ancien procédé de Magendie.

Discussion. — M. Bordier demande à M. Gasparini de préciser sa technique, quelle intensité, quel courant, quelle durée de passage, etc.

M. Bergonié trouve que les malades italiens qui se laissent enfoncer des aiguilles jusqu'au périoste ont très bonne volonté et qu'en France on ne trouverait pas de semblables malades.

M. Leduc pense que cette tentative de M. Gasparini, d'électro-diagnostic pour les maladies des nerfs sensitifs est à encourager.

M. Gasparini répond qu'il se sert habituellement de l'anode, que les intensités sont de 12 mA, et les séances fort peu nombreuses, car dès la première les malades se trouvent soulagés.

Sur l'étiologie et le traitement des tics douloureux de la face. — La névralgie faciale fruste n'est pas une névralgie, mais un tic douloureux dont la cause pathogénique *réside dans des ulcérations de la muqueuse orale et dans des abrasions du smalt,* parce que la dentine reste à découvert lorsque les dents sont encore épargnées par la clef du dentiste.

L'électrolyse cathodique avec des excitateurs de platine tandis qu'elle sert pour le diagnostic de la présence des ulcères ou de l'abrasion susdite, sert encore pour les guérir.

L'électrolyse doit être aidée par des remèdes antispasmodiques et par des narcotiques lorsque c'est le cas, car le plus souvent il s'agit de névropathes. Il arrive que les mêmes remèdes, employés d'abord, peuvent rester sans résultat, tandis qu'employés en même temps, ils arrivent au but.

Il n'y a pas à parler de guérison définitive, mais seulement de celle de l'accès. Le malade qui, auparavant, voyait inutiles les remèdes par voie interne et externe, n'aura pas de difficulté à recourir de nouveau à l'électrolyse. Depuis 1880, j'ai traité 116 cas. C'est le hasard qui m'a fait trouver cela, à savoir l'électrolyse des petites ulcérations de la couronne des dents.

Discussion. — M. Barillet. Si l'étiologie du tic douloureux de la face était celle indiquée par M. Gasparini, les malades seuls ayant une mauvaise hygiène de la bouche en seraient atteints; or, cette maladie est au moins aussi commune dans la classe riche que dans la classe pauvre. D'ailleurs, l'étiologie indiquée par M. Gasparini pourrait être rapprochée de celle faisant jouer aux lésions gingivales ou dentaires une grande importance. Or, cette étiologie a été reconnue fausse. On rencontre des malades n'ayant plus une seule dent, chez lesquels le tic douloureux de la face persiste ; aussi croyons-nous qu'on doit tout d'abord s'adresser à l'état général, la plupart des praticiens admettant actuellement que cette affection n'est qu'une modalité de l'arthritisme.

M. Bergonié pense que la névralgie du trijumeau est fort difficile à guérir, sa thérapeutique aussi bien que son étiologie sont entourées d'obscurité; ce que l'on sait de mieux et de plus rationnel, c'est que les névralgiques en général appartiennent à cet état de déséquilibre que M. Bouchard a nommé ralentissement de la nutrition; il n'est donc pas étonnant que la plupart des médications topiques, et parmi elles la résection chirurgicale, échouent. Comme traitement symptomatique, celui qu'il a trouvé le meilleur, et qu'il continue encore à préconiser, c'est le traitement par les courants galvaniques de haute intensité; il appelle, d'ailleurs, ce traitement : traitement palliatif, le traitement vraiment curatif ne devant consister en rien moins qu'à modifier complètement la nutrition du malade.

M. Gasparini répond que les cas d'amélioration et de guérison observés par lui montraient bien que la cause était dans les lésions qu'il a traitées par l'électrolyse. Quant à l'objection de M. Bergonié, il la trouve sérieuse, mais il se demande pourquoi il y a dans ce cas une localisation si précise.

M. BORDIER.

Rapport sur l'action physiologique, bactériologique et thérapeutique de l'ozone. — Avant d'utiliser l'ozone dont il a indiqué le mode de production, l'auteur a voulu se rendre compte si ce gaz n'était pas mélangé à des produits nitreux ; il a employé pour cela les procédés les plus sensibles et n'a pu découvrir trace de ces produits nitreux.

Détermination de l'effet de l'ozone sur le sang. — Ayant pris du sang de chien et l'ayant soumis à un courant d'ozone, il l'a ensuite examiné au spectroscope : il a trouvé qu'il ne contenait que de l'oxyhémoglobine sans trace de méthémoglobine. Par la réduction, on avait la bande de Stokes; cette réduction était aussi rapide avec l'ozone qu'avec l'oxygène ordinaire. Comme conclusion, l'action de l'ozone sur le sang *in vitro* ne produit aucune modification toxique; quant à la richesse en hémoglobine du sang, les procédés d'hématoscopie et d'hématospectroscopie ne lui ont pas permis d'affirmer une variation certaine.

Action de l'ozone sur les animaux. — La détermination de cette action de l'ozone sur les animaux tient une grande place dans le rapport, elle est déduite d'expériences nombreuses et probantes. Le dispositif instrumental consistait à placer le cobaye en expérience dans une cloche s'appliquant sur un plan de verre dépoli; par la tubulure de la cloche arrivait le courant d'air ozonisé. Dans ces conditions, l'orateur a trouvé que le cobaye meurt dans la cloche au bout d'un temps plus ou moins long. A l'autopsie, on trouve des poumons volumineux, le sang du cœur et des grosses artères est noir, et l'on constate dans les bronches un liquide spumeux qui obture la plupart d'entre elles. Il résulte donc de cette expérience très simple que l'ozone est un gaz dont la toxicité est certaine, elle tue les animaux par l'asphyxie en produisant l'altération des bronches. Comment varie cette toxicité avec les diverses conditions de l'inhalation ? C'est ce que M. Bordier a déterminé en faisant varier le titre de l'air ozonisé, la durée de séjour de l'animal dans la cloche, le nombre d'inhalations, etc. Il a pu ainsi obtenir la survie des animaux en diminuant suffisamment soit la quantité d'ozone, soit la durée de l'inhalation. Chose curieuse, lorsque les animaux étaien mis au repos, c'est-à-dire sans inhalation pendant quelques jours, leur poids augmentait rapidement.

Le rapporteur a essayé de déterminer quel était le mécanisme de la mort par l'ozone. Pour cela, il a fait faire des examens microscopiques très précis, et l'on a trouvé : une distension énorme des vaisseaux et des alvéoles pulmonaires pouvant aller jusqu'à la rupture de celles-ci ; une diapédèse intense ; toutes ces lésions étant symptomatiques d'un emphysème aigu et d'une congestion considérable. La sécrétion que l'on observe obstrue les conduits respiratoires, d'où l'asphyxie.

A ce propos, l'orateur fait remarquer quels sont les dangers de l'absorption d'ozone pour le médecin électricien, qui quelquefois reste longtemps dans une atmosphère très riche en ozone. Le malade ne risque rien puisqu'il ne passe que quelques minutes dans cette atmosphère, mais le danger est réel pour le médecin. M. Bordier a pu le constater sur lui-même à des douleurs intra-thoraciques et à des râles sibilants survenus à la suite d'un traitement d'ozone pour un coryza. Plus tard se sont produites des quintes de toux très nombreuses et pénibles, une bronchite intense qui a duré une vingtaine de jours. M. Bordier conseille donc de ne pas rester trop longtemps dans une telle atmosphère.

Action bactériologique de l'ozone. — Cette action bactériologique a été affirmée par nombre d'auteurs, mais ce qu'il était important de démontrer plus particulièrement, c'était l'action de l'ozone sur le bacille de Koch, et cela, personne n'avait encore essayé de le faire. Les recherches que l'auteur va faire connaître ont été entreprises dans le laboratoire de *Médecine expérimentale de Lyon* et avec la collaboration de M. Arloing fils. Des cultures du bacille de Koch ont été soumises à l'ozonisation, et l'on a trouvé que ces cultures sont enrayées, qu'elles se développent quatre fois moins que les cultures témoins.

Action thérapeutique de l'ozone. — Puisque l'on a en mains un gaz aussi actif que le serait probablement le chlore si on pouvait le diluer comme l'ozone l'est dans l'air ozonisé, il est indispensable de rechercher d'abord une technique d'administration de ce gaz permettant de le doser et ensuite d'examiner les effets qu'il peut produire dans des cas pathologiques donnés. L'auteur s'est servi pour cela d'un appareil à haute fréquence qu'il a fait placer au centre d'une grande guérite en bois, par le plafond de laquelle arrivait un tube brassant l'air par refoulement. Un certain nombre de malades, six à huit, peuvent prendre place sous cette guérite, commodément assis, et sont ainsi soumis à l'inhalation de l'air ozonisé. Le dosage de l'air ozonisé était de 0^{mg} 3 d'ozone par litre d'air. Cette dose paraît être au rapporteur la dose thérapeutique.

Quant aux observations cliniques qu'il peut apporter, elles sont encore peu nombreuses ; il indique des cas de coqueluche dans lesquels le nombre des quintes a considérablement diminué, et il se réserve de faire des essais, toujours en conservant le dosage de l'air ozonisé, sur d'autres malades, et peut-être sur des malades atteints de tuberculose bacillaire, en s'entourant de toutes les garanties pour que les résultats puissent être exactement appréciés.

Discussion. — M. DE KEATING-HART a observé, au moment des inhalations d'ozone, une diminution dans le nombre de mouvements respiratoires. Il a essayé de traiter par ces inhalations des malades atteints de tuberculose, mais il a eu des accidents graves. Il s'est produit dans deux cas de l'hydrothorax, et l'un de ces malades est mort; cependant il n'employait, pour produire l'ozone, que la machine statique.

M. Luraschi. — A-t-on examiné les reins des animaux sur lesquels M. Bordier a expérimenté ?

M. Guilloz confirme les résultats de M. Bordier touchant les propriétés bactéricides de l'ozone. Il a expérimenté sur des bacilles colorés et a trouvé que les cultures étaient retardées sensiblement.

M. Bergonié confirme les effets toxiques de l'ozone. Il lui a semblé qu'il respirait moins bien dans les locaux où l'on avait produit de grandes quantités d'ozone, et il a fait percer des ouvertures de ventilation dans la pièce où est placé l'appareil de haute fréquence.

M. Bordier répond qu'il a toujours examiné le cœur de ses animaux, mais que l'examen des reins, qui pourra être fait dorénavant, ne lui avait pas semblé bien utile, étant donné le mécanisme de la mort.

M. VERNAY.

Action thérapeutique de l'ozone dans quelques cas de coqueluche. — L'auteur rapporte huit observations de coqueluche traitée par l'ozone : les unes prises sur des enfants, les autres sur des adultes. Il s'agissait, dans la plupart des cas, de coqueluche très intense, à quintes nombreuses, avec menace d'asphyxie, vomissements, etc. L'ozonisation se faisait sur de l'oxygène pur, qui était ensuite inhalé par les malades. Dans la plupart des cas, l'auteur a constaté que, dès les premières inhalations, il y avait une diminution du nombre des quintes et de leur intensité, mais il a remarqué que l'efficacité des inhalations d'ozone était plus grande dans la guérison de la coqueluche chez les adultes que chez les enfants.

M. BORDIER.

Confirmation de la théorie du transport des ions à travers les tissus. — Ayant eu affaire à un cas de tophus goutteux, l'auteur a essayé de provoquer la disparition de ces tophi au moyen du traitement par l'électrolyse faite avec une solution de chlorure de lithium. Pour cela, ayant placé la main malade dans un récipient, il a fait arriver le courant dans ce même récipient par une électrode en charbon reliée au pôle positif. Le courant traversant la solution rentrait par la main malade et sortait du corps par une large électrode placée au niveau des lombes. Avant la séance, la main et le bras étaient soigneusement savonnés, puis lavés ensuite à l'éther. L'intensité du courant était très élevée : 50 à 100 mA. Après de longues séances, l'examen des urines était fait; une partie était évaporée, et un fil de platine ayant touché le reliquat de l'évaporation donnait nettement la raie rouge caractéristique à l'examen spectroscopique. Il n'y avait donc pas de doutes, et l'ion lithium était bien passé du vase dans le corps du malade. Au bout de quelque temps, la solution de lithium étant toujours la même, l'auteur s'aperçut d'un dépôt terreux allant en augmentant et occupant le fond du vase servant à l'électrolyse. Ce dépôt, analysé par M. Bost, préparateur de M. Crolas, donna des traces d'acide urique, de l'acide carbonique; de la chaux et du lithium. Cette sortie de l'acide urique en sens inverse de l'ion lithium est très intéressante et ne paraissoit pas avoir été encore signalée.

A la suite du traitement, l'auteur n'a pas constaté de diminution bien sensible des tophi, mais il a vu se produire chéz ces malades une diminution considérable du poids du corps. Les tophi ont été enlevés chirurgicalement, et l'on a pu constater que, tandis que le tophus principal de la main, seul traité, était mou et ressemblait à une crème blanche, le tophus du coude, au contraire, était dur et pierreux.

Discussion. — M. GUILLOZ. La sortie de l'acide urique constatée par M. Bordier est un fait des plus intéressants. M. Guilloz fait observer que, contrairement à l'opinion classique qui veut que dans la goutte il n'y ait aucune lésion osseuse pouvant être constatée par la radiographie, tandis que la caractéristique des lésions du rhumatisme sont l'altération des os, il a remarqué que, dans certains cas de goutte, les lésions osseuses est très réelles. Quant à la diminution de poids constatée par M. Bordier, ces faits viennent confirmer ses propres expériences. Il ne pense pas que le courant galvanique soit le seul traitement de l'obésité, il faut évidemment y joindre d'autres traitements, parmi lesquels le courant faradique, mais cette action particulière du courant galvanique ne doit pas être laissée de côté.

M. LEUILLIEUX se sert depuis 1895 du traitement électrolytique dans la goutte, mais il emploie comme électrodes indifférentes des pédiluves qui permettent une très large surface de passage du courant et, par conséquent, des intensités très élevées.

En se servant de salicylate de lithium on peut à l'aide d'un renverseur de courant, introduire, sans changer le bain, soit du lithium, soit de l'acide salicylique dont l'action sur l'élément douleur se manifeste dès la seconde séance de dix-sept minutes et quelquefois même dès la première séance de même durée.

Deux séances peuvent être faites dans la même journée, une le matin l'autre le soir.

M. DE KEATING-HART se sert aussi avantageusement de l'électrolyse et est partisan de l'emploi du lithium.

M. BERGONIÉ. — Ce fait important de la sortie de l'acide urique par l'électrolyse mérite confirmation. Quant à la désagrégation des tophi, ne faudrait-il pas voir là un phénomène de réaction ou d'inflammation produit par l'action directe du courant galvanique d'intensité assez élevée sur la partie du corps où il a sa plus grande densité, et les résultats sont-ils différents lorsqu'on emploie le sel du lithium ou simplement le courant galvanique?

M. LEDUC pense que, dans les faits rapportés par M. Bordier, il faut ajouter à l'introduction électrolytique du lithium l'action du courant continu sur la nutrition en général. Déjà, en 1892, il a publié un certain nombre d'observations que confirment les résultats obtenus par M. Bordier et M. Guilloz. Récemment, M. Fritz Frankenhauser a publié des faits mettant en évidence les échanges ioniques entre les électrodes et l'organisme.

M. BORDIER. — Bien que la quantité d'acide urique trouvée soit très faible,

sa constatation n'en est pas moins certaine, et les tophi d'où ils pouvaient pro-
venir n'étaient nullement ulcérés. Comme M. Guilloz, M. Bordier pense,
d'ailleurs, que ces courants agissent sur l'organisme en amenant une perturbation profonde de la nutrition cellulaire et par suite de l'état général : ce qui
semble bien le prouver, c'est que le malade avait maigri considérablement pendant le traitement.

M. LEDUC.

Introduction électrolytique des ions dans l'organisme vivant. — Le courant électrique dans les électrolytes est formé par le double courant des ions, les anions
remontent le courant, les cathions le descendent.

Le corps de l'homme est un électrolyte ; lorsqu'on emploie pour y faire passer
le courant des électrodes électrolytes, il y a, au contact de la peau et des élec
trodes, un échange des ions, par suite duquel les anions pénètrent dans le
corps à la cathode, les cathions à l'anode.

En mettant deux animaux en série avec de larges électrodes, le courant
entrant dans le premier animal par une anode formée d'une solution de sulfate de strychnine, sortant par une solution de chlorure de sodium ; entrant
dans le second animal par une solution de chlorure de sodium, sortant par une
solution de sulfate de strychnine : avec un courant suffisamment intense,
l'animal ayant la strychnine à l'anode est tué avec des convulsions en quelques
minutes, tandis que celui qui a la strychnine à la cathode n'est nullement
incommodé.

En remplaçant la strychnine par une solution de cyanure de potassium, c'est
l'animal ayant le cyanure de potassium à la cathode qui est tué en quelques
minutes, et celui ayant le cyanure à l'anode qui résiste.

On peut faire pénétrer sur le vivant, à travers la peau, dans les nerfs
moteurs, des ions de différente nature et, comme le montrent nos graphiques,
modifier ainsi l'excitabilité dans différents sens et de manières différentes.

La résistance du corps n'est que la résistance aux mouvements des ions, on
peut tracer la courbe de conductibilité du corps pour les différents ions ; on
reconnaît alors que les ions monoatomiques, simples et petits, passent avec facilité dans le corps, et que la résistance du corps au passage des ions est d'autant
plus grande que ceux-ci sont formés d'un plus grand nombre d'atomes, qu'ils
sont plus compliqués et plus gros.

Tous les phénomènes physiologiques produits par les courants électriques
dépendent des mouvements et de la nature des ions.

Les actions thérapeutiques varient considérablement d'un ion à l'autre.

Discussion. — M. GUILLOZ a fait, en collaboration avec M. Charpentier, des
expériences analogues à celles dont vient de parler M. Leduc. Elles avaient pour
but de rechercher les conditions dans lesquelles l'électrolyse introduit dans l'organisme des ions toxiques. Comme l'a fait M. Leduc, M. Guilloz et M. Charpentier avaient placé des animaux en tension et avaient trouvé des résultats
qui confirment ceux qui viennent d'être exposés. Au sujet de la nature des
sels métalliques que l'on peut être tenté d'essayer d'introduire dans les tissus
par l'électrolyse, il faut faire un choix rationnel de ces sels. Pour le mercure,
par exemple, ne pas s'adresser au sublimé, mais prendre de l'azotate mercu-
rique. Il faut se rappeler, d'autre part, fait remarquer M. Guilloz, que la vitesse

de pénétration des ions dans l'organisme est très faible et se mesure par des centièmes de millimètre par seconde, sous une différence de potentiel d'un volt par centimètre. Heureusement que l'organisme a à sa disposition d'autre mode de diffusion des ions introduits.

M. Guilloz confirme les idées si originales de M. Leduc sur la nutrition, qui peut très bien n'être qu'un échange ionique. L'action des ions sur les ferments serait aussi un point important à élucider.

— 4 août —

Visite

La Section a consacré cette après-midi à la visite des appareils d'électricité médicale de l'Exposition universelle. Les constructeurs convoqués pour ce jour-là étaient :

M. BONETTI, chez lequel la Section a surtout vu fonctionner de nombreux modèles de machines statiques, dont une à six plateaux d'ébonite, de 90 centimètres de diamètre, donnant une énorme quantité et des étincelles fort longues. D'autres modèles de machines plus petites que cette machine géante ont été également mis en fonction devant la Section.

M. Bonetti a, de plus, alimenté un tube à rayons X avec la grande machine à six plateaux en se servant ou non d'un détonateur. A signaler encore dans cette Exposition un nouveau modèle d'excitateur pour l'électricité statique, un appareil de haute fréquence avec résonateur de Oudin, etc.

M. MAISONNEUVE, chez lequel on a pu voir des manches de galvanocautère isolés à l'amiante, des électrolyseurs pour l'urètre à simple ou double couteau et une pile à courant galvanique, dont le système de mise en marche est très ingénieux.

MM. RADIGUET et MASSIOT nous ont montré le fonctionnement sur une grande bobine de leur interrupteur à contact cuivre sur cuivre ; le fonctionnement d'un résonateur de Oudin de très grand modèle, une table pour électrothérapie constituée en principe pour des prises de courant sur un rhéostat, en dérivation sur le courant continu de la ville. Enfin, M. Radiguet nous a montré aussi ses collections d'épreuves radiographiques et la classification par fiches de sa bibliothèque d'ouvrages, brochures sur la radiographie et ses applications médicales.

— 6 août —

M. CAPRIATI, à Naples.

Influence de l'électricité sur le développement des organismes animaux. — Le travail présenté par l'auteur tend à résoudre le problème de l'action de l'électricité sous ses diverses formes sur le développement plus ou moins rapide d'un animal donné. L'animal choisi par M. Capriati est le têtard de la grenouille ordinaire (*Rana esculenta)* pris à la période où les têtards n'avaient encore que leurs membres inférieurs. L'auteur, pour expérimenter, a disposé trois gros récipients de verre dans lesquels il plaçait un certain nombre de têtards (26 pour chaque récipient), puis il mettait le premier récipient sur un tabouret isolant et le réunissait par un conducteur plongé dans l'eau avec un des pôles de la machine.

de Wimshurst. Pour l'autre récipient, il faisait arriver les deux pôles d'une bobine à chariot de Du Bois-Reymond aux deux extrémités de la masse d'eau, et l'on réglait le courant de manière à ce que la main eût une légère sensation lorsqu'elle était plongée au milieu du récipient. L'auteur donne à des intervalles rapprochés l'évolution des têtards, mais ses conclusions d'une façon générale sont les suivantes : 1° les différentes formes d'électricité agissent sur les organismes animaux pendant la période de développement ; 2° l'électricité statique agit favorablement sur le développement en le hâtant ; 3° l'électricité faradique agit favorablement en le retardant.

Discussion. — M. MICHAUT. Au sujet de la communication de M. Capriati, M. Michaut rapporte les expériences qu'il a pu faire sur des plantes placées sur un tabouret isolant et soumises au bain électrostatique. Il a remarqué que les plantes ainsi traitées avaient une croissance beaucoup plus rapide que des plantes témoins non soumises au bain.

M. ROUVEIX rappelle des expériences faites sur les végétaux, déjà anciennes et rapportées, par exemple, dans le journal *la Nature.* Ces expériences sont concordantes avec celles de M. Michaud.

M. LEDUC, au sujet des expériences de M. Capriati, rappelle celles de Löbe, de Chicago, sur le galvanotropisme des animaux.

<hr>

MM. BERNARD et RUOTTE, à l'École de santé militaire de Lyon.

Sur un cas de dermite radiographique. — Les auteurs rapportent un cas de dermite radiographique intéressant non seulement à cause de sa gravité, mais surtout par la longue durée de son observation, ainsi que la précision des détails contenus dans l'observation. Il s'agissait d'une fracture de la première côte gauche chez un militaire, fracture radiographiée au moyen d'un tube placé à 15 centimètres de la peau. A 2 centimètres de la peau, était placée une plaque d'aluminium d'un demi-centimètre d'épaisseur, formant écran, réunie à la terre par des fils accrochés à la conduite du gaz. Le tube était un tube Collardeau très dur ; la source était une bobine de Ruhmkorff donnant 25 centimètres d'étincelle avec 15 volts et 4 ampères. La durée de la pose a été de 35 minutes.

Pendant neuf jours pleins, aucune trace de cette radiographie ; mais, à ce moment, on voit apparaître une grande tache brune, puis l'épiderme s'exfolie et il se fait une nécrose de l'épiderme et du derme, dont la photographie jointe à la communication donne une idée.

La cicatrisation sembla tout d'abord marcher assez vite, mais ce ne fut qu'une illusion très vite déçue, car, six mois après, la partie centrale de la plaie présentait la forme et la dimension d'une pièce de 5 francs. Une aquarelle remise par les auteurs représente cet état. Les auteurs terminent leur communication en recherchant les conditions pathogéniques et l'étiologie si contestée encore de cet accident.

<hr>

M. BERGONIÉ, Prof. à la Fac. de Méd. de Bordeaux.

Rhéostat électrolytique destiné aux courants intenses. Présentation d'instruments. — L'auteur s'est attaché à résoudre ce problème technique, d'avoir un rhéostat sans self permettant de graduer exactement et d'une manière continue les courants utilisés pour l'excitation des grandes bobines de Ruhmkorff, soit pour la production des courants de haute fréquence, soit pour l'excitation des tubes à rayons X. Le rhéostat qu'il présente à la Section d'Électricité médicale se compose d'une grande cuve ou bac d'accumulateur, pouvant contenir 5 à 6 litres de liquide. Ce bac est fermé par un couvercle en substance isolante, dans lequel sont fixées à demeure deux lames de plomb très rapprochées à leur point d'encastrement dans le couvercle et très éloignées à leur autre extrémité. Ces lames sont triangulaires et leur pointe peut être terminée par un pinceau de fils de verre. Cette pointe n'arrive qu'à mi-hauteur du bac. Pour faire varier le niveau du liquide, l'auteur se sert d'un bloc d'une substance non attaquée par le liquide (verre, porcelaine, plâtre paraffiné), qui peut monter et descendre dans le bac au moyen d'une crémaillère. Le maximum de résistance du rhéostat est obtenu quand le bloc émerge complètement du liquide ; le courant entre alors par l'une des plaques et sort par l'autre, traversant l'eau du bac en diagonale. La résistance dans ce cas peut dépasser 20.000 ohms. La résistance minima est obtenue lorsque le bloc est entièrement immergé, le courant passe alors d'une plaque à l'autre par une large surface et traverse une colonne d'eau d'une épaisseur maxima d'un centimètre. La résistance est alors celle d'un petit accumulateur à deux plaques et varie avec la résistance du liquide employé, elle peut être beaucoup moindre qu'un ohm. De plus, l'intensité du courant que peut supporter l'appareil est considérable. Il peut, d'autre part, fonctionner longtemps sans échauffement notable à cause de la grande quantité d'eau qu'il contient. L'orateur pense que cet instrument rendra des services en radiographie, car il peut remplacer les rhéostats à self-induction dont les inconvénients ont été signalés par quelques auteurs, entre autres M. Béclère. /

Discussion. — M. BÉCLÈRE. Sait-on quelle perturbation peut apporter la self-induction des rhéostats ordinaires au fonctionnement d'une bobine de Ruhmkorff ?

M. MICHAUT. — Il faut remarquer surtout dans cet appareil qu'il n'y a aucun contact frottant, chose qui, pour de forts courants, pourrait avoir des inconvénients.

M. BERGONIÉ. — Lorsqu'on se sert d'une bobine à grande self-induction, comme celle utilisée pour la radiographie ou la radioscopie, la self-induction des rhéostats ordinairement employée, rhéostats qui sont des solénoïdes sans fer, est négligeable devant la self-induction de la bobine. Cependant certains rhéostats, dont le fil, très long est enroulé en spires très serrées sur des prismes dont les arêtes sont en fonte, peuvent avoir une self-induction non négligeable et dont la valeur n'a pas été déterminée.

M. BÉCLÈRE, Méd. des Hôp. de Paris.

Les instruments de l'examen radioscopique. — En raison des services rendus au diagnostic médical par l'examen radioscopique il est utile de signaler toutes les améliorations réalisées dans l'appareil instrumental qui contribuent à rendre plus facile et plus sûr ce mode d'exploration.

L'idéal pour la grande majorité des médecins ne serait-il pas de posséder un appareil radiogène très simple de poids et de volume assez faibles pour être facilement transportable au domicile des malades, n'exigeant pour être mis en marche que la main d'un aide capable de tourner une manivelle et toutefois assez puissant pour permettre l'examen radioscopique d'un thorax d'adulte, même d'assez forte corpulence. La petite machine statique que je vous présente réalise cet idéal, elle contient dans la caisse qui sert à la transporter au domicile des malades tout ce qui est nécessaire à l'examen radioscopique, ampoule, écran fluorescent. etc., et le prix de cet ensemble d'instruments ne dépasse pas celui d'un bon microscope.

En radioscopie et en radiographie, le facteur de beaucoup le plus important est le pouvoir de pénétration des rayons de Röntgen. On sait que ce pouvoir croît et décroît avec la résistance électrique des ampoules, résistance variable suivant leur calibre, la distance des électrodes, le degré du vide et les qualités du courant qui les traverse. Le petit instrument très simple que je vous présente et que j'ai baptisé *spintermètre* permet de mesurer à chaque instant, au cours des opérations radioscopiques ou radiographiques, en centimètres et en fractions de centimètres, la longueur de l'étincelle équivalente à la résistance de l'ampoule ; il permet donc de connaître et aide à faire varier, à volonté, cette résistance et par suite le pouvoir de pénétration des rayons de Röntgen.

L'emploi d'un diaphragme de plomb en radioscopie est très utile pour limiter la surface éclairée de l'écran et donner ainsi à l'image radioscopique une plus grande netteté de contours, une plus fine précision de détails. Il est presque indispensable quand on place le malade de telle sorte qu'il soit transversalement ou obliquement traversé d'un côté à l'autre du thorax par les rayons de Rontgen, position nécessaire pour l'examen radioscopique de l'aorte thoracique et le diagnostic différentiel du simple allongement de l'arc aortique avec la dilatation générale ou le véritable anévrisme de ce vaisseau.

Le diaphragme que je vous présente est, comme celui des microscopes, un diaphragme-iris dont l'ouverture habituellement de forme carrée, présente au cours de l'examen, des dimensions variables à volonté ou peut prendre l'aspect d'une bande rectangulaire, quand il s'agit de comparer deux régions symétriques, comme les deux sommets pulmonaires ou les deux moitiés du muscle diaphragme. Cet instrument présente un autre avantage qui m'a fait lui donner le nom de *diaphragme-iris radioguide*, il indique à chaque instant par rapport à l'écran la direction des rayons de Röntgen qui traversent le corps des malades. Habituellement on le règle de telle sorte que le rayon passant par le centre de l'ouverture soit perpendiculaire à l'écran. Ainsi, quelles que soient la position de l'ampoule et l'attitude du malade, c'est toujours le centre de la surface éclairée de l'écran qui présente l'image dont la forme et les dimensions se rapprochent le plus fidèlement de celles de l'organe examiné. La connaissance du rayon d'incidence normale permet en particulier de mesurer très exactement, suivant la méthode que j'ai proposée les différents diamètres de l'aire du cœur.

C'est M. Drault qui a imaginé et construit la petite machine statique que j'appelle l'*appareil radiogène des médecins de campagne* ; il a fait aussi, d'après mes indications, le spintermètre et le diaphragme-iris radioguide que je vous ai présentés.

Discussion. — M. Michaut trouve qu'il y a encore dans la radioscopie faite avec la machine statique des perfectionnements à apporter : ainsi, par exemple, il a eu des accidents au niveau des électrodes des tubes avec ce procédé d'excitation. Il attribue ces accidents aux conducteurs sous caoutchouc épais et aux sphères pesantes qui les terminent. Depuis qu'il a adopté comme conducteurs des fils souples sous gutta, *sans boules terminales*, il n'a observé aucun accident : dans ces conditions, la déperdition est pratiquement nulle, surtout si on n'emploie plus de détonateurs.

M. BERGONIÉ a déjà vu dans le service de M. Béclère le fonctionnement des tubes par la machine statique pour la radioscopie. Il est sorti de cette visite très convaincu de l'efficacité de ce procédé, il l'emploie d'ailleurs dans son cabinet, concurremment avec la bobine, mais il aime mieux se servir d'un tube mou et de la machine statique sans détonateur.

M. GUILLEMINOT.

De l'importance de la recherche du rayon normal en radioscopie. Présentation d'instruments. — Une méthode générale de définition des incidences s'impose. Avant de discuter l'adoption d'une méthode uniforme, il faut s'entendre sur les points suivants :

1° En radiographie, suffit-il de marquer le point d'incidence du rayon normal à la plaque pour pouvoir interpréter l'épreuve, comparer cette épreuve à une épreuve identique prise chez le même sujet ultérieurement, permettre de se placer chez un autre sujet dans les mêmes conditions opératoires ?

2° Peut-on faire abstraction du sujet pour définir l'incidence d'un rayon soit en radioscopie, soit en radiographie ? En particulier, pour la radioscopie clinique, là où la notion du rayon normal est si utile, peut-on employer sous ce nom un rayon non perpendiculaire au plan d'appui du corps ? Le mot *rayon normal* a-t-il une valeur s'il n'est pas normal au plan d'examen (1) ?

La conclusion me paraît être qu'une méthode, pour être générale, doit définir l'incidence par rapport au corps même du sujet, placé dans des positions données.

La méthode que j'ai proposée au Congrès de Boulogne, se basant sur ces conclusions, consiste à :

1° Définir un point sur le sujet placé dans des positions déterminées ;

2° Définir la direction du rayon frappant ce point.

Les positions déterminées sont ordinairement les positions frontale et sagittale. Dans chacune de ces positions, le point incident ou émergent choisi se repère sur un axe déterminé pour chaque région (axe sterno-pubien, crural, etc.). Enfin, la direction du rayon frappant ce point se détermine par la mesure de l'obliquité de ce rayon sur le plan d'appui du malade (et par rapport à l'axe de la région). Si ce rayon est *perpendiculaire au plan d'appui*, il est appelé *rayon normal*.

Les différentes phases de cette détermination se font sans calcul, rapidement et simplement. Les positions sont assurées par le décubitus sur un lit spécial (station couchée) ou par des appuis fixés à un châssis vertical (station debout).

---

(1) Le plan d'examen est le plan sous lequel l'organe étudié doit être vu. Il est parallèle au plan d'appui.

Les distances centimétriques repérant les points se mesurent directement. La direction du rayon normal se détermine par un croisé de fils en radioscopie, fils fins non mobiles (Béclère), ou croix métallique. En radiographie, où l'on a besoin de plus de précision et moins de rapidité, la direction normale ou oblique se détermine instantanément par le radiogoniomètre.

Condition d'exactitude. — Pour que la méthode soit rigoureusement exacte, il faut et il suffit que, pour une position donnée, le corps soit toujours parallèle à lui-même ; il faut que le plan d'examen soit parallèle au plan d'appui. Ce sera toujours là le point délicat de toute méthode. La méthode fournit elle-même la solution. *Pour les cas où le parallélisme approximatif est insuffisant, on définit un point incident sur une face du corps et le point émergent correspondant sur la face opposée, le rayon considéré étant le rayon normal.* La position du corps ainsi transfixé par ce rayon normal est aussi assurée que s'il l'était par une tige d'acier perpendiculaire à son plan d'appui.

Applications pratiques de la méthode. — 1° Chaque radiographie sera affectée d'une formule simple qui, par sa simple inspection, fera voir comment cette radiographie a été prise, et permettra de se replacer, après un temps quelconque, dans les mêmes conditions.

2° On pourra déterminer, pour la radiographie de chaque organe, des foyers d'éclairement, comme on détermine des foyers d'auscultation. La formule ci-dessus en est un exemple.

3° L'emploi courant du rayon normal permettra de mesurer instantanément le diamètre vrai des viscères, en comprenant ces viscères entre deux rayons normaux (procédé proposé par Béclère pour le cœur).

4° On pourra projeter les ombres viscérales en grandeur vraie sur la paroi normalement ou obliquement par rapport au plan d'appui. Le dessin sera fait au crayon dermographique, au cours de l'examen radioscopique, en circonscrivant l'organe projeté par une série de rayons normaux (ou de rayons d'une obliquité constante).

5° Des graphiques directs pourront être obtenus sans être précédés d'une projection sur la paroi (1).

Discussion. — M. MARIE a obéi à des préoccupations identiques. Il est, en effet, insuffisant de repérer la position du tube ou le point d'incidence normale sur le cliché. Si toutes les radiographies étaient faites avec les indications nécessaires, les critiques récemment faites à certains radiographes ne seraient pas admissibles; d'ailleurs, ces critiques portent sur des radiographies dont les constantes sont tout à fait défectueuses et déformées comme à plaisir.

———

M. le Dr T. MARIE, Chargé de cours à la Faculté de Médecine de Toulouse.

Rapport sur les progrès de la radiographie stéréoscopique. — Au Congrès de l'Association française pour l'Avancement des Sciences qui a été tenu l'année dernière à Boulogne-sur-Mer, j'ai présenté un rapport sur la Radiographie et la Radioscopie stéréoscopiques. Depuis cette époque, aucun travail, à ma connais—

(1) Voir sur le même sujet et du même auteur *Archiv. d'électr. méd.*, 1899.

sauce, n'a été publié sur la Radioscopie stéréoscopique ; aussi limiterai-je ce nouveau rapport à l'étude des progrès de la radiographie stéréoscopique.

Dans le chapitre du rapport de l'année dernière concernant la radiographie stéréoscopique, j'ai traité deux questions principales formant deux parties bien distinctes :

Dans la première, j ai fait un exposé général de la question et montré qu'on peut dans tous les cas, quelles que soient l'épaisseur de l'objet radiographié et la distance à laquelle on veut placer le tube producteur de rayons X, obtenir deux perspectives qui, examinées au stéréoscope de Cazes, donne une reconstitution virtuelle qui est exactement semblable comme forme et rapports de dimensions à l'objet réel radiographié. Si on emploie les nombres que mon collaborateur M. Ribaut et moi nous avons calculés et réunis dans les tables, l'examen au stéréoscope sera toujours facile tout en correspondant au relief maximum. Il faut tenir compte bien entendu des règles de la stéréoscopie de précision que nous avons rappelées et commentées. On n'obtient jamais ces faux reliefs à aspect fantastique qui avaient découragé les premiers observateurs et qui n'étaient que le résultat d'une erreur de technique. Ce résultat étant, grâce à une expérience de quatre années et à des expériences directes, devenu une certitude, nous avons cette année reporté tous nos efforts sur la deuxième partie, dont l'étude était encore incomplète.

La deuxième partie, en effet, avait été consacrée aux mesures en stéréoscopie, question tout à fait nouvelle, dont nous avions donné seulement une solution partielle : la mesure des profondeurs, c'est-à-dire la mesure des distances qui séparent les divers plans de front de l'objet, ou plus simplement la mesure du relief. Pour cette raison, l'appareil avait été appelé stéréomètre. Nos expériences de cette année ont eu pour but d'ajouter, à la détermination de cette première coordonnée verticale, deux autres coordonnées, rectangulaires ou non, afin de fixer d'une manière absolue la position dans l'espace d'un point quelconque d'un objet radiographié stéréoscopiquement. Le résumé de ces expériences formera la partie originale du rapport actuel.

Je crois utile, cependant, avant de commencer l'exposé de ces nouvelles expériences, d'insister sur certains points de notre méthode de radiographie stéréoscopique. Elle a été décrite dans un grand nombre de publications antérieures et en particulier dans un article d'ensemble des *Annales d'électrobiologie* (décembre 1899). Ces explications complémentaires me paraissent nécessaires pour deux raisons : la première, c'est que beaucoup d'auteurs ont obtenu des reconstitutions fantaisistes et fausses qui les ont amenés à conclure que la radiographie stéréoscopique ne pouvait être employée en médecine à cause des erreurs qu'elle entraînait ; la seconde, c'est que la plupart des physiciens, tout en admettant qu'une reconstitution est toujours possible, lui refusent le caractère de précision que nous considérons comme absolument certain pourvu qu'on opère dans les conditions que nous avons indiquées.

Les résultats fantastiqués et faux qu'on a obtenus dans certains cas s'expliquent facilement. En effet, avec des épreuves radiographiques la reconstitution virtuelle lors de l'examen au stéréoscope est bien plus difficile qu'avec des épreuves photographiques ordinaires, car les perspectives obtenues sont celles de corps vus uniquement par transparence et ne donnant par conséquent aucune de ces indications de relief que fournit la photographie ordinaire dans laquelle l'éclairage des corps est superficiel. Ces difficultés sont encore augmentées de ce fait que les ombres obtenues sont souvent mal délimitées et plus ou moins superposées. Il est donc indispensable que le fonctionnement de l'œil ait lieu sans le moindre effort, et pour cela il ne faut pas dépasser les écartements des points de vue que nous avons donnés et qui correspondent à la limite que l'œil moyen peut tolérer. Il peut être utile d'ailleurs pour des yeux peu habitués au stéréoscope et surtout quand il s'agit d'épreuves cliniques peu nettes, portant par exemple sur les parties centrales du corps humain, d'aider à la reconstitution en disposant à la surface de l'objet des points de repère artificiels qu'on peut choisir bien distincts. Le moyen le plus simple et le plus sûr consiste dans l'emploi d'un fil de plomb pour coupe-circuit que l'on plie dans tous les sens, de manière à ce qu'il décrive une ligne aussi irrégulière que possible. On le fixe facilement sur la peau au moyen de quelques gouttes de collodion. Cette ligne irrégulière franchement opaque et, par suite, de reconstitution stéréoscopique très facile, aide à l'examen des ombres mal délimitées, correspondant à l'intérieur de l'objet radiographié. On peut d'ailleurs imaginer bien des moyens pour arriver au même résultat. Il suffit, pour se guider dans chaque cas particulier, de se rappeler cette règle générale : que la reconstitution stéréoscopique d'un objet est d'autant plus facile qu'il existe dans l'espace un plus grand nombre de points dont les perspectives soient nettement différenciées. Après avoir indiqué pour quelles raisons certains auteurs avaient obtenu des résultats erronés qui évidemment supprimeraient toute application de la radiographie stéréoscopique en médecine et montré par quels moyens simples on pouvait les éviter, je crois utile d'expliquer pourquoi nous avons ajouté le mot précision à radiographie stéréoscopique dans toutes nos communications. Dans notre esprit, le mot de précision signifie que la reconstitution virtuelle lors de l'examen au stéréoscope est exactement semblable comme forme et rapports de dimensions, à l'objet réel radiographié. Un observateur exercé peut ainsi apprécier avec exactitude les distances verticales qui séparent les divers plans de front, et dans un même plan de front les distances horizontales qui séparent les divers points qui y sont contenus, absolument comme il l'apprécierait sur le corps réel. Pour cela, il faut suivre exactement les règles que nous avons posées pour l'obtention et l'examen des épreuves. Il faut, pour l'examen, se servir du stéréoscope de Cazes nouveau modèle, qui seul permet d'éviter toute déformation et coloration de l'objet reconstitué et dont le champ est assez étendu pour permettre l'examen direct, sans rapetissement des épreuves, d'une partie quelconque du corps humain, au besoin du corps humain tout entier. Toutes les fois qu'on opérera en dehors des règles que nous avons posées et qu'on se servira pour l'examen d'un stéréoscope à prisme ou à lentille, on n'obtiendra pas le résultat indiqué plus haut, et, par conséquent, l'opération ne méritera pas le qualificatif de précision. Cette notion est fort importante. Elle nous a amenés à rechercher s'il était possible de mesurer géométriquement ces diverses distances. Nous verrons plus loin comment nous sommes arrivés à ce résultat.

J'ai dit plus haut que certains physiciens n'admettaient pas que la stéréoscopie pût être une méthode précise. Cette opinion, assez répandue, me paraît être la conséquence de ce fait que, pendant longtemps, on a cherché à établir la théorie de la stéréoscopie, soit en s'appuyant uniquement sur les lois géométriques, soit, au contraire, en tenant compte uniquement de la physiologie de l'œil, d'où deux opinions absolument différentes, et comme conséquence, un manque absolu de méthode qui a amené tous les auteurs à se servir seulement du cas particulier d'un écartement des points de vue égal à celui des yeux. Or, le problème comporte une solution générale. Il suffit pour l'établir de tenir compte, d'une part, de la loi géométrique des perspectives accouplées $\frac{P}{p} = \frac{D}{d} = \frac{\Delta}{\delta}$, et, d'autre part, d'une expérience physiologique de M. Cazes permettant de connaître la limite de l'indépendance entre la convergence et l'accommodation. (Les différents yeux présentant à cet égard d'assez grandes différences, on doit employer les chiffres correspondant à un œil moyen.) Dans la vision stéréoscopique, en effet, l'accommodation des deux yeux se fait sur des épreuves planes, de position fixe et constante, pendant tout le temps de l'examen. Au contraire, la convergence des deux yeux se fait sur des points différents des deux perspectives, plus ou moins éloignés, suivant que le point auquel ils correspondent était situé à une distance plus ou moins grande du plan du tableau, et par conséquent, varie constamment. Ainsi, dans la vision stéréoscopique, contrairement à ce qui se passe dans la vision binoculaire ordinaire, l'observateur doit rendre indépendante l'accommodation et l'angle de convergence des deux yeux, ce qu'il ne peut faire que jusqu'à une certaine limite, qui impose précisément une limite à l'écartement des points de vue. En partant de ces deux données nous avons établi une formule générale :

$$\Delta \text{ maximum} = \frac{D\,(D + P)}{50\,P}$$

qui donne une relation entre :

   D distance du tube à l'objet ;

   P épaisseur de l'objet ;

   Δ écartement des points de vue ;

qui est vraie dans tous les cas. Il suffira donc de mesurer l'épaisseur de l'objet P, la distance à laquelle on veut placer le point d'origine des rayons X (foyer de l'anticathode du tube), pour en déduire l'écartement à faire subir aux points de vue, ou plus simplement le déplacement que l'on devra faire subir au tube, en passant d'une épreuve à l'autre. L'objet reconstitué présentera les caractères que j'ai indiqués comme étant ceux de la radiographie stéréoscopique de précision.

Le matériel pour faire de la radiographie stéréoscopique est des plus simples :

a) Pour l'obtention des épreuves, il suffit de placer une règle directrice parallèlement à un des côtés du châssis contenant la plaque sensible et de déplacer le pied rectangulaire du support du tube, le long de cette ligne droite, de la quantité indiquée par la formule précédente.

b) Pour l'examen des épreuves, il suffit de posséder le pupitre ordinaire (formé d'une glace 40/60 centimètres, éclairée en dessous par la lumière diffuse) que l'on emploie pour l'examen des clichés radiographiques simples.

A ce pupitre, que tous les radiographes doivent avoir, on fait subir une seule modification, c'est de rendre mobile une moitié de la règle qui porte les épreuves, afin de pouvoir, en l'élevant et l'inclinant, faire coïncider les lignes d'horizon principales des deux perspectives.

Le stéréoscope Cazes, dont la partie principale est formée de quatre miroirs plans parallèles deux à deux, se trouve dans le commerce à un prix peu élevé.

L'opération est aussi des plus simples. On dispose son malade dans la position la plus commode pour garder l'immobilité et on glisse au-dessous de la région à radiographier un châssis contenant une plaque sensible de dimensions convenables. On fait une première pose, puis, après avoir déplacé le support du tube de la quantité donnée par la formule générale, on fait une deuxième pose. Les deux clichés, placés côte à côte sur le pupitre éclairé, sont examinés au moyen du stéréoscope Cazes en suivant les règles d'examen.

Il est évident que la rapidité de l'opération est liée à la puissance du matériel producteur de rayons X ; mais on peut parfaitement faire de la radiographie stéréoscopique, dans presque tous les cas, avec un matériel de puissance moyenne. J'ai obtenu à peu près tous mes clichés à l'Hôtel-Dieu de Toulouse avec une bobine Carpentier donnant au maximum 20 centimètres d'étincelle et un trembleur métallique Desprez-Carpentier qui réduisait la longueur d'étincelle à 13 ou 14 centimètres.

Arrivons maintenant à nos recherches de cette année sur les mesures de distance en stéréoscopie et plus particulièrement en radiographie stéréoscopique.

Dans le rapport de l'année dernière, après avoir montré la nécessité de ces mesures, j'ai indiqué comment on peut déterminer les distances qui séparent les divers plans de front de l'objet et décrit succinctement le stéréomètre que nous avons fait construire, M. Ribaut et moi, et qui permet d'arriver facilement à ce résultat avec une exactitude qui, dans de bonnes conditions, peut atteindre une fraction de millimètre. Mais les mesures ainsi pratiquées donnaient une solution incomplète du problème. En admettant que l'objet fût parfaitement repéré par rapport à la plaque, ce qui est facile, on connaissait simplement la position dans l'espace du plan de front contenant un point déterminé de l'objet et non la position même de ce point. Les raisons qui nous avaient amenés à rechercher la possibilité de mesures en stéréoscopie nous ont amenés à rechercher la posibilité de mesures dans ce plan de front, afin de supprimer l'indécision qui résulte toujours d'une appréciation visuelle.

Je vais donc montrer comment on peut faire des mesures dans un plan de front, la connaissance de deux nouvelles coordonnées permettant, avec la coordonnée verticale de ce plan, de déterminer la position absolue dans l'espace d'un point quelconque de l'objet.

On y arrive en se basant sur les considérations géométriques suivantes :

Lorsqu'on fait glisser les deux fils du stéréomètre au contact des clichés en laissant vide l'intervalle qui les sépare, la ligne virtuelle à laquelle ils donnent naissance pendant l'examen stéréoscopique se déplace dans un plan de front, c'est-à-dire dans un plan parallèle au plan des clichés.

Soient O et O' les deux points de vue, a et b les perspectives d'un point A.

Déplaçons le point A suivant la ligne parallèle à O O' de manière à l'amener en un point quelconque de cette ligne, par exemple en A'. Les points a et b se déplaçant parallèlement aussi à O O' viennent en a' et b'. Il est facile de montrer que la distance $a\,b = a'\,b'$. En effet, dans les triangles O O' A et $a\,b$ A.

on a $\dfrac{O\,O'}{a'\,b'} = \dfrac{H}{h}$, et dans les deux triangles O O' A' et $a'\,b'$ A' $\dfrac{O\,O'}{a'\,b'} = \dfrac{H}{h}$ d'où

$\dfrac{O\,O'}{a'\,b'} = \dfrac{O\,O'}{a\,b}$ d'où, enfin $a\,b = a'\,b'$.

Réciproquement, si les deux points a et b se déplacent dans un plan parallèle à O O' de manière que la distance qui les sépare reste toujours constante, le point A auquel ils donnent naissance dans l'examen au stéréoscope se déplacera dans un plan parallèle aussi à O O', c'est-à-dire dans un plan de front.

Ce qui est vrai pour deux points est vrai aussi pour deux séries de points, c'est-à-dire pour les deux fils du stéréomètre, pourvu qu'ils se déplacent per-

pendiculairement à la ligne d'horizon principale, c'est-à-dire perpendiculaire-
ment à la ligne des points de vue.

Il en résulte que si pendant l'examen au stéréoscope on fait glisser le stéréomètre sur les deux plaques, de manière à ce que les deux fils restent bien à
leur contact, la ligne virtuelle à laquelle ils donnent naissance se déplacera
dans l'intérieur de l'objet virtuel reconstitué suivant un plan et, par conséquent, les différents points avec lesquels elle coïncidera dans son déplacement
seront situés dans ce plan de front.

Remarque. — Les points rencontrés par la ligne virtuelle dans son déplacement sont, les uns intérieurs, les autres extérieurs. Les points intérieurs sont
ordinairement représentés par des parties d'os nettement délimitées. Leur position étant ordinairement fixe, ils constituent d'excellents points de repère.
Cependant, pour les applications chirurgicales, les points de repère cutanés sont
préférables, car ils peuvent être placés dans la région que le chirurgien a
choisie pour intervenir. Pour être réellement utiles, il faut que ces points de
repère soient d'une reconstitution stéréoscopique facile. Comme je l'ai dit, nous
nous servons d'un fil de plomb de coupe-circuit avec lequel on fait des ondulations irrégulières et que l'on fixe sur la peau avec quelques gouttes de collodion. L'opération exige à peine quelques minutes et le fil reste fixé aussi longtemps qu'on peut le désirer. La présence de ce fil procure deux avantages : par
sa netteté, il aide à la reconstitution stéréoscopique de l'objet ; d'autre part, si
on le dispose convenablement tout autour de l'objet, il présentera soujours au
moins deux points qui seront dans le même plan de front que le point considéré.
Ces points de repère seront déterminés par leur coïncidence avec la ligne virtuelle. La coordonnée verticale étant déterminée au moyen du stéréomètre par
le procédé déjà décrit l'année dernière, pour connaître la position exacte dans
l'espace du point considéré il suffira de déterminer certaines relations de
distance de ce point aux repères situés dans le même plan de front. C'est le
but de la deuxième proposition.

DEUXIÈME PROPOSITION

Relations de distance entre les points de repère et le point considéré.

Pour résoudre le problème, on peut utiliser deux procédés : mesurer les
distances des deux points de repère au point considéré, ou simplement encore
se servir d'un seul des points de repère, mais en ayant soin alors de déterminer
les distances du point considéré à deux plans verticaux perpendiculaires entre
eux et passant par le point de repère. Pour simplifier, nous choisissons les
plans parallèle et perpendiculaire aux lignes d'horizon et, par suite, de direction
parfaitement connue.

Premier procédé. — *Utilisation d'un seul point de repère.*

Si M est l'image de la ligne ondulée, R' celle du point de repère R situé
dans le même plan de front que le point considéré P, dont l'image est P' ;
Z Z' et Q Q' sont les traces de deux plans passant par R et le point de vue
correspondant à cette perspective, traces parallèles ou perpendiculaires aux
lignes d'horizon, A et B les distances à ces traces de l'image du point P. Ces
deux distances A et B sont données immédiatement par la valeur du déplacement du stéréomètre (sans modification de l'écartement des fils) dans les deux

directions rectangulaires, à condition toutefois que la coïncidence de l'image du point de repère et de l'image du point considéré ait lieu en un même point des fils réels. On y arrive facilement en disposant des nœuds ou des traits de couleur en divers points des deux fils, mais à égale distance des extrémités.

Il est à remarquer que les distances A et B correspondent aux déplacements des fils du stéréomètre, glissant aux contacts des deux épreuves négatives ou positives et, par conséquent, aux distances qui séparent les projections énumérées. Pour en déduire les distances vraies dans l'espace du point P *aux deux points verticaux*, il suffira d'exprimer les relations de deux triangles semblables.

Projetons verticalement les systèmes de points et de lignes suivant la direction des lignes d'horizon, soient :

O″ la projection verticale d'un des points de vue.

R″ la projection verticale du point de repère R.

P″ la projection verticale du point P.

R′ et P′ la projection de leurs images.

T′ T′ la projection du plan du tableau.

O″ R′) les projections des plans passant par le point de vue O et les points
O″ P′) R et P.

La distance mesurée directement est R′ P′ = A.

Soient : O″ V″ = f, la hauteur du point de vue au-dessus du plan du tableau ; h, la hauteur du point R au-dessus de ce plan. Les deux triangles semblables R″ O″ P″ et R′ O″ P′ donnent :

$$\frac{a}{f - h} = \frac{A}{f}, \text{d'où } A = \frac{A(f - h)}{f}.$$

On aurait de même : $b = \frac{B(f - h)}{f}$.

Dans ces formules, f, la hauteur du point d'origine des rayons X à la surface sensible, est notée une fois pour toutes au moment de l'obtention des épreuves.

h, la hauteur du plan de front dans lequel on fait les mesures, a été déterminée par le procédé décrit dans le précédent article des *Archives d'électricité médicale*.

Par conséquent, toutes les quantités sont connues, et la résolution des deux équations donne a et b.

DESCRIPTION DU STÉRÉOMÈTRE MODIFIÉ.

Il faut que l'appareil, en dehors de la détermination de la coordonnée verticale, permette de connaître facilement A et B, qui ne sont autre chose que les composantes rectangulaires du mouvement P′ R′.

Pour cela, on se sert du stéréomètre déjà décrit dont les fils portent un nœud de repère au milieu. Ce stéréomètre est maintenu dans un premier cadre dans lequel il ne peut se déplacer que suivant une direction perpendiculaire à une ligne d'horizon. Ce dernier cadre lui-même ne peut se mouvoir dans un second cadre fixe que suivant une ligne d'horizon. Des règles graduées en millimètres permettent de connaître la valeur de ces déplacements rectangulaires qui, dans les figures précédentes, correspondent à A et B.

DEUXIÈME PROCÉDÉ. — *Utilisation de deux points de repère R et S situés dans le même plan de front que le point considéré.*

Les distances du point P aux deux points de repère définissent sa position, en supposant connue sa coordonnée verticale.

Ces distances sont calculées avec les données fournies par l'appareil déjà décrit. Ce sont les résultantes des deux mouvements rectangulaires mesurés :

$\sqrt{A^2 + B^2}$ pour le point R ; $\sqrt{C^2 + D^2}$ pour le point S, dont les deux coordonnées rectangulaires sont C et D.

PRATIQUE. — Pour obtenir et examiner les clichés, on doit suivre les règles que nous avons énumérées. Elles sont simples, mais elles doivent être suivies avec la plus grande rigueur. J'insisterai surtout sur la coïncidence des lignes d'horizon principales des deux clichés. Dès que cette coïncidence n'est plus réalisée, la ligne virtuelle ne se déplace plus dans un plan de front. Elle se déplace dans un plan oblique qui fait avec le plan de front un angle dont la valeur dépend de la position des lignes d'horizon. Pour réaliser cette coïncidence, on peut placer une aiguille sur chaque bord du châssis parallèlement au déplacement du tube. Il est préférable de prendre un fil de plomb irrégulièrement ondulé dont les deux extrémités sont sur une ligne perpendiculaire au bord du châssis. La reconstitution stéréoscopique d'une ligne irrégulièrement ondulée se fait toujours d'une manière plus précise que celle d'une ligne droite. Il suffit, au moment de commencer l'examen, de vérifier au moyen des deux fils mobiles du stéréomètre que les projections sont à égale distance l'une de l'autre.

OPÉRATION. — Après avoir disposé convenablement son malade, on entoure la région à radiographier d'un fil de plomb irrégulièrement ondulé que l'on fixe à la peau au moyen de collodion. Il faut autant que possible que la courbe dessinée par le fil de plomb fasse un angle de 30 degrés avec la surface sensible et que la projection de la ligne qui joint les deux positions successives du point d'origine des rayons X tombe dans l'intérieur de cette courbe. L'examen stéréoscopique se fait ainsi dans les meilleures conditions. Nous n'insistons pas plus longuement sur les opérations d'obtention et d'examen des épreuves de radiographies stéréoscopiques qui ont été exposées dans nos publications antérieures.

On place ensuite le stéréomètre nouveau modèle sur les épreuves. On commence d'abord par faire coïncider la ligne virtuelle avec le fil métallique en contact avec la plaque ; puis, en rapprochant les deux fils, on fait monter la ligne virtuelle dans l'intérieur de l'objet examiné jusqu'à ce qu'elle coïncide avec le point cherché que peut être un point quelconque de l'objet. La connaissance des écartements de fils correspondant à ces deux positions de la ligne virtuelle donne la hauteur du point au-dessus de la plaque, c'est-à-dire la coordonnée verticale de ce point, au moyen de la formule indiquée dans les publications antérieures.

On fait glisser ensuite le cadre porte-fils, le cadre extérieur restant fixe, jusqu'à ce que le nœud vienne en coïncidence avec le point de repère. On lit les déplacements sur les deux graduations des deux cadres extérieurs. Ces deux déplacements correspondent à A et B. On a ainsi les distances du plan considéré aux deux plans de repère. Au besoin, on répète la même opération, qui ne demande que quelques instants, pour un autre point de la ligne ondulée formée par le fil de plomb extérieur ou bien pour des points de repère intérieurs de position connue. Comme chaque détermination est très rapidement faite, on peut les multiplier et choisir les différents points que le chirurgien peut préférer, dans le cas surtout où le point considéré est un corps étranger.

Vérifications. — La méthode précédente a été appliquée à toutes les parties du corps de l'homme adulte :

1° Mollet avec balles et fractures ;

2° Cuisse avec deux balles ;

3° Articulation du genou ;

4° Crâne sec et tête de cadavre avec balles en divers points, grains de plomb dans l'œil et en dehors de l'œil dans l'orbite ;

5° Thorax et épaule avec une balle à l'intérieur de la cage thoracique.

La vérification de l'exactitude des mesures a été faite de deux manières différentes :

1° Au point de vue clinique. Dans la cage thoracique du cadavre d'une femme adulte, on a enfoncé une balle à une profondeur connue à partir d'un fil de plomb collé sur le sternum, et, en outre, on a déterminé la distance de cette balle aux deux points de la ligne de repère situés au même niveau. D'autre part, ces distances ont été déterminées par la méthode précédemment exposée, et la concordance a été des plus satisfaisantes.

2° Au point de vue géométrique pur. Les vérifications précédentes étaient surtout destinées à montrer que notre méthode pouvait être appliquée facilement aux diverses parties du corps. Celle-ci est plus particulièrement destinée à vérifier sa précision. Pour cela, sur une planchette inclinée de 30 degrés à peu près sur le plan des plaques sensibles, on a disposé le fil ondulé servant de ligne de repère et à une certaine hauteur deux morceaux d'épingle croisés. Au moyen du cathétomètre, on a déterminé la hauteur de ce croisement d'aiguilles au-dessus de la plaque et la position des deux points de la ligne de repère situés au même niveau ; on a trouvé :

Hauteur ; $10^{cm},8$.

Distances horizontales : $12^{cm},9$ et $17^{cm},3$.

Ces mêmes distances, déterminées au moyen de notre méthode, ont été :

Hauteur : $10^{cm},8$.

Distances horizontales : 13 centimètres et $17^{cm},4$.

Avantages. — La méthode de mesure que je viens de résumer est fort simple. Les déterminations se font en peu de temps, de sorte qu'on peut les multiplier pour chaque point, ce qui permet de connaître les distances qui séparent celui-ci d'autres points, soit intérieurs, soit extérieurs. Ces points de repère intérieurs ou extérieurs étant vus en place, il est facile de choisir ceux qui conviennent le mieux à une opération chirurgicale à effectuer. Il est facile, en effet, de faire passer la ligne des points de repère extérieurs par la région que le chirurgien préfère pour son intervention. Cette manière d'opérer répond à la critique que le Dr Forquin adresse dans sa thèse à la radiographie stéréoscopique et qui est reproduite dans l'excellent travail du Dr Guilleminot sur la radiographie et la radioscopie cliniques de précision.

Il est important de remarquer que notre méthode de mesure est, en réalité, une méthode géométrique, car le stéréoscope joue simplement le rôle d'un intermédiaire permettant de faire coïncider les deux fils réels du stéréomètre avec les deux perspectives d'un point quelconque de l'espace et, par suite, de mesurer leurs distances exactes par une lecture sur une règle graduée.

Les nombreuses méthodes géométriques de mesure qui ont été décrites ont surtout pour but la recherche des corps étrangers. Toutes les fois que le corps recherché a une forme régulière et donne, par suite, deux perspectives identiques, leurs déterminations sont parfaitements exactes. Il n'en est plus de même lorsque le corps étranger a une forme irrégulière. Les deux perspectives n'étant plus identiques, la détermination de leur distance ne peut plus se faire que d'une manière approximative. Je sais bien que, pour la pratique chirurgicale de la recherche des corps étrangers, cette observation n'a pas beaucoup d'importance. Il n'en est plus de même si on veut connaître la position exacte dans l'espace d'un point quelconque de l'objet (naturel ou artificiel). Notre méthode de mesures, s'appuyant sur l'examen stéréoscopique qui permet de redonner à toutes les parties de l'objet leur forme exacte, permettra seule d'arriver à ce résultat. Ce caractère de généralité constitue son principal avantage. Il la rend applicable aux perspectives non identiques dans lesquelles il est impossible de reconnaître les points qui se correspondent et, par suite, de mesurer leur distance aussi bien qu'au cas particulier et simple d'un corps étranger de forme à peu près régulière. En un mot, elle est plus générale que les autres et applicable à tout ce que la radiographie peut déceler.

Applications. — Dans le rapport de l'année dernière, j'ai déjà indiqué les principales applications de la radiographie stéréoscopique. Je me contenterai d'ajouter cette année que cette méthode de mesure vient augmenter la précision des indications que l'on peut tirer de son emploi.

M. MORIN, à Nantes.

Remarques sur quelques points de l'accroissement du système osseux. — L'auteur a suivi sur le même sujet, à divers âges, le développement des os. Ces constatations ont porté sur des embryons, puis sur ce sujet en pleine période de développement ; les mains, les pieds et le bassin ont surtout attiré son attention. Pour le premier métacarpien, ses conclusions sont qu'il existe un premier point osseux situé, comme pour les autres, à l'extrémité. Il fait place ensuite au point osseux de la base dans les environs de trois ans, un peu plus tôt pour la main que pour le pied. Au sujet de l'épaule : à trois ans et quatre mois, les deux points osseux de la tête humérale sont déjà très développés, et il n'y a pas entre eux de ligne de démarcation. Pour le bassin, il existe un certain retard du développement des divers diamètres de l'excavation par rapport à l'accroissement de la taille. Les démonstrations orales de l'auteur sont accompagnées de radiographies qui en font la démonstration pratique.

Retard de l'ossification dans la ceinture pelvienne dans la luxation congénitale. — L'auteur présente des radiographies sur lesquelles on peut constater les lésions osseuses qui accompagnent la luxation congénitale de la hanche. Les principales qu'il a observées sont: l'arrêt de développement du côté luxé, se traduisant par un retard considérable dans l'ossification de la branche montante de l'ischion et de la branche descendante du pubis. Il a aussi remarqué l'atrophie de la tête fémorale et une cavité cotyloïde incomplète.

MM. LALANNE et RÉGIS.

Diagnostic radiographique des fractures spontanées dans la paralysie générale. — La possibilité de fractures dites spontanées, c'est-à-dire survenant sous l'in·

fluence d'une cause légère et hors de proportion avec l'accident produit, ne fait aucun doute dans la plupart des maladies de système nerveux. Il y aurait donc plutôt lieu d'être surpris de leur rareté dans la paralysie générale, qui amène dans l'organisme des troubles si variés et si profonds. Cependant, il suffit de refaire l'histoire des fractures spontanées dans la paralysie générale pour se convaincre que la question est loin d'être tranchée. Beaucoup de médecins croient à l'existence de ces fractures, mais d'autres, et non des moindres, comme M. Christian, par exemple, ne croient pas à l'existence d'une altération du système osseux se traduisant par une tendance plus grande aux fractures. La radiographie a permis de trancher la question dans un sens positif : elle a fait plus en décelant des fractures qui seraient restées ignorées sans son concours. Un malade qui avait pu faire son service militaire en pleine évolution de paralysie générale, fait un faux pas dans la cour de la caserne, il se produisit une fracture au tiers supérieur du fémur, fracture qui guérit très bien, comme le montra l'examen radiographique fait deux ans plus tard. Le cas même présente des caractères de perfection qu'on rencontre seulement dans la solution des troubles trophiques. Les examens radiographiques qui ont été faits et qui nous ont permis d'asseoir notre conviction portent sur quatre malades. L'un de ceux-ci était particulièrement intéressant en ce que le malade, un officier supérieur de l'armée, s'était fait une fracture de côte dans un effort de toux et ne devint paralytique général que deux ans après cet accident. Ceci démontre que dans la paralysie générale, comme cela a été signalé un petit nombre de fois dans le tabes, une fracture spontanée peut se produire comme seul et unique symptôme à la période préparalytique. Mais seule la radiographie permet d'arriver à un diagnostic de fracture spontanée dans la paralysie générale.

Discussion. — M. Bergonié demande à M. Lalanne si les fractures ne sont pas dues à une asynergie musculaire causant des efforts mal équilibrés et capables de rupturer soit directement, soit indirectement, des os placés en porte-à-faux.

M. Papillon. — L'analyse des os, au point de vue chimique, a-t-elle été faite dans les cas cités par M. Lalanne?

M. de Keating-Hart. — N'aurait-il pas été possible de faire des radiographies comparées, des os de deux sujets, l'un sain, l'autre atteint de paralysie générale? Ces radiographies auraient peut-être donné un moyen de comparaison de la nutrition des os dans cette maladie.

M. Bergonié a fait avec M. Régis des radiographies comme celles que réclame M. de Keating-Hart, mais tant de circonstances peuvent faire varier l'opacité du membre radiographié qu'il est difficile de conclure à un vice de nutrition lorsque les ombres ne sont pas égales.

M. Lalanne pense que la cause des fractures doit être cherchée dans une nutrition défectueuse du système osseux. Il cite les expériences de divers auteurs, entre autres celles de Campbell, qui ont prouvé que la résistance à la rupture des os de certains paralytiques généraux était très diminuée; mais les sels calcaires n'ont pas été dosés dans ces os.

M. SCHEIER.

Sur le développement de la tête démontré par la radiographie. — C'est une magnifique collection d'épreuves, de radiographies de la tête que nous montre M. Scheier. Quelques-unes de ces radiographies ont été faites sur des pièces sèches, d'autres sur des pièces fraîches, enfin quelques-unes sur le vivant. L'auteur employait dans sa technique une bobine donnant 25 millimètres d'étincelle; il posait suivant les cas de une à quatre minutes. Il nous montre ainsi successivement le développement des dents, le développement de l'oreille, montrant parfaitement les canaux semi-circulaires et le limaçon. Les sinus injectés avec une matière opaque dessinent nettement sur la radiographie leur contour et leur profondeur. Mais c'est surtout à déterminer l'architecture du tissus spongieux du larynx que M. Scheier s'est appliqué. Il a voulu vérifier si cette architecture obéissait aux lois mathématiques que l'on donne pour la disposition des travées de ce tissu spongieux. Il a trouvé, en effet qu'il était disposé suivant les lois de la construction suivie par les architectes. La vérification de ces lois avait bien été faite pour certains os, entre autres pour la tête fémorale et le calcanéum, mais non pour tous les os de l'organisme Le travail de M. Scheier vient donc apporter des données nouvelles et fort probantes à l'appui de cette généralisation de la loi.

— 6 août —

Visites.

L'après-midi a été consacrée à des visites à l'Exposition. Les exposants visités ce jour-là ont été :

M. Rebeyrotte, qui nous a montré divers appareils pour l'électrothérapie, et entre autres une bobine de M. Ropiquet, destinée à la production des rayons X et des courants de haute fréquence.

M. Rochefort a fait fonctionner devant nous son transformateur avec son trembleur genre Foucault, dont le fonctionnement ne laisse rien à désirer. Nous avons vu aussi, également dans son exposition, des résonateurs accouplés pour la marche soit en monopolaire, soit en bipolaire.

M. Verdin nous a montré ses précieux appareils d'électrophysiologie et d'électricité médicale, tels que : excitateurs, porte-aiguilles pour électrolyse bipolaire, etc.

M. M. Parvillée, dont l'exposition n'intéresse qu'indirectement les médecins, a bien voulu nous montrer diverses applications du chauffage électrique, tels que : fourneaux de toutes sortes, bouillottes chauffe-lits, fers à souder, etc. Il a bien voulu ensuite nous conduire au restaurant de La Feria où, pour la première fois, toute la cuisine se fait électriquement.

— 8 août —

M. FORT

L'électrolyse linéaire dans le traitement du rétrécissement de l'urètre. — L'auteur proteste contre un rapport fait l'année dernière au Congrès de l'Association Française pour l'Avancement des Sciences tenu à Boulogne-sur-Mer.

Dans ce rapport, l'électrolyse linéaire n'a pas été jugée favorablement parce que, dit l'auteur, le rapport est appuyé sur des expériences sans valeur faites à l'Hôpital Necker en 1890.

L'auteur fit présenter en 1888, à l'Académie de Médecine, par le professeur Richet, un mémoire intitulé : *Nouveau procédé pour guérir les rétrécissements de l'urètre rapidement et sans aucun danger.* Aujourd'hui, douze ans après, ayant continué ce mode de traitement, l'auteur maintient les premières conclusions qui étaient ; *1° L'opération de l'électrolyse linéaire n'est pas douloureuse ; 2° elle est rapide ; 3° elle ne s'accompagne pas d'écoulement de sang ; 4° elle ne nécessite pas le séjour au lit ; 5° elle ne réclame pas une sonde à demeure : 6° il n'y a jamais d'accidents consécutifs ; 7° la récidive est rare.*

Aujourd'hui l'auteur ajoute une nouvelle conclusion qui est la suivante : *un faible courant de 10 milliampères et une durée de 20 à 30 secondes suffisent dans la majorité des cas,* pour faire l'opération.

Comparant l'électrolyse linéaire et l'urétrotomie interne, l'auteur, s'appuyant sur 140 observations résumées dans sa communication, démontre les avantages incontestables de la première sur la seconde.

Discussion. — M. Tripet a vu à Paris, en 1880, M. Jardin opérer des rétrécissements par une méthode semblable à celle de M. Fort, il a même fait à ce moment-là sa thèse sur ce sujet.

M. de Keating-Hart. — M. Fort a-t-il comparé la méthode de Newmann, à laquelle il reproche d'être inférieure, avec la méthode qu'il préconise ?

M. Leduc pense que, si l'électrolyse linéaire agit plus rapidement, l'électrolyse olivaire a un mode d'action tout à fait différent. L'électrolysé olivaire ramollit les tissus durcis.

M. Fort répond qu'il a vu opérer M. Jardin, et que c'est même après l'avoir vu opérer que l'idée lui est venue d'appliquer son procédé et de le perfectionner. L'instrument de M. Jardin ne permet pas de mesurer l'intensité du courant utilisée ; il est, de plus, d'un mauvais fonctionnement, parce que la lame, ou branche mâle, s'arrête quelquefois dans son parcours, et le chirurgien n'est jamais bien certain d'être sur le rétrécissement.

Quant à la méthode de Newmann, il ne l'a jamais employée.

M. TRIPET.

De l'action des courants de haute fréquence (d'Arsonvalisation) sur l'activité de réduction de l'oxyhémoglobine. — Pendant plus de deux ans, j'ai observé une série de malades à la clinique du Dr Apostoli avant, pendant et à la fin de leur traitement par les courants de haute fréquence. L'examen du sang fut pratiqué au moyen de l'hématospectroscope d'Hénocque et l'activité de réduction recherchée par son procédé de la ligature élastique du pouce. Les tableaux que je présente à la Section en même temps que les 53 observations plus détaillées, forment quatre séries dont je fais passer les schémas sous vos yeux. Les résultats du traitement par les courants de haute fréquence se résument ainsi :

1° Dans 37 cas, les courants de haute fréquence ont augmenté l'activité de réduction de l'oxyhémoglobine, ce phénomène se traduisant particulièrement chez les malades à nutrition ralentie (rhumatismes, fibromes utérins, etc.).

2° Dans 10 cas, où avant le traitement, l'activité de réduction était exagérée, les courants de haute fréquence ont déterminé un abaissement de nature à rapprocher cette activité de la normale 1.

3° Dans 6 cas seulement, où la déchéance organique continua son évolution, l'activité de réduction de l'oxyhémoglobine, malgré le traitement par les hautes fréquences, continua à baisser.

La conclusion qui s'impose est donc la suivante : dans les maladies de la nutrition, le traitement par les courants de haute fréquence (d'Arsonvalisation) est un régulateur de l'activité de réduction de l'oxyhémoglobine. Chez les malades à activité au-dessous de la normale 1, il remonte cette activité et la maintient définitivement dans le voisinage de cette normale. Dans le cas où cette activité était exagérée, dans le diabète, par exemple, le traitement diminue cette activité et la fait redescendre à la normale 1.

Discussion. — M. BORDIER. — M. Tripet pourrait-il affirmer qu'un nombre trouvé avec l'hématospectroscope dans une détermination le sera encore exactement dans une seconde, puis dans une troisième ? Il lui a semblé, lors des manipulations de physique biologique qu'il fait faire aux étudiants en médecine avec cet appareil, que les résultats obtenus sont loin de donner la certitude du nombre exact que l'on doit assigner à un sang donné comme richesse en hémoglobine. Qu'en pense M. Tripet ?

M. TRIPET a comparé le chiffre trouvé par l'hématoscope avec ceux fournis par les méthodes de Hayem et de Malassez, et il a établi un rapport entre les données de ces instruments. Au point de vue pratique, il n'y a pas de comparaison entre les deux méthodes ; celle d'Hénocque est une méthode vraiment clinique, et l'on peut faire sept examens en une heure et demie ; de plus, on peut déterminer l'activité de réduction de l'oxyhémoglobine, ce qu'on ne peut faire avec les autres méthodes.

M. DE KEATING-HART.

L'électricité et les cicatrices rétractiles. — L'action dilatatrice du courant continu sur les rétrécissements est connue. La physiologie en est obscure.

THÉORIE ACTUELLE (Bordier). — 1° Décomposition du chlorure de sodium et formation au pôle négatif (employé spécialement) de soude caustique.

2° Destruction superficielle des tissus.

3° Modification des tissus profonds et régression consécutive des éléments pathologiques.

Théorie erronée : 1° Parce que la soude injectée ou électrolysée dans les tissus n'amène aucune régression (expériences).

2° Parce qu'il n'y a pas de résorptions, le calibre acquis restant le même après l'opération.

3° La destruction des tissus n'est nullement fatale ni nécessaire (résultats obtenus, avec olives recouvertes, dans les rétrécissements du rectum, etc.).

Que se passe-t-il donc en réalité ?

Agissant sur l'élément spasmodique aigu et chronique du rétrécissement, le courant le supprime, sans s'attaquer à son histologie, mais à sa rétractibilité seule: Effet physique, non chimique.

Conclusions : 1º La méthode de douceur est supérieure aux méthodes violentes, celle de Newmann aux autres; celle de Fort, en particulier, est à rejeter, comme son instrument, qui répond mal aux besoins de la cause.

2º Le nom d'*électrolyse* de l'urètre est mal appliqué et devrait être remplacé par celui d'*électrodilatation.*.

Discussion. — M. Bordier dit qu'il lui paraît que le terme d'électrolyse ne peut être changé.: que le courant soit faible ou fort, il y a toujours électrolyse. Quant à la théorie invoquée par M. de Keating-Hart sur le mode d'action dans les rétrécissements, elle ne lui paraît pas devoir être substituée à la sienne qui est admise aujourd'hui par tous les physiciens biologistes.

Il tient en outre à faire remarquer qu'on ne peut pas comparer l'action d'un peu de soude déposée sur des tissus à celle qui résulte de sa mise en liberté par le courant électrique et à l'état naissant au niveau de ces mêmes tissus: il y a aussi à tenir compte de la diffusion de l'alcalinité due au transport des ions. Ce sont là des conditions tout à fait particulières qui ne peuvent pas être réalisées si le courant électrique n'intervient pas.

M. Bergonié est d'avis que les médecins électriciens ne créent des mots nouveaux qu'aussi rarement que possible ; sans cela, il ne seront plus compris des autres électriciens. Il souscrit aux conclusions de M. de Keating-Hart. Il lui a semblé que tous les rétrécissements ne sont pas justiciables de l'électrolyse ; quant aux reproches faits à l'instrument de M. Fort, d'agir à l'aveugle et d'attaquer souvent les parties saines de l'urètre, ces reproches s'appliquent à plus forte raison à l'urétrotome de Maisonneuve.

M. Leduc est aussi partisan de ne pas introduire en électricité médicale d'expressions nouvelles, il en existe déjà trop. Quant au mode d'action de l'électrolyse sur les cicatrices, il a eu l'occasion de l'expérimenter sur des cicatrices superficielles, et il a constaté que, sous cette influence, le tissu scléreux revit, et sa nutrition est restaurée.

M. de Keating-Hart répond qu'il ne peut pas contester qu'il y a électrolyse puisqu'il est admis qu'il y a *toujours* électrolyse, lorsqu'on applique un courant continu sur du tissu vivant ; mais il ne voit pas pourquoi l'on n'emploie pas alors ce terme pour dénommer l'application des courants galvaniques sur la peau aussi bien que dans le canal de l'urètre. Puisqu'on veut éviter la confusion, le mieux serait de ne pas donner deux noms différents à deux actions semblables.

M. BORDIER et LECONTE.

Action des courants de haute fréquence sur la quantité de chaleur dégagée et sur les produits de désassimilation. — Les expériences faites par les auteurs consistent à prendre un lapin, à l'étudier pendant quinze jours au point de vue de son excrétion d'urée, d'acide urique, de phosphates, et à déterminer pendant cette période la moyenne de la quantité de chaleur produite par l'animal. On soumettait alors l'animal aux courants de haute fréquence dans une solénoïde (méthode de l'auto-conduction), et l'on déterminait à nouveau les mêmes quantités que précédemment. De la comparaison de ces deux séries d'expériences, on déduisait l'action des courants de haute fréquence sur les échanges organiques de cet animal. Le calorimètre dont se sont servis les auteurs était un calorimètre à rayonnement de D'Arsonval soigneusement étalonné. Les courants de haute fréquence auxquels était soumis leur animal provenaient d'une grande bobine de Ruhmkorff absorbant 15 ampères sous 120 volts. Il n'y avait aucun contact entre le fil parcouru et l'animal. Les résultats ont été les suivants : tandis que le lapin n'est pas soumis aux courants de haute fréquence, il produit 2.519 calories ; il en produit 2.722 lorsqu'il est soumis à ces courants ; différence en plus, 203 calories. Pour les excrétions, les résultats sont les suivants : urée, avant le courant 17,75, après le courant 20,55 ; acide urique, avant le courant 0,20, après le courant 0,25 ; acide phosphorique, avant le courant 0,55, après le courant 0,86.

Ces résultats confirment ceux qu'avait donnés M. d'Arsonval sur l'action des courants de haute fréquence.

Discussion. — M. Tripet. — L'animal dont s'est servi M. Bordier a-t-il maigri ?

M. Bergonié. — L'augmentation de calories trouvée par M. Bordier est à peu près 1/13 du chiffre total. Cette augmentation est-elle bien supérieure aux variations moyennes que peuvent produire un grand nombre d'autres circonstances ?

M. Michaut. — M. Bordier a-t-il expérimenté sur un certain nombre d'animaux ?

M. Bordier répond que les variations de poids de l'animal sont notées dans le mémoire complet. D'autre part, il a toujours trouvé pour les calories des chiffres plus élevés après l'application des courants que sans cette application ; enfin, il n'a expérimenté que sur un seul lapin.

———

M. BONNIOT, à Paris.

Mode d'action du courant de haute fréquence à propos de la calorification. — Après avoir noté la quantité de chaleur produite par des nouveau-nés, il a cherché à se rendre compte de l'influence qu'auraient les courants de haute fréquence sur la thermogenèse. Il s'est servi de l'anémocalorimètre, modifié de manière à pouvoir faire passer le courant par la méthode du lit condensateur. Pour cela, le calorimètre était revêtu entièrement de plaques d'étain, et l'enfant était couché sur une lame de même métal. Le diélectrique du condensateur était alors formé de l'enfant, de la couche d'air circulant dans la caisse et des parois de bois de cette caisse. L'auteur a constaté que la production de chaleur par l'enfant était accrue sous l'influence du courant.

Cette augmentation était précédée constamment dès la fermeture du circuit d'un abaissement brusque de la chaleur produite. Pour expliquer cette contradiction apparente, il cite le témoignage de Claude Bernard à propos de ses expériences sur le sympathique et la corde du tympan.

Discussion. — M. Bordier demande quels sont les chiffres trouvés par M. Bonniot, et rapproche le phénomène constant signalé par lui de l'action des bains froids ou plutôt réfrigérants sur la température du corps, dont ils provoquent d'abord l'élévation, comme l'a montré M. Sigalas.

M. BERGONIÉ.

Du rhéostat en électrothérapie. Détermination de ses constantes. — A mesure que le nombre des sources employées en électrothérapie augmente, la nécessité d'un mode de graduation qui leur soit commun s'impose davantage. Le rhéostat, placé en tension avec l'une ou l'autre de ces sources, est le mode le plus rationnel. Chaque poste électrothérapique comprendra donc comme instrument de graduation générale un rhéostat. La nécessité de multiplier ces postes dans les cliniques hospitalières s'impose pour pouvoir consacrer au traitement de chaque malade le temps nécessaire. Quelles seront les constantes de ce rhéostat médical? L'auteur pense qu'il ne doit pas avoir une résistance totale inférieure à 100.000 ohms, il aura une résistance minima aussi petite que possible. Il est à désirer qu'il soit continu, mais sa résistance ne doit pas varier d'une manière uniforme. Il faut qu'à une même manœuvre du rhéostat corresponde une même variation de l'intensité du courant, quelle que soit la valeur absolue de cette intensité. L'auteur montre par une série de graphiques comment la loi de cette variation de la résistance du rhéostat peut-être déterminée, lorsqu'on suppose une résistance moyenne du corps et un voltage de la source maximum; il montre aussi comment varient les constantes du rhéostat dans toutes les conditions ordinaires des applications électrothérapiques.

M. MICHAUT.

Description raisonnée d'une installation électrothérapique. — L'installation décrite par l'auteur est faite dans des conditions assez particulières pour qu'on la décrive en détail. La source première d'énergie est un moteur à courants triphasés branché sur le circuit de ville et actionnant par courroies à la fois une machine statique et une petite dynamo à courants continus. Cette dynamo charge par groupes de 10 une batterie de 30 accumulateurs. Voilà la source des courants galvaniques. Quant au tableau de distribution, il est fait d'après le principe de celui que M. Michaut a vu dans le service du professeur Bergonié, à Bordeaux. Les instruments sont tous des instruments industriels très robustes, et la simplicité des circuits permet d'en comprendre entièrement l'usage.

M. LEUILLIEUX.

Construction d'un voltamètre médical avec des instruments usuels de laboratoire de chimie. — L'appareil construit par cet auteur se compose essentiellement de deux fils d'amenée du courant isolés au celluloïd. L'échappement des gaz se fait d'une façon fort ingénieuse au moyen d'une bille de verre qui vient fermer la partie supérieure de la cloche dans laquelle les gaz se dégagent. On peut, au moyen de cet appareil, déterminer facilement la quantité d'électricité qui a traversé le circuit.

La cloche gazométrique est constituée par une burette de Morin renversée et terminée par un tube de caoutchouc obturé formant joint capillaire à niveau automatiquement fixe.

M. BERGONIÉ.

Des résultats éloignés du traitement électrique de la névralgie du trijumeau par le courant galvanique à haute intensité. — L'auteur a déjà donné dans des publications antérieures le résultat de ses observations sur le traitement de la névralgie du trijumeau par la méthode qu'il préconise. Il vient aujourd'hui confirmer ces résultats chez des malades qui ont été suivis pendant sept et huit années. La technique du traitement n'a pas été modifiée; l'auteur se sert toujours de courants galvaniques d'intensité progressivement amenée à 40, 50 et 60 milliampères. L'électrode active est toujours un masque hémifacial relié au pôle positif, l'électrode indifférente est placée dans le dos et doit être au moins de 500 centimètres carrés de surface. Récemment quelques auteurs ont appelé l'attention sur des dangers que présenterait la galvanisation de la tête. L'auteur a fait depuis plus de dix ans un nombre d'applications qui doit s'élever à plus de 1.000 avec des intensités fort élevées et des durées d'applications variant entre quinze et quarante-cinq minutes; il n'a jamais observé le moindre malaise chez ses malades. Ses conclusions sont les suivantes : Si la névralgie du trijumeau, qu'il faut distinguer des pseudo-névralgies très communes, est une des maladies les plus rebelles, cela tient à ce qu'elle est l'un des phénomènes d'un état morbide général, caractérisé par Bouchard sous le nom de ralentissement de la nutrition. Il ne faut donc pas espérer guérir par l'électricité la névralgie du trijumeau, comme on guérit, par exemple, un angiome, par une ou quelques rares applications, mais le traitement préconisé depuis longtemps par l'auteur, et que tant d'autres ont expérimenté avec les mêmes résultats, est un traitement palliatif aussi efficace, sinon plus, qu'aucun autre.

Discussion. — M. ALBERT-WEIL a employé avec succès le traitement de la névralgie du trijumeau par la méthode indiquée par M. Bergonié. Il cite l'observation d'une malade qui, prête à être opérée, eut recours, sans grand espoir, au traitement électrique. Une amélioration telle a été obtenue chez cette malade qu'aujourd'hui M. Albert-Weil ne la revoit qu'à de longs intervalles, au moment des crises, c'est-à-dire une ou deux fois par an.

M. LEDUC, au sujet des dangers que ferait courir au malade la galvanisation du cerveau, tient à dire que, dans les très nombreuses applications qu'il a faites, dans le but d'atteindre par le courant le cerveau lui-même, il n'a jamais observé le moindre malaise chez ses malades. Il faut seulement que les lignes de flux soient symétriques et les variations de l'intensité lentes et bien graduées.

M. ALBERT-WEIL.

La théorie du transport des ions et le choix de l'électrode galvanique intra-utérine. — M. ALBERT-WEIL a voulu se rendre compte des phénomènes qui se passent dans l'endomètre, suivant qu'on pratique des galvanisations avec des électrodes solubles ou avec des électrodes inattaquables.

Les phénomènes thermiques, vaso-moteurs, interpolaires ne sont nullement sous la dépendance de la nature de l'électrode. Seuls les phénomènes chimiques polaires varient avec elle. Dans le cas d'une électrode inoxydable reliée au pôle positif il se dégage, à son contact, du chlore et de l'oxygène; dans le cas d'une électrode attaquable, ces produits de l'électrolyse réagissent sur elle et forment un oxychlorure. Le métal de cet oxychlorure s'échange de molécule à molécule avec les composés organiques avec lesquels il est en contact et pénètre dans la profondeur des tissus : c'est la conséquence du phénomène des transports des ions.

L'électrode attaquable est préférable à l'électrode inoxydable, car elle détermine une véritable action en profondeur. La meilleure électrode soluble est, théoriquement, celle dont la vitesse de pénétration de l'ion métal est la plus considérable : en pratique c'est une électrode de cuivre ou d'argent.

Discussion. — M. LEUILLIEUX ayant observé que l'électrode de zinc était moins bien tolérée à intensité égale, c'est-à-dire produisait plus de douleurs, a eu l'idée de s'adresser au cadmium, et de construire avec ce métal des électrodes qui ont été très bien tolérées.

M. BORDIER. — Les essais qu'il a faits d'électrodes solubles ne lui ont pas réussi. Dans un cas particulier, entre autres, de métrite hémorragique dans laquelle il avait employé une électrode intra-utérine en cuivre rouge, il est survenu, après la séance, une violente hémorragie, chose qui ne lui était jamais arrivée avec des électrodes ordinaires en aluminium ou en charbon.

M. MICHAUT. — Que pense M. Albert-Weill de l'électrode en aluminium ?

M. MORIN. — Je me servirais volontiers de l'électrode en fer dont les sels me paraissent avoir des propriétés hémostatiques utiles.

M. LEDUC. — La tolérance des malades et fort différente dans les divers cas, cependant il a remarqué que le zinc faisait beaucoup plus souffrir que les autres métaux lorsqu'on en constitue l'électrode ; ainsi on peut apprécier à un tiers à peu près la différence de tolérance. Quant au transport des ions métalliques dont M. Weill a parlé, il n'est pas douteux. Ayant un jour introduit de l'iode par l'électrolyse, il eut l'idée de l'extraire du corps en recouvrant d'un papier amidonné et d'une lame d'étain la partie précédemment électrolysée. Il y eut alors formation, dans l'épaisseur du derme, d'une combinaison d'étain avec l'iode (iodure d'étain). Ce corps chimique formé par l'électrolyse dans l'épaisseur des tissus prouve bien la pénétration de l'ion métallique. D'ailleurs, cet iodure d'étain a été très long à disparaître.

M. ALBERT-WEIL répond à M. Bordier que les accidents d'hémorragie intense qu'il a observés ne lui semblent pas liés à la nature de l'électrode, mais plutôt à celle de la malade ; il pense qu'il peut y avoir des sensibilités différentes, éveillées par les diverses électrodes.

M. BORDIER.

Résultats cliniques du traitement par l'électrolyse circulaire des rétrécissements de l'urètre. — On sait déjà, par le rapport lu l'an dernier à la Section d'Électricité médicale du Congrès de Boulogne, quelles sont les idées de l'auteur sur l'efficacité comparée du traitement du rétrécissement de l'urètre par les deux méthodes de l'électrolyse linéaire ou de l'électrolyse par la méthode que M. Bordier a appelée *méthode circulaire*. Cette méthode diffère de la méthode Newmann en ce que le courant, au lieu d'être distribué dans l'urètre au point rétréci par une olive, l'est par un anneau plus ou moins étroit, mais complet.

L'auteur rapporte une série de six observations recueillies par lui-même ou par les médecins qui lui avaient confié leurs malades. La plupart de ces observations proviennent de malades traités depuis longtemps et chez lesquels le résultat a été aussi durable que possible.

———

M. LEDUC.

Traitement des affections cérébrales par le courant continu. — Lorsque les lignes de flux du courant sont bien symétriques par rapport aux deux moitiés de cerveau, en faisant varier lentement et graduellement l'intensité, on peut faire passer dans le cerveau des courants intenses sans provoquer ni vertiges ni malaises.

Le courant continu, suffisamment intense, en provoquant entre les cellules cérébrales des échanges ioniques, active les fonctions du cerveau et ranime la nutrition des cellules malades.

- Le courant continu appliqué au cerveau donne des résultats thérapeutiques satisfaisants, lorsqu'il existe des cellules cérébrales dont la nutrition est altérée et que l'agent morbide a cessé d'agir.

———

M. le Dr FOVEAU DE COURMELLES, à Paris.

Des indications électriques en gynécologie. — Il s'agit d'une série d'applications thérapeutiques personnelles.

L'*utérolyse* est une opération qui ouvre un col utérin imperforé ou incomplètement ouvert ; l'électrolyse circulaire, avec olives et une antisepsie rigoureuse, crée un col utérin ; on empêche quelques jours les parois de s'accoler par des mèches ou une sonde à demeure.

Le *massage électrique* contre les déviations utérines se fait au moyen d'électrodes à capuchon avec tiges centrales plus ou moins longues ; le col est ainsi maintenu extérieurement ; l'intérieur du col et du corps utérin, si cela est nécessaire, reçoivent une tige qui agira en leur intérieur. L'appareil mono ou bi-polaire maintient mécaniquement les organes le plus près possible de leur position normale et les y ramène peu à peu, l'induction aidant.

Le *curettage électrique* ou *pyrogalvanique* se fait en diagnostiquant par un courant électrique faible les points lésés dans la cavité utérine et y appliquant un courant thermique par une anse spéciale de platine qui devient rouge au moment voulu. La patiente accuse elle-même les points maxima des lésions ; la sensation désagréable ou un peu douloureuse qu'elle perçoit au courant explorateur, détermine les points à cautériser. L'appareil explorateur et thermique est unique et permet, sans déplacement, l'examen et la cautérisation. Cette opération rapide se fait sans grande douleur, sans anesthésie, ni hémorragie, et sa convalescence est rapide. La dilatation et l'antisepsie se font comme pour le curettage classique. Ce curettage pyrogalvanique présenté avec éloges, par Péan, à l'Académie de Médecine, les 8 novembre 1892 et 19 novembre 1895,

compte aujourd'hui plus de 150 cas d'endométrite hémorragique, voire d'endométrite avec lésions des annexes, mais sans rétraction placentaire, où il a
réussi, tant par son action propre que par son pouvoir révulsif à distance.

De l'électricité dans le sauvetage. — L'électricité agit de diverses façons pour
sauver l'individu ; soit directement, par l'induction du nerf phrénique, du
diaphragme, du cou, du thorax, à la façon des tractions rythmées de la langue
pour rappeler à la vie le submergé, le noyé ; soit indirectement, par des appels
à distance, signaux, bouées, télégraphie ordinaire ou mieux, télégraphie sans
fils ; soit, et alors, rôle néfaste, en provoquant elle-même des accidents nécessi-
tant le sauvetage du foudroyé par le fluide atmosphérique ou par l'industrie
électrique.

Ce triple rôle est intéressant à connaître.

Le *rappel à la vie* pur et simple, est connu depuis Duchenne de Boulogne ;
il ne nécessite qu'un petit appareil d'induction et des tampons mouillés qu'on
promènera sur les régions respiratoires, en ne négligeant pas au besoin les
autres moyens.

Les *accidents électriques* doivent être combattus, quand la victime est séparée
de leur cause, par ces moyens divers, faradisation ou autres, de rappel à la vie.
On isolera la victime du câble, souvent cause industrielle de l'accident, non en
la prenant avec la main, comme le font instinctivement et communément les
passants, voire les ingénieurs qui sont ainsi frappés eux-mêmes, mais avec
des isolants : ou coupe le câble avec des ciseaux spéciaux, on le recule avec du
bois...

Mais il importe de ne jamais abandonner les victimes ; les plus mortes
en apparence sont parfois revenues à elles, grâce à des soins prolongés et
appropriés.

Le *sauvetage collectif* se peut faire par la télégraphie sans fils ; une bobine
d'induction, plus forte que pour le rappel à la vie, sur le bateau ; le radio-
conducteur de notre compatriote Édouard Branly et des accessoires sur la
côte ; et ainsi fut déjà sauvé un petit navire dans la Manche, en avril 1899.
Ce moyen d'appel au loin, pourrait aussi empêcher les abordages, le heurt
des navires dans l'obscurité...

— 8 août. —

Visite à l'Exposition.

La Section d'Électricité médicale a consacré sa séance de l'après-midi à une
dernière visite à l'Exposition. Les constructeurs visités ont été :

ALLGEMEINE ELECKTRICITATS GESELLSCHAFT, dont les instruments de radioscopie stéréoscopique ne peuvent malheureusement pas fonctionner à cause du
voltage trop élevé de la canalisation de l'Exposition et de l'interdiction d'apporter et de se servir d'accumulateurs chargés dans cette partie de l'Exposition.

MM. SIEMENS et HALSKE ont fait fonctionner devant nous une grande bobine
de Ruhmkorff avec l'interrupteur de Simon. Le courant était à 225 volts, et l'on

obtenait entre les deux parachutes de la bobine un flot d'étincelles parfaitement
continu.

Nous nous sommes ensuite rendus chez M. Hirschman. Nous avons pu voir
en détail une série de meubles pour électrothérapie, les rayons X et même un
appareil de haute fréquence, ce qui est très rare en Allemagne, l'emploi de ces
courants ne s'étant pas encore répandu. Nous avons visité également une série
d'appareils de divers constructeurs allemands réunis dans cette exposition
collective.

La Section d'Électricité médicale du Congrès de l'Association française pour
l'Avancement des Sciences a clôturé, le mercredi 8 août, ses réunions, afin que
ses membres puissent se joindre au Congrès de physique dont l'ouverture avait
eu lieu la veille.

Sous-Section d'Archéologie

PRÉSIDENT. . . . . M. ENLART, Membre de la Soc. des Antiquaires de France.
SECRÉTAIRE. . . . . M. PAUL DESLANDRES, Arch. paléogr., à Paris

— 3 août —

M. Émile EUDE, à Paris.

Un épisode des projets de croisade au xve *siècle.* — Parmi les nombreux projets de croisade qui préoccupèrent l'Europe après la prise de Constantinople par les Turcs, il en est un qui mérite plus d'attention que les autres, car il fut suivi d'exécution, ou du moins d'un commencement d'exécution. Nous voulons parler de l'expédition rapide mais brillante d'Alphonse V, roi de Portugal, sur la côte d'Afrique.

Nous trouvons mention de ce beau fait d'armes, qui valut à dom Alfonso le surnom d'Africain, dans la Chronique de Ruy de Pina, principalement au chapitre cxxxviii, intitulé : *Comme le roi pour la seconde fois accepta la croisade contre les Turcs; comme il fabriqua les « cruzados », et comme, grâce aux préparatifs qu'il avait faits, il se rendit en Afrique et prit aux Mores la ville d'Alcacere.*

Cette victoire eut lieu le 30 septembre 1458.

Il faut rapprocher de cette tentative heureuse la conquête de Tanger (1471) par le même Alphonse V, et finalement, en la dernière année du règne de l'Africain (1480), « le secours qui fut envoyé par l'évêque d'Evora contre le Turc, quand celui-ci prit la ville de Trente, en Italie » (Pina, c. ccx.) Cette dernière expédition n'eut pas de résultat : les Infidèles ayant abandonné l'Italie, à la nouvelle de la mort du sultan, la flotte revint paisiblement en Portugal.

M. Alphonse LEFEBVRE, à Boulogne-sur-Mer.

*Commune origine boulonnaise des poètes et chroniqueurs Jean Molinet et Jean Le Maire (*xve *et* xvie *siècles).* — Il existait, en Boulonnais et dans le baillage de Desvres, dès le commencement du xve siècle, une famille Le Maire, qui possédait le *fief du Moulinet.* C'est le berceau du poète chroniqueur bien connu sous le nom de Jehan Molinet. Ce n'était pas là son véritable nom, mais un surnom, un pseudonyme, suivant la mode du temps (comme Crétin, Marot et autres lettrés ou artistes de son époque). Il avait pris le nom de terre de son père, qu'on nommait de préférence, suivant notre patois, le *Molinet* (petit *molin*) point de départ des jeux de mots si pratiqués à l'époque et dont notre poète a même abusé.

Le fils d'un autre frère, soldat à la solde des Bourguignons, filleul de Jean Molinet, éduqué et poussé par lui, est devenu également célèbre, c'est Jehan Le Maire, dit *de Belges*, qui, lui, garda le nom de famille qui le rapprochait de son « précepteur et parent » et qui lui succéda dans quelques-unes de ses charges près de Marguerite d'Autriche.

En reconstituant la généalogie de la famille Le Maire, qui a laissé des descendants, et en étudiant la vie intime de nos deux poètes et chroniqueurs, il ne peut y avoir de doute sur la véracité de notre thèse, qui est une nouveauté pour l'histoire littéraire du Moyen Age.

— 4 août —

Excursion de la Sous-Section à Senlis.

Sept excursionnistes sont partis à 8 heures de la gare du Nord, pour Saint-Leu d'Esserent, où ils ont été reçus par la cordiale bienvenue du chanoine Eugène Müller, qui leur fait voir dans tous ses recoins son admirable basilique. Après déjeuner, par le pont à péage, les excursionnistes remontent au passage à niveau de Saint-Maximin, avec le chanoine Müller qui se fait leur cicerone dans l'admirable ville de Senlis, qu'il a habitée dix-neuf ans, et qu'il rend encore plus charmante par ses doctes explications.

— 6 août —

M. le comte de LHOMEL, à Paris.

La Vicomté de Ponthieu, à Montreuil-sur-Mer. — M. DE LHOMEL établit que dès la fin du xie siècle, il y avait deux vicomtes de Montreuil. Une charte de 1095, concernant le prieuré de Beaurain-Château, cite ces deux vicomtes, dont l'un s'appelait Gualeranus (Walleran), et l'autre Wascelinus, qu'il retrouve encore en 1113 comme témoin dans une confirmation de la possession de la bergerie de Neueanna, faite par Eustache III, comte de Boulogne. En 1100, le même Wascelin était vicomte de Montreuil et de Rue.

La vicomté de Ponthieu en Montreuil suivit la destinée du comté de Ponthieu et passa à la maison de Castille, puis à celle d'Angleterre, jusqu'à la première confiscation de ce comté par le roi de France, en 1336. Celui-ci la donna, en 1345, à Robert de Lorris, seigneur d'Ermenonville et de Beaurain, qui l'octroya à cens et à rente perpétuelle, à la ville de Montreuil, le 17 juin 1352. Par cet acte, il cédait « la vicomté avec tout ce qu'il avait dans la ville et banlieue, tout droit, action, justice et seigneurie possédées par lui dans la ville et banlieue, les pourfis et revenus, moyennant 160 livres parisis », mais il conservait pour lui et ses descendants le titre de vicomte et la justice qu'il avait sur la place « le Gardin le Comte ». Par le traité de Brétigny, en 1360, la vicomté de Montreuil revint en la possession des rois d'Angleterre, qui la conservèrent peu de temps, puisqu'en 1369, Guillaume de Dormans, chevalier, donna à cens cette vicomté à la ville de Montreuil.

La vicomté de Ponthieu s'exerçait, à Montreuil, sur la plus grande partie de la ville, à l'exception toutefois de l'abbaye de Saint-Saulve, de son enclos et de la place Saint-Saulve, qui dépendaient du vicomte de cette abbaye, et de Sainte-Austreberthe avec son enclos qui avait aussi une vicomté spéciale. Elle s'étendait aussi dans la banlieue de Montreuil. La vicomté de Ponthieu fut donnée tantôt à ferme, tantôt en fief. Elle rapportait, en 1345 et 1360, 160 livres parisis; en 1570, 60 sols parisis de relief et 20 sols de chambellage; et quelque autre partie, en 1703, 25 livres de censives dans Montreuil et dans tous autres droits vicomtiers dans cette ville et dans sa banlieue. Elle dépendait du baillage de Waben et était membre dépendant du comté de Ponthieu.

Les vicomtes de Ponthieu furent d'abord les représentants du comte, puis ceux du roi. Ils étaient officiers judiciaires et percepteurs d'impôts.

Ils exerçaient la justice à la place des comtes de Ponthieu, leurs suzerains. Ils juraient devant le corps échevinal de bien exercer leur office et de faire « bons arrés et loyaux ». Ils rendaient cette justice dans la ville de Montreuil, sur « la Motte-le-Comte », et leurs appellations étaient du ressort du sénéchal de Ponthieu. Ils assistaient aux exécutions capitales et pouvaient être obligés de faire l'office de bourreau, en cas d'absence de celui-ci. Après l'exécution, si le malfaiteur avait des biens meubles tenus de la vicomté du « dit vicomte qui avait fait l'exécution, ces biens lui étaient baillés ».

Comme percepteurs d'impôts, ils touchaient tous les produits vicomtiers.

Au XVIIe siècle, le sceau de la vicomté portait trois fleurs de lys, il était timbré d'une couronne de comte.

M. de Lhomel fait remarquer la différence capitale qui existait entre la vicomté de Ponthieu et celle de Montreuil, appartenant à la famille de Montreuil-Maintenay. En dehors de ces deux vicomtés, les abbayes de Saint-Saulve et de Sainte-Austreberthe et les sires de la Porte avaient aussi des vicomtes à Montreuil.

Il termine en donnant une liste des vicomtes de Montreuil, depuis 1095 jusqu'à la Révolution. Les principaux de ces officiers sont : 1095, Gualeranus et Wascelinus ; 1100, 1112 et 1113, Wascelinus; 1159, Walterus; 1215, Balduin de la Volée ; 1234, Mahieu de Durcat ; 1290, Thomas de Bellehuisse, sénéchal de Ponthieu ; 1345, Robert de Lorris ; 1369, Guillaume de Dormans ; 1390, Pierre Pocholle ; 1435, Me Pierre de Hodicq ; vers 1464, Denis de Lespaut ; 1473, Jehan le Dieu ou le Dien ; 1533, Marc Postel, conseiller au siège royal de Montreuil ; 1570, Jean le Carpentier, seigneur de Wacogne, lieutenant général civil et criminel au bailliage de Montreuil ; 1595 (5 janvier), Nicolas Truguet; 1595 et 1610, Nicolas Bellin ; 1629, Jacques Heuzé ; 1640, Jacques Bellin ; 1643, Jehan Postel, sieur du Haut-Broutel ; 1659 (13 mars), Jehan le Noir, dont la famille devait posséder cette vicomté jusqu'à la Révolution.

M. FOURDRIGNIER, à Sèvres (Seine-et-Oise).

Poterie gauloise. — Le peigne liturgique.

— 6 août —

Visite au château d'Écouen.

La visite du château, dans un site charmant, avec une terrasse offrant une vue superbe, s'est faite sous la savante et agréable conduite de M. le baron de

Geymüller, l'archéologue bien connu, et de M. Mareuse, de la Commission du Vieux Paris. Les peintures, là voûte et les tribunes de la chapelle ont excité l'admiration générale, et la Sous-Section a souhaité que l'on prit des mesures pour la conservation des peintures de l'infirmerie, menacées par suite du changement de destination de cette pièce.

Au retour, l'on s'est arrêté dans l'église d'Écouen, pour en contempler les admirables vitraux du XVI⁰ siècle.

— 8 août —

M. le baron Henry de **GEYMÜLLER**, Archit., Corresp. de l'Institut, à Baden-Baden.

De l'abus du mot de « Renaissance » comme dénomination de périodes de l'art ou de styles d'un caractère différent. — L'auteur désire appeler l'attention sur le danger qu'il y a à qualifier de « Renaissances » des styles qui ne renferment pas les éléments indispensables à la Renaissance. L'abus de ce nom fausse l'intelligence des phénomènes et rend plus difficile leur étude scientifique et historique. Les périodes et styles qu'il ne faut pas considérer comme des Renaissances sont :

En Italie : les différentes tentatives des écoles Romanes (Pisane et Toscane, aux XI⁰ et XII⁰ siècles, et celles des Cosmates, plus au midi et à Rome).

En France : 1° la merveilleuse éclosion de l'art gothique, aux XII⁰ et XIII⁰ siècles ; 2° l'école franco-flamande et le naturalisme réaliste de la Flandre, du nord de la France et de la Bourgogne, au XV⁰ siècle.

Les tentatives italiennes ci-dessus sont des essais de *relèvement* latin, de *renouveau* latin, de *reprise* de formes latines. Il leur manque l'élément qui, seul, aurait pu les rendre viables et produire une véritable Renaissance.

L'éclosion de l'art gothique est, d'une part, beaucoup plus qu'une Re-Naissance, d'autre part, c'est quelque chose de plus limité et restreint. Ce style et son esthétique ont eu la gloire d'introduire dans le monde quelque chose d'absolument nouveau et sans précédent. Ce n'est donc pas une Re-Naissance, mais la « Naissance » première et glorieuse de l'Art français proprement dit ou du premier art véritablement français, en même temps l'art national de tous les peuples gallo-germains.

L'art franco-flamand, loin d'être l'origine d'un nouveau style, celui de la Renaissance, est l'expression dernière d'un style qui finit. C'est la forme la plus libre, la plus complète, la plus intense de la psychologie, du goût et de l'esthétique gothiques.

Ce qui manquait aux écoles toscanes et romanes était le contraire de ce qui manquait aux écoles franco-flamandes. Aux premières il fallait un ferment gothique qui n'était pas encore né ; aux secondes, un ferment italo-antique. Sans le mariage de ces deux esthétiques, jamais il n'y aurait eu de Renaissance.

La Renaissance commence en grand en Toscane, avec le Dôme de Florence, d'Arnolfo di Cambio, une conception « d'esprit et de proportions antiques » dans une robe gothique, comme Saint-Eustache, à Paris, au XVI⁰ siècle, est un édifice gothique dans une robe de Renaissance milanaise et François Iᵉʳ.

M. Albert LADUREAU.

Quelques monuments du département de l'Oise. — Agréable récit, accompagné
de vues photographiques très soignées, d'une excursion aux environs de Senlis,
dans la direction du sud-ouest, en passant par l'abbaye de la Victoire, le château de Mont-l'Évêque, la butte de Montépilloy, les ruines de Thiers et Ermenonville.

Visites spéciales dans Paris.

La Sous-Section a visité dans l'après-midi Saint-Pierre de Montmartre, sous
la direction de MM. Lionel de Crèvecœur, archiviste-paléographe, Mareuse, Wig-
gishoff, de la Commission du Vieux Paris. L'abside qui jette un si beau jour
sur l'origine de la croisée d'ogives a été particulièrement admirée. Descendus
par le funiculaire, les excursionnistes ont loué une tapissière, qui les a pro-
menés jusqu'au soir.

A 3 heures et demie, le Conservatoire des Arts et Métiers. Par l'obligeance d'un
fonctionnaire, on a pénétré dans la partie de l'abside fermée au public, et
on a admiré le dégagement enfin obtenu sur la rue Réaumur.

A 4 heures, M. Perrault-Dabot, après un bref historique du monument, nous
a fait monter à la Tour de Jean-sans-Peur, rue Étienne-Marcel.

A 4 heures et demie, on s'est trouvé à la porte des Bernardins, rue de Poissy,
occupée par la caserne des sapeurs-pompiers, dont le colonel nous a
aimablement admis à visiter le splendide réfectoire.

A 5 heures enfin, sous la conduite de M. Mareuse, dont l'activité a été infa-
tigable, promenade dans les superbes Arènes de la rue Monge. On s'est
séparé enchanté de ces visites.

— **9 août** —

Visite du Petit Palais. — L'admirable exposition rétrospective, dans notre
Parthénon français, a été unanimement goûtée et l'on s'est bien promis d'y
revenir souvent.

Le Métropolitain nous a rapidement menés au Palais-Royal. A 10 heures 1/2
M. André Michel, l'éminent successeur du regretté Courajod, nous a fait visiter
les salles de sculpture du Moyen Age, avec sa compétence reconnue. La salle des
nouvelles acquisitions, dont quelques unes étaient toutes récentes, a été fort
appréciée. L'un des membres de la Section, M. le baron Guillibert, de l'Académie d'Aix en-Provence a adressé au nom de la Section des remerciements à
M. André Michel.

L'après-midi, rendez-vous au Musée Carnavalet, que l'aimable M. J. Robiquet
nous a fait voir de fond en comble. Un vrai Vieux-Paris passait devant nous.
Les salles de la Révolution, de la Restauration de 1848, qu'a fait agrandir le
transfert de la bibliothèque ont été fort goûtées; l'on a vu notamment la défroque
de Béranger.

EXCURSIONS ET VISITES

Comme en 1889, la commission d'organisation du Congrès avait décidé de ne pas faire d'excursion finale et de se borner à deux excursions courtes, permettant le retour à Paris pour l'heure du dîner, en raison des fêtes et des réunions privées nombreuses à cette période, et à la visite d'un certain nombre d'établissements scientifiques et industriels.

Trois ou quatre Congrès, entre autres le Congrès international de médecine, le Congrès de dermatologie, de physique, d'électricité, etc... siégeaient au même moment.

Les visites industrielles et scientifiques ont réuni, malgré les attraits de l'Exposition, un grand nombre d'adhérents. Signalons parmi ces promenades d'après-midi, la visite de la manufacture de Sèvres, de la manufacture des Gobelins, du Conservatoire des Arts et Métiers, de l'Observatoire de Paris, de l'Institut et de l'hôpital Pasteur, du Muséum d'histoire naturelle, des divers musées, des égouts de la Ville, de l'usine Clément (automobiles et bicyclettes), des usines de la Société parisienne de meunerie et boulangerie système Schweitzer, des usines de la Société de la glace hygiénique à Billancourt, des établissements horticoles de M. de Vilmorin à Verrières.

De nombreuses visites spéciales ont été faites par les sections.

Nous mentionnerons, en particulier, la visite de l'exposition des Colonies françaises au Trocadéro, sous la direction de MM. le Dr Loir et Henri Malo ; celle de la Section de Physique et d'Électricité médicale aux groupes de l'électricité ; celle de la Section d'Anthropologie au musée ethnographique aux collections des colonies françaises et étrangères ; celle de la Section de Zoologie et Géologie aux galeries du Muséum, sous la direction de MM. Ed. Perrier, Gaudry et Stanislas Meunier ; de la Section de Botanique aux serres de la Ville, au jardin botanique d'essai, au magnifiques expositions horticoles, forestières des serres de l'Exposition au quai Debilly, etc...

Qu'il nous soit permis de renouveler, au nom de tous nos collègues, nos remerciements à tous ceux qui ont favorisé le succès de ces visites.

EXCURSION A SAINT-GERMAIN, ACHÈRES.

— Dimanche 5 août —

La promenade de Saint-Germain est bien connue et pour la plupart d'entre nous, c'était une excursion déjà faite bien des fois. Cela n'a pas empêché cent trente de nos collègues d'y prendre part.

A 7 h. 48 m. du matin rendez-vous à la gare Saint-Lazare où nous prenons le train réglementaire passant par les jolies résidences d'été de Chatou, Le Vésinet, Le Pecq. A Saint-Germain, la troupe se divise ; l'une va, sous la conduite de notre collègue M. Léon Francq, administrateur-délégué de la Compagnie des Tramways mécaniques des Environs de Paris, jusqu'à Poissy. Un train pavoisé suit lentement, à travers les beaux ombrages de la forêt, la route de Saint-Germain à Poissy. Une halte d'une demi-heure permet de visiter les établissements de la Compagnie, permet aussi une courte promenade sur les rives de la Seine. M. Francq, dans une conférence de quelques minutes, nous met au courant des travaux de la Compagnie, des lignes exploitées, du service même de l'exploitation.

Le retour se fait par la même voie et nous retrouvons l'autre groupe qui a visité d'une façon détaillée les collections du musée des antiquités nationales, sous la direction de M. Salomon Reinach. Dans chaque salle, le conservateur donne des explications documentées sur les moulages, bas-reliefs, inscriptions de toutes les pièces gallo-romaines réunies dans le musée. Les riches collections d'armes, de monnaies, poteries, les belles vitrines d'objets préhistoriques, retiennent les visiteurs jusque vers 11 heures.

On jette un coup d'œil sur le merveilleux panorama qui se déroule du haut de la terrasse, et, à 11 heures précises, nous nous trouvons tous réunis au pavillon de Grammont pour le déjeuner.

A 1 heure et demie, nous gagnons par le chemin de fer de Grande-Ceinture la station d'Achères. Le train Decauville du Service de l'assainissement est sous pression ; M. Launay, ingénieur en chef du service, M. Diebold, conducteur des Ponts et chaussées, et les agents du service nous attendent pour nous guider dans la visite du parc agricole d'Achères. En quelques minutes, la petite machine nous remorque à l'entrée du domaine de la ville de Paris.

Chacun de nous a reçu une brochure où se trouvent résumées toutes les données du problème de l'assainissement de Paris, tous les travaux exécutés pour la conduite des eaux d'égout sur les champs irrigables. M. Launay reprend sommairement ces explications et nous nous engageons dans la plaine arrosée. Chacun est surpris de ne sentir aucune odeur et la surprise est encore plus marquée quand on s'arrête aux divers points de stationnement (1), jardins modèles de culture, parc et promenades, drains de sortie des eaux épuisées. A la ferme, à Fromainville, un lunch nous est offert par le fermier M. Bonnet.

Nous remercions vivement tout le personnel du service et nous reprenons au milieu du parc un train spécial qui va nous conduire à une visite complémentaire de celle-ci, celle des usines élévatoires. A Argenteuil, de grands breacks de courses nous amènent en quelques minutes à l'usine de Colombes ; il était temps. Le ciel, un peu couvert dans l'après-midi, s'est foncé tout à coup de gros nuages noirs et une petite douche nous surprend à la descente des voitures.

L'usine de Colombes, que l'on est en train d'agrandir pour doubler le nombre des machines, comprend douze groupes élévatoires et vingt chaudières. Les moteurs, construits par la maison Farcot et l'usine de Fives-Lille, sont horizontaux, à quatre tiroirs et à condensation. La puissance de chacun d'eux varie de 300 à 380 chevaux, donnant un débit de 5 à 600 litres par seconde.

Les douze groupes réunis peuvent élever par jour 437.000 mètres cubes.

Les eaux, provenant de l'usine de Clichy, déjà dégrossies dans les bassins de Clichy, arrivent, à Colombes, dans de vastes bassins où ils subissent un autre dégrossissage. Les matières les plus lourdes se déposent au fond et sont enlevées

---

(1) En dehors de la brochure qui a été remise à chaque membre ayant pris part à cette excursion, nous recommandons la lecture des articles publiés par M. Georges Caye dans *la Nature*, juillet et août 1900, et qui résument bien la question.

par des dragues conduites par un pont roulant électrique. Le contenu des dragues est chassé dans des bateaux stationnant à quai le long de l'usine.

Cet ensemble de machines dans une énorme salle, tenue avec une propreté idéale, forme un coup d'œil imposant. Dans une autre partie de l'usine s'élèvera bientôt une salle identique, comprenant douze groupes élévatoires d'une puissance égale aux autres.

Nous sortons émermeillés de cette gigantesque installation mécanique et, sous une pluie fine, les voitures nous ramènent au centre de Paris pour l'heure du dîner.

<hr>

EXCURSION A CREIL, CHANTILLY

— Mardi 7 août —

Le château de Chantilly n'est ouvert au public que depuis une année; nombre de nos collègues de province ne l'ont jamais visité. Je pourrais ajouter sans crainte de me tromper, nombre de Parisiens. Ainsi s'explique l'affluence des demandes pour cette excursion; le nombre a dû être restreint à 200. Les billets sont enlevés et le matin à 8 heures, au départ du train de la gare du Nord, personne ne manque au rendez-vous.

La matinée a été consacrée à la visite de divers établissements industriels de Creil. C'est, tout d'abord, la belle usine de la Compagnie industrielle d'électricité de MM. Daydé et Pillé (constructions de dynamos, d'appareils électriques de tous genres); puis les ateliers de la Société des forges, tréfileries et pointeries de Creil, dont le créateur, M. Reichelin, nous fait, en personne, les honneurs.

En revenant sur nos pas, nous visitons l'usine pour l'exploitation des procédés céramiques, de M. Garchey. La transformation des tessons de bouteilles, des verres cassés, se fait là sous nos yeux. Ce verre broyé, concassé, mélangé à une certaine quantité de sable et de congloméré, forme, au sortir du four, des pavés et carreaux vitrifiés, d'aspect élégant et d'une solidité remarquable. Cette utilisation des débris de verre cassé n'était connue que d'un bien petit nombre d'entre nous et cette visite a été pour tous fort intéressante.

L'usine de notre collègue, Grison-Poncelet (Société anonyme des charbons et briquettes), est pavoisée en notre honneur; nous traversons rapidement l'entrepôt, nous jetons un coup d'œil sur les machines à fabriquer les briquettes et nous regagnons la gare pour retourner à Chantilly. Il est midi sonné, les appétits sont ouverts et l'on fait honneur au déjeuner, fort bien servi, à l'hôtel du Grand Condé.

En sortant de table, nous nous dirigeons, à travers la plaine du champ de courses, vers le château de Chantilly qui a été ouvert exceptionnellement pour nous. M. Macon, le conservateur du Musée, avec une amabilité charmante, nous guide dans la visite de ce merveilleux château, des collections admirables rassemblées par le duc d'Aumale et laissées à la France, dans un don princier, sous la garde de l'Institut de France. Les heures passent à admirer les merveilles rassemblées dans les galeries et appartements; à flâner sous les beaux ombrages. La journée est exquise, un soleil qui n'est pas trop ardent, une brise tempérée, et c'est sans fatigue, en promeneurs, qu'on revient par les belles routes de la forêt, jusqu'à la gare. Un train spécial nous ramène vers 5 heures et demie à Paris, où l'on se sépare, enchanté de cette charmante excursion et se donnant rendez-vous à l'année prochaine en Corse, pour des courses et des excursions plus agrestes.

ERRATA

Page.	Ligne.	Au lieu de :	lire :
120,	16,	M. de Beaupont,	M. de Beaufront.,
170,		La note de M. L. Gentil, intitulée :	

Résumé stratigraphique sur le Bassin de la Tafna (Algérie), a été omise par suite d'une erreur du procès-verbal.

TABLE DES MATIÈRES

PREMIÈRE PARTIE

Décret I
Statuts III
Règlement VII

LISTES

Bienfaiteurs de l'Association XVI
Membres fondateurs XVII
   —   à vie XXIV
Liste générale des membres XXXIX

CONFÉRENCES FAITES A PARIS EN 1900.

GIARD (A.). — La piscifacture marine 1
SOREAU (R.). — La navigation aérienne 1
FORESTIER (G.). — La roue à travers les âges 26
LEMOULT (P.). — Industrie des matières colorantes artificielles : 26
TEISSERENC DE BORT (L.). — L'exploration de l'atmosphère par ballons et cerfs-
    volants 27
AUGÉ DE LASSUS (L.). — De Damas à Palmyre 27
BRÉMOND (Dr F.). — Rabelais médecin 44
HAMY (Dr E.-T.). — Laboureurs et pasteurs berbères 54

CONGRÈS DE PARIS

DOCUMENTS OFFICIELS. — LISTES. — PROCÈS-VERBAUX.

Assemblée générale extraordinaire du 2 août 1900 73
Assemblée générale du 2 août 1900 73
Conseil d'Administration de l'Association. — Bureau. — Anciens Présidents . . . 77
Délégués de l'Association 78
Présidents. — Secrétaires et Délégués des Sections 79
Commissions permanentes 83
Liste des anciens Présidents 84

Liste des Savants étrangers ayant assisté au Congrès 85
Bourses de Session 85
Programme général de la Session. 87

SÉANCE GÉNÉRALE

SÉANCE D'OUVERTURE DU 2 AOUT 1900.

PRÉSIDENCE DE M. LE GÉNÉRAL SEBERT.

Sebert (Général). — Discours d'ouverture 88
Bergonié. — L'Association française en 1899-1900 109
Galante (É.). — Les Finances de l'Association. 114

PROCÈS-VERBAUX DES SÉANCES DES SECTIONS

PREMIER GROUPE. — SCIENCES MATHÉMATIQUES.

1ʳᵉ et 2ᵉ Sections. — Mathématiques, Astronomie, Géodésie et Mécanique.

Bureau. 119
Cugnin (É.). — L'heure et la longitude décimales et universelles 119
[R 2 c] Collignon (Éd.). — Remarques sur les moments d'inertie des polygones réguliers et des polyèdres réguliers 120
[408.9] Beaufront (de). — Sur l'adoption d'une langue internationale universelle, et en particulier de la langue Esperanta 120
[408.9] Leau (L.). — Proposition relative à l'adoption d'une langue auxiliaire universelle 120
[X 4] Arnoux (G.) et Laisant (C.-A.). — Application des principes de l'arithmétique graphique : congruences, propriétés diverses 120
[K 2 d] Lemoine (É.). — Notes diverses 121
[K 2 d] Rippert (L.). — Étude sur des groupes de triangles trihomologiques inscrits ou circonscrits à une même conique ou à des familles de coniques 121
[S 2] Fontaneau (É.). — Du mouvement stationnaire des liquides 121
[Q 4 c] Tarry (G.). — Le problème des 36 officiers. 122
Libert (L.). — Sur quelques découvertes nouvelles dans le domaine des étoiles filantes. 123
[H 11 c] Lémeray (M.). — Équations fonctionnelles linéaires à fonction de substitution inconnue 123
[529.3] Cugnin (É.). — Un nouveau calendrier 123
[H 4 a α] Duboy de Bruignac (A.). — Remarques sur la théorie des couples. . 124
Pellet (A.). — Sur l'équation aux périodes des racines de l'unité 125
[L²] — Sur la plus petite distance absolue d'un point à une surface du second degré et la plus grande distance absolue d'un point à un ellipsoïde 125
[620.1] Féret (R.). — Déformations et tensions rémanentes pendant le déchargement d'un prisme fléchi imparfaitement élastique. 125
[S 3 b α] Maillet (Ed.). — Sur une méthode d'évaluation du débit d'une crue extraordinaire 126
[S 3 b α] — Sur les graphiques et les formules d'annonces de crues. 126
[B 1] Cadenat. — Règle pratique pour obtenir le développement d'un déterminant de degré quelconque 127

[621.83] Brancher. — Sur le tracé des profils dés encoches d'encliquetages à galets cylindriques. 127
[X.5] Béghin (A.). — Sur un modèle de règle à calcul 127
[529.3] — Nouveau calendrier perpétuel. 127
[M'6] Michel. — Sur certaines courbes ayant deux points N⁰⁸ à l'infini, et sur une classe particulière de quartiques 128
. Travaux imprimés présentés à la Section. 128

3ᵉ et 4ᵉ Sections. — Génie civil et militaire, Navigation.

Bureau. 129
[620.1] Cordeiro (X.) — Formule rationnelle pour la détermination de l'épaisseur des voûtes circulaires. 129
[620.1] — Formule pratique pour les murs supportant de grands remblais. . . . . 12)
[625.1] — Distribution des rails courts et longs. 130
[625.3:621.42] Médebielle. — Chemins de fer de montagne à traction électrique. 131
[625.4(44.36)] Bienvenüe (F.). — Le chemin de fer métropolitain municipal de Paris. 132
[621.33] Monmerqué (A.). — Quelques observations générales sur la traction électrique. 132
[625.2:621.42] — La traction à air comprimé en France 133
Arnoux (R.). — Sur le coefficient de mérite d'un automobile. 134
[693.5:693.66] Cottancin. — La construction armée. 134
[551.33:585.2] Demorlaine. — Sur la fixation des dunes de Gascogne 135
[551.33:585.2] Poisson (J.). — Boisement des dunes dans le nord de la France. . 136
[585.2:551.33] Behaghel (H.). — Les arbres et les arbustes à planter dans les dunes. 136
[613.63] Petiton. — Sur les accidents par les meules. 136
[(644+697) 663.5] Ladureau (A.). — Application de l'alcool à l'éclairage et au chauffage 136
[625 (88)] Levat. — Chemin de fer de la Guyane française 137
Vœux. 137
Travaux imprimés présentés à la Section 137

DEUXIÈME GROUPE. — SCIENCES PHYSIQUES ET CHIMIQUES

5ᵉ Section. — Physique.

Bureau. 138
[521.12] Casalonga. — De la cause mécanique du phénomène de la gravitation et de la pesanteur 138
[538.562] Turpain (A.). — Dispositifs simples de cohéreurs à cohésion magnétique. 139
[538.561] — Sur l'état électrique du résonateur de Hertz en activité. 139
[535.319] Champigny (A.). — Considération sur le grossissement, la netteté des images et le champ de vue dans les lunettes de Galilée 140
[535.327] Zenger. — L'objectif de l'œil apochromatique et anastigmatique. . . . 140
[536.721] Casalonga. — Valeurs des divers équivalents mécaniques de la calorie. 140
Amans (Dr). — Sur un nouveau dispositif de volet de tension 141
[534.86] — Fabrication des pâtes phonographiques 141
[534.86] — Phonographe pour bobines de 40 centimètres de longueur. 141
[538.562] Turpain (A.). — Application des ondes électriques à quelques problèmes de télégraphie 141
[538.562] — Multicommunicateur à ondes électriques. Dispositif récepteur. 141

322   TABLE DES MATIÈRES

[536.25] Bénard (H.). — Mouvements tourbillonnaires à structure cellulaire dans
une nappe liquide propageant de la chaleur par convection   142
[529.76] Rey-Pailhade (J. de). — Sur les avantages d'adopter de nouvelles unités
basées sur une nouvelle unité physique de temps égale à la cent-millième partie
du jour solaire moyen   142
[526.72] Féry (Ch.). — Pendule à restitution électrique constante   143
        Visite du Laboratoire de M. Pellat.   143

6ᵉ Section. — Chimie.

            Bureau   144
[612.398:543.9] Béchamp (A.). — Sur la composition et la constitution des matières
albuminoïdes en général, et particulièrement sur celle de la fibrine ou plutôt
des fibrines   144
[547.22:545.9] Sabatier (P.) et Senderens (J.-B.). — Pétroles de synthèse. . . .   144
[546.79:541.2] Aloy (F.-J.). — Recherches sur la détermination du poids atomique de l'uranium   145
[546.57] Sabatier (P.). — Sur le plombite d'argent   145
[615.35] Béchamp (A.). — Sur la nature et la nomenclature des ferments solubles
ou zymases, dans leurs relations avec les ferments figurés   146
[541.8] Mailhe (A.). — Sur la solubilité de l'acide sulfureux dans l'acide sulfurique   147
[546.15+546.79] Aloy. — Préparation de l'iodure uranique.   147
[540.1] Herran. — Les trois grandeurs inséparables : masse initiale; volume ini-
                tial; temps initial, qui forment la matière et l'énergie sont
                équivalentes   147
[540.1]   —   Les trois grandeurs inséparables : masse initiale; volume ini-
                tial; temps initial, qui composent la matière et l'énergie ont
                chacune trois dimensions   148
[540.1]   —   Lois des gaz déduites des trois grandeurs inséparables : masse
                initiale; volume initial; temps initial.   149
        Barthe. — Action du bibromure d'éthylène sur le cyanacétate d'éthyle sodé.   151
[615.35] Béchamp. — Sur la fermentation en général et particulièrement sur la
fermentation dite alcoolique, considérées comme phénomènes de nutrition. . .   152
        Rey-Pailhade (de). — Sur le philothion   152
[615.35:583.461] Berg (A.). — Élatérase, diastase des cucurbitacées   152
[541.2] Herran — Molécules et hypothèse d'Avogrado.   153
[540.1]   —   Analogies entre les points, les lignes, les surfaces et les ombres.   154
        Ladureau (A.). — Sur l'incandescence de l'oxyde de thorium et d'autres
                oxydes métalliques   155
        —   Incandescence de l'oxyde de thorium.   156
        Discussion : M. Haller   156
        Henry (L.). — Sur les alcools-amines.   156
[546.18:546.19] Noelting (E.) et Feuerstein (W.). — Sur la prétendue transformation du phosphore en arsenic.   157
[547.5] Charon. — Transformation des chlorures d'aldéhydes non saturés en
iodures d'alcool chlorés   157
[547.2] Allain-Le Canu (J.). — Action de la phénylhydrazine sur les iodures
alcooliques   157
        Haller et Umbdgrove. — Sur l'acide diméthylamidométaoxybenzoylben-
zoïque tétrachloré   158
[541.9:547.26] Chicandard. — Sur la stéréoisométisomérie du benzène.   158

7ᵉ Section. — Météorologie et Physique du Globe.

BUREAU 159
[538.711] MOUREAUX. — Sur un moyen d'atténuer l'effet des courants industriels sur le champ terrestre, dans les observatoires magnétiques. 159
[551.56(44.39)] DIETZ (E.). — Trente années d'observations dans les Vosges. . . . 159
[551.57:770] SIEUR. — Photographies de nuages. 161
VISITE de la Section à l'Exposition et à l'Observatoire du Parc-Saint-Maur. 161
[538.71] MOUREAUX. — Sur le réseau magnétique de la France au 1ᵉʳ janvier 1896. 161
[551.57] RAULIN. — Sur les observations pluviométriques faites dans la zone équatoriale de 10° N. et 10° S. 161
[537.44] SIEUR. — La question de la foudre globulaire, d'après des expériences récentes. 162
[551.54] MAZE (l'Abbé C.). — L'unité de mesure de la grande expérience barométrique du Puy-de-Dôme, en 1648. 162
[551.5] GARRIGOU-LAGRANGE (P.). — Sur le calcul des anomalies et sur son application à l'étude des grands mouvements atmosphériques et à la prévision du temps. 163
[551.52] RICHARD. — Sur un nouvel héliographe. 163

TROISIÈME GROUPE. — SCIENCES NATURELLES

8ᵉ Section. — Géologie et Minéralogie.

BUREAU 164
[55(44.36)] RAMOND (G.). — Études géologiques dans Paris et sa banlieue 164
[569(44.26)] LENNIER. — Dinosauriens découverts dans le kimméridien des environs du Havre. 164
Discussion : M. GAUDRY. 164
M. PÉRON 165
VISITE au Muséum. 165
[564(44)] COSSMANN (M.). — Observations sur quelques coquilles crétaciques recueillies en France. 165
Discussion : M. PÉRON 165
[551.7] MEUNIER (S.). — Recherches stratigraphiques et expérimentales sur la sédimentation souterraine 166
[560(44.78)] RÉGNAULT (F.) et JAMMES (L.). — Étude sur les puits fossilifères des grottes. Puits de Pereigne (Hautes-Pyrénées). 166
[553.63(61+66)] FLAMAND (G.-B.-M.). — Sur les gisements de sel gemme et autres produits salins, du Nord-Africain, du Sahara et du Soudan 166
[553.1(65)] — Gisements d'amiante des montagnes des Ksour, chaîne saharienne (Sud-Oranais) 167
[55(65)] — Sur le pointement ophito-gypseux (Trias) d'Aïn-Nouïssy, région littorale du département d'Oran. 168
[571.73(65)] — Sur l'âge des pierres écrites de l'Atlas et du Sahara. 168
[44.39] AUTHELIN (Ch.). — Sur le toarcien du département des Vosges. 169
[55(44.36)] DOLLFUS (G.). — Structure du bassin de Paris. 169
[55(44.1)] KERFORNE (F.). — Classification des assises gothlandiennes du Massif armoricain 169
[561:551.78(44.9)] GUÉBHARD (Dr A.). — Sur quelques gisements nouveaux de plantes tertiaires en Provence 169
[(55.44.95)] — Carte géologique de la commune d'Escragnolles (Alpes-Maritimes). 170
TRAVAUX IMPRIMÉS présentés à la Section. 170

9ᵉ Section. — Botanique.

Bureau 171

[581.4] Gerber (Dr). — Sur le dimorphisme sexuel des fleurs du romarin 171

    Discussion : M. Hartog 171

[581(44.47)] Magnin (Dr A.). — Limites de la région jurassienne : son extension dans la Souabe et la Franconie. 172

[581.3(44.01)] Gain (Ed.). — Sur les graines de l'époque mérovingienne 172

    Discussion : M. Bonnet. 172

    M. Poisson 173

[583.37] Belèze (Mⁿᵉ. M.). — Les roses et les rosiers. 174

[589.2]   —   Liste des Champignons de la forêt de Rambouillet et des environs de Montfort-l'Amaury. 174

[588.2+588.3]   —   Liste des Mousses et des Hépatiques de la forêt de Rambouillet et des environs de Montfort-l'Amaury. 174

Visites 174

[581.22] Jodin. — Structure asymétrique du pétiole des feuilles composées privées de certaines folioles à l'état jeune 174

[581.21] Coupin (H.). — Sur la toxicité de divers composés métalliques à l'égard des végétaux supérieurs. 174

[581.4] Parmentier (P.). — Recherches morphologiques sur le pollen des Dyalipétales 175

[583.1] Malinvaud (E.). — Signes d'hybridité dans le genre Mentha 175

[581(44.47)] Magnin (Dr A.). — Zones de végétation du Jura 176

[633(66)] Chevalier (A.). — Une nouvelle plante à sucre de l'Afrique française centrale (Panicum Burgu A. Chev.) 176

Visite. 178

[581.4] Perrot (É.). — Sur des organes appendiculaires des feuilles du *Myriophillum verticillatum*. 178

[678:580] Heim (Dr F.). — Le caoutchouc des herbes ou caoutchouc des racines ; ses plantes productrices 178

[581.4] Braemer (Dr L.). — Anatomie des feuilles des Érythroxylum des colonies françaises. 180

[588.1(61.1)] Camus (F.). — Simple remarque sur la présence d'un Sphagnum en Tunisie. 180

Réunion des 3ᵉ, 4ᵉ, 9ᵉ et 13ᵉ Sections 181

[551.33:585.2] Demorlaine. — La fixation et le reboisement des dunes. 181

[551.33:585.2] Poisson. — Sur la fixation des dunes dans l'Ouest et dans le Nord de la France. 181

[585.2:551.33] Behaghel. — Sur les arbres et arbustes à planter dans les dunes. 181

[581.9(32)] Bonnet (Dr). — Végétaux antiques du musée égyptien de Florence . . 181

[581.4:583.37] Parmentier (P.). — Recherches sur les glandes pétiolaires de quelques amygdalées. 181

[583.17] Hartog (M.). — Une nouvelle série d'abutilons hybrides. 181

[581.9(44.73)] Malinvaud. — Faits nouveaux pour la flore du département du Lot. 182

    Discussion : M. Magnin. 183

[589.229] Vuillemin (Dr P.). — Développement des azygospores chez les entomophtorées. 182

[583.37] Arnaud (Dr M.-H.). — Le laurier cerise est-il une amygdalée ? 182

Travaux imprimés présentés à la Section 183

10ᵉ Section. — Zoologie, Anatomie, Physiologie.

Bureau 184

[010] Secques (F.). — Bibliographie et bibliothèques 184

[591.9:914.6] Belloc (É.). — Recherches sur la faune aquatique dans les Pyrénées. 184

Discussion : M. LAMEY. 185
[591.3] BRUCKER. — Embryogénie des pédiculoïdes. 185
[591.134] COUTIÈRE. — Le développement des margarodes 185
[591.16:595] BRUMPT (É.). — Reproduction des Hirudinées. — Existence d'un tissu
de conduction spécial chez les Ichtyobdellidés. 185
[010] CERTES (A.). — Amendement à la communication de M. Sccques 186
        VIRÉ (A.). — Les sphœromicus des cavernes et l'origine de la faune sou-
terraine. 187
[591.4:595.3]COUTIÈRE. — Le dimorphisme des mâles chez les Crustacés. 187
[578.9] CERTES (A.). — Colorabilité élective « intra vitam » des filaments sporifères du « Spirobacillus gigas » (Certes) et de divers microorganismes marins
par certaines couleurs d'aniline. 188
[615.35:591.33] HARTOG (M.). — Sur la zymase peptique intracellulaire des
embryons jeunes. 189
[591.9] LALESQUE (Dr). — Les ressources de la station zoologique d'Arcachon . . 190
[591.57:595.7] JOURDAIN (S.). — Sur les moyens employés par les Insectes pour se
        défendre contre leurs ennemis. 190
[591.51:597.6]   —   De l'intelligence des batraciens. 191
[591.78:594.3] NABIAS (B. DE). — Nouvelles recherches sur le système nerveux des
Gastéropodes pulmonés aquatiques. Cerveau de Planorbis corneus. 192
[591.9:594(65)] PALLARY (P.). — Troisième contribution à l'étude de la faune malacologique du N.-O. de l'Afrique 192
[591.1] QUINTON (R.). — L'eau de mer milieu organique. — Constance du milieu
marin originel comme milieu vital, à travers la série animale. 192
[591.9(82)] KÜNCKEL D'HERCULAIS. — La faune de la République argentine. . . . 194
[591.9:595.36(44.91)] GOURRET. — Sur la faune carcinologique de l'étang de Berre. 194

11ᵉ Section. — Anthropologie.

BUREAU. 195
[571.81] RIVIÈRE (É.). — La grotte de la Mouthe. 195
        Discussion : M. FLAMAND (G.-B.-M.) 195
        —   M. RIVIÈRE 196
[571.51] RIVIÈRE (Dr J.). — Recherches préhistoriques aux environs de Tuyen-Quan. 196
        RÉUNION des 8ᵉ et 11ᵉ Sections 197
[551.79] CAPITAN (Dr) et D'AULT DU MESNIL. — Stratigraphie quaternaire des plateaux et des alluvions de la Vienne et de la Vézère comparée à celle des vallées
de la Seine et de la Somme 197
[571(44.44+47)] DELORT, (J.-B.). — Études anthropologiques dans l'Ain et le Jura. 199
        VISITE de la Section. 199
[571.9(44.32)] BOSTEAUX-PARIS. — Découvertes et fouilles du cimetière gaulois
marnien du Mont de la Fourche, territoire de Lavannes (Marne) 199
        Discussion : M. FOURDRIGNIER. 199
[133] SCHMIT (E.). — Main de Fatma ou amulette en forme de main découverte
à Saint-Memmie-les-Châlons 200
        Discussion : M. FOURDRIGNIER 201
[571.94(44.32)]   Menhir de Champigneul-sur-Marne. 201
[571.93(44.32)] — Dolmen et stations néolithiques de Sommesous (Marne). . . 201
[571.3(44.32)]   — Le quaternaire, le néolithique et le bronze à Sarry (Marne) . 201
[571.8(44.32)]   — Fonds de cabanes d'Aigny (Marne) 201
[571.2(44.35+36)] BREUIL (l'Abbé). — Faciès particuliers de l'industrie néolithique
dans l'Aisne et l'Oise. 202
        Discussion : M. le Dr CAPITAN. 202
[571.2(44.35)]   — Station néolithique de l'Aisne. 202

326   TABLE DES MATIÈRES

[571.94(44.75)] Hermet (l'Abbé). — Nouvelle série de statues-menhirs de l'Aveyron et du Tarn 202
[571(44.32)] Pistat. — Carte préhistorique du canton de Ville-en-Tardenois (arrondissement de Reims) 203
[571(44.36)] Capitan. — Résultat des fouilles pratiquées par la section à Villeneuve-Triage et au camp de Catenoy. 203
[571.2(45.3)] Mortillet (A. de). — Industrie néolithique de Bréonio (Vénétie). . 205
[571.24(44.51)]   —   Silex tertiaires des environs de Chartres 205
      Discussion : MM. Capitan et Mahoudeau 206
[571.71(44.01)] Fourdrignier (É.). — L'industrie de l'ornementation céramique à
l'époque gauloise. 206
[571(65)] Gentil (L.). — La station préhistorique du lac Karar (Algérie). 207
[571.24:552] Capitan et Gentil. — Étude pétrographique des roches employées
pour la fabrication des haches polies. 207
      Discussion : MM. Cartailhac et Rivière (É.). 208
[571(44.87)] Sicard (G.). — Carte préhistorique de l'Aude. 208
[571(45.9)] Cartailhac. — Exploration en Sardaigne. 209
[571.9(44)] Mortillet (A. de). — Distribution des monuments mégalithiques en
France. 209
      Discussion : MM. Cartailhac et Capitan 209
[571.9(47)] Pontiatin (le Prince). — Survivance des constructions mégalithiques
en Russie. 209
[571(65)] Flamand (G.-B.-M.). — Note sur les outils et objets préhistoriques et
leur figuration sur les Hadjrat Mektouba (pierres écrites) du sud de l'Algérie et
du Sahara, leur nature et leurs gisements origines 210
      Discussion : MM. de Mortillet et Pallary. 211
      —   M. Flamand. 212
[571(65)] Debruge (A.). — Notice sur les stations préhistoriques des environs d'Aumale (Algérie). 213
[571(93)] Regnault (F.). — Foyers de la première époque quaternaire dans la grotte
de Gargas. 213
[571(44.71)] Conil (A.). — Une station campignienne aux Rales, près Sainte-Foy-
la-Grande (Gironde) 213
[396:572(44.2)] Spalikowski (Dr E.). — La femme normande contemporaine . . . 214
[571(44.1)] Aveneau de la Grancière. — Explorations archéologiques dans le
centre de la Bretagne-Armorique (cantons de Gléguérec, Pontivy et Baud) 214
[572(59.9)] Girard (Dr). — Note anthropométrique sur les Tonkinois. 215
[572.8:491.8] Zaborowski. — Les Slaves ; origine et questions de races 215
[571(65)] Pallary (P.). — Quatrième catalogue des stations préhistoriques du département d'Oran. 215

12ᵉ Section. — Sciences médicales.

     Bureau. 216
[616.961] Kelsch. — Discours du Président. 216
[616.33:616.995] Bernheim (S.). — Le bacille de Koch isolé ou associé 217
      —   Troubles gastriques précoces de la phtisie. . 217
[617.25:616.34] Faguet (C.). — Traitement des gangrènes limitées dans l'étranglement herniaire par le procédé de l'enfouissement (trois observations personnelles et inédites) 218
[616.961] Saquet (D.) et Monnier (U.). — Action des trépidations sur les microorganismes 219
[616.85] Leduc (S.). — Utilité du traitement spécifique de l'ataxie locomotrice . 219
[616.31:636.1] Rohr. — Stomatite érythémateuse et érysipèle de la face chez le
cheval, déterminés par les chenilles processionnaires. . . . 220

[616.31:636.1] — Pasteurellose équine accompagnée de trois étapes d'accidents
paralytiques séparés par des intervalles de santé apparente.   220
[616.995:636.1] — Relation d'un cas de tuberculose animale chez le cheval . . .   220
[617.16:617.57] Le Gnix (A.-V.). — Les parasubluxations scapulo-humérales . .   220
[616.96] Gaube (J.). — L'iodobenzoyliodure de magnésium spécifique des maladies
bactériennes de l'homme. De quelques angines à association bactérienne sans
bacilles diphtériques.   221
    Discussion : MM. Jolly, Gaube :   221
[618.9] Vidal-Puchals (J). — L'iodobenzoyliodure de magnésium dans la thérapeutique infantile   221
[614.44:616.995] Kelsch. — La prophylaxie de la tuberculose.   221
[614.44:616.995] Jolly (L.). — Prophylaxie de la tuberculose   226
[614.7:616.995] Niclot et Braun. — De la virulence, quant à la tuberculose en
particulier, des poussières d'hôpital   227
    Maurel (E.). — Diarrhée expérimentale de suralimentation.   227
    Discussion : M. Cautru   228
[616.34:616.988] — Du rôle de la suralimentation dans la production des diarrhées de la saison chaude et des pays chauds.   228
[616.995:616.076] Cautru (F.). — Pronostic et traitement de la tuberculose pulmonaire basés sur l'analyse du suc gastrique et l'examen de l'acidité urinaire. .   228
[615.5] Barnay. — 1° Nécessité de substituer dans la thérapeutique les principes
actifs aux substances d'où ils sont retirés ; 2° Opportunité d'un formulaire uniforme basé sur la dose moyenne quotidienne de chacune d'elles   229
    Discussion : M. Gaube   230
[612.388] Perrier (G.). — Sur l'alimentation par voie sous-cutanée   230
[611.65:611.44] Jouin. — Ovaires et glande thyroïde.   230
    Linon. — L'appendicite dans la garnison de Toulouse du 12 mars 1897 au
1er août 1900   231
[614.473] Loir (A.). — Époque de l'année à laquelle doit se faire la vaccination
jennerienne.   231
    Vœu.   232

QUATRIÈME GROUPE. — SCIENCES ÉCONOMIQUES

13ᵉ Section. — Agronomie.

Bureau.   233
[551.57:630] Ladureau. — Protection des cultures contre la grêle au moyen des
détonations d'artillerie.   233
    Discussion : MM. Sagnier, Poitou, Ladureau   233
[551.52:630] Coste (Ab.). — Protection des cultures contre les gelées de printemps.   234
    Regnault. — Sur les cultures de haut rendement comparées à celle de
produits riches   234
    Discussion : M. Poitou.   234
[664.1:336.2] Ladureau. — La suppression des droits sur le sucre   234
    — L'alcool comme moyen de chauffage et d'éclairage.   234
[636.1(44.34)] Rohr. — Sur la production chevaline dans le département de
l'Aisne   235
[664.1:912] Ladureau. — Carte générale des fabriques de sucre.   236

14ᵉ Section. — Géographie.

Bureau.   237
Hulot (le Baron). — Discours du Président.   237

[951.3+959.9] Leclerc (A.). — Constitution géographique et géologique de la Chine méridionale et du Haut-Tonkin 237
Allocution du Président 238
[390] Vidal de la Blache (P.). — Types de peuplement 238
[063:910] Drapeyron (L.). — La Société de Géographie de Cologne 239
[551.44] Martel. — Les récentes explorations souterraines : la spéléologie depuis 1889 239
[064:910 « 19 »] Hulot. — L'œuvre de la Société de Géographie (1821-1900) . . . 240
[656(88)] Levat (D.). — Le chemin de fer de Cayenne aux placers de l'intérieur, en Guyane française 240
[325(44)« 18 »] Fauvel. — Un établissement français aux Seychelles au xviiie siècle. 241
[325(43)] Blondel (G.). — L'expansion maritime allemande 241
[944.33] Gallois (L.). — Le Bassigny, étude d'un nom de pays 242
[551.43] Delisle (Dr F.). — Sur la montagne noire et le col de Naurouze 242
[912:551.46] Thoulet (J.). — De la confection des cartes lithologiques sous-marines 243
[944.7] Bladé (F.-J.). — Basse-Navarre et vicomté de Labourd 243
[999] Arctowski (H.). — La question du continent antarctique 243
[551.43(44.78)] Belloc (É.). — Recherches hydrographiques dans la région de Néouvieille (Hautes-Pyrénées) 244
[529.75] Rey-Pailhade (J. de). — Application du système décimal au temps et à l'angle 244
[572] Fourneau. — Notes ethnographiques sur les tribus Loangos et Barelis . . . 245
[572] Labbé (P.). — Les ghiliaks de l'île de Sakhaline 245
[665.4(47):338.2] Collenot (P.). — Situation économique de l'industrie pétrolière en Russie 245
[910.9(60)] Chaillé-Long (Colonel Ch.). — Une page d'histoire de la géographie africaine 246
[656(67)] Bonnard (P.). — Le grand central africain (Bougrara et Bizerte-le Tchad). 247
[627.2(61.1)] — Bizerte port de sortie des phosphates du Thola 247
[912] Brunhes (M.-J.). — Le boulevard comme fait de géographie urbaine 247
Travaux imprimés présentés à la Section 248

15e Section. — Économie politique et statistique.

Bureau 249
[324.2] Curie (Colonel J.). — Représentation proportionnelle dans les élections municipales 249
Discussion : M. Coste (Ad.) 250
[330.2] Levasseur (E.). — Sur la comparaison du travail à la main et du travail à la machine au point de vue de la main-d'œuvre 250
Discussion : M. Curie 250
[330.2] Blaise. — Comparaison du travail à la main et à la mécanique 251
[331.87] Guyot (Yves.). — L'organisation commerciale du travail 252
[656] Febvre-Wilhélem. — Création de colis-postaux régionaux à demi-tarif . . 252
[656] Saugrain (G.). — Des conséquences économiques de la création des colis-postaux et des réformes à apporter à leur législation 253
[336.2] Guyot (Y.). — Examen des impôts et projets d'impôts proposés en remplacement des octrois en France 254
Discussion : MM. Curie, Coste (Ad.) 255
Vœu 255

16e Section. — Pédagogie et Enseignement.

Bureau 256
[516:371.3] Ripert. — Sur la fusion de la planimétrie et de la stéréométrie dans l'enseignement de la géométrie analytique 256

[551:371.3] Vincé (J.-B.). — Méthode intuitive de calcul   256
[510:371.3] Garcia de Galdeano. — Quelques réflexions sur l'enseignement ma-
    thématique.   257
        Réunion des 1re, 2e et 16e Sections.   257
[408.9] de Beaufront. — Essence et avenir de l'idée d'une langue internatio-
    nale.   257
[372.4] Berdellé (C.). — Épellation, son et forme des lettres.   258
[134:371.93] Bérillon (Dr) . — Application de la suggestion hypnotique à la péda-
    gogie des enfants vicieux   258
[513.3] Macfarlane (A.). — Sur des modèles pour l'enseignement de l'analyse de
    l'espace.   258
[378.13]-Montricher (de). — L'enseignement populaire et l'extension universi-
    taire à Marseille et en France.   258
[517.1] Arnoux (R.). — Sur le principe du calcul différentiel et intégral de Leib-
    nitz et son enseignement   259

17e Section. — Hygiène et Médecine publique.

        Bureau.   260
[628.3] Henrot (Dr). — De la meilleure utilisation des eaux d'égout   260
        Discussion : M. Vaillant (A.).   261
[614.542] Papillon (Dr G.-E.). — Hygiène des tuberculeux. L'utopie des sanatoria
    populaires.   262
        . . Discussion : MM. Brémond, Vaillant, Henrot.   262
[616.246] Tachard (É.). — Influence de la grippe et le développement rapide de la
    tuberculose pulmonaire.   263
[614.0944] Henrot (Dr H.). — De l'organisation de l'hygiène publique en France.   264
[613 5:331.8] Bouvet. — Les logements économiques   265
[628.8] Brémond (Dr F.). — Hygiène de l'habitation à Paris : insalubrité des
    courettes   265
[628.8] Vaillant (A.). — L'aération naturelle. Les murs et planchers, la distribu-
    tion et les courettes des maisons d'habitation.   267
        Discussion : MM. Bilhaut   267
                . Vaillant, Philippe, Dr Henrot.   268
[616.96] Morot (C.). — La protection de l'homme contre les ténias par la destruc-
    tion des cysticerques du bœuf, du mouton et du porc.   269
[613.79] Féret (A.). — Hygiène du sommeil de l'adulte   270
        — Édilité parisienne   270
[613.41] Philippe (E.). — Balnéation populaire.   271

18e Section. — Électricité médicale.

        Bureau.   272
        Leduc (Dr S.). — Allocution du Président.   272
[546.21:616] Bordier. — Rapport sur la production de l'ozone pour les usages
    médicaux   273
        Discussion : MM. Marie (T.) et Leduc.   274
[615.84] Leduc (S.). — Emploi du métronome dans les applications médicales . .   274
        Discussion : M. Bergonié.   275
[538.561:615.84] Bordier. — Recherches expérimentales sur les effets physiolo-
    giques de la franklinisation hertzienne.   275
        Discussion : MM. Marie, de Keating-Hart, Bonniot.   275
                Leduc, Bordier   276
        Visite à l'Exposition.   276
[616.87] Gasparini. — Nécessité de bien établir le rapport d'indépendance entre
    les divers points douloureux des névralgies.   276

Discussion : MM. Bordier, Bergonié, Leduc, Gasparini. 277
[616.87] Gasparini. — Sur l'étiologie et le traitement des tics douloureux de la face. 277
Discussion : MM. Barillet. 277
Bergonié, Gasparini 278
[546.21] Bordier. — Rapport sur l'action physiologique, bactériologique et thérapeutique de l'ozone. 278
Discussion : MM. de Keating-Hart 279
Luraschi, Guilloz, Bergonié, Bordier 280
[546.21:616.204] Vernay. — Action thérapeutique de l'ozone dans quelques cas de
coqueluche 280
[537.33] Bordier. — Confirmation de la théorie de transport des ions à travers les
tissus. 280
Discussion : MM. Guilloz, Leuillieux, de Keating-Hart, Bergonié,
Leduc, Bordier. 281
[537.33:615.84] Leduc. — Introduction électrolytique des ions dans l'organisme
vivant. 282
Discussion : M. Guilloz 282
Visite à l'Exposition. 283
[537:591.9] Capriati. — Influence de l'électricité sur le développement des orga-
nismes animaux. 283
Discussion : MM. Michaut, Rouveix, Leduc. 284
Bernard et Ruotte. — Sur un cas de dermite radiographique 284
[537.743] Bergonié. — Rhéostat électrolytique destiné aux courants intenses. —
Présentation d'instruments 284
Discussion : MM. Béclère, Michaut, Bergonié 285
[615.84] Béclère. — Les instruments de l'examen radioscopique 285
Discussion : MM. Michaut 286
Bergonié. 287
[615.84] Guilleminot. — De l'importance de la recherche du rayon normal en
radioscopie. — Présentation d'instruments. 287
Discussion : M. Marie 288
[615.84] Marie (T.). — Rapport sur les progrès de la radiographie stéréoscopique. 288
[615.84] Morin. — Remarques sur quelques points de l'accroissement du système
osseux 297
[615.84]   —   Retard de l'ossification dans la ceinture pelvienne dans la luxation congénitale 297
[615.84] Lalanne et Régis. — Diagnostic radiographique des fractures spontanées
dans la paralysie générale 297
Discussion : MM. Bergonié, Papillon, de Keating-Hart, Lalanne . . . 298
[615.84] Scheier. — Sur le développement de la tête démontré par la radiographie. 299
Visites à l'Exposition 299
[537.3:616.64] Font. — L'électrolyse linéaire dans le traitement du rétrécissement de l'urètre. 299
Discussion : MM. Tripet, de Keating-Hart, Leduc, Font. 300
[538.56:612.111] Tripet. — De l'action des courants de haute fréquence (d'arsonvalisation) sur l'activité de réduction de l'oxyhémoglobine. 300
Discussion : MM. Bordier, Tripet. 301
[537:617] Keating-Hart (de). — L'électricité et les cicatrices rétractiles 301
Discussion : MM. Bordier, Bergonié, Leduc, de Keating-Hart 302
[538.56:612.5] Bordier et Leconte. — Action des courants de haute fréquence
sur la quantité de chaleur dégagée et sur les produits de désassimilation. . . . 302
Discussion : MM. Tripet, Bergonié, Michaut, Bordier. 303
[538.56:612.5] Bonniot. — Mode d'action du courant de haute fréquence à propos de la calorification. 303
Discussion : M. Bordier 304

[537.743:615.84] Bergonié. — Du rhéostat en électrothérapie. Détermination de ses constantes 304
Michaut. — Description raisonnée d'une installation électrothérapique. . 304
[537.742:615.84] Leuillieux. — Construction d'un voltamètre médical. 304
[616.87:615.84] Bergonié. — Des résultats éloignés du traitement électrique de la névralgie du trijumeau par le courant galvanique à haute intensité 305
Discussion : MM. Albert-Weil et Leduc. 305
[537.3:618.14] Albert-Weil. — La théorie du transport des ions et le choix de l'électrode galvanique intra-utérine 305
Discussion : MM. Leuillieux, Bordier, Michaut, Morin, Leduc, Albert-Weil. 306
[537.3:618.14] Bordier. — Résultats cliniques du traitement par l'électrolyse circulaire des rétrécissements de l'urètre. 306
[616.8:537.31] Leduc. — Traitement des affections cérébrales par le courant continu 307
[615.84:618.1] Foveau de Courmelles (Dr). — Des indications électriques en gynécologie 307
[615.84:614.81] — De l'électricité dans le sauvetage. 308

Sous-Section d'Archéologie.

Bureau. 310
[940.4 « 15 »] Eude (E.). — Un épisode des projets de croisade au xve siècle. . . 310
[928(44.27)] Lefebvre (A.). — Commune origine boulonnaise des poètes et chroniqueurs Jean Molinet et Jean Le Maire (xve et xvie siècles). 310
Excursion de la Sous-Section à Senlis 311
(44.27) Lhomel (Cte de). — Le vicomté de Ponthieu, à Montreuil-sur-Mer 311
Fourdrignier. — Poterie gauloise : le peigne liturgique 312
Visite au château d'Écouen. . . . . . • 312
[940.6] Geymuller (Le Bon de). — De l'abus du mot de « Renaissance » comme dénomination de périodes de l'art ou de styles d'un caractère différent. . . . . ,. 313
[720.9(44.35)] Ladureau (A.). — Quelques monuments du département de l'Oise. 314
Visites spéciales dans Paris 314
Visite du Petit-Palais 314

EXCURSIONS ET VISITES

Excursion à Saint-Germain, Achères 315
— à Creil, Chantilly 317